AutoCAD 2020 应用教程

主　编　董祥国
副主编　潘　婧　姬　寓
参　编　张　娇　陈建松

东南大学出版社
SOUTHEAST UNIVERSITY PRESS
·南京·

内容简介

本书以 AutoCAD 2020 中文版为平台，结合工程应用，系统地阐述了用 AutoCAD 进行设计绘图、项目组织的方法，揭示了各种绘图工具使用特点、场合和操作技巧，充分体现出 AutoCAD 设计精准、协作便捷等优势。全书共分 13 章，主要内容包括 AutoCAD 基础，图层管理，平面图形的生成，几何作图和图形数据求解，文字和表格，标注尺寸，块、外部参照和设计中心的使用，布局与图纸集打印输出，二维图综合实例，三维建模与实例等。本书附录提供了三套竞赛试卷，是 CAD 竞赛参加者的重要参考资料。

本书在介绍理论知识的同时，紧密联系工程实例，强调操作技能的训练，突出解决实践问题能力的培养。

本书将工程设计的需求有机地和 AutoCAD 2020 绘图相结合，提出了平面图形的绘制和三维建模的理念。在介绍命令的同时，结合实际应用，分析比较其不同点，说明其最佳应用场合，真正做到让 AutoCAD 为设计思想服务。每章最后均附有大量丰富、有趣、生动的思考题与实践题，以供读者复习巩固之用。

本书结构新颖、语言简练、理实结合、案例丰富。

本书可作为本科院校、职业技术院校机械类、建筑类等计算机绘图教材，也可用做各类 CAD 竞赛指导或计算机绘图培训班教材，也可作为需要使用 AutoCAD 设计绘图的各类工程设计人员、施工及管理人员的参考资料。

图书在版编目(CIP)数据

AutoCAD 2020 应用教程/董祥国主编. 一南京：东南大学出版社，2020. 12（2024. 8 重印）

ISBN 978-7-5641-9401-7

Ⅰ. ①A… Ⅱ. ①董… Ⅲ. ①AutoCAD 软件一高等学校一教材 Ⅳ. ①TP391. 72

中国版本图书馆 CIP 数据核字(2020)第 270920 号

AutoCAD 2020 应用教程

主　　编：董祥国
出版发行：东南大学出版社
出 版 人：江建中
社　　址：南京市四牌楼 2 号(邮编：210096)
网　　址：http://www. seupress. com
策 划 人：李　玉
经　　销：全国各地新华书店
印　　刷：广东虎彩云印刷有限公司
开　　本：787 mm×1092 mm　1/16
印　　张：28. 75
字　　数：668 千字
印　　数：2801—3800 册
版　　次：2020 年 12 月第 1 版
印　　次：2024 年 8 月第 2 次印刷
书　　号：ISBN 978-7-5641-9401-7
定　　价：84. 60 元

前　言

计算机辅助设计与绘图，即通常所说的CAD(Computer Aided Design)，是计算机应用的一个重要分支。用计算机来进行设计绘图，具有速度快、效率高及绘图和设计精确等特点。CAD的应用领域非常广泛，遍及机械、建筑、电子、航空、造船、汽车和服装等各个领域。

图样是设计师的语言，是表达设计思想的重要载体，作为优秀的设计人员，应该能够将自己的设计方案用规范、美观的图样表达出来。AutoCAD作为一种开放式的交互绘图及设计软件，具有"线条精准，便捷高效，协作开放"的特点，一直深受广大用户的喜爱。目前，AutoCAD已广泛应用于工程设计领域，它能有效地帮助技术人员提高设计水平及工作效率，还能输出清晰、整洁的图纸。在信息化时代的今天，对从事工程设计的人员来说，熟悉并灵活运用计算机绘图，已成为必备的技能和要求，而AutoCAD就是你最好的选择。

在现代产品制造业，CAD技术意义深远，如把CAD技术与CAM技术相结合，可以将设计成果直接传送至生产单元，实现"无纸制造"，这不仅简化了产品制造过程，同时还可以避免许多人为错误。

在现代工程建筑业，CAD的应用渗透了建筑的各个领域，为建筑带来了全新的设计观念和决策手段。国内CAD技术，尤其是BIM技术在建筑工程中的应用，已经有了长足的发展。

工程师学用CAD是为了完成设计，而绘制工程图仅是一种表达手段，只占设计总时间的一小部分。但是，设计方案图或是装配总图，就要反复论证，这样的图形，是为了对设计师头脑中的结构进行几何模型(二维视图或三维模型)的构建和参数分析，包括结构、形状、位置、尺寸、配合、运动和动力等。在这种需求下，AutoCAD能圆满地胜任大部分工作。

AutoCAD的一大特点就是数据处理所提供的结果精度高(精确到小数点后8位)、数域范围宽，可进行精确绘图，因而所得图形数据结果可靠。用AutoCAD绘制的工程图打印输出后与传统的手工制图，从表面上看似乎一样，但两者有本质差别，AutoCAD图形中包含了精准的数据、良好的几何数据可提取性和可编辑性，这对产品设计、制造、检验和装配提供了准确的数据依据，如零件定位误差分析、装配图中运动件的极限位置干涉分析。同时也为企业数字化管理奠定了基础。AutoCAD 2020是AutoCAD系列软件的最新版本，在性能和功能两方面都有较大的增强和改进。

本书将工程设计和应用与 AutoCAD 2020 功能相结合，以绘制图样（图形）为目标，以 AutoCAD 为手段背景来进行组织和编写。本书共分 13 章，主要内容有：绘图环境的组织与优化，平面图形的绘制与编辑，几何关系的实现与几何参数的求解，面域创建与图案填充，文字标注与尺寸标注，项目的组织与管理，图纸布局与图形输出，机械图样与建筑图样的绘制，三维建模与实例。本书附录提供了三套竞赛试卷，是 CAD 竞赛参加者的重要参考资料。

本书在介绍理论知识的同时，紧密联系工程实例，强调操作技能的训练，突出解决实践问题能力的培养。

本书无论是对 AutoCAD 软件的初学者，还是对有过一定使用经验的技术人员来说都会带来良好的帮助。本书可作为本科院校、职业技术院校机械类、建筑类等专业计算机绘图教材，也可用做各类 CAD 竞赛指导或计算机绘图培训班教材，还可作为各类相关技术人员和自学者的学习和参考用书。

本书由东南大学董祥国任主编，南京高等职业技术学校潘婧和该校姬寓任副主编。第 1～2 章由东南大学陈建松编写，第 3～5 章由江苏省武进中等专业学校张娇编写，第 6～8 章由南京高等职业技术学校姬寓编写，第 9～10 章及三套竞赛试卷由董祥国编写，第 11～13 章由南京高等职业技术学校潘婧编写，全书由董祥国审稿、统稿。

在本书的编撰与出版过程中得到了领导、同事和朋友、家人的大力支持、帮助和关心，在此特向他们表示衷心的感谢。

东南大学出版社李玉老师对本书进行了深入细致的编审，向她表示衷心的感谢。

本书在编写过程中，参考了部分教材与著作，在此谨向文献的作者致谢。

限于编者水平，书中错误与不当之处难免，敬请广大同仁及读者不吝指正，在此谨先表谢忱。

编　者

2020.06

目　录

第 1 章

AutoCAD 2020 中文版使用基础

AutoCAD 的应用领域众多，使用普及，并不断向智能化、多元化发展，AutoCAD 2020 是适应当今科学技术的快速发展和用户需要而开发的面向现代信息技术的 CAD 软件，是一款功能强大、性能稳定的 CAD 系统。AutoCAD 2020 是支持真正 64 位的版本，意味着用户可以打开更大的图形，可以做更好的协作，可以完成更大的工程。

1.1 AutoCAD 2020 中文版功能要览

AutoCAD 是用于二维设计与绘图及三维设计与建模的系统工具，用户可以使用它来创建、浏览、管理、打印、输出、共享及准确重复使用富含信息的设计图形，并可方便地对三维对象进行渲染与动画处理。

1.1.1 二维设计与绘图

AutoCAD 2020 中文版（以下简称 AutoCAD 2020）的“绘图”功能面板或“绘图”工具栏中提供了丰富的图元实体绘制工具，用这些工具可以直接画出各种线条、圆与椭圆、圆弧与椭圆弧、矩形、正多边形、高阶样条曲线、螺旋线等。然而，真正体现该软件辅助设计强大功能的不仅是其二维绘图功能，更重要的是它的图形编辑、修改能力，“修改”功能面板或“修改”工具栏中提供了丰富的图形编辑工具，熟练掌握和灵活运用这些工具是高效绘图的核心，是平面设计绘图的基础。结合文字注释与尺寸标注工具和其他有关工具，可以设计和绘制出规范的工程图样。

1.1.2 三维设计与建模

AutoCAD 2020 具有较强的三维功能，它的“建模”工具提供了多种方法进行三维建模，用户可以直接调用柱、锥、球、环等基本体，也可以直接用“多段体”绘出三维图形；此外，将一些平面图形通过拉伸、扫掠、旋转、放样等手段构建三维对象。系统提供的“实体编辑”工具可方便地对三维模型进行编辑，利用网格和曲面工具可以进行复杂形状的产品造型设计。

1.1.3 尺寸标注与注释工具

工程图样都需要标注尺寸和注释，如机械图样的零件图上的表面粗糙度和技术要求；建筑图样的标高等。

在 AutoCAD 2020 的“标注”功能面板或“标注”菜单工具中提供了一套完整的尺寸标注与编辑命令，功能齐全完善，用户通过它们极其方便地标注各类尺寸，如线性尺寸、角度、直径、半径、坐标、公差、形位公差等。

AutoCAD 2020 文字创建功能得到了提升，使用非常方便，可以与 Word 媲美。在图中可以创建单行文字，也可以创建多行文字，同时文字的效果也可自定义。经过适当的尺寸和文字样式设置，可以使尺寸标注与文字注释完全符合各行业的国家制图标准。

1.1.4 渲染与动画

在 AutoCAD 2020 中，通过强大的可视化功能，应用“视觉样式”面板工具来控制 3D 模型的边缘，光照和阴影的显示；应用“可视化”选项卡为对象指定光源、场景、材质，并进行真实感渲染；使用 3D 查看、导航工具可以模拟在三维场景中漫游和飞行。

1.1.5 数据库管理功能

在 AutoCAD 2020 中，可以将图形对象与外部数据库中的数据进行关联，而这些数据库是由独立于 AutoCAD 的其他数据库管理系统（如 Access、Oracle、FoxPro 等）建立的。

1.1.6 Internet 功能

AutoCAD 2020 提供了极为强大的 Internet 工具，使设计者之间能够共享资源和信息，进行并行设计和协同设计。

AutoCAD 提供的 DWF 格式的文件，可以安全地在 Internet 发布。使用 Autodesk 公司提供的 WHIP 插件便可以在浏览器上浏览这种格式的图形。

1.1.7 输出与打印图形

AutoCAD 2020 能够将不同格式的图形导入进来或将 AutoCAD 图形文件以其他格式输出。AutoCAD 2020 具备以 Adobe® PDF 格式发布图形文件的功能。

在 AutoCAD 中，为了便于输出各种规格的图纸，系统提供了两种空间：一种称为模型空间，用户大部分的绘图和建模工作在该空间中完成；一种称为图纸（布局）空间，当用户在模型空间中绘制好图形后，进入图纸空间设置图纸规格、安排图纸布局等信息。AutoCAD 允许将所绘图形以两种空间的形式通过打印机或绘图仪输出。

1.1.8 AutoCAD 2020 主要增强功能

1. 智能命令行

命令行得到了增强，可以提供更智能、更高效的访问命令和系统变量。

- 搜索命令：不但可以按照命令的开头字母进行搜索，还可以搜索命令中间的字符，列出所有相关命令。

● 自动更正：如果命令输入错误，不会再显示“未知命令”，而是会自动更正成最接近且有效的 AutoCAD 命令。

● 自动适配：命令在最初建议列表中显示的顺序是基于通用客户的数据。当你继续使用 AutoCAD，命令的建议列表顺序将适应个体用户的使用习惯。命令使用数据存储在配置文件中并自动适应每个用户。

● 同义词建议：在命令行中输入一个词，如果在同义词列表中找到匹配的命令，它将返回该命令。例如，如果输入 Round，则 AutoCAD 会找到 FILLET 命令。

2. 文件选项卡

AutoCAD 2020 版本提供了图形文件选项卡，方便切换打开的文件或创建新文件。

● 如果选项卡上有一个锁定的图标，则表明该文件是以只读的方式打开的；如果有个冒号则表明自上一次保存后此文件被修改过。当你把光标移到文件标签上时，可以预览该图形的模型和布局。如果把光标移到预览图形上时，则相对应的模型或布局就会在图形区域临时显示出来，并且打印和发布工具在预览图中也是可用的。

● 文件选项卡是以文件打开的顺序来显示的，可以拖动选项卡来更改它们之间的位置。如果上面没有足够的空间来显示所有的文件选项卡，此时会在其右端出现一个浮动菜单来访问更多打开的文件。

● 文件选项卡的右键菜单可以新建、打开或关闭文件，包括可以关闭除所点击文件以外的其他所有已打开的文件；也可以复制文件的全路径到剪贴板或打开资源管理器并定位到该文件所在的目录。

● 显示或隐藏文件选项卡的方法：菜单“视图”功能区中的“图形选项卡”切换按钮。

3. 图层管理增强

● 图层名按照数字顺序排序。

● 图层合并：从图层列表中选择一个或多个图层，并将这些图层上的对象合并到另一个图层上去，同时被合并的图层将会自动被清理(purge)。

4. 外部参照增强

● 外部参照图形的线型和图层的显示：外部参照线型不再显示在功能区或属性选项板上的线型列表中，外部参照图层仍然会显示在功能区中以便控制它们的可见性，但它们已不在属性选项板中显示。

● 附着类型：通过双击“类型”列表改变外部参照的附着类型，在“附着”和“覆盖”之间切换。同时右键菜单中的一个新选项可以在同一时间对多个选择的外部参照改变外部参照类型。

● 参照路径：XREF 命令增加了一个新的 PATHTYPE 选项，能将外部参照路径更改为“绝对”或“相对”路径；也可以完全删除路径。

5. 超大点云

● AutoCAD 2020 的一个新模块 Autodesk ReCap(Reality Capture)增强了点云功能。

● 通过 Autodesk ReCap 可以获取点云投影(RCP)和 3D 扫描仪(RCS)中的点云数据导入到 AutoCAD。

● 从“插入”功能区选项卡的点云面板上的“附着”工具来选择点云文件。

6. 地理位置

可以将 DWG 图形与现实的实景地图结合在一起，利用 GPS 等定位方式直接定位到指定位置上去。

● AutoCAD 2020 与 Autodesk® AutoCAD® Map 3D 以及实时地图数据工具统一在同一坐标系库上。

● 通过 AutoCAD 的地理定位功能，可以把 Bing Map 作为地图插入到 AutoCAD 中，从而在更真实的环境中进行设计。

● 从“插入”功能区选项卡上选择“设置位置”工具，在图形中设置地理位置。可选择从一个地图中设置位置或通过选择一个 KML 或 KMZ 文件来完成。

7. DWG 比较功能

● DWG 比较功能的主要增强功能是，可以在比较状态下直接将当前图形与指定图形一起进行比较和编辑。比较在当前图形中进行。在当前图形或比较图形中所做的任何更改会动态比较并亮显。

● 为了便于在比较状态下直接编辑，此功能的选项和控件已从功能区移动到绘图区域顶部的固定工具栏。

8. 其他新增功能

其他新增功能主要有：

● AutoCAD 2020 包含了大量的绘图增强功能以帮助你更高效地完成绘图。

● 单行文字增强，它将维持其最后一次的对齐设置直到被改变注释增强。

● 在图纸集、打印样式、标注、图案填充和参数化绘图等方面都得到了增强。

● 读者可以进入欢迎界面，观看 AutoCAD 2020 中的主要增强功能的播放演示。

● 测量几何图形选项：快速测量，使用 MEASUREGEOM 命令的新“快速”选项，可以快速查看二维图形中的尺寸、距离和角度。

● “块”选项板中，从功能区可访问当前图形中可用块的库，并提供了两个新选项，即“最近使用的块”和“来自其他图形的块”。

● AutoCAD 2020 最大的特色就是只需将鼠标悬停在图纸上就可以在图纸中显示所有附近的测量值，另外可以在任何设备、桌面、Web 或移动设备上查看编辑和创建 AutoCAD 中的图形。此外 AutoCAD 2020 还新增了“DWG 比较”功能，用户可以在模型空间中亮显相同图形或不同图形的两个修订之间的差异。

1.2 本书中有关符号和操作的约定

为叙述和读者阅读方便，本书采用了一些符号来表示不同的含义，做如下约定：

1. 符号“→”：表示操作路径、操作顺序，如开/关“特性”窗口的操作：“视图”选项卡→“选项板”面板→单击

按钮。

2. 符号“↵”：表示按回车键或空格键(个例除外)。所有通过键盘输入的命令、选项或数据，均按该键给予确认。

3. 鼠标动作：(1) 左右键与 Windows 系统规范相同：如“左击”“右击”“双击”“拖动”。“单击”“点击”和“点”都指将光标移动到目标对象上按鼠标左键一下后松开；“拾取”指光标在视口的某一坐标点处，按鼠标左键一下后松开即可。(2) 中键“滚轮”的操作有：按下并移动鼠标称为“拖动中键”；推动滚轮向前或向后称为“前推”“后拉”。(3) 特别说明的是“悬停”是指把光标停留在目标(如实体图元、图标工具)上 2 秒以上。

4. 符号“【】”：用来标识功能键，如【F2】指键盘上的“F2”键。

5. 命令的操作流程均加底纹，并用小一号的楷体；需输入的命令、选项或数据等字符用黑体并带下划线，以示与系统提示相区别；命令提示所响应的操作用黑体字，以示为用户动作；圆括号内为注释。

6. 用键盘输入命令、选项或参数时，大小写字母没有区别。

7. 窗口操作：与 Windows 系统规范相同，本书不再赘述。

8. 为简洁起见，在命令流程中省去了部分与当前操作不相关的提示信息，请读者操作时注意对照。

1.3 AutoCAD 2020 工作界面

AutoCAD 2020 有三种基本工作空间的界面，供用户选择使用。各个工作空间界面看似区别很大，其实本质是相同的，各个工作空间的内部命令并没改变，只不过是命令组合的变化。在熟悉了一种空间后就可以很快熟悉另一种工作空间。

首次启动 AutoCAD 2020，将进入“草图与注释”工作空间，其应用程序界面如图 1-1 所示。

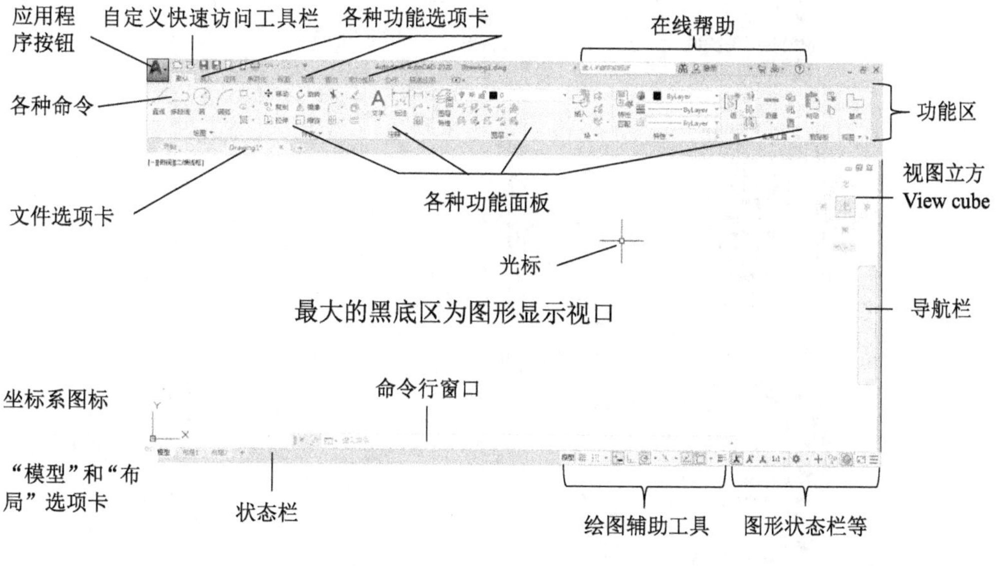

图 1-1 AutoCAD 2020“草图与注释”初启界面

默认的界面为暗底，本书为印刷清晰起见，将所有关于界面截图均改为明底，白色背景。

1.3.1 AutoCAD 2020 工作空间

工作空间是由分类组织的功能选项卡、菜单、工具栏和选项板组成的集合，使用户可以在专门的、面向任务的绘图环境中工作。使用工作空间时，只会显示与任务相关的功能选项卡、菜单、工具栏和选项板。此外，工作空间还可以自动显示功能区，即带有特定于任务的控制面板的特殊选项板。例如，在创建三维模型时，可以使用“三维模型”工作空间，其中仅包含与三维相关的功能选项卡、工具栏、菜单和选项板。三维建模不需要的命令项会被隐藏，使得用户的工作屏幕区域最大化。

1. 切换工作空间

AutoCAD 2020 提供了“草图与注释”“三维基础”和“三维建模”三种工作空间供用户选择。通过单击状态栏右下角处“切换工作空间”按钮，从弹出的快捷菜单中选择工作空间；也可以在标题栏上切换工作空间。

无论选择哪一种工作空间，用户都可以在日后对其进行更改，也可以自定义并保存自定义工作空间。

2. 创建或修改工作空间

用户可以创建自己的工作空间，还可以修改默认的工作空间。有下列方法：

● 将界面设置修改后可以保存下来或存为新的工作空间。操作方法是，单击状态栏的“切换工作空间”按钮→“将当前空间另存为”选项来创建或修改工作空间，参见图 1-2。另存为已有的空间名则为修改工作空间，另存为没有的空间名则为创建新工作空间。

● 若要进行更多的更改，可通过如图 1-2 所示的“自定义…”选项，从打开“自定义用户界面”对话框，如图 1-2 所示，从中进行界面设置，具体设置请查阅帮助文件。

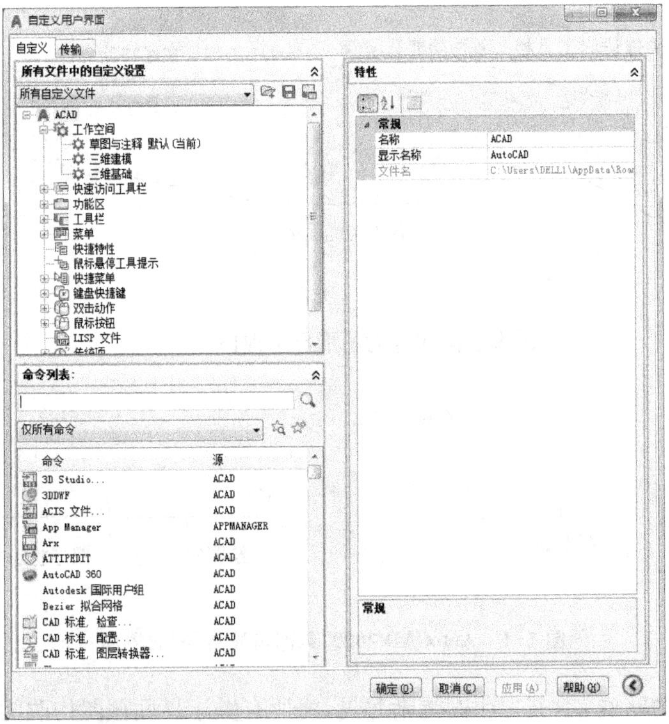

图 1-2 “自定义用户界面”对话框

3. 创建“AutoCAD 经典”工作空间

AutoCAD 2020 并没有提供“AutoCAD 经典”工作空间，对老用户来说，更习惯“AutoCAD 经典”工作空间。

创建“AutoCAD 经典”工作空间的具体步骤如下：

（1）显示菜单栏

单击“自定义快速访问工具栏”上工具 → 选择“显示菜单栏”，如图 1-3 所示。

图 1-3　显示菜单栏

（2）隐藏/显示功能区

下拉菜单“工具”→“选项板”→“功能区”→关闭功能区（开关操作）。

（3）调出工具条

下拉菜单“工具”→“工具栏”→“AutoCAD”→勾选“标准”“样式”“图层”“特性”“绘图”“修改”“绘图次序”等工具栏，如图 1-4 所示。

通过显示菜单栏、关闭功能区，调出工具条并拖放到经典界面位置，此时就形成了经典界面环境。

（4）保存当前工作空间为“经典界面”

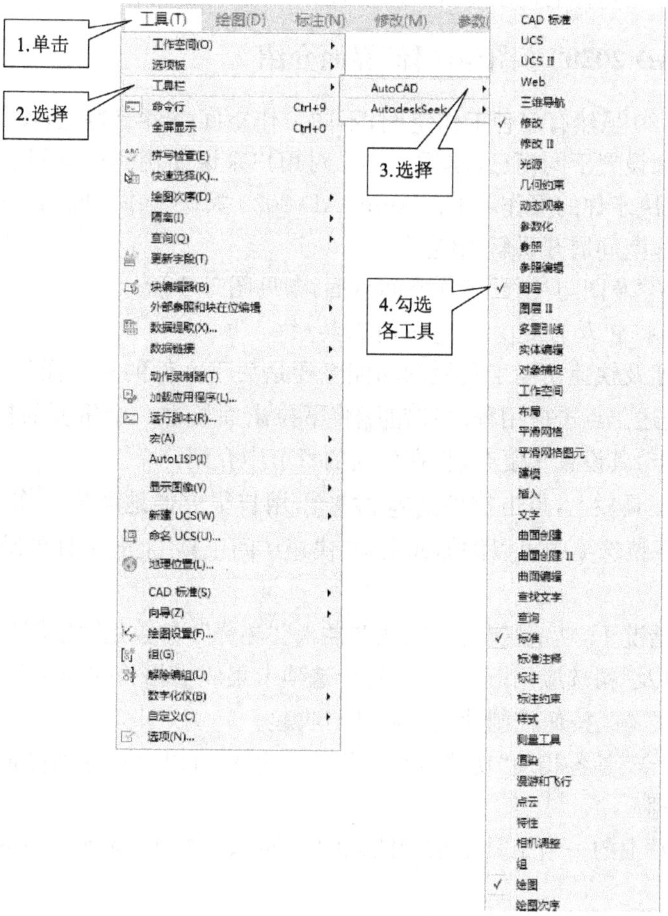

图 1-4　调出工具条

单击状态栏的“切换工作空间”按钮→从弹出的选项卡中选择“将当前工作空间另存为”→在弹出的“保存工作空间”对话框中输入“经典界面”，然后单击“保存”按钮，如图1-5所示。

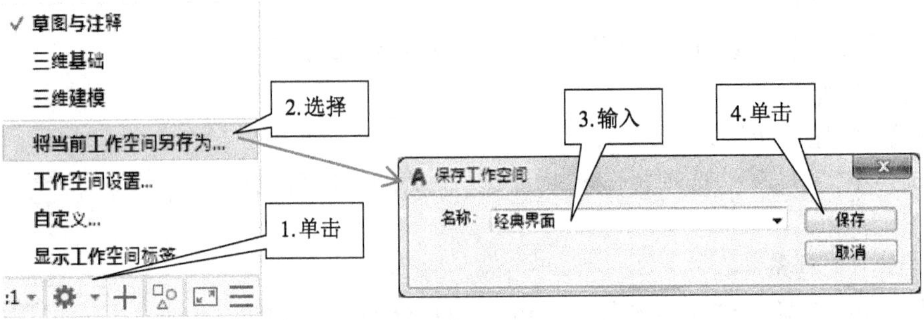

图 1-5　保存“经典界面”工作空间

从此你的 AutoCAD 2020 软件就有了一种“经典界面”空间，可随时进入。

关于工作空间的理解：工作空间是工程化、人性化的功能，不同项目、不同人员都有特定的、按个人喜好布置自己的工作场所的习惯，正如同私人的工作室布置一样。如果系统提供的工作空间不能满足你的需求，可以设置自己的个性化空间。

1.3.2　AutoCAD 2020“草图与注释”界面介绍

AutoCAD 2020 虽然有多种工作空间，不同工作空间也各有特点，操作上略有不同，但它们只不过是界面设置不同而已，本质一样。对用户来说使用哪种空间展开设计绘图效果是一样的，主要取决于你的操作习惯。AutoCAD 2020 默认工作空间为“草图与注释”，因此本书主要以此工作空间展开讲解和使用。

下面详细介绍“草图与注释”工作空间界面，参见图 1-1 所示。

1. 应用程序按钮及自定义快速访问工具栏

应用程序按钮及快速访问工具栏的功能主要是关于文件的有关操作，与其他应用程序相同，本书不再赘述。点击应用程序按钮将下拉出面板中一个重要的按钮，点击它将弹出“选项”选项卡，其设置很复杂，将在后面的章节中介绍。

在快速访问工具栏上，点击控件，用户很方便地切换工作空间；通过单击紧跟后工具，从下拉选项中可以添加或去除“快速访问工具”上的工具等操作。

2. 功能区

在系统默认情况下，功能区包括“默认”“插入”“注释”“参数化”“视图”“管理”“输出”“附加模块”“协作”以及“精选应用”选项卡。每个选项卡集成了相关的操作工具，用户可以单击功能区选项后面的按钮控制功能的展开与收起。

“功能区选项卡”是各相关“功能区面板”集合，用户可以对这些功能面板是否出现在功能区进行设置管理。

各“功能面板”上的一组工具是按功能来组织的，如“默认”选项卡中的“绘图”面板组织了各种绘图工具。

3. 文件选项卡

关于文件选项卡的作用及其操作已在 1.1.8 节中说明，请查看。

4. 视口空间及图形显示视口

界面中，中间最大的一片空白区域窗就是图形显示视口（默认情况下呈暗底白线），是为图形显示与观察图形服务的，用户所做的工作成果都可以在这里显示出来。该区域是一个无限大的三维空间，可以通过视图控件或视图导航和导航栏调整观察视角与距离，实现对图形的缩放、平移、旋转等观察。

● **视图控件**

此窗口的左上角提供了三个视图控件，点击它们将出现不同的选项板，如图 1-6 所示。它们可以控制视口的数量和切换 ViewCube 显示，选择已命名的或预设的视图，以及选择视觉样式。

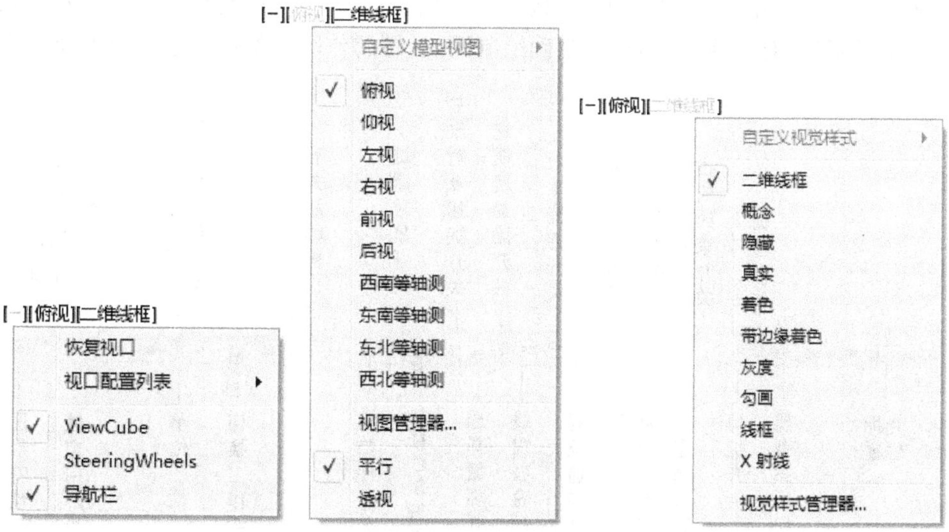

图 1-6　三个视图控件

● **视图立方与导航**

ViewCube（视图立方或视图导航）用来旋转图形的视图，可以从不同的视角查看视图。

利用右侧中部的导航栏，可提供 SteeringWheels（控制盘）平移和缩放工具以及其他绘图导航工具的访问。

● **坐标系**

坐标系图标通常位于窗口的左下角，称为 WCS 图标，显示坐标轴的正方向。

● **“模型”“布局”选项卡**

该窗口区域的左下角是一些控件，有“模型”“布局”选项卡，表示设计对象所处的模型空间和图纸空间（可以有多个），用户可以在这两个空间中切换。通常情况下，用户先在模型空间中设计制图，完成后进入图纸空间安排图纸布局并输出。

● **光标**

鼠标是 AutoCAD 的有力工具，用户可以通过鼠标进行使用命令、拾取一个点、选择对象、使用快捷菜单等各种操作，大部分的绘图工作是由鼠标来完成的。光标是鼠标指针的象征，在界面的不同区域和不同运行状态，光标所表现出的形状是不相同的，也表明了不同的含义，图 1-7 表示出了光标的常见形状和意义。

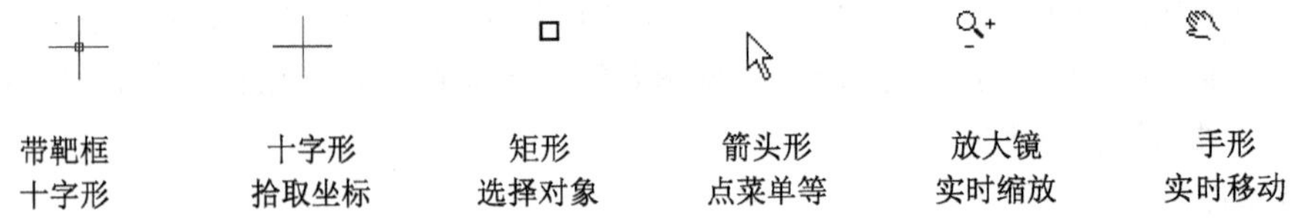

图 1-7　光标的常见形状与意义

5. 状态栏

通过自定义按钮，勾选所有工具，状态栏如图 1-8 所示。其上有很多信息和工具，有效灵活使用状态栏，对提高绘图效率、精确绘制图线、图解作图等都带来很大的帮助和便利。

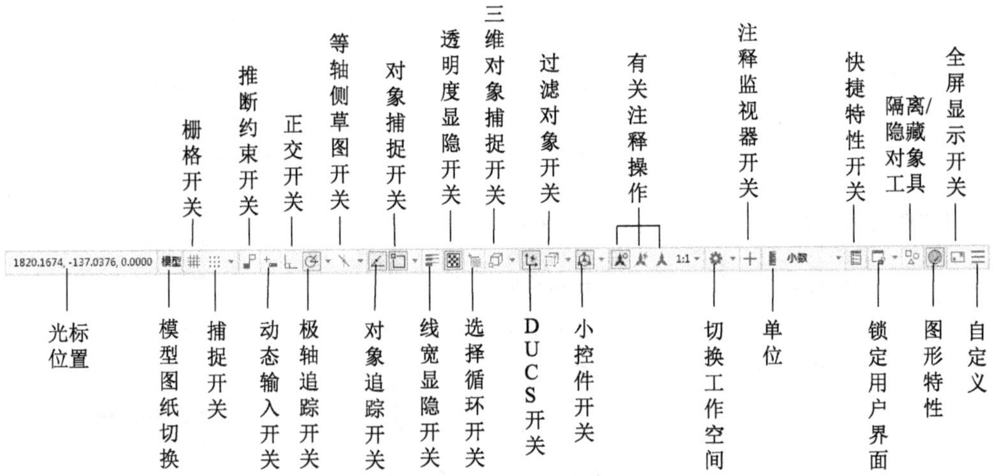

图 1-8　AutoCAD 2020 状态栏

● **光标位置**

当光标在图形显示窗口区时，该处显示了光标的坐标值，坐标值是针对当前坐标系的。读者不妨在图形显示窗口区移动光标，可以看到 X、Y 坐标随光标移动而变化，Z 坐标不变，如何理解呢？第一，绘制平面图形无须 Z 坐标的信息；其次，AutoCAD 能够在三维空间中绘图；最后，XOY 坐标面为水平面，Z 轴向上，则屏幕显示的是物体的俯视图，由图 1-6 视图控件即可看出。

● **绘图辅助工具**

状态栏中间的一组开关按钮，从“推断约束”到“注释监视器”(参见图 1-10)是绘图辅助工具。按下的按钮表示启用了该辅助工具，其中最重要的有三个：极轴、对象捕捉和对象追踪。关于它们的用法详见第 4 章。

● **模型或图纸工具**

模型按钮用于在模型空间和图纸空间切换。关于图形空间的意义、设置和作用详见第 11

章。通常情况下，在模型空间进行设计绘图和建模，在图纸空间进行布局出图。

● **图形状态栏**

图形状态栏位于状态栏的右侧部分，包括“注释比例”“注释可见性”和“自动缩放”三个按钮，其功能如下。

1:1 按钮：单击该按钮，将弹出一个快捷菜单，可以更改可注释对象的注释比例。

按钮：设置仅显示当前比例的可注释对象或显示所有比例的可注释对象。

按钮：设置注释比例更改时自动将比例添加至可注释对象。

● **配置工具**

配置工具也位于状态栏的右侧部分，包括“切换工作空间”“锁定”“硬件加速”和“应用程序状态栏菜单”四个按钮，其功能如下。

按钮：见图 1-5 的操作。

按钮：单击该按钮，将弹出一个快捷菜单，设置工具栏和窗口是处于固定状态还是处于浮动状态。

按钮：是否启用“硬件加速”和“使用自适应降级”功能。

按钮：单击该按钮，从将弹出的快捷菜单中对状态栏进行配置。

● **其他工具**

“隔离对象”按钮：从将弹出的快捷菜单中选择“暂时隐藏”或“恢复所有隐藏对象”。选择“暂时隐藏”操作时，系统提示“选择对象”，结果未被选中的对象将被隐藏。

“全屏显示”按钮：展开全屏显示或恢复图形显示区域。

6. 命令行

命令行显示绘图命令和系统提示信息。AutoCAD 的操作是一种交互方式，用户输入的任何命令以及大部分的系统响应和提示都显示在该窗口中(有些命令的响应是通过对话框形式完成的)。由此可见，用户通过该窗口与 AutoCAD 系统进行交流，窗口中的信息提示友好地告诉用户下一步的操作动作，同时也必须按窗口中的指示执行，否则将以失败而告终。因此，要对一个命令有充分的认识和深刻的领会，必须注视此窗口中提示信息，尤其对新手来说更是如此，要养成看提示信息的良好习惯。然而不少新手忽略了这点，按自己的思维定式来操作，甚至会出现同一个问题重复失败的情形，也不去阅读和分析命令提示信息，这是操作 AutoCAD 的陋习，必须改掉。

系统还提供了一个与命令行相似的文本窗口，只需用户按功能键【F2】，可进行图形窗口与文本窗口地来回切换。

在命令行上“右击”会弹出一个怎样的快捷菜单呢？请读者先试一下，以后在命令输入方法中会加以说明。

7. 菜单

AutoCAD 2020 提供了两种形式的菜单：下拉菜单和快捷菜单。

● **下拉菜单**

下拉菜单区里所出现的项目是 Windows 窗口特性功能与 AutoCAD 功能的综合体现。AutoCAD 2020 的下拉菜单如图 1-9 所示，分为十二组，几乎包括了 AutoCAD 中全部功能和命令，他们按功能不同被分配在不同的菜单组中，是应用程序调用命令的重要方式。

图 1-9　菜单栏

下拉菜单项名后圆括号内的字母，以及有不少菜单选项后圆括号内也有字母、小三角块“▶”或省略号“…”等，这些为何意？下面以“视图(V)”菜单为例对此做说明，见图 1-10。

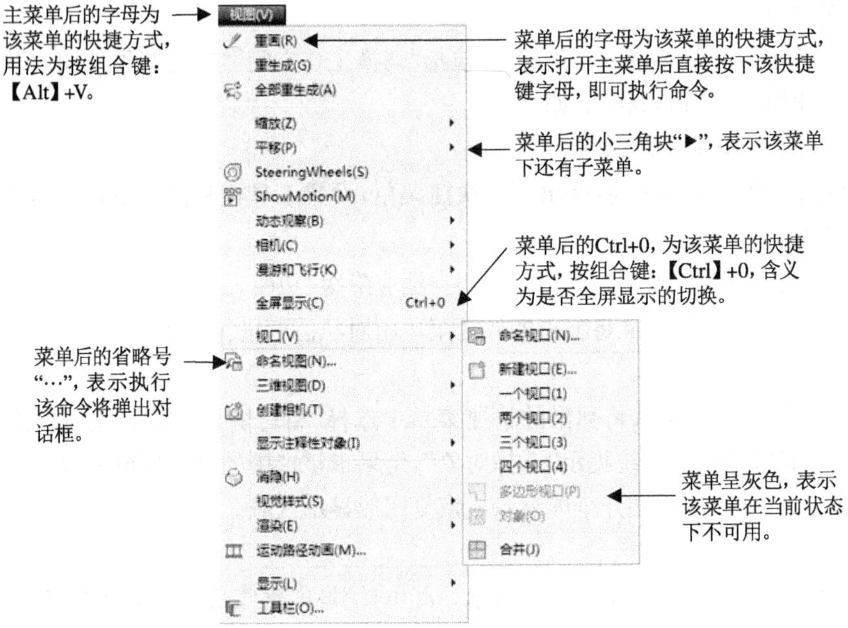

图 1-10　下拉菜单的特点与意义

● **快捷菜单**

快捷菜单又称为上下文跟踪菜单，在 AutoCAD 界面的不同区域或在命令执行过程中，“右击”鼠标都将会弹出与此相关的菜单。无处不在的快捷菜单给设计与绘图带来了极大的便利，利用它可快速、高效地工作。需要说明的是，对鼠标右键功能可以进行重新设置。图 1-11 示出了图形显示区域和执行 PLINE 命令过程中的快捷菜单。

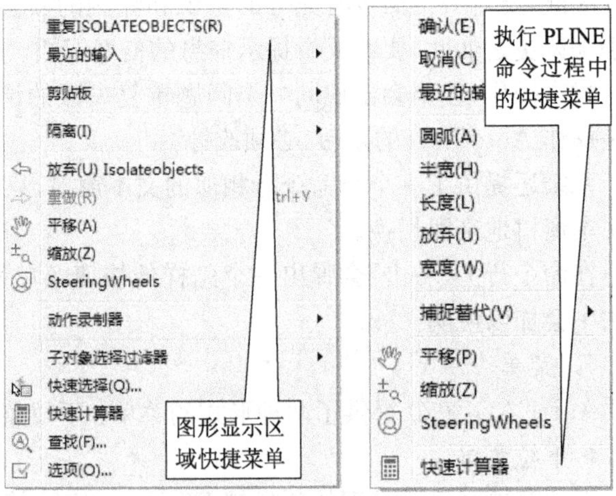

图 1-11　快捷菜单

1.4 AutoCAD 2020 操作基础

任何应用软件都有其自身的操作特点，AutoCAD 2020 也不例外。为有效学好该软件，首先要了解其操作风格，本节介绍 AutoCAD 2020 的一些基本操作。

1.4.1 功能键定义

利用功能键可以快速实现指定的操作。AutoCAD 2020 中预定义的部分功能键列于表 1-1 中。

表 1-1 功能键的定义

功能键	功　能
F1	获得帮助(HELP)
F2	实现图形显示窗口与文本窗口的切换
F3,【Ctrl】+F	对象捕捉功能的开关(OSNAP)
F4	三维对象捕捉功能的开关(TABLET)
F5,【Ctrl】+E	等轴测平面切换方式(ISOPLANE)
F6,【Ctrl】+D	允许/禁止动态 UCS 开关
F7	栅格显示开关(GRID)
F8,【Ctrl】+L	正交模式开关(ORTHO)
F9,【Ctrl】+B	栅格捕捉模式开关(SNAP)
F10,【Ctrl】+U	极轴启用开关
F11	对象追踪功能开关
F12	动态输入开关
【Ctrl】+【Shift】+I	推断约束开关
【Ctrl】+【Shift】+P	快捷特性开关
【Ctrl】+W	选择循环开关
【Ctrl】+T	数字化仪控制(TABLET)
【Ctrl】+O	打开文件
【Ctrl】+快捷键	用于某些命令的快捷方式
【Alt】+快捷键	用于菜单的快捷方式
【Shift】	连续选择文件或对象等
【Esc】	中断命令执行

1.4.2 命令的访问

命令是用户与 AutoCAD 之间进行交流的载体。用户通过输入命令，引导系统绘制或编辑图形。AutoCAD 2020 的命令分为一般命令和透明命令两类。

1. 命令访问方法

AutoCAD 命令的访问常采用以下几种方法：

● 命令按钮

在功能区中的选项卡上“单击”所需输入命令的图标按钮。该方法形象、直观、快捷，且便于鼠标操作，是绘图中最常用的命令输入方法。

● 下拉菜单

“单击”下拉菜单栏的所需项，该法需熟悉命令的归宿。

● 键盘输入

从键盘上输入命令名，并按空格键或回车键或“右击”确认。需说明的是，当状态栏上的动态输入功能启用时，从键盘中输入的命令信息会在十字光标的右下角信息框中和命令提示窗口中将同时显示出来。该法需记住命令名，然而 AutoCAD 2020 有命令浏览功能，同时很多常用命令都有快捷命令名，用户只需输入其快捷名即可，这给操作带来一些方便。

● 重复命令输入

用空格键、回车键和“右击”均可执行前次命令。对于重复执行某命令时，毫无疑问此法最为快捷，成为此类操作的首选，也望读者养成用此法输入重复命令的良好习惯。

● 历史命令

在命令行窗口内“右击”→从弹出的快捷菜单中选取“近期使用的命令”→“点击”所需命令（保存有最近使用过的六种命令）。

● 其他方法

AutoCAD 命令还可以从屏幕菜单和通过数字化仪菜单输入（不常用）。

2. 命令选项操作

激活的多数命令都将显示命令提示，如下面为 CIRCLE（画圆）命令的提示：

☼ 命令：CIRCLE↵
指定圆的圆心或［三点(3P)/两点(2P)/相切、相切、半径(T)］：拾取一点
指定圆的半径或［直径(D)］<50.0000>：60↵（圆的半径为 60）

命令说明如下：

指定圆的圆心：为该命令的默认项，可直接“拾取”一点作为回答。

<50.0000>：尖括号内 50.0000 表示默认选项的当前数据值，直接回车，则使用该值为圆的半径；要用新值需重新输入数据。

［三点(3P)/两点(2P)/相切、相切、半径(T)］：方括号内用“/”分隔的项为命令的其他选项，要选用这些选项应键入该选项开头的全部大写字母或其全称。

可以看出，使用命令包括三个内容：输入命令、命令选项、命令参数；确认响应用“↵”。

3. 命令的中断

在命令对话过程结束前，可随时按【Esc】键中断对话过程，重新显示“命令：”提示。

1.4.3　自定义快捷键

高手绘图是左手用键盘输入命令，右手操作鼠标，然而有些命令的名称字母离开左手较远不便于输入命令，此时可以为一些常用的命令专门定义他们的快捷键方式，这样有效地提高绘图效率。所谓快捷方式，是用一个或几个简单的字母来代替命令。

定义快捷键的方法是：单击“管理”选项卡→“自定义设置”面板→“编辑别名”；在弹出的“acad—记事本”文档中直接编辑，以定义命令的快捷键字母，如将“COPY”复制命令的快捷方式改为“CC”存盘，如图 1-12 所示，以后在命令行输入“CC”就是执行“COPY”命令。

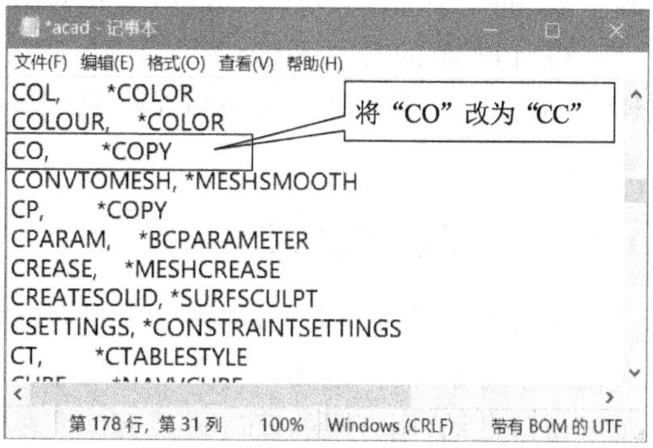

图 1-12　快捷键编辑程序文件

1.4.4　透明命令

部分 AutoCAD 命令允许在其他命令执行期间使用，这样的命令称为透明命令，透明命令执行完成后，继续执行被打断的命令。

1.4.5　命令的撤销与恢复

1. 撤销(UNDO)

在绘图、编辑等操作过程中，用 UNDO 命令来撤销已执行的命令，直至回退到最后一次存盘的状态。

2. 恢复(REDO)

REDO 命令用于恢复由 UNDO 命令撤销的操作。

1.5　图形显示控制

在 AutoCAD 绘制与编辑图形过程中，用户常常会调整图形的显示，或看图形的全局，或观察图形的局部，这些都需要对图形进行缩小显示、放大显示、平移等操作。

先介绍两个概念：视图与视口。所谓视图是指从用户观察的方向上所看到的图形及其显示效果。如对三维对象可从不同角度去观看，对平面图形而言只能是正视于图形，才能看到图形的真实形状。所谓视口，是指用户在屏幕上设置了多个窗口，用户可对每个窗口中所显示的视图进行显示设置。这些窗口就是视口，多视口观察对象的方法尤其适合于三维建模。本节只介绍视图显示控制的基本操作，其他内容在需要时说明。

1.5.1　视口的刷新

当将图形过分放大显示时，部分对象(如圆及其切线)会出现残缺显示(圆变成了多边形，切点分离）；线型重载后，可能还保持原样等等。这些都给用户绘图带来不利影响，为了消除这些“痕迹”，真实显示图形，让用户正常观察图形，AutoCAD 对此提供了“重画”和“重新生成”的处理命令（AutoCAD 所绘制的图形是矢量图，而不是所谓的图像）。

视口刷新的相关命令有：重画 REDRAW 或 REDRAWALL、重生成 REGEN 或 REGENALL。重画命令 REDRAW 只刷新当前视口，REDRAWALL 命令刷新所有视口，重生成命令与之类似。

1.5.2 缩放和平移视图

观察图形最多的需求是“缩放”与“平移”视图。“缩放”相当于现实生活中用广角镜和放大镜观察对象，而不是真正将图形的尺寸缩小或放大。“平移”可理解为反运动，即图形不动观察窗口在动，用有限的窗口去观察广袤的对象，如若要绘制一张 0 号图，电脑屏幕就显得小了，必须移动窗口以看清图的不同局部。因此“平移”视图，并不改变图形的位置。以后有关图形显示控制的操作都具有不改变图形的大小和位置的特性。

AutoCAD 提供了 ZOOM、PAN 命令来完成视图显示的缩放和平移观察功能。在 AutoCAD 中有 11 种缩放方法和 6 种平移方法。

1. 命令访问

① 命令行：输入 ZOOM 或 PAN

② 菜单：视图(V)→缩放(Z)或平移(P)→各子菜单（见图 1-13）

③ 鼠标动作：“推拉”滚轮为缩放，“拖动中键”为平移

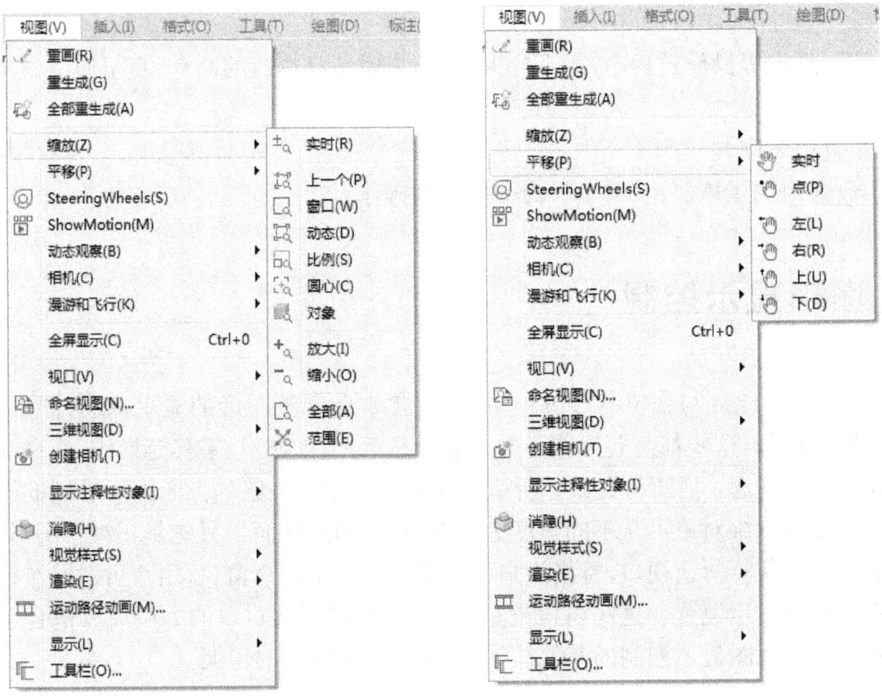

图 1-13　缩放和平移菜单

2. 命令提示

● **ZOOM 命令**

☼ 命令：**ZOOM**↵
指定窗口的角点，输入比例因子(nX 或 nXP)，或者
[全部(A)/中心(C)/动态(D)/范围(E)/上一个(P)/比例(S)/窗口(W)/对象(O)]＜实时＞：
(按【Esc】或【Enter】键退出，或单击右键显示快捷菜单)

3. 选项说明

● 实时，对应的工具：缩放当前图形窗口，拖动鼠标向上或向左移动放大视图，拖动鼠标向下或向右移动缩小视图。

● 指定窗口的角点，对应的工具：放大一个由两个对角点所确定的矩形区域。

● 输入比例因子(nX 或 nXP)，对应的工具：该命令以当前视口中心作为中心点，并且依据输入的相关参数值进行缩放。输入值必须是下列三类之一：输入不带任何后缀的数值，表示相对于图限缩放图形；数值后跟字母 X，表示相对于当前视图进行缩放；数值后跟 XP，表示相对于图纸空间单位(通常是毫米或英寸)放大图形。

● 全部(A)，对应的工具：在当前视口中显示整个图形，其大小取决于图限设置或有效绘图区域，这是由于用户可能没有设置图限或有些图形超出了绘图区域。

● 中心(C)，对应的工具：指定一中心点，将该点作为视口中图形显示的中心。在随后的提示中，要求给出缩放系数或高度，AutoCAD 根据给定的缩放系数(nX)或欲显示的高度进行缩放。

● 动态(D)，对应的工具：动态缩放时，系统显示一个平移观察框，用户可以拖动它到适当的位置并"单击"，此时出现一向右的箭头来调整观察框的大小。如果再"单击"，还可以重新移动观察框。确认后，系统将全视口显示选定的图形区域。

● 范围(E)，对应的工具：将图形在当前视口内最大限度地显示出来。

● 上一个(P)，对应的工具：恢复当前视口内上一次显示的图形，最多可恢复 10 次。

● 比例(S)，对应的工具：将当前视口中心作为中心点，根据输入的比例值显示图形。对模型空间，比例系数后加 X，对图纸空间，比例系数后加 XP。

● 窗口(W)，对应的工具：放大一个由两个对角点所确定的矩形区域。

● 对象(O)，对应的工具：尽可能大地显示一个或多个选定的对象，并使之位于视口的中心。

利用平移 PAN 命令，对应的工具，可以移动图形，以便让用户观察图形的其他部分。另外，导航栏中提供了两个平移和范围缩放工具。

1.6 图形文件管理

建立新的图形文件、打开已有的图形文件、保存文件等操作是图形文件管理的常用操作。另外还包括特殊的输出图形文件及加密图形文件等操作。

1.6.1 新建文件 NEW

NEW 命令用于创建新的图形文件，开始绘制新图。新建文件有以下六种途径：

① 应用程序按钮：单击→→

② 菜单：文件(F)→新建(N)

③ 工具：

④ 文件选项卡：单击“＋”卡签或在其右击菜单中选择

⑤ 命令：NEW

⑥ 组合键：【Ctrl】＋N

执行该命令后，系统将弹出如图 1-14 所示的“选择样板”对话框。

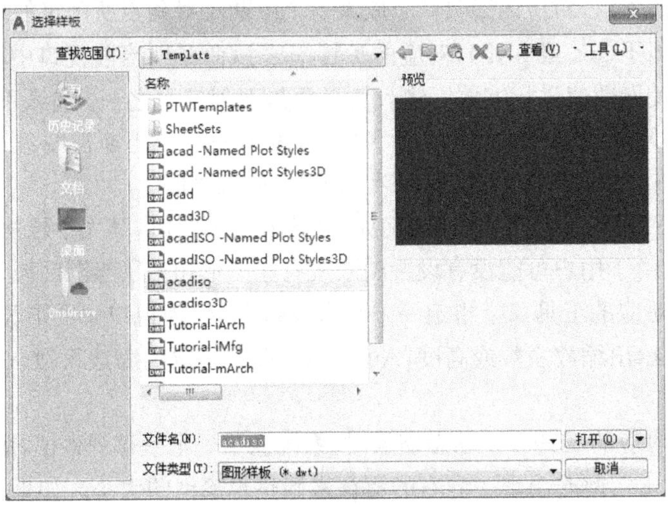

图 1-14 “选择样板”对话框

在其中选择某个合适的样板文件，单击 打开(O) 按钮，即可以该样板为基础创建一个新图形文件。样板文件主要定义了图形的输出布局和标题栏、单位制等。用户可以创建自己的样板文件，以满足本单位或某项目的需要。单击后面的按钮，让用户选择采用无样板公制或无样板英制新建文件。

1.6.2 打开文件 OPEN

OPEN 命令用于打开已存在的图形文件。打开文件有以下五种途径：

① 菜单：文件(F)→打开(O)

② 工具：“快捷”工具→

③ 应用程序按钮：单击→打开

④ 命令：OPEN

⑤ 组合键：【Ctrl】＋O

执行该命令后，系统弹出如图 1-15 所示的“选择文件”对话框。

在该对话框中可以同时打开多个文件。按住【Ctrl】键选择要打开的文件，按住【Shift】

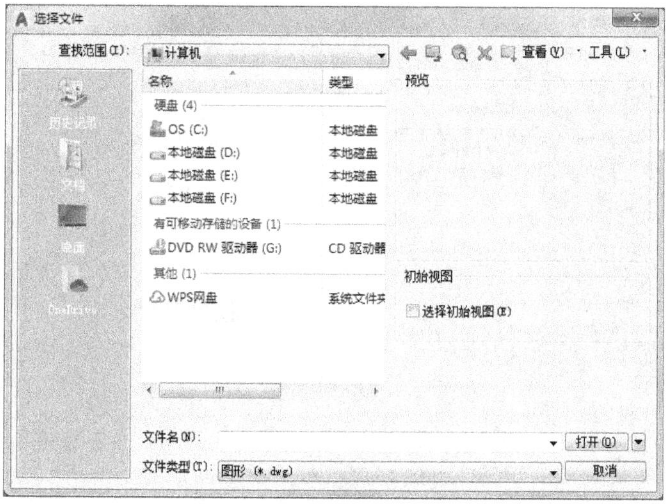

图 1-15 “选择文件”的对话框

键连续选中多个文件(与 Windows 选择文件的操作完全相同),单击 打开(O) 按钮即可。

以只读方式打开文件,单击▾按钮,选中“以只读方式打开”后,此时不能修改被打开的文件。

1.6.3 保存文件

绘图完成后应保存已绘制的图形,在绘图过程中也应随时保存图形,以免因死机、掉电等意外事故使图形丢失。下面介绍在不同情况下保存图形文件的方法。

1. 保存新建文件

① 菜单:文件(F)→保存(S)或另存为(A)

② 命令:SAVE 或 SAVE AS

③ 工具:“快捷”工具→ 或

④ 应用程序按钮:单击 →保存或另存为

⑤ 组合键:【Ctrl】+S 或【Shift】+【Ctrl】+S

执行该命令后,如果第一次执行保存操作,将弹出如图 1-16 所示的“图形另存为”对话框,在“保存于”下拉列表框中指定文件的保存路径,在“文件名”下拉列表框中输入要保存的文件名称,在“文件类型”下拉列表框中选择要保存文件的类型,然后单击 保存(S) 按钮即将其保存到指定的文件夹中。

如果已经保存了某个图形文件,再次执行保存命令时,系统不进行任何提示,直接将图形以当前文件名保存到已经保存过的文件夹中。若对文件未取名,系统将以“Drawing”加上序号作为预设的文件名存盘。

如果要将修改后的文件另存为一个文件,请选择下拉菜单“文件(F)→另存为(A)”或键入命令“SAVE AS”,然后再在打开的对话框中进行另存为操作。

2. 保存编辑后的文件

保存编辑后的文件一般是通过单击“快捷”工具中的 按钮(即执行 QSAVE 命令)或按

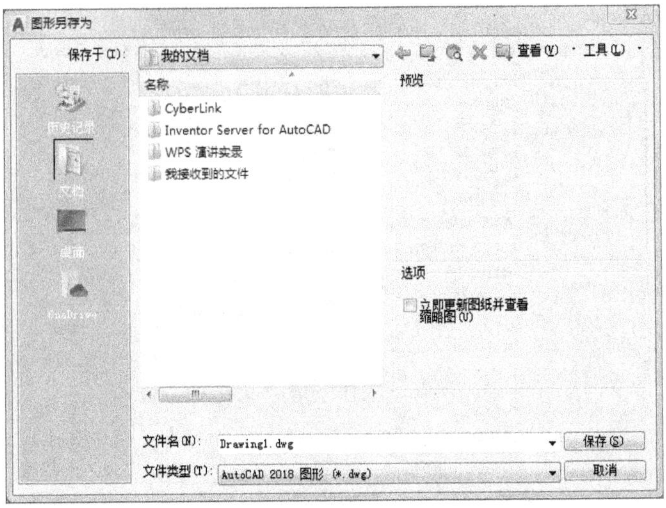

图 1-16 “图形另存为”对话框

组合键【Ctrl】+S 来进行保存。如果图形从未保存过，相当于执行 SAVE 命令，AutoCAD 会提示用户为图形命名存盘；如果图形已被保存过，执行 QSAVE 命令就会按原文件名和文件路径存盘而不再有任何提示。

3. 保存为模板文件

在 AutoCAD 中可以将图形保存为模板文件，以便以后以此为模板创建新文件。具体操作步骤如下：

(1) 执行保存或另存为操作，打开“图形另存为”对话框。

(2) 在“保存于”下拉列表框中指定模板文件的保存路径，在“文件名”下拉列表框中输入要保存的文件名称，在“文件类型”下拉列表框中选择“AutoCAD 图形样板(*.dwt)”选项，单击 保存(S) 按钮即可。

4. 保存为其他版本的文件

AutoCAD 2020 默认保存文件的格式是“AutoCAD 2018 图形(*.dwg)”，即默认保存为 AutoCAD 2018 以后版本都能识别的文件。由于高版本的 AutoCAD 可以打开低版本的文件(反之不行)，因此，在 AutoCAD 2020 中，系统还允许用户将文件保存为 AutoCAD 2013、AutoCAD 2007 等格式的.dwg、.dxf 等类型的文件，以供低版本的 AutoCAD 软件编辑使用。具体步骤如下：

(1) 执行保存或另存为操作，打开“图形另存为”对话框，见图 1-16。

(2) 单击对话框右上角处的下拉列表按钮工具(L) ▾，选择“选项”将弹出“另存为选项”对话框。

(3) 在“DWG 选项”选项卡的“所有图形另存为”下拉列表框中选择欲保存的文件类型，以后即可默认保存低版本的 AutoCAD 文件，如图 1-17 所示。

5. 自动保存正在编辑的文件

使用 AutoCAD 的自动保存功能不仅可保证文档不会被轻易损坏，还可免去常常单击按钮 保存文件的麻烦。具体步骤如下：

（1）应用程序按钮：单击▲→右下角按钮 选项，打开“选项”对话框，选中“打开和保存”选项卡。

（2）在对话框的“文件安全措施”区，选中☑自动保存(U)复选项，并于下面的文本框中输入自动保存的时间间隔，默认为 10 分钟，如图 1-18 所示。设置自动保存间隔时间后，当间隔时长达到设置的间隔时间时，系统便会自动保存当前正在编辑的文件。当遇到意外情况时，重新启动 AutoCAD 后便可以从自动保存的临时文件夹中找回文件。临时文件夹的路径请在该对话框的“文件”选项卡查找。

（3）单击 确定 按钮，关闭“选项”对话框。

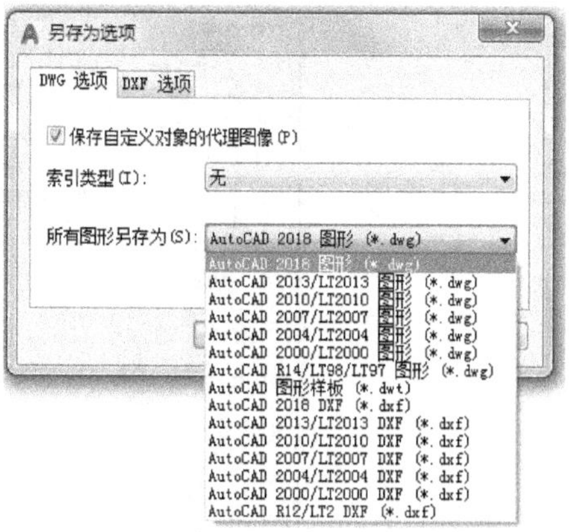

图 1-17　设置保存低版本的文件

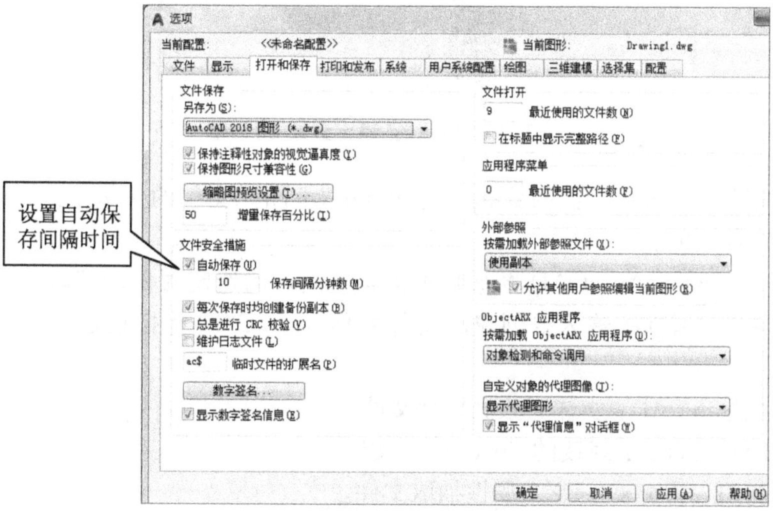

图 1-18　设置自动保存间隔时间

1.6.4　输出文件数据 EXPORT

EXPORT 命令用于将编辑的当前文件转换成其他格式的文件数据，供其他应用软件读取。AutoCAD 2020 提供了多种输出格式，如. 3ds. wmf. eps 等格式的文件。

在 AutoCAD 2020 中，输出为其他格式文件有以下三种途径：

① 应用程序按钮：单击▲→输出

② 菜单：文件(F)→输出(E)

③ 命令：EXPORT

执行该命令后，系统打开如图 1-19 所示的“输出数据”对话框，在该对话框中的“文件类型”下拉列表框中可以选择不同的文件格式。

由图 1-19 可知，在 AutoCAD 2020 中可以输出的文件格式主要有以下几种：

图 1-19　所示的“输出数据”对话框

● 图元文件(＊.wmf)：此格式是一种 Windows 图元文件的矢量格式，该文件格式是 Windows 程序通用的。

● ACIS(＊.sat)：AutoCAD 将忽略非实体或面域的选定对象，并弹出“创建 ACIS 文件”对话框，在该对话框中输入要创建的文件名称，AutoCAD 将把选定对象输出为 ASCII 文件。

● 平版印刷(＊.stl)：实体对象立体画文件。

● 封装 PS(＊.eps)：封装的 PostScript 文件。

● DXX 提取(＊.dxx)：DXX 属性抽取文件。

● 位图(＊.bmp)：位图文件，可供图像处理软件调用。

● 3D Studio(＊.3ds)：3D Studio MAX 可接受的格式文件。

● 块(＊.dwg)：AutoCAD 图形块文件，可供不同版本 CAD 软件调用。

1.6.5　关闭文件

绘制编辑好当前图形文件后，应将其保存关闭。关闭文件的操作有以下五种途径：

① 菜单：文件(F)→关闭(C)

② 命令：CLOSE

③ 应用程序按钮：单击→关闭

④ 菜单栏：点击最右端的

⑤ 组合键：【Ctrl】＋F4

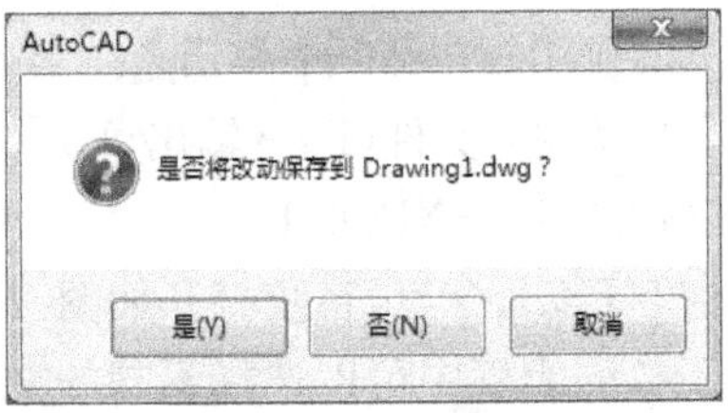

图 1-20　提示对话框

关闭尚未保存过的文件时，将弹出如图 1-20 所示的提示对话框，询问用户是否保存改动的图形文件。单击按钮 是(Y) 表示保存更改并关闭该文件；单击按钮 取消 表示不保存更改并关闭该文件；单击按钮 否(N) 表示取消关闭操作。

1.7 文件名说明

AutoCAD 软件是由一组程序或文件组成的，其主要文件类型有：

ACAD. exe　主执行文件。

ACAD. mnu　菜单文件，编译后为 ACAD. Mnx。

ACAD. hlp　帮助文件。

ACAD. lin　线库文件，定义如点画线、虚线等线型数据。

ACAD. pat　图案文件，定义如剖面线等图案。

＊＊＊. dwt　样板文件，一般作为原图的初始化电子图纸用。

＊＊＊. dws　标准文件，该文件是一个存放符合工程设计惯例的图形文件，用于确保工程中的所有图形使用统一的标注样式。与样板文件的区别在于，该文件在其图形的生命期内始终与设定的标准相一致。

＊＊＊. dwg　图形文件，记录 AutoCAD 所绘制图形的文件。

＊＊＊. drv　各种设备的驱动文件。

＊＊＊. dxf　图形交换文件，记录 AutoCAD 图形信息的数据文件，它可以实现图形与数据文件的相互转化，该格式已成为 CAD 软件间数据转换的通用格式。

＊＊＊. dlg　描述对话框结构的文件。

＊＊＊. lsp　用 AutoLISP 语言编写的程序文件。

＊＊＊. shx　编译后的各种字体文件或形文件(形是一种用短矢量绘制并用专门格式定义和存储的命名子图形或字符，用户可对其进行调用)，其源文件对应为＊＊＊. shp。

＊＊＊. las：图层状态。

＊＊＊. scr：脚本文件，它是每行包含一个命令的文本文件。

＊＊＊. arg：配置文件，例如，用户将设置的绘图环境保存到配置文件中，以便其他用户可以共享该文件。

＊＊＊. wmf：图层状态。

1.8 获得帮助

在 AutoCAD 中，用户可以随时随地获得帮助信息，获得帮助途径如下：

① 信息中心：在菜单栏上，在信息框中搜索关键字或键入问题

② 菜单：帮助(H)

③ 按钮：

④ 功能键：F1

⑤ 命令：HELP

⑥ 对话框中单击 帮助 按钮或问号 ? 按钮

1.9 思考与实践

思考题

1. 简述 AutoCAD 的应用领域。

2. AutoCAD 2020 的“草图与注释”工作界面包括哪几部分？它们的主要功能是什么？

3. AutoCAD 2020 的“三维建模”工作界面的主要功能是什么？

4. 如何打开和关闭工具栏？

实践题

1. AutoCAD 2020 提供了一些示例图形文件(位于 AutoCAD 2020 安装目录下的 Sample 子目录)，打开并浏览这些图形，试着将某些图形文件保存到自己的文件夹中。

2. 打开默认的 AutoCAD 2020 软件，在“快速访问工具栏”上添加其他工具，同时将之显示在功能区的下方；将底色更改为其他颜色后再恢复缺省色。

3. 进入“草图与注释”空间，并在该空间中将菜单栏显示在界面中，同时将“功能区”隐藏，调出“绘图”工具栏和“修改”工具栏。

4. 试创建“AutoCAD 经典”空间。

第2章

绘图流程与环境设置

AutoCAD是绘制图形的高效工具，不同于仪器绘图，有它的规矩以及绘图操作流程，与不同行业的图形没有关系。

AutoCAD绘图的流程为：建立一张新图→电子图纸设置→分析与绘制图形→尺寸标注与文字注释→图纸布局与出图→存储图形和退出。

2.1 平面图形绘制流程

AutoCAD绘图的基本流程如下：

1. 建立一张新图

用“NEW”命令，开始一张新图的绘制。

2. 电子图纸概念与设置

AutoCAD 2020的绘图视口必须通过一系列的设置后，方能成为一张可供反复使用的电子图纸(样板图)。其设置内容包括：图形尺寸的度量单位及精度、绘图区域的大小、各类线型及其所处图层、文字样式、尺寸标注样式、布局与出图等。初次绘图时，一般应根据我国现行的制图标准，按A4—A0的图幅格式和要求进行相关的设置。

3. 分析与绘制图形

所谓平面图形分析是指：①分析平面图形中所注尺寸的作用，确定组成平面图形的各个几何图形的形状、大小和相互位置；②结合尺寸数值，确定组成平面图形的各线段的性质，并明确其画法。总之，通过分析，搞清尺寸与图形之间的对应关系，并通过对平面图形的尺寸分析，确定画图顺序。

● 平面图形中尺寸的作用

平面图形中的尺寸可根据其作用不同，分为定形尺寸和定位尺寸两类。分别用来表示几何图形形状大小和各个几何图形的相对位置。

● 平面图形中线段的性质

平面图形中的线段可按其所注的定形、定位尺寸分为已知线段、中间线段和连接线段三类。

通常一个图形中包含两类性质的线条，即定位线和轮廓线。定位线常以点画线绘制，轮廓线以粗实线绘制。绘图时，一般先绘制定位点画线，再绘制轮廓粗实线。对于轮廓线的绘制顺序是：先绘制已知线段，然后绘制中间线段，最后绘制连接线段。

4. 尺寸标注与文字注释

正确、齐全、清晰、合理地标注出图中尺寸，注写必要的文字说明。

5. 布局与出图

为交流和组织图纸需要，通常需要对图形进行布局和发布，详见第 11 章图形输出。

6. 存储图形和退出

绘制图形后，需要保存到磁盘中，并退出 AutoCAD。

2.2 平面图形分析

图 2-1 所示为启瓶盖扳手的外形轮廓和小孔及其所注的尺寸。现以图中的圆弧为例来分析它们的性质类型。

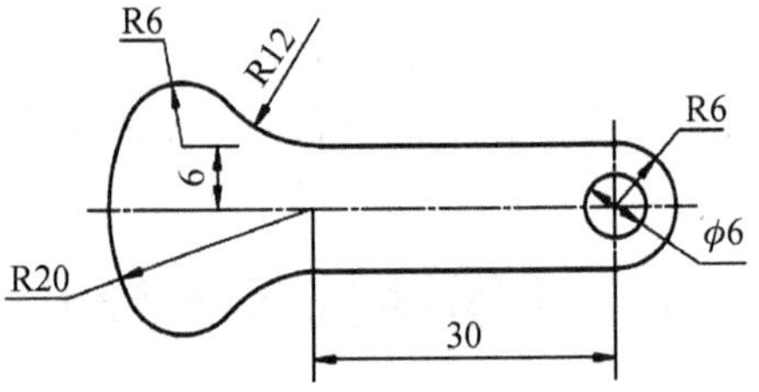

图 2-1　平面图形分析

已知弧：注有完全的定形尺寸和定位尺寸，即给出了圆弧半径 R 大小和圆心的两个坐标共三个尺寸的圆弧为已知圆弧，如图 2-1 中的 R20、Φ6 和右边的 R6。

中间弧：只给出定形尺寸和一个定位尺寸，即给出圆弧半径 R 和圆心的一个坐标两个尺寸，需利用它与相连的已知线段相切的条件求出圆心的另一个坐标方能画出的圆弧称为中间弧，如图 2-1 中的左边的 R6。

连接弧：只给出定形尺寸，没有定位尺寸，即只给出圆弧半径 R 一个尺寸，需利用它与相连两个已知线段都相切的条件求出圆心的两个定位尺寸后方能画出的圆弧称为连接弧，如图 2-1 中的 R12。也有的弧没有给出定形和定位尺寸，而是利用它与相连三个已知线段的几何关系条件求出。

对于直线段也可以做类似的分析。

由上面的分析可知，在画平面图形时，必须首先画出已知线段，其次画出中间线段，最后画出连接线段。

2.3 电子图纸基本设置

与手工仪器绘图类似，计算机绘图也要选择图纸大小、所用线型、尺寸单位等。这就使得在绘图前应先制定一张电子图纸，因此需进行一些基本设置。

2.3.1 设置图限 LIMITS

AutoCAD 2020 的图形显示区可视为一张无穷大的图纸，所以要规划绘图区，即设定图限(可以理解为图幅)。AutoCAD 提供了 LIMITS 命令来设置图形界限，图形界限就是绘图的范围，相当于手工仪器绘图时图纸的大小。设定合适的绘图界限，有利于确定图形绘制的大小、比例、图形之间的距离，有利于检查图形是否超出“图框”。

1. 命令访问

① 菜单：格式(O)→图形界限(I)

② 命令：LIMITS

2. 命令提示

☼ 命令：**LIMITS**↵
指定左下角点或 [开(ON)/关(OFF)] <0.0000,0.0000>：↵
指定右上角点 <420.0000,297.0000>：↵**(设置了一张 A3 图纸)**

3. 选项说明

● 指定左下角点：定义图形界限的左下角点。

● 指定右上角点：定义图形界限的右上角点。两角点的区域即为图限。

● 开(ON)：打开图形界限检查。如果打开图形界限检查，系统不接受图限之外的点输入。但对具体的情况，检查方式有所不同，如画线，如果有任何一点在图限之外，均无法绘制该线；对圆、文字来说，只要圆心、文字起点在图限内即可；对编辑命令，拾取图形对象的点不受限制。

● 关(OFF)：关闭图形界限检查。

【例 1】 设置竖放 A4 图幅(210×297)的图纸边界。

设置步骤如下：

(1) 选择菜单“格式”→“图形界限”命令，发出 LIMITS 命令。

(2) 对应于提示，输入左下角坐标(0,0)和右上坐标(210,297)。

(3) 执行 ZOOM 命令，以选项 A 或 E 响应。用此命令的目的是使所设置的图幅全屏显示，以便绘图与观察。

2.3.2 设置度量单位及精度 UNITS

对任何图形而言，总有其大小、精度以及采用的单位。在 AutoCAD 中绘图时，使用的是图形单位，与真实的单位对应，它可以是毫米、米、千米、英寸、英尺等。

1. 命令访问

① 菜单：格式(O)→单位(U)→“图形单位”对话框

② 命令：UNITS(或 DDUNITS)

执行该命令后，系统弹出如图 2-2 所示“图形

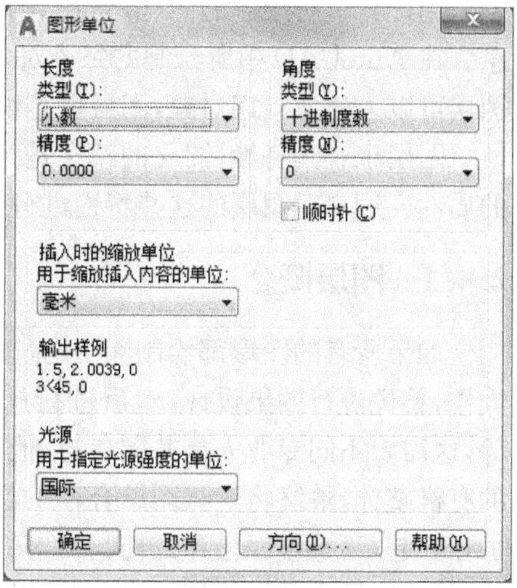

图 2-2 “图形单位”对话框

单位”对话框。

2. 选项说明

借助于“图形单位”对话框，用户可设置长度与角度的类型与精度。AutoCAD 数据的精度很高，可以精确到小数点后 8 位，所以说 AutoCAD 具有线条精准、设计精确的优点。

● “插入时的缩放单位”选项

在该选项中，“用于缩放插入内容的单位”下拉列表框主要用于定义插入到当前图形中的块和图形的测量单位，如果块或图形创建时使用的单位与该下拉列表框中指定的单位不同，则在插入这些块或图形时，将对其按比例缩放。插入比例是源块或图形使用的单位与目标图形使用的单位之比。如果插入块时不按指定的单位缩放，选择“无单位”选项。当源块或目标图形中的“插入比例”设置为“无单位”时，将调用 OPTIONS 命令→“选项”对话框→“用户系统配置”选项卡中的“插入比例”选项组中“源内容单位”和“目标图形单位”中所设置的单位。

● “输出样例”选项：示意设置后的长度和角度单位格式。

● “光源”选项：指定光源强度的单位。

单击 方向(D)... 按钮，弹出如图 2-3 所示“方向控制”对话框。

在该对话框中，用户可以设定基准角度方向，默认 0°为东(右)的方向。如果勾选“其他”单选框，此时下面的“拾取角度”和“输入”角度项被启用，用户可以单击拾取按钮，系统自动进入绘图界面，拾取两点作为 0°方向，或在文本框中直接键入数值来指定 0°方向。

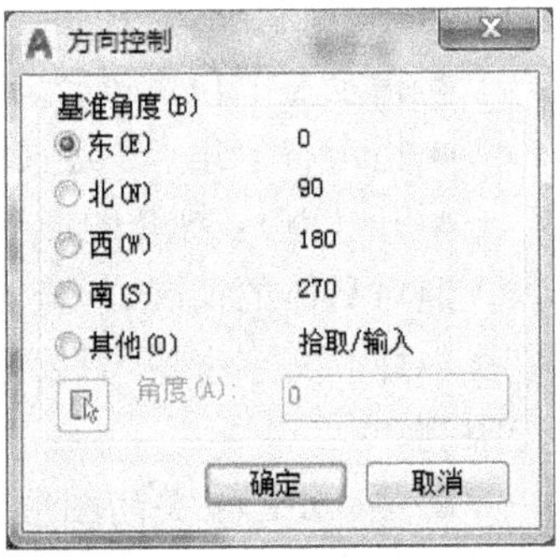

图 2-3 “方向控制”对话框

2.4 图层与图形特性

用计算机所绘制的图样，常用颜色、线型、线宽给图线赋予不同的含义，传递非几何信息。在 AutoCAD 中所绘制的每个对象都具有图层，颜色、线型以及线宽等基本特性。通过图层可以方便地管理对象，图层也是组织项目的需要。

图层也有其特性，图层的特性是指图层的颜色、线型、线宽、打印样式、可打印性等图层的属性。用户对图层的这些特性进行了设置后，该图层上的对象的特性就会随之发生改变。

2.4.1 图层概念

如果所有的图形都绘制在“一张图纸”中，在多数场合下会感到不方便。例如，设计一幢大楼，首先进行效果设计，然后进行施工设计和结构设计，接下来进行水暖布置、动力布置等，这需要不同专业人员共同参与，他们有各自的设计图样，然而都需要相互参照，形成统一的有机整体，最终将这些图结合在一起。若能在多张透明的图纸上绘制各自的图样，然后叠加在一起，不是很轻松和方便吗?！又如，在机械图样中主要包括粗实线、细实线、点画线、虚线、尺寸以及文字说明等元素，也可以将它们放置于不同的图层上。可见用图层来管理这些对象，不仅能使图形的各种信息清晰、有序，便于观察，而且也给图形绘制与编辑带来很大的便利。

图层是计算机绘图的一个重要特性，我们可以把图层理解为没有厚度的透明纸，可以把图形的不同部分画在不同的透明纸上，最终将这些透明纸叠加在一起就是一张完整的图形。AutoCAD 2020 增强了图层管理功能，对图层可以设定颜色和可采用的线型，并可打开或关闭、冻结或解冻、锁定或解锁、过滤等操作控制，以及将图层进行合并。

图层具有以下特征：

● 每个图层都有一个名字。

● 图层的数量没有限制。

● 每一层都有确定的线型、颜色和线宽。

● 同一层中所有对象都有相同的状态(可见或不可见)。

● 所有图层具有相同的坐标系、绘图界限、显示时的缩放倍数。用户可以对位于不同图层上的对象同时进行编辑操作。

● 在一个时刻有且仅有一个图层被设置为当前层，用实体绘图命令建立的对象，被放在当前层上。

2.4.2 使用图层

对图层的设置与使用一般通过如图 2-4 所示的“图层特性管理器”对话框来完成，调用“图层特性管理器”有以下四种途径：

① 功能区：“默认”选项卡→“图层”面板→“图层特性”工具

② 菜单：格式(O)→图层(L)

③ 工具：“图层”工具栏→

④ 命令：LAYER

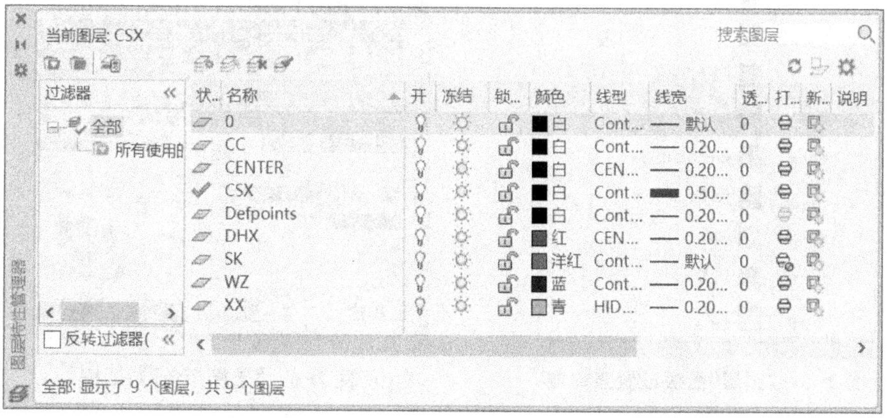

图 2-4 “图层特性管理器”对话框

图层特性管理器，显示了图形中图层的列表及其特性，需要注意的是，AutoCAD 自动创建一个图层名为“0”的层，该图层是不能删除或更名的，它含有与图形块有关的一些特殊变量。

1. 创建新图层

在图 2-4 所示的“图层特性管理器”对话框中，单击“新建图层”按钮，在图层列表中将出现一个名为“图层 1”的新图层，出现在当前选定的图层下面，并继承其特性(颜色、开或关状态、线宽等)，继而新图层“图层 1”处于选定状态，因此可以立即对其特性进行设置。

单击“新建图层”按钮，也可以创建一个新图层，只是该层被冻结。

图层的状态对所有视口有效。

2. 删除图层

如果某个图层不需要了，则可以将其删除，其操作步骤如下：

(1) 选中欲删除的图层。

(2) 单击“图层特性管理器”对话框中的“删除图层”按钮。

需要说明的是，只能删除未被参照的图层。参照的图层包括 0 图层和 DEFPOINTS 图层、包含对象(包括块定义中的对象)的图层、当前图层以及依赖外部参照的图层；局部打开图形中的图层也被视为已参照并且不能删除。注意如果绘制的是共享工程中的图形或是基于一组图层标准的图形，删除图层时要小心。

3. 设置当前绘图图层

AutoCAD 只能在当前图层上创建和编辑对象，因此要设置当前层，当前层在图层列表的状态栏图标成为。

设置当前绘图图层有以下三种方法：

(1) 在图层列表中选中欲置为当前的图层，单击对话框中的“置为当前”按钮即可。

(2) 在“图层特性管理器”对话框的图层列表中双击欲置为当前的图层。

(3) 在“图层”功能面板的图层下拉列表中直接选择欲置为当前的图层，如图 2-5 所示。

(4) 用“将对象的图层置为当前”工具，然后选择对象，则该对象所属的图层被置为当前图层，反之亦然。

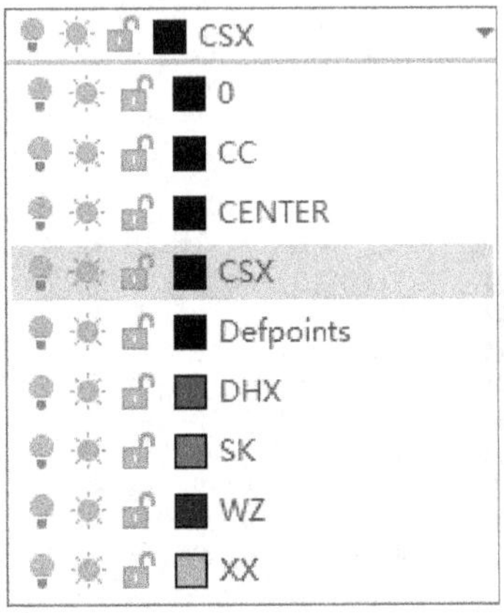

图 2-5 “图层”面板设置当前层

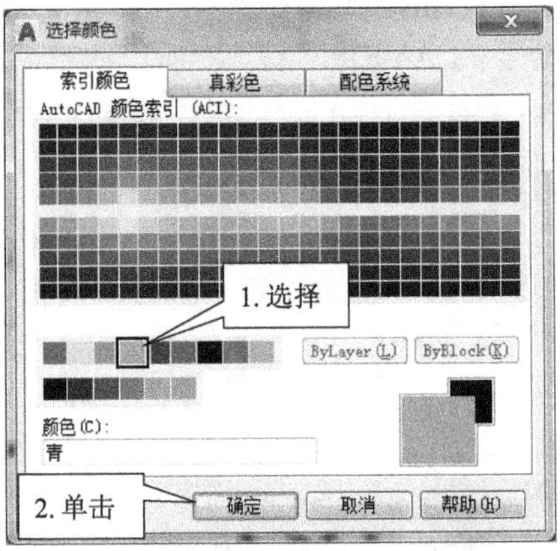

图 2-6 “选择颜色”对话框

2.4.3 设置图层颜色

颜色在计算机绘图中具有非常重要的作用，每一个图层都具有一定的颜色，通常将各图层设置为不同的颜色。

设置图层颜色的具体操作步骤如下：

(1) 在“图层特性管理器”对话框中，单击图层列表中图层所在行的颜色特性图标，此时系统将打开“选择颜色”对话框，如图 2-6 所示。

(2) 在“选择颜色”对话框，可以使用“索引颜色”“真彩色”和“配色系统”三个选项卡为图层选择颜色。

(3) 单击按钮 确定 ，完成图层的颜色设置。

2.4.4 设置图层线宽

我国对工程图样中的图线是有国家标准(GB/T4457.4—2002)要求的，标准中规定了九种图线宽度，应按图样的类型和尺寸大小在下列数列中选择：0.13 mm、0.18 mm、0.25 mm、0.35 mm、0.5 mm、0.7 mm、1 mm、1.4 mm、2 mm。工程图样上所用图线的宽度分粗线、中粗线、中线和细线四种，它们的宽度之比为 1∶0.7∶0.5∶0.25。一般来说，粗线和中粗线宜在 0.2 mm～2 mm 之间选取。建筑图样上，通常采用四种线宽(参见“建筑制图统一标准 GB50104—2010”)；机械图样上采用粗细两种线宽，其比例关系是 1∶0.5。

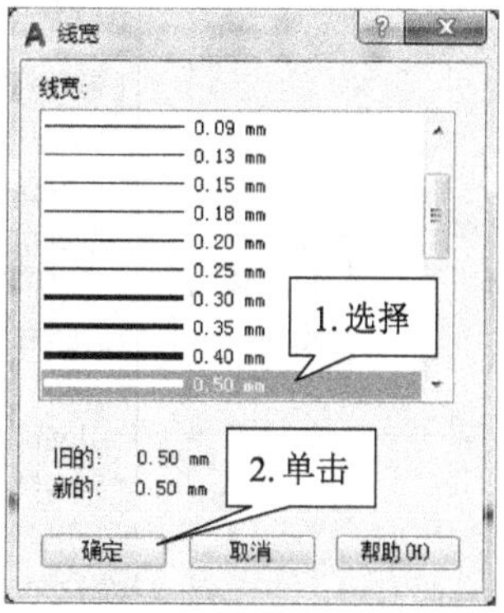

图 2-7 “线宽”对话框

线宽特性可在“图层特性管理器”对话框中设置。具体操作步骤如下：

(1) 单击图层列表中图层所在行的“线宽”列，此时系统将打开如图 2-7 所示的“线宽”对话框。

(2) 在“线宽”对话框的列表中选择线宽，单击按钮 确定 完成线宽设置。

2.4.5 设置图层线型

图形是由不同线型组成的，在工程制图中，不同性质的图线需要以不同线型绘制，由此可见线型的重要性。

在 AutoCAD 中，系统提供了大量的非连续线型，如虚线、点画线等。然而系统默认的线型只是 Continuous 线型，要改变线型，就需要重新设置图层的线型特性。现以点画线为例说明设置图层线型具体操作的步骤如下：

(1) 单击图层列表中图层所在行的“线型”列，如图 2-8 所示。

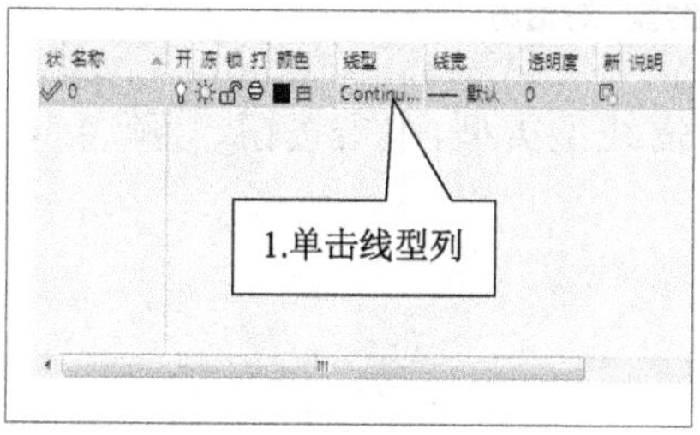

图 2-8 设置图层线型

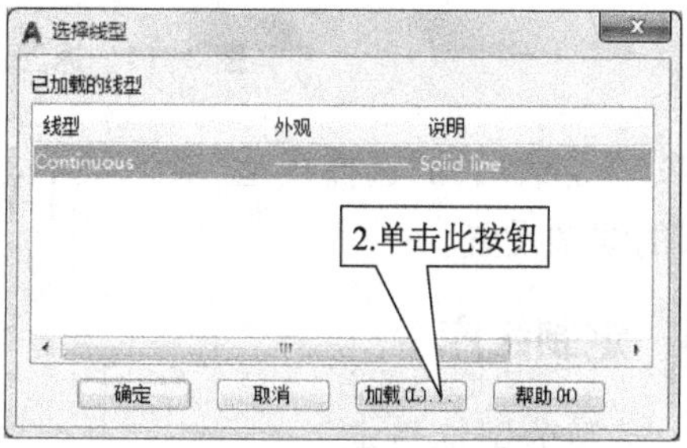

图 2-9 “选择线型”对话框

(2) 在出现如图 2-9 所示的“选择线型”对话框，在“已加载的线型”列表中选定所需线型。然而目前只有一种线型，不能满足绘图需求，因此要进行下一步的加载线型的操作。

(3) 单击按钮 加载(L)... ，系统将打开如图 2-10 所示的“加载或重载线型”对话框，该对话框包含了 AutoCAD 线库文件中的所有线型，选定所需线型后，单击 确定 按钮，AutoCAD 返回“选择线型”对话框，此时在“选择线型”对话框中即显示了新加载的线型，如图 2-11 所示。

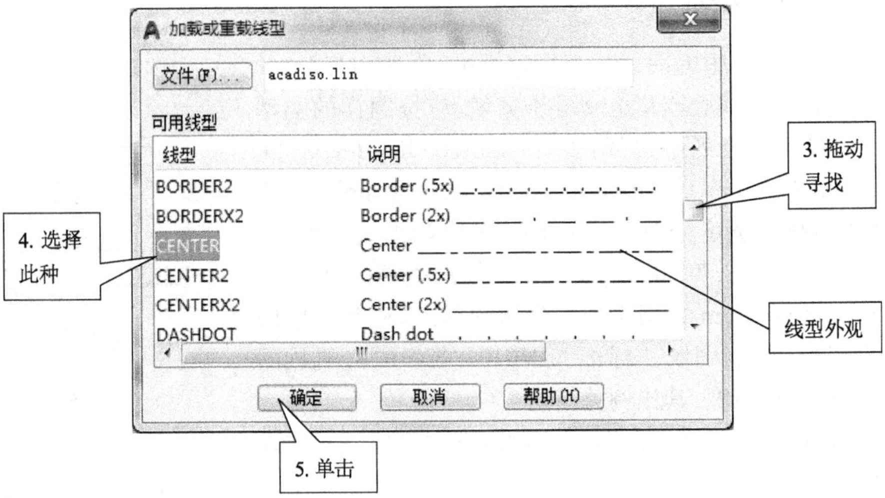

图 2-10　对“加载或重载线型”对话框的操作

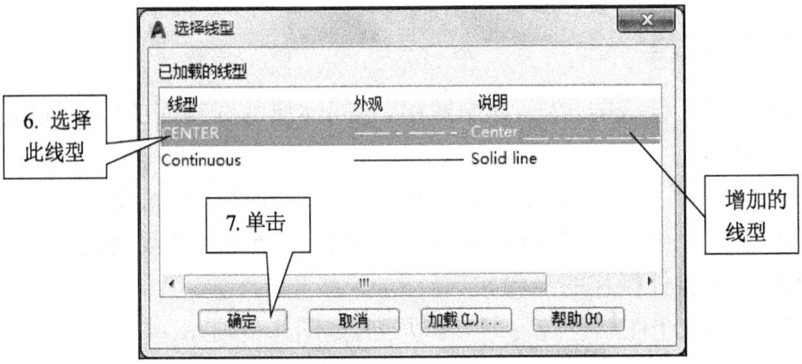

图 2-11　返回的“选择线型”对话框

(4) 在加载后的“选择线型”对话框中，选中所需线型类型，单击按钮 确定 ，即完成对图层的线型设置。

2.4.6　定制线库

1. 线型的国标规定

我国图线标准《机械制图　图样画法　图线》(GB/T 4457.4—2002)作为技术制图标准之一，于 2002 年 9 月 6 日发布，2003 年 4 月 1 日实施，此标准更适合 CAD 工程绘图。标准中规定了 15 种基本线型，需要时可查国标。

机械图样中常用的线型名称、型式、图线宽度见表 2-1。

表 2-1　机械图样线型规格及应用

图线名称	线型	线宽	主要应用
粗实线		b	可见轮廓线
细实线		b/2	尺寸线与尺寸界线，剖面线，引出线，螺纹的牙底线，重合断面的轮廓线
细虚线	3~4　1	b/2	不可见轮廓线
细点画线	12~15　3	b/2	轴线，对称线，中心线，齿轮的节圆
粗点画线		b	有特殊要求的表面表示线
细双点画线	12~15　5	b/2	相邻件的轮廓线，极限位置轮廓线，假想投影轮廓线，中断线
细波浪线		b/2	断裂处的边界线，视图和剖视的分界线
细双折线		b/2	断裂处的边界线

建筑图样中常用的线型名称、型式、图线宽度见表 2-2[参见《建筑制图标准》(GB/T 50104—2010)]。

表 2-2　建筑图样线型规格及应用

图线名称		线型	线宽	主要应用
实线	粗		b	1. 平、剖面图中被剖切的主要建筑构造(包括构配件)的轮廓线 2. 建筑立面图或室内立面图的外轮廓线 3. 建筑构造详图中被剖切的主要部分的轮廓线 4. 建筑构配件详图中的外轮廓线 5. 平、立、剖面的剖切符号
	中粗		0.7b	1. 平、剖面图中被剖切的次要建筑构造(包括构配件)的轮廓线 2. 建筑平、立、剖面图中建筑构配件的轮廓线 3. 建筑构造详图及建筑构配件详图中的一般轮廓线
	中		b/2	小于 0.7b 的图形线、尺寸线、尺寸界限、索引符号、标高符号、详图材料做法引出线、粉刷线、保温层线、地面、墙面的高差分界线等
	细		b/4	图例填充线、家具线、纹样线等

（续表）

图线名称		线型	线宽	主要应用
虚线	中粗		0.7b	1. 建筑构造详图及建筑构配件不可见的轮廓线 2. 平面图中的梁式起重机(吊车)轮廓线 3. 拟建、扩建建筑物轮廓线
	中		b/2	投影线、小于 0.5b 的不可见轮廓线
	细		b/4	图例填充线、家具线
点画线	粗		b	起重机(吊车)轨道线
	细		b/4	中心线、对称线、定位轴线
双点画线	粗		b	预应力钢筋线
	细		b/4	原有结构的轮廓线
折断线	细		b/4	部分省略表示时的断开界线
波浪线	细		b/4	1. 部分省略表示时的断开界线，曲线形构间断开界限 2. 构造层次的断开界限

2. 线库文件

AutoCAD 虽然提供了大量的线型，然而非连续线与实线不同，其外观受图形尺寸的影响较大，不能满足我国图线标准。图 2-12 为加载“CENTER”后所绘制的点画线，通过对其测量所标注的尺寸可以看出，该点画线不满足我国国标。

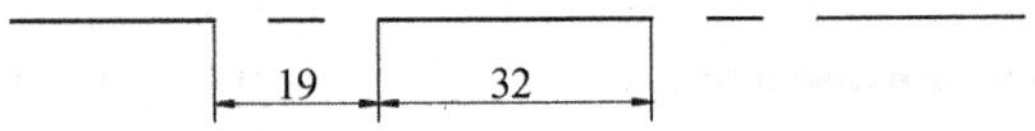

图 2-12 默认加载的点画线

为何会出现这种规格的点画线呢？请看图 2-11“加载或重载线型”对话框的顶部，有个按钮 文件(F)... ，及文本框中有“acadiso. lin”文件名。原来，AutoCAD 中的线型包含在线型库定义文件“acadiso. lin”中。

AutoCAD 提供了两个定义线型库文件，另一个的文件名是“acad. lin”。通常在英制测量系统下，使用线型库定义文件“acad. lin”；在公制测量系统下，使用线型库定义文件“acadiso. lin”。

单击图 2-11“加载或重载线型”对话框中的 文件(F)... 按钮，在打开的“选择线型文件”对话框中选择不同的线库文件，如图 2-13 所示。

3. 重定义线库文件

线型库文件是个用写字板编写的文本程序，可以用写字板将其打开并进行编辑。重定义线库文件具体操作步骤如下：

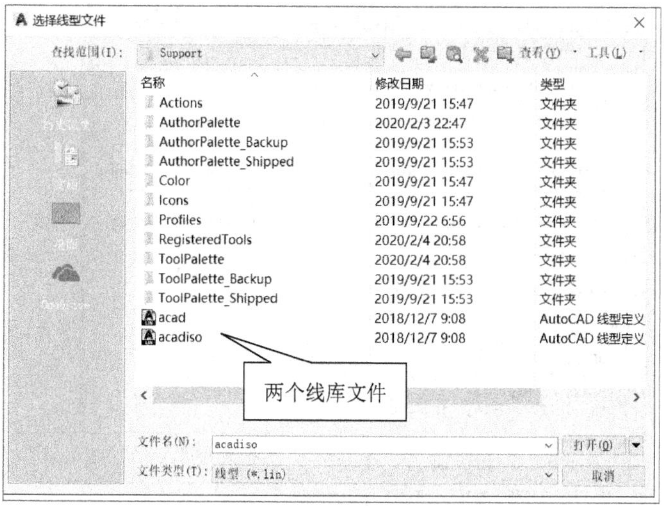

图 2-13 “选择线型文件”对话框

(1) 找到线库文件的位置。AutoCAD 2020 的两个线库文件都在“Support”文件夹中，需说明的是，不同计算机系统，其路径是不同的。进入此文件夹，可以发现有两个线库文件，右击某一线库文件，此处选择“acadiso”，从弹出的快捷菜单中选择“打开方式”为记事本，如图 2-14 所示。

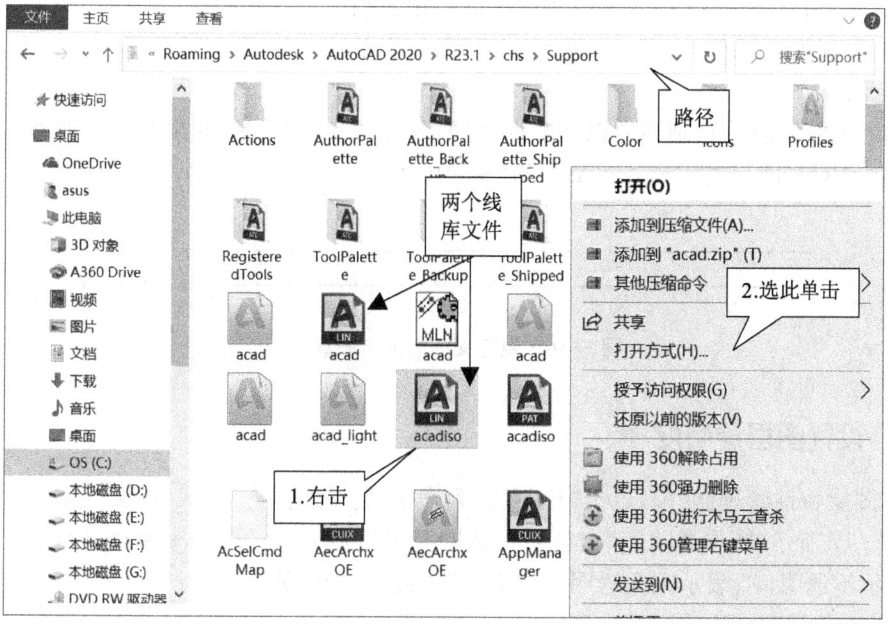

图 2-14 选一线库文件

(2) 从弹出的“打开方式”对话框中，双击“记事本”，将打开文件“acadiso. lin”，如图 2-15 所示。

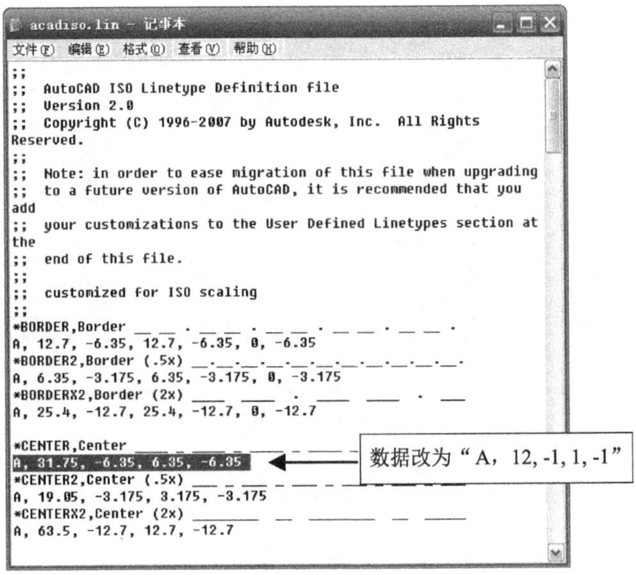

图 2-15　重定义线型数据

AutoCAD 用此方法定义线型，要遵循线型定义的语法规定，用户借此可定义任意线型。从中可以看出名为“＊CENTER，Center”定义为“A，31.75，－6.35，6.35，－6.35”。一组的意义为：正数表示画出线，数值大小即为画线长度；负数表示空开不画出线，数值大小即为空开距离，所以图 2-12 所示的点画线按此数据绘制。

(3) 修改数据：将“＊CENTER，Center”的定义数据改为“A，12，－1，1，－1”。

(4) 保存文件。

重新加载线型后，点画线即以新数据画线，如图 2-16 所示。如果此时点画线的外观未变，请执行“REGEN”或“REGENALL”命令即可。

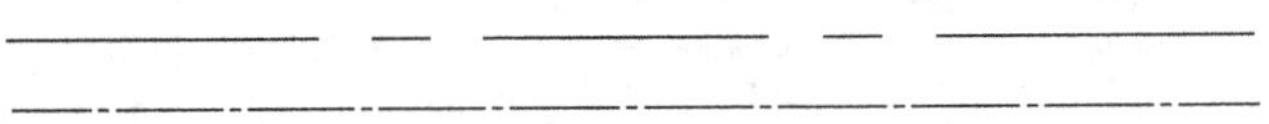

图 2-16　重定义前后的点画线对比

2.4.7　设置图层透明度

在“图层特性管理器”中，点击“透明度”列表下透明度值显示如图 2-17 所示“图层透明度”对话框。透明度可以设置 0～90，0 表示不透明，90 表示完全透明。如果该图层设为 90，则该图层中的对象都完全透明而看不到它们。

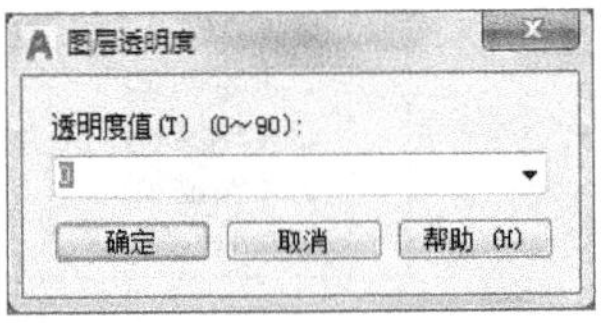

图 2-17　“图层透明度”对话框

2.4.8　管理图层

对图层的管理熟悉与否，直接影响到绘图的效率。图层的管理工作主要是通过如图2-4

所示的“图层特性管理器”对话框进行的。在 AutoCAD 2020 中，利用“图层”功能面板及其展开工具（如图 2-18 所示）来管理图层。

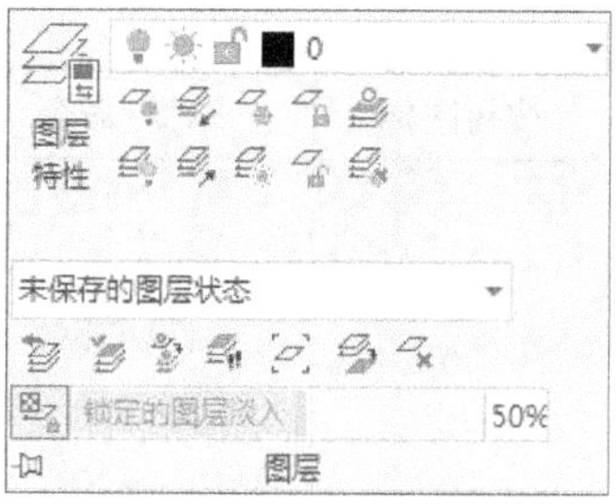

图 2-18 “图层”功能面板

1. 控制图层状态开关

从图 2-4 所示的“图层特性管理器”对话框中可以看出，图层的状态主要有：开/关、冻结/解冻、锁定/解锁、打印/禁打图层等，关于名称、颜色、线型和线宽已在前面介绍。各功能与差别如表 2-3 所示。

表 2-3 图层开关功能

图层状态项	功能	差别
关	图层上的内容全部隐藏，不可被编辑和打印	关闭与冻结图层上的实体均不可见，其区别在于执行速度的快慢，后者快。锁定图层上的实体是可见的，但无法编辑 新视口冻结仅在布局选项卡上可用，而冻结对所有图形空间有效
冻结	图层上的内容全部隐藏，不可被编辑和打印。当前图层不能被冻结	
锁定	图层上的内容可见，并能够捕捉或绘图，但无法编辑和修改	
新视口冻结	将在所有新创建的布局视口中限制显示	
开	打开关闭的图层时，AutoCAD 将重画该图层上的对象	开对关而设，解冻对冻结而设，解锁对锁定而设
解冻	解冻图层时，AutoCAD 将重生成该图层上的对象	
解锁	对象可再编辑	
禁打	该图层上的对象将不可打印	不会打印已关闭或冻结的图层，而不管“打印”设置

2. 各种功能按钮

各功能按钮都有对应的命令及相应的功能，见表 2-4 图层按钮功能。

表 2-4 图层按钮功能

按钮图标	对应命令	功能	说明
	LAYER	打开“图层特性管理器”对话框	
	LAYMCUR	将某对象所在的层置为当前层	先选对象，后单击此按钮；也可反向操作
	LAYMCH	将某对象移至其他图层	先选择要更改的对象，后选择目标图层上的对象或输入目标层名
	LAYERP	放弃对图层设置所做的最新更改，恢复原先设置	图层设置可被追踪。但不能恢复图层名、删除的图层和添加的图层

（续表）

按钮图标	对应命令	功能	说明
	LAYISO	隔离，即隐藏或锁定除选定对象所在图层外的所有图层	保持可见且未锁定的图层称为隔离。选定对象所在图层除外，根据当前设置，将其他图层当前布局视口中关闭或冻结或锁定
	LAYUNISO	恢复用 LAYISO 命令隐藏或锁定的所有图层	
	LAYFRZ	冻结选定对象的图层	
	LAYOFF	关闭选定对象的图层	
	LAYON	打开图形中的所有图层	
	LAYTHW	解冻图形中的所有图层	
	LCK	锁定选定对象的图层	
	LAYULK	解锁选定对象的图层	通过该按钮，可以选择锁定图层上的对象，即可对该图层解锁，给操作带来方便
	LAYCUR	将选定图层特性更改为当前图层	可以快速将对象更改到当前图层
	COPYTOLAYER	将多个对象复制到其他图层	
	LAYWALK	只显示选定图层上的对象，隐藏其他图层上的对象	
	LAYVPI	冻结除当前视口外的所有布局视口中的选定图层	此命令将自动化使用图层特性管理器中的“视口冻结”的过程；用户可以在每个要在其他布局视口中冻结的图层上选择一个对象
	LAYMRG	将选定的图层合并为一个目标图层	减少图层数量，方便了查图，同时将清理被合并的图层
	LAYDEL	删除图层并清理	该命令还可以更改与该层相关的块定义，将该层上的对象从块定义中删除并重新定义块

3. 利用"特性"功能面板设置图层属性

"特性"功能面板，如图 2-19 所示，在该面板中能快速地查看和设置当前图层的颜色、线型和线宽特性。

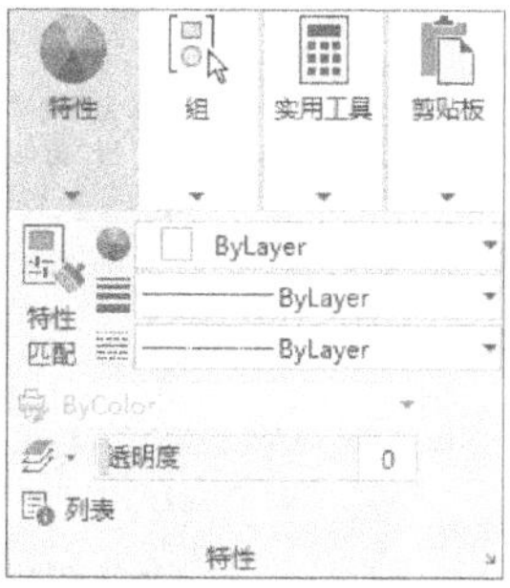

图 2-19 "特性"功能面板

2.5 绘图示例

本例以 AutoCAD 的默认环境为主，绘制如图 2-1 所示的启瓶盖扳手外轮廓图形，以使读者对 AutoCAD 绘图有个概貌的认识。以下的操作，请读者注意屏幕的变化情况，并细心体会。此图只作为绘图入门训练用，不做绘图最佳过程和制图标准的追究，所用到的命令请查阅第 3 章的有关内容。

在启动了 AutoCAD 2020 后，进入"草图与注释"工作空间。本例对"线库"中的"CENTER"线型作了设置，关于"线库"请参见本章前述相关内容。

2.5.1 作图环境设置

1. 图幅设置

设置一个区域绘制此图，通常按 1∶1 绘制图形，因此该图所需图纸幅面 100×80 已足够。用命令设置图限范围。左下角为(0,0)，右上角为(100,80)，然后用 ZOOM 命令 ALL 选项显示全范围。命令流程如下：

```
✿ 命令：LIMITS↵
  指定左下角点或 [开(ON)/关(OFF)] <0.0000,0.0000>：↵
  指定右上角点 <420.0000,297.0000>：100,80↵
  命令：ZOOM↵
  指定窗口的角点，输入比例因子(nX 或 nXP)，或者
  [全部(A)/中心(C)/动态(D)/范围(E)/上一个(P)/比例(S)/窗口(W)/对象(O)]
  <实时>：A↵
```

2. 图层设置

该图中包含了三种性质的图线：中心线、轮廓线和尺寸线。为便于对图形的管理，分别为它们设置三个图层，并把它们分别命名为"中心线""尺寸"和"轮廓线"，同时将三种性质的图线绘制在各自的图层中。

用 LAYER 命令设置图层。执行该命令后，系统会打开"图层特性管理器"对话框，从中可以看出，系统提供了名为"0"的层。现新建三个图层，增加的图层层名、颜色、线型和线宽等如图 2-20 所示。

3. 图形分析

见 2.2 节。

2.5.2 绘制中心线

1. 设置当前层"中心线"

首先选择图层"中心线"置为当前层来绘制中心线。方法是：单击"图层"工具栏中的图

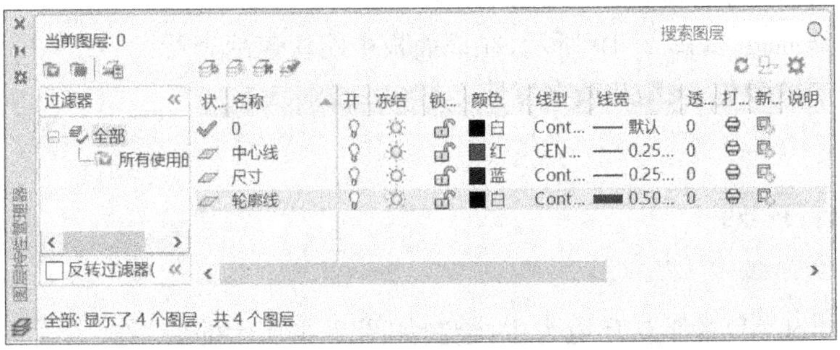

图 2-20　图层设置情况

层列表框→从弹出的图层列表中，单击“中心线”层，如图 2-21 所示。

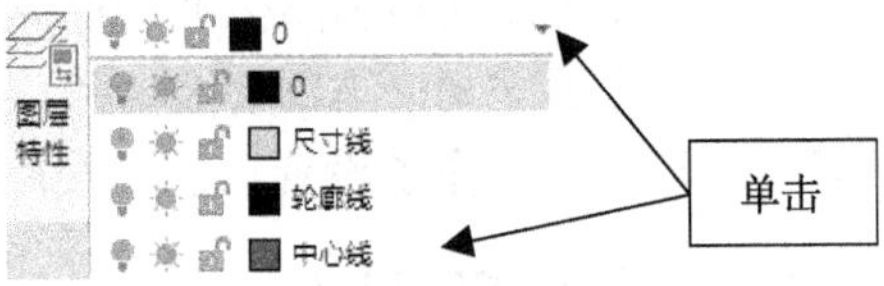

图 2-21　置“中心线”为当前层

此时图层“中心线”成为当前层，在随后所绘制的图形均在此图层中，并具有该层的特性，直至重新选择其他图层置为当前。

2. 画水平点画线 AB(参见图 2-22)

> ☼ 命令：**PLINE**↵
> 指定起点：**20,40**↵**(定义起点 A)**
> 指定下一个点或［圆弧(A)/半宽(H)/长度(L)/放弃(U)/宽度(W)］：**@60,0**↵ **(绘出直线 AB)**↵

3. 画垂直点画线

> ☼ 命令：↵**(重复画线命令)**
> 指定起点：**42,20**↵ **(定义起点 C)**
> 指定下一个点或［圆弧(A)/半宽(H)/长度(L)/放弃(U)/宽度(W)］：**@0,40**↵**(绘出直线 CD)**↵

4. 画小孔的点画线 EF

> ☼ 命令：↵**(重复画线命令)**
> 指定起点：**72,32**↵ **(定义起点 E)**
> 指定下一个点或［圆弧(A)/半宽(H)/长度(L)/放弃(U)/宽度(W)］：**@16<90**↵**(绘出直线 EF)**↵

目前的绘制情况如图 2-22 所示。

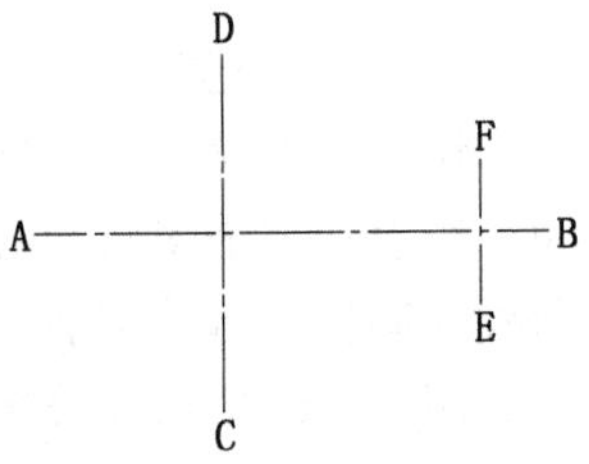

图 2-22　布局用的点画线

2.5.3　绘制已知线段

1. 设置当前层“轮廓线”

2. 作左右圆弧和小圆

启用状态栏中的对象捕捉和线宽工具。绘图目标参见图 2-23。

> ☼ 命令：**CIRCLE**↵
> 指定圆的圆心或［三点(3P)/两点(2P)/相切、相切、半径(T)］：**INT**↵**(捕捉交点)**

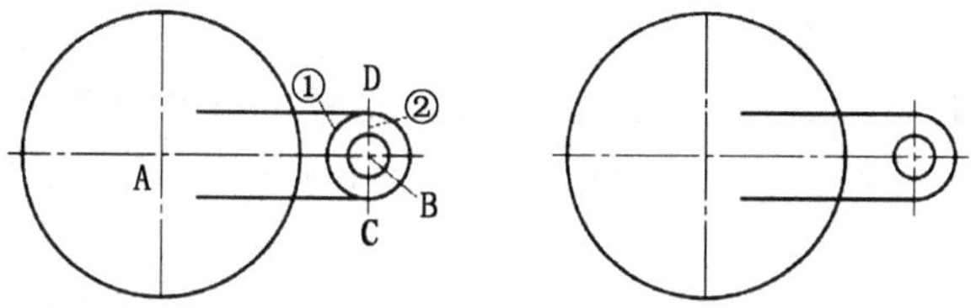

(a) 绘制　　(b) 修剪

图 2-23　绘制已知线段

于　**拾取点 A**
指定圆的半径或 [直径(D)] <3.0000>: **20↵(左圆半径)**
☼ 命令: **↵(重复画圆)**
CIRCLE 指定圆的圆心或 [三点(3P)/两点(2P)/相切、相切、半径(T)]: **捕捉交点 B**
指定圆的半径或 [直径(D)] <20.0000>: **6↵(右圆半径)**
☼ 命令: **↵ (重复画圆)**
CIRCLE 指定圆的圆心或 [三点(3P)/两点(2P)/相切、相切、半径(T)]: **捕捉交点 B**
指定圆的半径或 [直径(D)] <6.0000>: **3↵(小圆半径)**

3. 作两水平线

右圆与其垂直点画线的交点记为 C、D。

☼ 命令: **PLINE↵**
指定起点: **捕捉交点 C↵**
指定下一个点或 [圆弧(A)/半宽(H)/长度(L)/放弃(U)/宽度(W)]: **向左适当拾取一点↵**
指定下一点或 [圆弧(A)/闭合(C)/半宽(H)/长度(L)/放弃(U)/宽度(W)]: ↵
命令: **↵(重复画线命令)**
指定起点: **捕捉交点 D↵**
指定下一个点或 [圆弧(A)/半宽(H)/长度(L)/放弃(U)/宽度(W)]: **向左适当拾取一点↵ ↵**

目前的绘制情况如图 2-23(a)所示。

4. 修剪右圆为半圆

☼ 命令: **TRIM↵**
选择剪切边...　**选择右垂直点画线②↵(确认修剪边界)**
[栏选(F)/窗交(C)/投影(P)/边(E)/删除(R)/放弃(U)]: **选择圆左侧①　(剪取所选对象)↵**

绘制结果如图 2-23(b)所示。

2.5.4　绘制中间线段

1. 确定两 R6 弧的圆心

绘图过程的图形及目标图形参见图 2-24 和图 2-25。

☼ 命令：**OFFSET** ↵(画等距曲线)
指定偏移距离或［通过(T)/删除(E)/图层(L)］＜2.0000＞：**6 ↵(距离)**
选择要偏移的对象，或［退出(E)/放弃(U)］＜退出＞：**选择大圆**
指定要偏移的那一侧上的点，或［退出(E)/多个(M)/放弃(U)］＜退出＞：**大圆内任意处单击得圆③**
选择要偏移的对象，或［退出(E)/放弃(U)］＜退出＞：**选择水平点画线②**
指定要偏移的那一侧上的点，或［退出(E)/多个(M)/放弃(U)］＜退出＞：**于其上方任意处单击得线④**
选择要偏移的对象，或［退出(E)/放弃(U)］＜退出＞：**继续选择水平点画线②**
指定要偏移的那一侧上的点，或［退出(E)/多个(M)/放弃(U)］＜退出＞：**于其下方任意处单击得线⑤**
选择要偏移的对象，或［退出(E)/放弃(U)］＜退出＞：**↵(结束)**

圆③与线④、⑤分别交于点 A、B，此两点即为中间弧 R6 的圆心，绘制的图形如图 2-24(a)所示。

2. 作两中间弧 R6

☼ 命令：**CIRCLE** ↵
指定圆的圆心或［三点(3P)/两点(2P)/相切、相切、半径(T)］：**捕捉交点 A**
指定圆的半径或［直径(D)］＜3.0000＞：**6 ↵(圆半径，得圆⑦)**
命令：**↵(重复画圆)**
CIRCLE 指定圆的圆心或［三点(3P)/两点(2P)/相切、相切、半径(T)］：**捕捉交点 B**
指定圆的半径或［直径(D)］＜6.0000＞：**↵(半径不变，得圆⑧)**

绘制的图形如图 2-24(b)所示。

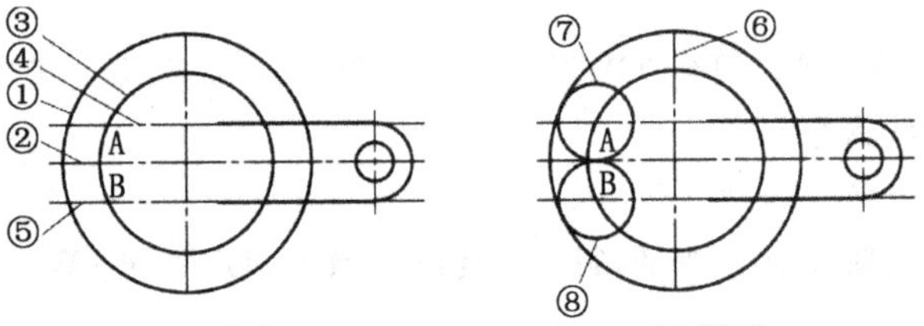

(a) 定心　　(b) 画圆

图 2-24　R6 圆的绘制

3. 删除定心辅助线

☼ 命令：**E ↵(ERASE 命令的快捷键)**
选择对象：**选择圆③、线④、线⑤、线⑥↵(删除了 4 个对象)**

删除辅助线后的图形如图 2-25(a)所示。

4. 修剪大圆

☼ 命令：**TRIM** ↵
选择对象或＜全部选择＞：找到 1 个　**选择上圆⑦、下圆⑧↵(确认修剪边界)**
［栏选(F)/窗交(C)/投影(P)/边(E)/删除(R)］：**在大圆①右侧选择之(所选之处被剪掉)：↵**

绘制结果如图 2-25(b)所示。

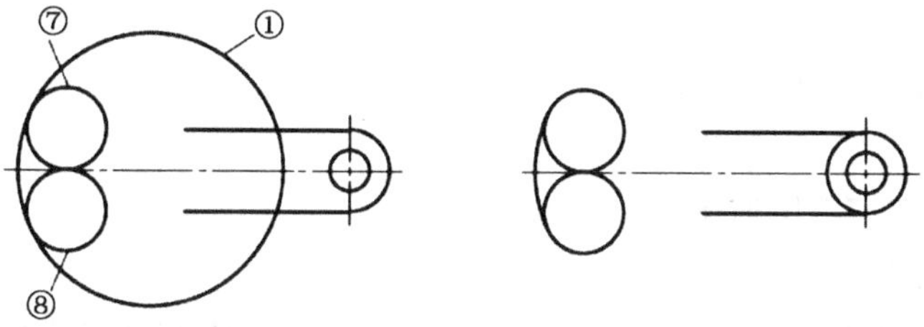

(a) 删除辅助线　　(b) 修剪大圆

图 2-25　绘制中间线段

2.5.5　绘制连接线段

1. 画上连接 R12 弧

绘图过程的图形及目标图形参见图 2-26 和图 2-27。

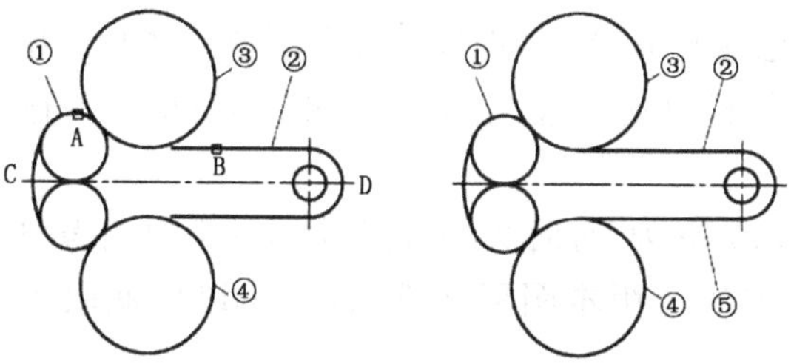

(a) R12 圆　　(b) 延伸两直线

图 2-26　绘制 R12 圆与延伸直线

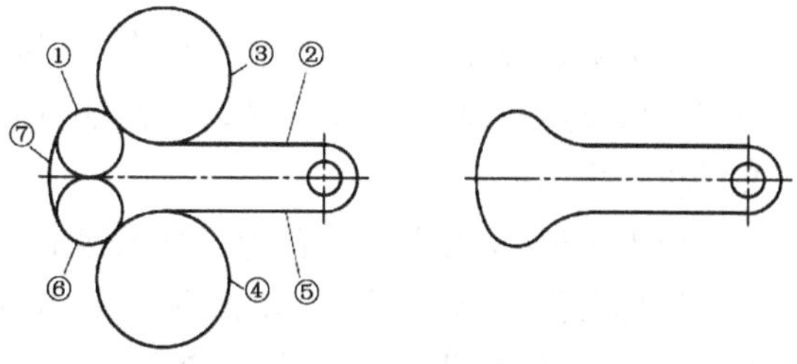

(a) 修剪图　　(b) 最终结果

图 2-27　完成图形绘制

☼ 命令：CIRCLE↵

指定圆的圆心或［三点(3P)/两点(2P)/相切、相切、半径(T)］：**T↵(用相切、相切、半径方式画圆)**

指定对象与圆的第一个切点：**在圆①的 A 点附近拾取第一切点(光标处出现捕捉切点标记)**

指定对象与圆的第二个切点：**在线②的 B 点附近拾取第二切点(光标处出现捕捉切点标记)**

指定圆的半径 ＜6.0000＞：**12↵(得上连接弧 R12 的圆③)**

命令：**MIRROR↵(镜像命令)**

选择对象：**选择圆③↵**

指定镜像线的第一点：指定镜像线的第二点：**捕捉 C、D 两端点(镜像轴，与次序无关)**

要删除源对象吗？［是(Y)/否(N)］＜N＞：**↵(得圆④)**

此时绘制的图形如图 2-26(a)所示。

2. 延伸两直线

如果你将直线②和⑤画得较长，则用修剪工具编辑图形。

☼ 命令：**EXTEND↵**

选择对象或 ＜全部选择＞：**选择圆③、④↵(确定了延伸的终止目标)**

［栏选(F)/窗交(C)/投影(P)/边(E)］：**近左端点选择直线②(延伸到目标圆③)**

[栏选(F)/窗交(C)/投影(P)/边(E)/放弃(U)]：**近左端点选择直线⑤(延伸到目标圆④)↵**

延伸的结果如图 2-26(b)所示。

3. 修剪圆弧

目标图形如图 2-27(b)所示。

☼ 命令：**TRIM**↵
选择对象或 <全部选择>：找到 1 个，总计 4 个　**选择线段①②③④⑤⑥⑦为修剪边界↵**
[栏选(F)/窗交(C)/投影(P)/边(E)/删除(R)]：**在对象①③④⑥剪去区选择↵**

最终结果如图 2-27(b)所示。

2.5.6 尺寸标注与文字注释

本示例尺寸标注从略，关于尺寸的设置与标注参见第 8 章有关尺寸标注部分。

2.5.7 存储图形和退出

为了防止突然掉电、死机和误操作，应养成绘制与编辑一段时间即保存图形文件的良好习惯。可以通过设置，指定一个时间间隔，由计算机自动存盘。绘图要结束时，也应先保存文件再退出 AutoCAD。

单击菜单“文件”→“另存为”，系统弹出“图形另存为”对话框，从文件类型的下拉列表中可以选择文件的输出类型，如保存为 2018 以前的低版本图形文件，这样可以用低版本 AutoCAD 系统打开文件，以便交流等。

2.5.8 图形输出

图形可以通过打印机或绘图仪等设备输出。通常在图纸空间中输出，当然也可以在模型空间中直接输出。详细的打印输出参见第 11 章。

2.6 计算机绘图的一般原则

(1) 首先设置图形界限和图层后，再进行图形绘制与编辑。

(2) 通常绘图在模型空间中进行，并采用 1∶1 的比例绘制图形，然后在图纸(布局)空间中调整图形比例，并打印输出。

(3) 分析图线性质，先绘制已知线段，再绘制中间线段，最后绘制连接线段。

(4) 充分和灵活运用对象捕捉、极轴和对象追踪等工具，提高绘图效率。

(5) 通常不需要在模型空间中绘制图框，可以在图纸空间中，建立来自样板文件的新布局或自行创建布局来建立图纸。

(6) 对于一个项目，将通用的设置(如图层、文字样式、尺寸样式、布局等)保存为样板文件，当新建图形文件时，可以直接利用样板文件生成初始绘图环境，也可以通过“CAD 标准”来统一。

2.7 思考与实践

思考题

1. 平面图形绘图的流程是什么？

2. 设置图形界限有什么作用？

3. 图层中包括哪些特性设置？冻结与关闭图层的区别是什么？如果希望某图线显示又不希望该线条无意中被修改，应如何设置图层状态？

4. “图层图形管理器”的功能有哪些？

5. AutoCAD 2020 图层合并是如何实现的？其合并后的图层结果是什么？

6. 样板图有什么作用？如何合理使用样板图？

7. 简述图层管理的意义。

8. 作图时为何要注意命令提示信息？

实践题

1. 参考 2.4.6 节，定制线库文件，修改“Center”和“Hidden”定义参数，使之满足国家标准对线型的要求。

2. 参考 2.5 节，绘制图 2-1。

3. 建筑图样通常需设置如下图层，请用 AutoCAD 实现。

名称	颜色	线型	线宽
轴线	红	Center	0.18
墙体	白	Continuous	0.7
门窗洞	青	Continuous	0.5
标注	蓝	Continuous	0.35
图例	黄	Continuous	0.18

第 3 章

绘制基本平面图形

掌握平面图形的绘制与编辑方法是学习 AutoCAD 主要目的之一，任何一个复杂的工程图样都可以看成是由简单的基本图形所组成。

AutoCAD 提供了丰富的绘图命令，利用这些命令可以绘制出各种复杂的图样。工程图样的主体是视图（或图形），而这些复杂的图形都是由点、直线、圆、圆弧、曲线等基本图元构成。在 AutoCAD 2020 中，二维绘图实体命令主要用"绘图"功能面板，如图 3-1 所示。

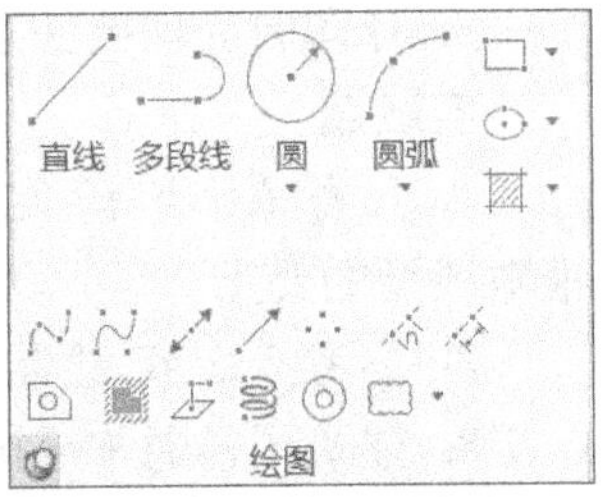

图 3-1 "绘图"功能面板

常用的绘图命令可以归类为：绘制各种直线、多边形和各种圆、圆弧、椭圆及椭圆弧和各种曲线。

3.1 绘制直线

直线是所有图形的基础，在 AutoCAD 中，直线、射线和构造线是最简单的线性图元。

3.1.1 绘制直线 LINE

LINE 命令是画线段命令，在各种绘图中用得最多、使用最为简单的绘图命令，只需指定线段的始点和终点即可。该命令可以用于绘制直线段、折线或线框。

1. 命令访问

一般情况下，命令的访问主要有以下四种途径，即面板、下拉菜单、工具栏和命令行输入命令名，因此本书按此列出。若对某些命令的访问有其他好的方式，本书中会加以说明。注意很多常用命令，尤其是二维绘图命令，命令行的输入有快捷方式，在第 1 章中已介绍。本书中系统默认的命令快捷字母书写在圆括号中。

① 功能区："默认"选项卡→"绘图"面板→"直线"工具

② 菜单：绘图(D)→直线(L)

③ 工具："绘图"工具栏→

④ 命令：LINE (L)

2. 命令提示

☼ 命令：**LINE**↵
指定第一点：
指定下一点或 [放弃(U)]：
指定下一点或 [退出(E)/放弃(U)]：
指定下一点或 [关闭(C)/退出(X)/放弃(U)]：

3. 选项说明

● 指定第一点：用鼠标拾取一点或输入坐标定义线段的第一点。如果以"↵"响应，此时可以从上次绘制直线的终点处开始绘制线段。

● 指定下一点：指定直线段的下一个端点。

● 放弃(U)：放弃刚绘制的一段直线。

● 关闭(C)：封闭直线段，构成一首尾相接的多边形。

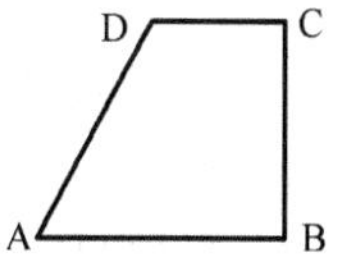

图 3-2 使用直线命令

【例 1】 绘制如图 3-2 所示的图形。

命令流程如下：

☼ 命令：**LINE**↵
指定第一点：**拾取点 A(输入起点)**
指定下一点或 [放弃(U)]：**依次拾取点 B、C、D(启用极轴能保证水平与垂直)**
指定下一点或 [闭合(C)/放弃(U)]：**C↵(自行封闭)**

3.1.2 绘制射线 RAY

RAY 命令是从一起点，绘制一条或多条延单方向无限延长的直线，一般用于绘制辅助参考线。

1. 命令访问

① 功能区："默认"选项卡→"绘图"面板→"射线"工具

② 菜单：绘图(D)→射线(R)

③ 命令：RAY

2. 命令提示

☼ 命令：**RAY**↵
指定起点：**拾取点 A (输入起点)**
指定通过点：**依次拾取点 B、C (结果见图 3-3)**

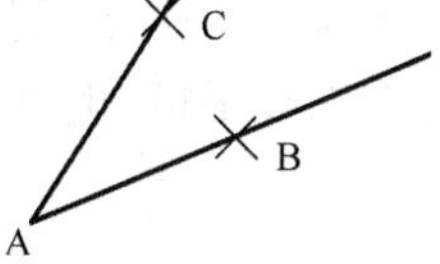

图 3-3 使用射线命令

3. 选项说明

● 指定起点：输入射线的起点。

● 指定通过点：输入射线的通过点。连续绘制射线则指定通过点，起点不变。按"↵"键结束命令。

3.1.3 绘制构造线 XLINE

XLINE 命令是从一点开始，绘制一条或多条通过另一点或延指定方向两端无限延伸的直线，一般用于绘制辅助参考线。用法和射线命令相似。

1. 命令访问

① 功能区："默认"选项卡→"绘图"面板→"构造线"工具

② 菜单：绘图(D)→构造线(T)

③ 工具："绘图"工具栏→

④ 命令：XLINE (XL)

2. 命令提示

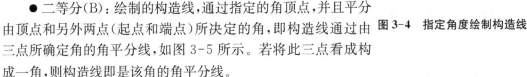

☼ 命令：**XLINE**↵
指定点或［水平(H)/垂直(V)/角度(A)/二等分(B)/偏移(O)］：

3. 选项说明

● 指定点：通过指定构造线通过的两点来绘制构造线。

● 水平(H)：绘制通过指定点的水平构造线。

● 垂直(V)：绘制通过指定点的垂直构造线。

● 角度(A)：绘制与 X 轴正方向或已有直线之间的夹角为指定角度的构造线，如图 3-4 所示。

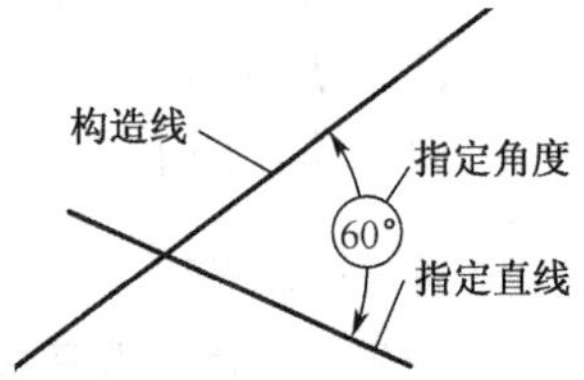

图 3-4　指定角度绘制构造线

● 二等分(B)：绘制的构造线，通过指定的角顶点，并且平分由顶点和另外两点（起点和端点）所决定的角，即构造线通过由三点所确定角的角平分线，如图 3-5 所示。若将此三点看成构成一角，则构造线即是该角的角平分线。

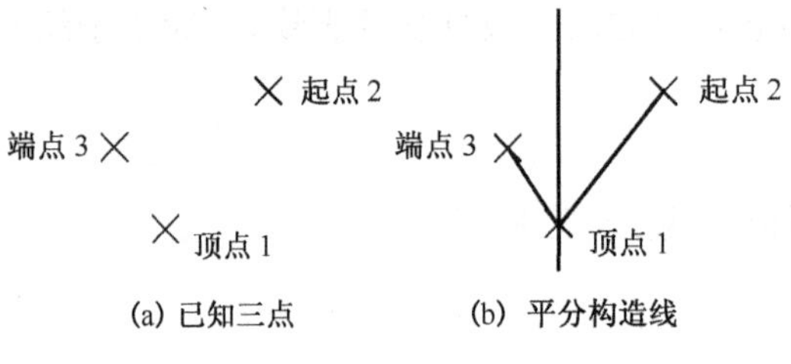

图 3-5　过角平分线的构造线

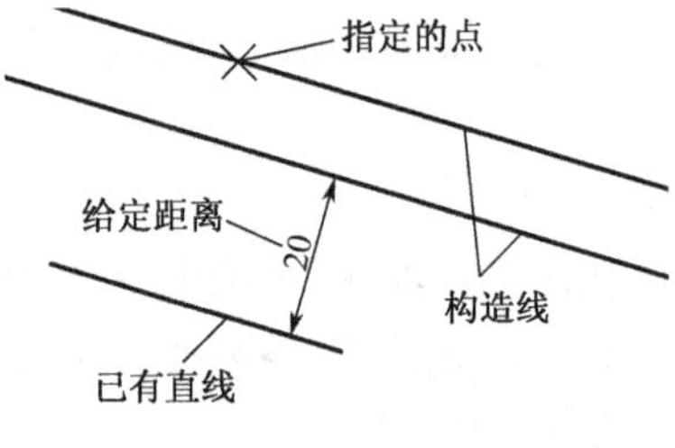

图 3-6　平行已有直线的构造线

● 偏移(O)：绘制平行于已有直线的构造线，如图 3-6 所示。该构造线可以按给定距离与已有直线平行，也可以通过指定的点与已有直线平行。

3.2 绘制曲线

一般平面图形由直线和曲线组成，而且越复杂的图形曲线也越多，所以绘制曲线型图形是使用 AutoCAD 绘图的必备基础。曲线图形主要包括圆与圆弧、椭圆与椭圆弧、样条曲线等。

3.2.1 绘制圆 CIRCLE

圆是常见的图元之一，CIRCLE 命令用于绘制圆。AutoCAD 提供了六种方法画圆，在“默认”选项卡的“绘图”面板中单击“圆”下拉按钮，将弹出的下拉列表工具，如图 3-7 所示。

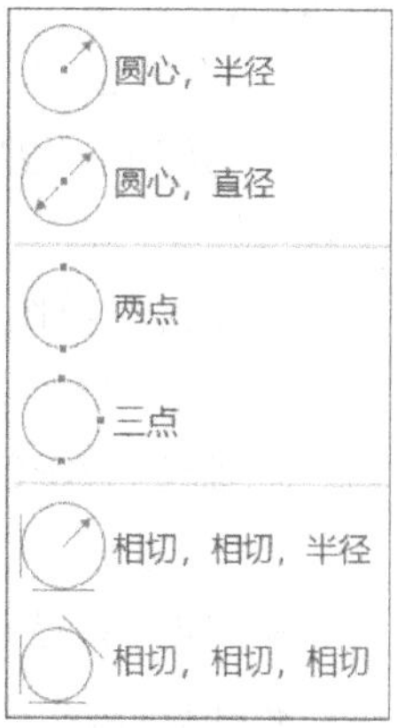

图 3-7 画圆的六种方法

1. 命令访问

① 功能区：“默认”选项卡→“绘图”面板→“圆”选择一种绘圆工具

② 菜单：绘图(D)→圆(C)→选择一种绘圆方法

③ 工具：“绘图”工具栏→

④ 命令：CIRCLE (C)

2. 绘圆方式

- 圆心、半径：指定圆心和半径画圆，同手工圆规作图。
- 圆心、直径：指定圆心和直径画圆。
- 两点(2P)：以给定的两点之距为直径，并过两点画圆。
- 三点(3P)：过给定的三个点画圆。
- 相切、相切、半径(T)：与两个对象相切、以给定的半径画圆。
- 相切、相切、相切(A)：与三个对象都相切画圆，实际上是三点方式，只不过此时的三点为已知对象的三个切点，此时系统自动捕捉对象的切点。

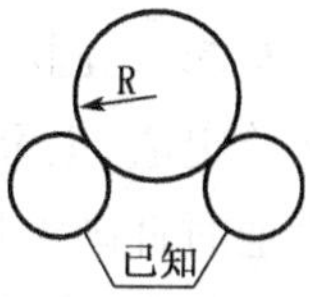

图 3-8 T 方式作圆

3. 典型应用

(1) 用给定半径 R 作与已知两圆公切的圆。用“相切、相切、半径(T)”方法作圆，如图 3-8 所示。

(2) 作与已知三个对象都相切的圆。用“相切、相切、相切(A)”方法作圆，如图 3-9 所示的三例，此类图是仪器绘图所无法绘出的。

(a) 三角形的内切圆 (b) 与三圆相切圆 (c) 与圆和线相切圆

图 3-9 三相切方式作圆

4. 技能与提升

(1) 相切对象可以是直线、圆和圆弧等图元，用相切方式绘制圆在几何连接和几何作图中经常使用。

(2) 对相切方式作圆，系统总是在距拾取点最近的部位绘制相切圆。因此，拾取相切对象时，所拾取的位置不同，得到的结果可能也不同。

3.2.2 绘制圆弧 ARC

ARC 命令用于绘制圆弧。AutoCAD 提供了十一种方法画圆弧，如图 3-10 所示。

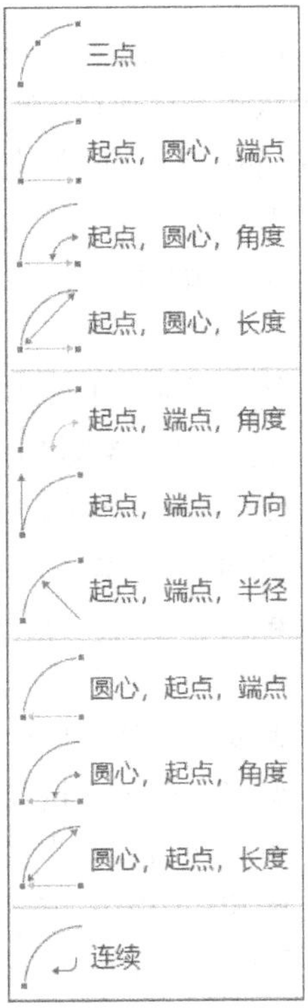

图 3-10　画圆弧的十一种方法

1. 命令访问

① 功能区："默认"选项卡→"绘图"面板→"圆弧"各种画圆弧工具

② 菜单：绘图(D)→圆弧(A)→选择一种绘圆弧方法

③ 工具："绘图"工具栏→

④ 命令：ARC(A)

2. 绘弧方式

● 三点：默认已指定的三点依次画出圆弧。

● 起点、圆心、终点：圆心与起点之距为半径，逆时针画到终点的径向线上，但不要求一定过终点。

● 起点、圆心、角度：圆心与起点之距为半径，用角度选项结束画弧。2、3 两点的连线与坐标系 X 轴的夹角为圆弧的圆心角的大小，也可键入数值响应圆心角，正值为逆时针画弧，反之为顺时针画弧。

● 起点、圆心、弦长画弧：由起点开始逆时针画弧，使其弦长等于给定值，也可键入数值响应弦长，正值为逆时针画小弧，负值也为逆时针画大弧。

● 起点、终点、角度：由起点到终点按给定的角度绘制一段圆弧。若圆心角为正，则由起点到终点按逆时针方向绘制一段圆弧；若圆心角为负，则由起点到终点按顺时针方向绘制一段圆弧。

● 起点、终点、起始方向：由起点到终点按给定的起始方向绘制一段圆弧。当圆弧的起点和终点一定时，圆弧的起始方向不同，绘制出的圆弧也不同。

● 起点、终点、半径：由起点到终点以按给定的半径按逆时针方向绘制一段圆弧。当半径为正，则绘制小圆弧；当半径为负，则绘制大圆弧。

● 圆心、起点、终点：先给圆心，以圆心到起点的距离为半径，由起点到终点按逆时针方向绘制一段圆弧。

● 圆心、起点、角度：先给圆心，以圆心到起点的距离为半径，按给定角度画圆弧，关于角度的正负与前述相同。

● 圆心、起点、弦长：先给圆心，以圆心到起点的距离为半径，按给定弦长画圆弧，关于弦长的正负与前述相同。

● 连续：以最后一次绘制的直线或圆弧的终点作为新圆弧的起点，并以直线方向或圆弧终止点处的切线方向为新圆弧的起点的切线方向开始绘制圆弧。

图 3-11 给出了用十种方法画圆弧的示例。

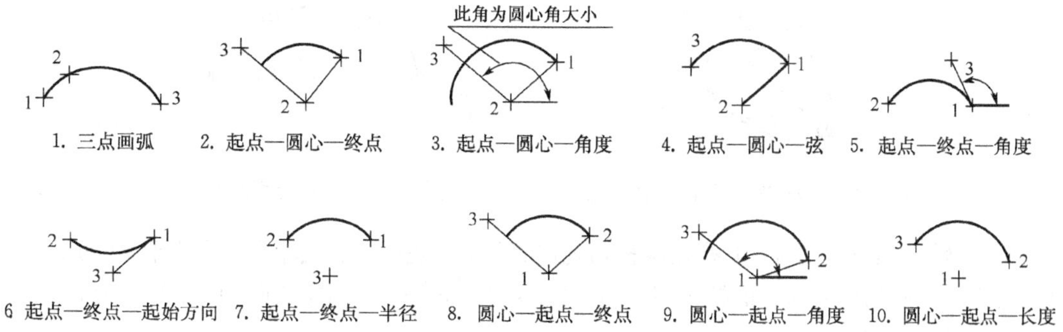

图 3-11　画圆弧的十种方法

3. 技能与提升

圆弧命令并非能绘制所有圆弧，有些圆弧更适合用“圆”命令画出整圆后“修剪”成圆弧，或用“倒圆角”命令绘制。

3.2.3　绘制椭圆 ELLIPSE

ELLIPSE 命令用于绘制椭圆和椭圆弧。AutoCAD 提供了两种方法画椭圆和一种方法画椭圆弧，如图 3-12 所示。

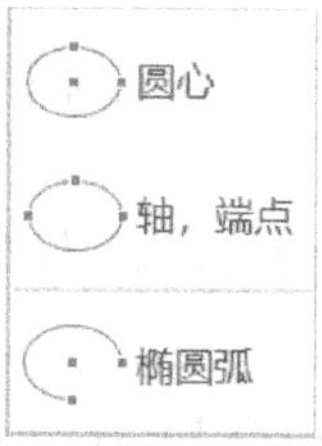

图 3-12　椭圆(弧)工具

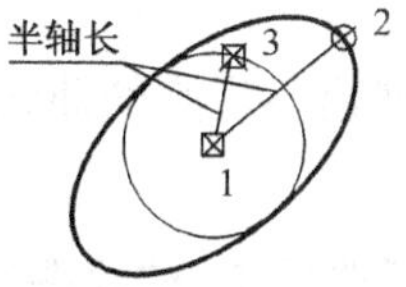

图 3-13　“中心点”方式绘制椭圆

1. 命令访问

① 功能区：“默认”选项卡→“绘图”面板→“椭圆”工具之一

② 菜单：绘图(D)→椭圆(E)→选择一种绘圆弧方法

③ 工具：“绘图”工具栏→(椭圆)或(椭圆弧)

④ 命令：ELLIPSE (EL)

2. 绘椭圆方式

● 中心点：以指定椭圆圆心和两半轴长度方式绘制椭圆，需要给出三个点，设次序是 1、2、3，则 1 点为椭圆心；2 点到 1 点之距为一半轴长度，且 1、2 两点的方向即为该半轴的方向；3 点到 1 点之距为另一半轴长度。图 3-13 示出了鼠标定点的次序与效果。

● 轴、端点：以指定椭圆某一轴上的两个端点，再指定另一条半轴长度(椭圆心与第三点之距)绘制椭圆。其中系统提示的“指定另一条半轴长度或[旋转(R)]：”两个选项的含义如下：

➢ 指定另一条半轴长度：指使用从第一条轴的中点到第二条轴的端点的距离来定义第二条轴，图 3-14 示出了鼠标定点的次序与效果。

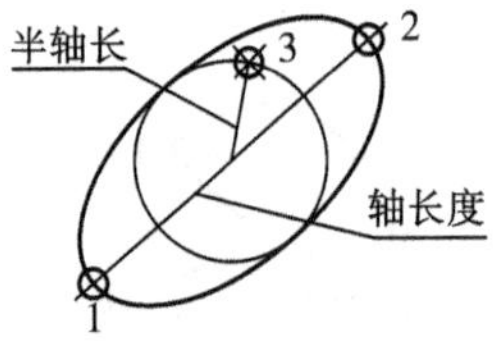

图 3-14 “轴、端点”方式绘制椭圆

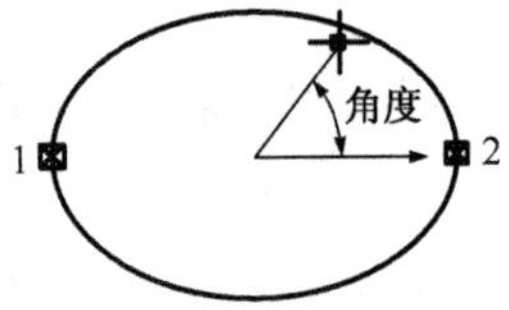

图 3-15 旋转角度画椭圆

➢ 旋转(R)：该选项后的“指定绕长轴旋转的角度：”是指定点或输入一个小于90°的正角度值，意义为椭圆的离心率。值越大，椭圆的离心率越大，输入“0”将定义圆，如图 3-15 所示。

3. 绘椭圆弧方式

与绘制椭圆方法相同，只不过需定义起始角和包含角。

3.2.4 绘制样条曲线 SPLINE

在 AutoCAD 中，样条曲线是非均匀有理 B 样条曲线(NURBS)，它是一种通过或逼近给定点的拟合曲线。用拟合点或控制点两种方式来定义样条曲线，其具体形状通过起点、控制点、终点及偏差变量来控制。默认情况下，拟合点与样条曲线重合；而控制点定义了样条曲线的控制框，他们的绘制效果如图 3-16 所示。

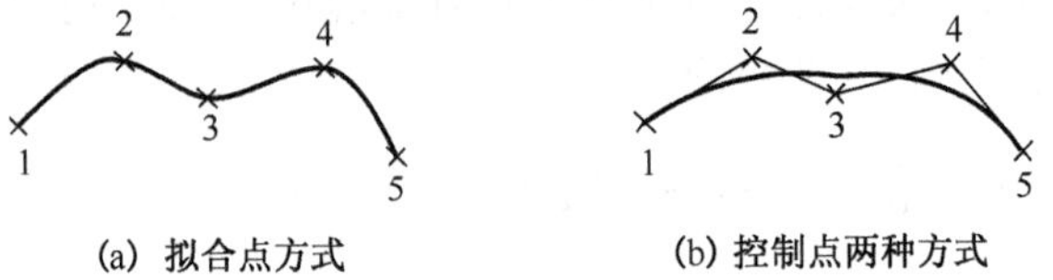

图 3-16 定义样条曲线的两种方式

样条曲线适用于创建不规则的曲线，如机械图中的断裂线、地理标高图中的等高线等。

1. 命令访问

① 功能区：“默认”选项卡→“绘图”面板→“样条曲线拟合”工具 或“样条曲线控制点”工具

② 菜单：绘图(D)→样条曲线(S)

③ 工具：“绘图”工具栏→

④ 命令：SPLINE

2. 命令提示

☼ 命令：**SPLINE**↵(**拟合点方式**)
指定第一个点或 [方式(M)/节点(K)/对象(O)]：
输入下一个点或 [起点切向(T)/公差(L)]：
输入下一个点或 [端点相切(T)/公差(L)/放弃(U)]：
输入下一个点或 [端点相切(T)/公差(L)/放弃(U)/闭合(C)]：

☼ 命令：**SPLINE**↵(**控制点方式**)
指定第一个点或 [方式(M)/节点(K)/对象(O)]：**M**
输入样条曲线创建方式 [拟合(F)/控制点(CV)] <拟合>：**CV**
当前设置：方式=控制点 阶数=3

指定第一个点或［方式(M)/阶数(D)/对象(O)］：
输入下一个点或［闭合(C)/放弃(U)］：

3. 选项说明

● 方式(M)：在两种方式间切换。

● 节点(K)：节点参数化的方式，有三种：弦(C)、平方根(S)和统一(U)。它是一种计算方法，用来确定样条曲线中连续拟合点之间是如何过渡的。

● 对象(O)：将按样条拟合的多段线转换为样条曲线。

● 指定第一个点：定义样条曲线的起始点，即第一个拟合点或者是第一个控制点。

● 输入下一个点：定义样条曲线的中间点，直到按【Enter】键为止。

● 放弃(U)：删除最后一个指定点。

● 闭合(C)：样条曲线首尾相连成封闭曲线，闭合点处具有相同的切矢。

● 公差(L)：定义样条曲线的拟合公差值。输入的值越大，绘制的曲线偏移指定的点越远；反之，样条曲线距指定的点越近。

● 起点切向：定义样条曲线起始点的切线方向。

● 端点相切：定义样条曲线终点的切线方向。

● 阶数(D)：用来控制样条曲线的光顺程度。

4. 强调说明

(1) 关于公差与节点

公差是针对用“拟合点”方式定义的样条曲线，该样条曲线是三阶(三次)B样条曲线。公差值为0时，要求生成的样条曲线直接通过拟合点；公差值大于0时，要求生成的样条曲线各个点在指定公差距离内(起点和终点除外，始终具有为0(零)的公差)。

样条曲线的形状受到“切线方向、公差和节点方式”等参数的影响，见表3-1。在该表中，1点样条曲线的为起始点，2、3、4为中间点，5点为终点；A、B两点分别为起始点和终点的切线方向。

表3-1 各种参数对拟合点方式定义的样条曲线的影响

节点 \ 公差	公差为0	公差为5	说明
弦(C)	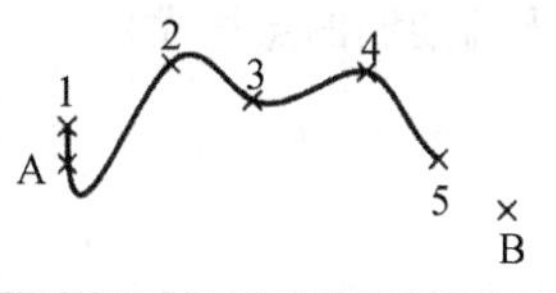	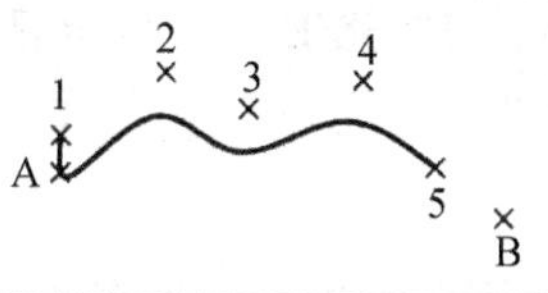	1. 切点到两端点距离影响到形状 2. 弦。(弦长方法)：均匀隔开连接每段曲线的节点，使每个关联的拟合点对之间的距离成正比 3. 平方根(向心方法)：均匀隔开连接每段曲线的节点，使每个关联的拟合点对之间的距离的平方根成正比 4. 统一(等间距分布方法)：均匀隔开每段曲线的节点，使其相等，而不管拟合点的间距如何
平方根(S)	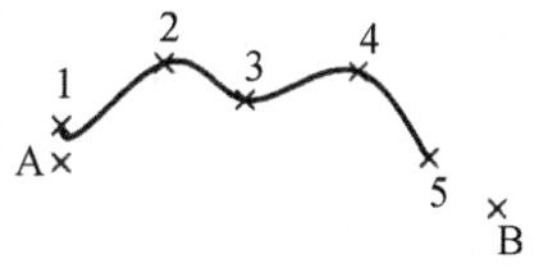	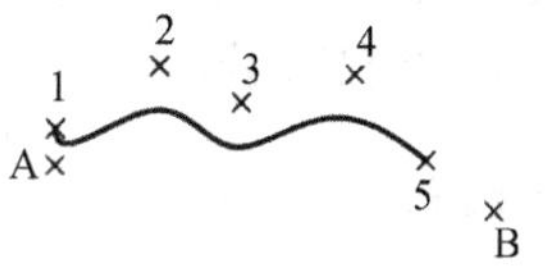	
统一(U)	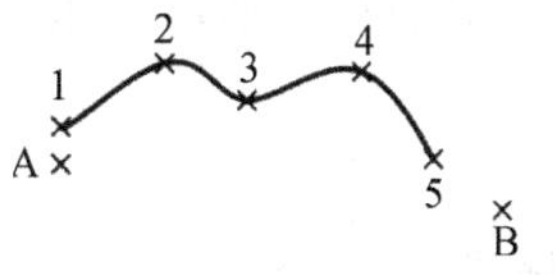	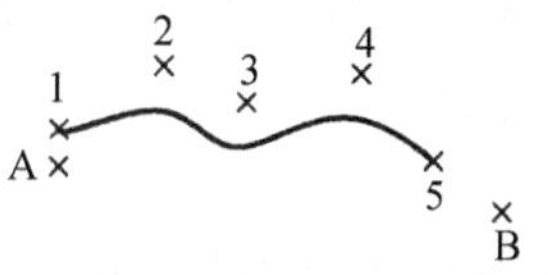	

(2) 关于阶数

阶数是针对用"控制点"方式定义的样条曲线。使用此方法创建一阶(线性)、二阶(二次)、三阶(三次)直到最高为 10 阶的样条曲线。通过移动"控制点"调整样条曲线的形状通常可以比移动"拟合点"会具更好的效果。其实,数据拟合是采用多项式来实现的,阶数就是指多项式的阶数。

要显示出或隐藏控制点和控制框,请用系统命令 CVSHOW 和 CVHIDE。

通过指定精确使用三个控制顶点创建的二阶样条曲线,可以具有抛物线;使用四个控制顶点创建的三阶样条曲线可具有三阶 Bezier 曲线。

图 3-17 示出了不同阶数对样条曲线形状的影响,起始点 A、终点 B,1、2、3、4 和 5 是中间点。

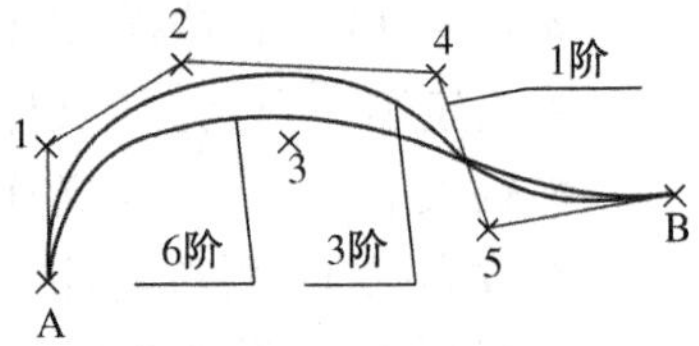

图 3-17 不同阶数的样条曲线

3.3 标点

线段被等分后,其上将产生等分点,这些点在 AutoCAD 中的几何上称为"节点",并可对之进行捕捉。点对象可用来绘制与编辑图形的参考点,用户也可用绘制点命令专门创建点对象。点可以用不同样式显示出来,以便观察。

3.3.1 绘制点 POINT

1. 命令访问

① 功能区:"默认"选项卡→"绘图"面板→"多点"工具

② 菜单:绘图(D)→点(O)→多点或单点

③ 工具:"绘图"工具栏→

④ 命令:POINT (PO)

2. 命令提示

☼ 命令:**POINT**↵
当前点模式:PDMODE=0 PDSIZE=0.0000(**显示当前绘制的点样式**)
指定点:(**确定点的位置**)

3. 操作说明

- 在提示"指定点:"时,使用鼠标连续拾取各点可同时绘出多个点对象。
- 要结束绘制多点命令,则需按【Esc】键。

3.3.2 设置点样式 DDPTYPE

在几何学中,点是没有形状和大小的,但为了在图中标记点,可通过 DDPTYPE 命令来设置点的显示标记样式和显示大小。

1. 命令访问

① 功能区:"默认"选项卡→"实用工具"面板→"点样式"工具

② 菜单：格式(O)→点样式(P)…

③ 命令：DDPTYPE(或‘DDPTYPE 供透明使用)

执行点样式命令后，将打开如图 3-18 所示的“点样式”对话框。

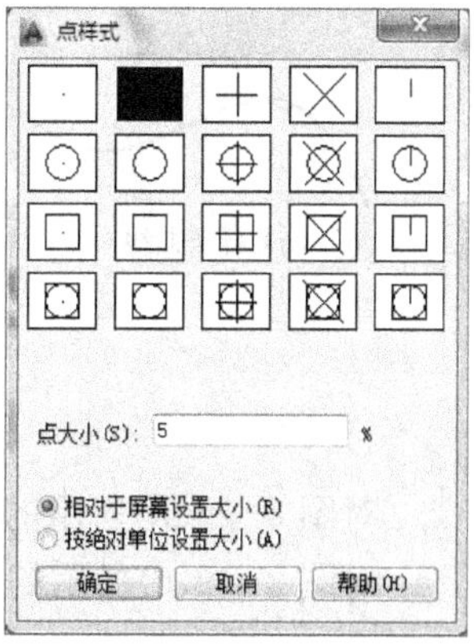

图 3-18 “点样式”对话框

2. 选项说明

● 单击选用的图标即将选定的样式存入系统变量 PDMODE(默认为 0，用小点表示)。

● “点大小”文本框：用百分比设置点的大小。

● “相对于屏幕设置大小”单选框：以绘图区域 5%的高度为参照。

● “按绝对单位设置大小”单选框：指定点的绝对尺寸。

● 单击 确定 按钮后，系统自动采用现设置重新生成图形。

若图形显示经过缩放操作，则重生成图形时将重新计算所有点的尺寸。

3.3.3 定数等分线段 DIVIDE

在绘图设计中，常常需要将已知线段等分成所需等分数，AutoCAD 提供的 DIVIDE 命令不仅可以等分直线，而且也可等分曲线。同时，等分点处也可插上标志图形(块)。

1. 命令访问

① 功能区：“默认”选项卡→“绘图”面板→“定数等分”工具

② 菜单：绘图(D)→点(O)→定数等分(D)

③ 命令：DIVIDE(DIV)

2. 命令提示

☼ 命令：**DIV**↵

选择要定数等分的对象：

输入线段数目或[块(B)]：**B**↵**(用图块标记)**

输入要插入的块名：**flag**↵**(当前图中已定义了块 flag)**

是否对齐块和对象？[是(Y)/否(N)] <Y>：**(关于块的操作参见第 9 章)**

输入线段数目：**5**↵

3. 操作说明

● 等分数在 2 到 32 767 之间。

● 在对象上按指定数目等间距创建点或插入块，并非将对象实际等分为单独的对象，仅仅是标明定数等分的位置，以便将它们作为几何参考点。

● 定距等分或定数等分的起点随对象类型变化。对于直线或非闭合的多段线，起点是距离选择点最近的端点。对于闭合的多段线，起点是多段线的起点。对于圆，起点是过圆心的直线沿 X 轴正向与圆的交点。

4. 应用举例

【例 2】 图 3-19(a)所示一条样条曲线，用节点、块不对齐和块对齐方式将它分成五等分，结果分别如图 3-19(b)、图 3-19(c)和图 3-19(d)所示。

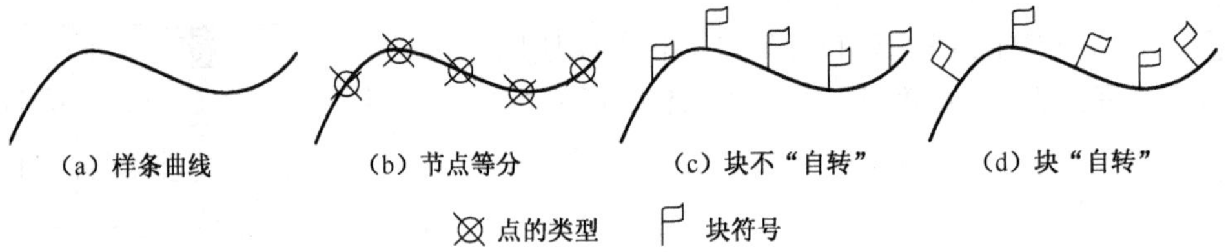

图 3-19　定数等分样条曲线

对图 3-19(b)所示的节点五等分，只需在选择样条曲线后，直接输入等分数 5 即可。

对图 3-19(c)所示的块不对齐五等分的命令流程如下：

☼ 命令：**DIVIDE**↵
选择要定数等分的对象：**选择已有样条曲线**
输入线段数目或［块(B)］：**B**↵
输入要插入的块名：**flag**↵**(flag 为块名)**
是否对齐块和对象？［是(Y)/否(N)］<Y>：**N**↵**(块不自转)**
输入线段数目：**5**↵

对图 3-19(d)所示的块对齐方式成五等分的操作与块不对齐类似，只需在回答“是否对齐块和对象?”时，输入 Y 或直接回车即可。

3.3.4　定距等分线段 MEASURE

1. 命令访问

① 功能区："默认"选项卡→“绘图”面板→“定距等分”按钮

② 菜单：绘图(D)→点(O)→定数等分(M)

③ 命令：MEASURE(ME)

定距等分命令的选项及其意义与定数等分命令类似，请看下面将样条曲线定距等分的示例。

2. 应用举例

【例 3】　图 3-20(a)所示一条样条曲线，要用一定长度的“尺子”去测量它的长度，样条曲线将在指定长度处绘制点或插入块。用节点、块不对齐和块对齐方式测量该样条曲线，结果分别如图 3-20(b)、图 3-20(c)和图 3-20(d)所示，其操作方法与类似。

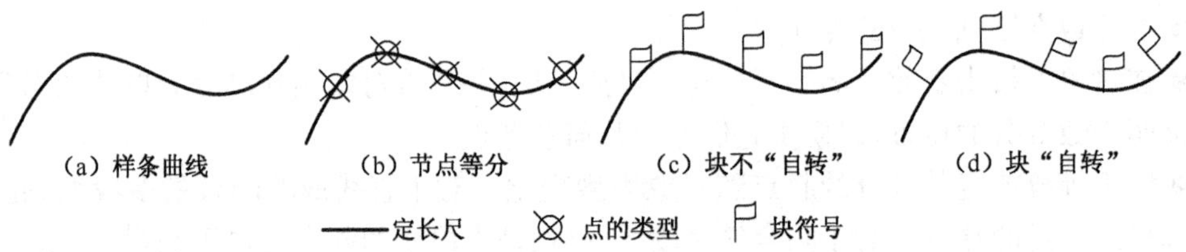

图 3-20　定数等分样条曲线

【例 4】　等分角度，已知一给定角如图 3-21(a)所示，将其三等分。

AutoCAD 没有提供直接等分角度的命令，需通过做辅助圆弧线，再将其等分来实现对已知角度的等分，其作图方法和步骤如下：

（1）作辅助圆弧。采用“起点、圆心、端点”方式画弧，起点为下角度边的端点，圆心为角点，端点为捕捉上角度边的端点，见图3-21(b)。

（2）用DIVIDE将该辅助圆弧三等分，同时设置点样式为可视，见图3-21(c)。

（3）设置端点和节点对象捕捉模式，并启用对象捕捉功能。

（4）以角点为起点，分别画出过圆弧上的等分节点的两条直线，见图3-21(d)。

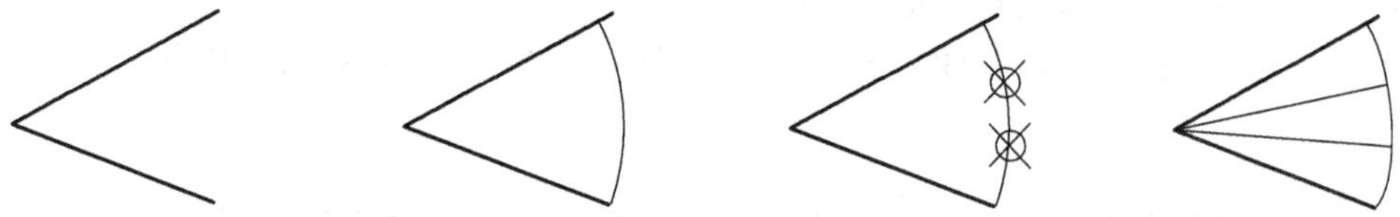

(a) 已知角　(b) 画辅助圆弧　(c) 三等分圆弧　(d) 画分角线

图3-21　等分角度

3.4　绘制矩形和正多边形

矩形和正多边形是图样中出现较多的基本图形，必须掌握对他们的绘制方法。

3.4.1　绘制矩形RECTANG

RECTANG通过指定两个对角点，绘制各种形式的矩形。

1. 命令访问

① 功能区：“默认”选项卡→“绘图”面板→“矩形”工具□

② 菜单：绘图(D)→矩形(G)

③ 工具：“绘图”工具栏→□

④ 命令：RECTANG (REC)

2. 命令提示

☼ 命令：**RECTANG**↵
指定第一个角点或［倒角(C)/标高(E)/圆角(F)/厚度(T)/宽度(W)］：

3. 选项说明

● 指定第一个角点：指定矩形第一个角点，拾取一点或输入坐标定义矩形的第一角点。

● 倒角：设置倒角距离，绘制带倒角的矩形。若要设置倒角，需要指定倒角的两个距离，可参考编辑命令CHAMFER。

● 圆角：设置圆角半径，绘制带圆角的矩形。若要设置圆角，需要给定圆角的半径：半径值可以为正、也可以为负，可参考编辑命令FILLET。

● 标高：设置矩形所在的平面高度，默认矩形在当前坐标系XY坐标面内，即Z坐标为0。此选项一般用于创建三维图形。

● 厚度：若设置了厚度，将绘出具有厚度的矩形，有了Z方向的尺度，此选项一般用于创建三维图形。

● 宽度：设置所画矩形的线宽，绘制带有宽度的矩形。指定一个角点后，系统将继续提示：

```
指定另一个角点或 [面积(A)/尺寸(D)/旋转(R)]:
```

● 面积：用面积与长度或宽度创建矩形。

● 尺寸：以长度和宽度创建矩形。

● 旋转：绘制的矩形旋转给定的角度。

图 3-22 显示了九种效果的矩形，点 1、2 分别为矩形第一角点和第二角点。

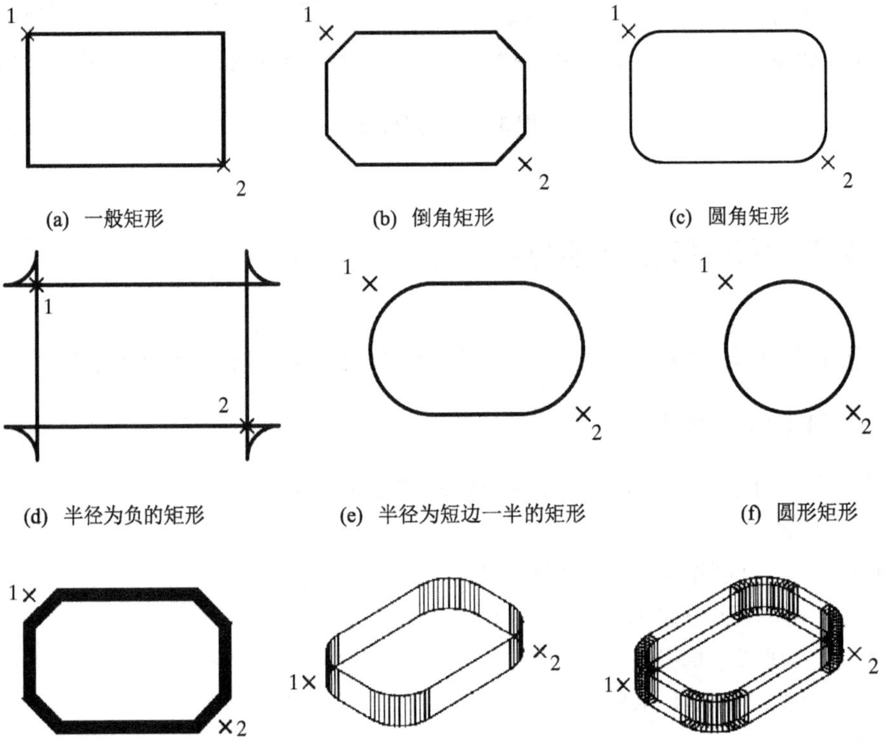

(a) 一般矩形　(b) 倒角矩形　(c) 圆角矩形

(d) 半径为负的矩形　(e) 半径为短边一半的矩形　(f) 圆形矩形

(g) 具有宽度的矩形　(h) 具有厚度的矩形　(i) 具有厚度、宽度的矩形

图 3-22　矩形的九种效果

3.4.2　绘制正多边形 POLYGON

POLYGON 命令用于绘制边数在 3～1 024 之间的正多边形。

1. 命令访问

① 功能区："默认"选项卡→"绘图"面板→"多边形"工具

② 菜单：绘图(D)→多边形(Y)

③ 工具："绘图"工具栏→

④ 命令：POLYGON(POL)

2. 命令提示

☼ 命令：**POLYGON**↵
输入侧面数 <4>：**6**↵
指定正多边形的中心点或［边(E)］：**拾取一点**
输入选项［内接于圆(I)/外切于圆(C)］<I>：↵
指定圆的半径：**20**↵**(画了个正 6 边形)**

3. 选项说明

● 指定正多边形的中心点：要求用户指定所画正多边形的形心。

● 边：通过指定正多边形一条边的两个端点来设定正多边形，即以由第一点到第二点的连线为边，按逆时针方向绘制一个多边形。

● 内接于圆：所绘制的正多边形内接于一个假想的圆，该圆图中并不绘制。

● 外切于圆：所绘制的正多边形外切于一个假想的圆，该圆图中并不绘制。

4. 技能与提升

(1) 绘制正多边形时，所谓多边形的外切圆或内接圆是不绘出的，只是显示代表圆半径的直线段而已。

(2) 绘制正方形用正多边形命令比用矩形命令更方便。

3.5 绘制与编辑多段线

在 AutoCAD 中，多段线是一种非常有用的图元对象，凡具有宽度的彼此相连的直线段和圆弧段构成的对象，可以使用 PLINE 命令绘制。多段线的主要特点有两个：其一，可以加宽或变细多段线中每段直线或圆弧的起始点和终止点的宽度，因而多段线可以用来绘制一些特殊的图形或图案；其二，多段线被作为单个对象来处理，因此在三维建模时，常利用封闭多段线绘制模型的截面图形，然后再利用建模工具生成三维实体。对平面图形的直线对象，应优先采用 PLINE 命令来绘制。

3.5.1 绘制多段线 PLINE

1. 命令访问

① 功能区："默认"选项卡→"绘图"面板→"多段线"工具

② 菜单：绘图(D)→多段线(P)

③ 工具："绘图"工具栏→

④ 命令：PLINE (PL)

2. 命令提示

☼ 命令：**PLINE**↵
指定起点：
当前线宽为 0.0000
指定下一点或［圆弧(A)/闭合(C)/半宽(H)/长度(L)/放弃(U)/宽度(W)］：

3. 选项说明

(1) 直线方式

● 指定下一个点：这是缺省提示。直接输入一点，AutoCAD 将从上一点到此点绘制一条直线段。该提示将反复出现，直到结束命令。

● 圆弧：由直线方式切换到圆弧方式，同时出现关于绘制圆弧的提示。

● 闭合：用于绘制多段线的最后一段线段，使多段线首尾相连，形成一条无始无终的闭合线框。

● 半宽：设置多段线的半宽度，即输入的值是多段线宽度的一半。系统进一步提示：

指定起点半宽 <0.0000>：**1↵(起始点半宽为 1)**
指定端点半宽 <1.0000>：**0↵(终止点半宽为 0)**
(以后绘制的多段线宽度将与近前一次终止点的宽度一样)

● 长度：执行该选项，系统进一步提示：指定直线的长度：

AutoCAD 将沿前一次所绘直线或圆弧的方向绘制一段指定长度的直线。若前一段为直线，则所绘制的直线在其延长线上；若前一段为圆弧，则所绘制的直线在其切线方向上。

● 放弃：撤销所画多段线的最后一段，返回到前一段线的端点。该选项可连续使用，直至到多段线的最初起点。利用此，可及时修改在绘制多段线的过程中所出现的错误。

● 宽度：设置多段线的宽度，与选项"半宽"类似。

(2) 圆弧方式

在直线方式的提示中输入 A，将从绘制直线方式切换到绘制圆弧方式，相应的提示为：

指定圆弧的端点或
[角度(A)/圆心(CE)/方向(D)/半宽(H)/直线(L)/半径(R)/第二个点(S)/放弃(U)/宽度(W)]：

各选项说明如下；

● 指定圆弧的端点：为缺省项，AutoCAD 将绘制圆弧止于该点，且与前一次所绘直线或圆弧相切。

● 角度：设置圆弧的圆心角，系统进一步提示：

指定包含角：**(输入圆心角角度)**
指定圆弧的端点或 [圆心(CE)/半径(R)]：**(可通过确定圆弧终点或圆心或半径的方式绘制圆弧)**

● 圆心：设置圆弧的圆心，系统进一步提示：

指定圆弧的圆心：**(给出圆心)**
指定圆弧的端点或 [角度(A)/长度(L)]：**(可通过确定圆弧终点或圆心角或圆弧的弦长的方式绘制圆弧)**

● 闭合：与直线方式下的选项"闭合"类似，不同的是用圆弧来闭合所画多段线。

● 方向：指定圆弧起始点的切线方向，系统进一步提示：

指定圆弧的起点切向：**(用户可直接输入一角度值作为圆弧起始点的切矢和水平方向的夹角；也可输入一点，AutoCAD 自动将圆弧的起点和该点连线作为圆弧起始点的切矢)**
指定圆弧的端点：**(确定圆弧的终点)**

- 半宽：指定圆弧起始点和终止点的半宽，与直线方式类似。
- 直线：切换到直线方式。
- 半径：根据圆弧半径绘制圆弧，系统进一步提示：

指定圆弧的半径：
指定圆弧的端点或［角度(A)］：**(可通过确定圆弧终点或圆心角的方式绘制圆弧)**

- 第二个点：该选项用于三点画圆，系统进一步提示：

指定圆弧上的第二个点：**(指定第二点)**
指定圆弧的端点：**(指定第三点)**

- 放弃：与直线方式完全相同。
- 宽度：与前述关于宽度类似。

4. 应用示例

【例5】 用PLINE命令绘制如图3-23所示的腰形轮廓。

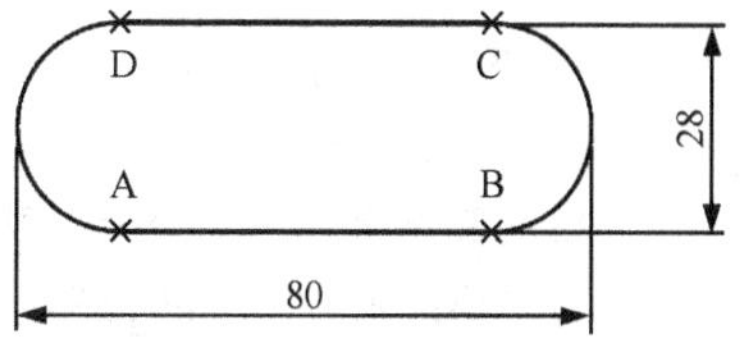

图3-23 腰形轮廓

绘制轨迹是：A $\xrightarrow{直线}$ B $\xrightarrow{圆弧}$ C $\xrightarrow{直线}$ D $\xrightarrow{闭合圆弧}$ A。启用极轴功能后的命令流程如下：

☼ 命令：**PLINE**↵
指定起点：**拾取点A，将极轴水平向左**
指定下一个点或［圆弧(A)/半宽(H)/长度(L)/放弃(U)/宽度(W)］：**52**↵**(到点B)**
指定下一点或［圆弧(A)/闭合(C)/半宽(H)/长度(L)/放弃(U)/宽度(W)］：**A**↵**(绘弧)**
指定圆弧的端点或将极轴垂直向上
［角度(A)/圆心(CE)/闭合(CL)/方向(D)/半宽(H)/直线(L)/半径(R)/第二个点(S)/放弃(U)/宽度(W)］：**28**↵**(到点C)**
［角度(A)/圆心(CE)/闭合(CL)/方向(D)/半宽(H)/直线(L)/半径(R)/第二个点(S)/放弃(U)/宽度(W)］：**L**↵**(将极轴水平向右)**
指定下一点或［圆弧(A)/闭合(C)/半宽(H)/长度(L)/放弃(U)/宽度(W)］：**52**↵**(到点D)**
指定下一点或［圆弧(A)/闭合(C)/半宽(H)/长度(L)/放弃(U)/宽度(W)］：**A**↵
［角度(A)/圆心(CE)/闭合(CL)/方向(D)/半宽(H)/直线(L)/半径(R)/第二个点(S)/放弃(U)/宽度(W)］：**CL**↵

【例6】 绘制如图3-24所示的花束。花茎用PLINE命令绘制，花蕾用DONUT命令(见6.4.1节)绘制，花瓣用ELLIPSE命令绘制并填充渐变色(见6.3节)，本例主要了解PLINE命令宽度选项的特点。

图3-24 花束

开始部分命令流程如下：

☼ 命令：**PLINE**↵
指定起点：**0,0**↵
指定下一个点或［圆弧(A)/半宽(H)/长度(L)/放弃(U)/宽度(W)］：**W**↵

指定起点宽度 <0.0000>：**4**↵
指定端点宽度 <4.0000>：**0**↵
指定下一个点或［圆弧(A)/半宽(H)/长度(L)/放弃(U)/宽度(W)］：**68,46** ↵↵**(绘制完主茎)**
☼ 命令：↵
指定起点：**16,10**↵
指定下一个点或［圆弧(A)/半宽(H)/长度(L)/放弃(U)/宽度(W)］：**A**↵
［角度(A)/圆心(CE)/方向(D)/半宽(H)/直线(L)/半径(R)/第二个点(S)/放弃(U)/宽度(W)］：**W**↵
指定起点宽度 <0.0000>：**3**↵
指定端点宽度 <3.0000>：**0**↵
［角度(A)/圆心(CE)/方向(D)/半宽(H)/直线(L)/半径(R)/第二个点(S)/放弃(U)/宽度(W)］：**S**↵
指定圆弧上的第二个点：**38,18**↵
指定圆弧的端点：**69,15**↵
［角度(A)/圆心(CE)/闭合(CL)/方向(D)/半宽(H)/直线(L)/半径(R)/第二个点(S)/放弃(U)/宽度(W)］：↵**(绘制了下面的一片叶子,按此方法,可绘制其余三片叶子)**

花蕾用 DONUT 命令绘制,花瓣用 ELLIPSE 命令绘制并填充渐变色。

3.5.2 编辑多段线 PEDIT

编辑多段线可以合并二维多段线、将线条和圆弧转换为二维多段线以及将多段线转换为近似 B 样条曲线的曲线。

1. 命令访问

① 功能区:“默认”选项卡→“修改”面板→“编辑多段线”工具

② 菜单:修改(M)→对象(O)→多段线(P)

③ 工具:“修改Ⅱ”工具栏→

④ 命令:PEDIT (PE)

⑤ 快捷菜单:单击多段线,在绘图区右击,在快捷菜单中选择“多段线”→“编辑多段线”

2. 命令提示

● 指定圆弧的端点:为缺省项,AutoCAD 将绘制圆弧止于该点,且与前一次所绘直线或圆弧相切。

☼ 命令：**PEDIT**↵
选择多段线或［多条(M)］：**选择多段线**
输入选项［闭合(C)/打开(O)/合并(J)/宽度(W)/编辑顶点(E)/拟合(F)/样条曲线(S)/非曲线化(D)/线型生成(L)/反转(R)/放弃(U)］：

3. 选项说明

● 闭合(与打开):在开放端点处将多段线闭合,见图 3-25(b);打开为反过程,即删除多段线的闭合线段。

● 拟合：由经过多段线的各顶点多个圆弧连接而成的圆弧拟合曲线，见图 3-25(c)。
● 样条曲线：用多段线各顶点作为控制点生成样条曲线，见图 3-25(d)。
● 非曲线化：取消“拟合”和“样条曲线”生成曲线，恢复原始的多段线。

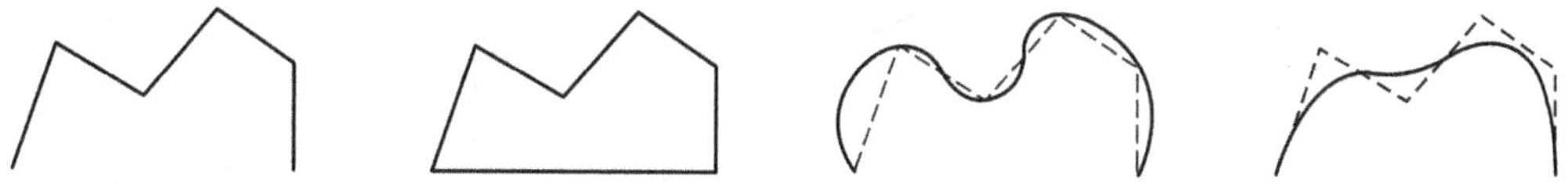
(a) 原始多段线　(b) 闭合　(c) 拟合　(d) 样条曲线

图 3-25　多段线“闭合与曲线”编辑

● 编辑顶点：选择该选项后，在多段线起点处用符号“×”标记为当前顶点，AutoCAD 继续提示：

[下一个(N)/上一个(P)/打断(B)/插入(I)/移动(M)/重生成(R)/拉直(S)/切向(T)/宽度(W)/退出(E)]<N>:

用这些选项进行移动顶点、插入顶点、可以将不相邻两顶点拉直为线段、修改任意两点间的线宽等操作。

● 宽度：修改整条多段线的线宽。

● 线型生成：控制由线库文件定义的线型“空、画”值的显示方式，如图 3-26 所示，此功能特别适合绘制建筑图样的防水层。选择此选项后，AutoCAD 继续提示：

输入多段线线型生成选项[开(ON)/关(OFF)]<关>:

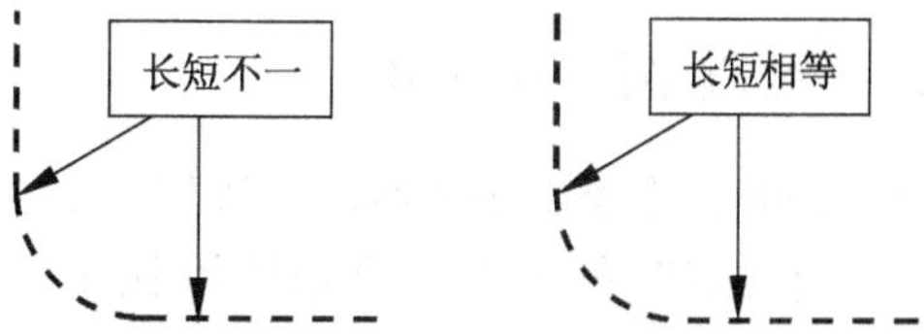

(a) 原始多段线　(b) 开启线型

图 3-26　多段线“线型生成”编辑

4. 关于多条(M)与合并选项

选择这两个选项后，AutoCAD 继续提示有：

输入模糊距离或 [合并类型(J)] <0.0000>: **J**↵
输入合并类型 [延伸(E)/添加(A)/两者都(B)] <延伸>: **A**↵

● 合并与模糊距离

使用“多个”选项，要合并的对象端点不一定要求重合(模糊距离越大，允许两端点离得越远)，否则，它们的端点必须重合，见图 3-27。

● 合并类型

➢ 延伸：通过将线段延伸或剪切至最接近的端点来合并选定的多段线，见图 3-27(b)。

➢ 添加：通过在最接近的端点之间添加直线段来合并选定的多段线，见图 3-27(c)。

➢ 两者都：如有可能，通过延伸或剪切来合并选定的多段线。否则，通过在最接近的端点之间添加直线段来合并选定的多段线，见图 3-27(d)。

设定合并选定多段线的方法。

● 编辑三维

PEDIT 命令可以编辑三维多段线和三维多边形网格。

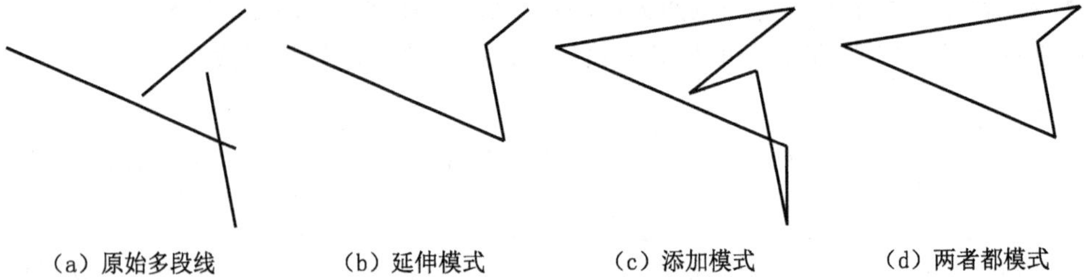

图 3-27　多段线“多条”编辑

3.6　绘制与编辑多线

多线是由多条平行线束组成的复合对象，可以用于绘制建筑中墙体、市政中的道路和管线等。在使用多线之前，首先定义合适的多线样式。又因为多线在 AutoCAD 中是一类特殊的对象，所以要采用专门的多线编辑命令，也可以用修剪命令对多线进行修剪。

3.6.1　绘制多线 MLINE

MLINE 命令类似于画线和多段线命令。但是，多线没有弧度，而且因为由多条直线组成，所以要确定对齐方式，必须选择其中的一条线或中心作为定点的基准。

1. 命令访问

① 菜单：绘图(D)→多线(U)

② 命令：MLINE(ML)

2. 命令提示

☼ 命令：**MLINE**↵

当前设置：对正＝上，比例＝20.00，样式＝STANDARD
指定起点或［对正(J)/比例(S)/样式(ST)］：

3. 选项说明

● 指定起点：AutoCAD 将以当前的样式，按当前的比例以及绘线方式绘制多线。

● 对正：设置基准线的对齐方式，有三个子选项上(T)、无(Z)、下(B)来设置，如图 3-28 所示。

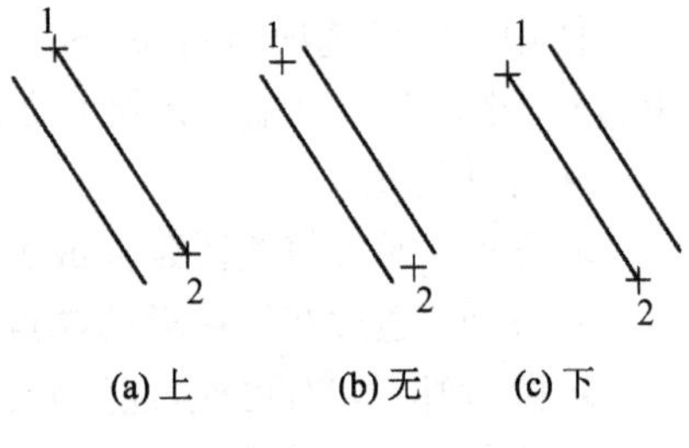

图 3-28　三种基准线对齐方式

● 比例：设置多线的比例因子，该比例因子与多线的定义宽度的乘积即为当前绘制的多线宽度。多线的最外两直线元素的距离为 1，比例为 0，则只画一条直线。若要绘制 240 墙线，则比例应设为 240。

● 样式：设置当前采用的多线样式。

3.6.2 设置多线样式 MLSTYLE

在多线中，构成多线的各平行线被称为元素，每一种多线的元素最多可达 16 个。可以设置元素相对于 0 线的距离，各自的颜色、线型。另外，还可以对多线本身设置端点的开合状态、填充与否以及是否显示拐角处的连接线。MLSTYLE 命令用于创建和修改多线样式。

1. 命令访问

① 菜单：格式(O)→多线样式(M)

② 命令：MLSTYLE

2. 对话框

执行命令后，AutoCAD 将弹出如图 3-29 所示“多线样式”对话框，利用该对话框设置多线的线条数目和线的拐角方式。

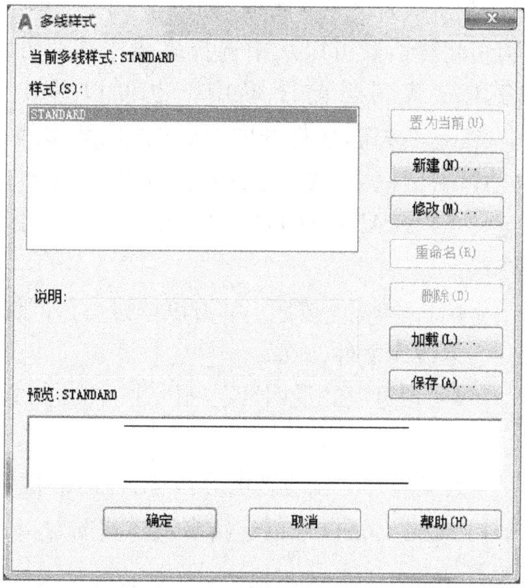

图 3-29 “多线样式”对话框

3. 选项说明

● “样式”列表框：显示与管理已经加载的多线样式。

一个图形可以使用多个多线样式，图形中使用的所有多线样式组成多线样式表，与图形一起保存。多线样式表中的多线样式，可以从多线样式库文件(.mln)中装入；也可以在当前图形中定义，定义的多线样式应先加入多线样式表才能使用。定义的多线样式也可以存入多线样式库文件，供其他 AutoCAD 用户共享。

用户不能对在图形中已被使用的多线样式进行修改。要改变元素特性或者样式特性，必须在它未被使用之前修改。图形中未被使用的多线样式，可以用 PURGE 命令的 Mlinestyles 选项清除。

● 

按钮：在“样式”列表中选中需要使用的多线样式后，单击该按钮，可以将其样式置为当前样式。

● 

按钮：单击该按钮，打开“创建新的多线样式”对话框，利用此对话框可以新建一个多线样式，如图 3-30 所示。

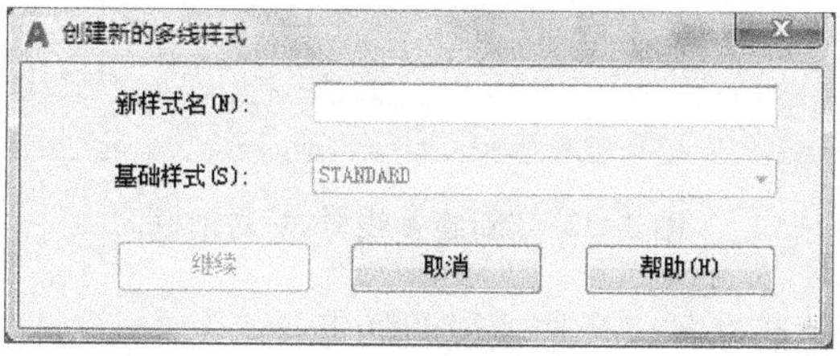

图 3-30 “创建新的多线样式”对话框

● 

按钮：单击该按钮，打开“修改多线样式”对话框，利用此对话框可以修改创建的多线样式。

● 重命名(R) 按钮：对“样式”列表中选中的多线样式更名。

● 删除(D) 按钮：删除“样式”列表中选中的未使用的多线样式。

● 加载(L)... 按钮：单击该按钮，打开“加载多线样式”对话框，如图 3-31 所示。利用此对话框可以从中选择多线样式库并将其加载到当前图形中。也可以单击 文件... 按钮，从打开的“从文件加载多线样式”对话框中，选择多线样式文件，该文件定义了“STANDARD”和“自定义”的多线样式。

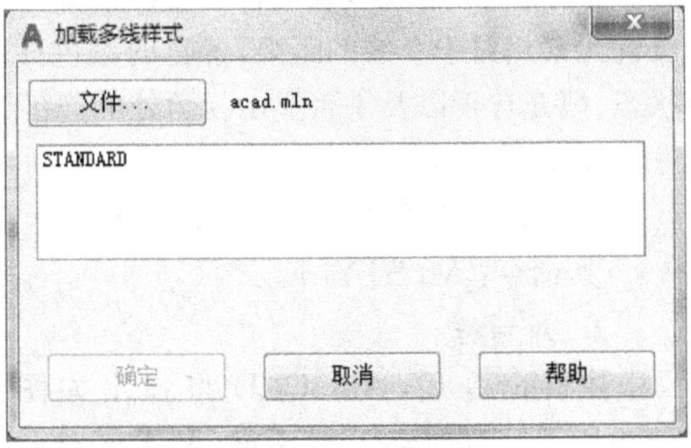

图 3-31 “加载多线样式”对话框

● 保存(A)... 按钮：单击该按钮，打开“保存多线样式”对话框，将当前的多线样式保存为一个多线库文件。

● “预览”和“说明”区：显示选中的多线样式效果和说明信息。

4. 创建多线样式

在图 3-30“创建新的多线样式”对话框中单击 继续 按钮，打开“新建多线样式”对话框，利用此对话框来创建新多线样式的封口、填充、元素特性等内容，如图 3-32 所示。

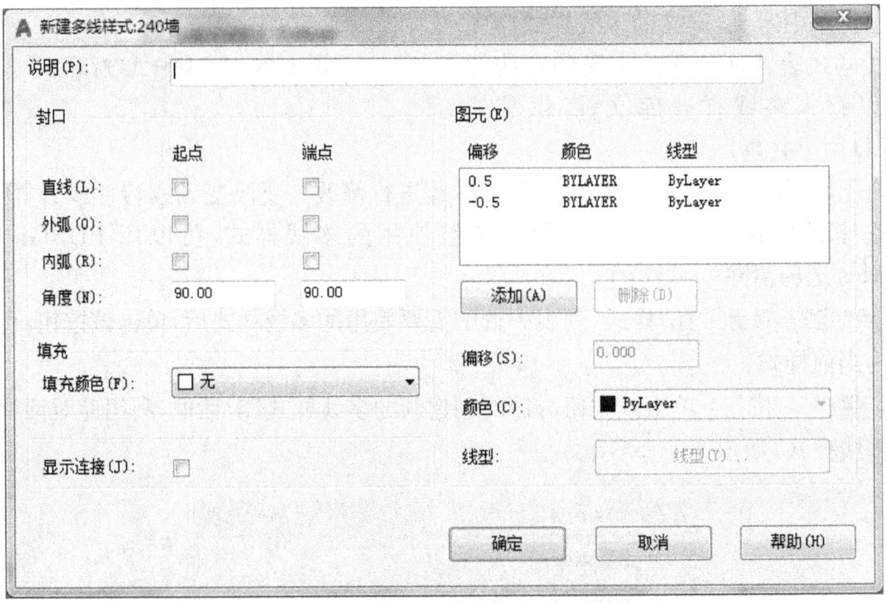

图 3-32 “新建多线样式”对话框

对“新建多线样式”对话框各区及选项说明如下：

● “说明”文本框：输入多线样式的说明信息。当在“多线样式”列表中选中该多线样式时，说明信息将在“说明”区域中显示出来。

● “封口”区：设置多线起点和端点处的封口形式。可以为多线的每个端点选择一条直线或弧线，并输入角度。其中，“直线”穿过整个多线的端点，“外弧”连接最外层元素的端点，“内弧”连接成对元素，如果有奇数个元素，则中心的线不相连，如图 3-33 所示。

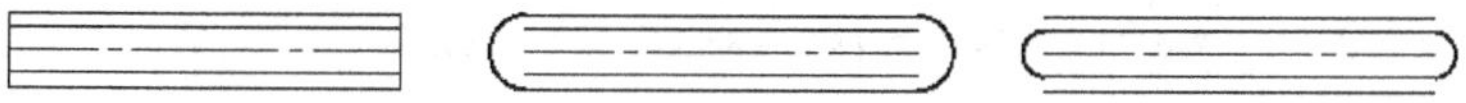

(a) 直线封口　　(b) 外弧封口　　(c) 内弧封口

图 3-33　多线的封口形式

● “显示连接”复选框：选中该框，则显示出多线拐角处的连接线；反之则不显示，分别如图 3-34(a)、(b)所示。

● “封口”区：对多线的背景颜色进行设置。可以从“填充颜色”的下拉列表框中选择填充颜色。

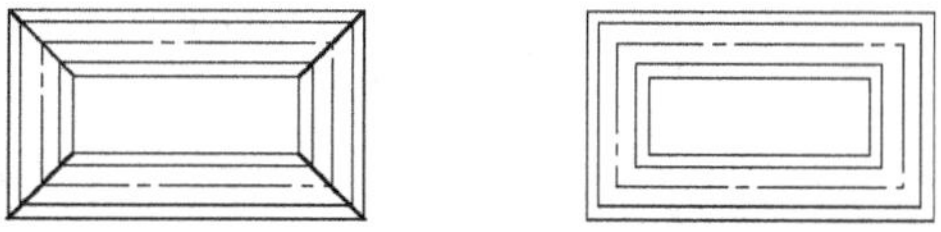

(a) 显示连接　　(b) 不显示连接

图 3-34　“显示连接”的设置

● “图元”区：对多线样式的元素特性进行设置，包括多线的线条数目、每条线的颜色和线型等特性，但不能对每条线设置不同的线宽。其中：

➢ “元素”列表框：列举出当前多线样式中各线条元素及其特性，如相对于中间线的偏移量、颜色、线型等。

➢ 添加(A) 按钮：单击该按钮可以添加多线中线条的数目，将加入一个偏移量为零的元素。

➢ “偏移”文本框：设置新加线条的偏移量。

➢ “颜色”列表框：设置新加线条的颜色。

➢ 线型(Y)... 按钮：从打开的“线型”对话框中为新加线条选择线型。

➢ 删除(D) 按钮：删除在列表框中选中的线条元素。

5. 技能与提升

(1) 对建筑制图来说，创建多线样式时，一般用直线封口。

(2) 将多线的最外两直线元素的距离设置为 1，则若要绘制 240 的墙线，则比例应设为 240，120 的墙线比例改为 120。比例为 0，则只画一条直线。

(3) 在使用多线时，一般设置多线对正方式为“无(Z)”，即中线对正。

(4) 对已使用的多线样式不能进行修改，因此在设置多线样式时应考虑周全。

3.6.3　编辑多线 MLEDIT

多线编辑的是用专门的多线编辑命令，以对多线的交点和顶点进行编辑。值得说明的是在 AutoCAD 2020 中可以用 TRIM 命令对多线进行修剪。

1. 命令访问

① 菜单：修改(M)→对象(O)→多线(M)

② 命令：MLEDIT

2. 对话框

执行命令后，AutoCAD 将打开如图 3-35 所示的“多线编辑工具”对话框，利用该对话框提供的十二种工具，选择两两多线进行编辑，有些工具注意选择次序。

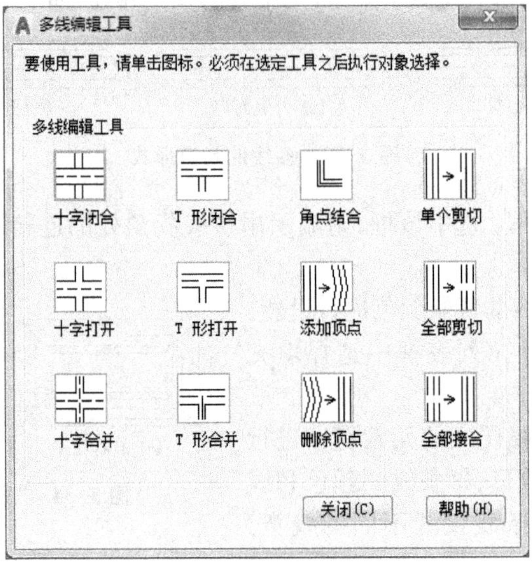

图 3-35 “多线编辑工具”对话框

十二种多线编辑工具可分为四类：

(1) 十字型交点工具：、、可以消除各种相交线，如图 3-36 所示。当选用某一工具后，还需要选取两个多线，AutoCAD 总是切断所选的第一个多线，并根据所用工具切断第二个多线，见图 3-36 中选择顺序 1、2。在使用“十字合并”工具时可以生成配对元素的直角，如图 3-36 所示的五个配对元素，如果没有配对元素，则多线将不被切断。

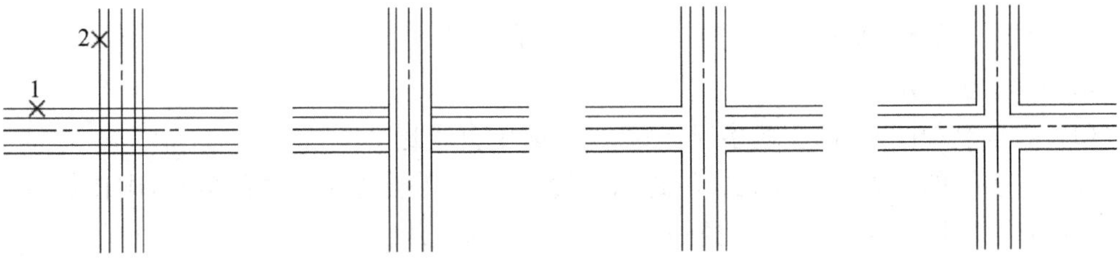

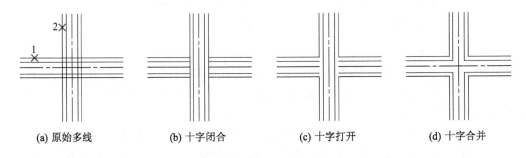

(a) 原始多线　(b) 十字闭合　(c) 十字打开　(d) 十字合并

图 3-36 十字交点编辑效果

(2) T 字型交点工具：、、和角点结合可以消除各种相交，如图 3-37 所示。使用工具时，在要保留的多线某部分选取两个多线，AutoCAD 就会将多线剪裁或延伸到它们的相交点。

(3) 顶点的编辑工具：有添加顶点工具和删除顶点工具。

(4) 线段的编辑工具：、、可以切断多线和恢复切断的多线。其中“单个切断”工具用于切断多线中的一条，只需拾取要切断的多线某一元素上的两点，则这两点中的连线即被删除(实际上是不显示)；“全部剪切”工具用于切断整条多线。“全部接合”工具可以重新显示所选两点间的任何切断部分。

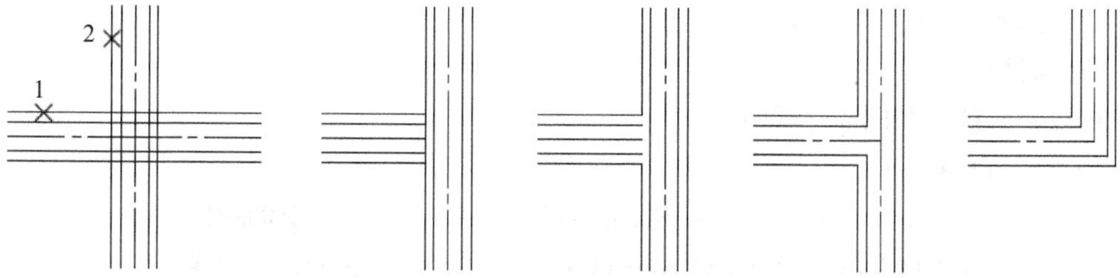

(a) 原始多线　(b) T型闭合　(c) T型打开　(d) T型合并　(e) 角点结合

图 3-37　T 字型交点编辑效果

多线不接受 BREAK 命令，但可以进行 COPY、MOVE、STRETCH、MIRROR 等编辑，多线可以被 EXPLODE 命令分解，分解后的多线成为直线、圆弧，实心填充将会消失。但直线和多段线不能被转化成多线。因此建议：在画图时，先用多线画基本的轮廓，然后再用多线编辑，不能用多线编辑的部分，再将多线分解后，用一般的编辑命令进行细节上的修改。

3. 多线修剪

用修剪命令 TRIM 能够对多线进行修剪，方便了对多线的编辑。

4. 综合举例

【例 7】 使用多线绘制如图 3-38 所示 240 的楼梯墙线，不标注尺寸。

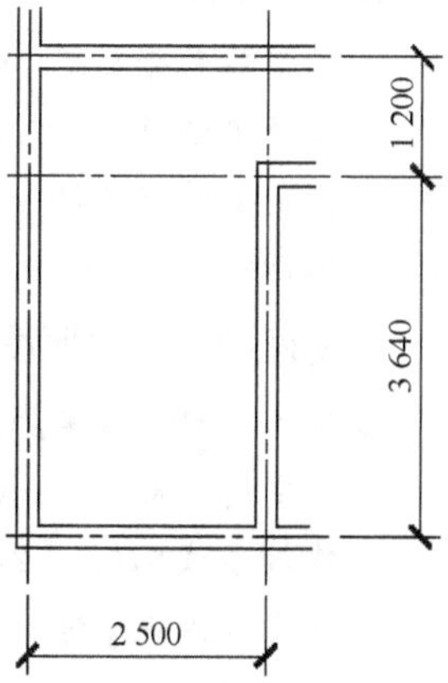

图 3-38　楼梯墙线

绘图过程

(1) 设置图限：大小为 4 500×6 200，并将图限全屏显示。

(2) 开设图层：至少两个图层分别放置点画线和墙线。

(3) 定义多线样式：样式名为"墙线"，并置为当前。

(4) 绘制两条水平和铅垂点画线：水平线长为 3 380、铅垂线长为 5 800，见图 3-39(a)。

(5) 用后面的第 5 章介绍的"OFFSET(偏移)"命令复制出其余的点画线，见图 3-39(b)，和过程(5)命令流程(以后过程都有命令流程)。

(6) 绘制两组水平和铅垂多线：如图 3-39(c)所示。

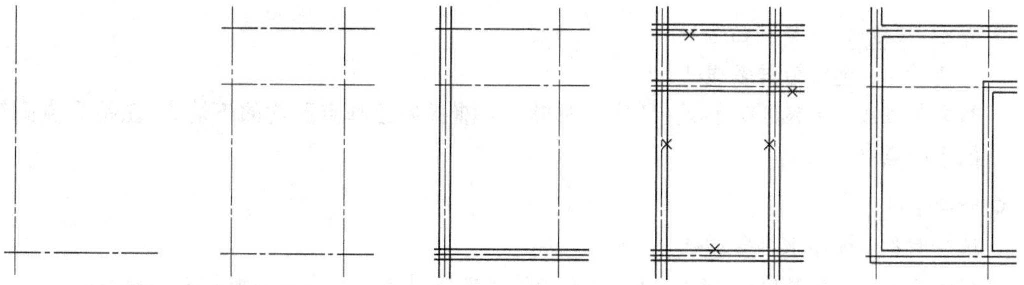

(a) 绘制基线　(b) 偏移　(c) 绘制多线　(d) 复制多线　(e) 编辑多线

图 3-39　楼梯墙线绘图过程

(7) 复制多线：如图 3-39(d)所示。

(8) 编辑多线：如图 3-39(e)所示。

命令流程

过程(5)，请对照图 3-39(b)。

☼ 命令：**OFFSET**↵

指定偏移距离或［通过(T)/删除(E)/图层(L)］＜36.4000＞：**2500**↵**(偏距)**

选择要偏移的对象，或［退出(E)/放弃(U)］＜退出＞：**选择铅垂点画线**

指定要偏移的那一侧上的点，或［退出(E)/多个(M)/放弃(U)］＜退出＞：**在右侧任意处单击**↵

☼ 命令：↵**(重复偏移命令)**

指定偏移距离或［通过(T)/删除(E)/图层(L)］＜2500.0000＞：**3640**↵

选择要偏移的对象，或［退出(E)/放弃(U)］＜退出＞：**选择水平点画线**

指定要偏移的那一侧上的点，或［退出(E)/多个(M)/放弃(U)］＜退出＞：**在上方任意处单击**↵

☼ 命令：↵

指定偏移距离或［通过(T)/删除(E)/图层(L)］＜3640.0000＞：**1200**↵

选择要偏移的对象，或［退出(E)/放弃(U)］＜退出＞：**选择上次偏移的点画线**

指定要偏移的那一侧上的点，或［退出(E)/多个(M)/放弃(U)］＜退出＞：**在上方任意处单击**↵

过程(6)，请对照图 3-39(c)。

☼ 命令：**ML**↵**(多线命令的快捷方式)**

指定起点或［对正(J)/比例(S)/样式(ST)］：**S**↵

输入多线比例＜24＞：**240**↵

指定起点或［对正(J)/比例(S)/样式(ST)］：**J**↵

输入对正类型［上(T)/无(Z)/下(B)］＜上＞：**Z**↵

指定起点或［对正(J)/比例(S)/样式(ST)］：**捕捉水平点画线的左端点、右端点**↵

☼ 命令：↵

指定起点或［对正(J)/比例(S)/样式(ST)］：**捕捉铅垂点画线的下端点、上端点**↵

过程(7)，请对照图 3-39(d)。

☼ 命令：**COPY**↵**(复制命令)**

选择对象：**选择铅垂多线**↵

指定基点或［位移(D)/模式(O)］＜位移＞：**捕捉右铅垂点画线的下端点、左铅垂点画线的下端点**↵

☼ 命令：↵

选择对象：**选择水平多线**↵

指定基点或［位移(D)/模式(O)］＜位移＞：**捕捉最下一根水平点画线的右端点**

指定第二个点或［阵列(A)］＜使用第一个点作为位移＞：**捕捉中间一根水平点画线的右端点**

指定第二个点或［阵列(A)/退出(E)/放弃(U)］＜退出＞：**捕捉最上一根水平点画线的右端点↵**

过程(8)，请对照图 3-39(e)。

☼ 命令：**MLEDIT↵选择角点结合**
选择第一条多线：**在A处附近选择多线**
选择第二条多线：**在B处附近选择多线**
选择第一条多线 或［放弃(U)］：**在D处附近选择多线**
选择第二条多线：**在C处附近选择多线↵**
☼ 命令：↵
选择第一条多线：**在E处附近选择多线**
选择第二条多线：**在B处附近选择多线**
选择第一条多线 或［放弃(U)］：**在D处附近选择多线**
选择第二条多线：**在A处附近选择多线↵**

3.7 徒手绘图

即使是计算机绘图，同样可以绘制徒手线。AutoCAD 通过记录光标轨迹来绘制徒手线。

3.7.1 徒手绘图 SKETCH

SKETCH 命令可以徒手绘制图形、轮廓线及个性化签名等，对于创建不规则边界或使用数字化仪追踪非常有用。

1. 命令访问

命令：SKETCH。

2. 命令提示

☼ 命令：**SKETCH↵**
类型＝多段线　增量＝1.0000　公差＝0.5000
指定草图或［类型(T)/增量(I)/公差(L)］：**T↵**
输入草图类型［直线(L)/多段线(P)/样条曲线(S)］＜多段线＞：

3. 选项说明

● 指定草图：记录鼠标轨迹直至按【↵】结束。

● 类型(T)：设定手画线的对象类型，有直线、多段线和样条曲线三种。

● 增量(I)：设置增量距离，定点设备所移动的距离必须大于增量值，才能生成一条直线。

● 公差(L)：对于样条曲线，指定样条曲线的曲线布满手画线草图的紧密程度。

3.7.2 绘制修订云线 REVCLOUD

REVCLOUD 命令主要用于突出显示图纸中已修改的部分，是由连续的圆弧组成的多段线，用于提醒用户注意图形的某些部分，如在绘制建筑总平面图中，常使用该命令绘制云线，以表示云线所框选的范围为拟建建筑区。

1. 命令访问

① 功能区："默认"选项卡→"绘图"面板→"修订云线"下拉框三个工具、、

② 菜单：绘图(D)→修订云线(V)

③ 工具："绘图"工具栏→

④ 命令：REVCLOUD

2. 命令提示

☼ 命令：**REVCLOUD**↵
指定第一个点或［弧长(A)/对象(O)/矩形(R)/多边形(P)/徒手画(F)/样式(S)修改(M)/］<对象>：

3. 选项说明

● 弧长(A)：指定云线中弧线的长度，选择该选项后系统要求指定最小弧长值与最大弧长值，但最大弧长不能大于最小弧长的 3 倍。

● 对象(O)：指定要转换为修订云线的单个闭合对象。选择要转换的对象后，命令将出现提示信息："反转方向［是(Y)/否(N)］<否>："，默认为"否"，如果选择"是"选项还可以反转圆弧方向。

● 矩形(R)：指定对角点创建矩形修订云线。

● 多边形(P)：指定三个以上顶点创建多边形修订云线。

● 徒手画(F)：绘制徒手像使用画笔绘图一样创建修订云线。

● 样式(S)：选择修订云线的样式，选择该选项后，命令行将出现提示信息"选择圆弧样式［普通(N)/手绘(C)］<普通>："，默认为"普通"选项。

● 修改(M)：从现有修订云线添加或删除侧边。

3.8 思考与实践

思考题

1. 在 AutoCAD 中，直线、射线和构造线各有什么特点？如何使用它们绘制辅助线？
2. 如何创建点对象？
3. 等分线段有几种方法？
4. 多段线的特点与编辑方法？
5. 多线编辑工具有哪几种，各有什么功能？
6. 如何绘制修订云线？

实践题

1. 作出图 3-40 所示的两个图形。

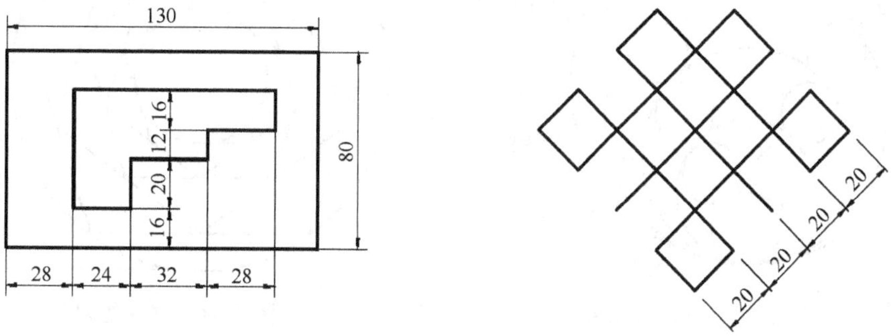

图 3-40　作图练习 1

2. 用 PLINE 命令或 LINE 和 ARC 命令作出如图 3-41 所示的平开门图形。

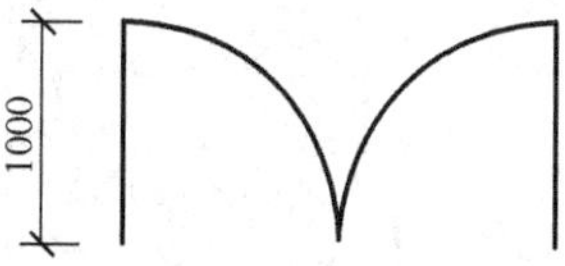

图 3-41　作图练习 2

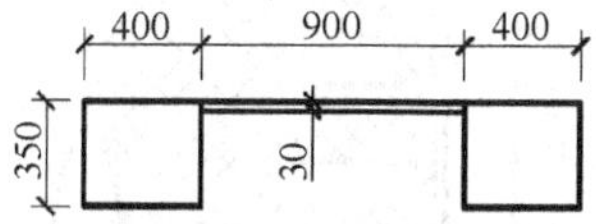

图 3-42　作图练习 3

3. 作出如图 3-42～图 3-47 所示的图形。

图 3-45 提示：铅垂绘制大径 149.5，将其 5 等分，得到其他等比圆的直径。

图 3-47 提示：大面积的斜方格用图案填充命令 HATCH 绘制。

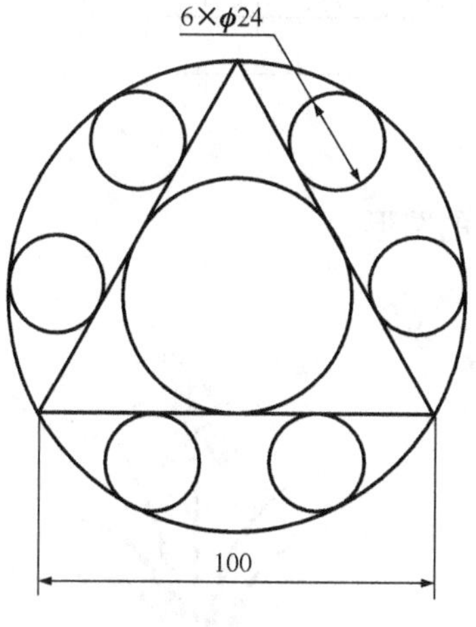

图 3-43　作图练习 4

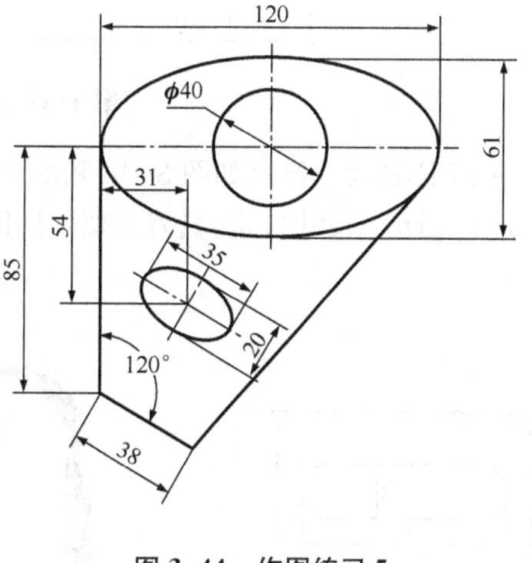

图 3-44　作图练习 5

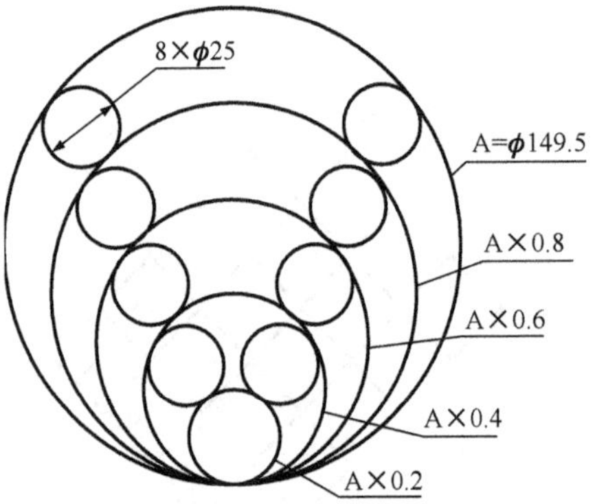

图 3-45　作图练习 6

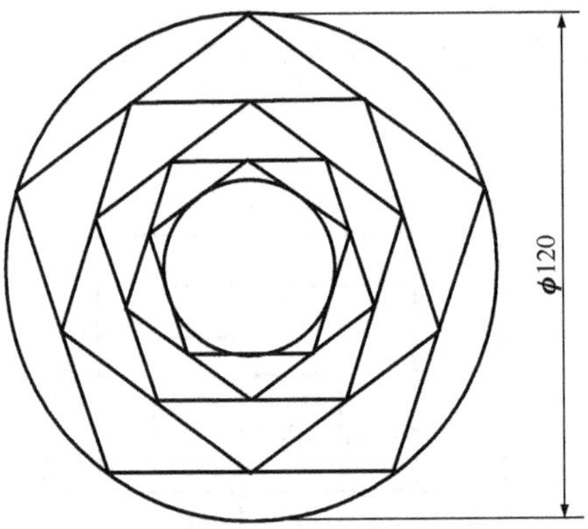

图 3-46　作图练习 7

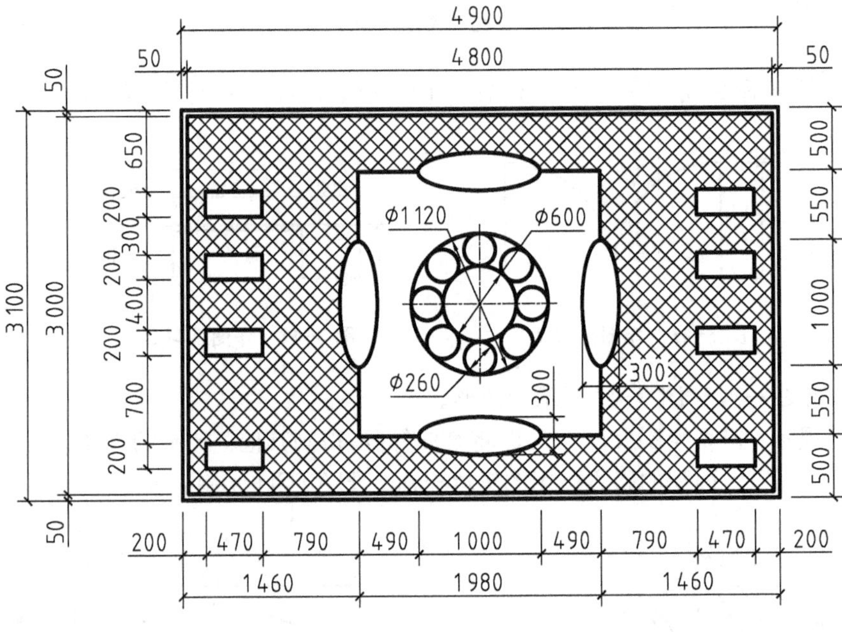

图 3-47　作图练习 8

4. 用 PLINE 命令绘制如图 3-48 和图 3-49 所示的图形。

图 3-49 提示：尺寸自定，只需近似图形即可。

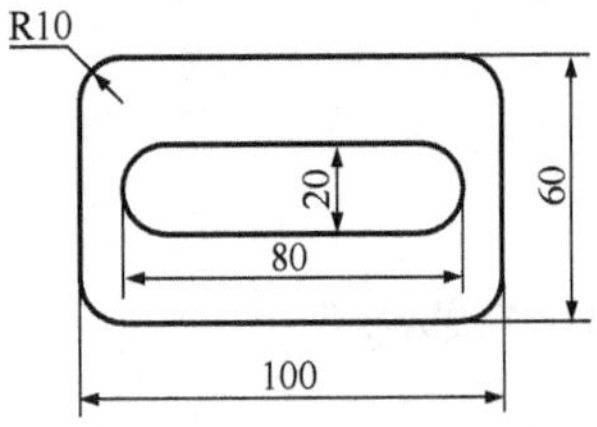

图 3-48　作图练习 9

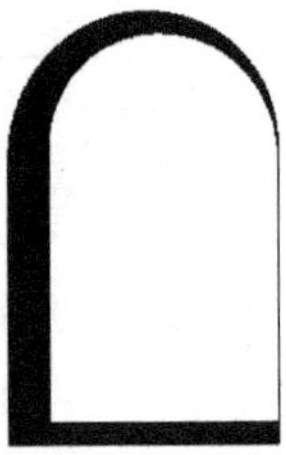

图 3-49　作图练习 10

图 3-50　作图练习 11

5. 作出如图 3-50 所示的图形，花蕾部分用 DONUT（见 7.3.1）命令绘制，花瓣用 ELLIPSE 命令绘制并填充渐变色（见 7.3 节），其余用多段线命令绘制。尺寸自定，只需近似图形即可。（提示：采用夹持点方法编辑会很方便，见 5.2 节的讲解。）

6. 用多线命令及其编辑命令，并设置多线样式为两端直线封口，作出如图 3-51 所示的 240 墙线。

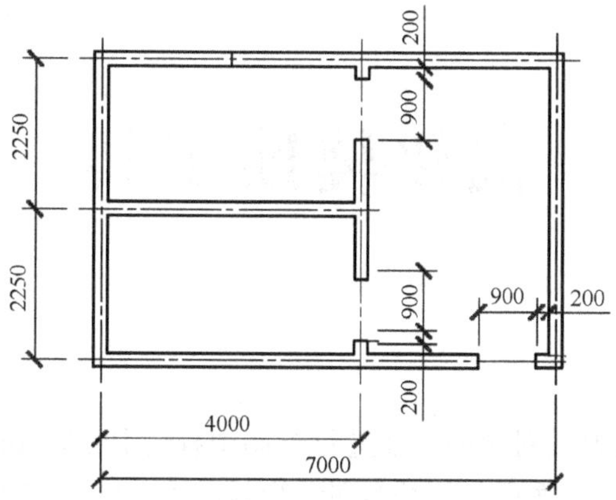

图 3-51　作图练习 12

7. 用多线命令及其编辑命令和 ARC 命令等，绘制如图 3-52 所示图形。

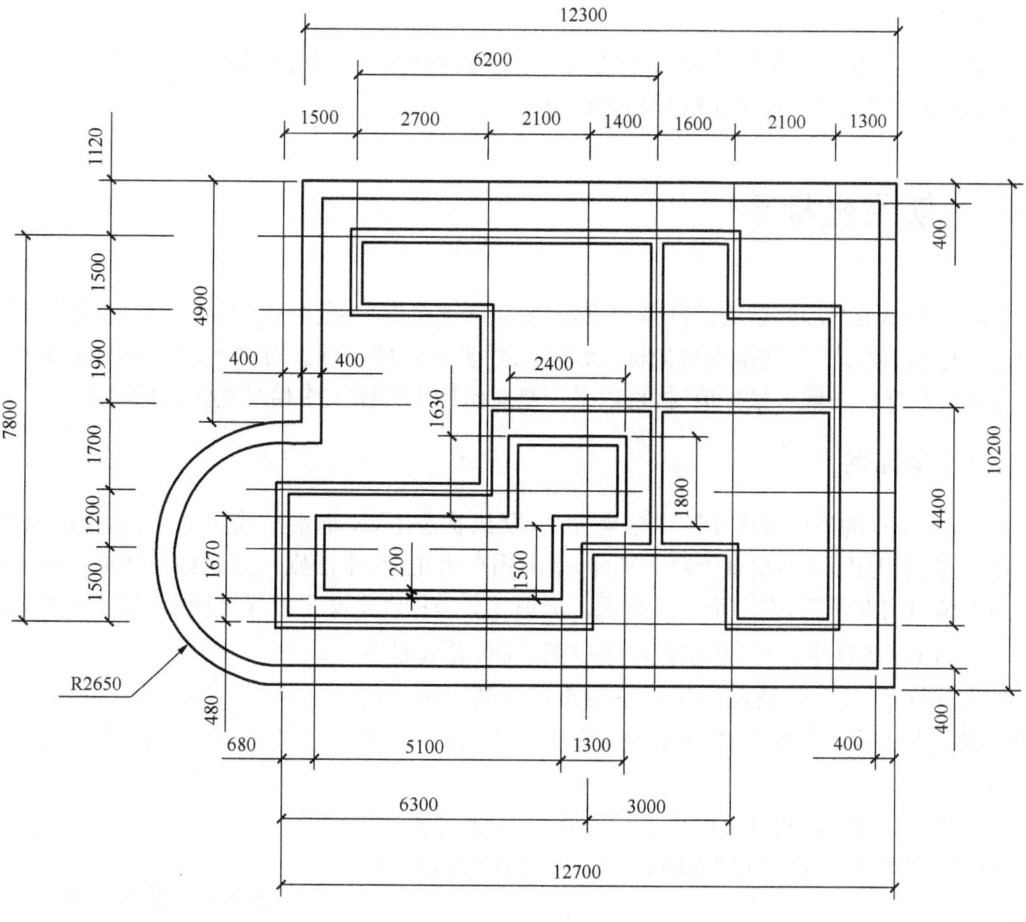

图 3-52　作图练习 13

第 4 章

优化辅助工具

设计工程对象时，需要按对象的尺寸进行绘制图样，因此在 AutoCAD 绘图时就需要向系统准确地输入数据。从前面章节的基本图形绘制过程中可知，在响应绘图命令时，要输入诸如线的端点、圆心等坐标；要输入诸如圆的半径、直径等数值。

用 AutoCAD 所绘出的图形记录了精确的图形数据，这些数据对工程分析和后继的相关利用发挥着重要作用。其实 AutoCAD 图形最基本的数据是点的坐标，并由此而产生了相关的运算。

如何高效、精准绘制图形是每个使用者追求的目标。本章将介绍 AutoCAD 的坐标系使用、各种辅助绘图工具功能极其巧妙运用。

4.1 使用坐标系

点的坐标是图形数据的最基本构成，只要绘图就会有位置坐标。AutoCAD 提供了多种点的坐标表示形式，分别是直角坐标、极坐标、柱坐标和球坐标。对平面图形只需用到直角坐标和极坐标。在输入坐标值时，可以采用绝对坐标方式输入或相对坐标方式输入。

4.1.1 坐标系

AutoCAD 的坐标系属于笛卡尔坐标系，默认状态下，X 轴水平放置，向右为正；Y 轴垂直放置，向上为正；Z 轴垂直于绘图平面，指向用户为正(右手法则)，其坐标系的原点位于图形显示窗口的左下角，有一个"□"标识。标识"□"坐标轴定义了世界坐标系，缩写为 WCS。

在 AutoCAD 中，为了能够更好地辅助绘图，尤其是三维建模，用户会经常重新设定坐标系的原点及其方位。用户设定的坐标系变为用户坐标系，缩写为 UCS，其原点无标识。

图 4-1 "坐标"面板

利用 AutoCAD 提供的"坐标"面板("三维建模"空间→"常用"选项卡→"坐标"面板)，如图 4-1 所示，用户可很方便地设定自己的 UCS。

在二维绘图中，用得较多的是原点坐标系，对应的工具是。

4.1.2 直角坐标和极坐标

在 AutoCAD 中有两种方式描述二维点的位置——直角坐标和极坐标。对三维点还有柱坐标和球坐标。无论在哪种坐标系中，坐标都分为绝对坐标和相对坐标。绝对坐标针对当前坐标系的原点而言，相对坐标针对最近的绘图点而言。

1. 直角坐标

(1) 绝对直角坐标形式为：(X,Y,Z)，坐标间用逗号隔开。

在二维绘图中，Z 坐标通常可以省略(在 Z 坐标所在的水平面上绘图)，即(X,Y)，实际输入时不加小括号。如 X 的坐标为 35，Y 坐标为 60，则输入格式是：35,60。

(2) 相对直角坐标形式为：(@dx,dy)，即在坐标前加一个“@”字符。

2. 极坐标

(1) 极坐标形式为：距离＜角度，用户可以输入某点离当前坐标系原点的距离及它在 XOY 平面上与 X 轴的角度来确定该点，两值用符号“＜”隔开，逆时针方向的角度为正，反之为负。

(2) 相对极坐标形式为：@ 距离＜角度。

这是以某一点为基准，以该点至下一点的距离及连线与 X 轴的角度来表示。

(3) 上一次坐标：输入@ 符号本身相当于输入相对坐标“@ 0,0”，它指明与最后一点的偏移为 0。

各种坐标的含义如图 4-2 所示。

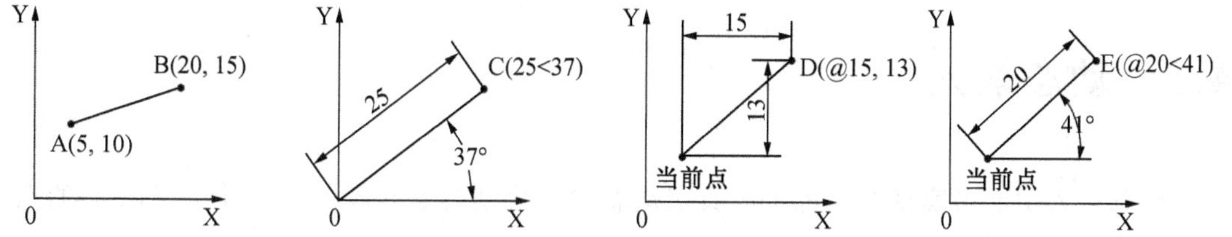

(a) 绝对直角坐标　(b) 绝对极坐标　(c) 相对直角坐标　(d) 相对极坐标

图 4-2 各种坐标的含义

4.1.3 创建坐标系

1. 命令访问

① 功能区：“三维建模”空间→“常用”选项卡→“坐标”面板

② 菜单：工具(T)→新建 UCS(W)→各 UCS 子命令

③ 工具：“UCS”工具栏→各工具

④ 命令：UCS

2. 命令提示

☼ 命令：UCS↵

当前 UCS 名称：*世界*
指定 UCS 的原点或 [面(F)/命名(NA)/对象(OB)/上一个(P)/视图(V)/世界(W)/X/Y/Z/Z 轴(ZA)] <世界>：

3. 选项说明

● 世界，工具为：可以从当前的用户坐标系直接恢复到世界坐标系。

● 原点，工具为：设置 UCS 的原点，与原坐标系平行，方向不变。

● 面(F)，工具为：可以根据实体的面调整坐标系。

● 命名(NA)，无对应工具：到已命名的坐标系。

● 对象(OB)，工具为：根据所选对象快速建立 UCS，使对象位于新的 XOY 平面，其中 X 轴和 Y 轴的方向取决于用户选择对象的类型。

● 上一个(P)，工具为：退回到上一个 UCS。

● 视图(V)，工具为：可以设置新的 UCS 的 XOY 坐标面平行于当前视图，原点不变。

● 三点，工具为：通过在三维空间拾取三个点来定义 UCS，第一个点是原点，第一点到第二点的矢线为新 X 轴，这三个点所决定的面为 XOY 坐标面。

● X，工具为：通过绕当前坐标系的 X 轴旋转建立新 UCS。

● Y，工具为：通过绕当前坐标系的 Y 轴旋转建立新 UCS。

● Z，工具为：通过绕当前坐标系的 Z 轴旋转建立新 UCS。

● 轴(ZA)，工具为：通过定义 Z 轴的正向来设置新 UCS 的 XOY 坐标面，执行该命令需指定二点，第一个点为新原点，第一点到第二点的矢线为新 Z 轴。

● 应用，工具为：当窗口中包含多个视口时，可以将当前坐标系应用于其他视口。

4.2 动态输入

动态输入功能可实现在绘图平面直接动态输入绘制对象的各种参数，使绘图变得直观。

命令访问

① 菜单：工具(T)→绘图设置(F)

② 工具："对象捕捉"工具栏→"对象捕捉设置"工具。

③ 状态栏："动态输入"按钮（只限于打开与关闭）

④ 快捷键：F12（只限于打开与关闭）

⑤ 命令：DSETTINGS

当启用状态栏上"动态输入"功能时，按下状态栏按钮为启用，系统在命令执行过程中，会在十字光标的右下角出现一个提示框，在提示框里，用户同样可以像命令行一样输入数据，如图 4-3 所示。

然而，动态输入框不能取代命令行的信息，如在用一个新命令时或操作失败时，都需要通过命令提示的信息理解和分析。

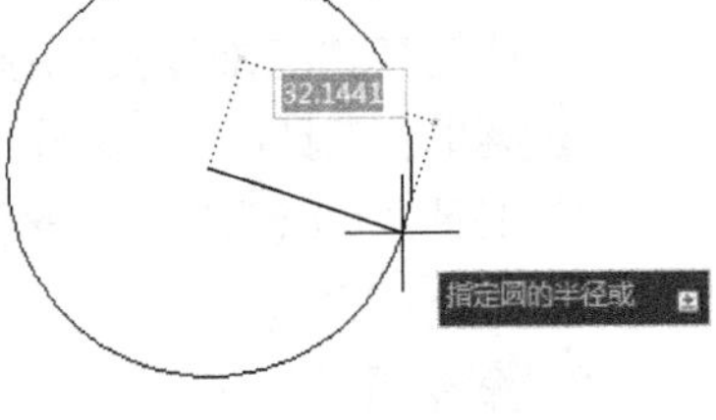

图 4-3　动态输入效果

右击状态栏中 按钮，从弹出的快捷菜单中选择“设置”选项，将打开如图4-4所示的“草图设置”对话框，此对话框中“动态输入”选项卡用以控制启用“动态输入”时指针输入、标注输入和动态提示所显示的内容。

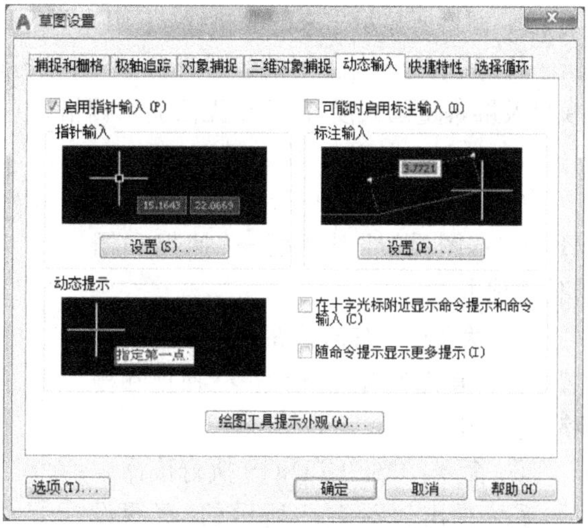

图4-4 “动态输入”选项卡

“动态输入”选项卡中各设置项的意义如下：

● 指针输入：用于输入坐标值。第二个点以后的各点的默认设置为相对极坐标，无需加“@”字符。如果使用绝对坐标，用井号“#”前缀。

● 标注输入：用于输入距离和角度。当命令提示输入第二个点时，工具栏提示将显示距离和角度值，按【Tab】键可以移动要更改的值。

● 动态提示：启用动态提示时，提示会显示在光标附近的工具栏中，用户可以在工具栏提示（而不是在命令行）中输入响应。按向下箭头【↓】键可以查看和选择选项，按向上箭头【↑】键可以显示最近的输入。

4.3 辅助工具定位

当在屏幕上绘制图形对象或编辑对象时，需要在屏幕上指定一些点，定点最快的方法是在屏幕上直接拾取点，但是这样却不能精确地指定点。精确定点的最直接的方法是输入点的坐标值，但这样却不简捷快速，并且可能需要大量繁琐的计算后才能得到点的坐标值。为了解决精确、快速定点问题，使设计绘图工作轻松简便，AutoCAD提供了栅格（GRID）、捕捉（SNAP）、正交（ORTHO）、极轴、对象捕捉（OSNAP）、对象追踪及推断约束等多个辅助绘图工具，这些辅助工具有助于在快速绘图的同时保证了最高的精度，甚至在启用推断约束工具后所绘制的图形，在编辑过程中依然保持几何关系，这些都使绘图过程更为简单易行。

4.3.1 使用捕捉、栅格和正交辅助定位

1. 使用捕捉和栅格

捕捉和栅格提供了一种精确绘图的辅助工具。

捕捉提供了一个不可见的捕捉栅格，启用捕捉工具后，移动光标时，将迫使光标落在最近的栅格点上，此时不能用鼠标拾取非捕捉栅格上的点。设置合适的栅格间距，可以用鼠标快速地拾取点，并由AutoCAD保证它们的精确位置。从键盘上输入的坐标或在关闭栅格捕捉模式后拾取点，都不受栅格捕捉的影响。

栅格是在屏幕上可以显示出来的具有指定间距的点（将系统变量GRIDSTYLE的值设

为1)。栅格所显示出来的栅格线(GRIDSTYLE=0)只是给绘图者提供一种参考,正如坐标纸一样,其本身不是图形的组成部分,不会被打印。栅格的间距不要太小,否则将导致图形模糊及屏幕重画太慢,甚至于无法显示栅格。

2. 捕捉和栅格工具设置

① 菜单:工具(T)→绘图设置(F)→"草图设置"对话框→"捕捉和栅格"选项卡

② 状态栏:右击按钮 →"捕捉设置…"→"草图设置"对话框→"捕捉和栅格"选项卡

③ 命令:DSETTINGS 执行该命令后,系统弹出如图 4-5 所示的"草图设置"对话框,其中第一个选项卡就是"捕捉和栅格"选项卡

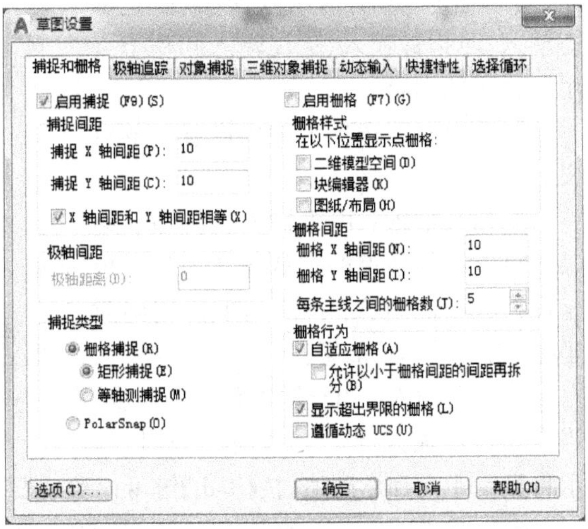

图 4-5 "捕捉和栅格"选项卡

"捕捉和栅格"选项卡中有四个区,各设置项的意义如下:

(1) 启用捕捉:打开捕捉功能,与单击状态栏中的 按钮目的一样,也用功能键 F9。

(2) "捕捉"区

- 捕捉 X 轴间距:设定在 X 方向上的间距。
- 捕捉 Y 轴间距:设定在 Y 方向上的间距。
- 角度:设定捕捉的角度。在矩形模式下,X 和 Y 方向始终成直角。
- X 基点:设定 X 的基点,默认为 0。
- Y 基点:设定 Y 的基点,默认为 0。

(3) 启用栅格:打开栅格显示

(4) "栅格"区

- 栅格 X 轴间距:设定栅格在 X 方向上的间距。
- 栅格 Y 轴间距:设定栅格在 Y 方向上的间距。

(5) "捕捉类型和样式"区。

- 栅格捕捉:设定为栅格捕捉,分为矩形捕捉和等轴测捕捉两种方式。
- 极轴捕捉:设定为极轴捕捉,单击该项后极轴间距有效,而捕捉区无效。
- 等轴测捕捉:用于绘制正等侧轴测图。

(6) "极轴间距"区:设定极轴捕捉模式下的间距。

(7) 选项(T)... 按钮:单击该按钮,打开"选项"对话框,通过该对话框可以对这些工具进行设置。

3. 使用正交模式

设置了"正交"模式后,用光标只能绘制平行于 X 或 Y 轴的线条。当栅格捕捉为等轴测模式时,它将迫使直线平行于三个等轴测轴中的一个。正交模式不影响输入坐标画线。

开、关正交模式有以下三种途径:

① 快捷键：【F8】

② 状态栏：单击状态栏中的“正交模式”按钮

③ 命令：ORTHO

4.3.2 捕捉对象几何特征点

工程设计绘图中，所绘制的几何图形元素大小与位置之间不是孤立的，而是有机联系的统一体，它们之间有严格的形状、位置和几何关系。AutoCAD 提供了抓捕几何对象特征点的功能，称为对象捕捉(OSNAP 命令)。这些特征点包括直线及圆弧的端点和中点、圆和圆弧的圆心以及象限点、切点、垂足、等分点、文本和块的插入点、参考底图中的几何特征点图形等，为精确定位图元、高效地绘制图形，带来了极大的方便。

不论何时提示输入点，都可以指定对象捕捉。例如，当需要用一个圆的圆心作为直线的端点时，只需在回答系统“指定起点:”或“指定下一个点”提示时，使用捕捉圆心的对象捕捉模式单击圆周，AutoCAD 就会自动捕捉到该圆的圆心，作为画直线的端点。

对象捕捉有指定单一对象捕捉和运行对象捕捉两种，这两种方式所使用的对象捕捉模式基本相同。

对象捕捉与 SNAP 的栅格捕捉都实现对点的捕捉，当要求随机输入一个点时都可以使用。但对象捕捉所捕捉的是所选对象的特征点，而栅格捕捉所捕捉的是栅格定义了的点。

1. 指定单一对象捕捉

在指定单一对象捕捉模式下，AutoCAD 将按照指定的模式在所选对象上捕捉了一个点，然后自动关闭对象捕捉模式，所以也称为“一次性”用法。在提示输入点时指定对象捕捉后，对象捕捉只对指定的下一点有效。“一次性”的对象捕捉，有以下三种途径：

① 工具：单击“对象捕捉”工具栏(见图 4-6)的对象捕捉按钮

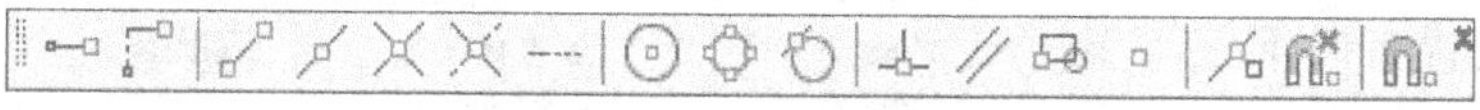

图 4-6 “对象捕捉”工具栏

② 快捷菜单：按住【Shift】或【Ctrl】＋右击→在“对象捕捉”快捷菜单中(见图 4-7)选取模式

③ 键入关键字：在命令提示下输入对象捕捉模式的关键字(见表 4-1)

需要说明的是，仅当提示输入点时，对象捕捉才生效。如果尝试在命令提示下使用对象捕捉，将显示错误信息。通过键入关键字来使用对象捕捉时，要查看有效对象捕捉列表，请参见 OSNAP 命令或“草图设置”对话框。

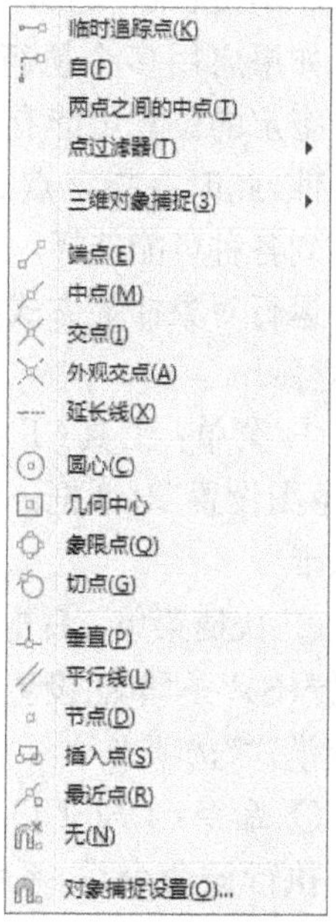

图 4-7 “对象捕捉”快捷菜单

表 4-1 “对象捕捉”工具栏的按钮和关键字

图标	模式名	关键字	图标	模式名	关键字	图标	模式名	关键字
	临时追踪点	TT		捕捉自	FROM		端点	END
	中点	MID		交点	INT		外观交点	APP
	延长线	EXT		圆心	CEN		象限点	QUA
	切点	TAN		垂足	PER		平行	PAR
	插入点	INS		节点	NOD		最近点	NEA
	无	NON		设置对象捕捉模式				

2. 运行对象捕捉

如果需要重复使用一个或多个对象捕捉，可以采用“运行对象捕捉方式”。使用此对象捕捉模式前，需要先设置对象捕捉模式，然后启用对象捕捉功能。每当提示输入点时，用户只需选择对象，AutoCAD 就会自动使用与所选对象相对应的对象捕捉模式捕捉特征点响应。此方式称为“永久”用法。

可同时设置多个对象捕捉模式，AutoCAD 保持所设置的对象捕捉模式，直至被重新设置。当启用运行对象捕捉功能时，所设置的对象捕捉模式始终有效；当关闭运行对象捕捉功能时，不执行对象捕捉功能；当再次启用运行对象捕捉功能时，所设置的对象捕捉模式继续有效。单击状态栏上的□按钮或按【F3】键来启用和关闭“运行对象捕捉方式”。

如果启用多个执行对象捕捉，则在一个指定的位置可能有多个对象捕捉符合条件，此时在指定点之前，按【Tab】键可遍列各种可能选择。

运行对象捕捉方式的设置有以下三种途径：

① 菜单：工具(T)→草图设置(F)→“草图设置”对话框→“对象捕捉模式”选项卡

② 快捷菜单：右击 选项(T)... 按钮→“设置(S)”→“草图设置”对话框→“对象捕捉模式”选项卡

③ 命令：DSETTINGS 或 OSNAP

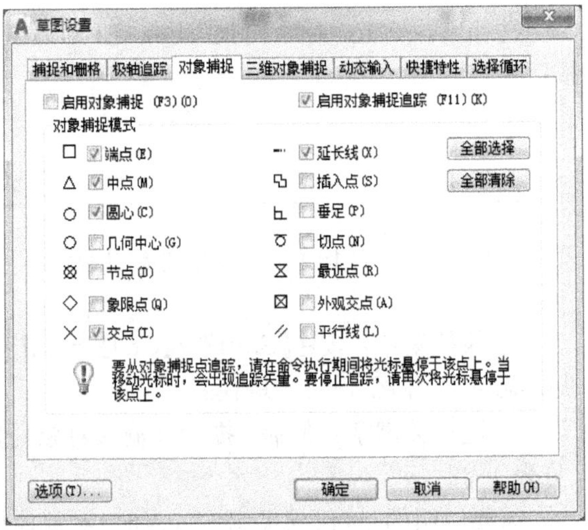

图 4-8 “对象捕捉”选项卡

执行该命令后，系统弹出如图 4-8 所示的“草图设置”对话框，其中第三个选项卡即是“对象捕捉”选项卡。

“对象捕捉”选项卡中有“启用对象捕捉”“启用对象捕捉追踪”两个复选框以及“对象捕捉模式”区。

（1）启用对象捕捉：控制是否启用对象捕捉。

（2）启用对象捕捉追踪：控制是否启用对象捕捉追踪。勾选该复选框与启用状态栏中的辅助工具“对象追踪”一样。

（3）对象捕捉模式

- 端点：用于捕捉直线、圆弧、椭圆弧、多线、多段线或样条曲线上离选择点较近的端点或捕捉宽线、填充区域上离选择点最近的一个角点，也可捕捉 3D 对象的角点。
- 中点：用于捕捉直线、圆弧、椭圆弧、多线、多段线、构造线、样条曲线或实体边的中点。
- 圆心：用于捕捉圆、圆弧、椭圆或椭圆弧的中心。捕捉圆心时，将靶框光标放在这些对象的弧线上。
- 节点：用于捕捉等分点、尺寸的定义点等。
- 插入点：用于捕捉块、形、文字、属性定义的插入点。
- 象限点：用于捕捉圆、圆弧、椭圆或椭圆弧最近的象限点。象限点位于圆、圆弧、椭圆或椭圆弧的 0°、90°、180°和 270°处。象限点位置由它们的中心和当前坐标系的 0°方向决定。值得注意的是，被旋转的图块中的圆和圆弧及象限点也相应旋转，但旋转不在图块中的圆和圆弧时，象限点方位不变。
- 交点：用于捕捉直线、圆、圆弧、椭圆、椭圆弧、多线、多段线、样条曲线、构造线之间的交点。也可捕捉与块中直线的交点。
- 延伸：用于捕捉在直线或圆弧延伸线上的点。当系统提示确定一个点时，使用延伸模式的步骤如下：

① 激活延伸捕捉模式；

② 将光标移到要延伸的对象上靠近端点处停顿一会，等待在该对象的端点上出现“＋”号，表明要延伸的直线或圆弧已被选中；

③ 沿着延伸方向移动光标，屏幕上显示以虚线表示的延伸线，且有“×”符号跟踪延伸线，光标移到合适的位置时，拾取延伸交点。

只要拾取时延伸线存在，捕捉的点就在选定对象的延长线上。如果光标离开延长线较远，延伸线会消失，调整光标位置又可以使延长线重新显示。

当与交点捕捉模式配合使用时，可以捕捉到延伸线与其他对象的交点。

如图 4-9(a)所示要求在直线 AB 的延伸线与 CD 直线的交点处，向右画长为 15 的水平线 MN，使用延伸捕捉模式的作图过程如下：

☼ 命令：**L↵(LINE 的快捷键)**
LINE 指定第一点：**EXT↵(激活延伸捕捉模式)**
于移动光标到直线 AB 的端点 B 处停顿一会，等待出现“＋”，沿延伸拽引线方向移动光标，当与直线 CD 相交，在交点处出现“×”号时，按下鼠标，即拾取到交点 M
指定下一点或［放弃(U)］：**向右画长为 15 的水平线 MN↵**

为使延伸与相交捕捉模式配合更为直观，请在“对象捕捉”选项卡(图 4-8)启用延伸和相交捕捉模式，关闭其他捕捉模式。按如下过程作图，将以直线 EF、GH 延长线的交点为圆心画圆，如图 4-9(b)所示。

☼ 命令：**C↵(CIRCLE 的快捷键)**

CIRCLE 指定圆的圆心或 [三点(3P)/两点(2P)/相切、相切、半径(T)]: **移动光标到直线 EF 的端点 F 处停顿一会,等待出现"+";移动光标到直线 GH 的端点 H 处停顿一会,等待出现"+",移动到两延伸拽引线相交处,在交点处出现"×"号时,按下鼠标,即拾取到交点为圆心。**
指定圆的半径或 [直径(D)] <5.0000>: **5**↵

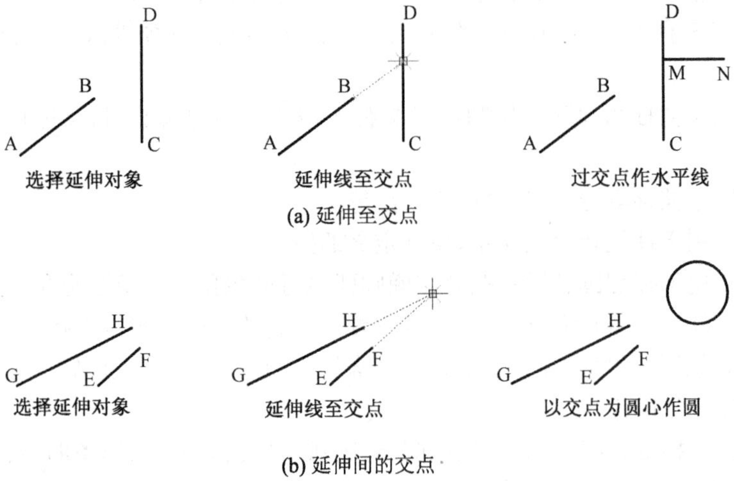

图 4-9 使用"延伸"捕捉模式作图

● 插入点:用于捕捉块、文字、属性、形的插入点。如果捕捉块中的属性,将捕捉属性的插入点而不是块的插入点。

● 垂足:用于捕捉与直线、圆弧、椭圆弧、多线、多段线、构造线、填充区域、实体或样条曲线的正交点。如果"垂足"需要多个点以创建垂直关系,AutoCAD 显示一个递延的垂足自动捕捉标记和工具栏提示,并且提示输入第二点。

如图 4-10 所示,要求作一直线同时垂直于已知直线和圆,其作图过程如下:

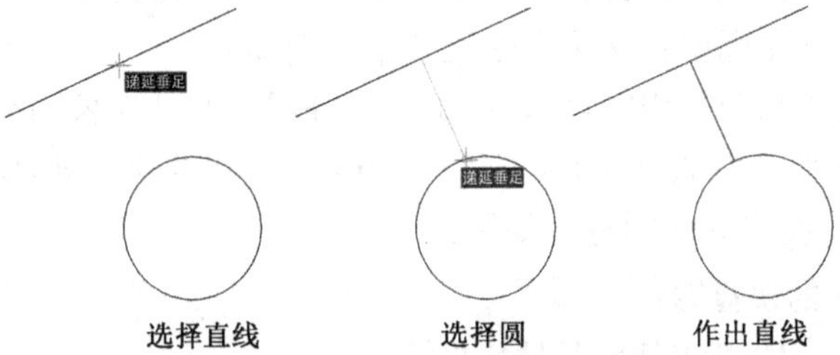

图 4-10 使用"垂足"捕捉模式作图

☼ 命令: **L**↵(**LINE 的快捷键**)
LINE 指定第一点: **PER**↵(**激活垂足捕捉模式**)
到移动光标到直线上,出现递延垂足符号"∟"时,按下鼠标
指定下一点或[放弃(U)]: **PER**↵
到移动光标到圆上,出现递延垂足符号"∟"时,按下鼠标↵

● 切点：用于捕捉与已知圆、圆弧、椭圆或椭圆弧相切的点。

如图 4-11 所示，要求作一直线与已知直线垂直，并已知圆相切，其作图过程如下：

☼ 命令：**L**↵(LINE 的快捷键)
LINE 指定第一点：**PER**↵(激活垂足捕捉模式)
到移动光标到直线上，出现递延垂足符号“∟”时，按下鼠标
指定下一点或 [放弃(U)]：**TAN**↵(激活切点捕捉模式)
到移动光标到圆上，出现递延切点符号“○”时，按下鼠标↵

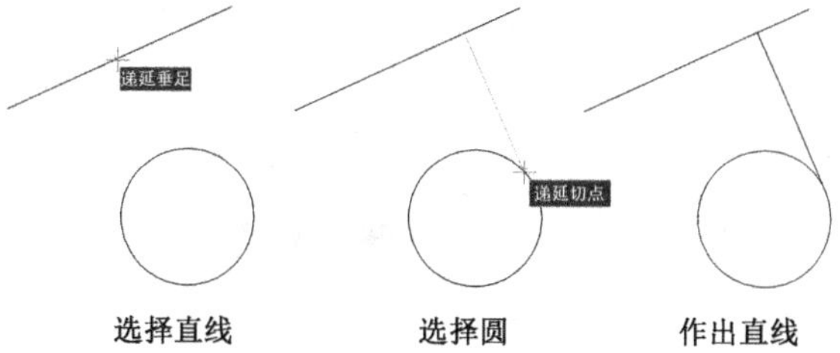

图 4-11　使用“垂足”“切点”捕捉模式作图

● 最近点：选择除了文字和形以外的任何对象时，AutoCAD 捕捉离光标最近的一个对象上的最近点。

● 外观交点：用于捕捉空间两个对象的视图交点，即所谓工程制图中的重影点。

● 平行：用于捕捉与选定直线的平行线上的点。若用 LINE 命令绘制与已知直线平行的直线，可在 LINE 命令提示指定下一点时，按如下步骤使用平行捕捉模式：

① 激活平行捕捉模式；

② 移动光标到被平行的已有直线上停顿一会，直到在该直线上出现“//”符号，表明已将该直线作为平行参照线，然后移开光标，参照线上的“//”符号变为“+”号；

③ 再移动光标，在接近于已选直线平行时会自动“跳到”平行的位置。

当画折线时(如实践题“作图练习 2”)，可以选择多个参照线，当虚显的线与某个参照线平行时，就显示相应的对齐路径，可以方便地绘制分别平行于不同参照线的折线。

如图 4-12 所示，过等腰梯形 ABCD 的顶点 B 作直线 AM，平行于腰 CD，交底边 AD 于 M，其作图过程如下(启用了“平行”“交点”捕捉模式)：

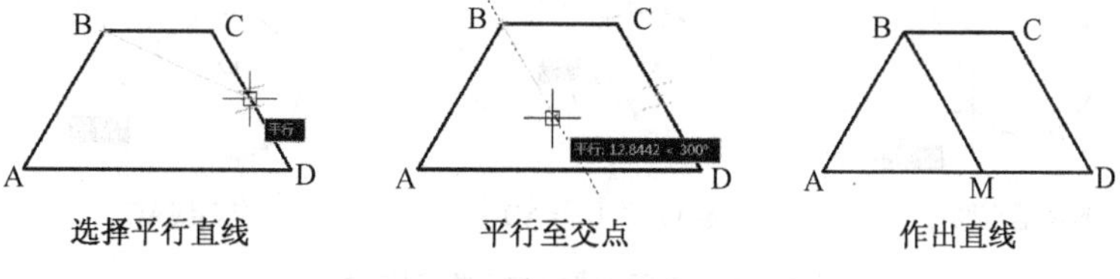

图 4-12　使用“平行”捕捉模式作图

☼ 命令：**PL**↵(PLINE 的快捷键)
LINE 指定第一点：**捕捉 B 点**↵

指定下一点或 [放弃(U)]：**(移动光标到 CD 边，显示“//”符号后，再移动光标使拽引线与 CD 边基本平行，沿显示参照线移动光标，当在参照线与 AD 边的交点处出现交点捕捉标记时，按下鼠标拾取到点 M，完成 BM 直线的绘制)**↵

● 临时追踪点：该模式要求指定一个临时追踪点，然后沿着极轴方位（极轴设置见下节）显示一追踪线，沿追踪线移动光标到所需位置后拾取一点。本模式为极轴追踪的一次使用。

如图 4-13 所示，绘制一直径为 6 的圆，与已知圆（直径 30）的圆心距为 9，方向向右，其作图过程如下：

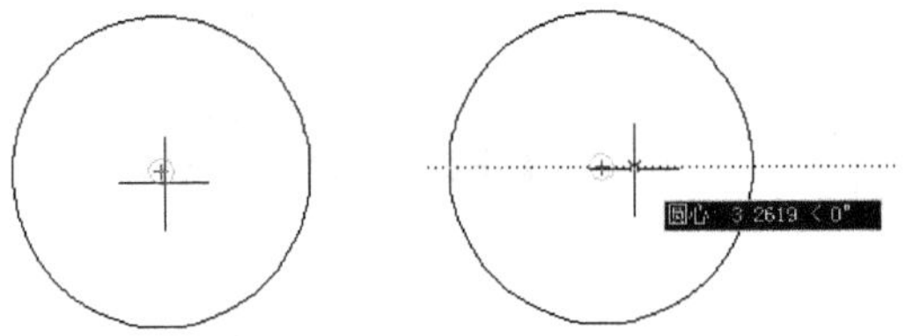

选择基点圆心　　沿极轴追踪　　作出小圆

图 4-13　使用“临时追踪点”捕捉模式作图

☼ 命令：**首先启用极轴工具**

☼ 命令：**C**↵

CIRCLE 指定圆的圆心或 [三点(3P)/两点(2P)/相切、相切、半径(T)]：**移动光标到大圆圆心，显示“○”符号后，再向右移动光标出现极轴，此时在光标左下角显示相对极坐标形式的坐标输入方法，输入数值 9，即确定了圆心**

指定圆的半径或 [直径(D)] <6.0000>：**3**↵

● 捕捉自：该捕捉模式不同于其他捕捉模式。其他捕捉模式都是直接捕捉选定对象上的几何特征点，而本模式要求以一个临时参考基点，相对基点的位移才为目标点。

如图 4-14 所示，现有一半径为 8 的圆，要求从圆心右方 20，上方 12 处向圆作切线 AB、AC，作图过程如下：

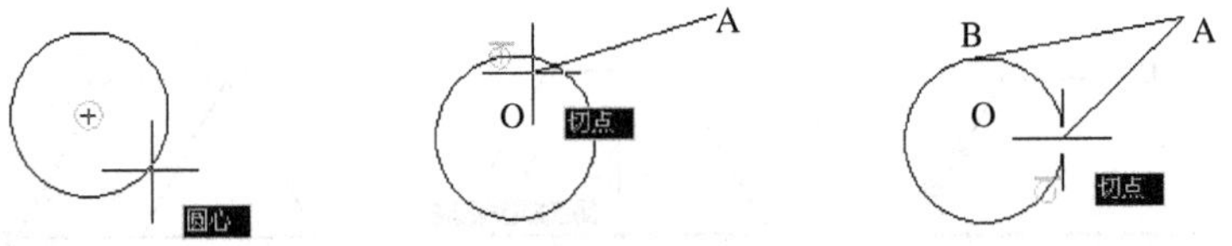

选择基点圆心　　定A点作切线AB　　作切线AC

图 4-14　使用“捕捉自”捕捉模式作图

☼ 命令：**L**↵

LINE 指定第一点：**FRO**↵**(使用“捕捉自”捕捉模式)**

基点：**CEN**↵**(捕捉圆心为基点)**

于 **在圆上单击(捕捉自圆心 O)**

＜偏移＞: **@20,12 ↵(确定了 A 点)**

切线 AC 可由读者自己完成。

3. 技能与提升

(1) 默认情况下,当光标移到待捕捉的对象上时,将在该对象上显示标记符号,标记符号的形状与捕捉模式相对应,同时在光标右下角处显示捕捉模式提示信息,此功能称为自动捕捉(AutoSnap)。自动捕捉功能提供了视觉提示,指示哪些对象捕捉正在使用,给用户带来了便利。

(2) 如果要让对象捕捉忽略图案填充对象,请将系统变量 OSOPTIONS 设置为 1。

(3) 一般只打开几个常用的捕捉模式,如端点、交点、圆心、中点等。如果打开的捕捉模式过多,会干扰捕捉的效果。

4. 设置对象捕捉参数

设置对象捕捉参数有以下三种途径:

① 应用程序按钮:单击按钮 A →选项(N)→"草图"选项卡

② 菜单:工具(T)→选项(N)→"草图"选项卡

③ 快捷菜单:绘图区"右击"→选项(N)→"草图"选项卡

④ 命令:OPTIONS

执行该命令后,系统弹出"选项"对话框,选中"草图"选项卡,如图 4-15 所示。需要说明的是"选项"对话框在软件环境设置方面非常重要,有些设置必须谨慎。

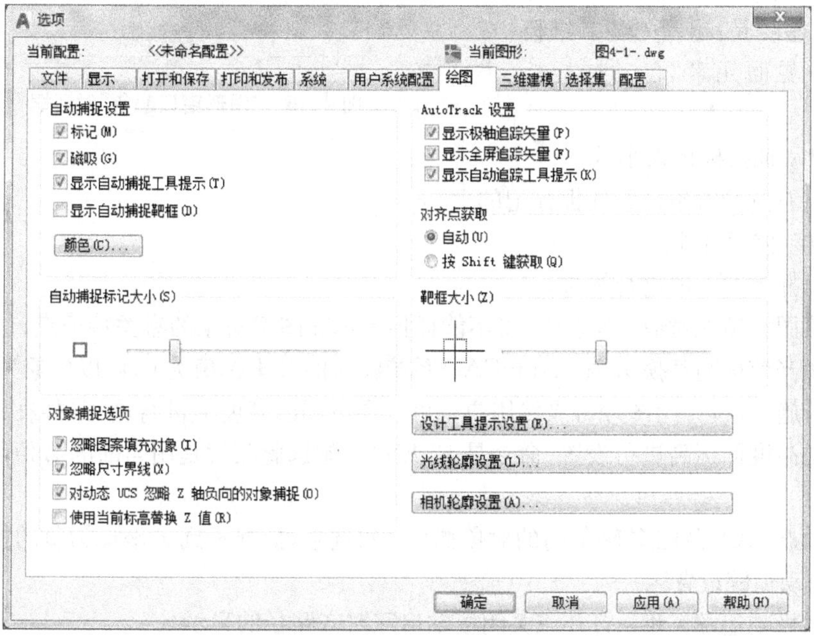

图 4-15　设置对象捕捉参数

"草图"选项卡中有"自动捕捉设置""自动捕捉标记大小""自动捕捉选项""自动追踪设置""对齐点获取"和"靶框大小"六个区以及"设计工具栏提示设置""光线轮廓设置"和"相机

轮廓设置”三个按钮。各选项的功能如下：

(1) 自动捕捉设置区

进行与自动捕捉功能有关的设置。当系统提示指定一个点时，若用户把光标放在一个对象上，系统自动捕捉到该对象上符合条件的几何特征点，并显示出相应的标记。如果把光标放在捕捉点上多停留一会，系统还会显示该捕捉的工具提示。如果按下拾取键，将捕捉该特征点，从而回答了点的提示。

● 标记(M)：勾选它或设置系统变量 AUTOSNAP=1，当光标移到对象的捕捉点时，在对象的捕捉点位置显示相应的捕捉标记。

● 磁吸(G)：勾选它，靶框被锁定在相应的捕捉点位置，帮助用户快速捕捉。

● 显示自动捕捉工具栏提示(T)：勾选它，则在自动捕捉时，显示捕捉提示。

● 提示自动捕捉靶框(D)：勾选它，在捕捉时，会在十字光标的中心显示捕捉靶框。

● 颜色(C)... 按钮：将打开如图 4-16 所示的“图形窗口颜色”对话框，在该对话框中可以设置捕捉标记的颜色，途径是：上下文“二维模型空间”→界面元素“自动捕捉标记”→颜色。

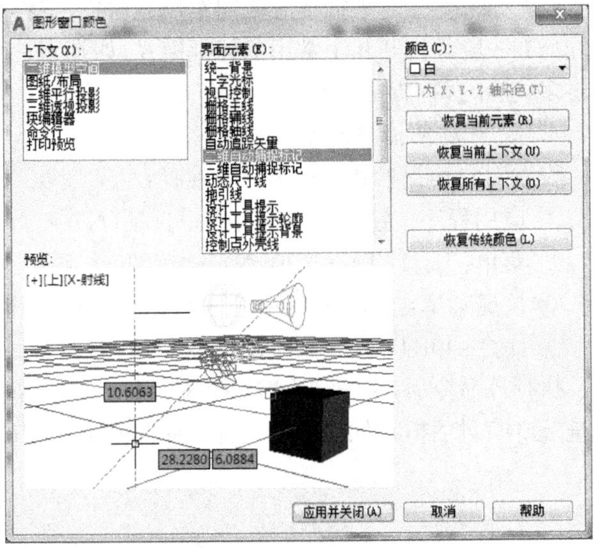

图 4-16 “图形窗口颜色”对话框

(2) 自动捕捉标记大小区

通过左右拉动滑条设置捕捉标记的大小。

(3) 自动捕捉选项区

对自动捕捉的对象进行筛选。

● 忽略图案填充对象：勾选它，将不能捕捉到填充图案对象的有关特征点。

● 使用当前标高替换 Z 值：AutoCAD 系统默认的 Z 坐标值为 0，可以想象为，用户是在地面上进行施工(设计绘图)的，当然用户也可以在不同的高度上进行施工(如在楼上)，此时可对绘图的高度即标高进行设置(命令是 ELEV)。勾选此项就是用当前的 Z 值替换捕捉点的 Z 值。

● 对动态 UCS 忽略 Z 轴负向的对象捕捉：勾选它，捕捉不到 Z 坐标为负的特征点。

(4) 自动追踪设置区

● 显示极轴追踪矢量：打开或关闭极轴追踪对齐路径的显示。

● 显示全屏追踪矢量：勾选时，显示的对齐路径穿过整个窗口；否则，只从对象捕捉点到当前光标位置显示对齐路径。

● 显示自动追踪工具栏提示：勾选它会在沿对齐路径光标附近显示自动追踪提示。该提示显示了对象捕捉的类型、对齐路径的角度以及从前一点到当前光标位置的距离。

(5) 对齐点获取区

● 使用获得目标点方法，有两种方式供挑选。

● 自动：选择时，当光标通过对象捕捉点时，会自动获取对象点。在按住 Shift 键时，光标通过对象捕捉点，不会获取对象点。

● 按 Shift 键获取：选择时，当光标通过对象捕捉点时，则只有按住 Shift 键时才获取对象点。

(6) 靶框大小区

通过左右拉动滑条设置捕捉靶框的大小。

(7) 设计工具栏提示设置按钮

按 设计工具提示设置(E)... 按钮，将打开“工具栏提示外观”对话框，通过它设置动态提示框的大小、底色、透明度等，如图 4-17 所示。

(8) 光线轮廓设置按钮

设置光线轮廓外观，如表示光源的轮廓大小和颜色等。常在三维建模渲染时使用。

(9) 相机轮廓设置按钮

设置相机轮廓外观，如表示相机的轮廓大小和颜色等。常在三维建模显示和动画中使用。

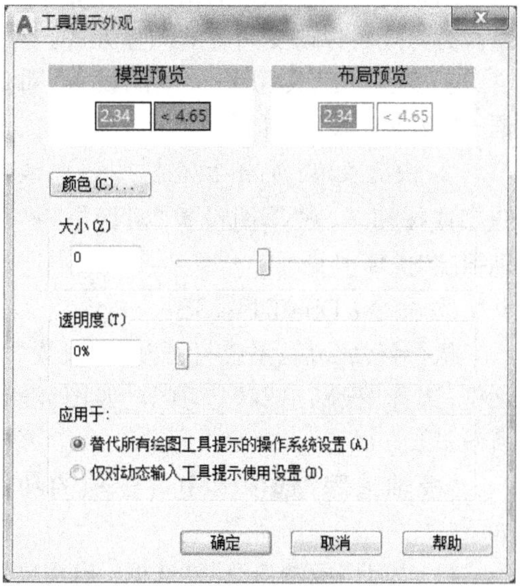

图 4-17 “工具栏提示外观”对话框

4.3.3 自动追踪

在 AutoCAD 中，相对图形中的其他点来定位目标点的方法称为追踪。

打开自动追踪模式后，AutoCAD 会按用户指定的角度或与对象的特定几何关系显示对齐路径，帮助用户在精确的位置和角度上创建对象。

1. 自动追踪模式

自动追踪包括极轴追踪和对象追踪。

极轴追踪是按事先给定的角度增量进行追踪。在状态栏上单击 按钮或使用【F10】键来开/关极轴追踪模式，此模式功能不能与正交模式功能同时启用。

对象捕捉追踪是按与选定对象的特定几何关系进行追踪，在状态栏上单击 按钮或使用【F11】键来开/关对象捕捉追踪模式。

极轴追踪和对象捕捉追踪可分别使用，也可同时使用。

2. 极轴追踪

使用极轴追踪可以在提示指定一个点时，在按设定角度出现的对齐路径上移动光标，确定满足要求的点。

例如，如果需要画一条长为 100，与 X 成 15°角的直线，可以用极轴追踪功能方便实现：

① 启用极轴追踪功能并设置角度增量为 15°；

② 移动光标当橡皮筋接近 15°方向(或 15°的倍数角度)时出现对齐路径，并将光标吸引到该对齐路径上，当然也同时相对于起点的距离和角度；

③ 键入 100 即可。

采用极轴追踪功能定点与采用相对极坐标定点是一致的，但角度事先设定，长度可以键入，也可以用光标指点，还可以与交点捕捉模式和外观交点捕捉模式配合捕捉对齐路径上与其他对象的交点。

系统极轴追踪默认的角度增量是 90°，用户可以设置其他角度作为极轴追踪的角度增量。另外还可以改变角度的测量方式。对极轴追踪的设置有以下三种途径：

① 菜单：工具(T)→“草图设置”对话框→“极轴追踪”选项卡

② 快捷菜单：右击状态栏按钮或按钮或按钮→“草图设置”对话框→“极轴追踪”选项卡

③ 命令：DSETTINGS

执行该命令后，系统打开“草图设置”对话框，选择“极轴追踪”选项卡，如图 4-18 所示。

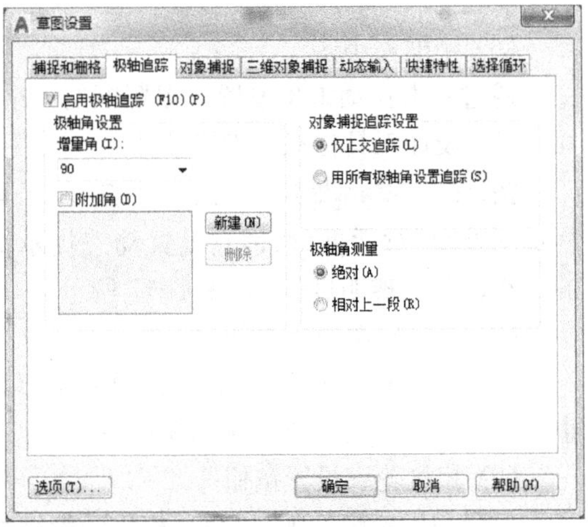

图 4-18　极轴追踪设置

“极轴追踪”选项卡中各选项的功能如下：

(1) “启用极轴追踪”复选框：启用极轴追踪功能。

(2) 极轴角设置

● 增量角：在下拉列表框中选择角度增量值，也可键入任意值。

● 附加角复选框：可以新建若干角度，启用极轴追踪时，在这些角度上也会出现对齐路径，但它们的倍数角上不会出现对齐路径。

● 删除附加角：删除新建角。

(3) 对象捕捉追踪设置

● 仅正交追踪：在启用对象捕捉追踪功能时，仅在以极轴参照角互垂的方向上追踪对象。

● 用所有极轴角设置追踪：在所有极轴角方向和附加角方向都进行追踪对象。

(4) 极轴角测量

● 绝对：追踪的角度基于当前的 UCS 的 X 轴和 Y 轴。

● 相对上一段：追踪的角度基于所绘直线或所选直线。

需要说明的是，用户也可以在 AutoCAD 正在要求指定一点时，可临时设置追踪角度，输入重置的角度值前加角度符号“＜”。例如，以下的命令重置追踪角度为 55°。

☼ 命令：**LINE**↵
指定第一点：**(拾取一点)**
指定下一点或［放弃(U)］：**＜55**↵
角度替代：55
指定下一点或［放弃(U)］：**拾取一点**↵
(命令中会出现“＞＞输入 ORTHOMODE 的新值＜0＞：正在恢复执行 LINE 命令。”提示信息)

3. 对象捕捉追踪

对象捕捉追踪将先以捕捉到的点为基点，按给定的角度显示对齐路径进行追踪，此功能必须在启用了对象捕捉功能的前提下才能有效。

使用对象捕捉追踪功能的基本步骤如下：

① 激活一个要求输入点的绘图命令或编辑命令。

② 设定点：移动光标到一个对象捕捉点（此时不能按下左键），等待出现捕捉标记“＋”，表示已获取基点，用同样的方法可以获取多个基点。如果希望清除已得到的基点，可以将光标移回到获取的标记上，AutoCAD 自动清除该点的捕捉标记。

③ 移动光标，AutoCAD 将显示基于基点的对齐路径。

④ 在各对齐路径上满足对象捕捉模式的所有对象上的点都可以作为目标点。需要说明的是，各对齐路径也可作为目标对象进行捕捉。

例如，过两垂直边（边长＝80）的中垂线的交点为圆形作一圆（R＝20），如图 4-19 所示，其作图过程如下：

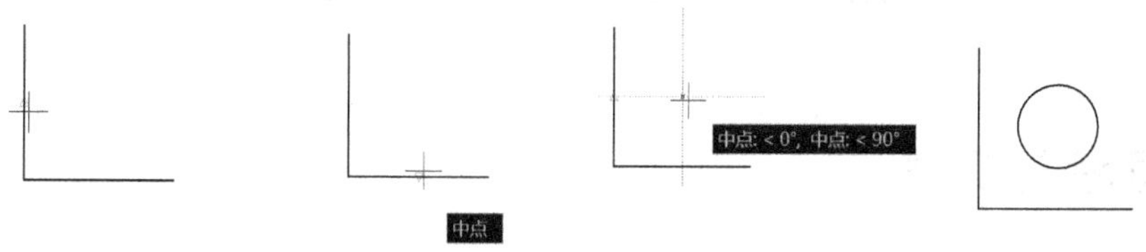

悬停左中点　　悬停下中点　　二对齐路径　　完成作图

图 4-19　对象捕捉追踪作图

☼ **首先启用极轴、对象捕捉、对象追踪功能，启用“中点”和“交点”对象捕捉模式**

☼ 命令：**C↵（快捷键字母 C）**

CIRCLE 指定圆的圆心或［三点(3P)/两点(2P)/相切、相切、半径(T)］：**1. 移动光标到左边线的中点附近，出现捕捉标记；2. 移动光标顶边线的中点附近，也出现捕捉标记；3. 移光标到极轴交点附近，出现过两个中点（基点）的对齐路径；4. 点击鼠标，获取了圆心。**

指定圆的半径或［直径(D)］<20.0000>：**20↵（输入半径）**

4.3.4　快捷特性

在 AutoCAD 2020 中，用户可以通过“快捷特性”随时查看和修改对象属性，而不求助于“特性”面板。打开快捷特性后，只要选择一个对象，便显示它的属性，方便了编辑，如图4-20 所示。

快捷特性可在“草图设置”对话框中对快捷特性进行控制，如图 4-21 所示。

在“快捷特性”选项卡中，各选项的功能如下：

● 针对所有对象：将“快捷特性”面板设置为对选择的任何对象都显示。

● 仅针对具有指定特性的对象：将“快捷特性”面板设置为仅对已在自定义用户界面（CUI）编辑器中定义为显示特性的对象显示。

● 选项板位置：设置“快捷特性”面板的显示位置。

● 选项板行为：设置“快捷特性”面板的大小。

图 4-20　快捷特性

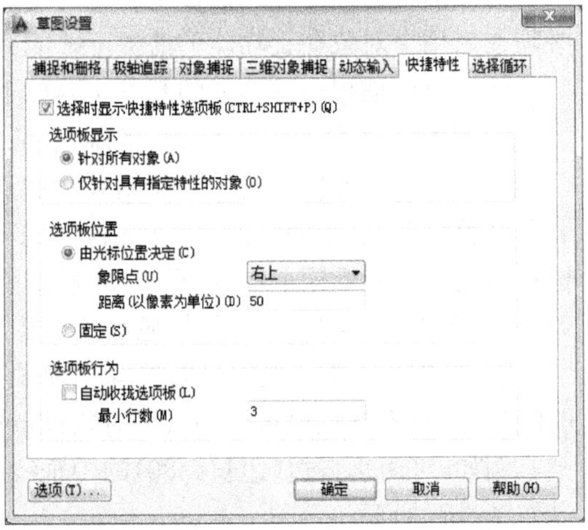

图 4-21　快捷特性设置

4.4　思考与实践

思考题

1. AutoCAD 中，二维图形的坐标有哪几种表示形式？

2. AutoCAD 的动态输入功能极大地方便了绘图，那么动态输入功能是否可以完全取代命令行窗口？为什么？

3. 绘图辅助功能有哪些？

4. 状态栏中，“捕捉”功能和“对象捕捉”功能的区别？

5. 何为极轴追踪？何为对象追踪？如何设置它们？

6. 能被捕捉的对象特征点有哪些？

7. 如何通过极轴设置，直接找到等边三角形的形心？

实践题

1. 将书中所述的作图示例做一遍，体会各种辅助工具的作用，以及使用中如何有效利用这些辅助工具。

2. 试分别用坐标定点(不用辅助工具)、启用极轴等辅助工具绘制图 4-22，体会启用辅助工具后给精确绘图带来的便利。

3. 利用辅助工具、平行捕捉等手段绘制图4-23，图中直线旁的对应字母表示两直线平行。

4. 试绘制有视觉错感的两图，如图 4-24 和图 4-25所示。

5. 在不作辅助线的前提下，灵活运用“极轴”“对象

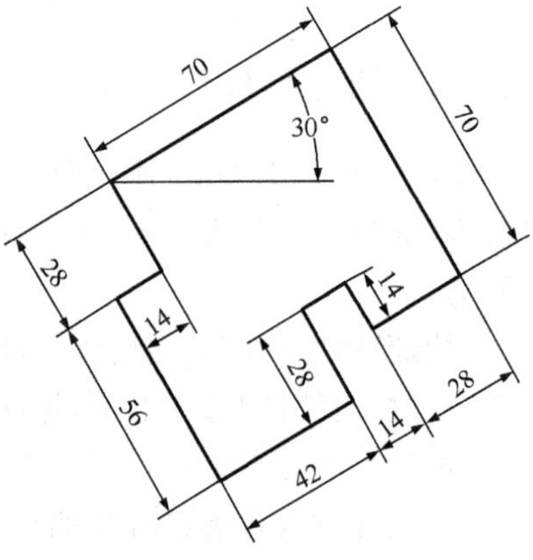

图 4-22　作图练习 1

捕捉”和“对象追踪”等绘图辅助工具，绘制如图 4-26 所示的图形。

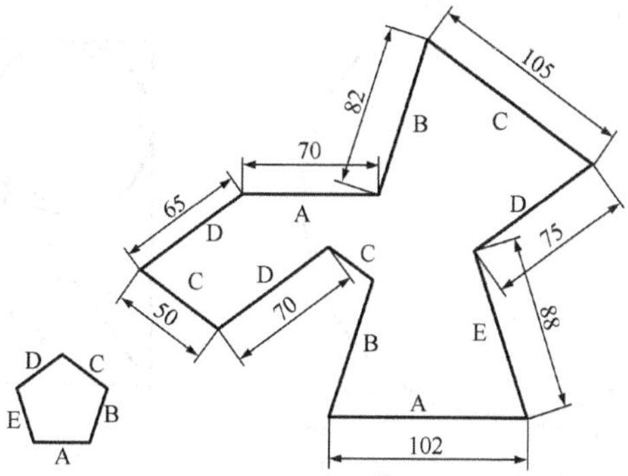

图 4-23　作图练习 2

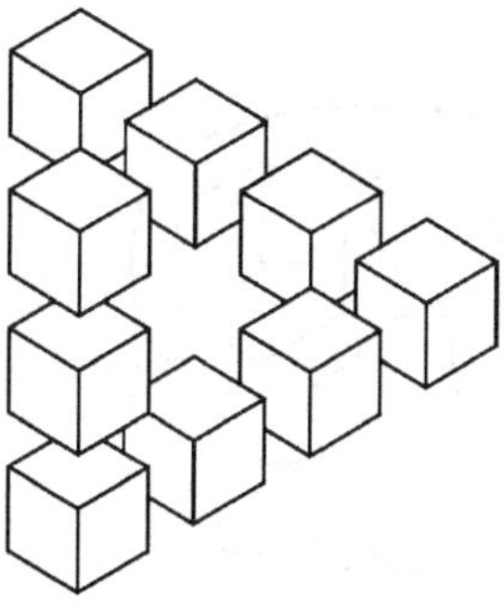

图 4-24　错觉感图 1

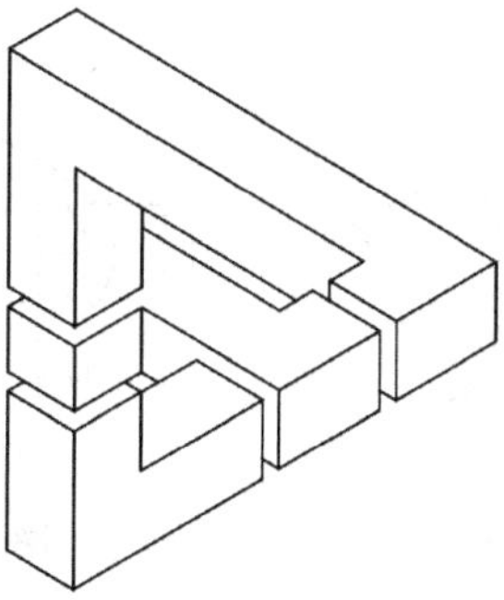

图 4-25　错觉感图 2

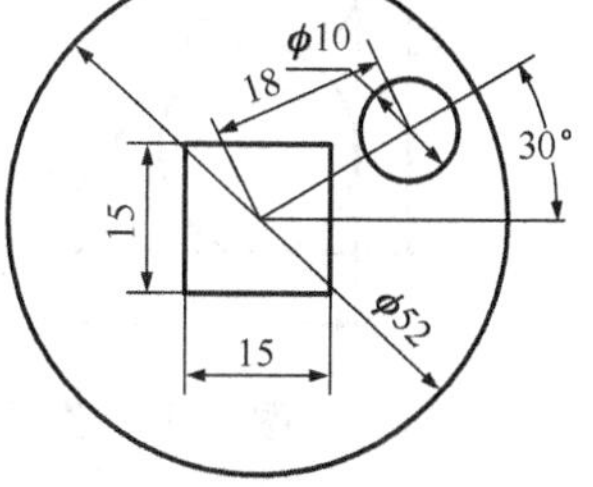

图 4-26　作图练习 3

6. 绘制如图 4-27～图 4-33 所示的图形。

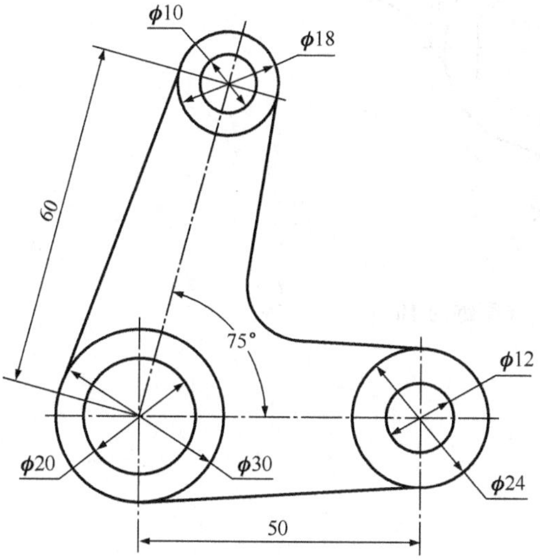

图 4-27　作图练习 4

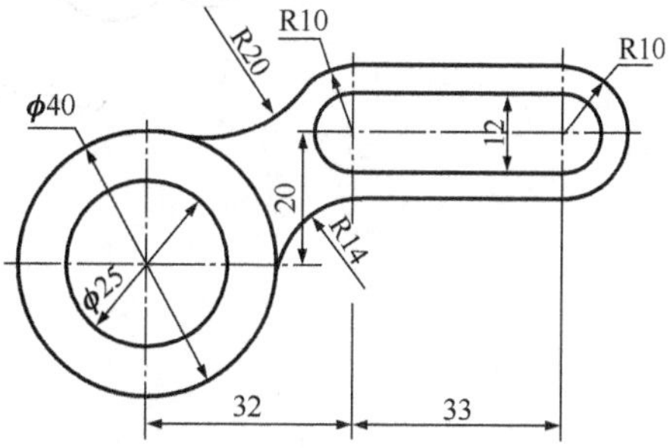

图 4-28　作图练习 5

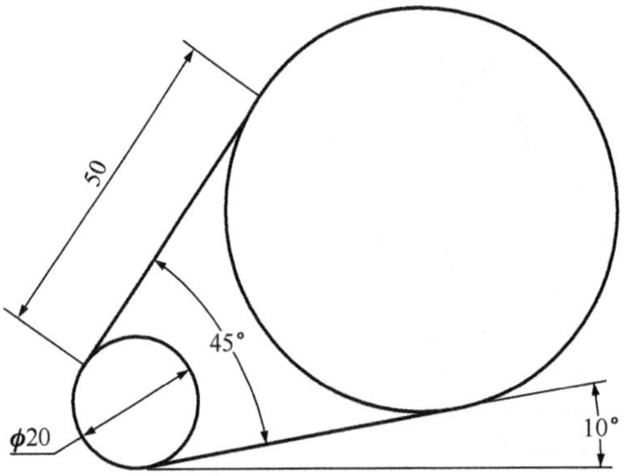

图 4-29　作图练习 6

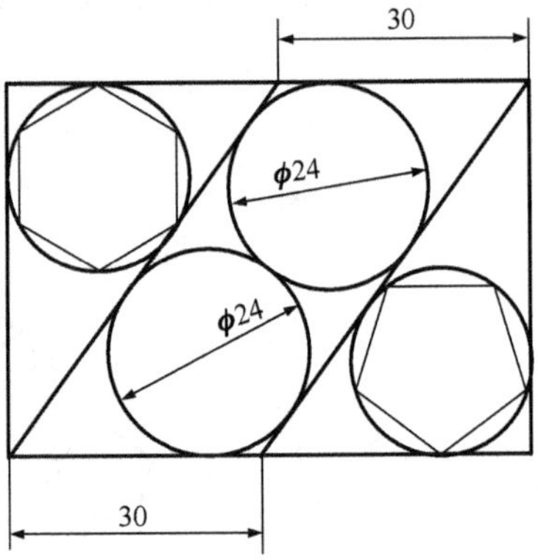

图 4-30　作图练习 7

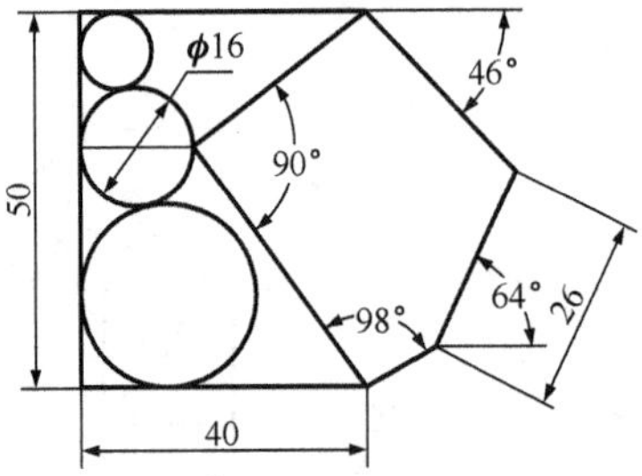

图 4-31　作图练习 8

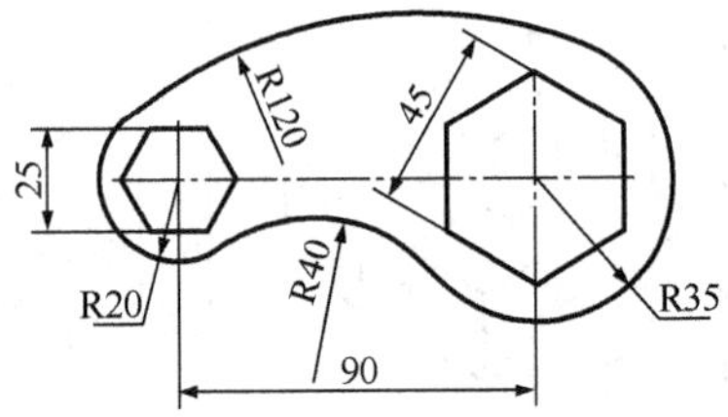

图 4-32　作图练习 9

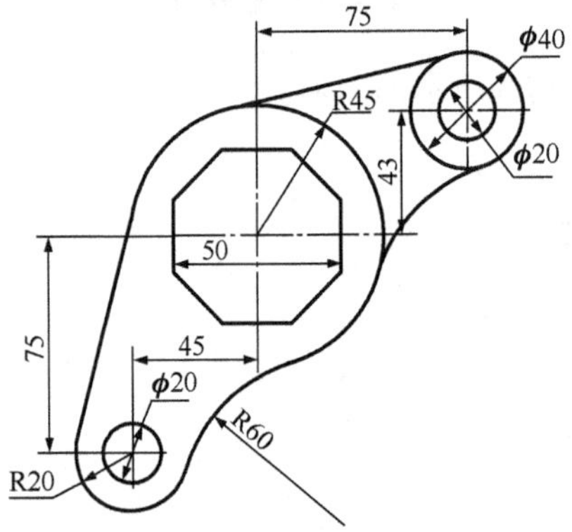

图 4-33　作图练习 10

第 5 章

编辑平面图形

AutoCAD 提供的绘图工具只能创建一些基本图形对象，若仅用这些绘图工具来绘制复杂图形时，其绘图效率很低、准确性很差，甚至无法完成。在实际的工程绘图中，为了绘出所需图形，在很多情况下都需要对所绘图形进行修改加工，为此 AutoCAD 提供了多种编辑图形的工具、方法和命令。大多数实体编辑工具主要在“修改”面板中，如图 5-1 所示。

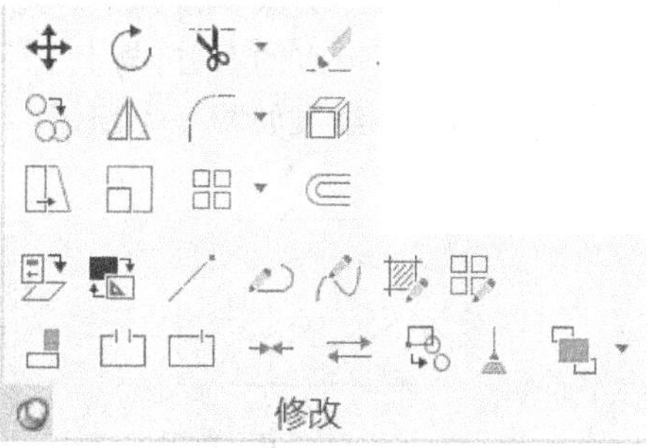

图 5-1 “修改”面板中编辑工具

在编辑对象时，不可避免要涉及选择对象的问题，对象选择是进行图形编辑的基础操作。

5.1 对象选择方法与技巧

在编辑图形过程中，所有要进行编辑的图形对象的集合称为选择集。AutoCAD 选择对象的方法很多，可以点选，有窗口包容式或窗口穿越式选择对象；也可以选择最近创建的对象、前面的选择集或选择图形中的所有对象，也可以向选择集中添加对象或从中删除对象。

构造选择集是对图形进行编辑的基础，选择集中可以包含单个对象，也可包含更复杂的编组。

5.1.1 构造选择集

在执行命令的过程中，当系统要求选择对象时，光标变成拾取框“□”，即进入对象选择状态并提示“选择对象：”，用户可以用各种方法在绘图区以交互方式选择对象。被选中的对象(受系统变量 SELECTIONEFFECT 控制)将以光晕亮显(SELECTIONEFFECT＝1)或虚显(SELECTIONEFFECT＝0)，“选择对象：”提示反复出现，用空格键、【Enter】键或右击回答后完成选择集构造并结束选择操作。按【Esc】键将中断选择操作，以废除该选择集。若输入"?"或其他非法的关键字,则将显示合法的对象选择方法信息。

1. 进入选择

☼ 命令:执行任何需要选择对象命令↵

选择对象:?↵

需要点或窗口(W)/上一个(L)/窗交(C)/框(BOX)/全部(ALL)/栏选(F)/圈围(WP)/圈交(CP)/编组(G)/添加(A)/删除(R)/多个(M)/前一个(P)/放弃(U)/自动(AU)/单个(SI)/子对象(SU)/对象(O)

2. 选项说明

● 需要点:默认方式,是最常用的对象选择方式,用鼠标移动拾取框,逐个单击要选的对象,不妨称此方式为"点选"。"点选"方式是最简单、也是最常用的一种选择对象的方法,尤其用于选择单个对象。

● 窗口(W):默认方式,指定一个角点后,随着光标的移动将显示一个浅蓝色底的实线矩形窗口框,输入第二点后,AutoCAD 只选择所有被包含在窗口内的可见对象,而只有部分落入窗口内的可见对象不被选中。此方式选择对象,与鼠标相对第一点的移动方位有关,第二点只能处于第一点的右方,与上下无关,否则将是"窗交"选择方式。采用窗口方式选择对象的过程与选择结果如图 5-2 所示。

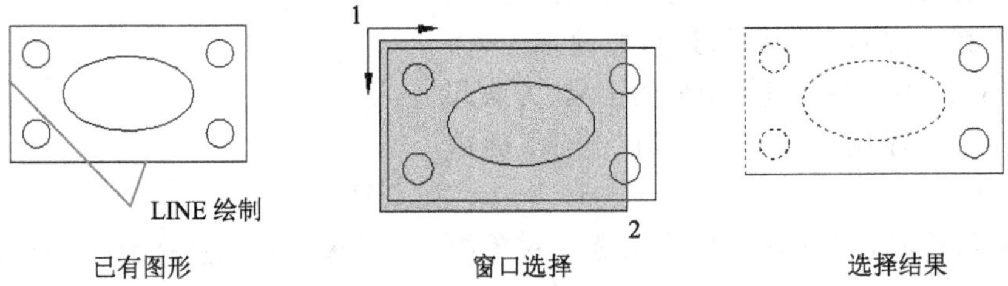

图 5-2　窗口选择对象

● 上一个(L):选择上一个创建的可见对象,可多次使用,直至选到存盘前的可见对象。

● 窗交(C):默认方式,操作过程与"窗口"类似,随着光标的移动将显示一个浅绿色底的虚线窗口框,该方式将选择所有被包含在窗口内和部分落入窗口内的可见对象。采用窗交方式选择对象的过程与选择结果如图 5-3 所示。

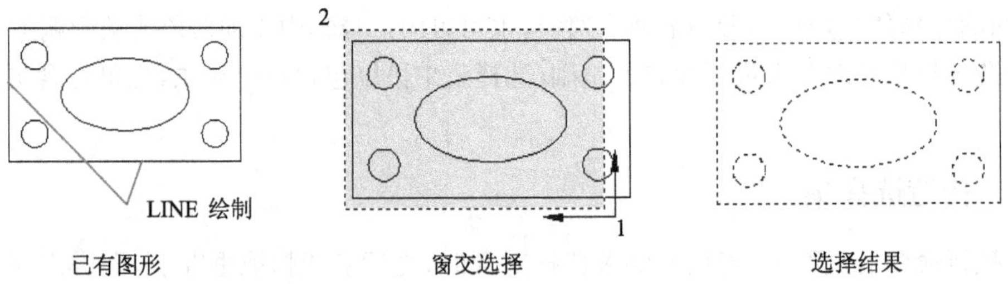

图 5-3　窗交选择对象

● 框(BOX):提示输入矩形框的两个对角点,自动引用窗口(W)方式或窗交(C)方式。

● 全部(ALL):选择非冻结层上的所有可见与不可见对象。

● 栏选(F)：要求输入折线的各定点，所有与折线相接触的对象被选择。采用栏选方式选择对象的过程与选择结果如图 5-4 所示。

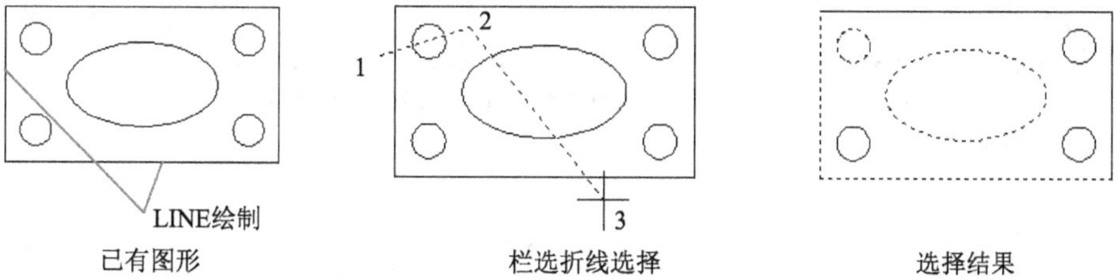

图 5-4　栏选折线选择对象

● 圈围(WP)：要求绘制一个封闭的多边形框，只有完全落入多边形框的对象被选择，此方式与窗口(W)方式类似。

● 圈交(CP)：要求绘制一个封闭的多边形框，在多边形内或与多边形的边相交的所有对象被选择。此方式与窗交(C)方式类似。

● 编组(G)：选择指定编组中的所有对象。

● 添加(A)：从“撤销”方式切换到“添加”方式。此后所选择的对象都将被添加到选择集中，系统每次提示“选择对象：”时，都是自动采用添加方式。

● 删除(R)：从“添加”方式切换到“撤销”方式，系统提示变成“删除对象：”后，用户可用各种方式选择对象，所选择的对象将从选择集中撤销，不再是选择集的成员。用户可根据需要随时使用“A”或“R”选项，在“添加”和“撤销”两种方式间切换。

● 多个(M)：点选多次而不亮显对象，直至回车。此后系统才对多个点选的对象进行一次性扫描，搜索选择的对象，节省了时间。

● 前一个(P)：选择最近构建的选择集。从图中删除对象将清除“前一个(P)”选项设置。AutoCAD 自动记住选择集所在的空间，当在模型空间和图纸空间切换时，将忽略“前一个(P)”选择集。

● 放弃(U)：取消最近一次的选择操作，可一步一步地将选择集内的对象移出。

● 自动(AU)：切换到自动选择方式(默认方式)。若在对象上单击，则选择该对象；若在空白处单击，则该点作为选择窗口的第一个角点。当右移鼠标时，将有蓝色底的实线框跟随移动，确定第二个对角点后，自动采用“窗口(W)”方式；当左移鼠标时，将有绿色底的虚线框跟随移动，确定第二个对角点后，自动采用“窗交(C)”方式。自左至右为实线框，自右至左为虚线框。

● 单个(SI)：切换到单选方式，选择一个或一个组对象后立即执行编辑操作，不再要求继续选择。

● 子对象(SU)：选择对象的底层信息，如复合实体的一部分或三维实体的顶点。

● 对象(O)：结束选择子对象功能，进入对象选择状态。

5.1.2　选择方式的设置

选择方式设置的目的是使对象选择方式更符合用户的操作习惯，让操作变得方便、快捷、得心应手。

1. 命令访问

执行 OPTION 命令，从弹出的“选项”对话框中，点“选择集”选项卡，如图 5-5 所示。

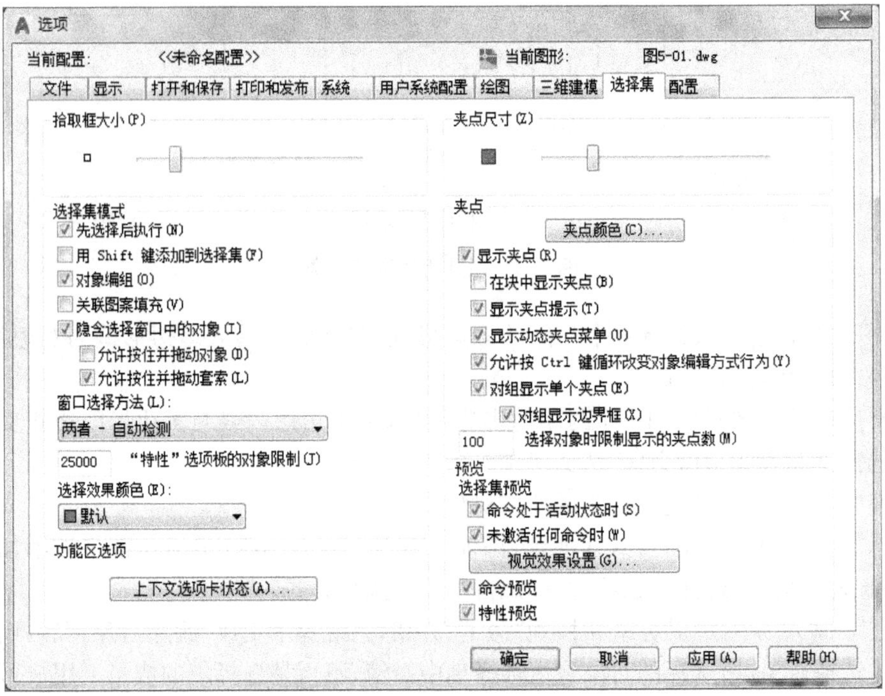

图 5-5 “选择集”选项卡

2. 选项说明

“选择集”选项卡中共有六个区，其中左侧的两个区“拾取框大小”“选择集模式”和右侧一个“预览”区与构造选择集有关，右上的两个区“夹点尺寸”和“夹点”用于夹点编辑（见 5.2 节），最后一个“功能区选项”区用来控制单击或双击对象时功能区上下文选项卡的显示方式。

（1）拾取框大小区：移动滑块，可以调整拾取框的大小。

（2）选择集预览区：设置“命令处于激活状态时”和“未激活任何命令时”情况下，被选择对象的显示视觉效果和选择窗口的底色与透明度。

（3）选择集模式区：

● 先选择后执行：先组建选择集然后再使用它。AutoCAD 的许多命令允许先选择对象，再执行命令。注意：即使在该复选框打开的情况下，也依然可以先给出命令，然后选择被编辑的对象。

● 用 Shift 键添加到选择集：如果打开此项，则类似于 Windows 的操作风格，可以按住【Shift】键，用构造选择集的任何基本方法向选择集中增加对象。就是说，必须按住【Shift】键再选择对象，才能将所选对象加入选择集，否则所选对象将替代原选择集。若关闭此项，则所选对象自动加入选择集。

● 允许按住并拖动：如果打开此项，也类似于 Windows 的操作风格，必须一直按住鼠标左键才能拖动出窗口方式，而第二个点在松开鼠标左键时确定。若关闭此项，则应分别指定窗口的两个对角点。

● 隐含选择窗口中的对象：如果打开此项，当执行了编辑命令，提示构造选择集时，如果在屏幕的空白处拾取一点，则认为要采用窗口或窗交方式构造选择集，会接着提示输入对角点。

● 对象编组：如果打开此项，当选择组中的任一个成员时，若该组设为可选择的，则该组的全部成员都被选择。关于对象编组在本章的后面讨论。

● 关联图案填充：如果打开此项，当选择具有关联性的填充图案时，则填充图案的周边轮廓线也将被选中。

（4）功能区选项：单击 上下文选项卡状态(A)... 按钮，将打开如图 5-6 所示的"功能区上下文选项卡状态选项"对话框。

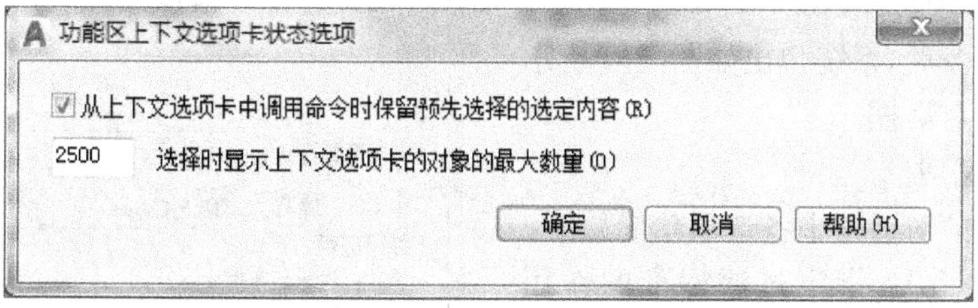

图 5-6 "功能区上下文选项卡状态选项"对话框

5.1.3 密集对象的选择

在图形对象非常密集或重叠时，拾取框接触到的对象不止一个，系统选择的对象往往是距靶心最近的对象，此对象可能不是自己想要的，这时可以不需要放大视图或调整拾取框的大小或进行其他操作，利用 AutoCAD 提供的"循环选择"对象功能，就可以方便地选中目标对象，方法与步骤如下：

① 启用状态栏上的辅助工具"选择循环"。

② 在提示"选择对象："时，将拾取框悬停在密集或重叠的对象上，将会在拾取框的右上角出现"双矩形图标"，然后单击鼠标。

③ 系统将弹出选择集对象框，框中将列出所有可能被选对象，然后在列表中单击已选择所需的对象，如图 5-7 所示。

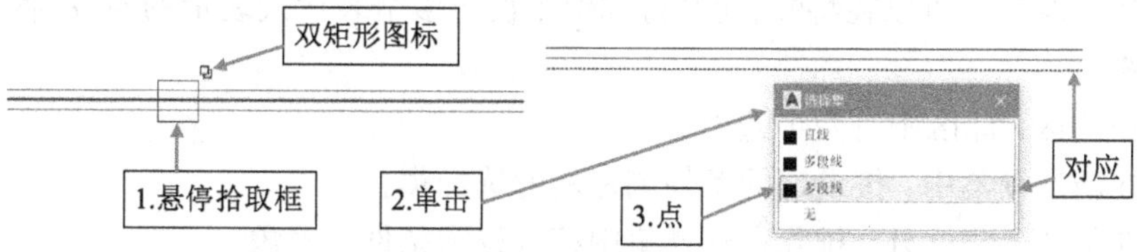

图 5-7 选择密集中的对象

5.1.4 快速选择对象 QSELECT

在 AutoCAD 中，当用户需要选择具有某些共同特性的对象时，可利用"快速选择"对话框，根据对象的图层、线型、颜色和图案填充等特性构造选择集。按照要选择对象的特性或类型建立过滤标准，从整个图形或当前选择集中过滤（筛选）出符合标准的对象，用以替代当前选择集或者加入当前选择集中。

1. 命令访问

① 功能区：“默认”选项卡→“实用工具”面板→“快速选择”工具

② 菜单：工具(T)→快速选择(K)→“快速选择”对话框

③ 快捷菜单：绘图区右击→快速选择(Q)→“快速选择”对话框

④ 命令：QSELECT

执行该命令后，系统弹出如图 5-8 所示的“快速选择”对话框。

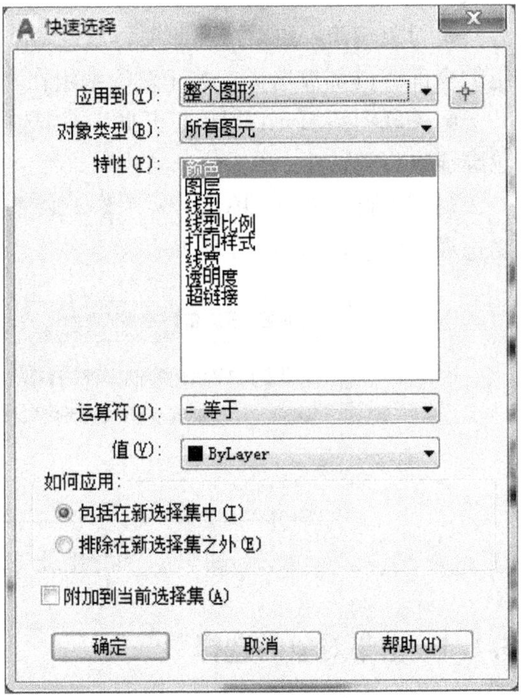

图 5-8 “快速选择”对话框

2. 选项说明

“快速选择”对话框中各选项功能如下：

● 应用到(Y)：指定过滤标准的作用范围：本次选择是当前选择集还是整个图形，取决于“附加到当前选择集”选项的关与开。

● 选择对象按钮：点击它将返回到图形显示窗口，由用户选择对象建立当前选择集，供过滤器做进一步选择。选择结束返回时，AutoCAD 将“应用到”当前选择集。仅当打开“包括在新选择集中”，且关闭“附加到当前选择集”后，此按钮才可用。

● 对象类型：列出可过滤的对象类型，默认为所有图元。

● 特性：用于指定过滤对象的特性，如颜色、线型和图层等，表中列出所选择对象类型的可搜索特性。

● 运算符：取决于所选的对象，可选择“等于”“不等于”“大于”“小于”或“全部选择”。

● 值：指定过滤的特性值，可以从列表中选择或输入特性值，如特性为颜色，则在值中可以设定希望的颜色。可以在特性、运算符和值中设定多个表达式表示的条件，各条件为逻辑“与”的关系。

● 如何应用区：此区中有两个选项：

➢ 包括在新选择集中：按设定的条件创建新的选择集。

➢ 排除在新选择集之外：排除在选择集中符合设定条件的对象。

● 附加到当前选择集(A)：若打开该选项，由快速选择所建立的新选择集添加到当前选择集中，否则用它替代当前选择集。

【例 1】 使用 QSELECT 从图中选择“图层 1”图层上的圆，添加到当前选择集中。读者可以事先创建一个图形文件，新建图层采用缺省名“图层 1”，在上绘制一些圆及其他一些性质的图元。

步骤如下：

(1)“快速选择”对话框的“应用到”下拉列表框中选择“整个图形”；

(2) 在“对象类型”下拉列表框中选择“圆”；

(3) 在“特性”列表框中选择“图层”；

(4) 在“运算符”下拉列表框中选择“等于”；

(5) 在“值”下拉列表框中选择“图层”；

(6) 选择“包括在新选择集中”选项；

(7) 选择“附加到当前选择集”复选框；

(8) 单击按钮 确定 。

“快速选择”对话框的设置结果如图5-9所示，其结果是“图层 1”中的所有圆图元将被选中。

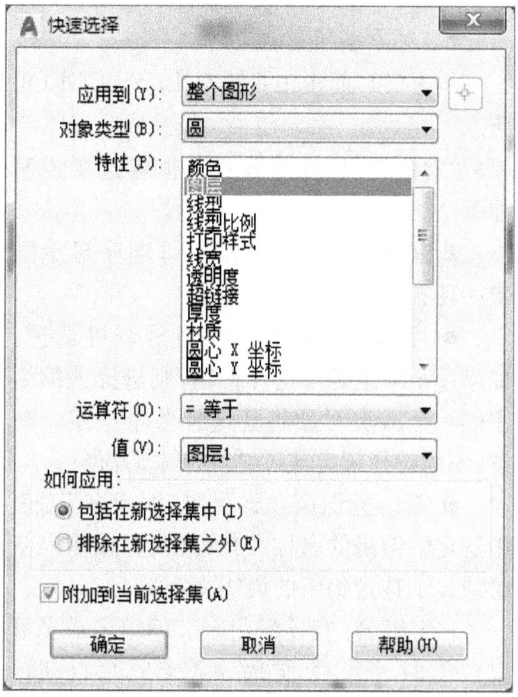

图 5-9　所示“快速选择”设置举例

5.1.5　对象编组

创建和管理已保存的对象集称为编组。组是一个被命名的、随图保存的、可以反复使用的预置选择集，可以有多个组同时存在。使用组技术，可以把常要一起进行相同编辑操作而又不便于组成块的对象放在同一组内，因此编组提供了以组为单位操作图形元素的简单方法。默认情况下，选择编组中任意一个对象即选中了该编组中的所有对象，并可以像编辑单个对象那样移动、复制、旋转和修改编组。

需要进一步说明的是，虽然编组是保存的对象集，但可以根据需要同时选择和编辑这些对象，也可以分别进行(与组的可选择性有关)。组定义后可在“选择对象:”提示下，使用 G (Group)选项，并输入组名，就选择了该组的全部对象，方便用户在不同的时刻对同一组对象使用多种编辑命令进行编辑。

建立或者编辑组时，需指定组的名字，可以有说明文字、设置可选择性和所包含的对象。

1. 组的操作工具

“组”功能面板如图 5-10 所示。

图 5-10　组的操作工具

- 编组工具(GROUP)：创建对象组，对编组命名。
- 解除编组工具(UNGROUP)：将组分解或解组，即从图形中撤销编组定义。
- 组编辑工具(GROUPEDIT)：具有三个功能，为编组添加对象、删除编组中的对象和对编组重命名。
- 启用/禁用组选择工具(PICKSTYLE)：PICKSTYLE 是个系统变量，其值为 0 或 1，单击，就是使该系统变量的值在 0 和 1 之间切换。PICKSTYLE＝1，组为可选择，即选中了组中的对象就是选中了全组。反之，该组不能以组的方式进入选择集。注意：不能选择锁定或冻结图层上的对象。

2. 对象编组管理器

单击“组”面板工具（CLASSICGROUP），将打开“对象编组”管理器对话框，如图 5-11 所示。

“对象编组”管理器对话框各选项说明如下：

● 编组名列表框：按字母顺序显示图形中现有编组名称。

● 可选择的：指定编组是否可选择。如果某个编组是可选择编组，则选择该编组中的一个成员对象将会选择整个编组。注意，不能选择锁定或冻结图层中的对象。

● 编组标识区：显示在“编组名”列表中选定的编组的名称及其说明（直接输入新组或显示选定编组的说明文字）。

➢ 编组名：指定编组名。编组名最多可以包含 31 个字符，同时字符名称将自动转换为大写字符。

➢ “说明”文本框：显示选定编组的说明。

➢ 查找名称(F) < 按钮：列出对象所属的编组。单击该按钮，将返回图形屏幕。当用户拾取编组的成员后，AutoCAD 将显示“编组成员列表”框，列出对象所属的各个编组的名称。

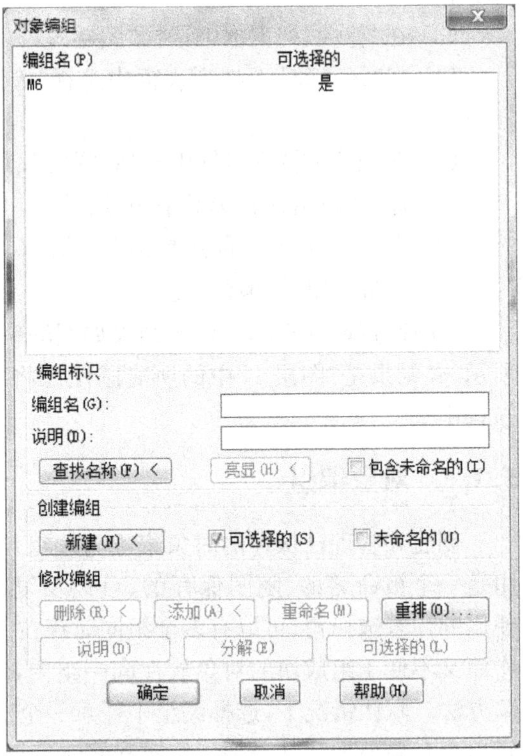

图 5-11 “对象编组”对话框

➢ 亮显(H) < 按钮：当在列表框中选择一个组后单击该按钮，将加亮显示绘图区域中选定编组的全部成员。

➢ “包括未命名的”复选框：指定是否列出未命名的编组。当不选择此选项时，只显示已命名的编组。

● “创建编组”选项组：指定新编组的特性。

➢ 新建(N) < 按钮：通过选定对象，使用“编组名”和“说明”下的名称和说明创建新编组。单击该按钮后，对话框暂时关闭，命令行提示“选择对象：”进入对象选择。注意，首先要在“编组名”中输入编组名，否则无法操作。

➢ “可选择的”复选框：指出新编组是否可选择。

➢ “未命名的”复选框：指示新编组未命名。

● “修改编组”选项组：修改现有编组。

➢ 删除(R) < 按钮：从选定的编组中删除对象。要使用“删除”选项时，请不要选择“可选择的”选项。即使删除了编组中的所有对象，编组定义依然存在。

➢ 添加(A) < 按钮：将对象添加至选定的编组中。

➢ 重命名(M) 按钮：将选定的编组重命名为在“编组标识”下的“编组名”文本框中输入的名称。

➢ 重排(O)... 按钮：显示“编组排序”对话框，从中可以修改选定编组中对象的编号次序。用于显示和改变对象在组中的序号。显示对话框，将按编组时选择对象的顺序排序对象。可以修改单独编组成员或范围编组成员的编号位置，也可以逆序重排编组中的所有成员。编组中的第一个对象编号为 0 而不是 1。在一些情况中，控制属于选定的同一编组的对象的顺序是有用的。例如，为数控设备生成工具路径的自定义程序可能按指定的顺序来依靠一系列相邻对象。

➢ 分解(E) 按钮：删除选定编组的定义。编组中的对象仍保留在图形中。

➢ 可选择的(L) 按钮：指定编组是否可选择。

➢ 说明(D) 按钮：将选定编组的说明更新为“说明”中输入的文字。说明文字最多可以有 64 个字符。

3. 应用举例

【例 2】 有很多房间的家具陈设是一样的(如写字楼、宾馆等)，如图 5-12 中 101 房间到 108 房间。装饰设计师在布置好一间后，如 101 房间，为方便布置其他房间，现将 101 房间中所有家具编组，命名为 101，然后通过复制、镜像等操作对其余房间布置。

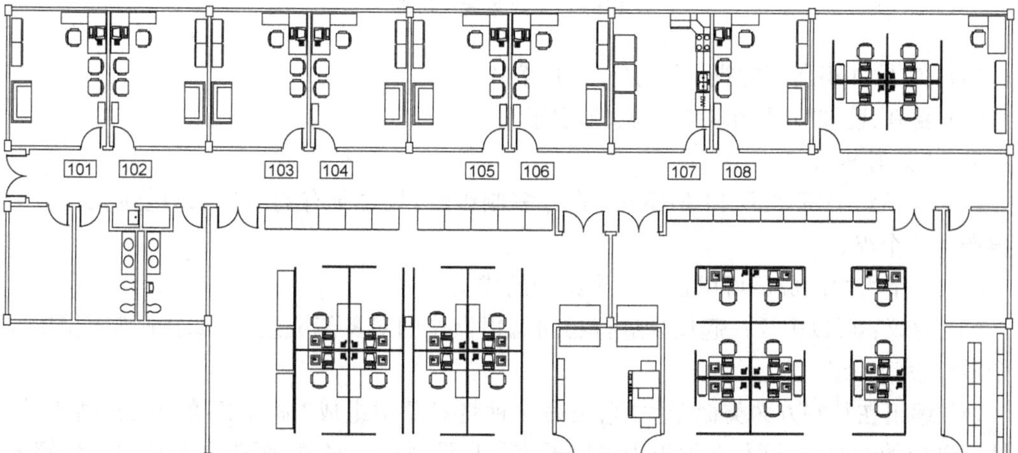

图 5-12 编组复制

步骤如下：

(1) 单击“组”工具栏上“编组管理器”按钮，打开“对象编组”对话框。

(2) 在“编组标识”选项区的“编组名”文本框中输入编组名 101。

(3) 单击“创建编组”区中的 新建(N) < 按钮，系统切换到图形视口中，在“选择对象：”的提示下输入“F”用栏选方式选中 101 房间里的所有家具。

(4) 按“↵”键结束对象选择，系统返回到“对象编组”对话框，勾选“可选择的”复选框，单击 确定 按钮完成对象编组。

步骤(1)～(4)如图 5-13 所示。

(5) 执行 COPY 命令，在“对象选择：”的提示下输入“G”，按↵。

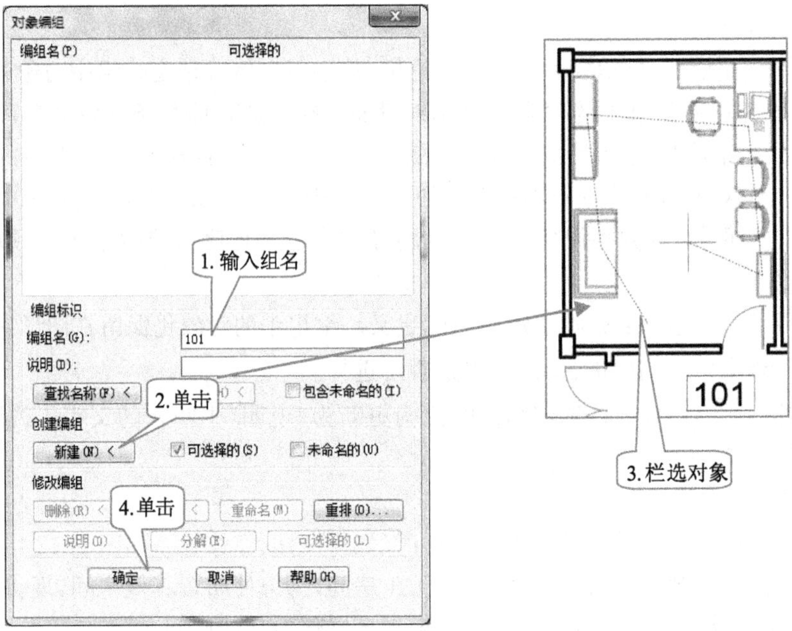

图 5-13 对象编组步骤

(6) 在“输入组名:”的提示下输入 101,按↵。

(7) 复制、镜像“101”组对象到其他房间。

4. 技能与提升

(1) COPY、MIRROR 和 ARRAY 命令复制组时,只要所有的组员都被复制了,会用匿名再产生一个组。

(2) 一个组中的成员可以是另一个组中的成员。

(3) 建议:可以需要一起反复进行相同编辑操作的对象编成组,例如在画装配图时,将每个零件设为一组。

(4) 编组在某些方面类似于块,它是另一种将对象编组成“命名集”的方法,例如,按任务性质创建的编组。然而,在编组中可以更容易地编辑单个对象,而在块中必须先分解才能编辑。与块不同的是,编组不能与其他图形共享。

(5) 不要创建包含成百上千个对象的大型编组。大型编组会大大降低本程序的性能。

5.1.6 过滤对象

创建一个要求列表,对象必须符合这些要求才能包含在选择集中。这是基于对象特性(如颜色)或对象类型来构造选择集的。例如,只选择图形中所有红色的圆而不选择其他对象,或者选择除红色的圆以外的其他对象。对于任何一种方法,如果想将颜色、线型或线宽作为过滤选择集的条件,都要首先考虑图形中对象的这些特性是否被设置为随层(BYLAYER)。所建立的对象选择过滤器可以被命名保存,供需要时使用。

一般选择集只会保留到下一个选择集构成之前,组是随图保存的也只能存在于建组的图中,而过滤条件集一旦命名后,可以用于其他文件。

1. 命令访问

执行对象过滤器的命令是 FILTER。该命令可以透明使用：在"选择对象："提示下，输入"'filter"（加单引号使其成为透明命令）。

执行该命令后，AutoCAD 激活"对象选择过滤器"对话框，如图 5-14 所示。

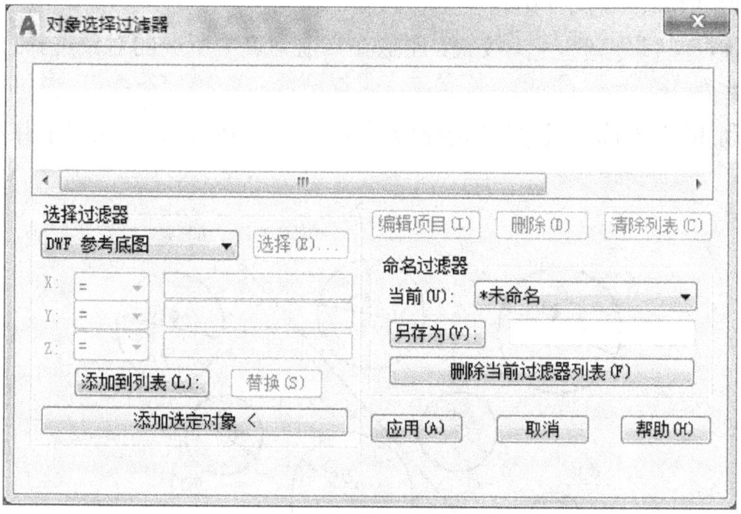

图 5-14 "对象选择过滤器"对话框

2. 选项说明

"对象选择过滤器"对话框中包含"过滤标准"列表框、"选择过滤器"区和"命名过滤器"区。各选项说明如下：

（1）"过滤标准"列表框：显示由过滤项组成的过滤条件。如果尚未建立任何对象选择过滤器，该列表为空。如果通过"选择过滤器"设置区进行设置，则所设置的条件将出现在该列表中。

- 编辑项目(I) 按钮：将在过滤标准中的选定行内容映射到"选择过滤器"中。编辑后若选择 替换(S) 按钮，则将用新值替代过滤标准的当前条件项；若选择 添加到列表(L): 按钮，则将用新值在过滤标准中增添一项条件。
- 删除(D) 按钮：删除过滤标准的当前项条件。
- 清除列表(C) 按钮：清空过滤标准。

（2）选择过滤器区：该组框用于建立过滤项条件，指定过滤项，从左边的下拉列表选择过滤项，可选择对象的类型、对象的特性、逻辑运算符等。

- 选择(E)... 按钮：当所选过滤项有子项时，用于指定过滤子项。
- X、Y、Z：用于指定参数值和约束关系。如果选择 LINE 的起点，则可以在 X、Y、Z 输入起点的坐标值。如果过滤项只需要一个参数，则在 X 右边的编辑框中输入参数值。
- 添加到列表(L): 按钮：将选择的过滤项条件及其参数值加入到过滤标准中。
- 替换(S) 按钮：用选择的过滤项及其参数值替代过滤标准中的当前项。
- 添加选定对象 < 按钮：从图形中选择对象，将它的特征信息添加到过滤标准中。用户可以按照需要编辑或删除这些信息，作为新的过滤标准的组成部分。

(3)“命名过滤器”区：用于对象选择过滤器的命名管理。

● 当前：显示当前对象选择过滤器名字。用户可以从下拉列表中选择一个已命名的对象选择过滤器，作为当前对象选择过滤器，恢复显示保存的对象选择过滤标准。

● 另存为(V): 按钮：将当前的对象选择过滤器标准用在另存为(V): 按钮右边的编辑框中，输入的名字保存在 filter. nfl 文件中。

● 删除当前过滤器列表(F) 按钮：删除在当前列表中所选的对象选择过滤器。

3. 应用举例

【例 3】 利用“对象选择过滤器”选择如图 5-15 半径在[20,40]区间中并处于图层 A 上的所有圆。

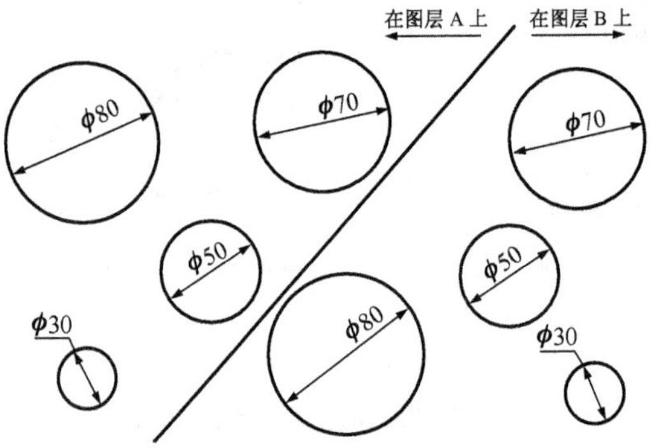

图 5-15 已有图形

操作步骤如下：

(1) 执行 FILTER 命令，打开“对象选择过滤器”对话框。

(2) 设置过滤图层

① 在“选择过滤器”选项区的下拉列表框中选择“图层”选项；

② 然后单击按钮 选择(E)... ；

③ 从打开的“选择图层”列表框中选中图层“A”，在“选择图层”对话框单击按钮 确定 ；

④ 系统返回到“对象选择过滤器”对话框，单击按钮 添加到列表(L): 。

此时在上面的列表框中将显示出“图层＝A”的过滤条件。设置具体动作如图 5-16 所示。

(3) 设置过滤对象：在“选择过滤器”选项区的下拉列表框中选择“圆”选项；然后单击按钮 添加到列表(L): 。此时在列表框中新增显示出“对象＝圆”的过滤条件。

(4) 设置过滤运算

① 在“选择过滤器”选项区的下拉列表框中选择“＊＊开始 AND”选项，并单击按钮 添加到列表(L): ，该过滤条件显示在列表框中，表示以下各项目为逻辑“与”运算。

② 在“选择过滤器”选项区的下拉列表框中选择“圆半径”选项，在 X 后面的下拉列表框中选择“>=”选项，在其后对应的文本框中输入数值 20，表示半径条件是 $R \geqslant 20$。

③ 单击按钮 添加到列表(L): 。设置步骤如图 5-17 所示。

④ 同样方法设置过滤条件，半径条件 $R \leqslant 40$。

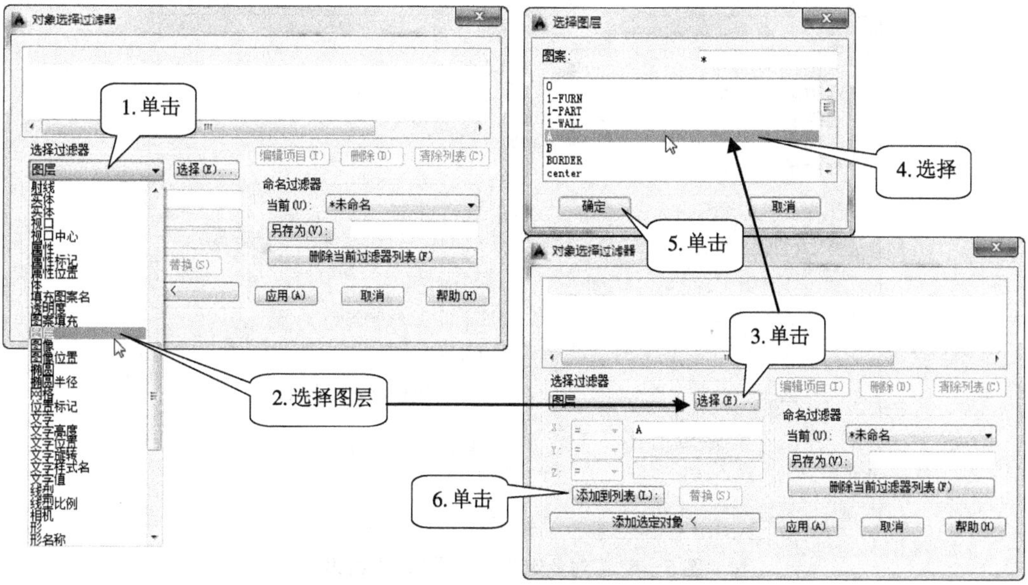

图 5-16　设置过滤图层

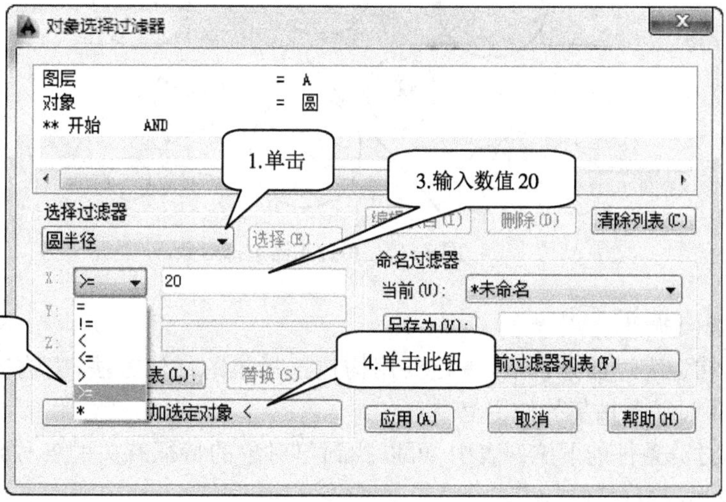

图 5-17　设置半径条件

⑤ 结束逻辑“与”运算。在“选择过滤器”选项区的下拉列表框中选择“ * * 结束 AND”选项，并单击按钮 添加到列表(L): 。

设置过滤器结果如图 5-18 所示。

(5) 单击 应用(A) ，系统提示：

选择对象：**ALL**↵

选择对象结果如图 5-19 所示。

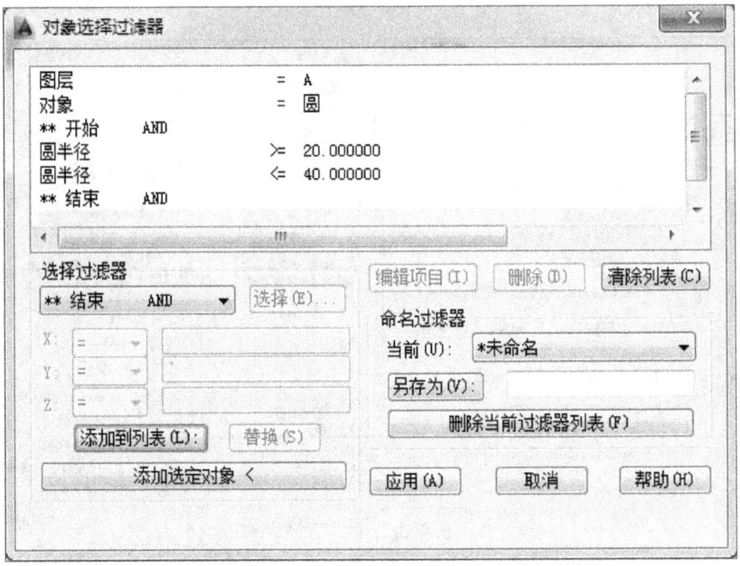

图 5-18 “对象选择过滤器”设置结果

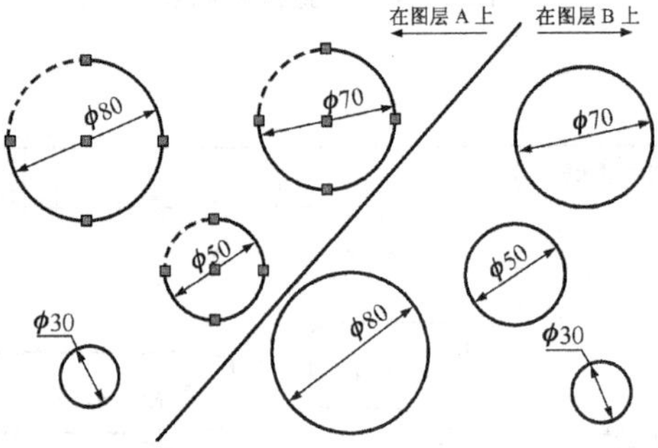

图 5-19 用过滤器选择对象

4. 技能与提升

(1) 在构造完过滤条件后，一定要用构造选择集的任何方法，去响应“对象选择”的提示，它表明了过滤条件集的作用范围。

(2) 从过滤条件的下拉列表中，可以找到与对象的特征有关的各种判据，而且，还可以用逻辑运算形成组合判据。

(3) 在过滤条件中，颜色和线型不是指对象特性由于“随层”而具有的颜色和线型，而是用 COLOR、PROPCHK 等命令特别指定给它的颜色和线型。

(4) 已命名的过滤器不仅可以用在定义它的图形中，还可以用于其他图形中。

5.2 使用夹点编辑图形

在绘图设计过程中，经常需要对图形进行修改、调整，以达到最终所需的结构精度等要求,利用 AutoCAD 强大的图形编辑功能可以迅速实现相同或相近的绘图设计。在 AutoCAD 中,编辑对象的方法有四种:命令行、快捷菜单、双击对象和使用夹点,本节首先介绍夹点编辑。

夹点编辑是一种集成的编辑模式,在 AutoCAD 2020 中,用户可以使用不同类型的夹点和夹点模式以其特有的方式重新塑造、移动、旋转或操纵对象。

5.2.1 夹点的概念

待命状态下选择对象,那么被选中的对象就会以光晕亮显或虚线显示,而且被选中对象的几何特征点位置上将显示小方块或小矩形块或小三角块或小圆块(默认为蓝色),这些小方块、小矩形块、小三角块和小圆块被称为夹点。不同类型的对象,其表现出来的夹点位置、数量和形式不同,如图 5-20 所示为几种常见对象的夹点显示情况,按【Esc】键,将取消夹点显示。

夹点形式的不同,其编辑功能不同,但可分为两类,即夹点模式和多功能夹点。

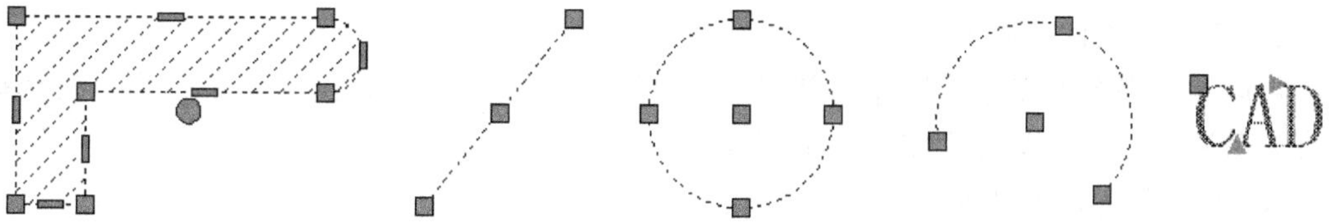

图 5-20 显示对象夹点

5.2.2 夹点显示方式控制

默认情况下,夹点方式是打开的,用“选项”对话框中的“选择集”选项卡,如图 5-5 所示,可以对夹点的显示与否、显示大小和显示颜色进行设置。

(1)“夹点尺寸”区:系统变量是 GRIPSIZE,控制夹点的显示尺寸,拖动滑块可控制夹点方框的大小。

(2)“夹点”区:设置夹点是否显示及其显示颜色。

- 未选中夹点颜色:系统变量是 GRIPCOLOR,设置未选中夹点方框的显示颜色。
- 选中夹点颜色:系统变量是 GRIPHOT,设置选中夹点显示颜色。
- 悬停夹点颜色:系统变量是 GRIPHOVER,决定光标悬停在夹点上时夹点的显示颜色。
- 启用夹点:系统变量是 GRIPS,只有复选此项,才能使用夹点进行图形编辑。
- 在块中启用夹点:系统变量是 GRIPBLOCK,控制在选中块后如何在块上显示夹点。如果选择此选项,即系统变量 GRIPBLOCK=1,则将显示块中每个对象的所有夹点。如果清除此选项,即系统变量 GRIPBLOCK=0,则仅在块的插入点处显示一个夹点。(关于块的概念见第 10 章)
- 启用夹点提示:系统变量是 GRIPTIPS,当光标悬停在支持夹点提示的自定义对象的夹点上时,显示夹点的特定提示,此选项对标准对象上无效。

● 选择对象时限制显示的夹点数：系统变量是 GRIPOBJLIMIT，当初始选择集包括多于指定数目的对象时，将不显示夹点。有效值的范围从 1 到 32 767。默认设置是 100。

5.2.3 使用夹点编辑

通过选择方块夹点，可以编辑对象，如拖动夹点执行拉伸、移动、旋转、缩放或镜像等操作，这些编辑操作称为夹点模式。其他形状的夹点或某些特定的方块夹点具有特定的编辑功能。

1. 热夹点

当鼠标移动到夹点方块附近时，可以感觉到夹点对光标具有“吸引”作用，使光标吸附到该夹点上，方块夹点变色(默认为红色)，单击鼠标后，该夹点成为选中状态，显示“选中夹点颜色”(默认变为深红)，这个选中夹点就称为热夹点。热夹点就作为夹点模式编辑操作基点。

当光标悬停在多功能夹点上时，在光标的右下角将会出现快捷菜单，不同的对象其快捷菜单的具体项目不同，方便了用户编辑对象。

2. 多热夹点的选择与修改

可以选择多个夹点作为操作的基点，要选择多个夹点，要先按住【Shift】键，再点击选择夹点。若取消选中的夹点，则再次单击该夹点。

3. 使用夹点编辑对象

在选择热点之后，系统进入夹点模式。夹点模式有五种：拉伸、移动、旋转、比例缩放和镜像。拉伸是默认模式，用户可以用下面的四种方法之一，循环选择这些模式：

① 空格键。

② 【Enter】键。

③ 键入命令的前两个字符。

④ 快捷菜单。

如图 5-21 所示，在热点的快捷菜单中选择某一夹点模式。

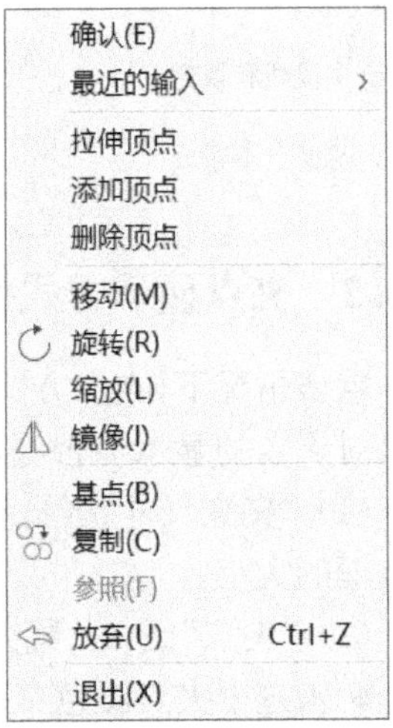

图 5-21 热点的快捷菜单

完成一种夹点模式操作后，AutoCAD 返回“命令：”状态，但所选择的对象仍保持被选中状态，用户可以继续采用夹点模式编辑。要退出夹点模式，按【Esc】键或键入 X(eXit 选项)即可。

(1) 拉伸模式

可以通过将选定夹点移动到新位置来拉伸对象。文字、块参照、直线中点、圆心和点对象上的夹点将移动对象而不是拉伸它。这是移动块参照和调整标注的好方法。命令提示：

```
指定拉伸点或 [基点(B)/复制(C)/放弃(U)/退出(X)]:
```

(2) 移动模式

可以通过选定的夹点移动对象，选定的对象被亮显并按指定的下一点位置移动一定的方向和距离。命令提示：

```
指定移动点或 [基点(B)/复制(C)/放弃(U)/退出(X)]:
```

(3) 旋转模式

可以通过拖动和指定点位置,还可以输入角度值来绕基点旋转选定对象。命令提示:

```
指定旋转角度或 [基点(B)/复制(C)/放弃(U)/参照(R)/退出(X)]:
```

(4) 比例缩放模式

可以相对于基点缩放选定对象。通过从基夹点向外拖动并指定点位置来增大对象尺寸,或通过向内拖动减小尺寸,也可以为相对缩放输入一个值。命令提示:

```
指定比例因子或 [基点(B)/复制(C)/放弃(U)/参照(R)/退出(X)]:
```

(5) 镜像模式

可以沿临时镜像线为选定对象创建镜像。打开"正交"有助于指定垂直或水平的镜像线。命令提示:

```
指定第二点或 [基点(B)/复制(C)/放弃(U)/退出(X)]:
```

4. 应用举例

下面通过四个示例,说明使用夹点模式编辑图形的具体过程,体会夹点模式带来的便利。

【例4】 简单应用,用夹点拉伸三角形,具体过程如图5-22所示。

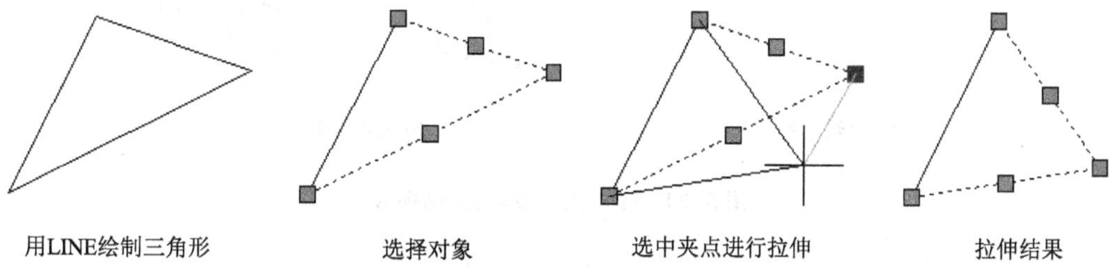

图5-22 用夹点拉伸三角形

【例5】 使用夹点编辑圆弧。圆弧有四个夹点,除圆心夹点外,其余三个皆为多功能夹点。利用多功能夹点,可以改变弧长、半径、圆心角,如图5-23所示,图(a)为悬停端点的两种编辑:"拉伸"即拉伸端点、"拉长"改变弧长;图(b)为悬停中点的两种编辑:"拉伸"改变半径和圆心、"半径"仅改变半径。

利用夹点模式还可以实现移动、旋转、复制等等编辑,读者可以试试。

【例6】 已画出如图5-24(a)所示的小正六边形及其水平点画线和圆点画线,要求画出另五个正六边形,其位置关系如图5-24(b)所示。

使用夹点模式的操作步骤如下:

(1) 选择六边形及其点画线,选中任一夹点,如图5-24(a)所示。

(2) 右击鼠标,从弹出的快捷菜单中选择"旋转"命令,流程如下:

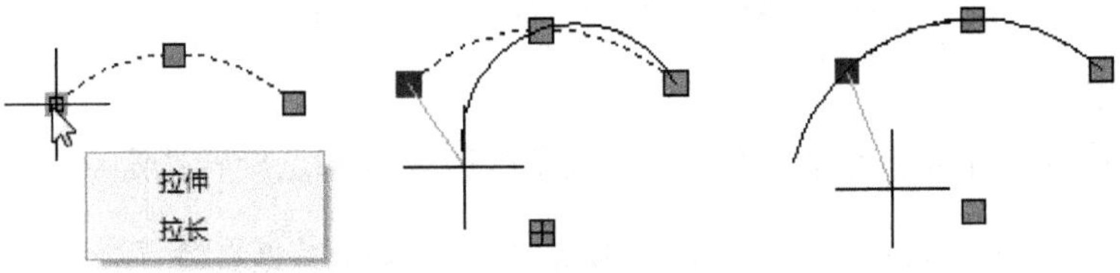

(a) 悬停端点

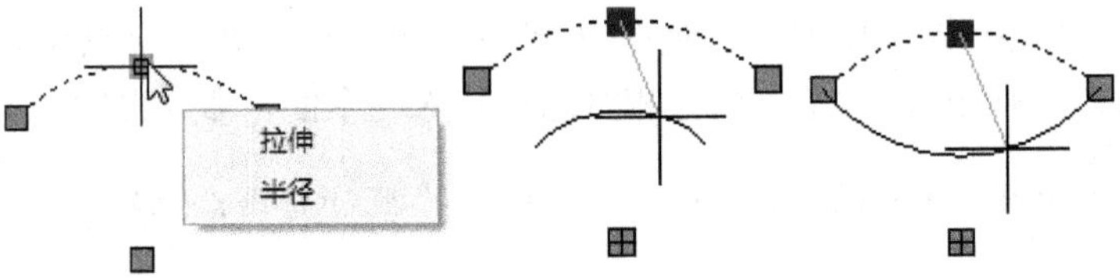

(b) 悬停中点

图 5-23　多功能夹点编辑圆弧

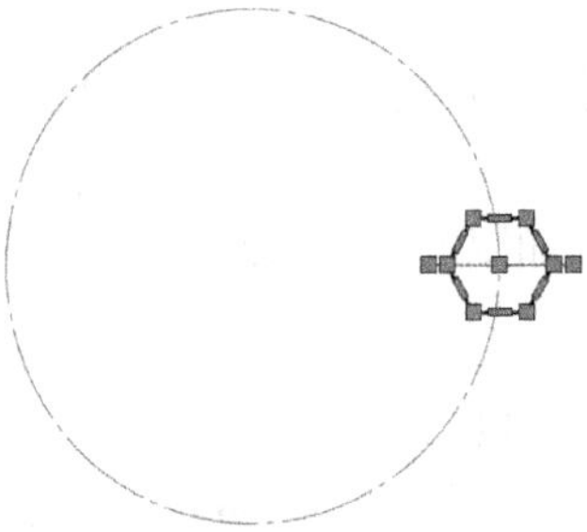

(a) 已绘图形

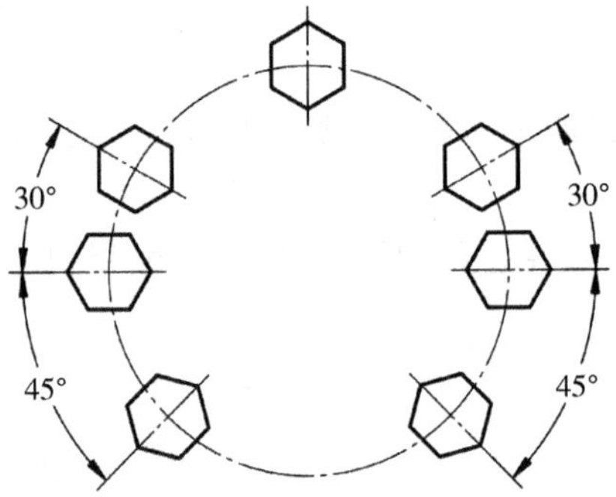

(b) 夹点编辑

图 5-24　使用夹点旋转、复制模式

✿ ＊＊ 旋转 ＊＊

指定旋转角度或［基点(B)/复制(C)/放弃(U)/参照(R)/退出(X)］：**<u>B</u>**↵**(另选基点为旋转中心)**

指定基点：**(捕捉大圆圆心为基点)**

指定旋转角度或［基点(B)/复制(C)/放弃(U)/参照(R)/退出(X)］：**<u>C</u>**↵**(要复制所选对象)**

指定旋转角度或［基点(B)/复制(C)/放弃(U)/参照(R)/退出(X)］：**<u>30</u>**↵**(复制出一组对象)**

相同的提示下，依次输入 90、150、180、－135、－45，绘出其他四组对象；最后退出夹点模式。

通过本例可以看出，夹点编辑"旋转模式"，能够连续复制对象，直到退出，而旋转命令只能一次。读者可以试试其他模式。

【例 7】 关于多段线的夹点编辑。多段线的夹点都是多功能的，显示形式分为小方块和小矩形两种，图 5-25(a)反映了悬停这两种夹点所出现的菜单。图 5-25(b)所示为，可以将多段线重塑为圆弧(也可以将圆弧重塑为直线)。

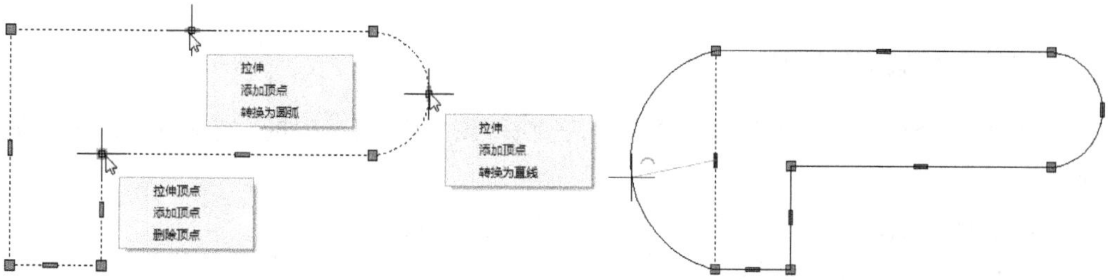

(a) 多段线夹点悬停　　(b) 重塑多段线

图 5-25　多段线的夹点编辑

通过上面的几个例子可以看出，使用夹点编辑图形方便快捷，可以取得事半功倍的效果。

5. 技巧与提升

(1) 锁定图层上的对象不显示夹点。

(2) 选择多个共享重合夹点的对象时，可以使用夹点模式编辑这些对象。

(3) 当选择对象上的多个夹点来拉伸对象时，选定夹点间的对象的形状将保持原样。

(4) 如果选择象限夹点来拉伸圆或椭圆，然后在输入新半径命令提示下指定距离(而不是移动夹点)，此距离是指从圆心而不是从选定的夹点测量的距离。

5.3　放弃与重做

使用夹点模式比较简单快捷，但功能不够全面。要完成复杂的绘图设计，需使用丰富的编辑命令。后面的几节将介绍用各种编辑命令。

5.3.1　放弃 U、UNDO

需要放弃已进行的操作，可以通过“放弃”命令来执行。放弃有两个命令，即 U 和 UNDO，命令的工具：自定义快捷工具栏→。U 命令没有参数，每执行一次，自动放弃上一个操作，但是存盘、图形重生成等操作是不可以放弃的。UNDO 命令有一些参数，功能较强，命令提示如下：

输入要放弃的操作数目或 [自动(A)/控制(C)/开始(BE)/结束(E)/标记(M)/后退(B)] <1>

可以看出：用此命令，一次性可以回退多步，这样就不要反复点放弃工具了。

5.3.2　重做 REDO、MREDO

“重做”命令是将刚刚放弃的操作重新恢复，工具是。

5.4 删除与恢复对象

5.4.1 删除对象 ERASE

ERASE 命令用于将选择的对象清除干净，执行该命令，将选中的对象删除，有四种命令访问途径：

① 功能区："默认"选项卡→"修改"面板→"删除"工具

② 菜单：修改(M)→删除(E)

③ 工具："修改"工具栏→

④ 命令：ERASE(E)

5.4.2 恢复对象 OOPS

在命令行输入 OOPS 可恢复最近一次 ERASE 命令删除的对象，且只恢复一次，该命令没有参数。在执行 BLOCK(块)命令后，也可以使用 OOPS 命令恢复因定义为块而被删除的对象。

5.5 图形变换

基本图形可以经过平移，旋转、缩放、延展等基本变换产生其他类似图形。

5.5.1 平移 MOVE

MOVE 命令是将所选择对象平移到指定位置。

1. 命令访问

① 功能区："默认"选项卡→"修改"面板→"移动"工具

② 菜单：修改(M)→移动(V)

③ 工具："修改"工具栏→

④ 夹点快捷菜单：用快捷菜单中的"移动"选项

⑤ 命令：MOVE (M)

2. 命令提示

☼ 命令：**MOVE**↵

选择对象：**任意方法选择对象**↵

指定基点或 [位移(D)] <位移>：

指定第二个点或 <使用第一个点作为位移>：

3. 选项说明

● 基点

输入两点：基点和位移点，系统以从基点到第二点的矢量作为位移矢量平移对象。当用鼠标在屏幕上指定第二点时，屏幕上会显示拖曳线。当图形比较复杂时，可先在绘图区的空白处画出其中的一部分，然后平移到最后的位置。

● 位移：若用“↵”回答第二点提示，则以从原点到基点的矢量作为位移矢量平移对象。

4. 应用举例

【例 8】 使用平移命令将轴装配在孔中，见图 5-26。

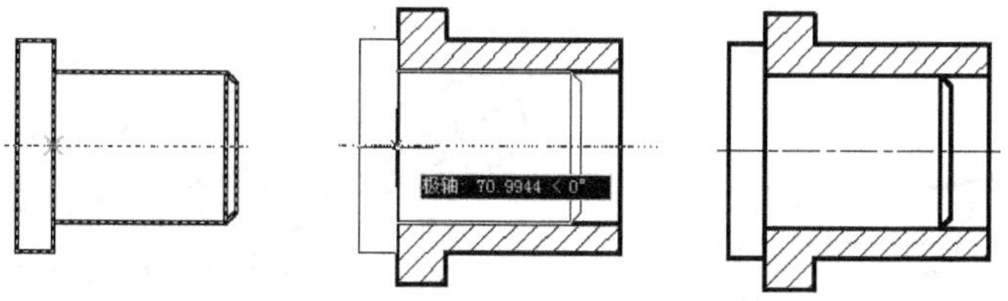

(a) 选择对象指定基点　(b) 指定第二点　(c) 平移结果

图 5-26 对象的平移

5.5.2 旋转 ROTATE

ROTATE 命令是使选定对象绕指定基点（旋转中心）旋转一指定角度或参照一对象进行旋转，旋转时基点不动。

1. 命令访问

① 功能区：“默认”选项卡→“修改”面板→“旋转”工具

② 菜单：修改(M)→旋转(R)

③ 工具：“修改”工具栏→

④ 夹点快捷菜单：用快捷菜单中的“旋转”选项

⑤ 命令：ROTATE(RO)

2. 命令提示

☼ 命令：**ROTATE**↵
UCS 当前的正角方向：ANGDIR＝逆时针　ANGBASE＝0
选择对象：**选择对象**↵
指定基点：
指定旋转角度，或 [复制(C)/参照(R)] <0>：

3. 选项说明

● 指定旋转角度：输入角度值或者在屏幕上指定一点。

● 参照：使用绝对角度旋转方式，进一步提示：

➢ 指定参照角 <0>：如果采用参照方式，需指定参照角。

➢ 指定新角度或 [点(P)]：如果采用参照方式，指定旋转绝对角度值。

● 复制：该选项为在旋转对象的同时对原对象进行复制。

4. 操作说明

● 旋转对象时，需要指定旋转基点和旋转角度。其中，旋转角度是基于当前用户坐标系的。输入正值，将按逆时针方向旋转对象；输入负值，按顺时针方向旋转对象。

● 如果在命令提示下选择“参照”，则使用绝对角度旋转方式，即以当前的角度为参照，旋转到要求的新角度。当知道一个对象旋转前后的绝对角度时，使用绝对角度旋转方式较方便。

● 如果在命令提示下选择“复制”，则旋转出的对象为原对象的克隆。

5．应用举例

【例 9】 已画好如图 5-27(a)所示的图形，现要将其编辑成如图 5-27(b)所示的图形。

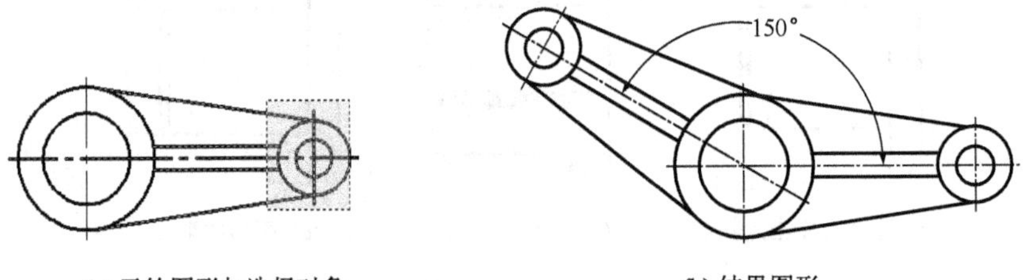

(a) 已绘图形与选择对象　　(b) 结果图形

图 5-27　按指定旋转角旋转复制图形

使用 ROTATE 命令即可方便实现，其命令流程如下：

☼ 命令：**<u>ROTATE</u>**↵
选择对象：**用交叉窗口方式选择右边的图元，见图** 5-27(a)↵
指定基点：**捕捉左边同心圆任一圆的圆心**
指定旋转角度，或［复制(C)/参照(R)］<30>：**<u>C</u>↵(旋转时复制所选对象)**
指定旋转角度，或［复制(C)/参照(R)］<30>：**<u>150</u>↵(输入旋转角度，完成图形编辑)**

【例 10】 五星红旗的四颗小星的角点指向大星的中心，已绘出大星和一个相位不对的小星，如图 5-28(a)所示。首先调整小星的相位，然后再旋转复制出其他三颗小星。此例为典型的采用复制、参照旋转的实例，其命令流程如下：

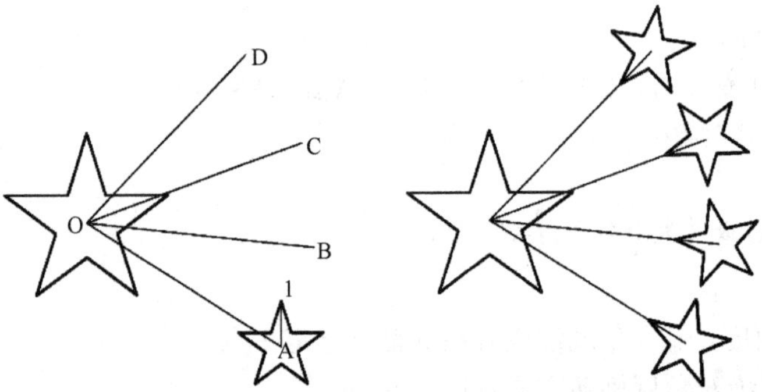

(a) 初始的小星　　(b) 参照复制旋转结果

图 5-28　参照旋转的典型应用

☼ 命令：**<u>ROTATE</u>**↵
选择对象：指定对角点：找到 1 个**选择小星 A**↵

指定基点：**捕捉小星的中心点 A**
指定旋转角度，或［复制(C)/参照(R)］<30>：**R↵(用参照角旋转对象)**
指定参照角 <0>：**拾取点 A**
指定第二点：**拾取点 1(A1 矢量方向为旋转时的起始 0 角度方向)**
指定新角度或［点(P)］<0>：**拾取大星的中心点 O**

☼ 命令：↵
选择对象：**选择小星 A↵**
指定基点：**捕捉小星的中心点 O**
指定旋转角度，或［复制(C)/参照(R)］<58>：**C↵(保留源对象)**
指定旋转角度，或［复制(C)/参照(R)］<58>：**R↵(用参照角旋转对象)**
指定参照角 <90>：**拾取点 O**
指定第二点：**拾取点 A**
指定新角度或［点(P)］<148>：**拾取点 B**
(同样方法可以实现其他两颗小星的复制旋转，由读者自己完成)

5.5.3 比例缩放 SCALE

SCALE 命令用于按给定的基点和缩放比例，沿 X、Y、Z 方向等比例缩放选定对象。

1. 命令访问

① 功能区："默认"选项卡→"修改"面板→"缩放"工具

② 菜单：修改(M)→缩放(L)

③ 工具："修改"工具栏→

④ 夹点快捷菜单：用快捷菜单中的"缩放"选项

⑤ 命令：SCALE(SC)

2. 命令提示

☼ 命令：**SCALE↵**
选择对象：↵
指定基点：指定比例因子或［复制(C)/参照(R)］<1.0000>：

3. 选项说明

● 指定比例因子：则以给定比例因子缩放所选对象。比例因子大于 1，放大对象；比例因子在 0 与 1 之间，缩小对象。

● 参照：通过指定当前长度和新长度进行缩放，即使用绝对长度缩放，进一步提示：

➢ 指定参照长度 <1.0000>：指定参照长度。

➢ 指定新的长度或［点(P)］：指定新的长度值。

● 复制：该选项为在缩放对象的同时对原对象进行复制。

4. 操作说明

● 选定对象后，应指定基点和缩放比例。基点可选在图形的任何地方，通常选择中心点或左下角等特征点。当对象大小变化时，基点保持不动。

● 与 ROTATE 命令一样，有参照和复制功能。

5. 应用举例

【例 11】 试作出如图 5-29(a)所示的错角点距离为 55 的正五边形。此为典型的采用参照缩放的实例,其作图步骤如下:

(1) 使用 POLYGON 命令,作一大小适当的正五边形,见图 5-29(b)。

(2) 使用 SCALE 命令,采用参照缩放选项,将正五边形缩放至所需尺寸,见图 5-29(c),其命令流程如下:

☼ 命令: **SCALE**↵
选择对象: **选择已画的正五边形**↵
指定基点: **拾取 A 点(A 点为缩放基点)**
指定比例因子或 [复制(C)/参照(R)] <1.0000>: **R**↵**(参照缩放)**
指定参照长度 <1.0000>: **拾取 A 点**
指定第二点: **拾取 B 点(AB 两点之距缩放前的参照长度)**
指定新的长度或 [点(P)] <1.0000>: **55**↵

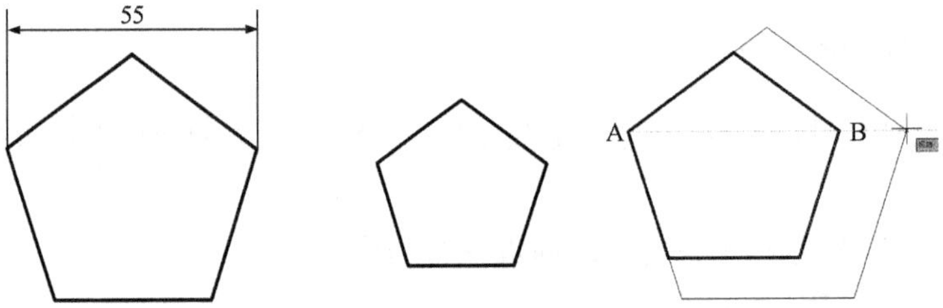

(a) 作图目标　　(b) 任一5边形　　(c) 参照缩放

图 5-29　参照缩放的典型应用

5.5.4　线段伸缩 LENGTHEN

LENGTHEN 命令用于沿原来的方向增加或减小直线、圆弧对象的长度、圆弧对象包含的角度。

1. 命令访问

① 功能区:"默认"选项卡→"修改"面板→"拉长"工具

② 菜单:修改(M)→拉长(G)

③ 命令:LENGTHEN (LEN)

2. 命令提示

☼ 命令: **LENGTHEN**↵
选择要测量的对象或 [增量(DE)/百分数(P)/总计(T)/动态(DY)] < 总计(T)>: **DE**↵
输入长度增量或 [角度(A)] <0.0000>:

3. 选项说明

● 选择对象:选择欲伸缩的直线或圆弧对象,AutoCAD 将显示其长度和圆弧所包含的角度,并再次显示该提示。

● 增量(DE)：按输入的增量，在靠近选择点一端伸缩所选对象。输入正值则伸长，输入负值则缩短。AutoCAD 提示：

输入长度增量或［角度(A)］＜0.0000＞：输入长度增量值或选择 Angle 输入角度增量

● 百分数(P)：以所选对象当前总长为 100，按指定的百分比，在靠近选择点的一端伸缩所选对象，输入值大于 100 时伸长，小于 100 时缩短。AutoCAD 提示：

输入长度百分数 ＜100.0000＞：输入百分数

● 总计(T)：按输入值修改所选对象的总长度或圆弧的圆心角。

● 动态(DY)：根据光标位置动态伸缩所选对象。

4. 应用举例

【例 12】 工程制图中要求，将点画线超出图形 2 mm～5 mm。在绘图过程中，通常以图形轮廓修剪点画线。现已绘出如图 5-30(a)所示的图形，将各点画线的两端外延3 mm。

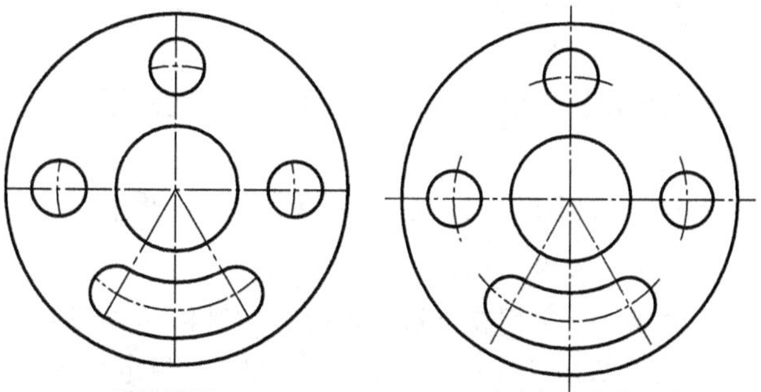

(a) 原始图形　　(b) 点击各线段的延伸端

图 5-30　增量拉长对象

采用 LENGTHEN 命令的增量(DE)选项，其命令流程如下：

☼ 命令：**LENGTHEN**↵
选择要测量的对象或［增量(DE)/百分数(P)/总计(T)/动态(DY)］＜总计(T)＞：**DE**↵
输入长度增量或［角度(A)］＜0.0000＞：**3**↵**(增长 3)**
选择要修改的对象或［放弃(U)］：**在要延长的各线段的延长端单击(将自动增长 3)**

5.5.5 拉伸 STRETCH

STRETCH 命令用于保持图形各部分的连接关系，移动图元对象的局部端点，此命令是调整图形大小、形状、位置的一种十分灵活的工具。

1. 命令访问

① 功能区："默认"选项卡→"修改"面板→"拉伸"工具

② 菜单：修改(M)→拉伸(H)

③ 工具："修改"工具栏→

④ 命令：STRETCH(S)

2. 命令提示

☼ 命令：**STRETCH**↵
以交叉窗口或交叉多边形选择要拉伸的对象...：↵
指定基点或［位移(D)］＜位移＞：
指定第二个点或 ＜使用第一个点作为位移＞：

3. 选项说明

- 选择对象：必须采用交叉窗口或交叉多边形的方式选择对象。
- 指定基点或［位移(D)］<位移>：定义位移或指定拉伸的基点。
- 指定第二个点或 <使用第一个点作为位移>：定义第二个点来确定位移。

4. 操作说明

- 选择对象时，只能采用交叉窗口或交叉多边形的方式，可以用 REMOVE 方式取消不需要拉伸的对象。只有落在交叉框内的端点才能被移动，窗口以外线段的端点都保持不动。
- 在拉伸对象时，首先要为拉伸对象指定一个基点，然后再指定一个位移点。

5. 应用举例

【例 13】 如图 5-31 所示的原图，现使用拉伸命令移动门的位置，保持门与墙的连接关系不变。

执行 STRETCH 命令后，AutoCAD 将显示如下提示：

☼ 命令：**STRETCH**↵
选择对象：**用交叉窗口选择拉伸对象↵(结束对象选择)**
指定基点或［位移(D)］<位移>：**指定基点 A**
指定第二个点或 <使用第一个点作为位移>：**指定位移点 B**

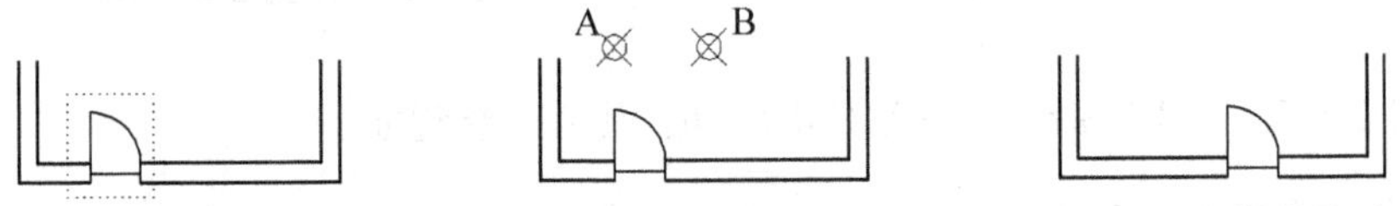

(a) 原始位置窗交方式选择对象　(c) 指定基点和位移点　(b) 拉伸结果

图 5-31　用拉伸改变门的位置

5.5.6 对齐 ALIGN

ALIGN 命令用于图形装配，尤其适用于三维实体拼装，也可以用于平面图形的对齐缩放。

1. 命令访问

① 功能区："默认"选项卡→"修改"面板→"对齐"工具

② 菜单：修改(M)→三维操作(3)→对齐(L)(或三维对齐(A))

③ 命令：ALIGN(AL)

2. 命令提示

☼ 命令：**ALIGN**↵
选择对象：**需要选择一个对象 O**
指定第一个源点：**拾取第一个源点(设为 A)**
指定第一个目标点：**拾取第一个目标点(设为 M)**
指定第二个源点：**拾取第二个源点(设为 B)**
指定第二个目标点：**拾取第二个目标点(设为 N)**
指定第三个源点或 <继续>：↵

是否基于对齐点缩放对象？[是(Y)/否(N)] <否>：

3. 操作说明

● 回答否(N)：对象O改变了方位，即A点与M点重合、线AB与线MN重合。

● 回答是(Y)：对象O除了与直线重合外，还自动将线段AB的长缩放到线段MN的长。类似于SCALE命令的参照缩放，只不过SCALE命令不改变图形的位置。

5.6 图形繁衍

已有图形可以经过复制、阵列、等距等操作产生多个形状相同的图形。

5.6.1 复制COPY

COPY命令用于在当前图形内进行反复复制所选择的对象。复制的对象与源对象处于同一层，具有相同的特性。

1. 命令访问

① 功能区："默认"选项卡→"修改"面板→"复制"工具

② 菜单：修改(M)→复制(Y)

③ 工具："修改"工具栏→

④ 夹点快捷菜单：用快捷菜单中的"复制"选项

⑤ 命令：COPY(CO)

2. 命令提示

☼ 命令：**COPY**↵

选择对象：**任意方法选择对象**↵

指定基点或[位移(D)/模式(O)] <位移>：

指定第二个点或[阵列(A)/退出(E)/放弃(U)] <退出>：

3. 选项说明

● 指定基点：复制对象的参考点。

● 位移(D)：源对象和目标对象之间的位移矢量。

● 指定第二个点：指定第二个点来确定位移矢量，第一点为基点。

● 阵列(A)：指定在线性阵列中排列的副本数量。

● 退出(E)、放弃(U)：结束操作和放弃前一次复制。

5.6.2 镜像MIRROR

MIRROR命令用于在与当前UCS的XOY平面平行的平面上或者在图纸空间，生成所选对象的镜像。使用该命令可以围绕用两点定义的镜像轴来镜像和镜像复制图形，从而创建对称图形。

1. 命令访问

① 功能区："默认"选项卡→"修改"面板→"镜像"工具

② 菜单：修改(M)→镜像(I)

③ 工具："修改"工具栏→⚠

④ 命令：MIRROR(MI)

2. 命令提示

☼ 命令：**MIRROR**↵
选择对象：**任意方法选择对象**↵
指定镜像线的第一点：
指定镜像线的第二点：
要删除源对象吗？[是(Y)/否(N)] <N>：

3. 选项说明

● 指定镜像线的第一点：确定镜像轴的第一点。

● 指定镜像线的第二点：确定镜像轴的第二点。

● 要删除源对象吗？[是(Y)/否(N)] <N>：选择是否删除源对象，Y 为删除，N 为保留。

4. 操作说明

● 先选择对象，再指定镜射线(即对称轴线)，镜射线可以是任意方向的。

所选择的原图可以删去，也可以保留。

5. 应用举例

【例 14】 如图 5-32(a)所示已绘制了手柄的一半图形，要完成手柄绘制。

使用 MIRROR 命令即可方便实现，其命令流程如下：

☼ 命令：**MIRROR**↵
选择对象：指定对角点：找到 3 个**用窗口方式选择，见图 5-32(b)**↵
指定镜像线的第一点：**捕捉拾取点画线端点 A，见图 5-32(c)**
指定镜像线的第二点：**捕捉拾取点画线端点 B，见图 5-32(c)**
要删除源对象吗？[是(Y)/否(N)] <N>：↵**(不删除原图，结果见图 5-32(d))**

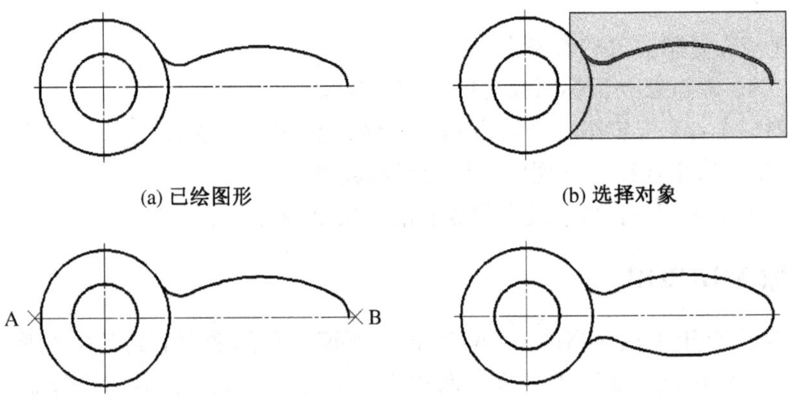

(a) 已绘图形　(b) 选择对象　(c) 指定镜像线　(d) 镜像结果

图 5-32　镜像复制对象

【例 15】 镜像特例，关于文字与属性的镜像问题。

在 AutoCAD 2020 中使用镜像命令对文字进行镜像操作时，在系统默认的状态下，镜像后的文字即具有可读性。而有时文字与原文字对象完全镜像，使文字在镜像中颠倒和反向，不便阅读。这是受系统变量 MIRRTEXT 控制的：当 MIRRTEXT＝0 时，则镜像后的文字具有可读性；当 MIRRTEXT＝1 时，则镜像后的文字不具有可读性。设置系统变量值的方法很简单，在命令状态下，输入 MIRRTEXT，按"↵"键后，输入数值即可。图 5-33 所示系统变量 MIRRTEXT 的值分别为"1"和"0"的镜像效果。

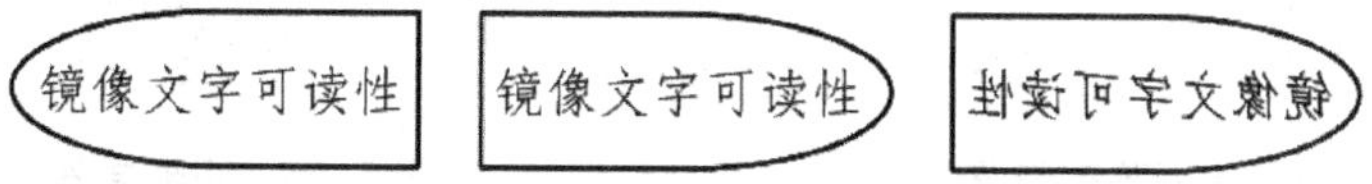

(a) 源文字　　(b) MIRRTEXT=0　　(c) MIRRTEXT=1

图 5-33　文字的镜像

6. 技能与提升

(1) 镜像与复制的区别是，镜像就同照镜子一样，将图形对象反相成图复制，适用于对称图形。

(2) 文字与属性的镜像有两种状态，见例 15。

5.6.3　阵列 ARRAY

ARRAY 命令将指定对象复制成均匀隔开的矩形阵列、路径阵列或环形阵列，用此命令可以快速产生规则分布的图形，可以在矩形、环形或路径阵列中创建对象副本。

1. 命令访问

① 功能区："默认"选项卡→"修改"面板→三个工具："矩形阵列"工具、"路径阵列"工具、"环形阵列"工具

② 菜单：修改(M)→阵列→选择一种阵列方式

③ 工具："修改"工具栏→

④ 命令：ARRAY(AR)

2. 命令提示

☼ 命令：**ARRAY**↵
选择对象：**任意方法选择对象**↵
输入阵列类型［矩形(R)/路径(PA)/极轴(PO)］＜矩形＞：

3. 矩形阵列

将选定对象的副本按行数、列数和层数的任意组合的分布，与 ARRAYRECT 命令相同。选择矩形阵列后，将出现矩形阵列预览，见图 5-34，同时命令行继续提示如下：

☼ 命令：**ARRAYRECT**↵
选择对象：**任意方法选择对象**↵
类型＝矩形　关联＝是
选择夹点以编辑阵列或［关联(AS)/基点(B)/计数(COU)/间距(S)/列数(COL)/行数(R)/层数(L)/退出(X)］＜退出＞：

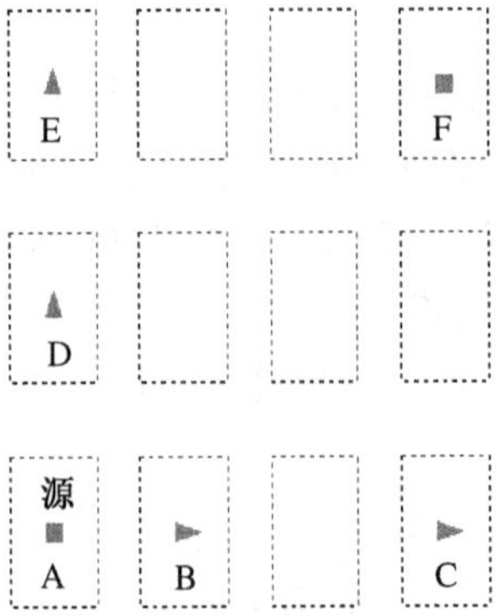

图 5-34　矩形阵列预览

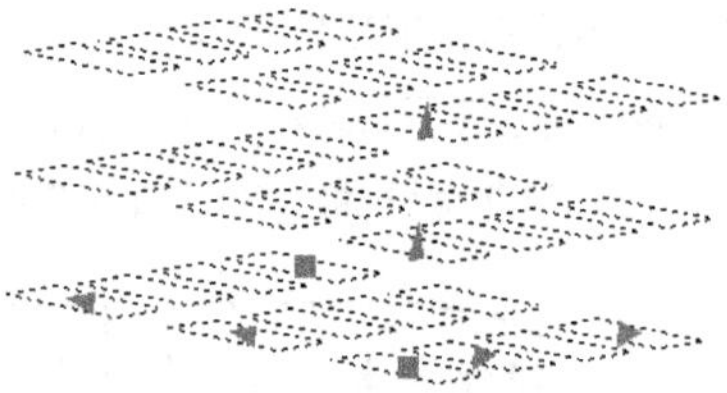

图 5-35　矩形层阵列

在矩形阵列预览中出现六个夹点，其功能基本上对应于命令提示中的“基点(B)/计数(COU)/间距(S)/列数(COL)/行数(R)/层数(L)”，拖动夹点以调整间距以及行数和列数；同样也可以通过命令提示交互来调整矩形阵列参数。

(1) 夹点说明

- 除 B、D 二夹点外，其余四点都是多功能夹点。
- A 夹点：即基点，悬停该夹点，可以实现移动阵列和设定层数。图 5-35 设置了三层的阵列，显然是三维阵列，可以看出又多了两个夹点，该两夹点的功能与 D 和 C 或 D 和 E 的功能类似。
- B 夹点：设置列间距。
- C 夹点：悬停该夹点，可以对列数、列总间距和轴间角进行设置。所谓轴间角就是矩形阵列的两个方向矢量 X、Y 轴的夹角，缺省时为 90°，通过它可以改变 X 轴对 Y 轴的夹角，注意 Y 轴是不变的，只改变 X 轴。单击拖动可以动态设置列数。
- D 夹点：设置行间距。
- E 夹点：该夹点功能及操作与 C 夹点类似，只不过是对行数、行总间距和轴间角进行设置。同样轴间角，只改变 Y 轴。图 5-36 表示了矩形阵列一些参数设置的逐步过程：(a)图为列间距 1 000、行总间距 3 000；(b)图为 X 方向轴间角为 60°；(c)图为 Y 方向轴间角为 90°，读者从中可以体会阵列参数对阵列的影响。

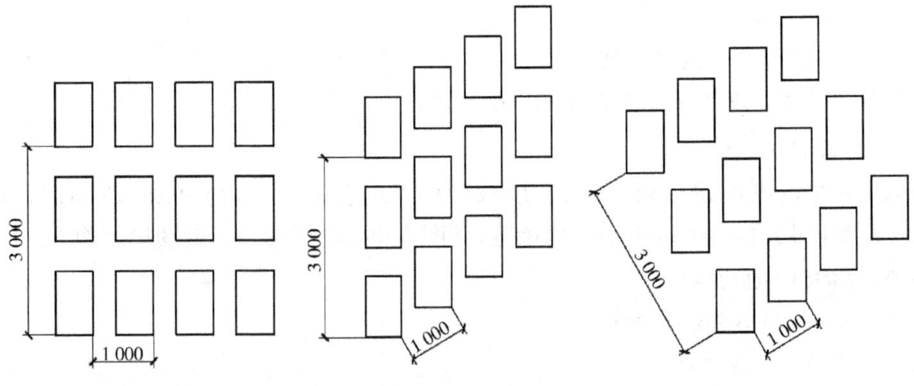

(a) 设置列间距和行总间距　(b) X方向轴间角为60°　(c) Y方向轴间角为90°

图 5-36　矩形阵列参数的影响

● F夹点：悬停该夹点，可以对行数和列数、行和列总间距进行设置。单击拖动可以动态设置行数和列数。

(2) 选项说明

● 关联(AS)：阵列的所有图形是单个阵列对象，因此可以对阵列特性进行编辑，如改变间距、项目数和轴间角等。同时编辑项目的源对象，其他的各项目也会跟随改变或采用替代项目特性来编辑。相反非关联是指阵列中的项目为独立的对象，更改一个项目不影响其他项目。

● 基点(B)：阵列对象的基准点，缺省时为单一对象的中心，也可以设置其他的点。

● 计数(COU)：确定行数和列数。

● 其他选项：同对应的夹点。

4. 路径阵列

图 5-37 路径阵列预览

将选定对象的副本沿路径或部分路径均匀分布，与 ARRAYPATH 命令相同。选择路径阵列后，将出现路径阵列预览，见图 5-37，同时命令行继续提示如下：

☼ 命令：**ARRAYPATH**↵

选择对象：**任意方法选择对象**↵

选择夹点以编辑阵列或［关联(AS)/方法(M)/基点(B)/切向(T)/项目(I)/行(R)/层(L)/对齐项目(A)/Z方向(Z)/退出(X)］<退出>：

在阵列预览中出现两个夹点，利用夹点可以调整路径阵列参数；同样也可以通过命令提示交互来调整路径阵列参数。

(1) 夹点说明

● A夹点：即基点，悬停该夹点，可以实现移动阵列、设定行数和层数。

● B夹点：设置项目间距。

(2) 选项说明

● 路径曲线：路径可以是直线、多段线、三维多段线、样条曲线、螺旋线、圆弧、圆或椭圆。

● 方法(M)：设置项目沿路径是等距分布还是定数分布。

● 切向(T)：设置项目对路径的相位，有切向和法相两种。

● 项目(I)：指定项目间的距离和项目数。

● 行(R)：设置项目的行数、行间距和标高增量。

● 对齐项目(A)：设置阵列项目是否与路径对齐。

● 方向(Z)：设置阵列项目是否保持Z方向。

图 5-38 表示了路径阵列一些参数设置对阵列的影响：(a)图为已知路径和阵列源对象(源对象是树，从工具选项板建筑卡中拖入)；(b)图的设置为：项目数 7、切向方式、等距分布；(c)图的设置为：项目数 7、法向方式、等距分布。

5. 环形阵列

将选定对象的副本均匀地围绕中心点或旋转轴分布，与 ARRAYPOLAR 命令相同。选择环形阵列后，将出现环形阵列预览，见图 5-39，同时命令行继续提示如下：

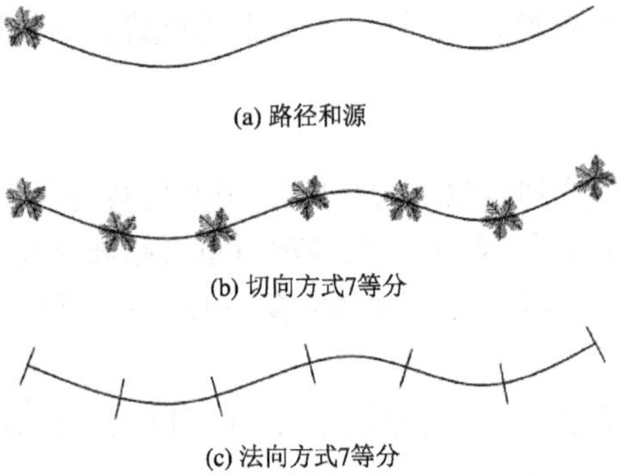

图 5-38　路径阵列参数的影响

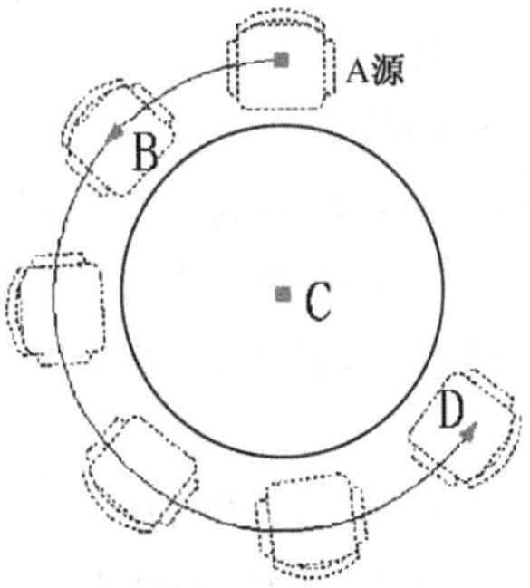

图 5-39　环形阵列预览

☼ 命令：**ARRAYPOLAR**↵
选择对象：**任意方法选择对象**↵
类型＝极轴　关联＝是
指定阵列的中心点或［基点(B)/旋转轴(A)］：
选择夹点以编辑阵列或［关联(AS)/基点(B)/项目(I)/项目间角度(A)/填充角度(F)/行(ROW)/层(L)/旋转项目(ROT)/退出(X)］＜退出＞：

在环形阵列预览中出现 3 个夹点，利用夹点可以调整环形阵列参数；同样也可以通过命令提示交互来调整环形阵列参数。

(1) 夹点说明

- A 夹点：即基点，悬停该夹点，可以对环形阵列的半径、行数和层数等参数进行设置。
- B 夹点：单击拖动或输入项目间角度。
- C 夹点：环形阵列中心，单击移动和复制环形阵列。
- D 夹点：悬停该夹点，可以对环形阵列的项目数和填充角度等参数进行设置。

(2) 选项说明

- 项目(I)：输入阵列中的项目数。
- 项目间角度(A)：指定项目间的角度。
- 填充角度(F)：指定填充角度。
- 行(ROW)：输入行数、行间距和标高增量。
- 旋转项目(ROT)：设置是否旋转阵列项目。

图 5-40 表示了环形阵列一些参数的设置对阵列的影响：(a)图为已知圆和阵列源对象(桌和椅)；(b)图的设置为：项目数 8、填充角度 360°；(c)图的设置为：项目数 6、填充角度－270°。

6. 修改关联阵列

通过编辑阵列特性、应用项目替代、替换选定的项目或编辑源对象来修改关联阵列。编辑方法有：夹点编辑、ARRAYEDIT 命令、点阵列图形→自动弹出“阵列”选项卡、特性选项板等，关于夹点编辑方法已在讲解命令时进行了详细的说明，这里对 ARRAYEDIT 命令加以重点讲解。执行 ARRAYEDIT 命令提示如下：

☼ 命令：**ARRAYEDIT**↵
选择对象：**任意方法选择对象**↵
选择阵列：**选择某阵列对象**↵

输入选项［源(S)/替换(REP)/基点(B)/行(R)/列(C)/层(L)/重置(RES)/退出(X)］＜退出＞：

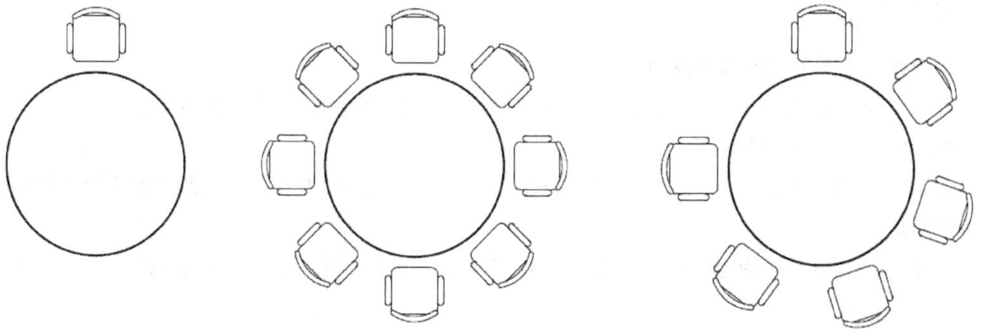

(a) 已知桌和椅　　(b) 8个项目圆周均分　　(c) 6个项目-270°填充

图 5-40　环形阵列参数的影响

结合图 5-36 所示的矩形阵列对各选项说明如下：

- 行(R)/列(C)/层(L)：编辑阵列特性，用夹点编辑更方便。
- 重置(RES)：重新设定编辑参数。
- 基点(B)：重新设定阵列对象的基点，本例中改为左下角点。
- 源(S)：修改所有项目。参见图 5-41，选择该选项后，系统提示“选择阵列中的项目”，选择了任一个项目后，自动出现“阵列编辑”上下文工具面板，并且除被选项目外，其余项目均暗显，如图 5-41(a)所示，表明用户此时可以对项目进行修改。用多功能夹点方法，对选中的项目重塑，改上段直线为圆弧，暗显的所有项目均立即同样改变为如图 5-41(b)所示。修改好后，单击“阵列编辑”面板的保存按钮，退出阵列编辑状态，阵列对象已得到修改如图 5-41(c)所示。

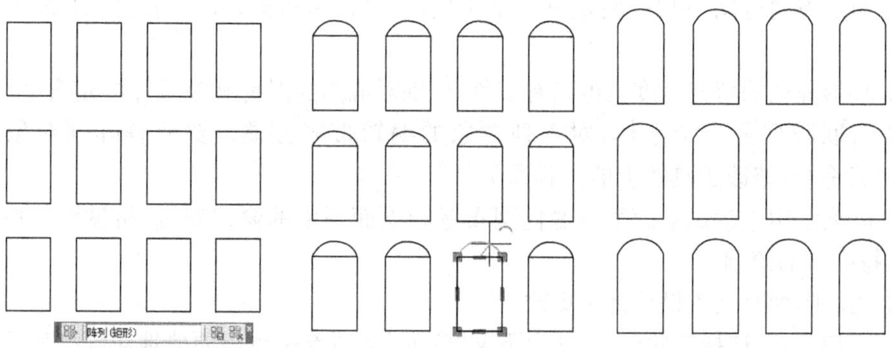

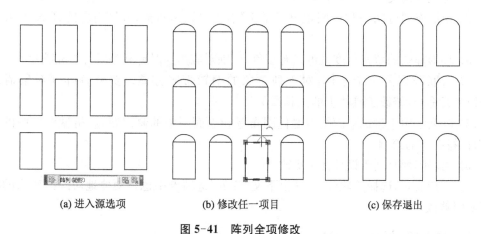

(a) 进入源选项　　(b) 修改任一项目　　(c) 保存退出

图 5-41　阵列全项修改

- 替换(REP)：用新的图源全部替换或部分替换项目。

【例 16】　阵列替换应用。设计更改，在图 5-41(c)的基础上，此图可视为建筑立面图的窗户，现对窗户要进行重新设计成如图 5-42 所示的替换对象。命令流程如下：

☼ 命令：**ARRAYEDIT** ↵
选择阵列：**选择阵列对象**↵
输入选项［源(S)/替换(REP)/基点(B)/行(R)/列(C)/层(L)/重置(RES)/退出(X)］<退出>：**REP** ↵
选择替换对象：**选择替换对象**↵
选择替换对象的基点或［关键点(K)］<质心>：**捕捉替换对象的左下角点**
选择阵列：**选择阵列对象**↵
选择阵列中要替换的项目或［源对象(S)］：**S** ↵**(已全部替换掉，若立即选择项目则为部分替换)**
输入选项［源(S)/替换(REP)/基点(B)/行(R)/列(C)/层(L)/重置(RES)/退出(X)］<退出>：↵

结果如图 5-42 所示。

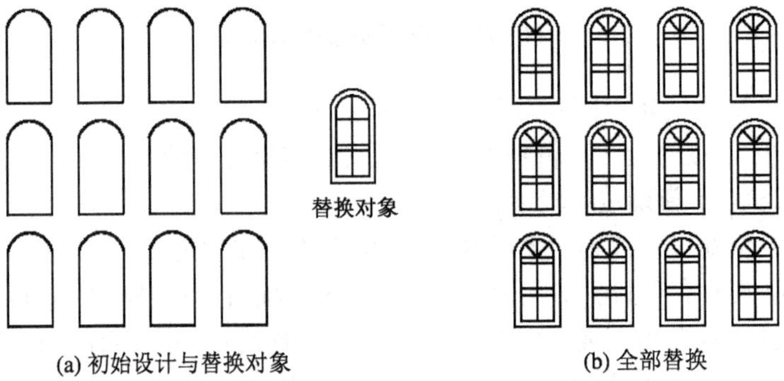

图 5-42　阵列替换

7. 技能与提升

(1) 优先使用夹点方法设置阵列参数。

(2) 矩形阵列行间距和列间距可以是正数，也可以是负数，分别对应阵列 X、Y 方向的正负。

(3) 环形阵列的填充角度也可以有正负，分别对应为逆时针和顺时针填充项目。

(4) 关联阵列是一个整体，对阵列对象的编辑带来方便。要分解阵列对象请使用 EXPLODE 命令(修改工具栏上的工具)。

(5) 阵列常用于建筑平面图中的柱网布置和立面图中的窗户布置，机械图样中的辐射状零件、排孔等的绘制。

(6) 关联阵列有利于设计批量更改。

(7) 在待命时，选择关联阵列，从上下文“阵列”选项卡中也很便捷地对阵列对象的特性进行实时修改。

5.6.4　偏移(等距)OFFSET

OFFSET 命令用于根据指定距离或通过一指定点构造所选对象的等距曲线。可以偏移的对象有：直线、圆和圆弧、椭圆和椭圆弧(形成椭圆形样条曲线)、二维多段线、构造线、射线、样条曲线等。当在内侧偏移时，如果偏移距离过大，将使圆角半径变为 0。

1. 命令访问

① 功能区:“默认”选项卡→“修改”面板→“偏移”工具

② 菜单:修改(M)→偏移(S)

③ 工具:“修改”工具栏→

④ 命令:OFFSET(O)

2. 命令提示

☼ 命令:**OFFSET**↵

指定偏移距离或[通过(T)/删除(E)/图层(L)] <4.0000>:**(4 为上次保留的参数)**

选择要偏移的对象,或[退出(E)/放弃(U)] <退出>:**任意方法选择对象**↵

指定要偏移的那一侧上的点,或[退出(E)/多个(M)/放弃(U)] <退出>:

3. 选项说明

● 指定偏移距离:输入偏移距离,可以键入,也可以鼠标拾取两点之距来定义。

● 通过(T):创建通过指定点的对象。注意在对带角点的多段线偏移时获得最佳效果,请在直线段中点附近(而非角点附近)指定通过点。

● 删除(E):偏移源对象后将其删除。

● 图层(L);确定将偏移对象创建在当前图层上还是源对象所在的图层上。

● 退出(E)、放弃(U):退出 OFFSET 命令和恢复前一个偏移。

● 多个(M):将使用当前偏移距离重复进行偏移操作,并接受附加的通过点。

● OFFSETGAPTYPE 系统变量:用于控制偏移闭合多段线时处理线段之间潜在间隔的闭合方式,参见图 5-43:

➢ OFFSETGAPTYPE=0:通过延伸多段线线段填充间隙。

➢ OFFSETGAPTYPE=1:用圆角弧线段填充间隙(每个弧线段半径等于偏移距离)。

图 5-43 系统变量 OFFSETGAPTYPE 效果

➢ OFFSETGAPTYPE=2:用倒角直线段填充间隙(到每个倒角的垂直距离等于偏移距离)。

4. 操作说明

● 执行该命令时,应首先指定偏移距离,然后选择要偏移对象(每次只能选择一个),指定偏移方向(内侧或外侧),并依次选择其他偏移对象并指定偏移方向。为了使用方便,OFFSET 命令将重复进行,要退出该命令,需按“↵”键。

● 若要平行偏移由多段直线或直线、圆弧构成的图形时,应先用 PEDIT 命令将它们转换为二维多段线,否则偏移后将会产生重叠或间隙。

5. 应用举例

【例 17】 使用“偏移”命令继续如图 5-44(a)所示的绘制,完成直角弯头主视图如图 5-44(b)所示。(读者利用前述知识,也可从头开始绘制,注意要开图层,并设置线型。)

(1) 执行 OFFSET 命令,指定偏移距离 10,将点画线向两侧偏移复制。

(2) 继续执行 OFFSET 命令,指定偏移距离 3,将刚偏移的两个对象向各自的外侧偏移

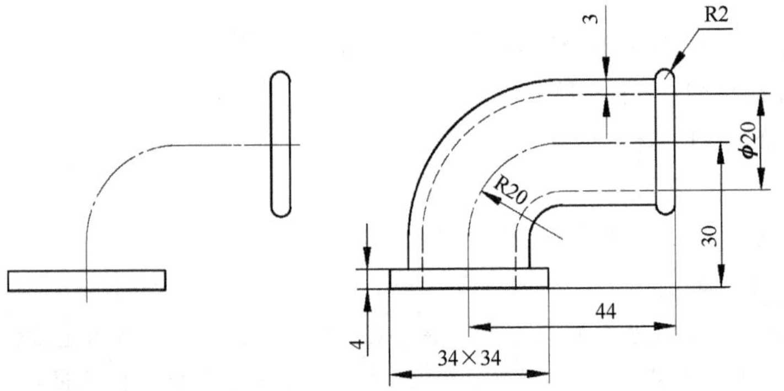

(a) 绘制过程中　　(b) 直角弯头主视图

图 5-44　直角弯头主视图

复制。

(3) 将复制四个对象分别移到虚线图层和粗实线图层。

(4) 用夹点模式或 TRIM 命令修改外轮廓线。

【例 18】 偏移多段线和样条曲线的特例。二维多段线和样条曲线在偏移距离大于可调整的距离时将自动进行修剪，见图 5-45 所示。

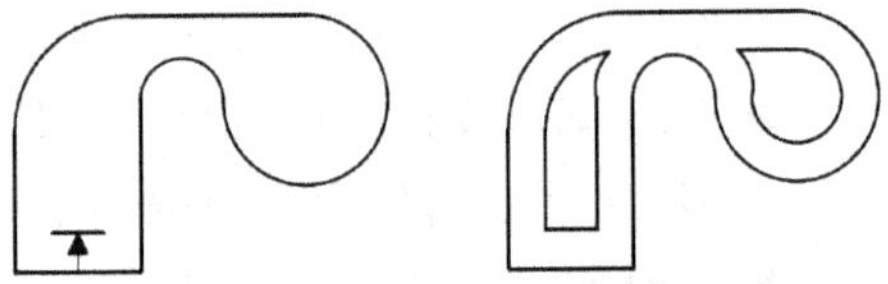

(a) 偏移　　(b) 自动修剪移

图 5-45　偏移特例

6. 技能与提升

(1) OFFSET 命令翻译成"偏移"是不确切的，此命令的几何意义为作已知曲线的等距曲线。所谓等距曲线是指二曲线的法线方向的距离处处相等。由此可以得出直线、圆和渐开线的等距曲线依然是直线、圆和渐开线，而椭圆的等距曲线就不是椭圆了。

(2) 绘图过程中，常常要绘制给定距离的两条平行线，如建筑施工图中的轴网线、机械图中的定位线等，用 OFFSET 命令绘制比较方便。

(3) OFFSET 命令虽然一次只能绘制一条等距曲线，然而可以连续等距，因此这对距离相等的平行线的绘制是极其高效的，为最佳途径。

(4) 等距得到的曲线与源曲线的形状不一定类似。

5.7　图形修整

在 AutoCAD 中绘制图形时，往往不能一次性将目标图形绘制到位，常常需要剪去某段图线、延伸图线到指定目标等修整操作。

5.7.1　修剪 TRIM

TRIM 命令是用指定的一个或多个对象作为边界剪切被修剪对象，使它们精确地终止于剪切边界线。能够被剪切的对象有圆弧、圆、椭圆弧、直线、打开的二维和三维多段线、射线、构造线、多线、样条曲线、文字和图案填充等。

1. 命令访问

① 功能区："默认"选项卡→"修改"面板→"修剪"工具

② 菜单：修改(M)→修剪(T)

③ 工具："修改"工具栏→

④ 命令：TRIM (TR)

2. 命令提示

☼ 命令：**TRIM**↵
当前设置：投影＝＝视图，边＝无
选择剪切边...
选择对象或 ＜全部选择＞：**任意方法选择对象↵ （直接按↵表示所有对象作为剪切边）**
选择要修剪的对象或按住 Shift 键选择要延伸的对象，或者
［栏选(F)/窗交(C)/投影(P)/边(E)/删除(R)］：**P**↵
输入投影选项［无(N)/UCS(U)/视图(V)］＜视图＞：
［栏选(F)/窗交(C)/投影(P)/边(E)/删除(R)/放弃(U)］：**E**↵
输入隐含边延伸模式［延伸(E)/不延伸(N)］＜不延伸＞：

选项说明

● 选择对象或＜全部选择＞：选择一个或多个对象定义剪切边界，或者按"↵"键，选择所有显示的对象作为剪切边界。

● 选择要修剪的对象：指定欲修剪的对象。选择修剪对象提示将会重复，因此可以选择多个修剪对象，直到按"↵"键退出修剪。

● 或按住"Shift"键选择要延伸的对象：延伸选定对象而不是修剪它们。此选项提供了一种在修剪和延伸之间切换的简便方法。

● 栏选(F)：栏选修剪对象。

● 窗交(C)：以交叉窗口方式选择欲修剪的对象。注意某些要修剪的对象的交叉选择不确定，此时 TRIM 将沿着矩形交叉窗口从第一个点以顺时针方向选择首先遇到的对象端为依据。

● 投影(P)：指定修剪对象时使用的投影方式。选择该项后出现输入投影选项的提示。

输入投影选项［无(N)/UCS(U)/视图(V)］＜视图＞：**输入选项**

➤ 无(N)：指定无投影，该选项只能修剪与三维空间中的剪切边相交的对象。

➤ UCS(U)：指定在当前用户坐标系 XOY 平面上的投影(交叉线的重影点)。该选项能修剪不与三维空间中的剪切边相交的对象。

➤ 视图(V)：以当前视图为投影方向，该选项将修剪与当前视图中的边界相交的对象。

● 边(E)：按边的模式修剪，选择该项后，继续提示要求输入隐含边延伸模式。

输入隐含边延伸模式［延伸(E)/不延伸(N)］＜不延伸＞：**(定义隐含边延伸模式)**

➤ 延伸(E)：选择的剪切边界无须与修剪对象相交，剪切边自然延长线与修剪对象的交点可作为剪切点。即当所选的修剪对象与修剪边界的交点在修剪边界的延长线上时，也被修剪。

➢ 不延伸(N)：剪切边和要修剪的对象必须显示相交才可修剪，不与剪切边直接相交的对象不被修剪。

● 删除(R)：删除不需修剪的选中对象。此选项提供了一种用来删除不需要的对象的简便方式，而无须退出 TRIM 命令。

● 放弃(U)：撤销由 TRIM 命令所做的最近一次修改。

3. 操作说明

先选择作为剪切边界线的对象，再选择要被修剪的对象，图线将沿剪切边界线修剪掉选择端。对象既可以作为剪切边，也可以是被修剪的对象。

4. 应用举例

【例 19】 在绘制图 5-32(a)所示的手柄一半图形过程中，会出现如图 5-46(a)所示的图形，现要将其修剪成如图 5-46(d)所示图形。

使用 TRIM 命令即可方便实现，其命令流程如下：

☼ 命令：**TRIM**↵
当前设置：投影==视图，边=无
选择对象或 <全部选择>：**选择图 5-46(b)所示的两小圆 A、B↵ （两小圆 A、B 分别与大圆 C 相切两点 1、2，将大圆 C 分成了两部分）**
[栏选(F)/窗交(C)/投影(P)/边(E)/删除(R)]：**拾取大圆 C 的下方↵ （选择之处为剪去之处）**

同样方法过程，修剪其他多余图线，最终的目标图 5-46(d)，读者可自行完成。

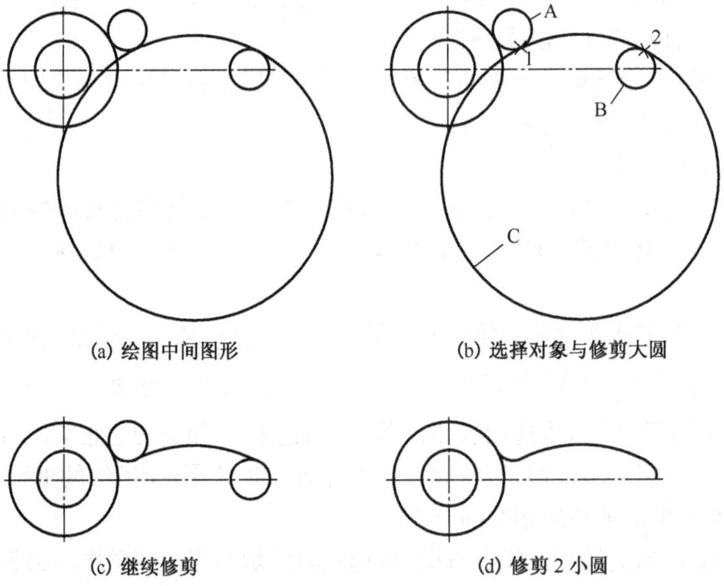

(a) 绘图中间图形　　(b) 选择对象与修剪大圆

(c) 继续修剪　　(d) 修剪 2 小圆

图 5-46 修剪图形

5.7.2 延伸 EXTEND

EXTEND 命令用于在图中延伸现有对象，使其端点精确地落在指定的边界线上。它与

LENGHTHEN 命令不同，EXTEND 命令是将所选对象延伸到指定的边界，不能缩短对象；LENGHTHEN 命令是以正负数值指定拉长的量，且可以拉长也可以缩短。

1. 命令访问

① 功能区："默认"选项卡→"修改"面板→"延伸"工具

② 菜单：修改(M)→延伸(D)

③ 工具："修改"工具栏→

④ 命令：EXTEND(EX)

2. 命令提示

☼ 命令：**EXTEND**↵
当前设置：投影＝视图，边＝无
选择边界的边...
选择对象或 ＜全部选择＞：
选择要延伸的对象，或按住 Shift 键选择要修剪的对象，或
[栏选(F)/窗交(C)/投影(P)/边(E)]：**P**↵
输入投影选项 [无(N)/UCS(U)/视图(V)] ＜UCS＞：
[栏选(F)/窗交(C)/投影(P)/边(E)/放弃(U)]：**E**↵
输入隐含边延伸模式 [延伸(E)/不延伸(N)] ＜不延伸＞：

3. 选项说明

● 选择边界的边...选择对象或＜全部选择＞：选择一个或多个对象，或者按"↵"键选择所有显示的对象来定义对象延伸到的边界。

● 选择要延伸的对象：选择欲延伸的对象。对象的延伸端是离选择点靠近的一端，图线按它顺势方向延伸(直线段沿直线方向，弧线段沿着弧的方向)，与先遇到指定延伸边界线准确相交。如果指定了多个边界，对象延伸到最近的边界，还可以再次选取该对象以延伸到下一个边界。

● 或按住 Shift 键选择要修剪的对象：将选定对象修剪到最近的边界而不是将其延伸。这是在修剪和延伸之间切换的简便方法。

● 栏选(F)/窗交(C)/投影(P)/边(E)：选项与 TRIM 命令相同，不再赘述。

● 放弃(U)：放弃最近由 EXTEND 所做的更改。

4. 操作说明

应先指定延伸边界线，并用"↵"键结束边界选择，再逐个选择要延伸的对象。

5. 应用举例

【例 20】 如图 5-47(a)所示的已有图形，试将两圆弧的两端延伸至直线 AB，并将直线 AB 和 CD 延伸相交。注意本例中直线 AB 和 CD 是不相交的，此时采用隐含延伸方式。

使用 EXTEND 命令即可方便实现，其命令流程如下：

☼ 命令：**EXTEND**↵
当前设置：投影＝视图，边＝无
选择边界的边...**选择直线 AB**
选择对象或 ＜全部选择＞：**选择直线 CD↵(见图 5-47(b))**
[栏选(F)/窗交(C)/投影(P)/边(E)]：**选择圆弧的四个端部**

[栏选(F)/窗交(C)/投影(P)/边(E)/放弃(U)]: **E**↵(**隐含边延伸**)
输入隐含边延伸模式 [延伸(E)/不延伸(N)] <延伸>: ↵
[栏选(F)/窗交(C)/投影(P)/边(E)/放弃(U)]: **选择直线 AB 的右端、直线 CD 的上端(见图 5-47(c),结果见图 5-47(d)。)**

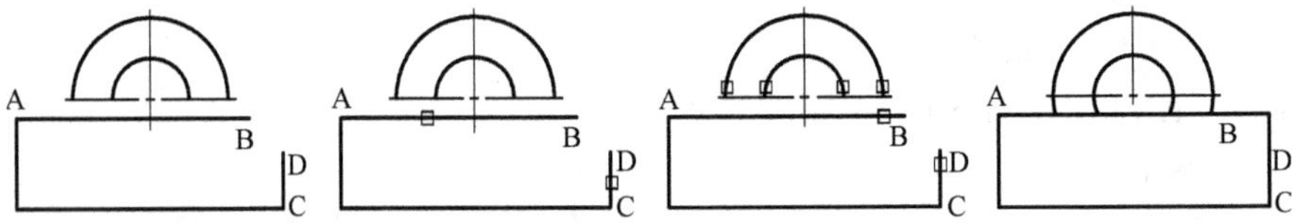

(a) 已有图形　(b) 选择边界　(c) 选择延伸对象　(d) 延伸结果

图 5-47　一般与隐含延伸

6. 技能与提升

对延伸边界未和延伸线相交,可以用隐含延伸,无须再修改延伸边界,给操作带来方便。

5.7.3　光顺(融合)曲线 BLEND

BLEND 命令用于在两条开放曲线之间创建相切或平滑的样条曲线,该样条曲线的形状取决于给定的连续边界条件。

1. 命令访问

① 功能区:"默认"选项卡→"修改"面板→"光顺曲线"工具

② 菜单: 修改(M)→光顺曲线

③ 工具:"修改"工具栏→

④ 命令: BLEND(BL)

⑤

2. 命令提示

☼ 命令: **BLEND**↵
连续性=相切
选择第一个对象或 [连续性(CON)]: **CON**↵
输入连续性 [相切(T)/平滑(S)] <相切>:
选择第一个对象或 [连续性(CON)]:
选择第二个点:

3. 选项说明

● 选择第一个对象: 选择第一条开放曲线。

● 选择第二个点: 选择第二条开放曲线。

● 连续性(CON): 设置连接的边界条件。

● 相切(T): 创建一条三阶样条曲线,在选定对象的端点处切线连续,即存在一阶导数。

● 平滑(S): 创建一条五阶样条曲线,在选定对象的端点处曲率连续,即存在二阶导数。

4. 技能与提升

工程设计中常常需要将已给两条曲线用一条过渡曲线光滑连接起来,以满足产品的功能或造型需要，BLEND 命令很好地解决了这个问题。

5.8 打断、合并和分解

用 AutoCAD 绘制图形时，很多时候需要将对象分离为两段，或反之将多个对象合并为一个对象。

5.8.1 点切断和间隔切断 BREAK

BREAK 命令可以打断直线、多段线、椭圆、样条曲线、构造线和射线。使用该命令可以将对象在指定的两点间的部分删掉，或将一个对象打断成两个具有同一端点的对象。BREAK 命令无法打断块、尺寸标注、多行文字和面域等对象。

对于修剪来说，必须选择边界才能执行命令，但打断不需要设置边界就能够剪断图线。

1. 命令访问

① 功能区："默认"选项卡→"修改"面板→"打断"工具 /"打断于点"工具

② 菜单：修改(M)→打断(K)

③ 工具："修改"工具栏→"打断"工具 /"打断于点"工具

④ 命令：BREAK(BR)

2. 命令提示

☼ 命令：**BREAK**↵
选择对象：
指定第二个打断点 或 [第一点(F)]：

3. 选项说明

● 选择对象：选择欲打断的对象，AutoCAD 默认将选择对象的选择点作为第一切断点，用户也可以通过 F 选项重新指定第一切断点。

● 指定第二个打断点：系统将用选择点作为起点、用指定第二切断点作为终点，删除两点间部分的线段。如果输入@指定第二切断点和第一切断点重合，则对象被打断分成两段而不删除任何一段。

● 第一点(F)：输入 F，重新定义第一切断点。

图 5-48 到图 5-51 展示了各种打断情况和操作步骤。

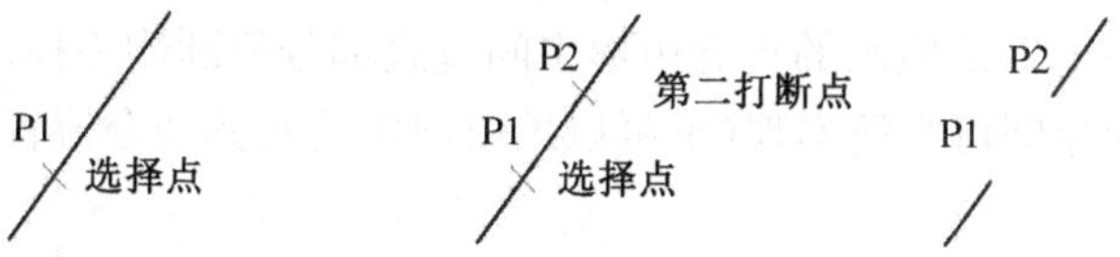

(a) 选择对象　(b) 指定打断点　(c) 结果

图 5-48　擦除中间段

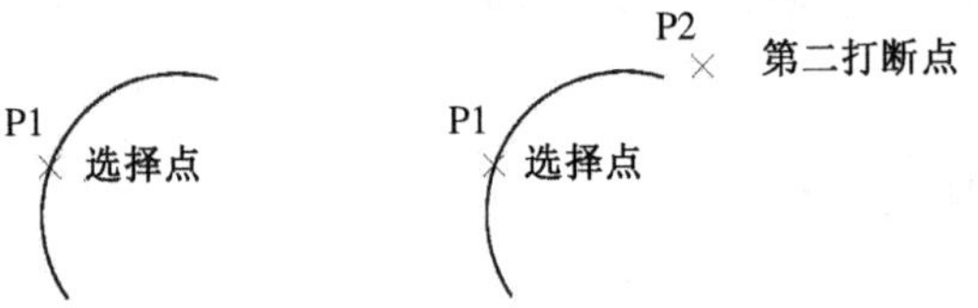

(a) 选择对象　　(b) 指定打断点　　(c) 结果

图 5-49　擦除一端

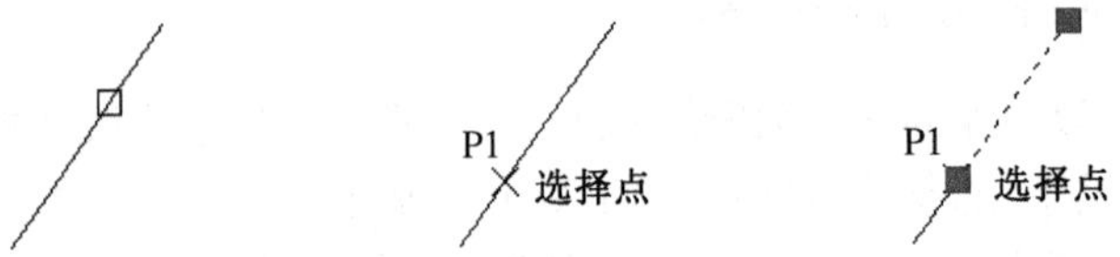

(a) 选择对象　　(b) 指定打断点　　(c) 结果

图 5-50　点打断

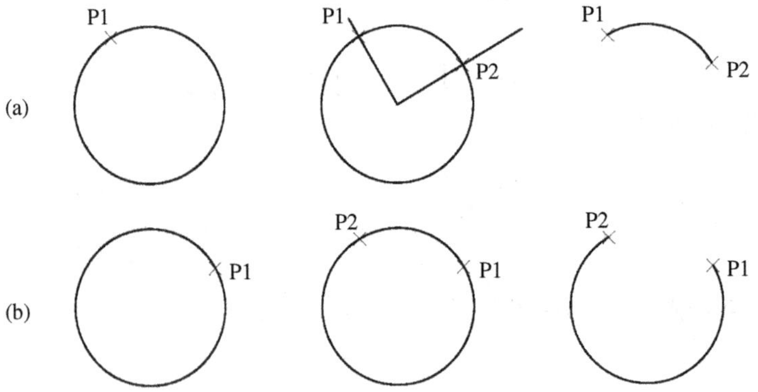

图 5-51　逆时针擦除整圆中间段

4. 操作说明

默认情况下，需要选择切断对象、指定切断的起点（第一切断点）和终点（第二切断点），系统将把两切断点间的断线删除，产生间断。通过选项 F，用户可以重新选择第一切断点。选择不同的断点，可以擦除中间一段、一端，或分成邻接的两段。对于圆和椭圆地打断，AutoCAD 将按逆时针方向删除这些对象上第一切断点到第二切断点之间的部分。

5. 应用举例

【例 21】 将图 5-52(a)所示的正五边形中间直线部分打断删除掉。

使用 BREAK 命令即可方便实现（也可以用修剪实现），其命令流程如下：

☼ 命令：**BREAK**↵

命令：_break 选择对象：**选择直线对象（如图 5-52(a)所示）**

指定第二个打断点 或 [第一点(F)]：**F**↵**（重新设置第一打断点）**

指定第一个打断点：**捕捉交点 P1**

指定第二个打断点：**捕捉交点 P2**

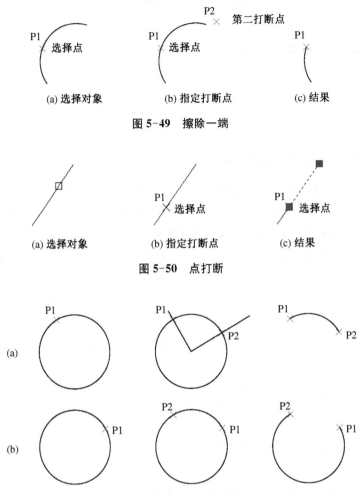

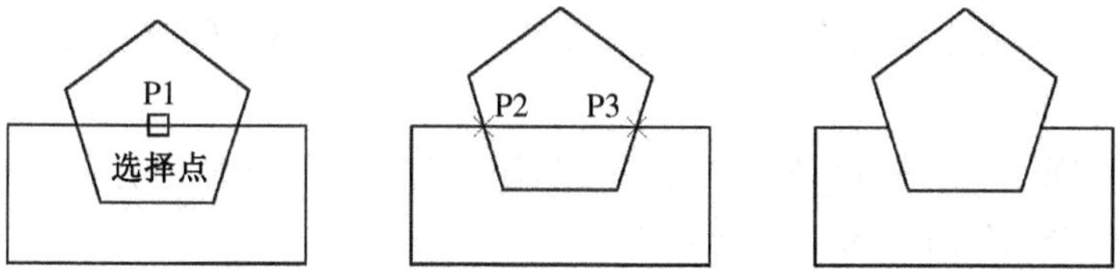

(a)选择对象　(b)指定第一、第二打断点　(c)打断结果

图5-52　用BREAK命令打断图线

5.8.2　合并JOIN

JOIN命令可以将多段线、直线、圆弧、椭圆弧和样条曲线等独立的线段合并为一个实体对象，该命令能够将空间位置的线段连接成空间样条曲线。

1. 命令访问

① 功能区："默认"选项卡→"修改"面板→"合并"工具

② 菜单：修改(M)→合并(J)

③ 工具："修改"工具栏→

④ 命令：JOIN(J)

2. 命令提示

☼ 命令：**JOIN**↵
选择对象或要一次合并的多个对象：
选择要合并的对象：

3. 操作说明

● 直线对象必须共线(位于同一无限长的直线上)，但是它们之间可以有间隙。

● 多段线对象之间不能有间隙，并且必须位于与UCS的XOY平面平行的同一平面上。

● 圆弧对象必须位于同一假想的圆上，但是它们之间可以有间隙。"闭合"选项可将源圆弧转换成圆。合并两条或多条圆弧时，将从源对象开始按逆时针方向合并圆弧。

● 样条曲线对象必须位于同一平面内，并且必须首尾相邻(端点到端点放置)。

5.8.3　分解EXPLODE和XPLODE

1. EXPLODE命令

EXPLODE命令用于分解多段线、关联阵列、图块、尺寸等复合对象为它们的构成对象。分解后形状不会发生变化，各部分可以独立进行编辑和修改。尺寸标注具有块的特性，EXPLODE可以把尺寸标注分解为各个组成部分(直线、弧线、箭头和文字)。

EXPLODE命令访问的四种途径：

① 功能区："默认"选项卡→"修改"面板→"分解"工具

② 菜单：修改(M)→分解(X)

③ 工具："修改"工具栏→

④ 命令：EXPLODE

2. XPLODE 命令

该命令同样可以分解大部分对象(填充图案例外),同时还可以改变对象的特性。

3. 技能与提升

(1) EXPLODE 每次只分离同组中的一级,需要时可再用该命令打散下一级。

(2) 用 MINSERT 插入的块不能分解。

(3) 分解带有属性的块时,属性值以属性标记代替。

(4) 分解多段线时,沿中心线分解,代替它的直线和弧线等图形对象放在相同层,并具有和多段线一样的颜色和线型,但丢失了宽度和切线信息。

(5) 特别注意,该命令与其他命令不同,它是不可逆的,特别是对于图案填充、尺寸标注、三维实体等要谨慎使用或者不用。

5.9 倒角与圆角

在绘制工程图样时,经常需要对图形的某些部分进行倒角或圆角处理。在 AutoCAD 中可快速对图形中的角进行倒角和圆角处理。

5.9.1 倒角 CHAMFER

CHAMFER 命令是用指定的倒角距离对两直线、多段线、构造线、射线和三维实体边进行倒角。并用直线连接两个倒角对象,使它们以平角或倒角相接。

1. 命令访问

① 功能区:"默认"选项卡→"修改"面板→"倒角"工具

② 菜单:修改(M)→倒角(C)

③ 工具:"修改"工具栏→

④ 命令:CHAMFER(CHA)

2. 命令提示

☼ 命令:**CHAMFER**↵

("修剪"模式)当前倒角距离 1=0.0000,距离 2=0.0000

选择第一条直线或 [放弃(U)/多段线(P)/距离(D)/角度(A)/修剪(T)/方式(E)/多个(M)]:

选择第二条直线,或按住 Shift 键选择直线以应用角点或 [距离(D)/角度(A)/方法(M)]:

3. 选项说明

● "修剪"模式:缺省情况下,对象在倒角时被修剪。受系统变量 TRIMMODE 控制:TRIMMODE=1,则 CHAMFER 会将相交的直线修剪至倒角直线的端点,如果选定的直线不相交,CHAMFER 将延伸或修剪这些直线,使它们相交;TRIMMODE=0,则创建倒角而不修剪选定的直线。

● 选择第一条直线:默认选项,指定第一倒角边。

● 选择第二条直线:选择第二倒角边后,即按设定的方式和值创建倒角。如果选定对象是二维多段线的直线段，它们必须相邻或只能用一条线段分开。如果它们被另一条多段线分开，执行 CHAMFER 将删除分开它们的线段并代之以倒角。

● 多段线(P)：对多段线一次性倒角，在每个多段线顶点被倒角，倒角成为多段线的新线段。AutoCAD 顺序将所选多段线的各段作为“第一倒角边”、尾随的直线段作为“第二倒角边”进行倒角，并用倒角代替多段线中的圆弧。如果多段线包含的线段过短以至于无法容纳倒角距离时，则不对这些线段倒角。对于闭合多段线，当到达最后一条线段时，最初的第一线段就被当成“第二倒角边”进行倒角。

● 距离(D)：通过定义距离进行倒角，不妨称为距离法。

➢ 以两倒角边交点到倒角顶点的距离定义倒角。从两线交点到第一、第二倒角边上倒角顶点的距离，分别称为第一、第二倒角距离，如图 5-53(a)所示。

➢ 所设定的倒角距离在再次设定之前保持有效。输入零倒角距离，可以将不平行的两直线，延伸相交或修剪相交。

➢ 选择对象时若按住【SHIFT】键，则用 0 值替代当前的倒角距离。

● 角度(A)：通过定义角度和距离进行倒角，不妨称为角度法。

➢ 角度为倒角线与第一倒角边的夹角；距离为原角点沿第一倒角边到倒角顶点的距离，如图 5-53(b)所示。

➢ 倒角的距离和角度设定后，在再次设定之前保持有效。

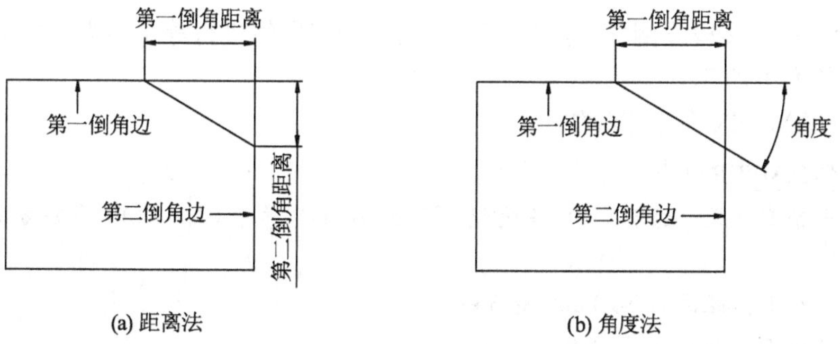

图 5-53　倒角的定义方法

● 修剪(T)：指定修剪或不修剪方式切换。

● 方式(E)：距离法和角度法切换。

● 多个(M)：使用此选项可以对多组对象倒角而无须结束命令。

4. 应用举例

【例 22】 将图 5-54(a)所示的右上角进行等距距离为 8 的倒角。

使用 CHAMFER 命令即可方便实现，其命令流程如下：

☼ 命令：**CHAMFER**↵

选择第一条直线或［放弃(U)/多段线(P)/距离(D)/角度(A)/修剪(T)/方式(E)/多个(M)］：**D**↵

指定第一个倒角距离 <0.0000>：**8**↵

指定第二个倒角距离 <8.0000>：↵

选择第一条直线或［放弃(U)/多段线(P)/距离(D)/角度(A)/修剪(T)/方式(E)/多个(M)]：**选择上直线**

选择第二条直线，或按住 Shift 键选择要应用角点的直线：**选择右直线**

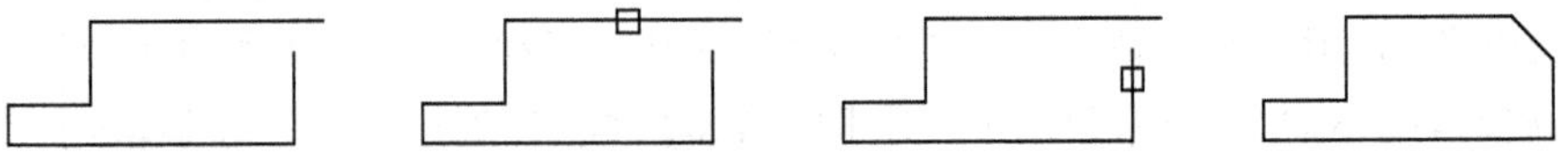

(a) 原始图形　(b) 选定第一倒角边　(c) 选定第二倒角边　(b) 倒角结果

图 5-54　一般倒角

【例 23】　零距离倒角。

可以将两倒角距离设置为 0，对两对象进行倒角，此时被倒角的两对象将以拾取处为依据自动相交成角，如图 5-55 所示。

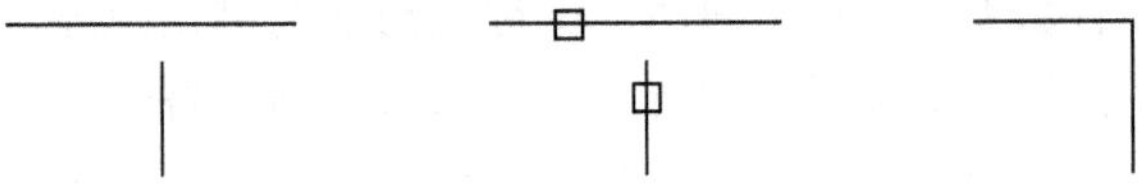

(a) 原始图形　(b) 选择对象　(c) 0距离倒角

图 5-55　零距离倒角

【例 24】　关于多段线倒角，将图 5-56(a)所示的多段线进行等距离为 5 的倒角，图中有一些线段的长度小于 5。

执行 CHAMFER 命令流程如下：

☼ 命令：**CHAMFER**↵

选择第一条直线或［放弃(U)/多段线(P)/距离(D)/角度(A)/修剪(T)/方式(E)/多个(M)]：**D**↵

指定第一个倒角距离 <0.0000>：**5**↵

指定第二个倒角距离 <5.0000>：↵

选择第一条直线或［放弃(U)/多段线(P)/距离(D)/角度(A)/修剪(T)/方式(E)/多个(M)]：**P**↵

选择二维多段线：**选择多段线**

4 条直线已被倒角 10 条太短

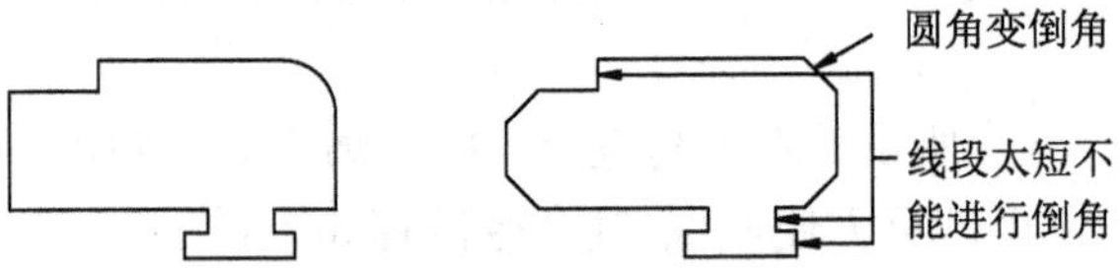

(a) 原始图形　(b) 倒角结果

图 5-56　多段线倒角

如果多段线被弧线段间隔，倒角时将删除此弧并用倒角线替换它，但多段线必须相邻或仅隔一个弧线段。

对整条多段线进行倒角时，每个交点都被倒角，当多段线线段太短时不能进行倒角。

5. 技能与提升

(1) 妨碍 AutoCAD 对整个多段线倒角的因素，都将被统计并显示出来。

(2) 倒角后，倒角线成为多段线的新线段，不能用零倒角距离废除多段线的倒角线。

(3) 对通过直线段定义的图案填充边界进行倒角会删除图案填充的关联性。如果图案填充边界是由多段线定义的，则倒角后将保留关联性。再次表明 PLINE 命令绘制直线的优越性。

(4) 如果要被倒角的两个对象都在同一图层，则倒角线将位于该图层，否则倒角线将位于当前图层上，这会影响到对象的特性(颜色和线型等)。

5.9.2 圆角 FILLET

FILLET 命令是用指定半径的圆弧光滑连接相交两直线、弧或者圆，还可以对多段线的各个顶点一次性倒圆角。在"修剪"方式下(系统变量 TRIMODE＝1)，将自动调整原来的线段、弧的长度，使它们正好与指定半径的圆弧相切。

1. 命令访问

① 功能区："默认"选项卡→"修改"面板→"圆角"工具

② 菜单：修改(M)→圆角(F)

③ 工具："修改"工具栏→

④ 命令：FILLET(FI)

2. 命令提示

☼ 命令：**FILLET**↵

当前设置：模式＝修剪，半径＝0.0000

选择第一个对象或［放弃(U)/多段线(P)/半径(R)/修剪(T)/多个(M)］：

选择第二个对象，或按住 Shift 键选择要应用角点的对象或［半径(R)］：

3. 选项说明

- 当前设置：模式＝修剪：提示当前倒角模式。
- 选择第一个对象：默认选项，指定倒圆角的第一个边。
- 选择第二个对象：指定倒圆角的第二个边。
- 多段线(P)：对多段线一次性倒圆角。多段线中原有的圆弧段被倒角圆弧代替，如果不想用倒角圆弧代替原来的圆弧段，就不要使用多段线倒圆角方式，而要在每个需要倒圆角处分别选择多段线的两线段。
- 半径(R)：指定倒圆半径，此半径在重新指定前一直保持有效。若指定倒圆半径为 0，则将不相交线段延长相交或修剪相交。选择对象时，也可以按住【SHIFT】键，以便使用 0 值替代当前圆角半径。
- 修剪(T)：用于设置修剪方式，意义同 CHAMFER 命令。
- 多个(M)：给多个对象集加圆角。FILLET 将重复显示主提示和"选择第二个对象"提示，直到用户按"↵"键结束该命令。

4. 应用举例

【例 25】 两种模式的相交两直线的圆角，参见图 5-57。

执行 FILLET 命令流程如下：

☼ 命令：**FILLET**↵
当前设置：模式＝修剪，半径＝0.0000**(修剪方式)**
选择第一个对象或［放弃(U)/多段线(P)/半径(R)/修剪(T)/多个(M)］：**R**↵**(设置半径)**
指定圆角半径 <0.0000>：**8**↵
选择第一个对象或［放弃(U)/多段线(P)/半径(R)/修剪(T)/多个(M)］：**选择一直线**
选择第二个对象，或按住 Shift 键选择要应用角点的对象或［半径(R)］：**选择另一直线(结果如图 5-57(b)所示)**
命令：↵**(重复圆角命令)**
选择第一个对象或［放弃(U)/多段线(P)/半径(R)/修剪(T)/多个(M)］：**T**↵**(设置修剪模式)**
输入修剪模式选项［修剪(T)/不修剪(N)］<修剪>：**N**↵**(非修剪方式)**
选择第一个对象或［放弃(U)/多段线(P)/半径(R)/修剪(T)/多个(M)］：**选择一直线**
选择第二个对象，或按住 Shift 键选择要应用角点的对象或［半径(R)］：**选择另一直线(结果如图 5-57(c)所示)**

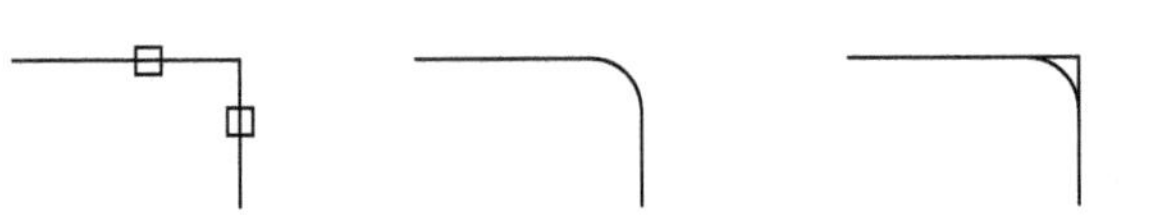

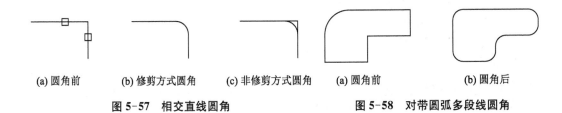

(a) 圆角前　(b) 修剪方式圆角　(c) 非修剪方式圆角

图 5-57　相交直线圆角

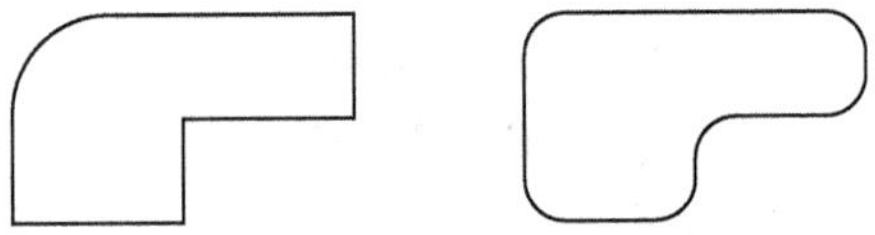

(a) 圆角前　(b) 圆角后

图 5-58　对带圆弧多段线圆角

【例 26】 闭合多段线圆角，参见图 5-58。

执行 FILLET 命令流程如下：

☼ 命令：**FILLET**↵
选择第一个对象或［放弃(U)/多段线(P)/半径(R)/修剪(T)/多个(M)］：**R**↵
指定圆角半径 <0.0000>：**6**↵
选择第一个对象或［放弃(U)/多段线(P)/半径(R)/修剪(T)/多个(M)］：**P**↵
选择二维多段线或［半径(R)］：**选择多段线**
6 条直线已被圆角**(结果如图 5-58(b)所示)**

5. 技能与提升

(1) 可以为平行直线(LINE)、参照线和射线圆角，AutoCAD 将临时调整当前圆角半径以创建与两个对象相切且位于两个对象的共有平面上的圆弧。但第一个选定对象必须是直线或射线(不能为多段线)，第二个对象可以是直线、构造线或射线。

(2) 如果两直线段之间有一段弧线，倒圆时，这段弧线被设定的倒角圆弧所代替。

用圆角连接线段、弧、圆时 AutoCAD 往往要对线段、弧进行延伸或修剪。选择点的位置不同，将会产生不同的效果，如图 5-59 所示。

(3) 若倒圆的半径为 0，可废除多段线的圆角。

(4) 如果试图对两平行线倒圆角，AutoCAD 将以第一条线的端点为起点画一个半圆连

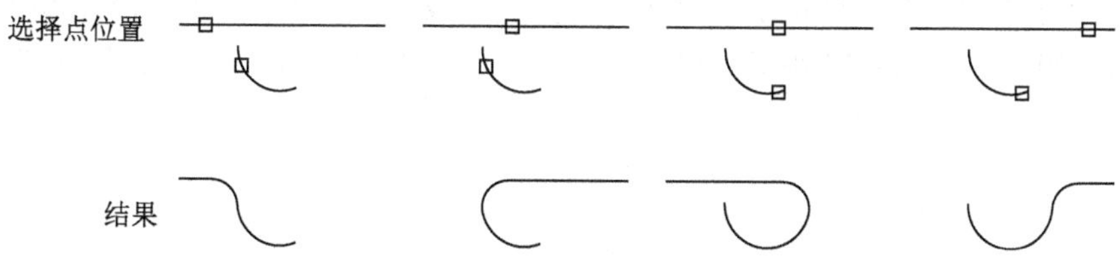

图 5-59　不同选择点的位置对结果的影响

接两直线，如图 5-60 所示。如果两直线的端点不平齐，并且处于修剪方式时，第二条线的端点将被修剪或延伸。

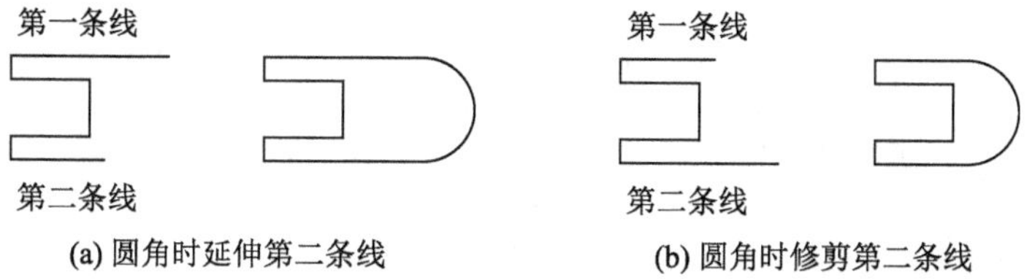

图 5-60　平行线倒圆角

(5) 对由 LINE 命令绘制的直线定义的图案填充边界进行圆角会删除图案填充的关联性。如果图案填充边界是通过多段线定义的，将保留关联性。

(6) 如果要进行圆角的两个对象位于同一图层上，那么将在该图层创建圆角弧，否则将在当前图层创建圆角弧。这会影响到对象的特性(颜色和线型等)。

5.10　编辑对象特性

对象特性包含基本特性和几何特性。对象的基本特性包括对象的图层、颜色、线型、线宽、透明度和打印样式等，适用于绝大多数对象；对象的几何特性包括对象的几何尺寸和空间位置坐标。用户可以直接在“特性”选项板设置和修改对象的某些特性。

“特性”选项板会列出选定对象的特性，当选择多个对象时，将显示他们的共有特性。用户可以修改单个对象的特性，也可以快速修改多个对象的共有特性。

5.10.1　特性 PROPERTIES

1. 命令访问

① 功能区：“视图”选项卡→“选项板”面板→“特性”工具

② 菜单：修改(M)→特性(P)

③ 工具：“标准”工具栏→

④ 命令：DDMODIFY 或 PROPERTIES

⑤ 快捷键：【Ctrl】+1

2. 操作说明

执行“特性”命令，系统展开“特性”选项板，参见图 5-61 所示为选择一个圆的特性信息，如果设置了快捷特性，系统会自动跳出“快捷特性”面板。使用他们可以浏览、修改对象的特性。通过在“特性”选项板或“快捷特性”面板中修改圆的面积为 1 000 后，则圆的尺寸已经改变。

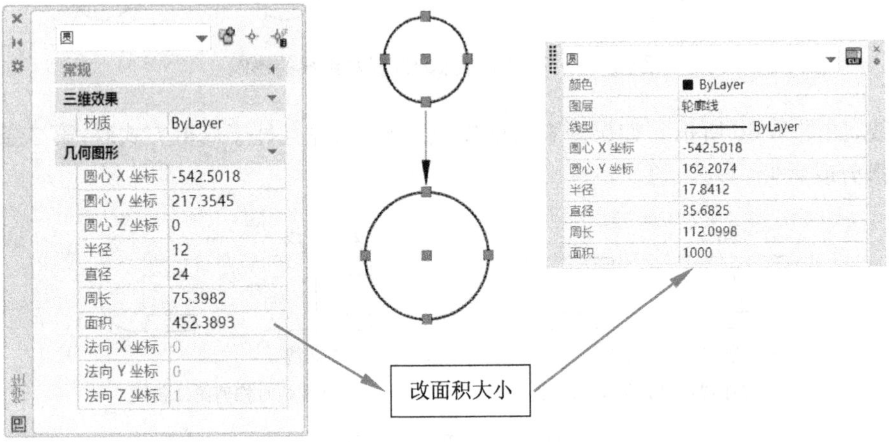

图 5-61　“特性”工具板和“快捷特性”面板

5.10.2　特性匹配 MATCHPROP

MATCHPROP 命令将选定对象的特性应用于其他对象，这就是通常所说的格式刷。

1. 命令访问

① 功能区：“默认”选项卡→“特性”面板→“特性匹配”工具

② 菜单：修改(M)→特性匹配(M)

③ 工具：“标准”工具栏→

④ 命令：MATCHPROP

2. 命令提示

命令：MATCHPROP↵
选择源对象：
选择目标对象或［设置(S)］：

3. 选项说明

● 选择源对象：选择一个特性要被匹配的对象。

● 选择目标对象：选择要匹配的对象。

● 设置(S)：打开特性设置对话框，从中选择要匹配的特性参数，如图 5-62 所示。

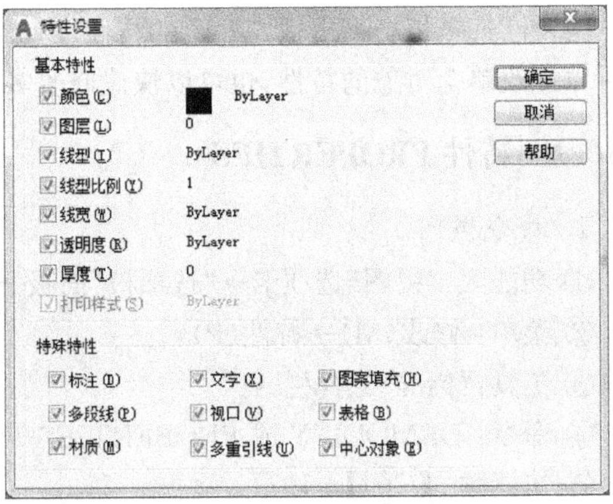

图 5-62　特性设置对话框

5.11 绘图举例

AutoCAD 2020 提供强大的作图功能，可以先建立三维模型，然后在视口中投影成视图，再加上各种标注，在布局中组织输出；也可以只在二维空间建立二维图形（也为模型），可以进行标注，在布局中组织输出。本节根据所学知识，通过实例介绍如何应用 AutoCAD 2020 绘制平面图形。

用 AutoCAD 可以实现精确、高效绘图。要做到精确，就要充分利用它所提供的各种精确作图功能，保证图形数据的精确、几何关系的准确。要做到高效，首先应该分析所绘图形的特点，将构成图形的各个组成部分分类组织，为使用复制功能创造条件，力求修改方便，重复利用率高；其次要熟练掌握各工具的功能及其特点，灵活加以运用；最好结合作图需要和个人习惯选用命令。

5.11.1 几何连接

1. 实例图形

绘制如图 5-63 所示机床挂轮架的平面图形，不标注尺寸。

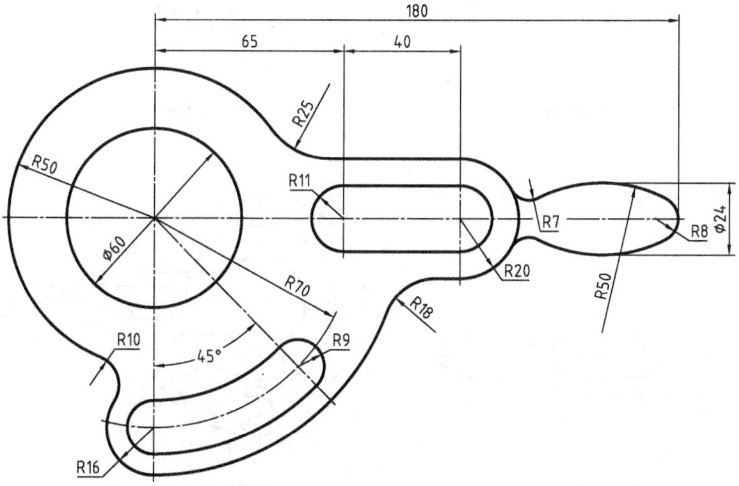

图 5-63 挂轮架几何连接

2. 图形分析

通过对图形和尺寸的分析可知，图中 R50 圆弧是中间线段，R25、R10、R18、R7 圆弧是连接线段；挂轮架右部的手柄上下对称，R50 圆弧为迴转轮廓线，迴转体直径是 φ24。

3. 绘图过程

(1) 绘制定位中心线、已知圆弧的定心线和 R50 圆弧的切线，如图 5-64(a)所示。

(2) 先绘制右部的手柄，绘制 R8、R50、R20、两个 R11 圆弧，以及四条水平线，如图 5-64(b)所示。

(3) 绘制手柄部分的连接圆弧 R7，如图 5-64(c)所示。

(4) 修剪图线,完成手柄上半部分图形,如图 5-64(d)所示。

(5) 用 MIRROR 命令完成手柄下半部分图形,如图 5-64(e)所示。

(6) 绘制挂轮架左部各已知圆弧,如图 5-64(f)所示。

(7) 绘制 R25、R10、R18 连接圆弧,如图 5-64(g)所示。

(8) 修剪图线,完成图形轮廓绘制,如图 5-64(h)所示。

(9) 延伸点画线超出图形 2 mm。

图中文字及编号仅作绘图说明之用,不在绘图之列。

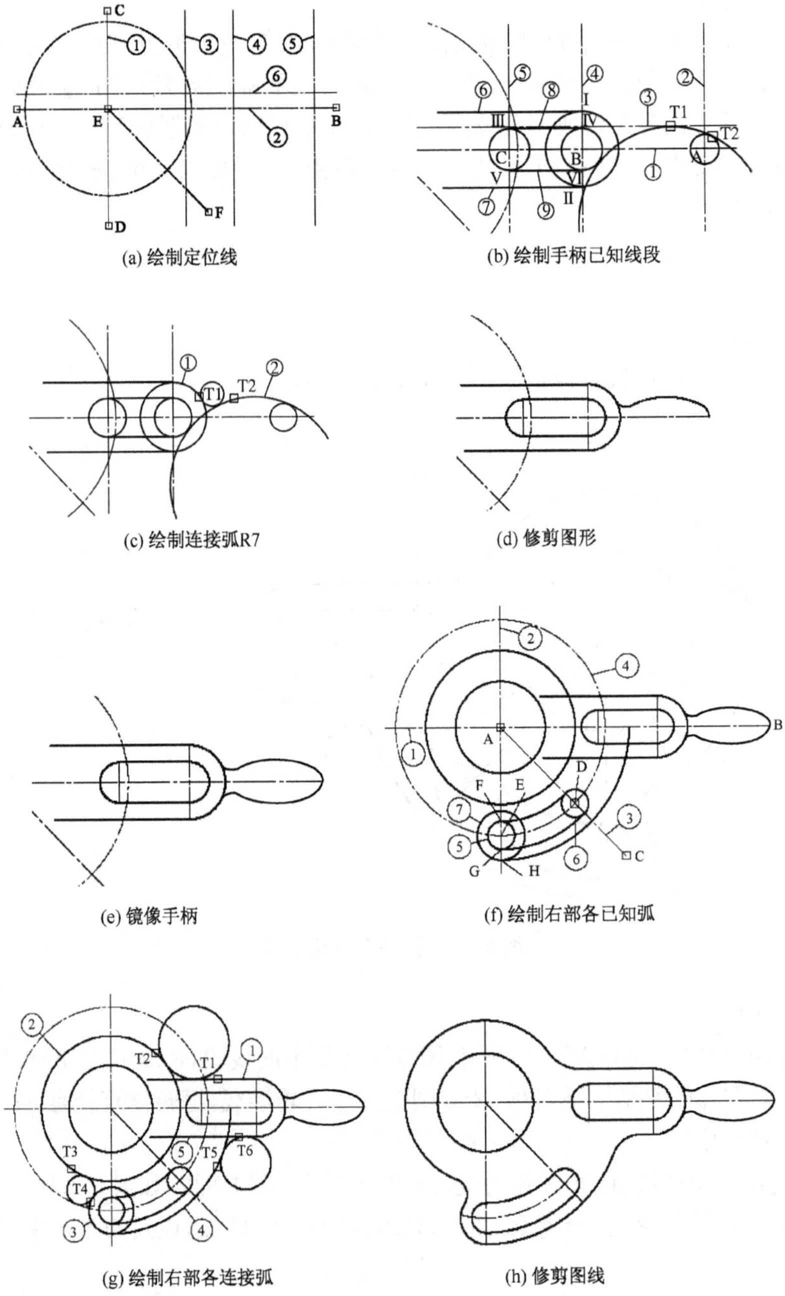
(a) 绘制定位线
(b) 绘制手柄已知线段
(c) 绘制连接弧R7
(d) 修剪图形
(e) 镜像手柄
(f) 绘制右部各已知弧
(g) 绘制右部各连接弧
(h) 修剪图线

图 5-64　绘图过程

4. 命令流程

为简洁起见，流程中去掉了与本图绘制不太相关的提示信息，希望读者按绘图过程，对照书中的流程，仔细阅读你的电脑中的提示信息，体会绘图状态。

☼ **设置三个图层，并把它们分别命名为“中心线”“轮廓线”和“尺寸线”，同时将三种性质的图线绘制在对应的图层中。**

过程(1)，绘制图5-64(a)所示的定位中心线。

☼ 将“中心线”图层置为当前层。

☼ 命令：**LIMITS↵(图幅设置)**

指定左下角点或[开(ON)/关(OFF)]<0.0000,0.0000>：↵

指定右上角点<420.0000,297.0000>：**297,210↵(A4图幅)**

☼ 命令：**ZOOM↵(显示控制命令)**

[全部(A)/中心(C)/动态(D)/范围(E)/上一个(P)/比例(S)/窗口(W)/对象(O)]<实时>：**A↵**

☼ 命令：**PLINE↵(作水平点画线)**

指定起点：**在适当位置拾取一点A**

指定下一个点或[圆弧(A)/半宽(H)/长度(L)/放弃(U)/宽度(W)]：**在适当位置拾取一点B**

指定下一点或[圆弧(A)/闭合(C)/半宽(H)/长度(L)/放弃(U)/宽度(W)]：↵

☼ 命令：**↵(重复画线，作垂直点画线)**

指定起点：**在适当位置拾取一点C**

指定下一个点或[圆弧(A)/半宽(H)/长度(L)/放弃(U)/宽度(W)]：**在适当位置拾取一点D**

指定下一点或[圆弧(A)/闭合(C)/半宽(H)/长度(L)/放弃(U)/宽度(W)]：↵

☼ 命令：**↵(重复画线，作45°点画线)**

指定起点：**捕捉交点E**

指定下一个点或[圆弧(A)/半宽(H)/长度(L)/放弃(U)/宽度(W)]：**在适当位置拾取一点F**

指定下一点或[圆弧(A)/闭合(C)/半宽(H)/长度(L)/放弃(U)/宽度(W)]：↵

☼ 命令：**CIRCLE↵(作定位圆)**

指定圆的圆心或[三点(3P)/两点(2P)/相切、相切、半径(T)]：**捕捉交点E**

指定圆的半径或[直径(D)]<7.7090>：**70↵**

☼ 命令：**OFFSET↵(作直线③)**

指定偏移距离或[通过(T)/删除(E)/图层(L)]<180.0000>：**65↵**

选择要偏移的对象，或[退出(E)/放弃(U)]<退出>：**选择直线①**

指定要偏移的那一侧上的点，或[退出(E)/多个(M)/放弃(U)]<退出>：**在右侧任意拾取一点↵**

☼ 命令：**↵(重复等距复制，作直线④)**

指定偏移距离或[通过(T)/删除(E)/图层(L)]<65.0000>：**40↵**

选择要偏移的对象，或［退出(E)/放弃(U)］<退出>：**选择直线③**

指定要偏移的那一侧上的点，或［退出(E)/多个(M)/放弃(U)］<退出>：**在右侧任意拾取一点↵**

☼ 命令：**↵(作直线⑤⑥，R8 的定心线)**

指定偏移距离或［通过(T)/删除(E)/图层(L)］<40.0000>：**172↵**

选择要偏移的对象，或［退出(E)/放弃(U)］<退出>：**选择直线①**

指定要偏移的那一侧上的点，或［退出(E)/多个(M)/放弃(U)］<退出>：**在右侧任意拾取一点**

☼ 命令：**↵(作直线⑥⑦，R50 的切线)**

指定偏移距离或［通过(T)/删除(E)/图层(L)］<172.0000>：**12↵**

选择要偏移的对象，或［退出(E)/放弃(U)］<退出>：**选择直线②**

指定要偏移的那一侧上的点，或［退出(E)/多个(M)/放弃(U)］<退出>：**在上方任意拾取一点↵**

过程(2)，绘制图 5-64(b)所示的手柄部分的已知线段。

☼ **转换图层，将“轮廓线”图层置为当前层，将手柄部分放大显示。**

☼ 命令：**C↵(作手柄右端 R8 的圆)**

CIRCLE 指定圆的圆心或［三点(3P)/两点(2P)/相切、相切、半径(T)］：**捕捉直线①、②交点 A**

指定圆的半径或［直径(D)］<70.0000>：**8↵**

☼ 命令：**↵(作中间弧 R50 的圆)**

CIRCLE 指定圆的圆心或［三点(3P)/两点(2P)/相切、相切、半径(T)］：**T↵**

指定对象与圆的第一个切点：**在直线③靠右侧拾取点 T1**

指定对象与圆的第二个切点：**在圆 R8 右上方拾取点 T2**

指定圆的半径 <8.0000>：**50↵**

☼ 命令：**↵(作已知弧 R20 的圆)**

CIRCLE 指定圆的圆心或［三点(3P)/两点(2P)/相切、相切、半径(T)］：**捕捉直线①、④交点 B**

指定圆的半径或［直径(D)］<50.0000>：**20↵**

☼ 命令：**↵(作已知弧 R20 的圆)**

CIRCLE 指定圆的圆心或［三点(3P)/两点(2P)/相切、相切、半径(T)］：**@↵(同心圆 R11 的圆)**

指定圆的半径或［直径(D)］<20.0000>：**11↵**

☼ 命令：**↵(作左侧已知弧 R11 的圆)**

CIRCLE 指定圆的圆心或［三点(3P)/两点(2P)/相切、相切、半径(T)］：**捕捉直线①、⑤交点 C**

指定圆的半径或［直径(D)］<11.0000>：**↵(延用已存半径)**

☼ 命令：**PLINE↵(作水平线⑥)**

指定起点：**捕捉圆 R20 与直线④上交点 I**

指定下一个点或[圆弧(A)/半宽(H)/长度(L)/放弃(U)/宽度(W)]：**向右作适当长度的水平线↵**

☼ 命令：**↵(作水平线⑦)**

指定起点：**捕捉圆 R20 与直线⑤下交点Ⅱ**

指定下一个点或[圆弧(A)/半宽(H)/长度(L)/放弃(U)/宽度(W)]：**向右作适当长度的水平线↵**

☼ 命令：**↵(作水平线⑧)**

指定起点：**捕捉左圆 R11 与直线⑤的交点Ⅲ**

指定下一个点或[圆弧(A)/半宽(H)/长度(L)/放弃(U)/宽度(W)]：**捕捉右圆 R11 与直线④的交点Ⅳ↵**

☼ 命令：**↵(作水平线⑨)**

指定起点：**捕捉左圆 R11 与直线⑤下交点Ⅴ**

指定下一个点或[圆弧(A)/半宽(H)/长度(L)/放弃(U)/宽度(W)]：**捕捉右圆 R11 与直线④下交点Ⅵ↵**

☼ 命令：**ERASE↵(删除辅助线②、③)**

选择对象：**选择辅助线②、③↵**

过程(3)，绘制图 5-64(c)所示的手柄部分的连接圆弧 R7。

☼ 命令：**C↵(作连接圆弧 R7 的圆)**

指定圆的圆心或[三点(3P)/两点(2P)/相切、相切、半径(T)]：**T↵**

指定对象与圆的第一个切点：**在 R20 圆①的右上区拾取点 T1**

指定对象与圆的第二个切点：**在 R50 圆②的上区拾取点 T2**

指定圆的半径<11.0000>：**7↵**

过程(4)，修剪多余图线，修剪过程请参见 5.7.1 节例 19，同时修剪掉点画线，修剪结果请参照图 5-64(d)。

过程(5)，镜像手柄复制出下一半，镜像过程请参见 5.6.2 节例 14，镜像结果请参照图 5-64(e)。

过程(6)，回到图形初始显示状态，绘图过程请参照图 5-64(f)。

☼ 命令：**C↵(作 φ60 中心圆)**

指定圆的圆心或[三点(3P)/两点(2P)/相切、相切、半径(T)]：**捕捉直线①、②的交点 A**

指定圆的半径<7.0000>：30↵

☼ 命令：**↵(作大弧 R50 的圆)**

CIRCLE 指定圆的圆心或[三点(3P)/两点(2P)/相切、相切、半径(T)]：**捕捉交点 A**

指定圆的半径或[直径(D)]<30.0000>：**50↵**

☼ 命令：**↵(作右下侧弧 R9 的圆)**

CIRCLE 指定圆的圆心或[三点(3P)/两点(2P)/相切、相切、半径(T)]：**捕捉③、④的交点 D**

指定圆的半径或[直径(D)]<50.0000>：**9↵**

☼ 命令：**↵(作左下侧弧 R9 的圆)**

CIRCLE 指定圆的圆心或[三点(3P)/两点(2P)/相切、相切、半径(T)]：**捕捉②、④的交点 E**

指定圆的半径或［直径(D)］<9.0000>：↵

☼ 命令：↵**(作弧 R16 的圆)**

CIRCLE 指定圆的圆心或［三点(3P)/两点(2P)/相切、相切、半径(T)］：**捕捉②、④的交点 E**

指定圆的半径或［直径(D)］<9.0000>：**16**↵

☼ 命令：**ARC**↵**(作内槽内弧)**

指定圆弧的起点或［圆心(C)］：**C**↵**(指定弧心方法画弧)**

指定圆弧的圆心：**捕捉交点 A**

指定圆弧的起点：**捕捉②、⑤的交点 F**

指定圆弧的端点或［角度(A)/弦长(L)］：**捕捉直线③的下端点 C**

☼ 命令：↵**(作内槽外弧)**

ARC 指定圆弧的起点或［圆心(C)］：**C**↵

指定圆弧的圆心：**捕捉交点 A**

指定圆弧的起点：**捕捉②、⑤的交点 G**

指定圆弧的端点或［角度(A)/弦长(L)］：**捕捉直线③的下端点 C**

☼ 命令：↵**(作大外弧)**

ARC 指定圆弧的起点或［圆心(C)］：**C**↵

指定圆弧的圆心：**捕捉交点 A**

指定圆弧的起点：**捕捉②、⑦的交点 H**

指定圆弧的端点或［角度(A)/弦长(L)］：**捕捉直线①的右端点 B**

过程(7)，绘制 R25、R10、R18 连接圆弧，绘图过程请参照图 5-64(g)。

☼ 命令：**C**↵**(作连接弧 R25 的圆)**

指定圆的圆心或［三点(3P)/两点(2P)/相切、相切、半径(T)］：**T**↵

指定对象与圆的第一个切点：**在直线①上拾取切 T1**

指定对象与圆的第二个切点：**在圆②上拾取切 T2**

指定圆的半径 <16.0000>：**25**↵

☼ 命令：↵**(作连接弧 R10 的圆)**

CIRCLE 指定圆的圆心或［三点(3P)/两点(2P)/相切、相切、半径(T)］：**T**↵

指定对象与圆的第一个切点：**在圆②上拾取切 T3**

指定对象与圆的第二个切点：**在圆③上拾取切 T4**

指定圆的半径 <25.0000>：**10**↵

☼ 命令：↵**(作连接弧 R18 的圆)**

CIRCLE 指定圆的圆心或［三点(3P)/两点(2P)/相切、相切、半径(T)］：**T**↵

指定对象与圆的第一个切点：**在圆④上拾取切 T5**

指定对象与圆的第二个切点：**在直线⑤上拾取切 T6**

指定圆的半径 <10.0000>：**18**↵

过程(8)，修剪图线，完成图形轮廓绘制，修剪目标如图 5-64(h)所示，含对点画线的修剪。下面仅以修剪连接圆弧 R25 为例，其余图线的修剪，读者可自行完成。

☼ 命令：**TRIM**↵(修剪过程参见图 5-65)

选择剪切边... **选择直线①、圆②**↵

[栏选(F)/窗交(C)/投影(P)/边(E)/删除(R)]：**选择 R25 的圆**↵

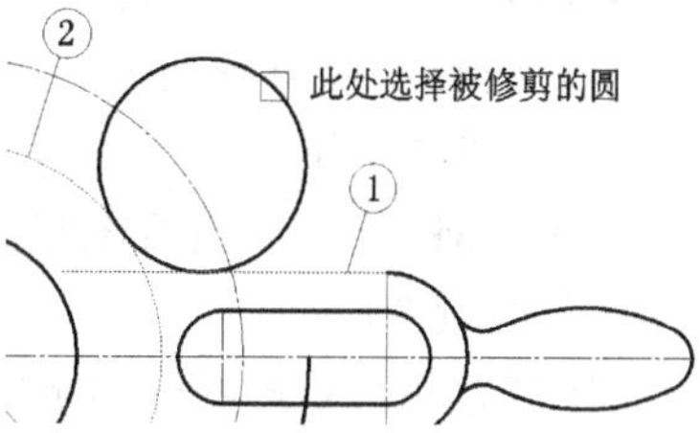

图 5-65　修剪圆弧 R25

过程(9)，延伸点画线超出图形 2 mm。

使用 LENGTHEN 命令中的增量(DE)选项，即可很方便地实现，过程略。

5.11.2　建筑平面图

建筑平面图一般沿建筑门、窗洞位置作水平剖切并移去上面部分后，向下投影所形成的全剖面图。主要表示建筑物的平面形状和大小、房间布局、门窗位置、楼梯和走道安排、墙体厚度及承重构件的尺寸等。现绘制图如 5-66 所示的某住宅的一层平面图。

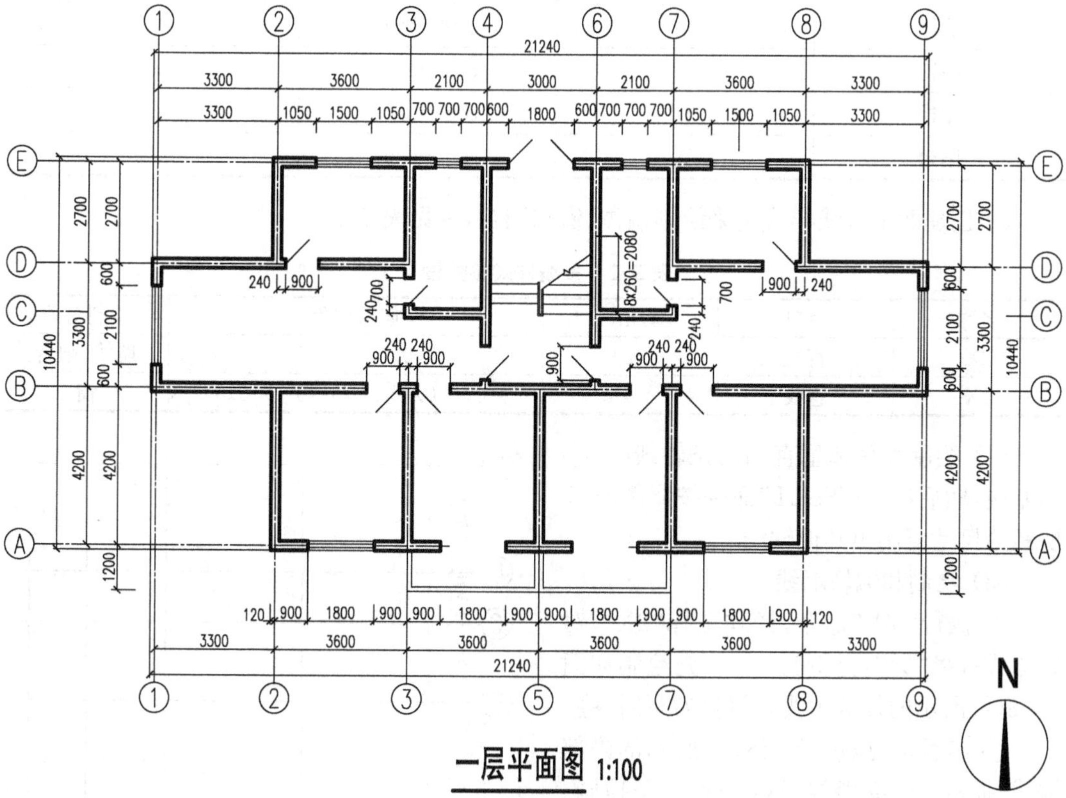

图 5-66　建筑平面图

鉴于命令流程很长，对该例只给出绘图思路及关键步骤，本例不注尺寸。

1. 图形分析

该建筑平面图左右对称，因此绘制好一半(左)，然后镜像另一半(右)。任何图形总是先绘制定位线，本例为轴线，接着用多线绘制墙线并用多线编辑命令编辑墙线；然后用修剪命令剪开窗洞、门洞；继续用多线绘制窗线和阳台线；绘制其他图线后，全部镜像。

2. 关键步骤与说明

(1) 基本设置

① LIMITS 命令设置图限面积为 20 000×28 000；全屏显示图限区。

② 开设图层。

图层是用户管理图样的重要工具，尤其是对建筑图样更为突出。绘图时应考虑图样需要有哪些图层以及按什么规则进行划分。如果图层划分较为合理且给予了明确的命名，则会使图形信息清晰有序，为以后的图样管理与项目合作带来便利。建筑施工图，通常根据组成建筑物的结构元素划分图层，一般有“轴线”“柱网”“墙体”“门窗”“楼梯”“阳台”“标注”和“文字”等等。各层的线宽请参见表 2-2。本例图层的具体特性参数见表 5-1。

表 5-1　图层及其特性参数

名称	颜色	线型	线宽
轴线	红	center	0.18
墙体	白	continuous	0.7
门窗	蓝	continuous	0.35
楼梯	青	continuous	0.35
阳台	青	continuous	0.35

③ 创建两个多线样式用来绘制墙体、窗和阳台，参见表 5-2。

表 5-2　多线样式参数设置

名称	封口	图元数	偏移比例	绘制对象
2X	直线	2	0.5　−0.5	墙体、阳台
4X	直线	4	0.5　0.16　−0.16　−0.5	窗

(2) 绘制水平和垂直的两条轴线Ⓐ、①为基线，然后用“OFFSET”命令按照图5-67所示的尺寸复制出其他轴线。

(3) 绘制和编辑墙线

① 执行“ML”命令，样式选择“2X”，对正方式选择“无”，比例为 240。先绘制如图 5-68(a)所示的外墙主线，尽可能路径长些。

② 然后绘制如图 5-68(b)所示的内部墙线，提示：内部墙线最好一条一条地画，不要连续画成折线，否则不利于多线编辑。

③ 编辑墙线。执行“MLEDIT”命令，选择“T 形合并”，编辑结果如图 5-69(c)所示。

(4) 修剪门洞和窗洞。先确定他们的边界线，然后修剪掉多线及轴线。

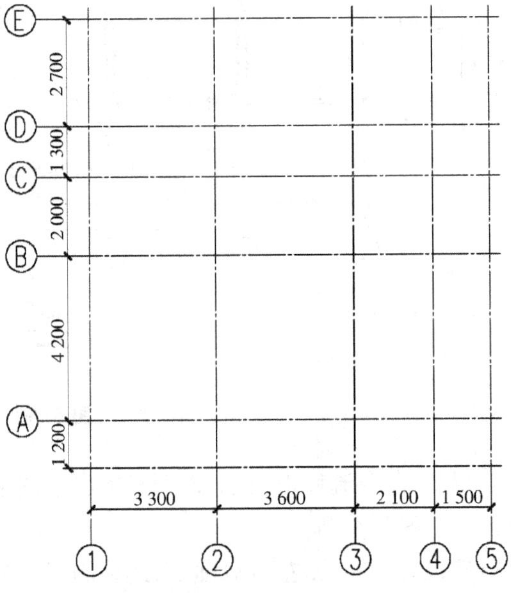

图 5-67　绘制轴线

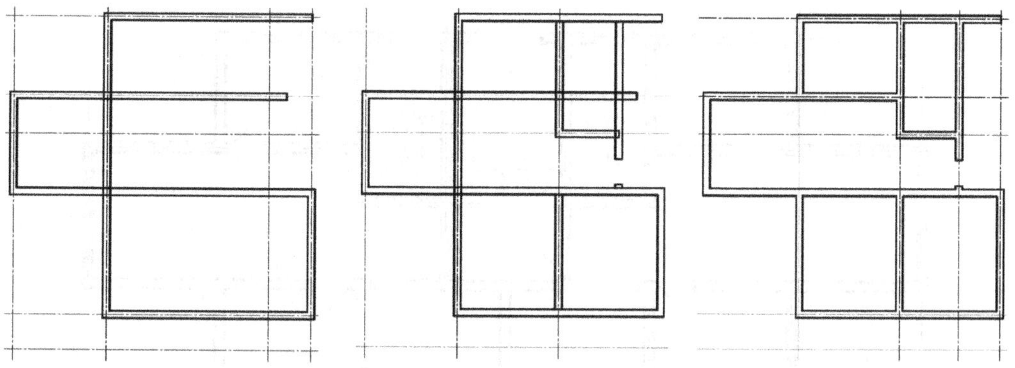

(a) 外墙主线　　(b) 内墙线　　(c) 编辑墙线

图 5-68　所绘制墙线

① 按如图 5-69(a)所示的尺寸,执行“OFFSET”命令,得到一窗的修剪边界线,其余门和窗采用相同方法得到各自的修剪边界。

② 执行“TRIM”命令,选择那些等距出的线为修剪边界,剪掉墙线和轴线,如图 5-69(b)所示。

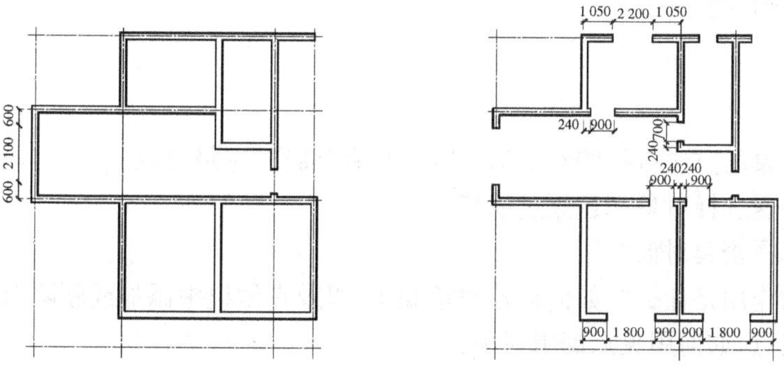

(a) 修剪边界　　(b) 开门洞和窗洞

图 5-69　修剪门洞和窗洞

(5) 绘制窗线、阳台和门,如图 5-70 所示。

① 绘制窗线。执行“ML”命令,样式选择“4X”,对正方式选择“无”,比例为 240。

② 绘制阳台。执行“ML”命令,样式选择“2X”,对正方式选择“下”,比例为 120。

③ 绘制门。用中粗线绘制门开启示意线。

(6) 完成全图。镜像另一半,绘制楼梯,如图 5-71 所示。指北针、图名等通常在布局空间(见第 12 章)中绘制。

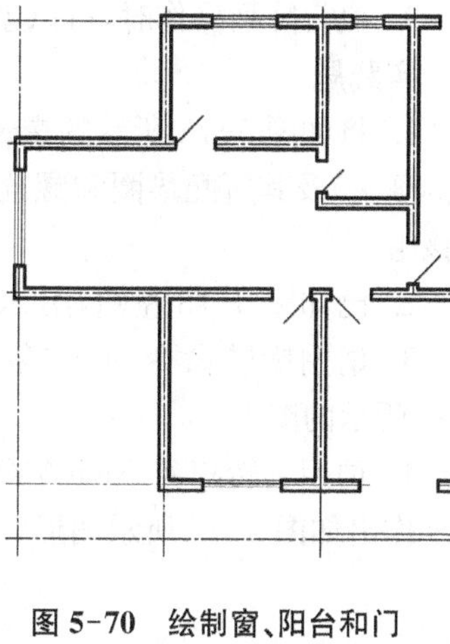

图 5-70　绘制窗、阳台和门

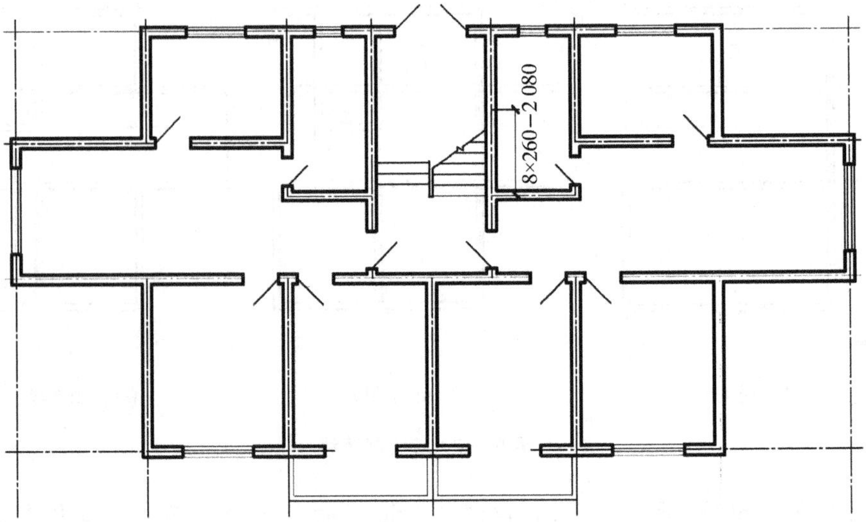

图 5-71 镜像

5.12 思考与实践

思考题

1. 选择对象的方法有哪些？如何用“窗口”和“窗交”选择对象？
2. 如何快速选择对象和建立过滤集？
3. 如何选择密集对象？
4. 编组的作用是什么？如何创建对象编组，以及在编组中添加或删除对象？
5. 何为夹点，如何用夹点编辑对象？
6. 利用夹点可以执行哪些操作？
7. 在 AutoCAD 2020 中，根据一个图形，生成若干个与该图形形状相同的命令有哪些？
8. “延伸”“拉长”和“拉伸”命令有些类似，但有区别，请简述它们的区别。
9. 执行阵列操作时，可以创建哪三种阵列？应分别进行哪些参数设置？

实践题

1. 将如图 5-72 所示的螺母 M6（参考机械制图教材的近似比例画法）及其所配垫圈和螺栓头部编组，并于右侧点画线处复制该组。

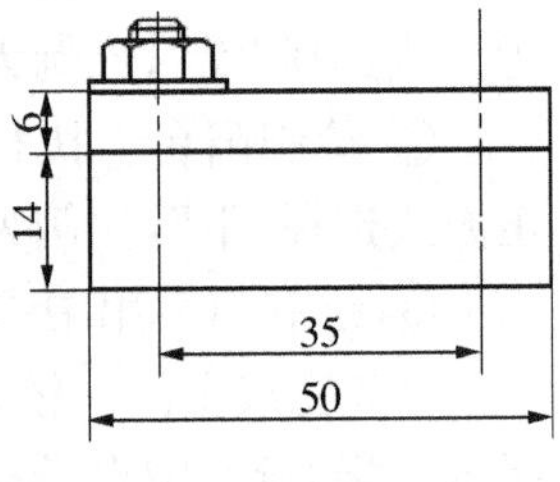

图 5-72 编组复制

2. 已知图 5-73 左图，用 SCALE 命令编辑成右图。

3. 请用旋转命令中的“复制”选项、修剪等命令作出如图 5-74 所示的图形。

4. 请用旋转阵列 ARRAYPOLAR 命令和参照缩放 SCALE 命令作出如图 5-75 所示图形。

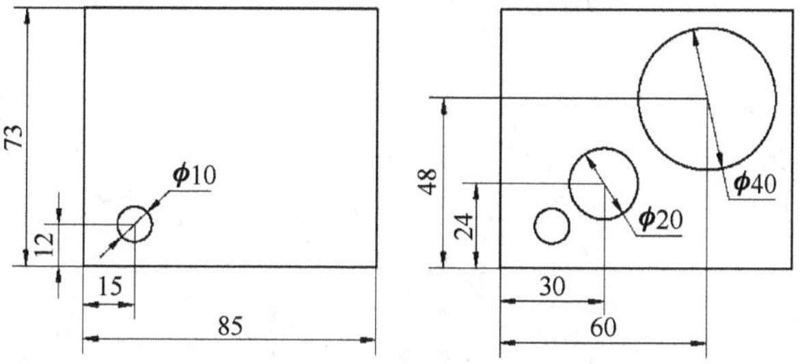

图 5-73　SCALE 命令编辑图形

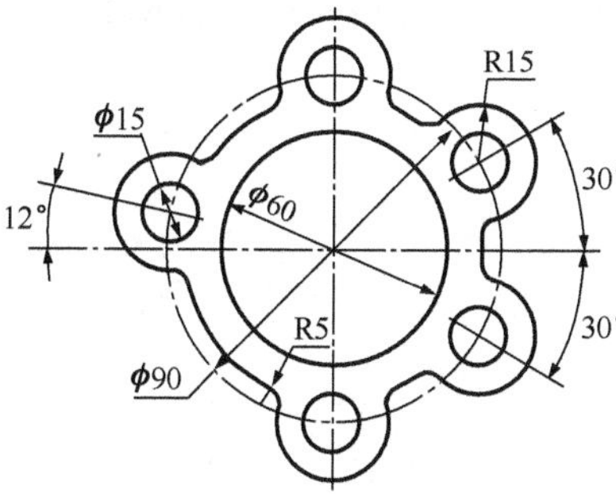

图 5-74　用旋转命令编辑图形

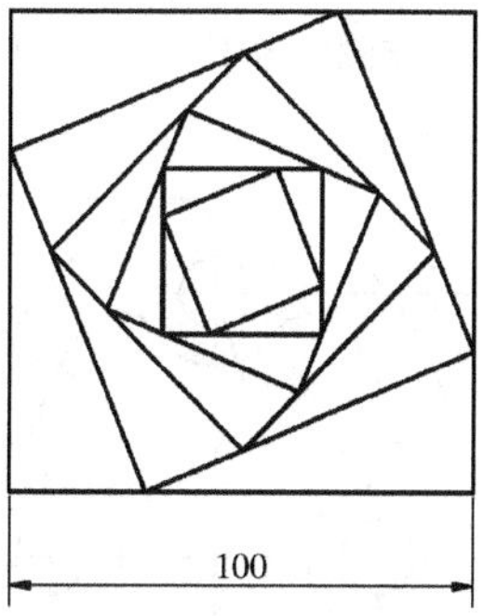

图 5-75　用阵列和缩放编辑图形

5. 绘制如图 5-76 所示的图形，均布实心矩形和实心小圆先用等分命令绘制。然后将它们删除，再用曲线阵列的方法绘制，并且通过阵列替换编辑将实心矩形和实心小圆对换。

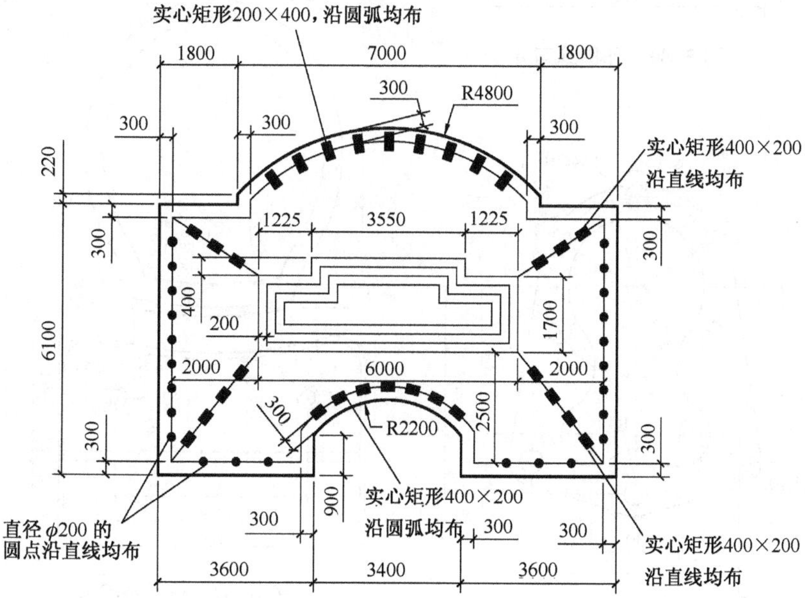

图 5-76　曲线阵列和等分

6. 作出如图 5-77～图 5-85 所示的图形，需分析图中尺寸，明确线段性质。

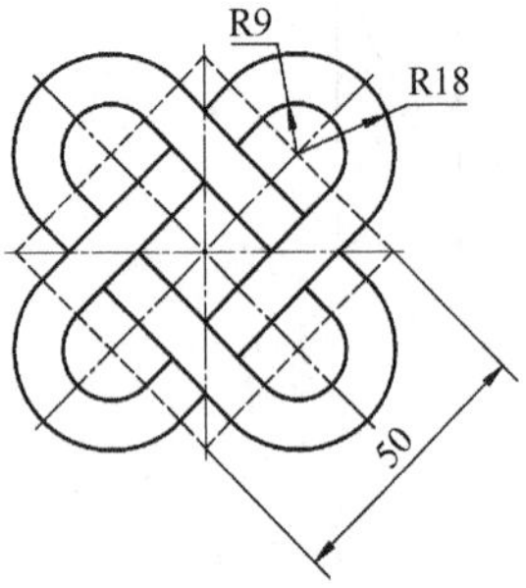

图 5-77　作图练习 1

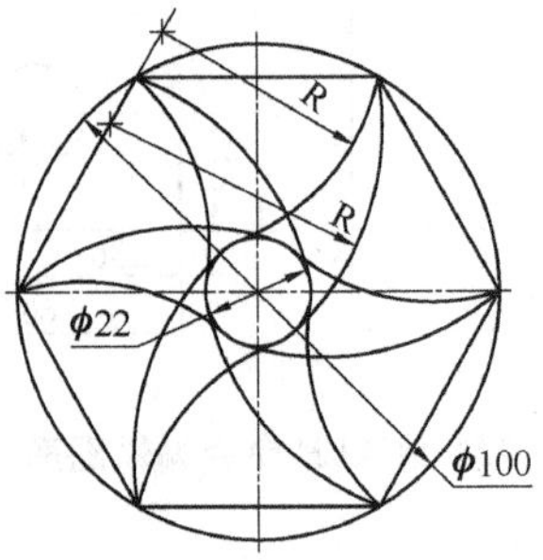

图 5-78　作图练习 2

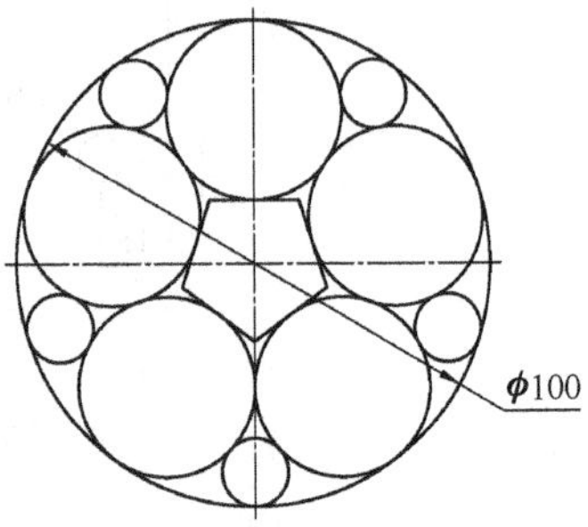

图 5-79　作图练习 3

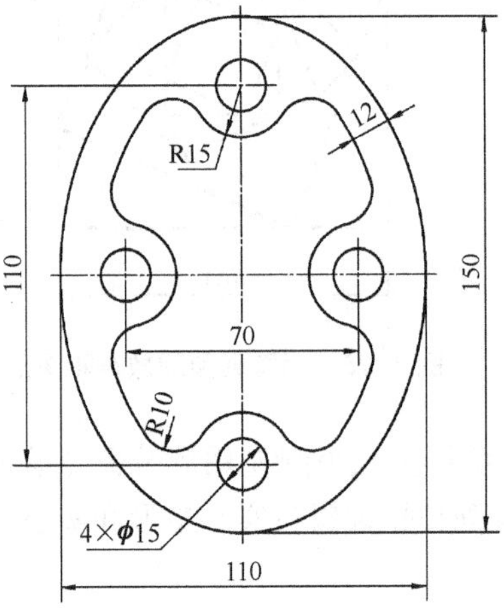

图 5-80　作图练习 4

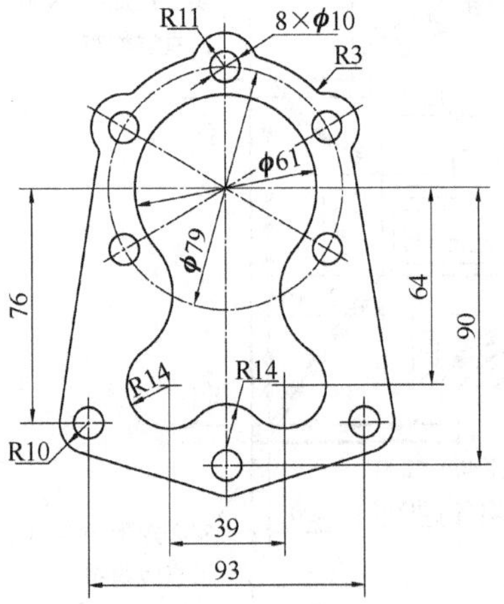

图 5-81　作图练习 5

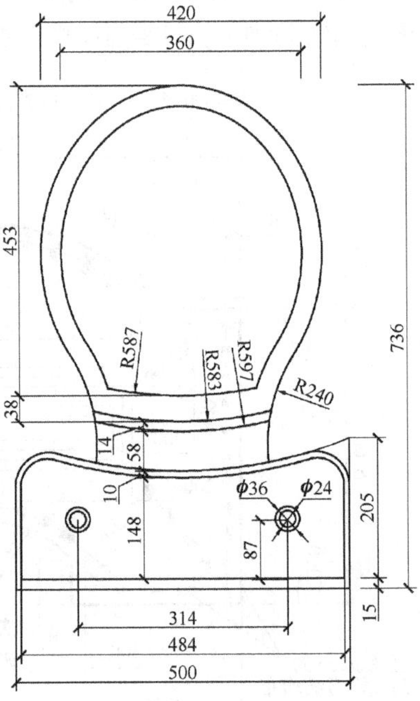

图 5-82　作图练习 6

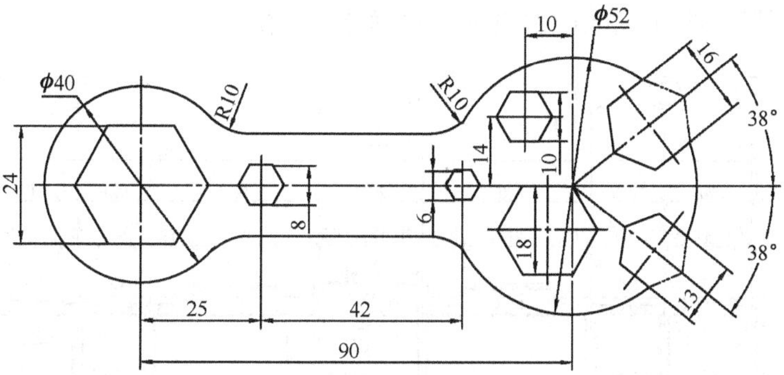

图 5-83 作图练习 7

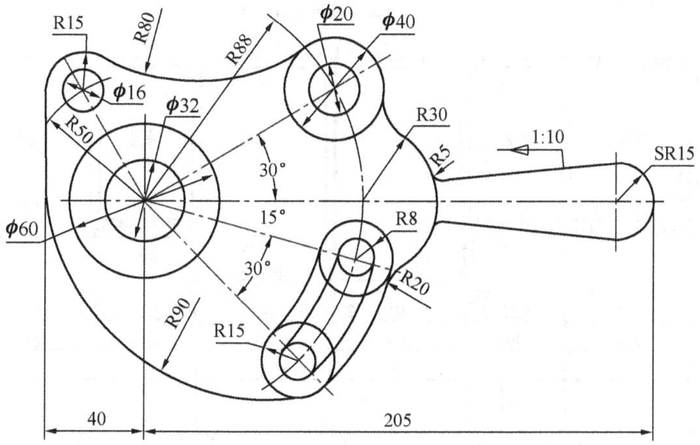

图 5-84 作图练习 8

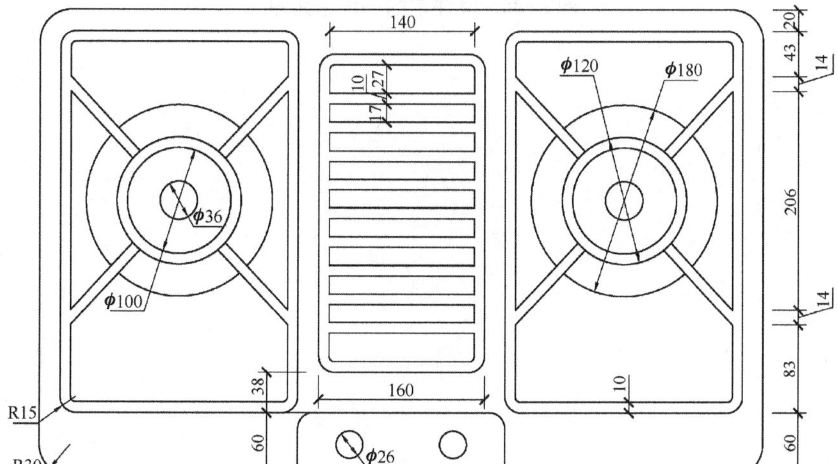

图 5-85 作图练习 9

7. 绘制如图 5-86 所示的某住宅的一层平面图,不注尺寸。

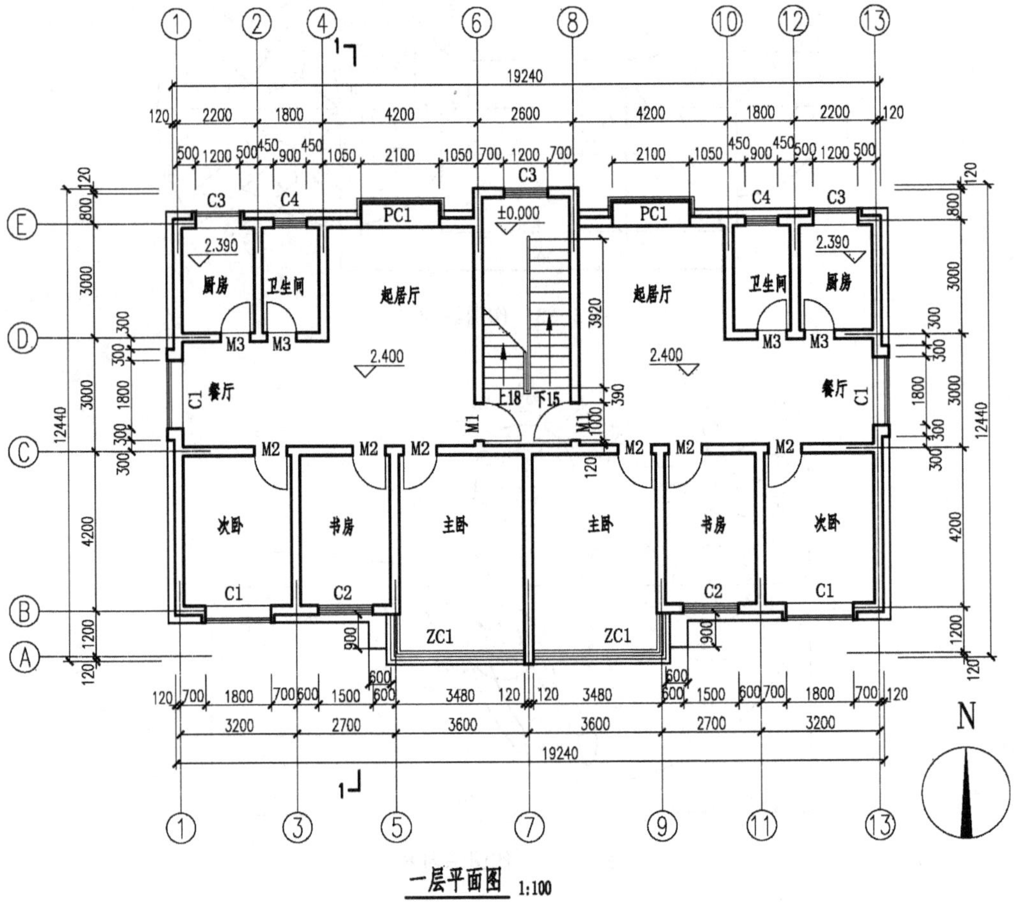

图 5-86 某住宅的一层平面图

第 6 章

创建面域与图案填充

面域指的是具有边界的平面图形，它是一个面对象，正如一块布料、一张纸头，其内部可以挖空。从外观来看，面域与一般的平面图形没有区别，但面域除了包括边界信息外，还包含了边界内平面的信息。此外，面域可以通过布尔运算，实现各种平面图形的构型。

图案填充式是一种用预制的图案来填满指定的区域。AutoCAD 的图案填充功能用于绘制剖面符号、表面纹理或涂色，它应用于机械图、建筑图和地质图等工程图样。AutoCAD 绘制剖面符号时根据拾取对象或定义点自动计算填充边界，因此绘制填充边界时应符合 AutoCAD 对边界的要求，当然，绘制的剖面符号还应符合《技术制图》国家标准规定和行业要求。

6.1 面域及其布尔运算

在 AutoCAD 2020 中，可以将由若干图元对象构成的首尾相接的封闭图形定义成面域。

6.1.1 创建面域 REGION

面域是由闭合的图形创建的二维区域，它具有物理特性(例如形心或质心)。面域的边界是有端点相连的二维图元对象组成，包括二维闭合多段线、直线和曲线，曲线包括圆弧、圆、椭圆弧、椭圆和样条曲线。

通过将现有的面域组合成单个、复杂的面域来计算面积，可以对面域进行着色操作，同时也可以提取设计信息，例如形心、面积、惯性矩等。

1. 命令访问

① 功能区："默认"选项卡→"绘图"面板→"面域"工具

② 菜单：绘图(D)→面域(N)

③ 工具：绘图工具栏→

④ 命令：REGION

2. 命令提示

也可以使用 BOUNDARY 命令(默认→绘图→工具)创建面域,执行该命令后,系统将弹出“边界创建”对话框,利用该对话框,在“对象类型”下拉列表框中选择“面域”选项(如图 6-1 所示),单击 确定(O) 按钮后,创建的图形将是一个面域,而不是边界。

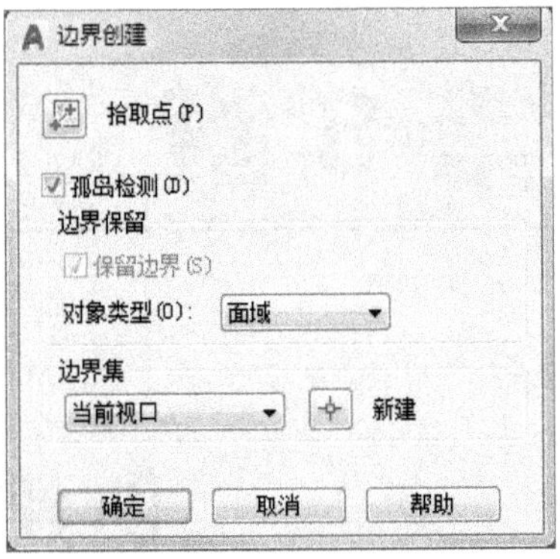

图 6-1 “边界创建”对话框

图 6-2 表示了普通圆线和分别用 REGION、BOUNDARY 命令创建的圆面域被选择的效果。

在 AutoCAD 2020 中,面域总是以线框的形式显示,可以对其进行复制、移动等编辑。但在创建面域时,如果系统变量 DELOBJ 的值为 1(默认值),则 AutoCAD 在定义了面域后将删除原始边界对象,如果系统变量 DELOBJ 的值为 0,则不删除原始边界对象。此外,如果使用 EXPLODE(分解)命令,对面域进行分解,则面域将转换成定义面域前的各个线对象。

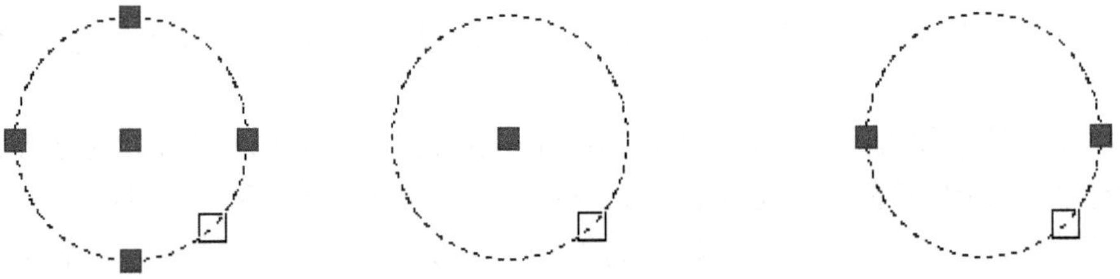

(a) 普通圆线　　(b) REGION命令创建的面域　　(c) BOUNDARY命令创建的面域

图 6-2 圆与圆面域的效果

6.1.2 面域的布尔运算

布尔运算是数学上集合的运算方法,通过对面域的布尔运算,可以比较方便地绘制某些复杂图形。布尔运算的对象只包括实体和共面的面域,对于普通的线条图形对象无法使用布尔运算。

1. 命令访问

① 功能区:在“三维建模”工作空间中:常用→实体编辑→“并集”工具、“差集”工具、“交集”工具

② 菜单:修改(M)→实体编辑(N)→并集、差集、交集

③ 工具:实体编辑工具栏→、、

④ 命令:UNION、SUBTRACT、INTERSECT

2. 功能说明

● 并集(UNION):创建面域的并集,此时需要连续选择要进行合并的面域,直到按“↵”键,将所选择的面域合并为一个面域,图 6-3 表示了两个面域的并集效果。

● 差集(SUBTRACT):创建面域的差集,用一个面域减去另一个面域,图 6-4 表示了两个面域的差集效果。

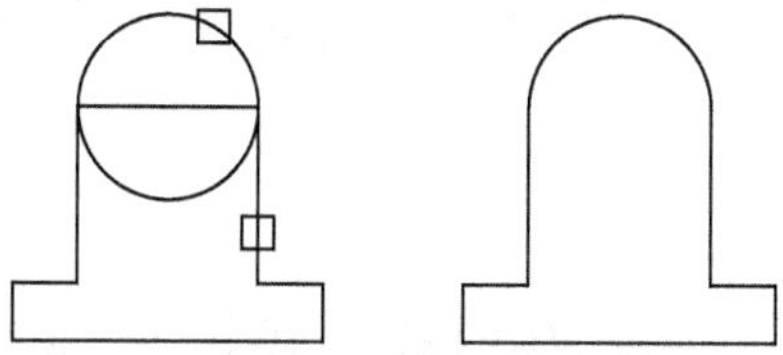

(a) 选定两个面域　　(b) 并集的结果

图 6-3　并集组合面域

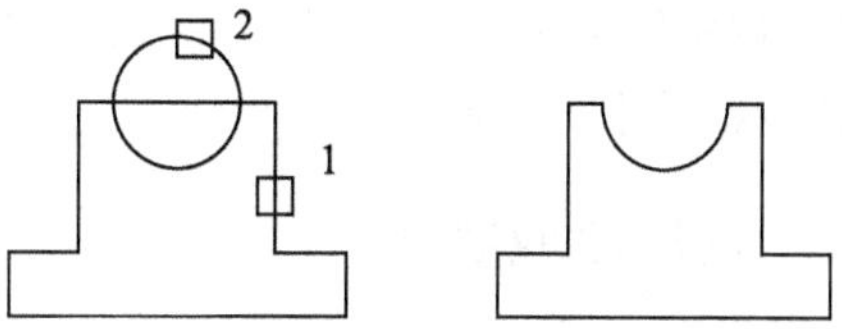

(a) 选定两个面域　　(b) 差集的结果

图 6-4　差集组合面域

● 交集(INTERSECT)：创建面域的交集，提取出多个面域的公共区域为一个新面域，如图 6-5 表示了三个相交面域的交集效果。

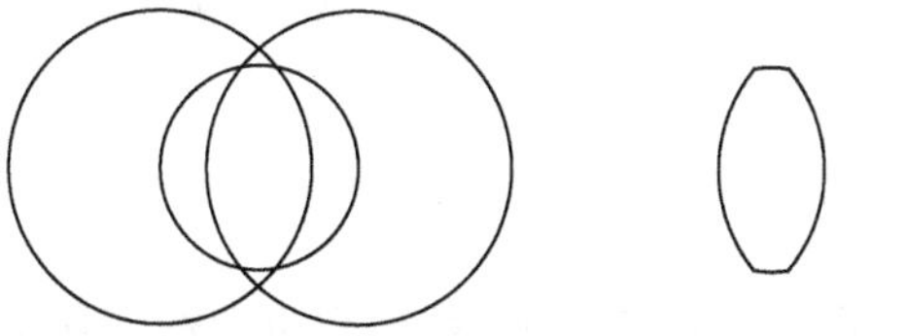

(a) 选定相交的3个面域　　(b) 交集的结果

图 6-5　交集组合面域

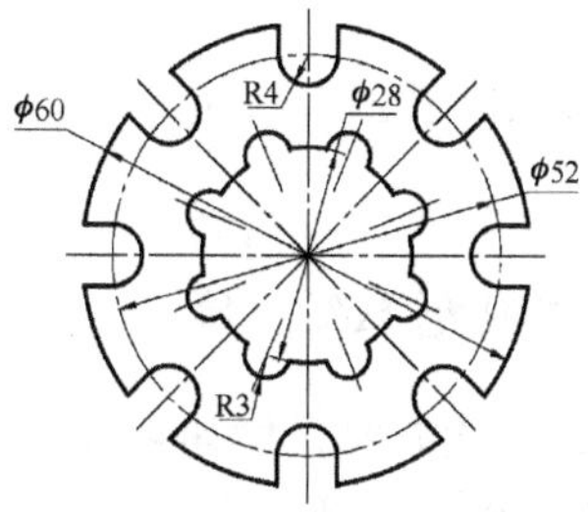

图 6-6　盘体

3. 应用举例

【例 1】 绘制图 6-6 所示的盘体，不标注尺寸。

作图步骤：

(1) 作图环境设置：包括设置图限、开设图层、设置线型、设置辅助工具状态等。

(2) 作定位点画线、圆①～④以及矩形⑤，如图 6-7(a)所示。

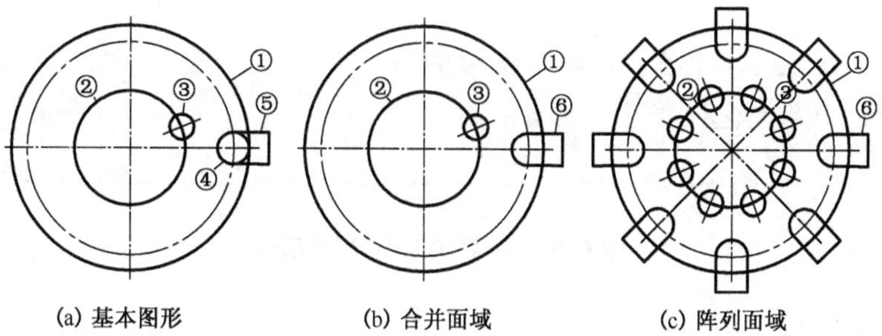

(a) 基本图形　　(b) 合并面域　　(c) 阵列面域

图 6-7　使用面域绘图

(3) 定义面域：将圆①～④以及矩形⑤定义 5 个面域。

(4) 合并面域：执行 UNION 命令，选择圆④和矩形⑤得新面域⑥，结果如图 6-7(b)所示。

(5) 阵列面域：执行"环形阵列"命令，选择"③、⑥及其点画线"为阵列对象；阵列中心为大圆①圆心；项目总数为 8、填充角度为 360°，结果如图 6-7(c)所示。

（6）面域差运算：执行 SUBTRACT 命令，选择大圆①作为要从中减去的面域，按“↵”键，然后选择阵列的图形以及中间的圆面域②，最后再按“↵”键，即可得到经过差运算后的新面域，完成了图形绘制。

6.1.3 提取面域数据

面域对象除了具有一般图形对象的属性外，还具有面域实体的属性，其中一个重要的属性是质量属性。

采用查询命令“面域/质量特性”MASSPROP 命令，即可以提取面域的有关数据。

6.2 图案填充与图例

在 AutoCAD 2020 中，关于图案填充的相关操作有图案填充、编辑填充图案和分解图案。

6.2.1 图案填充 HATCH

图案填充一般需要先创建填充边界，以确定填充区域；然后根据工程实际要求选择不同的图案进行区域填满。HATCH 命令可以实现对填充边界的设置和选择填充图案。

1. 命令访问

① 功能区：默认→绘图→“图案填充”工具

② 菜单：绘图(D)→图案填充(H)

③ 工具：“绘图”工具栏→

④ 命令：HATCH

2. 选项说明

执行该命令，将打开“图案填充创建”上下文功能选项卡，如图 6-8 所示。

图 6-8 “图案填充创建”选项卡

（1）“边界”面板

此面板用于管理图案填充边界，其中边界定义有“拾取点”和“选择边界对象”两种方法定义边界：

- “拾取点”：根据围绕拾取点所构成封闭区域的现有对象来确定图案填充边界。单击该按钮，AutoCAD 提示：

```
拾取内部点或 [选择对象(S)/放弃(U)/设置(T)]:
```

➢ 此时在希望填充的封闭区域内任意处拾取一点，AutoCAD 会自动确定出包围该点的封闭边界，同时以虚线形式显示这些边界（如果设置了允许间隙，实际的填充边界则可以不封闭），如图 6-9 所示。

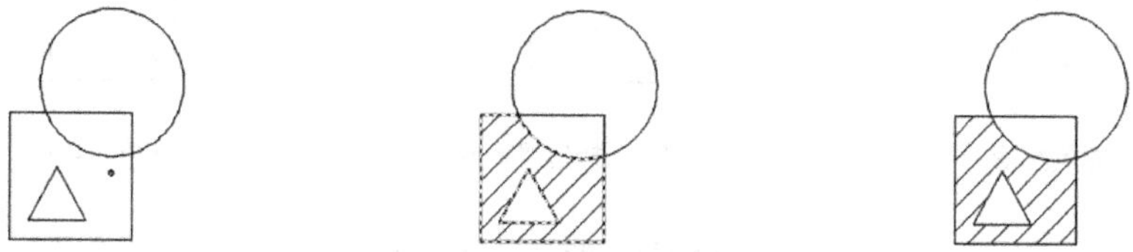

(a) 拾取一点　　(b) 填充区域　　(c) 填充结果

图 6-9　内部点定边界

➢ 在命令提示时，还可以通过“选择对象(S)”选项来切换到“选择边界对象”定义填充边界方式。

➢ 在命令提示时，用“设置(T)”选项，将弹出传统图案填充对话框，如图 6-10 所示。

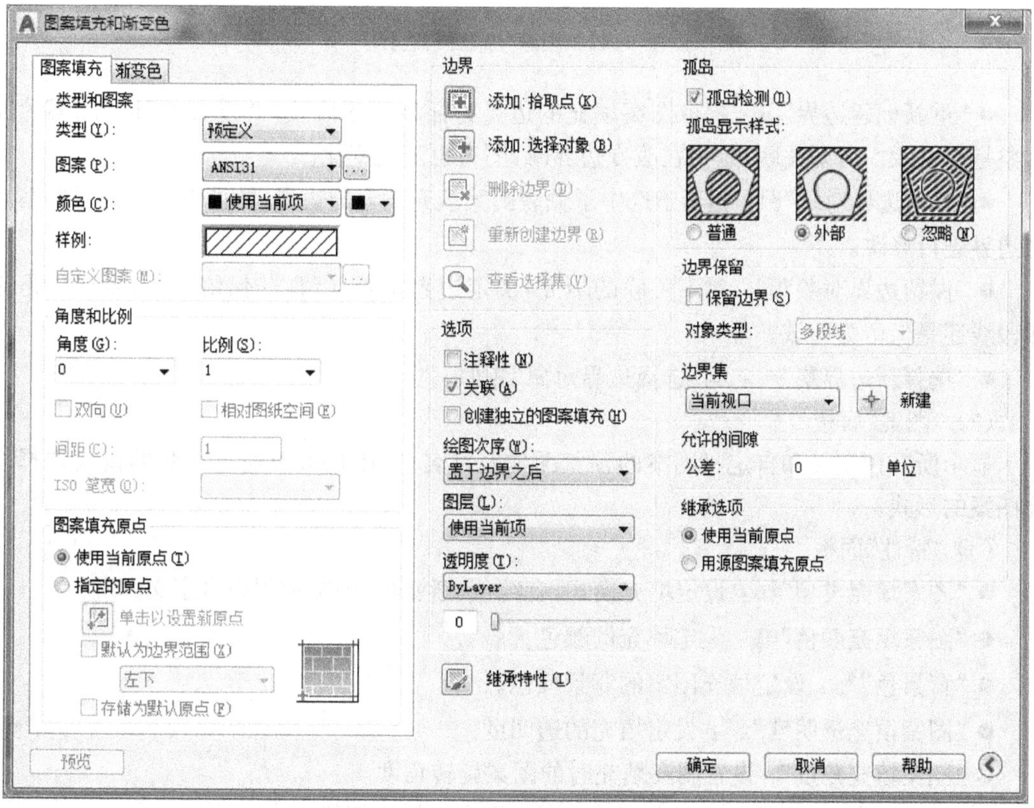

图 6-10　“图案填充和渐变色”对话框

● “选择边界对象”：直接选择作为填充边界的对象，然而此方法不能自动检测内部对象，即所谓“孤岛”检测，如图 6-11 所示。

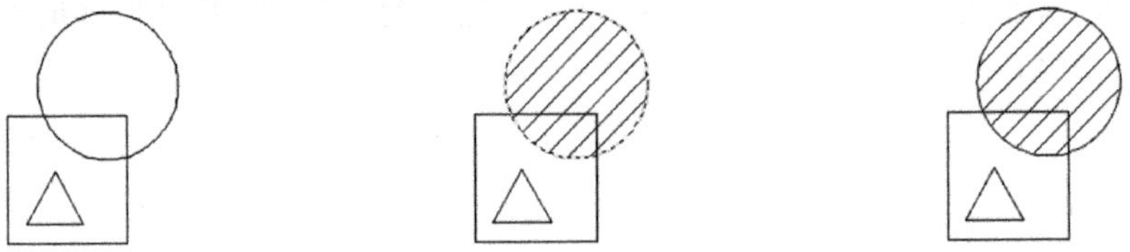

(a) 原始图形　　(b) 选择边界对象　　(c) 填充结果

图 6-11　选择边界对象

- “删除边界对象”：从已确定的填充边界中删除一些边界对象，如图 6-12 所示。

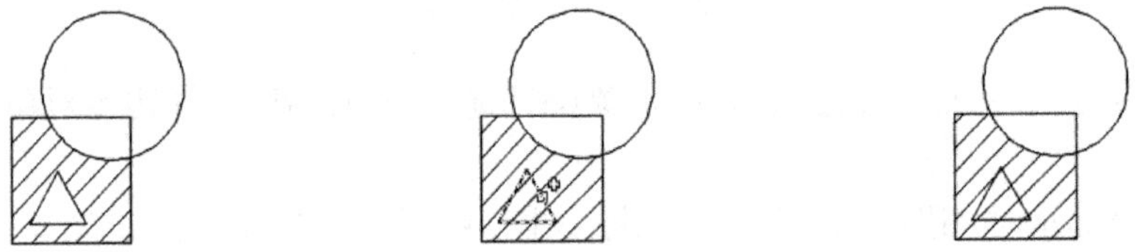

(a) 选取边界对象　　(b) 删除边界　　(c) 填充结果

图 6-12　删除“岛”后的边界

- “重新创建边界”：提取图案填充的边界为面域或多段线，并设置使其与图案填充对象是否关联。所谓关联，是指在改变边界时，图案也随之变化。
- “显示边界对象”：相当于选中了关联图案填充对象的边界，并可以用夹点对图案填充边界进行修改。
- “保留边界对象”：对不关联的填充，决定边界是否保留，若保留，则边界保留是为多段线还是保留为面域。
- “选择新边界集”：与“选择边界对象”相似。

(2) “图案”面板

显示所有预定义和自定义图案的预览图像及其名称，用户可以通过右侧的滑块选择填充图案的形式。

(3) “特性”面板

- “图案填充类型”：设定填充模式，有纯色、渐变色、图案和用户自定义四种。
- “图案填充颜色”：设定填充的颜色。
- “背景色”：设定填充图案的背景颜色。
- “图案填充透明度”：设定填充的透明度。
- “图案填充角度”：设置图案填充时的图案旋转角度。
- “填充图案比例”：设置图案填充时的图案缩放比例值。
- “相对图纸空间”：在布局空间中可用，对于图纸空间设置比例因子。
- “交叉线”：仅在“用户自定义”的“图案填充类型”时可用，此选项可以使用相互垂直的两组平行线填充图形区域；否则为一组平行线。
- “ISO 笔宽”：设置笔的宽度，当填充图案采用 ISO 图案时，该选项才有效。

(4)“原点”面板

用于确定生成填充图案时的起始位置。有“设定原点”、“左下”、“右下”、“左上”、“右上”、“中心”和“使用当前原点”等方法。可以用“存储为默认原点”工具,将图案填充原点的值存储在 HPORIGIN 系统变量中将成为默认位置。

(5)“选项”面板

● “关联”:控制所填充的图案与填充边界是否建立关联。一旦建立了关联,当通过某些编辑命令修改填充边界后,对应的填充图案会给予更新,以与边界相适应。

● “注释性”:指定图案填充为注释性。所谓“注释性”是指布局图纸上不会因为出图比例改变图案的设定比例,总是以正确的大小在图纸上打印或显示。

● “特性匹配”:相当于格式刷。

● “允许的间隙”:AutoCAD 2020 允许将实际上并没有完全封闭的边界用作填充边界。如果在“允许的间隔”中设置了值,该值就是 AutoCAD 确定填充边界时可以忽略的最大间隔,即如果边界有间隔,且各间隔均小于等于设置允许值,那么这些间隔都会被忽略。AutoCAD 将对应的边界视为封闭边界。

● 如果在“允许的间隔”文本框中设置了值(允许值为 0—5 000)。当通过“拾取点”按钮指定的填充边界为非封闭边界、且边界间隔小于或等于设定的值时,AutoCAD 会弹出如图 6-13 所示的“开放边界警告”对话框,选择继续,将填充边界按封闭边界处理。

如果没有设置允许的间隔,当通过“拾取点”按钮选择没有完全封闭的边界作为填充边界时,AutoCAD 会显示“边界定义错误”提示信息。

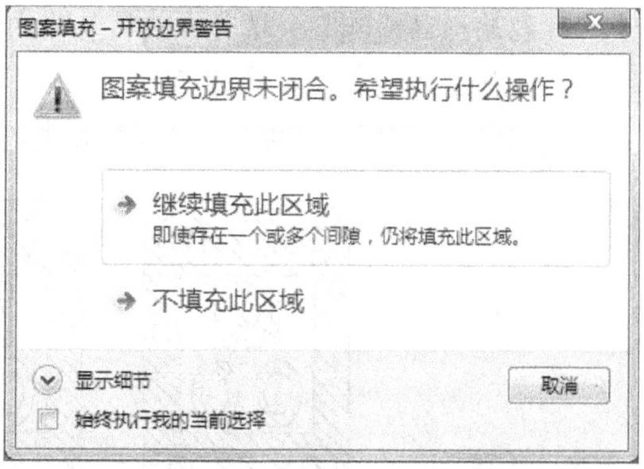

图 6-13 “开放边界警告”对话框

● “创建独立的图案填充”:控制当定义了几个独立的闭合边界时,是通过它们创建单一的图案填充对象(即在各个填充区域的填充图案属于一个对象),还是创建多个图案填充对象。

● “孤岛检测”

填充图案时,将位于填充区域内的封闭区域称为“孤岛”。当以拾取点的方式确定填充边界后,会自动确定出包围该点的封闭填充边界,同时还会自动确定出对应的孤岛边界,如图 6-14 所示。

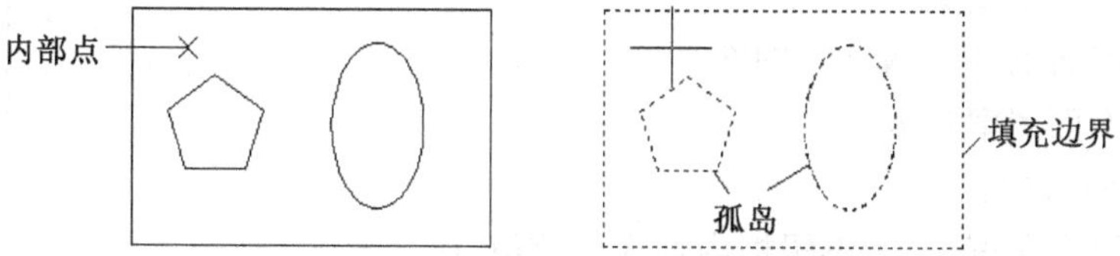

(a)拾取内部点　　(b)边界与孤岛

图 6-14 封闭边界与孤岛

“孤岛检测”用于确定是否进行孤岛检测以及孤岛检测的方式。

➢ 普通孤岛检测：是默认方式，从外部边界向内填充。此方式将不填充孤岛，但是孤岛中的孤岛将被跳序填充，参见图 6-15。

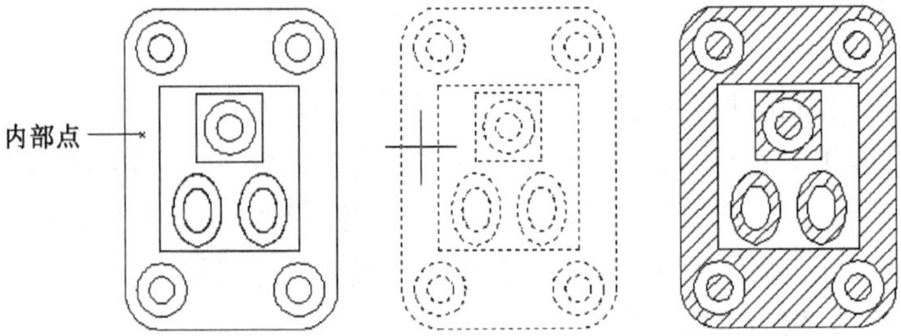

(a) 拾取内部点　(b) 检测边界　(c) 填充结果

图 6-15 “普通”填充方式

➢ 外部孤岛检测：此方式也是从外部边界向内填充并在下一个边界处停止。

➢ 忽略孤岛检测：填充方式将忽略内部边界，填充整个闭合区域。

➢ 无孤岛检测：不检测孤岛。

“普通”“外部”和“忽略”三种填充方式效果如图 6-16 所示。

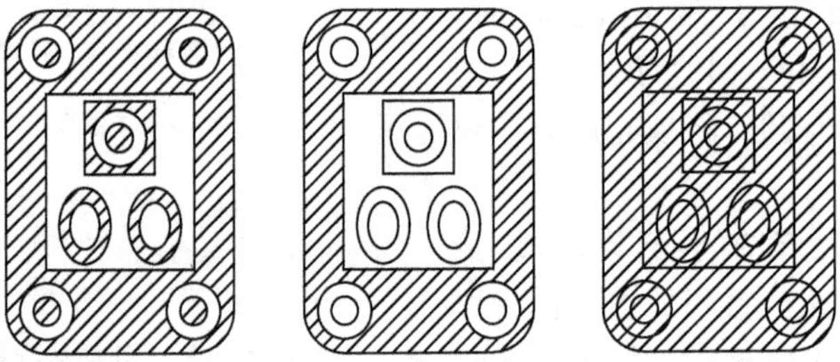

(a) 普通　(b) 外部　(c) 忽略

图 6-16 三种填充方式效果

● “绘图次序”：为填充图案指定绘图次序。选项包括不指定、后置、前置、置于边界之后和置于边界之前。

3. 应用举例

【例 2】 如图 6-17 所示为联轴器视图，试用 HATCH 命令绘制剖面线。

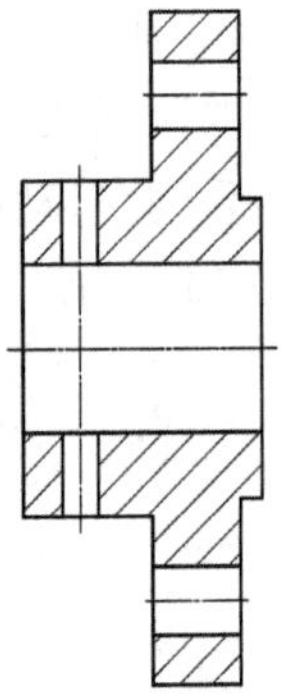

图 6-17 联轴器视图

执行 HATCH 命令，对“图案填充创建”选项卡设置步骤如下：

(1) 设置剖面线图案

单击“图案”面板中 ANSI31 图案。

(2) 设置剖面图案参数

在“特性”面板中：

① “图案填充角度”文本编辑框内输入比例值 0；

② “图案填充比例”文本编辑框内输入角度值 2。

(3) 设置边界

① 单击“边界”面板“拾取点”按钮；

② 在联轴器零件图中需绘制剖面线的区域内分别用鼠标拾取点。

(4) 绘制剖面线

按“↵”键，绘制剖面线，完成 HATCH 命令。

对“图案填充创建”选项卡设置参见图 6-18。

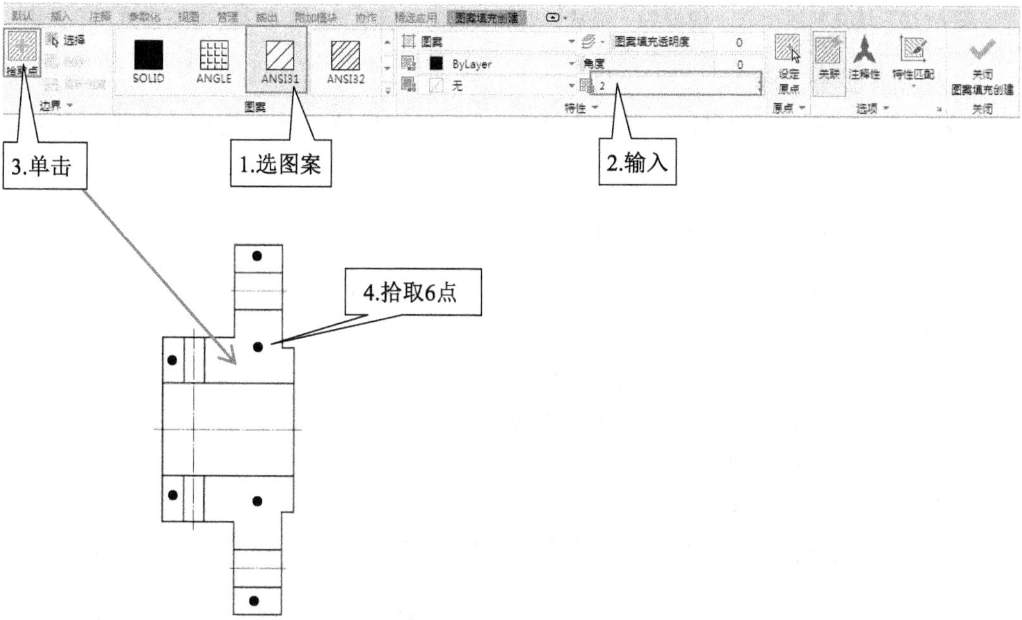

图 6-18　联轴器剖面线设置

4. 钢筋混凝土图例

钢筋混凝土是房屋建筑的主要材料，系统提供的“填充图案”却没有这种图例。因此，需要用户选择“钢筋”图例和“混凝土”图例两次填充。

【例 3】 采用 1∶1 的比例已绘出如图 6-19 所示的钢筋混凝土楼梯踏步(布局出图打印成 1∶10)，现对其填充图例。

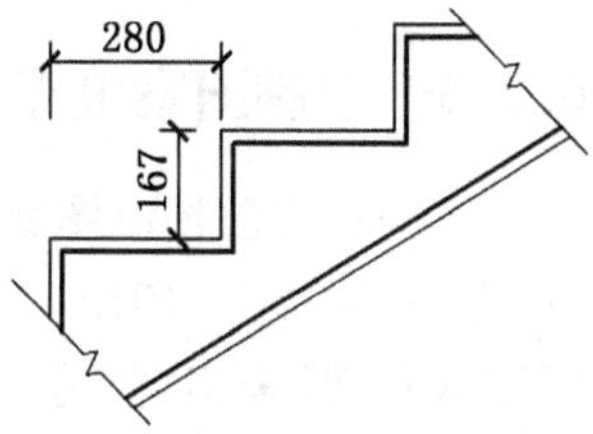

图 6-19　已绘制楼梯踏步

操作步骤：

(1) 执行 HATCH 命令，单击“图案”面板中“ANSI31”图案，输入“比例”15，单击“边界”面板“拾取点”按钮，在图形内框区内任意处拾取一点，按“↵”键，绘制钢筋图例填充，如图 6-20 所示。

(2) 按照上述方法，执行 HATCH 命令，单击“图案”面板中“AR－CONC”图案，选择“比例”1，填充混凝土图例，完成了混凝土图例填充，如图 6-21 所示。

(3) 继续执行 HATCH 命令，选择图案“AR-SAND”，设定“比例”0.5，填充砂浆面层图例，如图 6-22 所示。

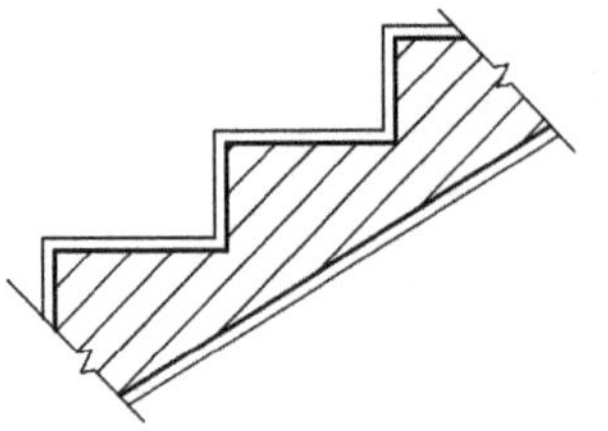

图 6-20　填充斜线

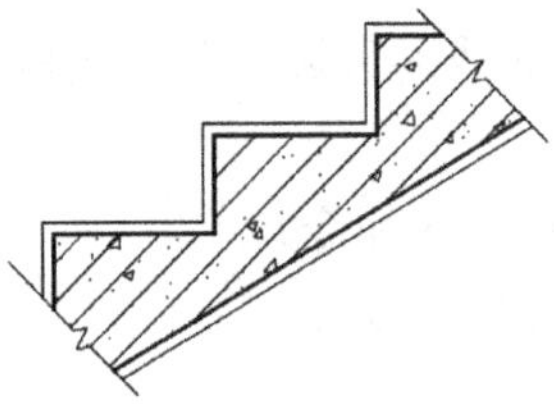

图 6-21　完成钢筋混凝土图例填充

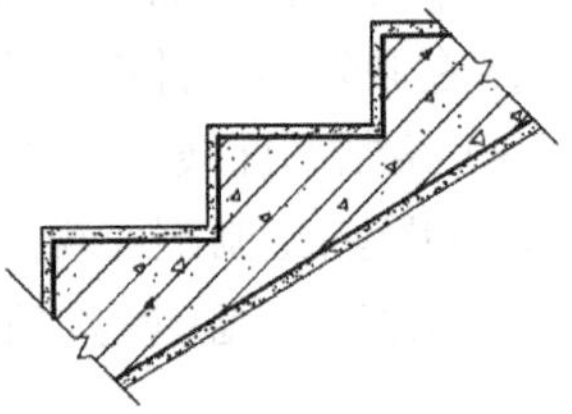

图 6-22　填充砂浆面层图例

5. 技能与提升

如果填充完成后看不到图案，说明比例太大；反之如果填充效果是完全充满颜色，说明比例太小。

6.2.2　图案填充编辑 HATCHEDIT

使用 HATCHEDIT 命令可以编辑填充图案，但不能修改边界。

1. 命令访问

① 功能区：默认→修改→编辑图案填充

② 菜单：修改(M)→对象(O)→图案填充(H)

③ 工具："修改Ⅱ"工具栏→

④ 命令：HATCHEDIT

⑤ 鼠标：在填充图案上"双击""右击""单击"等操作

2. 选项说明

发出 HATCHEDIT 命令后，AutoCAD 提示：选择图案填充对象：

选择关联的填充图案后，AutoCAD 将弹出"图案填充编辑"对话框，如图 6-23 所示。

HATCHEDIT 命令不能对具有继承性的填充图案进行编辑。

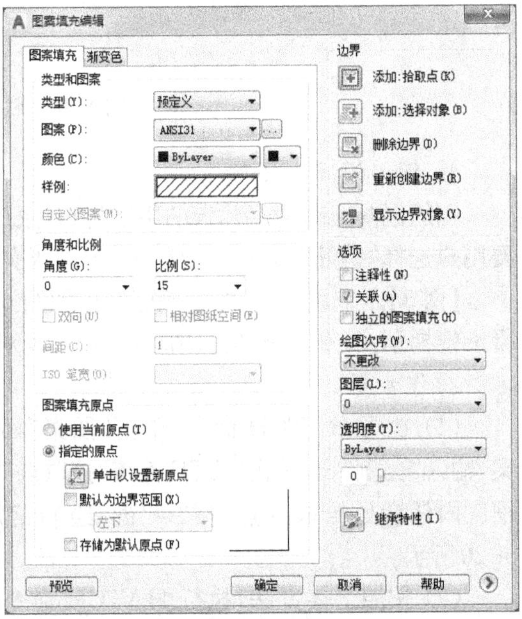

图 6-23　"图案填充编辑"对话框

6.2.3　控制图案填充的可见性

有两种方法控制图案填充的可见性，一种是使用命令 FILL 或使用系统变量 FILLMODE 来实现；另一种是利用图层来实现。

1. 使用 FILL 命令和 FILLMODE 变量

在命令行输入 FILL 命令，AutoCAD 提示：

```
输入模式 [开(ON)/关(OFF)] <开>:
```

如果将模式设置为"开"，则可以显示图案填充；如果将模式设置为"关"，则不显示图案填充。

如果系统变量 FILLMODE 的值为 0 时，隐藏图案填充；如果系统变量 FILLMODE 的值为 1 时，显示图案填充。

可见性对历史填充无效。

2. 使用图层控制

将图案填充单独放在一个图层里，当不需要显示图案填充时，将图案所在的层关闭或冻结。使用图层控制图案填充的可见性时，不同的控制方式会使图案填充与其边界的关联发生变化，其特点如下：

● 当图案填充所在的图层被关闭后，图案与其边界仍然保持着关联关系，即修改边界后，填充图案会根据新的边界自动调整位置。

● 当图案填充所在的图层被冻结后，图案与其边界脱离关联关系，即修改边界后，填充图案不会根据新的边界自动调整位置。

● 当图案填充所在的图层被锁定后，图案与其边界脱离关联关系，即修改边界后，填充图案不会根据新的边界自动调整位置。

6.2.4 分解图案

图案是一种特殊的图块，被称为"匿名"块，无论形状多复杂，它都是一个单独的对象。可以用"分解"命令 EXPLODE 来分解一个已存在的关联图案。

图案分解后，它将不再是一个单一的对象，而是一组组成图案的线条。同时，分解后的图案也失去了与图形边界的关联性，因此，将无法用"图案填充"编辑命令来编辑，要慎用分解。

6.2.5 自定义填充图案库

在 AutoCAD 中，除了可以使用预定义的填充图案外，还可以设计和创建自己的自定义填充图案。同线型一样，AutoCAD 中的填充图案都是以图案文件(也称为图案库)的形式保存的，其类型是以". pat"为扩展名的纯文本文件。可以在 CAD 中加载已有的图案文件，并从中选择所需的填充图案；也可以修改图案文件或创建一个新的图案文件。

1. 填充图案定义格式

填充图案的定义由标题行和模式行两部分组成，为"标题行"和"定义行"。

(1) 标题行：为第一行，由填充图案名称和填充图案描述组成，标题行以" * "为开始标记，填充图案名称和描述由逗号分开，其格式为：

* pattern-name [, description](图案名[,说明文字])

(2) 定义行：由图案直线定义和填充线的控制信息组成，一个填充图案中可以定义多种类型的图案直线，其格式为：

angle, x-origin, y-origin, delta-x, delta-y, [dash-1, dash-2, ...]

其中各项意义如下：

angle：填充线图案直线与水平方向的夹角。

x-origin、y-origin：定义第一条图案直线的起点。

delta-x：相邻的两条图案直线沿画线方向上的偏移值，注意不是指 X 轴方向。

delta-y：相邻的两条图案直线之间的偏距值。

dash-1，dash-2，...：图案直线的规格说明，与定义线型的格式相同。

2. 创建自定义填充图案示例

【例 4】 创建如图 6-24 所示的图案填充效果，创建该填充图案。

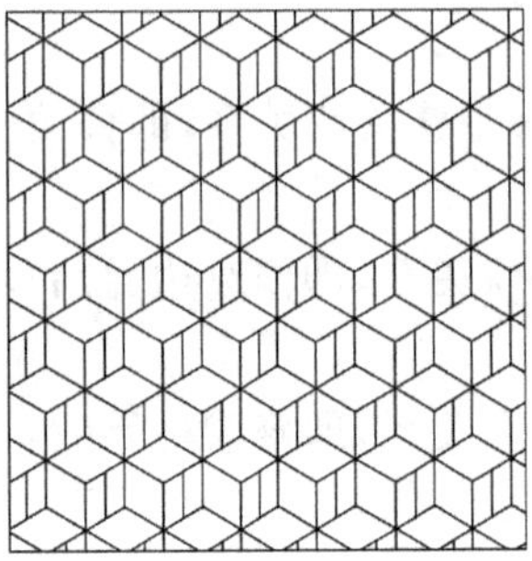

图 6-24 创建图案填充

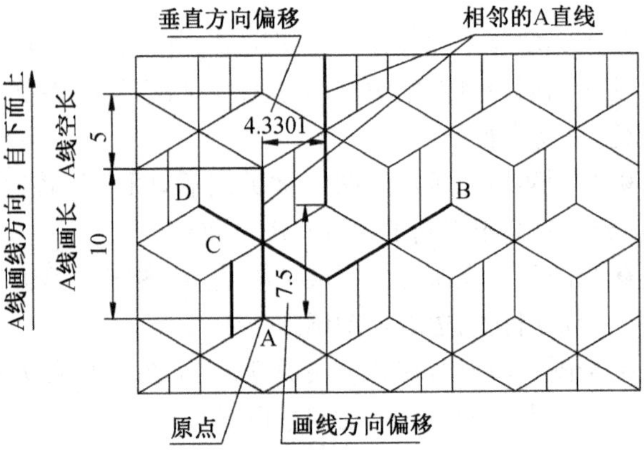

图 6-25 精确画图、定准数据

图案分析：

根据图案规律，提取关键线条，如图 6-25 所示的 A、B、C、D 四条直线，通过精确绘制它们的位置关系，测量各线条各自的相邻两条直线画线方向上的偏移值和垂直之间的偏移值，如图 6-25 中直线 A 画线方向上(自下而上)的偏移值是 7.5、线间偏距值是 4.3301，画 10、空 5，得到这些数据后为图案定义文件提供了精准数据。其他三条线段，请读者自行分析。

操作步骤：

(1) 使用 Windows 附件中的"记事本"应用程序创建描述图案数据文本文件。

(2) 在该文件中输入如下内容，如图 6-26 所示。4 行数据分别对应 A、B、C、D 线段。

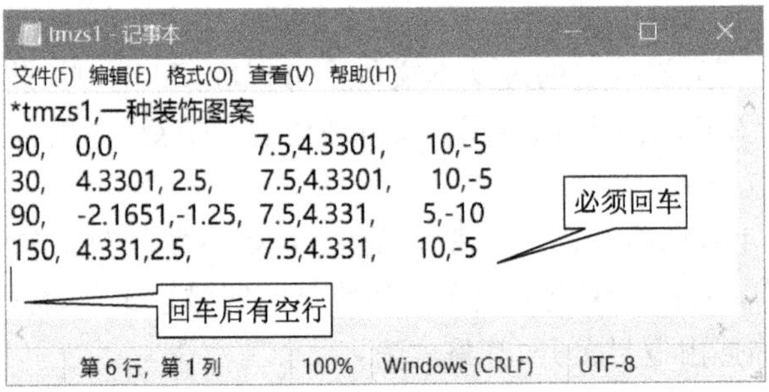

```
*tmzs1,一种装饰图案
90,   0,0,               7.5,4.3301,    10,-5
30,   4.3301, 2.5,       7.5,4.3301,    10,-5
90,   -2.1651,-1.25,     7.5,4.331,     5,-10
150,  4.331,2.5,         7.5,4.331,     10,-5
```


图 6-26 建立图案数据

(3) 将文件命名为"TMZS1. pat"，保存在 AutoCAD 安装文件中的"Support"文件夹下，务必为"＊. pat"格式的文件。

以后在"图案填充类型"中就多了"TMZS1"一种图案，像使用其他图案一样使用它。

3. 说明

CAD 系统对用户所创建的填充图案文件有如下要求：

(1) 一个文件中仅含有一种填充图案定义。

(2) 填充图案名称必须与文件名相同。

(3) 自定义填充图案名称的长度不超过 31 个字符。

(4) 必须在填充图案定义行最后按回车键,表示数据确认。

6.3 渐变色填充

在绘图的过程中,有些图形需要颜色填充,AutoCAD 具有颜色填充功能,操作与图案填充类似,只不过对颜色进行调色的不同。

1. 命令访问

① 功能区:默认→绘图→"图案填充"工具

② 菜单:绘图(D)→渐变色

③ 工具:"绘图"工具栏→

④ 命令:GRADIENT

2. 选项说明

执行上述命令后系统将打开"图案填充创建"选项卡,与 6.2.1 节中介绍的类似,这里不再赘述,不同之处如下:

(1) "特性"面板

● "渐变色 1" 和"渐变色" :设置两种颜色之间平滑过渡的双色渐变填充。

● "角度":设置渐变色填充的旋转角度,与指定给图案填充的角度互不影响。

(2) "原点"面板

● "居中" :置对称的渐变配置。如果没有选中该框,渐变填充将向左上方变化,创建光源在对象左边的图案。

此外,在 AutoCAD 2020 中,渐变色最多只能有两种颜色创建,而且不能使用位图填充图形。

6.4 绘制圆环与二维填充图形

圆环和二维填充图形都属于填充图形对象。如果要显示填充效果,可以使用 FILL 命令,并将填充模式设置为"开"。

6.4.1 绘制圆环 DONUT

绘制圆环是创建填充圆环或实体填充圆的一个捷径。在 AutoCAD 中,圆环实际上是由具有一定宽度的多段线封闭形成的。

1. 命令访问

① 功能区:绘图→"圆环"工具

② 菜单:绘图(D)→圆环(D)

③ 命令:DONUT

2. 命令提示

☼ 命令：**DONUT**↵
指定圆环的内径＜0.5000＞：
指定圆环的外径＜1.0000＞：
指定圆环的中心点或＜退出＞：

3. 操作说明

指定圆环的内径和外径，然后通过指定不同的圆心来连续创建直径相同的多个圆环对象，直到按“↵”键结束命令。如果要创建填充圆，应将内径值置为 0。

6.4.2 绘制二维填充图形 SOLID

SOLID 命令用于绘制三角形和四边形的有色填充区域。

1. 命令访问

命令：SOLID

2. 命令提示

☼ 命令：**SOLID**↵
指定第一点：
指定第二点：
指定第三点：
指定第四点或＜退出＞：

3. 操作说明

在指定了 3 个点后，按“↵”键，将绘制三角形填充区域，如图 6-27 所示。

同样可以指定 4 个点后，按“↵”键，将绘制四边形填充区域，但如果第 3 点和第 4 点的顺序不同，得到的图形形状也不同，如图 6-28 所示。

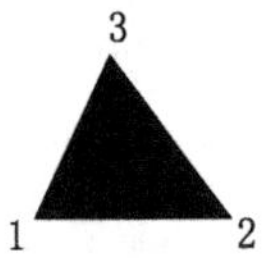

图 6-27　绘制三角形填充区域

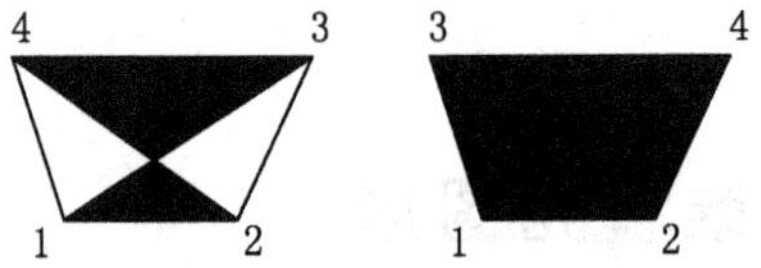

图 6-28　四边形填充区域与形状

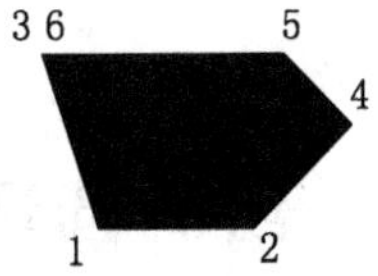

图 6-29　五边形填充区域

其实，该命令是以三角形为基础不断来进行绘制填充多边形的。图 6-29 为五边形填充区域，注意点的拾取顺序。

6.5 思考与实践

思考题

1. 对构成面域的边界有何要求？
2. 对面域可以使用哪几种布尔运算？

3. 通过“图案填充创建”上下文对话框的“边界”面板创建图案填充时，拾取填充区域过程中，如果选择错误了，该如何处理？

4. 为一个封闭的图形区域填充图案时，系统提示未找到有效的填充边界，应怎样解决此问题？

5. 如何通过“工具选项板”创建填充图案？

6. 试用渐变色填充方法填充图形，注意体会色彩的应用与渐变图案方向的调整方法。

实践题

1. 自己设计一面五星红旗，并填充颜色。

2. 使用面域法作出如图 6-30 所示槽轮。

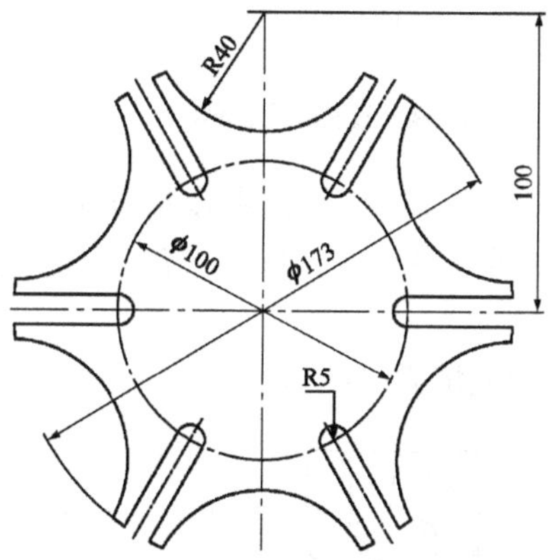

图 6-30　槽轮

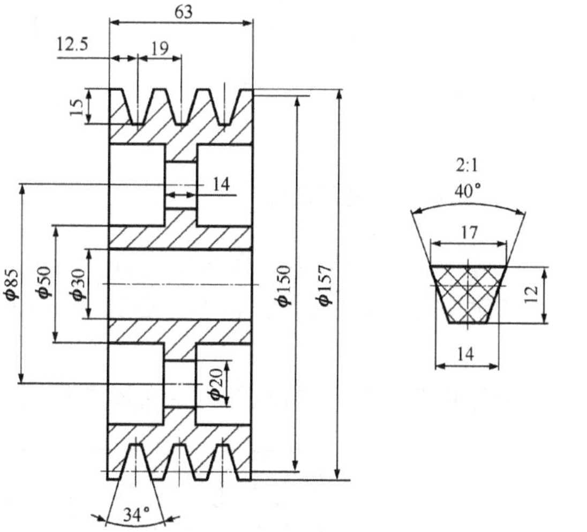

图 6-31　带与带轮

3. 绘制如图 6-31 所示的带轮及其 V 型带。

4. 绘制如图 6-32～图 6-34 所示的图形。

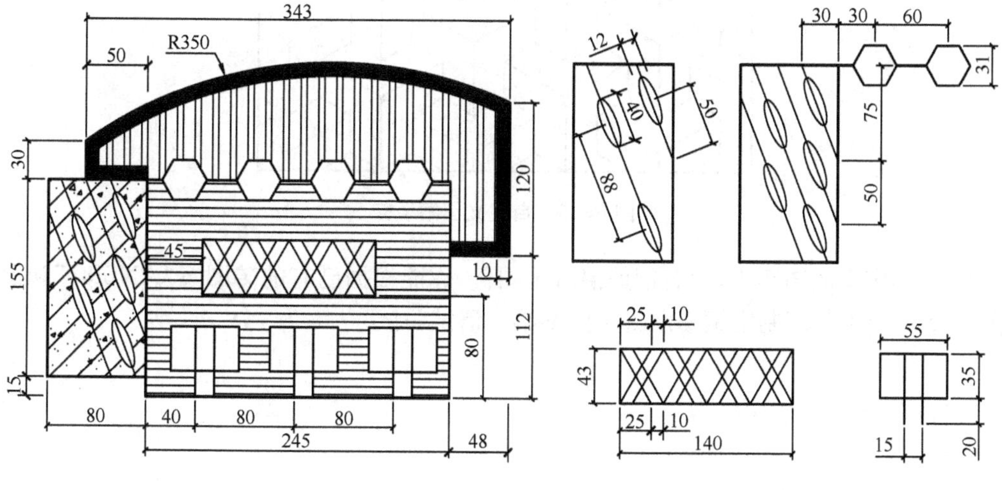

图 6-32　绘图与图案填充

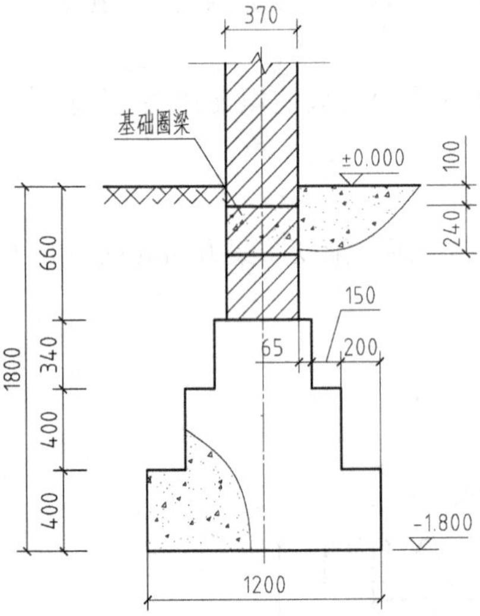

图 6-33　基础详图

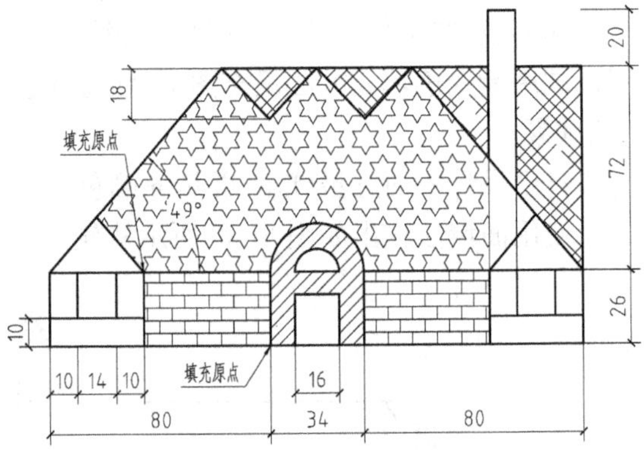

图 6-34　绘图与图案填充

5. 绘制一面五星红旗，要对旗面和五颗星进行颜色填充。期望读者搜索五星红旗的几何要求，如旗面的长宽比、大星和小星占比及其相对大小关系，再学习一下有关国旗的背景知识。

6. 试制定如图 6-35 所示的自定义图案填充，并用之填充一图形。

图 6-35　自定义图案填充

7. 在预定义的图案中，没有钢筋混凝土图例，你能根据已有的砖图案“ANSI31”和混凝土图案“AR-CONC”制定钢筋混凝土图案吗？请试一试。

第7章

实现几何关系和求解几何参数

AutoCAD所绘出的图不仅有形，而且更重要的是精确（精确到小数点后8位）地记录了图形的数据。反之，要决定一个几何图形就要从两方面入手，一是确定构成几何图形的各几何要素的几何关系，其次是图形的位置和大小。例如四条线段构成的四边形，若对边具有平行的几何关系，则为平行四边形；若又具有相邻边垂直，则为矩形；若再具有边长相等，则为正方形。在工程设计中，常常要求图形具有一定的几何关系，AutoCAD很好地满足了设计者的需求，而且还具有几何求解功能。

本章首先进一步分析比较命令，然后介绍数据查询功能、几何计算功能，最后通过工程实例说明AutoCAD在几何作图以及几何求解中的重要作用。

通过此章的学习，你会发现用AutoCAD画图真是无所不能，也必体会到AutoCAD的精妙、神奇之处。

7.1 命令透析与灵活使用

AutoCAD提供了丰富的绘图命令，同样的图形可以有不同的命令组合来实现。然而最恰到好处地使用某些命令，就需要了解各命令的特点，方能最高效率地绘制图形。

7.1.1 PAN与MOVE

PAN是图形显示控制命令。AutoCAD的主窗口严格地说应称为图形显示视口，用户通过该视口来观察图形对象，该视口正如照相机的取景框，使用者可以通过移动镜头和变焦来取景，即观察对象。PAN命令就相当于移动照相机的镜头来看不同的对象，而在AutoCAD中只不过是相对运动而已。因此，PAN命令不改变图形对象在空间的位置，而MOVE命令则是真正地将图形对象移位，改变了图形对象在空间的位置。

同样分析，ZOOM和SCALE命令，ZOOM是控制图形对象显示的大小，而SCALE命令则是缩放图形对象尺度大小。

7.1.2 LINE 与 PLINE

LINE 和 PLINE 命令都可用来绘制直线。通常情况下，对初学者来说，只要是画直线就用 LINE 命令，而很少使用 PLINE 命令，这是一个误区。下面先通过图形来比较两者的不同，再总结它们的特点与使用场合。

1. 夹点功能不同

图 7-1(a)为分别使用 LINE 和 PLINE 命令绘制的两直线 AB 和 CD。图 7-1(b)为夹点功能不同。由 LINE 画的直线 AB 有三个夹点，其中两个线端夹点是多功能的，悬停的动态菜单有两个选项“拉伸和拉长”。而由 PLINE 画的直线 CD 的三个夹点都是多功能夹点，其中两个端夹点的悬停动态菜单有两个选项“拉伸顶点和添加顶点”，一个中间夹点的悬停动态菜单有三个选项“拉伸、添加顶点和转换为圆弧”。通过以上分析可知，在对线段进行编辑时 PLINE 功能多，很适合对平面图形的修改，甚至重塑型。

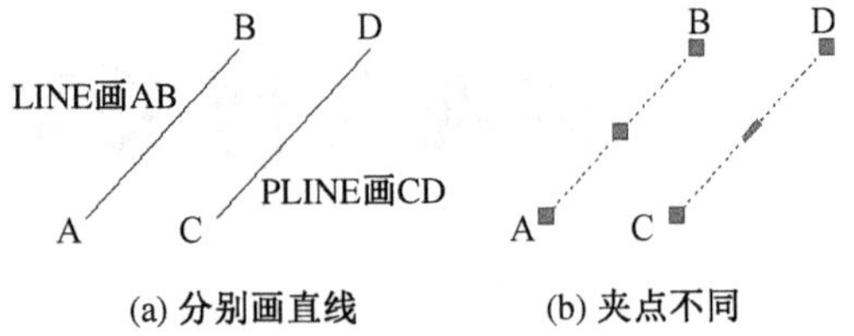

图 7-1 LINE 和 PLINE 画线比较

2. 闭合图形

图 7-2(a)为分别使用 LINE 和 PLINE 命令绘制的两个矩形，最后一条线段均采用闭合 C 选项来得到矩形。

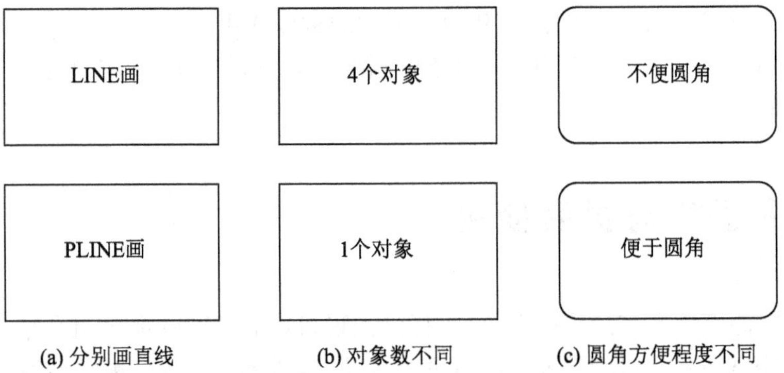

图 7-2 闭合图形

由 LINE 画的矩形有四个对象，而由 PLINE 画的矩形只有一个对象，意味着由 LINE 画的对象占空间大，并且编辑不方便。例如在圆角时，多段线的矩形一次可以将所有角点圆角，而由 LINE 绘制的矩形需经四次圆角。

3. 图案填充边界

若由 LINE 绘制的矩形为图案填充的边界，如果对这个边界进行了倒角或圆角编辑后，则填充图案与边界失去了关联，带来不便；而 PLINE 能保证关联。

4. 线与弧圆角

LINE 绘制的直线能与圆弧进行圆角操作，而 PLINE 不能。

5. 公切线

LINE 能绘制两圆的公切线，而 PLINE 不能。

6. 技能与提升

在画平面图形时，在没有特殊要求的情况下，如画两圆的公切线，优先使用 PLINE 命令绘制线段，更何况，PLINE 还有更多的其他功能。如图 7-3 所示，采用 PLINE 命令可以一次性完成，而 LINE 命令没有画圆功能。

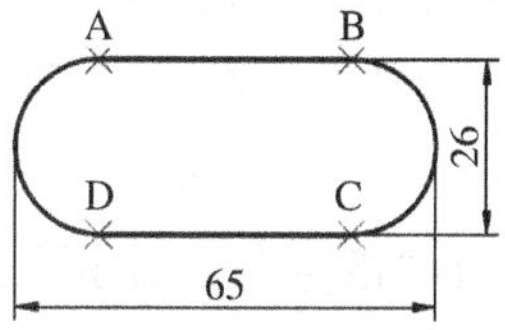

图 7-3　PLINE 命令绘图

但 LINE 绘制的直线可以和圆或圆弧进行圆角，PLINE 命令则不能。

由矩形命令和多边形命令得到的对象为多段线对象，同 PLINE 的对象性质。

7.1.3　移动、旋转、缩放命令复制功能

MOVE 命令、ROTATE 命令和 SCALE 命令都有在实现主操作的同时，可以保留原图形，这就是它们的复制功能，巧用这些复制功能，将提升绘图速度。在讲解 ROTATE 命令时的实例使用了复制功能，请读者体会。

7.1.4　参照选项的巧用

ROTATE 命令和 SCALE 命令都有参照 R 选项，ROTATE 命令参照的是 0 度的矢线方向，SCALE 命令参照的是缩放的原始长度。

特别要强调的是 SCALE 命令利用参照功能，可以完成手工无法完成的绘图，能解决具有几何要求和尺寸要求的图形的绘制问题。其绘图思路是：先实现图形的几何关系，再用参照功能缩放到指定大小。

7.2　几何查询

AutoCAD 创建的图形对象以图层方式存放，系统不仅可以显示图形对象，同时还建立了关于该对象的一组数据，并将它们保存到图形数据库中。AutoCAD 提供了数据查询功能，利用该功能，用户可以快速准确地提取这些数据。查询功能包括：对象的位置点、点的坐标值、两点之间的距离、图形对象的面积及图形实体等数据。

AutoCAD 2020 将查询命令放在“默认”选项卡→“实用工具”面板→测量子工具中，如图 7-4 所示。

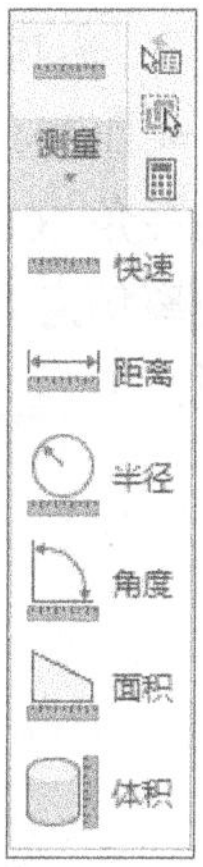

图 7-4　查询子菜单

7.2.1　显示点的坐标 ID

ID 命令用于显示图中指定的点的坐标。

1. 命令访问

① 功能区：默认→实用工具→“点坐标”工具

② 菜单：工具(T)→查询(Q)→点坐标(I)

③ 命令：ID

2. 命令提示

☼ 命令：**ID**↵(**'ID作透明命令使用**)
指定点：(**输入点,可以用目标捕捉方式拾取点**)

3. 选项说明

在"指定点:"提示下,单击欲查其坐标的点,也可以用目标捕捉方式拾取点。指定了一点后,AutoCAD在命令行显示该点的X、Y和Z坐标值。这样可以使AutoCAD在系统变量LASTPOINT中保持跟踪图形中拾取的最后一点。当使用ID命令拾取点时,该点保存到系统变量LASTPOINT中,在后续命令中只需输入@即可调用该点。

7.2.2 几何测量MEASUREGEOM

MEASUREGEOM命令用于显示测量选定对象或点序列的距离、半径、角度、面积和体积,与命令DIST、AREA和MASSPROP具有相同的计算,信息以当前单位格式显示在命令提示下和动态工具提示中。

1. 命令访问

① 功能区：默认→实用工具→各菜单

② 菜单：工具(T)→查询(Q)→各工具

③ 命令：MEASUREGEOM (MEA)

2. 命令提示

☼ 命令：**MEASUREGEOM**↵
输入选项[距离(D)/半径(R)/角度(A)/面积(AR)/体积(V)/快速(Q)/模式(M)/退出(X)]<距离>:

3. 选项说明

● 距离(D)：同DIST命令,拾取两点时,将计算并显示两指定点间的距离、和XOY平面的夹角、在XOY平面中倾角以及X、Y、Z方向的增量,如图7-5所示。拾取多点时,将累计距离信息,相邻两点可以是直线路径也可以是圆弧路径,可根据需要选择此时的进一步的选项。

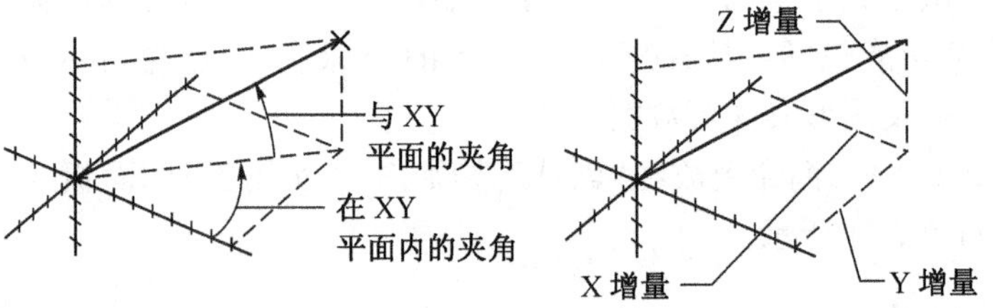

图7-5 两点距离查询信息含意

● 半径(R)：测量指定圆弧、圆或多段线圆弧的半径和直径。

● 角度(A)：测量两直线的夹角(锐角)、圆弧的圆心角和圆的任意两点间的圆心角。

● 面积(AR)：同 AREA 命令，测量对象或定义区域的面积和周长，但无法计算自交对象的面积。

● 体积(V)：测量对象或定义区域的体积。

● 快速(Q)：移动光标到对象附近将显示出这些对象的距离参数。

● 模式(M)：在快速模式与一般模式中切换。

4. 应用举例

【例 1】 测量如图 7-3 所示图形的周长。命令流程如下：

☼ 命令：**MEA**↵
输入选项 [距离(D)/半径(R)/角度(A)/面积(AR)/体积(V)/快速(Q)/模式(M)/退出(X)] <距离>：↵
指定第一点：**捕捉点 A**
指定第二个点或 [多个点(M)]：**M**↵
指定下一个点或 [圆弧(A)/长度(L)/放弃(U)/总计(T)] <总计>：**捕捉点 B**
距离＝39.0000
指定下一个点或 [圆弧(A)/闭合(C)/长度(L)/放弃(U)/总计(T)] <总计>：**A**↵
距离＝39.0000
[角度(A)/圆心(CE)/闭合(CL)/方向(D)/直线(L)/半径(R)/第二个点(S)/放弃(U)]：**捕捉点 C**
距离＝79.8407
[角度(A)/圆心(CE)/闭合(CL)/方向(D)/直线(L)/半径(R)/第二个点(S)/放弃(U)]：**L**↵
距离＝79.8407
指定下一个点或 [圆弧(A)/闭合(C)/长度(L)/放弃(U)/总计(T)] <总计>：**捕捉点 D**
距离＝118.8407
指定下一个点或 [圆弧(A)/闭合(C)/长度(L)/放弃(U)/总计(T)] <总计>：**CL**↵
距离＝144.8407

结果得到周长是 144.8407。由操作流程可以看出，该流程与 PLINE 的流程类似。

【例 2】 关于面积测量。求带有两个圆孔的金属板的面积(如图 7-6 所示)。该图形由一条多段线和两个圆组成。

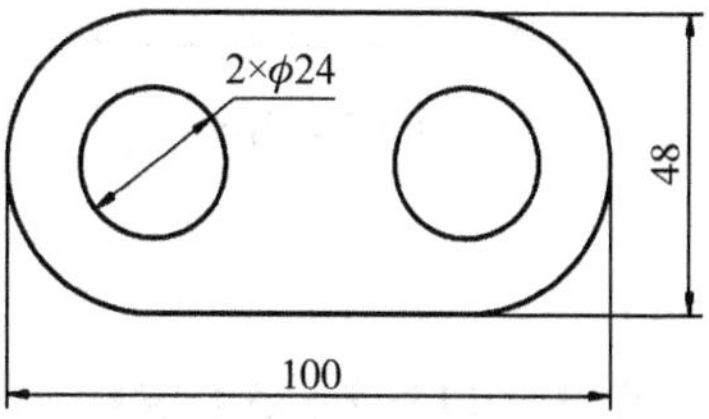

图 7-6 求面积

命令流程如下：

☼ 命令：**MEA**↵
输入选项 [距离(D)/半径(R)/角度(A)/面积(AR)/体积(V)/快速(Q)/模式(M)/退出(X)] <距离>：**AR**↵
指定第一个角点或 [对象(O)/增加面积(A)/减少面积(S)/退出(X)] <对象(O)>：**A**↵
指定第一个角点或 [对象(O)/减少面积(S)/退出(X)]：**O**↵
("加"模式) 选择对象：**选择外围多段线**↵
区域＝4305.5574，周长＝254.7964，总面积＝4305.5574

指定第一个角点或［对象(O)/减少面积(S)/退出(X)］：**S↵(进入减的模式)**
指定第一个角点或［对象(O)/增加面积(A)/退出(X)］：**O↵**
(“减”模式) 选择对象：**选择内左圆**
区域=452.3893，圆周长=75.3982，总面积=3853.1680
(“减”模式) 选择对象：**选择内右圆**
区域=452.3893，圆周长=75.3982，总面积=3400.7787(得到总面积数值)

7.2.3 显示面域/质量特性 MASSPROP

MASSPROP 命令用来计算和显示选定面域或三维实体的质量特性。

1. 命令访问

① 菜单：工具(T)→查询(Q)→面域/质量特性(M)

② 工具：

③ 命令：MASSPROP

2. 操作说明

发出命令后，AutoCAD 将出现“选择对象:”提示，让用户选择要列表显示的目标。目标选定后，屏幕上列出所选目标的数据结构描述信息，包括面积、周长、质心、惯性矩、惯性积、旋转半径，并询问是否将分析结果写入文件。例如对于图 7-6 所定义的面域，如图 7-7(a)所示，其信息报告如图 7-7(b)所示。

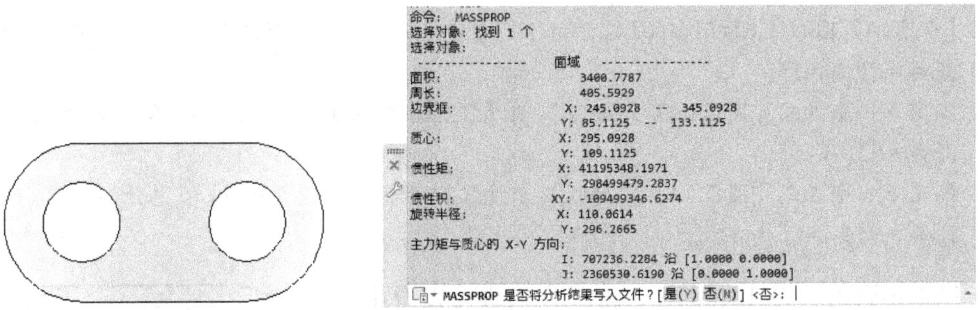

(a) 查询面域　　(b) 信息报告

图 7-7　MASSPROP 命令查询

7.2.4 目标列表 LIST

LIST 命令用于列出所选目标的数据结构描述信息。该命令可以列出任意对象的信息，所返回的信息与所选对象的类型有关，但有些信息是常驻的。对每个对象都显示的一般信息有：对象的类型、对象所在的当前层和对象组对于当前用户坐标系的(X，Y，Z)空间位置。

1. 命令访问

① 功能区：默认→特性→“列表”工具

② 菜单：工具(T)→查询(Q)→列表(L)

③ 工具：“查询”工具栏→

④ 命令：LIST (LI)

2. 操作说明

发出命令后，AutoCAD 将出现“选择对象：”提示，让用户选择要列表显示的目标。目标选定后，屏幕上列出所选目标的数据结构描述信息。例如对于一条直线，则不仅要列出其名称、所在的层、空间（模型空间或图纸空间）、句柄、起始点和终点坐标等基本参数，还要列出由基本参数导出的扩充数据，如起始点和终点的坐标增量等等，如图 7-8 所示。

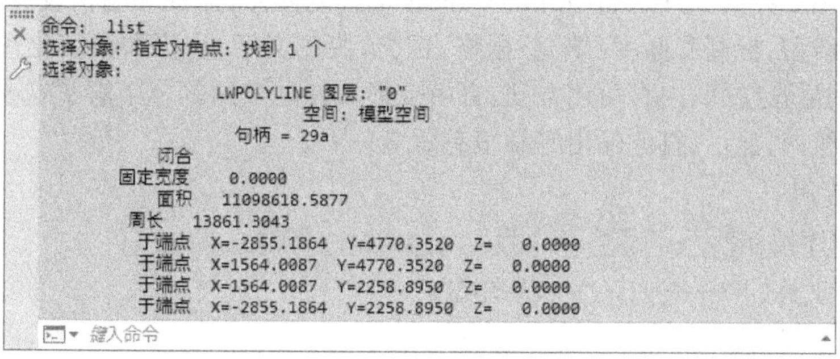

图 7-8　LIST 命令查询实体

7.2.5　全部列表 DBLIST

DBLIST 命令用于显示当前图形的全部图形数据结构信息。

发出命令后，AutoCAD 将在文本窗口中显示出每个实体的数据结构信息。该窗口出现对象信息时，系统将暂停运行，此时按【Enter】键继续输出，按【Esc】键终止命令。该命令的作用相当于每个实体的“LIST”的总和。

7.2.6　查询系统变量 SETVAR

SETVAR 命令用于查询并重新设置系统变量。系统变量在 AutoCAD 中扮演着十分重要的角色，系统变量值的不同直接影响着系统的运行方式和结果。熟悉系统变量是精通使用 AutoCAD 的前提。在命令执行过程中对系统变量进行设置而输入的参数或在对话框中设定的参数，都直接修改了相应的系统变量。

系统变量存储于 AutoCAD 的配置文件或图形文件中或根本不存储。任何与绘图环境或编辑器相关的变量通常存储了一个特殊的变量，那么它的设置就会在一幅图中执行之后，在另外的图中也得到了执行。如果变量存储在图形文件中，则它的当前值仅依赖于当前的图形文件。

1. 命令访问

① 菜单：工具(T)→查询(Q)→设置变量(V)

② 命令：SETVAR

2. 命令提示

☼ 命令：**SETVAR**↵

输入变量名或 [?]：

3. 选项说明

● 变量名：用户可以直接输入要重新设置的系统变量的名称，并赋以一个新的值。

● ?：输入“?”，以查询当前系统变量的设置情况。

7.2.7　状态查询 STATUS

STATUS 命令用于显示当前图形的绘图环境及系统状态的各种信息及磁盘空间利用情况。在 AutoCAD 中，任何图形对象都包含着许多信息，例如，当前图形包含的对象的数量、图形名称、图形界限及其状态（开或关）、图形的插入基点、捕捉和栅格设置、操作空间、当前图层、颜色、线型、标高和厚度、填充、栅格、正交、快速文字、步骤和数字化仪的状态、对象捕捉模式、可用磁盘空间、内存可用空间、自由交换文件的空间等。了解了这些状态数据，对于控制图形的绘制、显示、打印输出等都很有意义。

1. 命令访问

① 应用程序按钮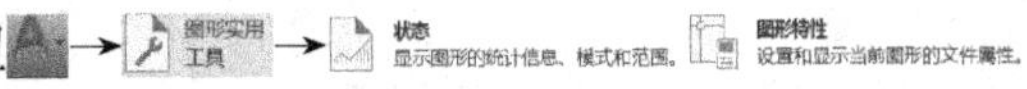

② 菜单：工具(T)→查询(Q)→状态(S)

③ 命令：STATUS

2. 操作说明

发出命令后，屏幕上将显示当前图形文件的如下状态信息：

● 图形文件路径、名称和包含的对象数。
● 模型空间或图纸空间的绘图界限、已利用的图形范围和显示范围。
● 插入基点。
● 捕捉分辨率和栅格点间距。
● 当前空间（模型或图纸）、当前图层、颜色、线型、线宽、基面标高和延伸厚度。
● 填充、栅格、正交、快速文字、间隔捕捉和数字化仪开关的当前设置。
● 对象捕捉的当前设置。
● 磁盘空间的使用情况。

7.2.8　图形特性信息 DWGPROPS

DWGPROPS 命令用于显示图形特性对话框，供用户查询有关当前图形的常规和统计信息；并可设置图形的概要特性和定制特性，如图形标题、主题、作者、关键字等，以便在 AutoCAD 的设计中心和 Windows 的资源管理器中查找和检索该图形文件。

1. 命令访问

① 用程序按钮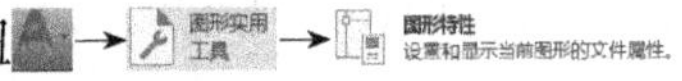

② 菜单：文件(F)→图形特性(I)

③ 命令：DWGPROPS

发出命令后，AutoCAD 将弹出如图 7-9 所示图形属性对话框。该对话框有常规、概要、统计信息和自定义四个选项卡。

2. 选项说明

(1) 常规选项卡

显示有关当前图形文件的常规信息，包括：

● 图形文件的名称和图标。
● 文件的类型、位置和大小信息（只读）。

● MS-DOS 下的文件名、文件创建的日期和时间、文件最后一次修改的日期和时间以及最后一次访问该文件的日期，这些信息也是只读的。

● 文件的属性(只读、存档、隐藏和系统)，该区的各项在 AutoCAD 中是只读的，但在 windows 的资源管理器中可以重新设置。

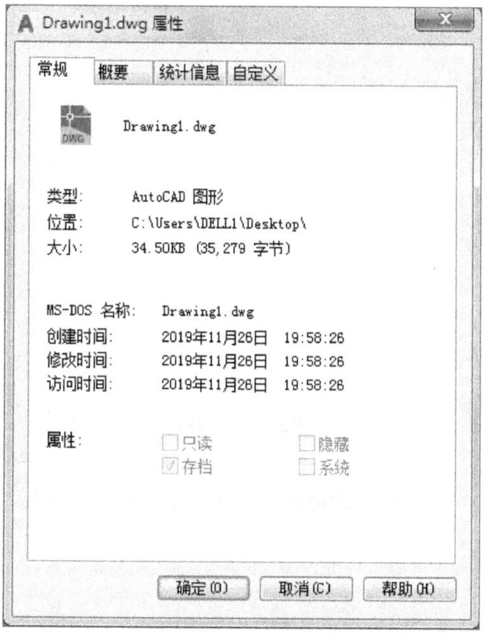

图 7-9　图形属性对话框的基本选项卡

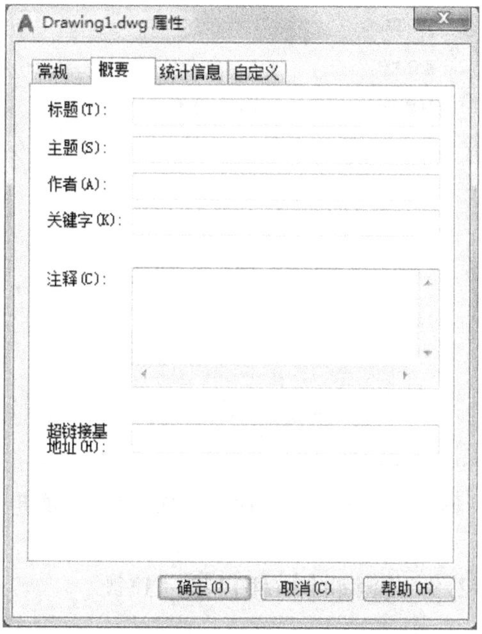

图 7-10　图形属性对话框的概要选项卡

(2) 概要选项卡

图形属性对话框的概要选项卡，如图 7-10 所示。用于显示和重新设置图形文件的概要信息，如作者、标题、主题、关键字等。此后，可以在 AutoCAD 的设计中心中进行查找和检索。包括：

● 标题：指定图形文件的标题，该标题与图形文件的名称可以不同。

● 主题：指定图形文件的主题，具有相同主题的图形文件可以形成组合。

● 作者：指定图形文件的作者。

● 关键词：指定用于检索时定位该图形的关键字。

● 注释：指定用于检索时定位该图形的注释语句。

● 超链接基地址：指定插入到该图形中的超级链接的基地址。用户可以指定一个 Internet 网址或到一个网络驱动器上文件夹的路径。

(3) 统计信息选项卡

图形属性对话框的统计信息选项卡如图 7-11 所示，与对话框的概要选项卡基本类似。该选项卡显示图形文件创建的日期和时间、最后一次修改的日期和时间、最后一次修改该图形文件的用户的名称、修订版本号以及编辑该图形文件所花费的总的时间。

(4) 自定义选项卡

图形属性对话框的自定义选项卡如图 7-12 所示。用户可以自己定义 10 个字段并给它们一个确定的值，这些字段可以在检索时帮助定位图形文件。

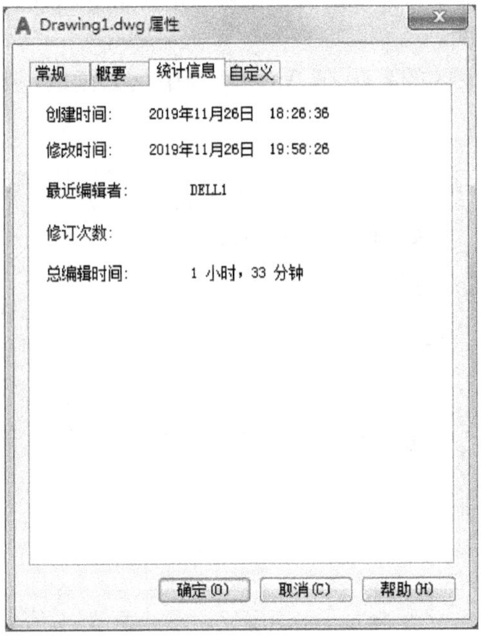

图 7-11　图形属性对话框的统计信息选项卡

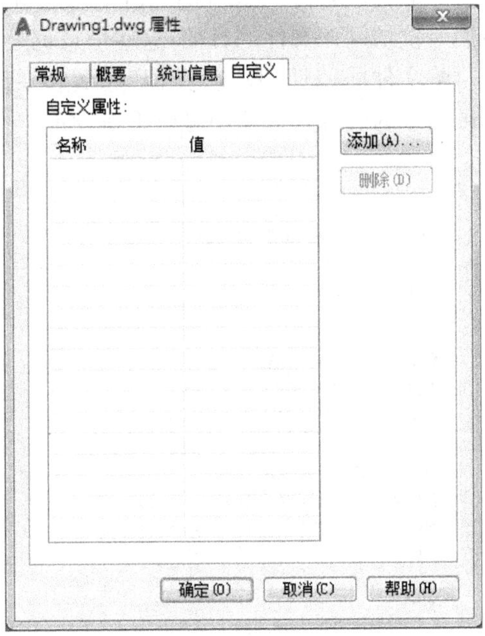

图 7-12　图形属性对话框的自定义选项卡

7.2.9　查询时间和日期 TIME

TIME 命令用于显示当前的日期和时间、图形创建的日期和时间以及最后一次更新的日期和时间，此外还提供了图形在编辑器中的累计时间。

1. 命令访问

① 菜单：工具(T)→查询(Q)→时间(T)

② 命令：TIME

发出命令后，AutoCAD 将显示如图 7-13 所示的信息。

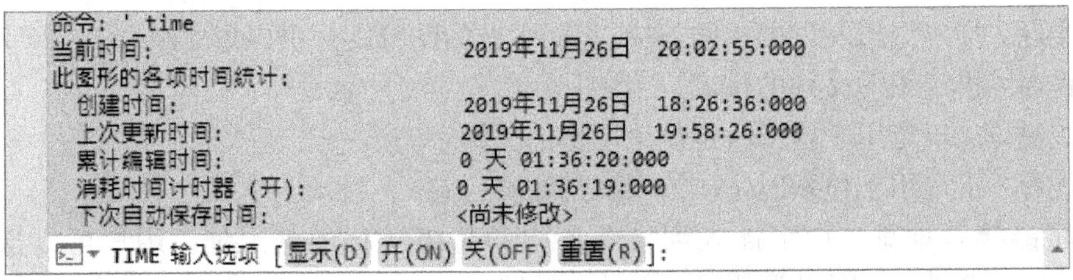

图 7-13　AutoCAD 文本窗口的时间报告

2. 选项说明

- 当前时间：表示当前的日期和时间实时。
- 创建时间：建立当前图形文件的日期和时间。
- 上次更改时间：最近一次更新图形文件的日期和时间。
- 累计编辑时间：自图形建立之时起，编辑当前图形所用的总时间。
- 消耗时间计时器(开)：这是另一种计时器，称为用时计时器，在用户进行图形编辑时运行。该计时器可由用户任意开、关或复位清零。

- 下次自动保存时间：表示下一次图形自动存贮时的时间。

显示完以上信息后，AutoCAD 接着提示：

输入选项 [显示(D)/开(ON)/关(OFF)/重置(R)]：

- 显示(D)：重复显示上述时间信息，并且更新时间内容。
- 开(ON)：打开用时计时器。
- 关(OFF)：关闭用时计时器。
- 重置(R)：使用时计时器复位清零。

7.3 几何计算

几何计算解决两类问题：一是度量问题，如两点之距、点到线(或面)之距；两直线的夹角等。二是方位问题，即几何矢量的方向。

AutoCAD 提供的 CAL 命令也是一个几何计算器，不仅可以计算普通的代数表达式，更为重要的是计算器还包含一组特殊的函数，具有计算几何表达式(矢量计算)的能力。它可以作坐标点与坐标点之间算术运算，可以使用捕捉模式参与运算，还可以自动计算几何坐标点。此外，AutoCAD 几何计算器还具有计算矢量和法线的功能。

CAL 命令可以透明使用，这使得用户在绘图过程中，可以在不中断命令的情况下，利用计算机进行算术运算和几何运算，AutoCAD 会把运算的结果直接作为命令的参数使用。

计算器的另一个应用是为一个 Auto LISP 变量赋值。例如，在数学表达式中可使用一个 Auto LISP 变量，然后将该表达式的值赋给一个 Auto LISP 变量。

命令提示

☼ 命令：<u>**CAL**</u>↵
>> 表达式：**输入数学表达式和矢量表达式**

7.3.1 矢量表达式

一个矢量表达式是由点、矢量、数值和由表 7-1 所示的操作符构成的函数所组成的。点用于定义空间中的位置，而矢量用于定义空间中的方向或位移。在使用 CAL 时，必须把坐标用“[　]”括起来，可以采用笛卡尔坐标或采用极坐标，有绝对坐标和相对坐标。

表 7-1　CAL 命令可执行的标准函数运算

运算符	含　义	操作示例
+	矢量相加	[a, b, c]+[x, y, z]=[a+x, b+y, c+z] [2, 4, 3]+[5, 4, 7]=[2+5, 4+4, 3+7]=[7, 8, 10]
—	矢量相减	[a, b, c]−[x, y, z]=[a−x, b−y, c−z] [2, 4, 3]−[5, 4, 7.5]=[2−5,4−4,3−7.5]=[−3, 0, −4.5]

（续表）

运算符	含　义	操作示例
*	矢量乘实数	a*[x, y, z]=[a*x, a*y, a*z] 3*[2, 8, 3.5]=[3*2, 3*8, 3*3.5]=[6.0　24.0　10.5]
/	矢量除实数	[x, y, z]/a=[x/a, y/a, z/a] [4, 8, 4.5]/2=[4/2, 8/2, 4.5/2]=[2.0　4.0　2.25]
&	矢量叉乘	[a, b, c]&[x, y, z]=[(b*z)−(c*y), (c*x)−(a*z), (a*y)−(b*x)] [2, 4, 6]&[3, 5, 8]=[(4*8)−(6*5), (6*3)−(2*8), (2*5)−(4*3)]=[2.0　2.0　−2.0]

7.3.2　使用捕捉模式与使用辅助函数

CAL 函数可以使用 AutoCAD 的对象捕捉模式作为表达式的一部分来进行计算。当在一个表达式中使用捕捉时，系统将提示用户选择捕捉对象并返回相应捕捉点的坐标。在表达式中使用"捕捉"模式大大地简化了相对其他对象的坐标输入。

使用捕捉模式时，只需输入它的三字符名称。例如，使用"圆心捕捉"模式时，输入 CEN。CAL 捕捉模式设置 LASTPOINT 系统变量的值。表 7-2 列出了 CAL 捕捉模式与相对应的 AutoCAD 捕捉模式：

表 7-2　CAL 捕捉模式与 AutoCAD 捕捉模式

CAL 捕捉模式	AutoCAD 捕捉模式	CAL 捕捉模式	AutoCAD 捕捉模式
END	ENDpoint	NEA	NEArest
EXT	EXTension	NOD	NODe
INS	INSert	QUA	QUAdrant
INT	INTersection	PAR	PARallel
MID	MIDpoint	PER	PERpendicular
CEN	CENter	TAN	TANgent

【例 3】　在本例中，使用 CAL 的捕捉模式找到点的值（坐标），然后利用这些值绘制直线（C,D）。设圆和直线（A,B）已绘在图形中（如图 7-14 所示）。命令流程如下：

☼ 命令：**LINE**↵
指定第一点：**'CAL**↵
>>>> 表达式：**(CEN+END)/2**↵
>>>> 选择图元用于 CEN 捕捉：**捕捉圆心**
>>>> 选择图元用于 END 捕捉：**捕捉直线端点 B**
指定下一点或［放弃(U)］：**'CAL**↵
>>>> 表达式：**(CEN+END)/2**↵
>>>> 选择图元用于 CEN 捕捉：**捕捉圆心、捕捉直线端点 A**↵

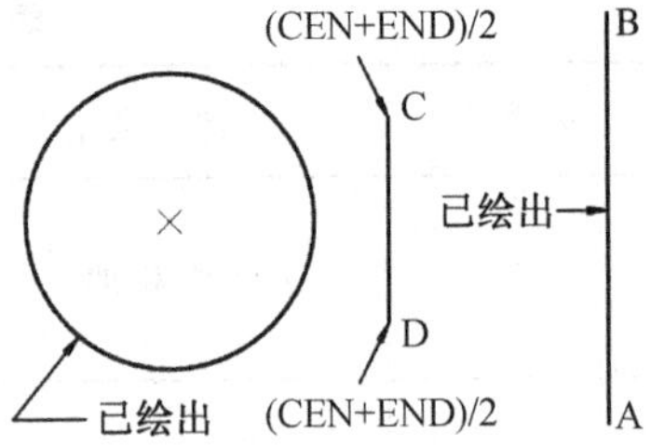

图 7-14　使用 CAL 捕捉模式

7.3.3 使用 Auto LISP 变量

几何计算器允许在数学表达式中使用 Auto LISP 变量。也可以用计算器为一个 Auto LISP 变量赋值。该变量可以是整数、实数或一个 2D 或 3D 点。下面的例子说明 Auto LISP 变量的使用。

【例 4】 在两个圆间绘制一个圆，其圆心与两个已知圆的圆心连线的中点向上偏移 20，其直径为 8.86 • π。要确定上面圆的圆心，必须首先确定两个已知圆心的中点。这可通过定义一个 mdp 变量实现，这里 mdp=(cen+cen)/2。同样，可以为偏移定义另一个变量 ofst=[0,20]。所求圆心可由这两个变量相加得到(mdp+ofst)。也为半径定义个变量 $R = 4.43 \cdot \pi$，如图 7-15 所示。命令流程如下：

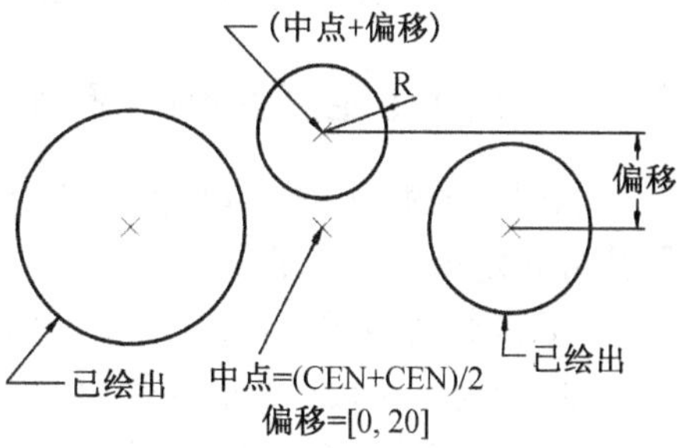

图 7-15 使用变量

☼ 命令：**CAL**↵
>> 表达式：**R=4.43 * PI(PI 为特定变量，即为 π)**
13.9172555

☼ 命令：**CAL**↵
>> 表达式：**MDP=(CEN+CEN)/2**↵
>> 选择图元用于 CEN 捕捉：**捕捉第一个圆心、捕捉第二个圆心**
61.332252,−257.671114,0
☼ 命令：**↵(重复 CAL 命令)**
CAL>> 表达式：**OFST=[0,20]**↵
0,20,0

☼ 命令：_circle 指定圆的圆心或 [三点(3P)/两点(2P)/相切、相切、半径(T)]：**'CAL**↵
>>>> 表达式：**MDP+OFST**↵
指定圆的圆心或 [三点(3P)/两点(2P)/相切、相切、半径(T)]：961.332252,−237.671114,0
指定圆的半径或 [直径(D)] <29.7041>：**! R(引用算术变量值时，应在变量前加感叹号"!"作前缀)**
13.9173

7.3.4 获取对象半径 rad 函数

使用 rad 函数以获得一个对象的半径，该对象可以是圆、圆弧或 2D 多段弧。

【例 5】 已知一半径(r)一定的圆，现绘制一个半径是已知圆半径的 0.75 倍的圆，如图 7-16 所示。命令流程如下：

☼ 命令：**CIRCLE**↵
指定圆的圆心或 [三点(3P)/两点(2P)/相切、相切、半径(T)]：**拾取点 B**

指定圆的半径或［直径(D)］：**'CAL**↵

>>>> 表达式：**0.75 * rad↵(表达式中，rad 函数提示用户选择一个对象，且找出该对象的半径)**

>>>> 给函数 RAD 选择圆、圆弧或多段线：**选择圆 A**

指定圆的半径或［直径(D)］：18.2320426

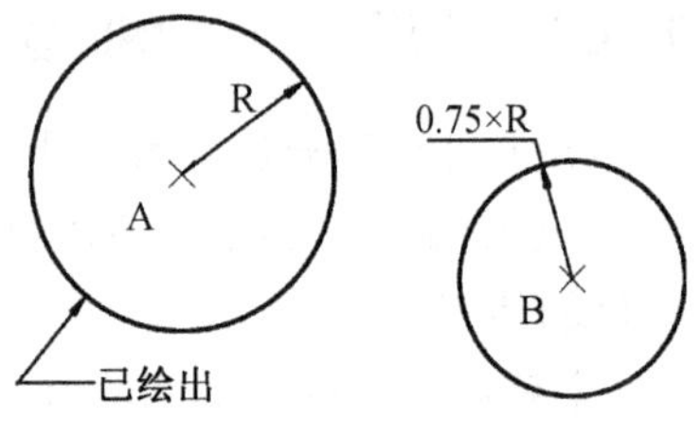

图 7-16　决定新圆的半径

7.3.5　直线上定点 pld 和 plt 函数

利用 pld 和 plt 函数，沿位于两个点间的直线，以指定距离方式定位一个点的位置。

pld 函数的格式是：pld (P1,P2,dist)，该函数确定在直线(P1,P2)间且距离点 P1 为 dist 的一个点。例如，如果函数为 pld (P1,P2,30)，且该直线的长度为 70，则计算器将在直线(P1,P2)上距点(P1)为 30 处确定一个点。

plt 函数的格式是：plt (P1,P2,t)。该函数将在直线(P1,P2)上以参数 t 所确定的比例距离定位一个点。如果 t=0，则该函数定位的点为 P1；同样，如果 t=1，则该函数定位的点为 P2；如果 t 值大于 0 小于 1(0<t<1)函数所确定的点的位置由 t 的值决定。例如，如果函数为 plt (P1,P2,0.7)，且直线长度为 70，则计算器所定位的点位于距点(P1)为 0.7×70＝49 处。

【例 6】 已知直线(P1,P2)和(P3,P4)，使用 pld 和 plt 函数确定圆的圆心。图 7-17 显示了 pld 和 plt 函数的使用过程。plt 函数：plt (END,END,0.7)将提示用户选择直线(P3,P4)的两个端点，且该函数将返回一个距离点(P3)为 0.7×70＝49 的点。命令流程如下：

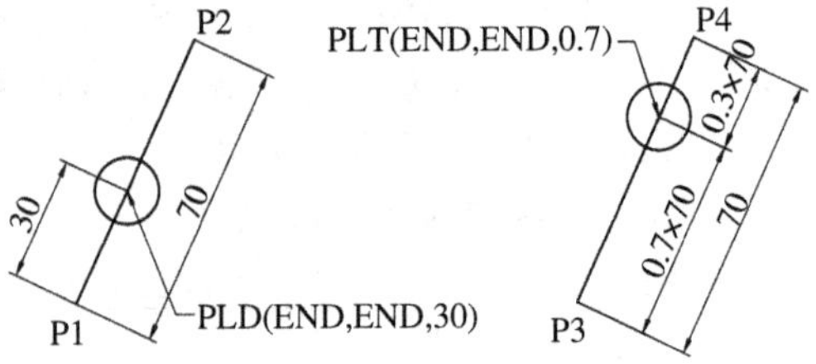

图 7-17　直线上定点

☼ 命令：**CIRCLE**↵

指定圆的圆心或［三点(3P)/两点(2P)/相切、相切、半径(T)］：**'CAL**↵

>>>> 表达式：**pld(END,END,30)↵(输入 pld 函数)**

>>>> 选择图元用于 END 捕捉：**捕捉直线(P1,P2)的第一个端点 P1**

>>>> 选择图元用于 END 捕捉：**捕捉直线(P1,P2)的第二个端点 P2**

指定圆的圆心或［三点(3P)/两点(2P)/相切、相切、半径(T)］：1112.97752, −371.535185,0

指定圆的半径或［直径(D)］<49.0000>：**8↵(输入半径)**

命令：**↵(重复画圆命令)**

CIRCLE 指定圆的圆心或［三点(3P)/两点(2P)/相切、相切、半径(T)］：**'CAL**↵

>>>> 表达式：**plt(END,END,0.7)↵(输入 plt 函数)**

>>>> 选择图元用于 END 捕捉：**捕捉直线(P3,P4)的第一个端点 P3**

>>>> 选择图元用于 END 捕捉：**捕捉直线(P3,P4)的第二个端点 P4**

指定圆的圆心或 [三点(3P)/两点(2P)/相切、相切、半径(T)]：1224.16177,－354.291792,0
指定圆的半径或 [直径(D)] <8.0000>：↵**(与前圆半径相同)**

7.3.6 获取角度 ang 函数

利用 ang 函数获得两条线的夹角，也可用于获得直线与正 X 轴之间的夹角。该函数有以下四种格式(参见图 7-18)：ang(V)，ang(P1，P2)，ang(Apex，P1，P2)和 ang(Apex，P1，P2，P)。

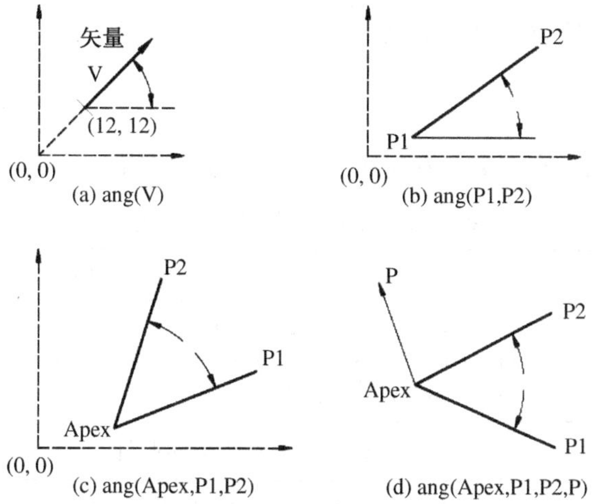

图 7-18 获取一个角度

● ang(V)函数可用于获得一个矢量与 X 轴之间的夹角。

设一个矢量为[12，12，0]，见图 7-18(a)，可利用 ang(V)函数得到该角度。命令流程如下：

☼ 命令：**CAL**↵
>> 表达式：**V=[12,12,0]↵(定义一个矢量 V)**
命令：**CAL**↵
CAL >> 表达式：**ang(V)(V 指一个已定义矢量)**
45**(矢量 V 与 X 轴的角度为 45°)**

● ang(P1，P2)函数可用于获得直线(P1，P2)与 X 轴之间的夹角。

设直线已经存在，见图 7-18(b)，则可利用 ang(P1，P2)函数获得该角度。命令流程如下：

☼ 命令：**CAL**↵
>> 表达式：**ang(END,END)**↵
>> 选择图元用于 END 捕捉：**捕捉直线(P1，P2)的第一个端点 P1**
>> 选择图元用于 END 捕捉：**捕捉直线(P1，P2)的第二个端点 P2**
35.1000723**(此为函数返回的角度值)**

● ang(Apex，P1，P2)函数可以获得直线(Apex，P1)与直线(Apex，P2)之间的夹角。

例如,若要获得如图 7-18(c)所示两条直线的夹角,可使用以下命令:

☼ 命令: **CAL**↵
>> 表达式: **ang(END,END)**↵
>> 选择图元用于 END 捕捉: **捕捉第一个端点 Apex**
>> 选择图元用于 END 捕捉: **捕捉第二个端点 P1**
>> 选择图元用于 END 捕捉: **捕捉第三个端点 P2**
50.8405182 **(此为函数返回的角度值)**

● ang(Apex,P1,P2,P)函数可以获得直线(Apex,P1)与直线(Apex,P2)之间的夹角,其最后一个点 P 用于确定该角度的方向。

7.3.7 函数列表

表 7-3 是计算器的所有函数。在每一个函数后的说明描述了该函数的应用。

表 7-3 几何计算器的所有函数

函数	说 明
abs(实数)	返回计算一个数的绝对值
abs(V)	返回计算矢量 V 的长度
ang(V)	返回计算 X 轴与矢量 V 的夹角
ang(P1,P2)	返回计算 X 轴与直线(P1,P2)的夹角
cur	返回从图形光标点获得点的坐标
cvunit(val,from,to)	返回将已知值(val)从一个测量单位转换到另一个
dee	返回测量两个端点的距离,等效于函数 dist(end,end)
dist(P1,P2)	返回测量两个指定点(P1,P2)的距离
getvar(变量名)	返回获得 AutoCAD 系统变量的值
ill(P1,P2,P3,P4)	返回直线(P1,P2)和(P3,P4)的交点
ille	返回由四个端点确定的直线的交点,等效于函数 ill(end,end,end,end)
mee	返回两个端点的中点,等效于函数(end,end)/2
nee	返回垂直于两个端点的单位矢量,等效于函数 nor(end,end)
nor	返回垂直于一个圆或弧的单位矢量
nor(V)	返回一个位于 XOY 平面中且与矢量 V 垂直的单位矢量
nor(P1,P2)	返回一个位于 XOY 平面中且与直线(P1,P2)垂直的单位矢量
nor(P1,P2,P3)	返回一个与由点(P1,P2,P3)确定的平面垂直的单位矢量

（续表）

函数	说 明
pld(P1,P2,dist)	返回在直线(P1,P2)上距点(P1)为 dist 处定位一个点
plt(P1,P2, t)	返回在直线(P1,P2)上距点(P1)为 $t \times dist$ 处定位一个点(注意,当 t=0 时,点为 P1;当 t=1 时,点为 P2)
rad	返回获得所选对象的半径
rot(P,org,ang)	返回绕 org 旋转 ang 角度的点
u2w(P)	返回从当前 UCS 中确定一个相对于 WCS 的点
vec(P1,P2)	返回计算从点(P1)到点(P2)的矢量
vec1(P1,P2)	返回计算从点(P1)到点(P2)的单位矢量
vee	返回从两个端点计算矢量,等效于 vec(end,end)
vee1	返回从两个端点计算单位矢量,等效于 vec1(end,end)
w2u(P)	返回从 WCS 确定一个相对于当前 UCS 的点

7.4 绘图实现几何关系

对于几何关系复杂的图形,用仪器手工绘图是很麻烦的,甚至是无法绘出的。然而,利用 AutoCAD 提供的多种绘图工具及其编辑工具可以实现具有复杂几何关系的图形绘制。据几何关系作图,是各类 CAD 竞赛的重要题型,也是 ATC 论证考试常出现的题型。下面通过实例来体会 AutoCAD 绘制这些图形的精妙之处。

7.4.1 使用 CAL 命令计算值和点

CAL 是一个功能很强的三维计算器,可以完成数学表达式和矢量表达式(点、矢量和数值的组合)的计算。上节通过一些实例说明通过获取已知图形数据以及通过图形数据计算的方法来为其他图形所用,建立了图形间的数据关系。

7.4.2 常用的几何定理

既然是几何问题,就必须对一些常用的几何定理有所了解,并在它的指导下,灵活应用到 CAD 绘图之中。这里列出一些常用几何定理,其证明请查阅有关书籍。

定理1 勾股定理

勾股定理的重要性体现在它将图与数建立了关系,它也是其他定理的基础。

绘图中常需解决线段长度关系问题,如已知一段线的长为 b,另一线段长为$\sqrt{5}b$,该如何作出呢?建立一个等式:$\sqrt{5}b=\sqrt{4b^2+b^2}$,构建了一个直角三角形,两直角边长分别为 $2b$ 和 b,则斜边就是$\sqrt{5}b$。同样可以作出$\sqrt{7}b$,读者不妨分析一下如何构建一个直角三角形。

定理2 中线定理(巴布斯定理)

1. 三角形一条中线两侧所对边平方和等于底边的一半平方与该边中线平方和的2倍。

设$\triangle ABC$的边BC的中点为P，则有$AB^2+AC^2=2(AP^2+BP^2)$；

中线长：

$$m_a=\frac{\sqrt{2b^2+2c^2-a^2}}{2}$$

2. 三角形的三条中线交于一点，该点叫作三角形的重心。

3. 三角形中线组成的三角形面积等于这个三角形面积的3/4。

4. **特例** 直角三角形斜边中线性质："直角三角形斜边上的中线等于斜边的一半"是直角三角形的重要性质之一，而且斜边上的中线将直角三角形分割成两个顶角互补、底角互余的两个等腰三角形。

定理3 垂线定理

设$AB\perp CD$，则有$AC^2-AD^2=BC^2-BD^2$。

定理4 直角三角形射影定理(欧几里得定理)：在直角三角形中，斜边上的高是两直角边在斜边上射影的比例中项。每一条直角边是这条直角边在斜边上的射影和斜边的比例中项。

设直角$\triangle ABC$中，$\angle ACB=90^\circ$，CD是斜边AB上的高，则：

1. $CD^2=AD\cdot DB$；
2. $BC^2=BD\cdot BA$；
3. $AC^2=AD\cdot AB$；
4. $AC\cdot BC=AB\cdot CD$。

定理5 角平分线定理：三角形一个角的角平分线分对边所成的两条线段与这个角的两边对应成比例。

如$\triangle ABC$中，AD平分$\angle BAC$，则有$BD/DC=AB/AC$。

定理6 垂径定理：垂直于弦的直径平分这条弦并且平分弦所对的两条弧角。

定理7 弦切角定理：弦切角等于它所夹的弧对的圆周角。

定理8 相交弦定理：圆内的两条相交弦，被交点分成的两条线段长的积相等。

特例 如果弦与直径垂直相交，那么弦的一半是它分直径所成的两条线段的比例中项。

定理9 切割线定理：从圆外一点引圆的切线和割线，切线长是这点到割线与圆交点的两条线段长的比例中项。

定理10 阿波罗尼斯定理：到两定点A、B的距离之比为定比$m:n$(值不为1)的点M，位于将线段AB分成$m:n$的内分点C和外分点D为直径的圆(将该圆简称为阿氏圆)周上。

7.4.3 复杂几何关系的图形绘制

下面通过实例说明AutoCAD在几何作图方面的应用。

【实例1】 花瓣如图7-19(a)所示，试按图示尺寸作出该图。

作图步骤：

(1) 作两同心圆，半径分别是34、40；8等分内圆，设置点样式为可显示，见图7-19(b)。

(2) 3P方式绘花瓣小圆：捕捉相邻两节点和外圆切点，见图7-19(c)。

(3) 修剪花瓣小圆，修剪边界为内圆，见图7-19(d)。

(4) 环形阵列花瓣弧 8 等分,需设置基点为花瓣弧的中心,重设点样式为不显示,见图 7-19(e)。

(5) 将整个图形旋转 22.5°。

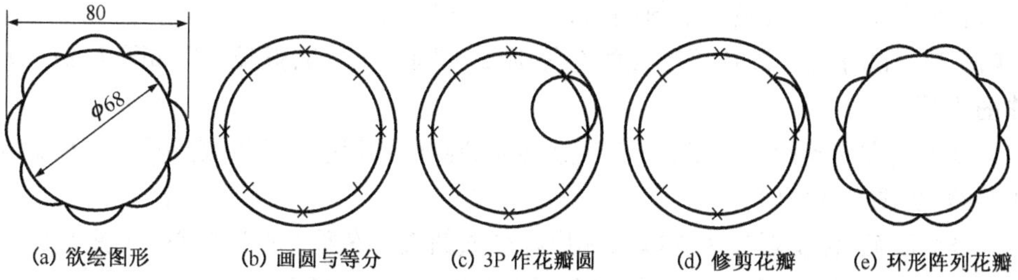

图 7-19 花瓣

【实例 2】 钣金下料:现有一等边(设边长为 100 mm)三角形钢板,能割出三个等圆的最大直径 D 是多少?

该例实为一个几何作图问题,即在已知的等边三角形内作出三个等直径的相切圆。

作图步骤:

(1) 作一适当大小的等边三角形(POLYGON 命令),并于三个顶点为圆心,以三角形边长为直径(捕捉边的中点)作出三个相切圆,见图 7-20(a)。

(2) 作三圆的外切等边三角形,用 OFFSET 命令,偏移距离为圆的半径,须用拾取两点之距来响应,即捕捉圆心点和三角形紧邻边的中点,见图 7-20(b)。

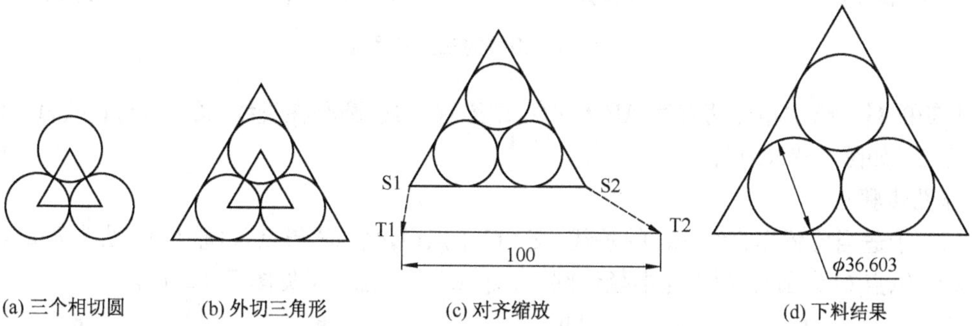

图 7-20 钣金下料

(3) 删除内三角形,在适当之处画一条长为 100 的直线,用 ALIGN 命令将三角形和三个圆与 100 长的直线并对齐缩放,见图 7-20(c),命令流程如下:

✿ 命令: **AL**↵(**ALIGN 的快捷方式**)
选择对象: **选择三角形和三个圆**↵
指定第一个源点: **捕捉点 S1**
指定第一个目标点: **捕捉点 T1**
指定第二个源点: **捕捉点 S2**
指定第二个目标点: **捕捉点 T2**

指定第三个源点或<继续>：↵(对二维对齐必须回车，才能有下面的操作功能)
是否基于对齐点缩放对象？[是(Y)/否(N)] <否>：**Y**↵

第 3 步也可用比例缩放 SCALE 命令的参照选项来实现，请读者试一下。

结果：见图 7-20(d)，最大下料圆的直径 D=36.603 mm。

【实例 3】 试作出三段首尾相接的全等圆弧，圆弧半径 55、弧长 88，如图 7-21(a)所示。

作图步骤：

(1) 以水平方向起始作一半径 55 且足够大的圆弧；并用距离 88 定距等分之；画出等分节点半径线，见图 7-21(b)。

(2) 修剪圆弧，保留弧长为 88 段；环形阵列该圆弧：阵列中心为弧心，见图 7-21(c)。

(3) 移动两圆弧，使端点重合；作右上弧中点半径线，见图 7-21(d)。

(4) 转正图形：以中点半径线为参照，将其对准垂直向上方向；删除多余几条线，标注尺寸，得目标如图 7-21(a)所示。

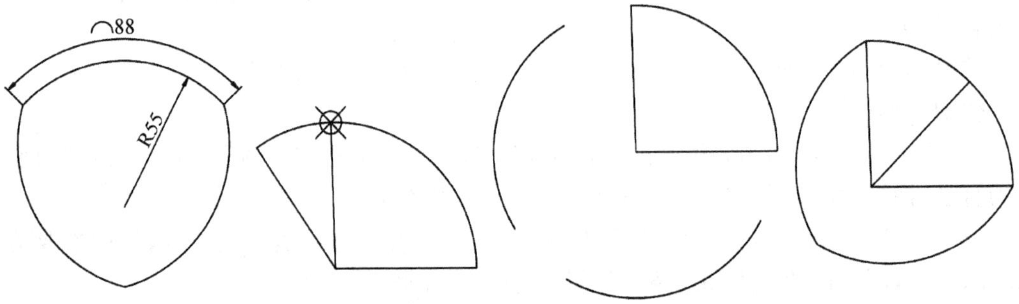

(a) 作图目标　　(b) 定距分圆弧　　(c) 环形阵列3个　　(d) 移动两弧相接

图 7-21　相接的三全等圆弧

【实例 4】 已知相交两直线 AB 和 AC，试绘制一圆，圆心在直线 AC 上，与直线 AB 相切且过点 C，如图 7-22(a)所示。

作图步骤：

(1) 于适当位置作直线 AB 的垂线，交 AC 于点 O，交 AB 与点 N(垂足)，见图 7-22(b)。

(2) 以点 O 为圆心，$\overline{ON}$ 为半径作圆 O，交 AC 于下点 K，见图 7-22(c)。

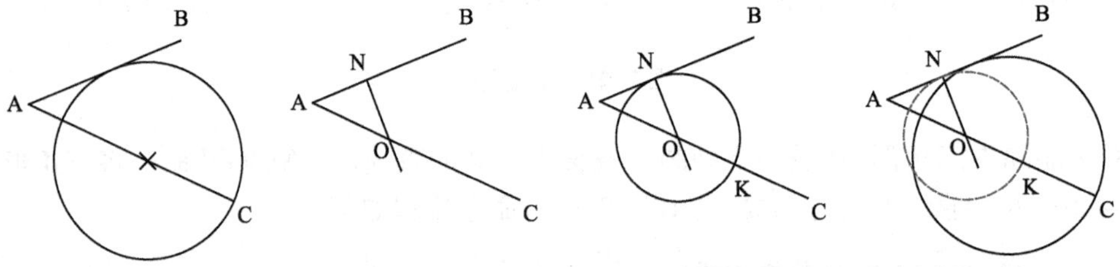

(a) 作图目标　　(b) 作AB垂线　　(c) 试作一圆　　(d) 参照缩放

图 7-22　过点的切圆

(3) 比例参照缩放圆 O，其过程参见图 7-22(d)。使用 SCALE 命令流程如下：

☼ 命令：<u>**SCALE**</u>↵
选择对象：**选择圆 O**↵

指定基点：**捕捉点 A**

指定比例因子或 [复制(C)/参照(R)] <1.2237>：**R**↵

指定参照长度 <287.3867>：指定第二点：**第一点捕捉 A，第二点捕捉 K**

指定新的长度或 [点(P)] <351.6802>：**捕捉点 C**

(4) 删除直线 ON，得目标如图 7-22(a)所示。

【实例 5】 在给定的角度内作定长圆弧。已知相交两直线 AB 和 AC 构成一角，弧长 $S=40$，弧心为 A，作出此弧，如图 7-23(a)所示。

几何分析：

由数学关系知：$s=r\theta$。若已知一弧的弧长 s_1、半径 r_1，则可求出弧心角 θ_1。这个几何求解，用 AutoCAD 可方便实现：作一半径为 r_1 的弧，再定距 s_1 等分之，得每一等分的圆心角即为 θ_1。现要求在给定角 θ_2 内作出弧长为 40 的弧，即已知 s_2 和 θ_2，如何求作半径 r_2。设 $s_2=s_1$（r_1 弧等分距离就是 s_2），则 $r_2=\dfrac{\theta_1}{\theta_2}r_1$，即将 r_1 用比例 $\dfrac{\theta_1}{\theta_2}$ 缩放得 r_2，问题是如何获取角度值呢？AutoCAD 没有提供直接拾取角度的命令，此时就需要用“CAL”命令来获取角度值及其角度的比值。

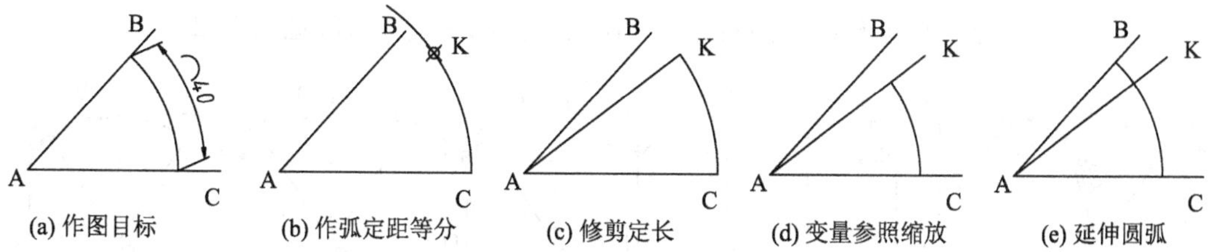

图 7-23　角内作定弧

作图步骤：

(1) 以“起点、圆心、端点”方式画一适当大小的圆弧，起点为 C(也可为该直线上的其他点)、圆心为 A；并用定长 40 等分该弧，得等分点 K，见图 7-23(b)。

(2) 作直线 AK，并以此修剪圆弧，保留弧 CK，见图 7-23(c)。$\theta_1=\angle KAC$，$\theta_2=\angle BAC$。

(3) 用“CAL”命令获取角度值并计算 $\dfrac{\theta_1}{\theta_2}$ 的比值，命令流程如下：

☼ 命令：**CAL**↵

>> 表达式：**sa=ang(end,end) /ang(end,end)（sa 为变量，ang(end,end)为计算直线与 X 轴的夹角式）**

>> 选择图元用于 END 捕捉：**捕捉直线 *AK* 的端点 A 和端点 *K*，直线 *AC* 的端点 *A* 和端点 *C***

0.778716844　**(变量 sa 的求解结果)**

(4) 用比例为变量 sa 缩放弧 KC，缩放基点为 A，见图 7-23(d)。用 SCALE 命令流程如下：

☼ 命令：SCALE↵
选择对象：**找到 1 个选择弧 CK↵**
指定基点：**捕捉点 A**
指定比例因子或［复制(C)/参照(R)］<1.5439>：**! sa(引用变量前须加感叹号"!")**

(5) 将缩放的弧延伸到直线 AB 即为所求，见图 7-23(e)。

此例也可以按下述方法进行，也许会方便些，只不过少了对 CAL 命令的熟悉与应用：

(1) 作出已知角线 $\angle BAC$。

(2) 在 $\angle BAC$ 内以角点 A 为圆心，任作一弧 $S0$，弧长要大于 40，缩小图形时，误差变小。

(3) 测量弧 $S0$ 的长度，记下数据，设为 a。

(4) 在适当位置画一条长为 a 的直线 b。

(5) 将角和弧以直线 b 为基础，用 SCALE 命令或 ALIGN 缩小到 40 即可。

【实例 6】 如图 7-24(a)所示，圆弧与两直线按尺寸要求相切，作出此图。

作图步骤：

(1) 作长为圆弧半径 38 的铅垂线 OA；并以此向右等距 28 得平行线 CD；以点 A 为起点向右作长为 8 的直线段 AB，见图 7-24(b)。

(2) 以点 O 为圆心，OB 半径向右画弧 BK，交直线 CD 于点 K，见图 7-24(c)。

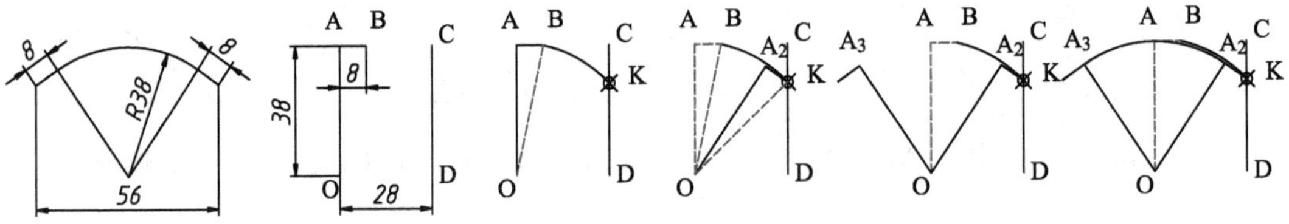

(a) 作图目标　(b) 作辅助直线　(c) 画弧BK　(d) 旋转直角　(e) 镜像直角　(f) 画目标弧

图 7-24　弧线定尺寸相切

(3) 以点 O 为旋转中心，参照旋转直角线 OA 和 AB，使点 B 与点 K 重合，得直线 OA_2，见图 7-24(d)。具体命令流程如下：

☼ 命令：ROTATE↵
选择对象：**选择直角线 OA、AB↵**
指定基点：**捕捉端点 O**
指定旋转角度，或［复制(C)/参照(R)］<0>：**R↵(参照旋转，设定起始角 0°的方位)**
指定参照角 <0>：**捕捉端点 O**
指定第二点：**捕捉端点 A(OA 矢量为参起始角 0°的方位)**
指定新角度或［点(P)］<0>：**捕捉端点 K**

(4) 以过点 O 的铅垂线为镜像轴，将刚旋转过来的两直线段 OA_2、A_2K 镜像，得对称的直角线，见图 7-24(e)。

(5) 以"圆心、起点、端点"方式画弧，圆心为点 O、起点为 A_2、端点为 A_3，见图 7-24(f)。

【实例 7】 过圆 O 外一点 A 作圆的割线，交圆 O 于点 B 和点 C，使得 $AB = BC$，如图 7-25(a)所示。

分析，过 A 点作圆的切线 AD，设 $AB=x$，$AD=a$，则 $AC=2x$。由圆的割线定理可知，$x\cdot 2x=a^2$，则 $x=\sqrt{2}a/2$ 或 $a=\sqrt{2}x$。因此得到作图思路是，构建一个等腰直角三角形，斜边长为切线 AD，则其直角边的长就为 AB。

作图步骤：

(1) 过 A 点作圆的切线 AD；并以 AD 为直径，以其中点 E 为圆心作圆，见图 7-25(b)。

(2) 旋转直线 AD：旋转中心为 A 点，角度是 $-45°$，交已知圆 O 于点 F，见图 7-25(c)。

(3) 作圆弧 FB：以 A 点为圆心，逆时针作弧，交已知圆 O 于点 B，连接 AB 并延伸到 C，即为所求，测量结果也在图上，见图 7-25(c)。

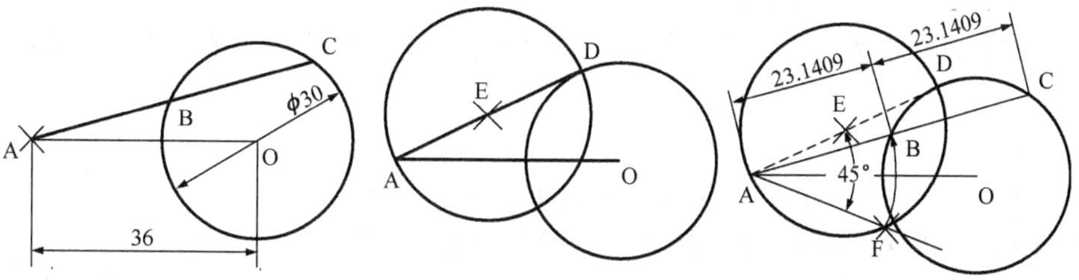

(a) 作图目标　　(b) 作切线和圆　　(c) 构建三角形

图 7-25　割线作图

【实例 8】　按图 7-26(a)所示图形和尺寸作出该图，图中直线 EF 与直线 BC 平行。

该图好像很好画，但仔细看一看有点难度。现分析如下：直线 BC 可立即画出，关键是如何确定 A 点，显然 A 点已有一个条件在与 BC 相距 30 的平行线上，但还需要找到另一个条件。不难看出 $\triangle AEF \backsim \triangle ABC$，所以得到几何条件是，$A$ 点到两定点 B、C 的距离之比为 5∶2。因此 A 点的轨迹是个阿波罗尼斯圆，见定理 10。

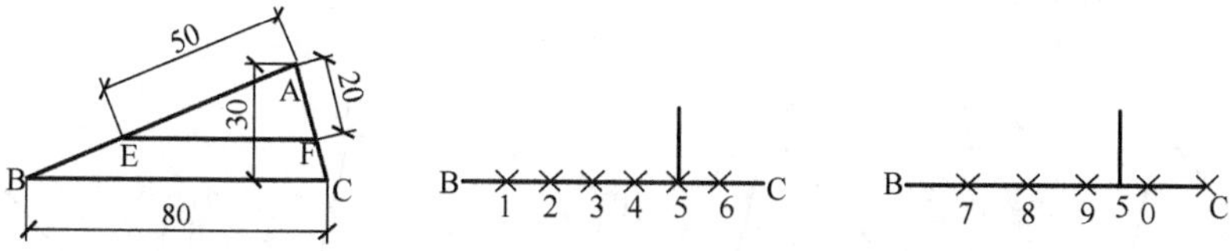

(a) 作图目标　　(b) 第一个定比点　　(c) 继续 5 等分

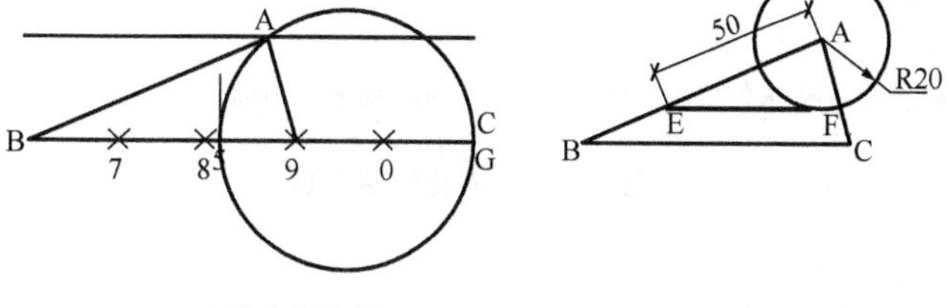

(d) 作出阿氏圆　　(e) 完成并验证

图 7-26　阿氏圆作图

作图步骤：

(1) 任作一长为 80 的直线 BC，将其 7(5+2)等分，得等分点 5，阿氏圆必过此点，对点 5 做好标记，如画一小段直线，如图 7-26(b)所示。

(2) 删除直线 BC 上的节点，继续将之 5 等分，得等分点 9，即第 3(5−2)等分点，如图 7-26(c)所示。

(3) 参照比例放大直线 BC，基点为 B，参照比为 $B9$ 对 BC，执行命令后，点 9 已到达点 C，点 C 已到达点 G，点 G 就是阿氏圆上的另一点；然后以上步标记的点 5 和点 G 为直径作出阿氏圆；接着将直线 BG 向上偏移 30，与圆交于点 A，如图 7-26(d)所示。

(4) 连接 BAC 后，以 A 点为圆心，半径为 20 作圆，交直线 AC 于点 F；过点 F 作 BC 的平行线交直线 AB 于点 E，如图 7-26(e)所示。

【实例 9】 本实例专门介绍一种旋转位似变换作图，这是一种求解线段比例关系问题的好方法。

1. 旋转位似的几何含义

参见图 7-27，已知两直线 AB 和 CD，现要找到一点 P，使得 AB 绕该点 P 旋转某角度后与直线 CD 平行，再通过以点 P 为中心，缩放到与 CD 重合。P 点称为旋转位似中心，这是问题的关键。同时一个重要的几何关系是 $\triangle PAB \backsim \triangle PCD$。

2. 旋转位似中心求法，对照见图 7-27。

(1) 延长两直线交于点 S；

(2) 过 S、A、C 作圆(图中的小圆)；

(3) 过 S、B、D 作圆(图中的大圆)，则两圆的另一交点即为旋转位似中心 P。

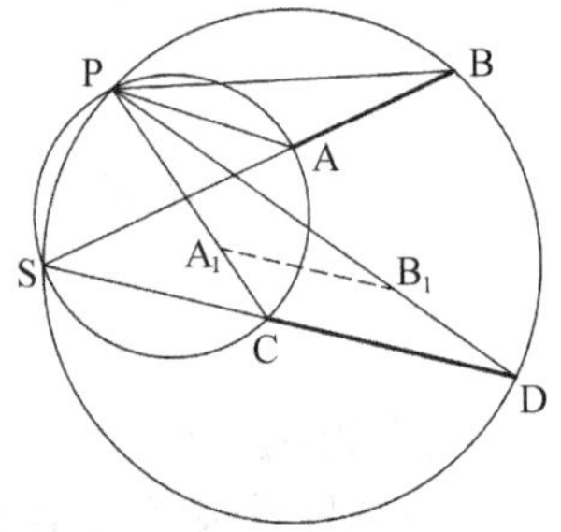

图 7-27 旋转位似中心

3. 旋转位似作图实例，请对照见图 7-28。

已知 $\triangle ABC$ 及其内一点 K，要求作一直线分别与边 AC、BC 交于点 M、N，使得 $2AM = BN$，如图 7-28(a)所示。

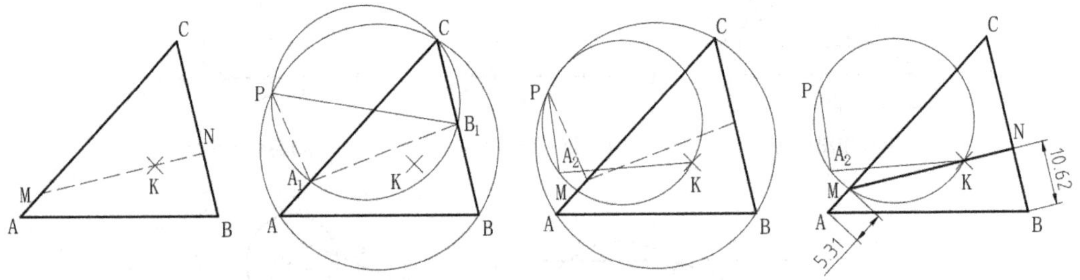

(a) 已知△ABC 和点K　(b) 求位似中心P　(c) 缩放、画圆　(d) 结果与验证

图 7-28 旋转位似作图

作图步骤：

(1) 在 AC 边和 BC 边上任取两点 A_1、B_1，满足 $2AA_1 = BB_1$，如图 7-28(b)所示。

(2) 分别过三点 A、B、C 和三点 A_1、B_1、C 作出两圆，则两圆的交点 P 就是旋转位似中心，如图 7-28(b)所示。此步得到一个重要的角：$\angle PA_1B_1$。

(3) 将 $\angle PA_1B_1$ 对齐缩放到 PK 上，如图 7-28(c)所示，得 $\angle PA_2K$。

(4) 过三点 P、A_2、K 作圆交 AC 边于点 M，如图 7-28(c)所示。

(5) 连接 MK 并延伸到边 BC，得点 N，则 MN 即为所求，见图 7-28(d)的验证。

7.4.4 约束

前已讲到，要确定一个平面图形，就是要确定图的形状、大小和位置。形状(含有几何要求的位置)是由几何关系决定的，大小和位置(无几何要求)是由尺寸决定的。如果能将图元(图线)间的几何关系固定住，则当改变某个图元(或图线)的方位时，与之已建立几何关系的其他对象也随之变化，确保它们的几何关系不变。进一步，若通过改变尺寸的数值，所标注的对象的大小能跟随改变的话(参数驱动)，则设计者只要改变尺寸数值，无须重新画图或编辑就能达到绘图目标。

几何关系和尺寸大小对图形形成了两方面的限制，即几何约束和尺寸约束。AutoCAD 2020 能做到对图形施加几何约束，同时基本上实现尺寸参数驱动图形。因此该软件真正起到了辅助设计的作用，能让设计者心到图到，集中思维创作。在工程的设计阶段，常常要试验各种设计方案或设计更改，通过约束，可以将对象所做的更改会自动调整其他对象，使得对象关联起来。

1. 几何约束

几何约束如图 7-29 所示，按钮图标所表示的几何关系鲜明，现通过实例说明对图形施加几何约束的方法，以及施加约束过程中图形的变化。与几何约束对应的功能区是：参数化→几何。其主要几何约束选项功能如表 7-4 所示。

图 7-29 “几何”面板和“几何约束”工具栏

表 7-4 几何约束选项功能

约束模式	功能
重合	约束两个点使其重合，或约束一个点使其位于曲线(或曲线的延长线)上。可以使对象上的约束点与某个对象重合，也可以使其与另一对象上的约束点重合
共线	使两条或多条直线段沿同一直线方向，即共线
同心	将两个圆弧、圆或椭圆约束到同一个中心点，与将重合约束应用于曲线的中心点所产生的效果相同
固定	将几何约束应用于一对对象时，选择对象的顺序以及选择每个对象的点可能会影响对象彼此间的放置方式

（续表）

约束模式	功　能
平行	使选定的直线位于彼此平行的位置，平行约束在两个对象之间应用
垂直	使选定的直线位于彼此垂直的位置，垂直约束在两个对象之间应用
水平	使直线或点位于与当前坐标系 X 轴平行的位置，系统默认选择类型为对象
竖直	使直线或点位于与当前坐标系 Y 轴平行的位置
相切	将两条曲线约束为保持彼此相切或其延长线保持批次相切，相切约束在两个对象之间应用
平滑	将样条曲线约束为连续，并与其他样条曲线、直线、圆弧或多段线保持连续性
对称	使选定对象受对称约束，相对于选定直线对称
相等	将选定圆弧和圆的尺寸重新调整为半径相同，或将选定直线的尺寸重新调整为长度相同

2. 施加几何约束举例

【实例 10】 对纯几何图形用几何约束来实现比较方便，如图 7-30 所示是个典型的图形，不作尺寸要求。该图不用约束很难绘出，有了几何约束手段就很方便了。

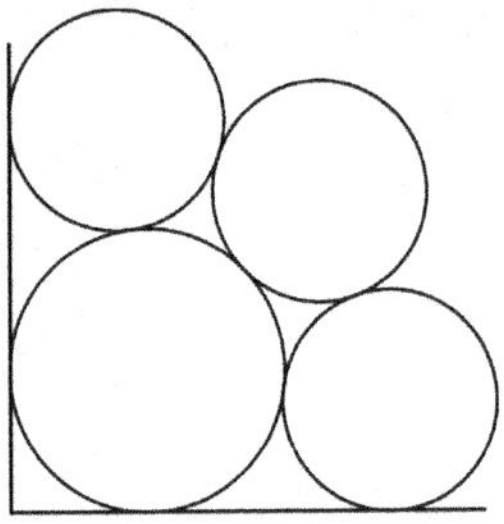

图 7-30　几何约束绘图

作图步骤：

（1）启用状态栏中的“推断约束”辅助工具，系统会判断所绘图线与已绘图形可能的几何关系，并自动施加相应的几何约束。

（2）任作一圆后，对其施加固定约束。单击按钮🔒，在选择对象的提示下，选择圆，在圆的下方靠近圆处显示约束标记。固定约束的含义是，该圆的位置（圆心坐标）已在空间固定住，不能也不会移动了（但半径可以改变，也可以对其复制），如图 7-31(a)所示。也可以对约束标记显示或隐藏进行控制，方法是在功能区：参数化→几何→显示/隐藏。

（3）在适当位置绘制水平线和铅垂线，由于启用了“推断约束”工具，这两条线已被自动施加了水平约束和垂直约束，如图 7-31(b)所示。

（4）施加相切约束。单击按钮，先选择圆再选择水平线；重复之对铅垂线。在施加约束的过程中，图形大小会在变化，以满足几何关系；先选的对象不动，后选的对象动。结果如图 7-31(c)所示。

（5）在适当位置绘制三个圆，如图 7-31(d)所示。

（6）对刚绘的三个圆施加相等约束。单击按钮 〓，先选择两圆；重复之对另一圆，如图 7-31(e)所示。

（7）将三个圆之间和大圆和两直线施加相切约束，方法同第(4)步，先选择大圆，如图

7-31(f)所示。

(8) 将外两小圆分别两直线施加相切约束,完毕,如图 7-31(g)所示。

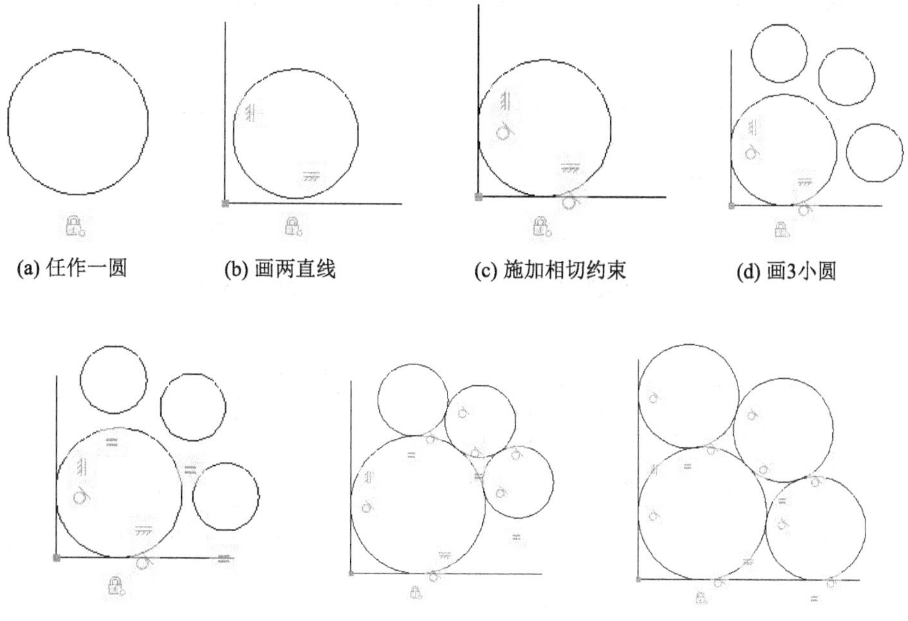

(a) 任作一圆　(b) 画两直线　(c) 施加相切约束　(d) 画3小圆

(e) 施加相等约束　(f) 圆间相切　(g) 圆线相切

图 7-31　几何约束的施加

3. 标注约束

标注约束就是通过尺寸参数来驱动对象的距离、长度、角度和半径值。标注约束功能区如图 7-32 所示,对应的菜单是:参数→标注约束→各子项。

图 7-32　标注约束工具栏

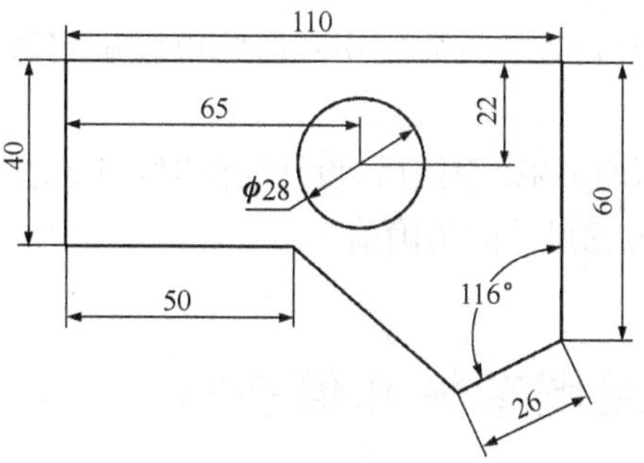

图 7-33　标注约束绘图

4. 施加标注约束举例

【实例 11】 本例结合几何约束,体会对图形施加标注约束的效果,绘图对象见图 7-33。

作图步骤:

(1) 绘制大致形状和尺寸的基础图形,如图 7-34(a)所示。

(2) 对左竖线施加垂直约束,如图 7-34(b)所示。

(3) 施加标注约束。按图线性质,施加水平、竖直、角度和直径等标注约束,如图

7-34(c)所示。

(4) 修改标注约束参数。双击标注约束，随即更改输入数值，对象的大小也随之改变，这就是参数驱动图形，全部更改后即为目标图，如图 7-34(d)所示。

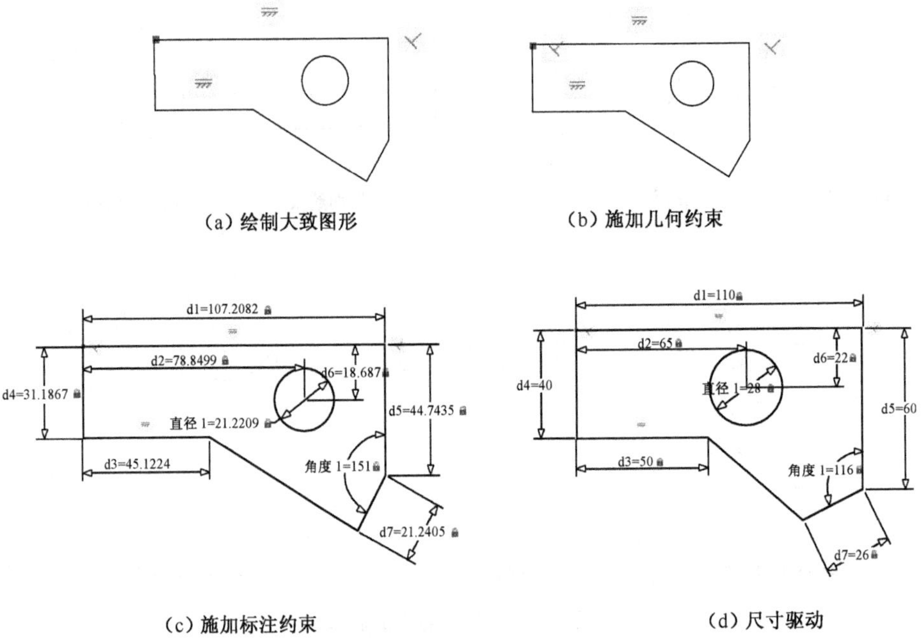

(a) 绘制大致图形　(b) 施加几何约束

(c) 施加标注约束　(d) 尺寸驱动

图 7-34　标注约束绘图

5. 技能与提升

(1) 图形几何关系重于图形的大小。

(2) 在设计中首先应用几何约束以确定对象的形状，然后应用标注约束以确定对象的大小。

(3) 使用约束手段后，设计绘图时，只要求作出与希望的形状和大小大致接近的平面图形，无须考虑尺寸的精确值。

7.5　绘图求解几何参数

AutoCAD 具有高的数据精度、开放性和可读性的几何图形数据库等特点，从而使之在工程中得到了越来越广泛的应用。通过精确绘制图形，使得图线的数据充分精度，可以实现用解析法难以完成几何数据提取要求。例如，在齿轮传动中，求解主动齿轮的位置参数。

【实例 12】 链轮的设计与检测。链轮设计的重要尺寸是其分度圆直径 d，求出之。链轮检测方法是借助于量柱进行测量，量柱的直径 d_R 等于(偏差为 0 和 0.01)滚子外径，如图 7-35(a)所示。现已知一链轮的齿数 $z = 13$，链轮节距(就是链条的节距) $p = 12.7$ mm，链条滚子外径 $d_1 = 7.95$，取 $d_R = d_1$，求其测量尺寸 M。

链轮几何分析：

链轮的节距来自链条节距，是链轮设计的原始条件，首先要确定链轮分度圆直径，这是链轮设计的关键尺寸，链轮节圆直径的计算公式：$d = p/\sin\frac{180^\circ}{z}$；其实当链条与链轮正确啮合时，链条滚子中心呈正多边形，其外接的圆即为链轮分度圆。

对奇数齿链轮测量的计算公式为：$M = d\cos\frac{90^\circ}{z}d_R$。

根据公式无论是计算链轮的分度圆直径还是测量尺寸都很麻烦，且不可靠。

根据公式计算很麻烦，尤其是当设计人员正在聚精会神绘图设计时，要去查手册，再经繁琐的计算，这不仅打断了设计思路，也会令人烦躁，甚至影响设计创作的情趣。如果能通过画图直接得到链轮的半径，岂不令人愉快，那么请用 AutoCAD，将使问题得到迅捷圆满的解决。

作图求解：

(1) 作正多边形，该正多边形的边长为 $p = 12.7$ mm，用 E 选项绘制，见图 7-35(b)。

(2) 作该正多边形的外接圆。用三点 $3P$ 方式画圆，捕捉正多边形的任三个角点画出分度圆，见图 7-35(b)。

(3) 以多边形的对边三端点为圆心，以 $d_R = d_1 = 7.95$ 为直径作三个量棒圆，见图7-35(c)。

(4) 作过三量棒圆圆心的一条或两条直线，并将其延伸至量棒圆外侧，交点 A 和 B，则线段 $\overline{AB}$ 即为测量尺寸，见图 7-35(d)。

求解结果：

链轮的分度圆直径 $d = 54.322$ mm；检测尺寸 $M = 61.875$。

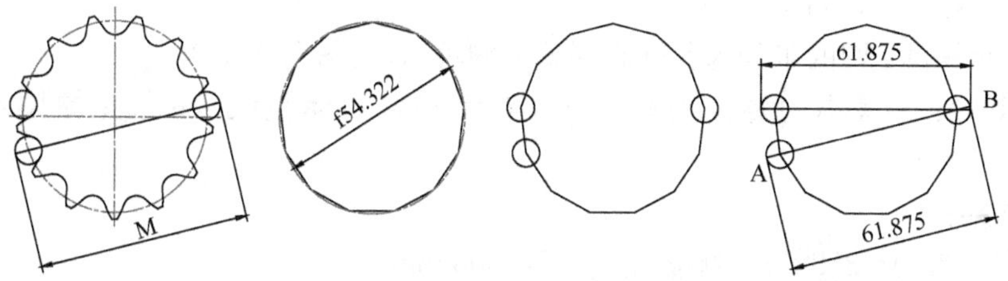

(a) 链轮的测量方法　(b) E方式画正多边形　(c) 画三圆　(d) 画圆心线并延长

图 7-35　链轮设计与检验

【实例 13】 钢球式滚动导轨常见于机械设备中。如图 7-36(a)所示为一 V 型导轨的设计简图，设计尺寸也如图标注。现用直径为 Φ20 mm 的钢球为滚子，求将导轨装配后的尺寸 H，见图 7-36(b)。

可以根据几何关系计算出尺寸 H，显然不便。

作图求解：

(1) 作与导轨相切的滚子圆，用画圆命令的“相切、相切、半径”选项，见图 7-36(c)。

(2) 以过滚子圆圆心的水平线为镜像轴镜像复制导轨，见图 7-36(d)。

(3) 标注尺寸，见图 7-36(d)。

求解结果：$H = 46.284$ mm。

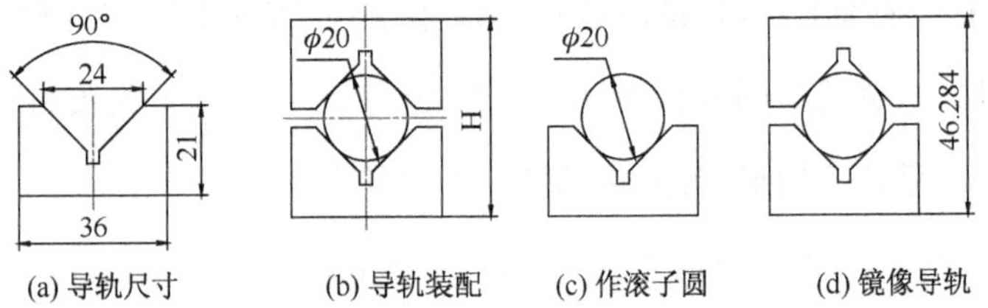

图 7-36　滚动导轨装配

【实例 14】 关于齿条测量，已知标准直齿齿条的模数 $m = 5$ mm，求解量棒尺寸和测量尺寸。

如图 7-37(a)所示，设计尺寸 22 是无法直接测量的。另外，为了防止齿型角偏差带来的测量误差，应当用一根圆柱量棒放在齿间中，保证量棒与齿面的接触点正好在齿条的节线上。因此就需要计算这根量棒的直径以及直径确定之后的测量尺寸。

这样的计算需求在传统的计算中是比较常见的，也是比较麻烦的。用 AutoCAD 来处理这个问题相当简单，只需精确画出有关图线就可完成尺寸求解。

关于标准直齿齿条的参数说明：齿形角 $\alpha = 20°$；齿条在节线上的齿厚与齿间相等；节线上相邻两齿同侧边的距离称为周节 p，则 $p = \pi \cdot m$，式中 m 称为模数；节线到齿顶之距为齿顶高 $h_a = m$；节线到齿根之距为齿根高 $h_f = 1.25$ m。

作图求解：

(1) 求量棒的中心：作与齿廓垂直的辅助线；将该辅助线平移使其垂足落到齿廓与节线的交点上；以过齿根中点的垂直线为镜像轴镜像复制该辅助线。则两根辅助线的交点即为量棒的圆心，见图 7-37(b)。

(2) 作量棒圆：圆的半径为其圆心到垂足的距离，见图 7-37(c)。

(3) 标注尺寸：将尺寸精度设置到小数点后 3 位(微米量级)，标注量棒尺寸和测量尺寸，见图 7-37(d)。

求解结果：

量棒直径为 Φ8.358 mm；测量高度为 27.608 mm。

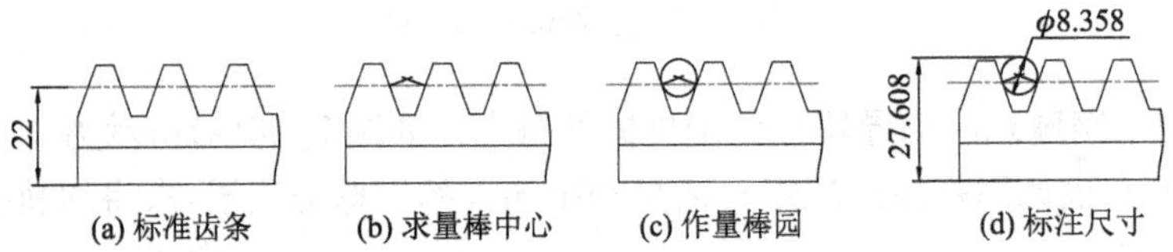

图 7-37　齿条测量

【实例 15】 关于铰链四杆机构设计。如图 7-38 所示机构的固定构件 4 称为机架，与机架用转动副相连接的杆 1 和杆 3 称为连架杆，不与机架直接连接的杆 2 称为连杆。连架杆 1 或杆 3 如能绕机架上的转动中心 A 或 D 做整周转动，则称为曲柄；若只能在小于 360°的某一角度内摆动，则称为摇杆。

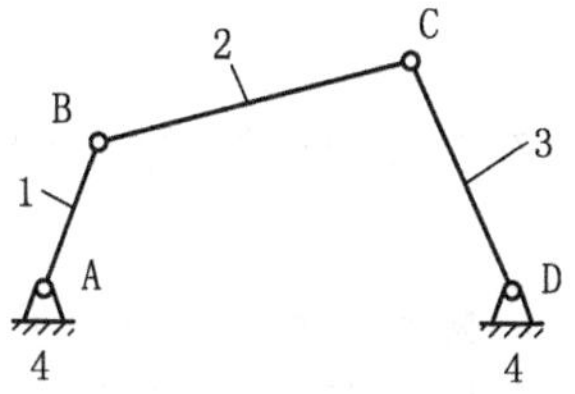

图 7-38 铰链四杆机构

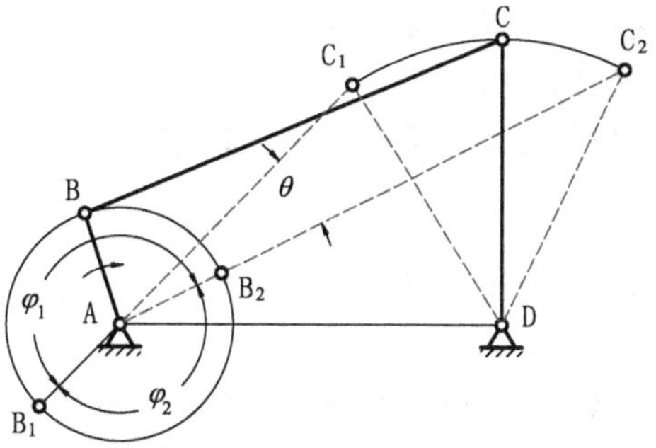

图 7-39 曲柄摇杆机构

在铰链四杆机构中，若两个连架杆，一为曲柄，另一个为摇杆，则此铰链四杆机构称为曲柄摇杆机构。如图 7-39 所示，当曲柄 AB 为原动件并作匀速转动时，摇杆 CD 为从动件并作往复变速摆动。曲柄 AB 在回转一周的过程中有两次与连杆 BC 共线，这时摇杆 CD 分别位于极限位置 C_1D 和 C_2D。当曲柄顺时针转过角 φ_1 时，摇杆自 C_1D 摆至 C_2D，其所需的时间为 t_1，设 C 点的平均速度为 v_1。当曲柄再转过角 φ_2 时，摇杆自 C_2D 摆回 C_1D，其所需的时间为 t_2，设 C 点的平均速度为 v_2。在此两极限位置时曲柄所夹的锐角 θ 称为极位夹角。因 $\varphi_1(=180°+\theta)$ 大于 $\varphi_2(=180°-\theta)$，所以 t_1 大于 t_2，v_2 大于 v_1。由此可见，当曲柄匀速转动时，摇杆来回摆动的速度不同，具有急回运动的特征，用从动件的行程速度变化系数表示，即

$$K=\frac{v_2}{v_1}=\frac{\text{从动构件空行程平均速度}}{\text{从动构件工作行程平均速度}}=\frac{180°+\theta}{180°-\theta}$$

或 $\theta=180°\dfrac{K-1}{K+1}$。

现已知摇杆长度 $DC=50\text{ cm}$ 和摆角 $\psi=45°$，行程速度变化系数 $K=1.46$，要求设计此四杆机构，即确定曲柄、连杆及机架杆的长度。

几何分析与作图求解：

(1) 以垂直方向作摇杆两极限位置 C_1D 和 C_2D，并连接 C_1C_2，作 C_1M 垂直于 C_1C_2，见图 7-40(a)。

(2) 计算极位夹角 θ：用 CAL 命令，设变量 theta，命令流程如下：

☼ 命令：**CAL**↵
>> 表达式：**theta=−180 * (1.46−1)/(1.46+1)**↵**(加负号为后作顺时针复制准备)**
−33.6585366**(极位夹角的值)**

(3) 连接 C_1N，作与 C_1M 成 θ 角，见图 7-40(b)：用旋转命令复制选项实现，命令流程如下：

☼ 命令：**ROTATE**↵
UCS 当前的正角方向：ANGDIR=逆时针　ANGBASE=0
选择对象：指定对角点：找到 1 个　**选择直线 C_1M**↵
指定基点：**捕捉点 C_1**

```
指定旋转角度,或 [复制(C)/参照(R)] <34>: C↵
… (略去中间提示)
指定旋转角度,或 [复制(C)/参照(R)] <34>: ! theta↵(引用变量 theta)
—33.6585
```

(4) 平移直线 DC_1N 到 C_2 点,并将直线 C_1N 和 C_1M 延伸相交(或已相交)于点 P,见图 7-40(c)。

(5) 过三点 P、C_1 和 C_2 作圆,则该圆上(弧$\widehat{C_1}\widehat{C_2}$ 和弧 $\widehat{E}\widehat{F}$ 除外)任一点均可作为曲柄的固定铰链中心 A,几何原理是同一弧上的圆周角相等。由于解是无穷多的,所以还可以对此机构提出其他要求,如机架上 A、D 两点的距离、最小传动角或其他辅助条件。现给条件 $l_{AD} = 40$ cm 设计。以点 D 为圆心,$l_{AD} = 40$ cm 为半径画弧,交圆于点 A, 见图 7-40(d)。

(6) 以 A 点为圆心,AC_1 为半径画弧交直线 AC_2 于点 G,将直线 AC_2 在 G 点打断,找出 G 的中点 H,则曲柄的长度 $l_1 = l_{HC_2}$,连杆的长度 $l_2 = l_{B_1C_1}$,见图 7-40(e)。

求解结果:

曲柄长度 $l_1 = 14.7288$ cm,连杆的长度 $l_2 = 44.6837$ cm。

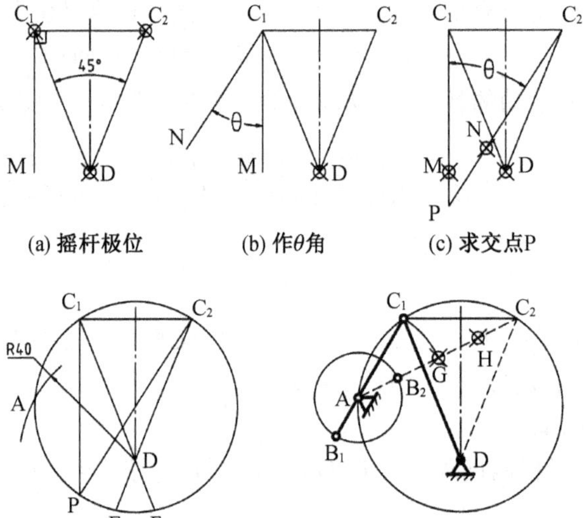

图 7-40 曲柄摇杆机构设计

7.6 思考与实践

思考题

1. 试比较 LENGTHEN 与 EXTEND 两命令特点。
2. 放弃命令 UNDO 与 OOPS 命令的区别?
3. 改变图形位置的操作是否改变了图形的尺寸和图形在空间的位置?

4. 如何使用CAL命令计算值和点？

5. CAL命令能计算几何问题吗？结合几何函数，如何获取两条线的夹角？

6. 周长为35的圆，其面积和半径为多少？

7. 半径是130，弦长为220的圆弧的弧长和弦长分别是多少？

实践题

1. 绘制如图7-41所示的图形，为做几何题做个练手。

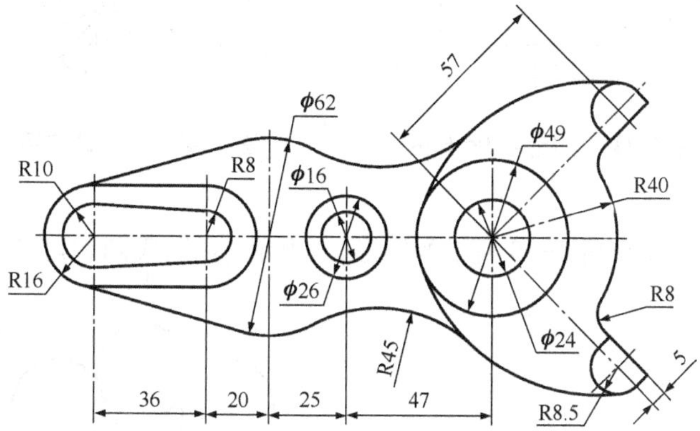

图 7-41　几何连接

2. 作出如图7-42所示的图形，图中阴影部分的面积为多少？

(答案：面积＝2 015.352 3)

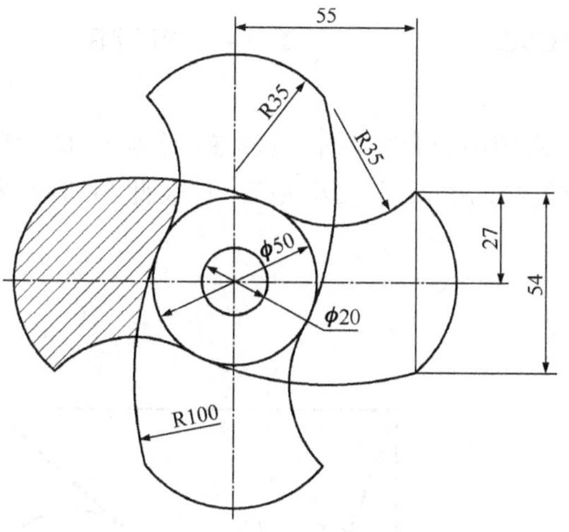

图 7-42　阴影面积

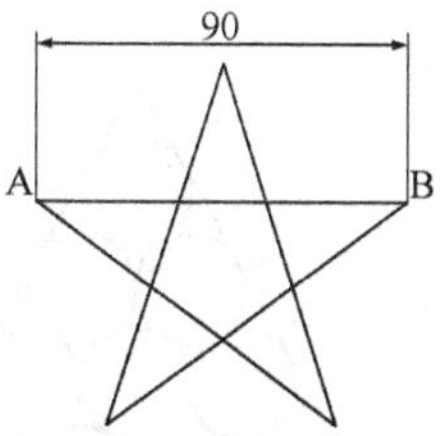

图 7-43　作五角星

3. 已知五角星的肩长 AB 为50，作出该五角星，如图7-43所示。

4. 已知 $AD = BC = 2AC = 2BD$，请按尺寸要求，作出如图7-44所示的图形，求 y 的长度。

（答案：y=60.533 9）

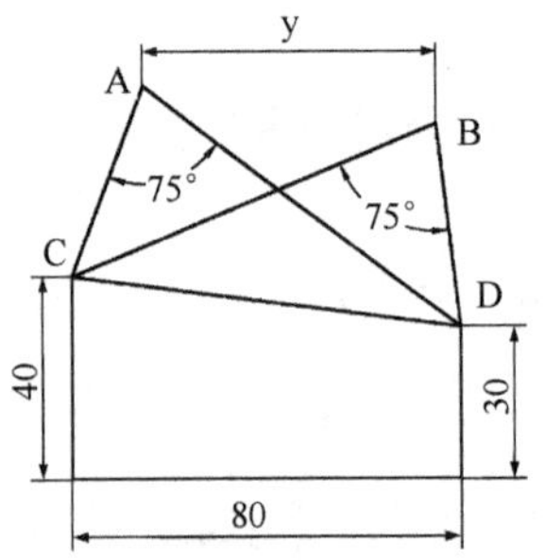

图 7-44　以指定尺寸作图

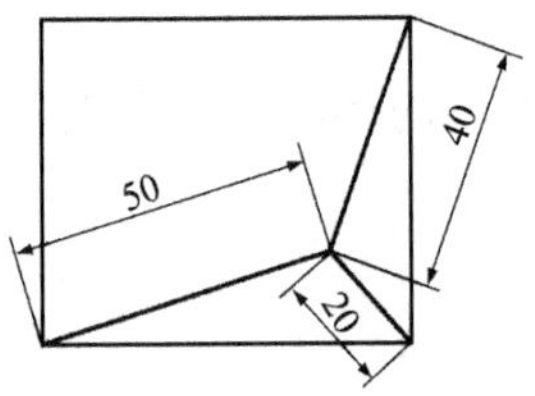

图 7-45　阿氏圆作图

5. 作出如图 7-45 和图 7-46 所示的图形。（提示：用阿氏圆和角平分线定理）

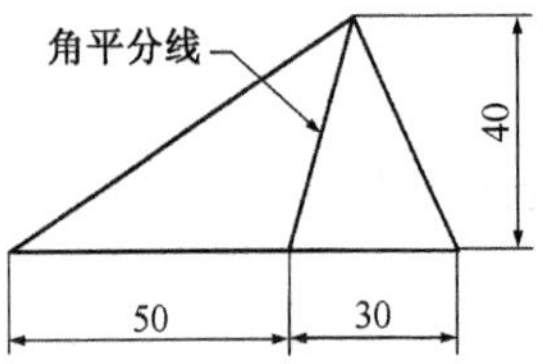

图 7-46　角平分线定理作图

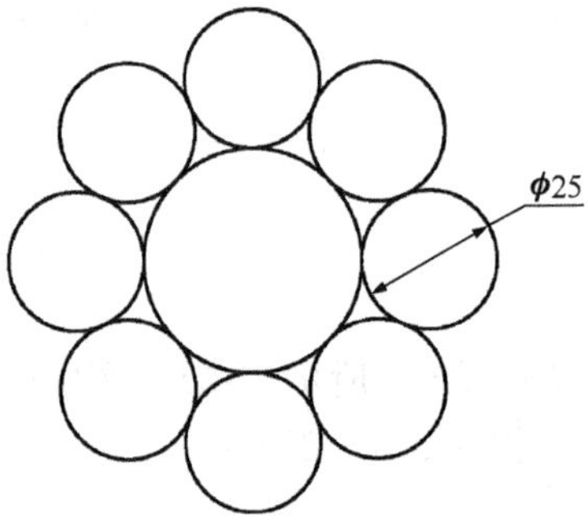

图 7-47　求圆半径

6. 作出如图 7-47 所示的图形，求图中的大圆半径。（答案：半径=16.131 3）

7. 在边长为 100 的等边三角形内作出 15 个大小相等，且彼此相切的圆，如图 7-48 所示。

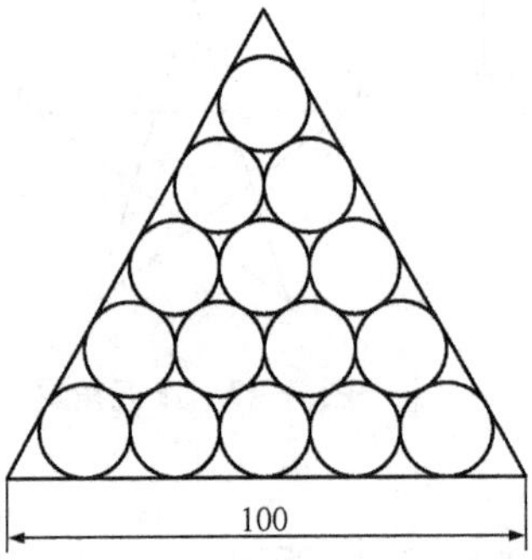

图 7-48　相切的圆

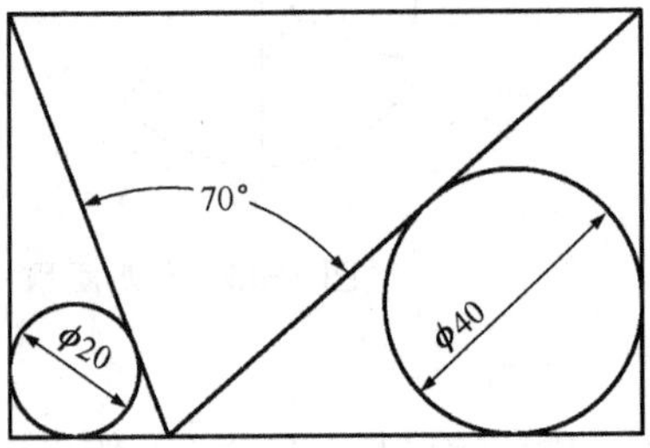

图 7-49　几何作图 1

8. 作出如图 7-49 和图 7-50 所示的图形。

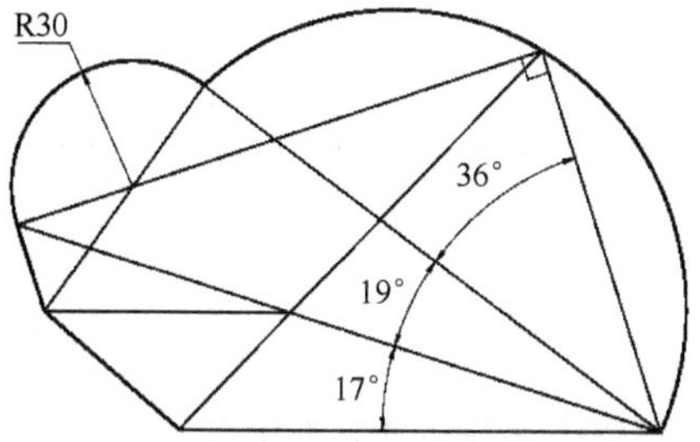

图 7-50 几何作图 2

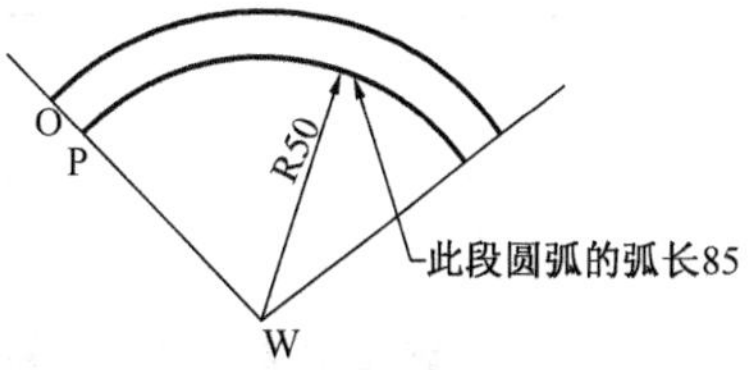

图 7-51 以指定尺寸作相切的圆

9. 先作出一段半径 50,弧长 85 的圆弧,然后再绘制一条弧长等于 100 的同心圆弧,求点 O 相对点 P 的坐标,如图 7-51 所示,点 W 为圆心。(答案: $X = 6.2146$ $Y = 6.2636$)

10. 利用和分析垂径定理作出如图 7-52 和图 7-53 所示图形。

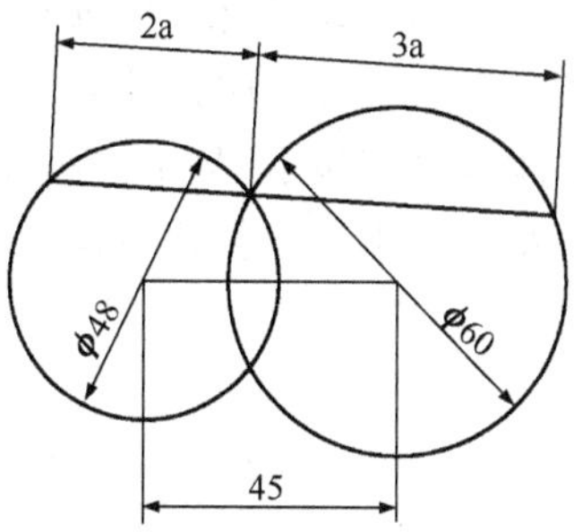

图 7-52 垂径定理作图 1

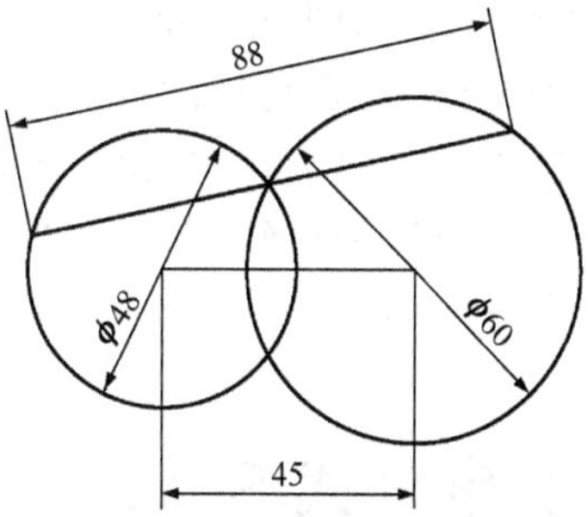

图 7-53 垂径定理作图 2

11. 试用旋转位似法作图。已知 $\triangle ABC$ 及其内一点 K,要求作一直线 MN 分别与边 AC、BC 交于点 M、N,使得 $AM = CN$,如图 7-54 所示。提示:旋转中心在 AC 的中垂线上,K 点的位置可能涉及 2 解、1 解或无解,需注意 K 点位置。

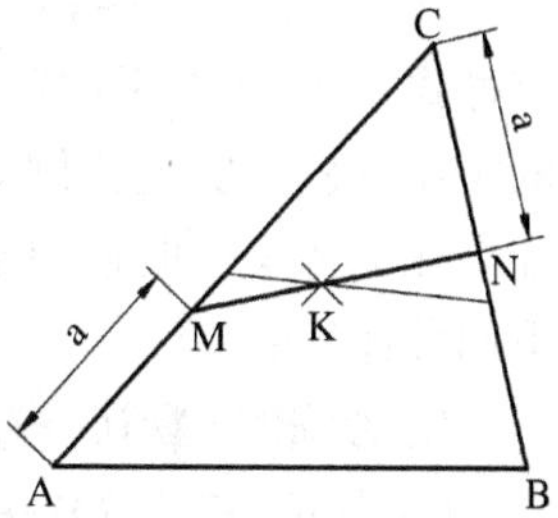

图 7-54 旋转位似法作图

第 8 章

标注文本与创建表格

本章是工程图中不可缺少的一部分，它传达了重要的非图形信息，如尺寸标注、图纸说明、标题栏、技术要求、施工说明、明细表、门窗表等。文本和图形共同表达设计思想，AutoCAD 2020 提供了完善的文本标注与编辑功能，可以支持 Windows 系统文字，包括 TrueType 字体和扩展的字符格式等。此外，使用表格功能可以创建不同风格的表格，还可以在其他软件中复制表格。

8.1 设置文字样式 STYLE

在 AutoCAD 中，所有文字的标注都是建立在某一文字样式的基础之上，因此，设置文字样式是进行文字注释和尺寸标注的首要任务。文字样式的作用是控制图形中所使用文字的字体、高度、宽度比例等。在一幅图形中可定义多种文字样式，以满足不同对象的需要。如果在输入文字时使用不同的文字样式，就会得到不同的文字效果。文字样式的设置有以下四种途径：

① 功能区：默认→注释→“文字样式”工具

② 菜单：格式(O)→文字样式(S)

③ 工具：“文字”工具栏→

④ 命令：STYLE('STYLE 用于透明使用)

执行该命令后，系统将打开“文字样式”对话框，如图 8-1 所示。通过该对话框，可以新建文字样式或修改已有文字样式，并设置当前文字样式。该对话框中包含了样式名区、字体区、效果区、预览区等。

8.1.1 设置样式名

“文字样式”对话框部分各选项含义如下：

● “样式”列表：列出了已定义的样式名并默认显示选择的当前样式。样式名前的三角图标表示该样式是“可注释性(annotative)”的对象。系统提供了名为“Standard”的文字

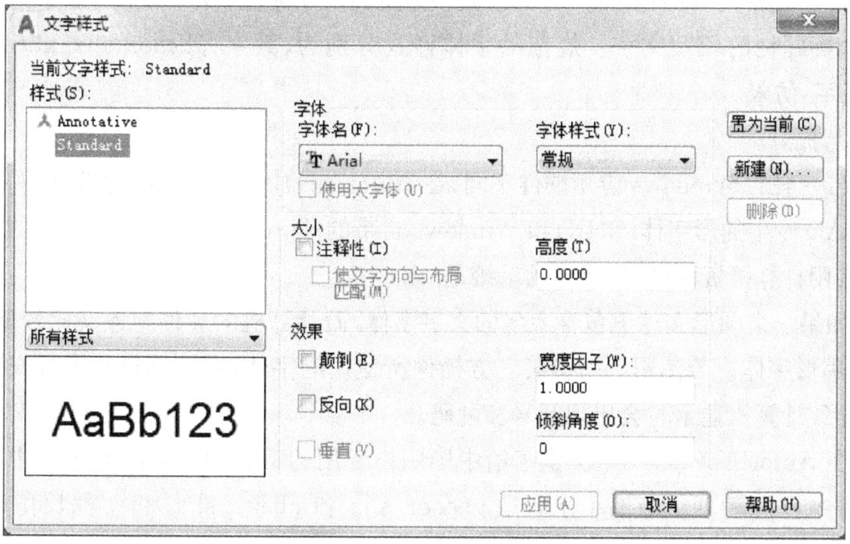

图 8-1 “文字样式”对话框

样式。

- 置为当前(C)按钮：单击该按钮，可将选择的文字样式设置为当前的文字样式。
- 新建(N)...按钮：新建一文字样式。单击该按钮，系统将打开如图 8-2 所示的“新建文字样式”对话框，要求输入样式名。输入的样式名称最好具有一定的代表意义，与随即选择的字体对应起来或和它的用途对应起来，这样使用时比较方便，不至于混淆。单击确定按钮，就创建了一个新文字样式，同时 AutoCAD 返回“文字样式”对话框，并在“样式”名列表框中显示出新建的文字样式名。

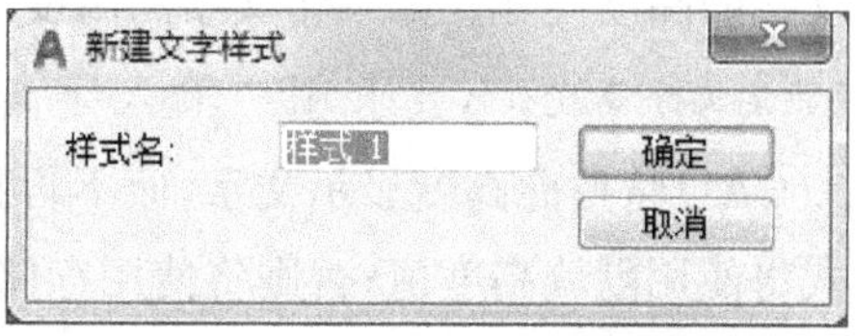

图 8-2 “新建文字样式”对话框

- 删除(D)按钮：删除一文字样式，无法删除在图形中已被使用的文字样式和默认的 Standard 样式。

8.1.2 设置字体

在“文字样式”对话框的“字体”区，设置文字样式使用的字体。在“字体名”下拉列表框中选择字体，在“字体样式”下拉列表框中选择字体的格式，如斜体、粗体和常规字体等。当启用“使用大字体”功能时，“字体样式”下拉列表框变为“大字体”下拉列表框，用于选择大字体文件。

AutoCAD 2020 提供了能符合我国制图国标要求的字体形文件：gbenor. shx、gbeitc. shx 和 gbcbig. shx 文件，其中 gbenor. shx 和 gbeitc. shx 文件分别用于标注直体和斜体字母和数字；gbcbig 文件则用于标注大字体。使用系统默认的文字样式标注出汉字为长仿宋体，但字母和数字则是由 txt. shx 定义的字体，不能满足我国制图国标。因此，为使标注的字母和数字也满足要求，需要将字体设为 gbenor. shx 或 gbeitc. shx。

工程图中通常需要两种字体，一为以数字为主的尺寸标注字体；二为以汉字为主的注写的文字，如标题栏的填写文字。规范的字体样式分别为，数字：gbenor. shx、gbeitc. shx 和 gbcbig；汉字：仿宋。

技能与提升。

(1) 与一般的 Windows 应用软件不同，在 AutoCAD 中可以使用两种类型的文字，分别是 AutoCAD 专用的形字体(SHX)和 Windows 自带的 TureType 字体。形字体的特点是字形简单，占用计算机资源少，形字体的后缀是. shx。

(2) 如果一个图形文件里包含太多的文字字体，而计算机的硬件配置又比较低，这时比较适合使用形字体。若使用了一些第三方插件所使用的字体，而计算机并没有安装这种字体，则将导致计算机显示时会出现问号和乱码。

(3) 在 AutoCAD 2020 中，提供了给中国用户专用的符合国际标准要求的中西文工程形字体，其中有两种西文字体(分别是 gbenor. shx 和 gbeitc. shx)和一种长仿宋工程体(gbcbig. shx)。

8.1.3 设置文字大小

在“文字样式”对话框的“大小”区，设置文字的大小，在“高度”文本框中输入一数字即表示文字的高度尺寸。如果将文字的高度设为 0，则在用 TEXT 命令标注文字时，命令行将提示“指定文字高度：”，要求用户输入字高。如果在“高度”文本框中输入了文字高度，则 AutoCAD 将按此高度显示文字，而不再提示指定文字高度。如果默认高度值不是零，当前样式将使用默认高度值；否则将使用存储在 TEXTSIZE 系统变量中的高度值。字符高度是以图形单位计算的，更改高度将更新存储在 TEXTSIZE 中的值。

当选中“注释性”复选框时，文字被定义成可注释性的对象。

我国国家标准《技术制图》(GB/T 14691—2012)专门对文字标注做出了规定：

- 字号，即字的高度 h：字体高度尺寸序列为：1.8、2.5、3.5、5、7、10、14、20(单位：mm)。
- 汉字应为长仿宋体：汉字的高度不应小于 3.5 mm，其字宽一般为 $h/\sqrt{2}$，约为字高的 2/3。
- 字母和数字可用直体和斜体。斜体字字头向右倾斜，与水平线成 75°。
- 综合运用时，用作指数、分数、极限偏差、注脚等的数字和字母，一般应采用小一号的字体。

8.1.4 设置文字效果

在“文字样式”对话框中，用“效果”选项组设置文字的显示效果，各选项的效果如图 8-3 所示。

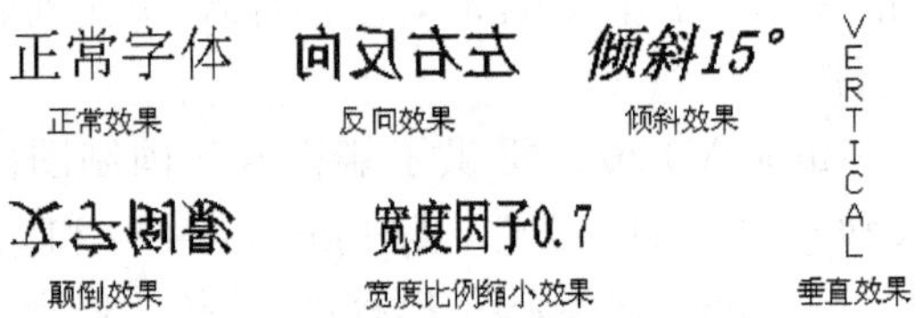

图 8-3 文字的几种效果

8.2 创建与编辑单行文字

对于单行文字来说，每一行都是一个对象，用来创建比较简短的文本。使用单行文字命令并非仅能创建单行文字，同时可以创建多行文字，此时只需按【Enter】键以结束每一行文字始。创建的每一行文字都是独立的对象，可以对之重新定位、调整格式或者修改。

8.2.1 输入单行文字 TEXT

在创建单行文字时，不仅要指定文字样式，而且要设置文字的对齐方式。

1. 命令访问

① 功能区：默认→注释→"单行文字"工具

② 菜单：绘图(D)→文字(X)→单行文字(SM)

③ 工具："文字"工具栏→

④ 命令：TEXT 或 DTEXT

2. 命令提示

☼ 命令：**TEXT**↵
当前文字样式："Standard"　文字高度：2.5000　注释性：否　对正：左
指定文字的起点或[对正(J)/样式(S)]：**拾取某点作为单行文字的起始点**
指定高度〈2.5000〉：**10**↵**(指定文字的高度)**
指定文字的旋转角度〈0〉：↵**(指定文字的旋转角度)**
输入文字↵

3. 选项说明

● 指定文字的起点：默认选项，指定文本基线的左端点。如果前面输入过文本，此处以回车响应起点提示，则跳过随后的高度和旋转角度提示，直接输入文字，此时使用前面设定的参数，同时起点自动定义为最后书写的文本的下一行。

● 对正(J)：设置文本的排列方式，让用户在 15 种对齐方式中选择一种。当选择了此项后，AutoCAD 提示：

输入选项[左(L)/居中(C)/右(R)/对齐(A)/中间(M)/布满(F)/左上(TL)/中上(TC)/右上(TR)/左中(ML)/正中(MC)/右中(MR)/左下(BL)/中下(BC)/右下(BR)]：

在 AutoCAD 中，确定文本位置采用四条直线，分别为顶线(Top line)、中线(Middle line)、基线(Base line)和底线(Bottom line)。顶线是指大写字母顶部所对齐的线、中线是指大写字母中部所对齐的线、基线是指大写字母底部所对齐的线、底线是指小写字母底部所对齐的线(参见图 8-5)。

(1) 对齐(A)：指定文本基线的起点与终点，系统自动调整所标注的文本的高度，以使文本均匀地分布于两点之间。

说明：文本行的倾斜角度由起点与终点连线的方向确定，字符的高度和宽度由起点和终点间的距离、字符数及所用的文字样式的宽度因子确定，如图 8-4 所示。

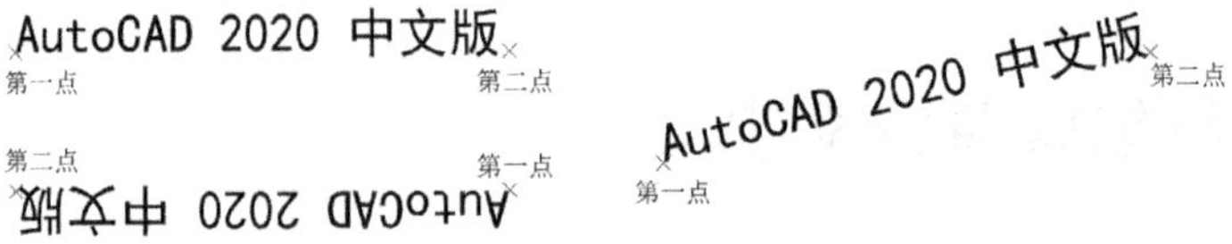

图 8-4　使用对齐方式标注文本

(2) 调整布满(F):与对齐选项类似,指定文本基线的起点与终点,在不改变文字高度的情况下,系统自动调整宽度因子,以使文本均匀地分布于两点之间。

(3) 居中(C):指定文本行基线的中点位置。

(4) 其他子选项:对正效果如图 8-5 所示。

● 样式(S):指定文本标注时所要使用的文字样式。选择该选项,AutoCAD 出现以下提示:

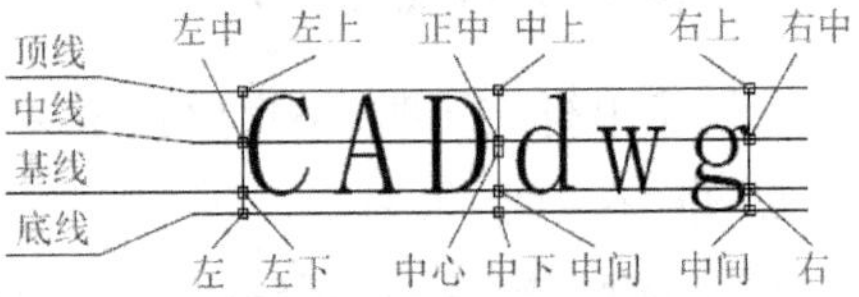

图 8-5　文本标注位置的确定

输入样式名或[?]〈Standard〉: ?

可以直接输入文字样式名称,如果不清楚已经设定的样式,输入"?"则在"AutoCAD 文本窗口"中显示当前图中已有的样式。

4. 对使用 TEXT 命令的几点说明

(1) 在输入文本时,当输入一行文本并按"↵"键后,光标将移到下一行的起始位置,等待用户输入新的文本;若不输入文本,再按"↵"键,则结束 TEXT 命令。

(2) 命令在执行中,当输入完当前行文本后,可直接将光标移到新的位置并拾取一个点,继续输入新一行文本。

(3) 输入文本时,输入的文本会同时显示在图形显示区。TEXT 命令具有实时改错的功能。如果发现了错误,可以按退格键删除字符。

(4) 再次执行 TEXT 命令时,上一次标注的文本将加亮显示。此时若在"指定文字的起点或[对正(J)/样式(S)]:"下直接按"↵"键,AutoCAD 将采用上一次文本的对齐方式、文本样式、字高、倾角等设置,自动另起一行书写。

(5) 关于对齐方式,不论采用哪种文本对齐方式,最初显示的文本都临时按左对齐方式排列,直到 TEXT 命令结束时,才按指定的对齐方式重新生成。

(6) 在输入文本时,空格键表示输入的文本含有空格,此时不能用空格键代替"↵"键。

8.2.2　编辑单行文字

编辑单行文字包括文字的内容 TEXTEDIT 命令、文字比例 SCALETEXT 命令和对正方式 JUSTIFYTEXT 命令。

1. 命令访问

① 菜单:修改(M)→对象(O)→文字(T)→编辑(E)、比例(S)、对正(J)

② 工具:"文字"工具栏→、、

③ 命令:TEXTEDIT、SCALETEXT、JUSTIFYTEXT

2. 操作说明

● 执行 TEXTEDIT 命令,选择要编辑的单行文字,进入文字编辑状态。

● 执行 SCALETEXT 命令,选择要编辑的单行文字,AutoCAD 提示:

输入缩放的基点选项
[现有(E)/左对齐(L)/居中(C)/中间(M)/右对齐(R)/左上(TL)/中上(TC)/右上(TR)/左中(ML)/正中(MC)/右中(MR)/左下(BL)/中下(BC)/右下(BR)]〈现有〉:

- 执行 JUSTIFYTEXT 命令,选择要编辑的单行文字,AutoCAD 提示:

输入对正选项
[左对齐(L)/对齐(A)/布满(F)/居中(C)/中间(M)/右对齐(R)/左上(TL)/中上(TC)/右上(TR)/左中(ML)/正中(MC)/右中(MR)/左下(BL)/中下(BC)/右下(BR)]〈左对齐〉:

各选项的意义与执行 TEXT 命令相同。

8.3 创建与编辑多行文字

用 TEXT 命令虽然可以输入多行文字,但每一行都是一个独立的对象,不易编辑。为此,在 AutoCAD 2020 中,提供了 MTEXT 命令,可以一次性输入多行文字,用户可以像使用 Word 一样对文字进行编辑,非常方便,本书不再介绍与 Word 类似的操作。多行文字有时被称为段落文字,它是一种非常方便管理的对象,可以设定其中的不同的字体样式、颜色、字高等特性。可以输入一些特殊字符,并可以输入堆叠式分数,设置不同的间距,进行文本的查找与替换,导入外部文件等等。在工程图样中,常使用多行文字功能输入较为复杂的说明文字,如施工说明、技术要求等。

8.3.1 输入多行文字 MTEXT

1. 命令访问

① 功能区:默认→注释→"多行文字"工具 A 多行文字

② 菜单:绘图(D)→文字(X)→多行文字(M)

③ 工具:"文字"工具栏→A

④ 命令:MTEXT

2. 命令提示

☼ 命令:<u>**MTEXT**</u>↵
指定第一角点:**拾取某点作为矩形文本框的一个角点**
指定对角点或[高度(H)/对正(J)/行距(L)/旋转(R)/样式(S)/宽度(W)/栏(C)]:**(拾取另一点作为矩形文本框的对角点或选择其中的一个选项)**

3. 选项说明

- 高度(H):设置文字的高度。通常,文字的高度是使用当前使用的文字样式中指定的高度,通过此选项可以设置文字的新高度。
- 对正(J):设置文字的对齐方式,与输入单行文字 TEXT 命令的对齐方式相同。
- 行距(L):设置文本行间的行间距,出现以下提示:

输入行距类型[至少(A)/精确(E)]〈至少(A)〉:

➢ 至少(A):设定行间距的最小值。回车后出现输入行间距比例或间距提示。

➢ 精确(E):精确确定行间距。

间距比例是指将行间距设置为单倍行间距的倍数。单倍行间距是文字字符高度的 1.66 倍。可以在数字后跟 x 的形式输入行间距比例,表示单倍行间距的倍数。例如,输入 1x 指定单倍行间距,输入 2x 指定双倍行间距。

间距是指将行间距设置为以图形单位测量的绝对值,有效值必须在 0.0833(0.25x)和 1.3333(4x)之间。

行间距值一经设置,系统自动予以保留。

● 旋转(R):设置文字边界的旋转角度。

● 样式(S):设置文字样式。

● 宽度(W):设置矩形文本框的宽度,输入宽度值或直接拾取一点来确定宽度。

● 栏(C):设置多行文字对象的栏,如类型、列数、高度、宽度及栏间距大小等。在设定了文本段落的矩形区域后,AutoCAD 将打开“文字编辑器”选项卡,可以设置多行文字的样式、字体及大小等参数,如图 8-6 所示。

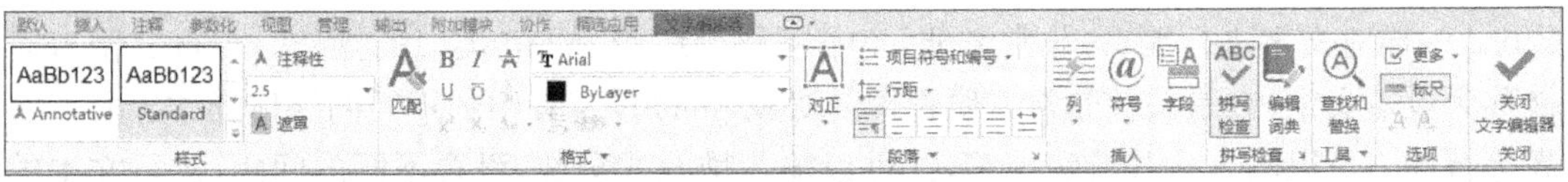

图 8-6 “文字编辑器”选项卡

“文字编辑器”选项卡选项主要功能的使用:

● 对于多行文本而言,其各部分文字可以采用不同的字体、高度和颜色等。如果希望调整已输入文字的特性,方法是先拖动选中文字,然后在“格式”面板中“字体”下拉列表框中选择字体,在“颜色”下拉列表框中选择颜色,默认颜色与文字所在图层相同,在“样式”面板中“文字高度”文本框中输入高度值。

● 在“格式”面板中单击堆叠按钮 $\frac{b}{a}$,可以创建堆叠文字(堆叠文字是一种分数书写形式的文字)。创建堆叠文字步骤:首先分别输入作为分子和分母的文字,其间用“/”“#”或“^”符号分隔;然后选中这部分文字;最后单击堆叠按钮 $\frac{b}{a}$。不同的分隔符用以控制分数的不同表现形式:

➢ 分隔符“/”:以垂直方式堆叠文字,由水平线分隔。如选中“H8/f7”文本后单击 $\frac{b}{a}$ 按钮将创建出如图 8-7 所示的配合公差效果。

➢ 分隔符“#”:以对角形式堆叠文字,由对角线分隔。如选中“30#100”文本后单击 $\frac{b}{a}$ 按钮将创建出如图 8-8 所示的分数效果。

➢ 分隔符“^”:创建公差堆叠,无分隔直线。如选中 65 后的“+0.009^-0.021”文本后单击 $\frac{b}{a}$ 按钮将创建出如图 8-9 所示的尺寸公差效果。

$\frac{H8}{f7}$

图 8-7 配合公差

$^{30}/_{100}$

图 8-8 分数

$65^{+0.009}_{-0.021}$

图 8-9 尺寸公差

注:如果选中已经堆叠的文本对象后单击该按钮,则恢复到非堆叠形式。

● 在“插入”面板中单击列按钮，从下拉菜单中选择分栏设置。

● 在“段落”面板中单击对正按钮，可以指定段落文字的九种对齐位置点。

● 在“段落”面板右下角单击按钮，将打开“段落”对话框，如图8-10所示，从中设置缩进和制表位位置。该对话框也可通过“右击”标尺，从其快捷菜单中选择段落菜单打开。

● 在“段落”面板中单击左对齐按钮、居中按钮、右对齐按钮、对正按钮、分散对齐按钮，可以设置文本排版方式。

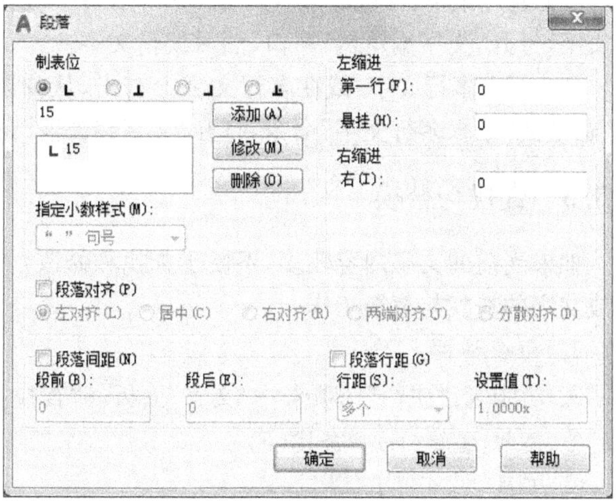

图 8-10　段落设置

● 在“段落”面板中单击行距按钮，可以设置文字的行间距。

● 在“段落”面板中单击项目符号和编号按钮，系统将弹出一子菜单，从中可以设置项目编号和列表。

● 在“插入”面板中单击插入字段按钮，将打开“字段”对话框从中可以选择要插入到文字中的字段。关闭该对话框后，字段的当前值将显示在文字中。

● 在“插入”面板中单击符号按钮@，将弹出一子菜单，如图 8-11 所示，选择不同的选项可以插入一些特殊字符。如果选择“其他”命令，将打开“字符映射表”对话框，可以插入其他特殊字符，如图 8-12 所示。

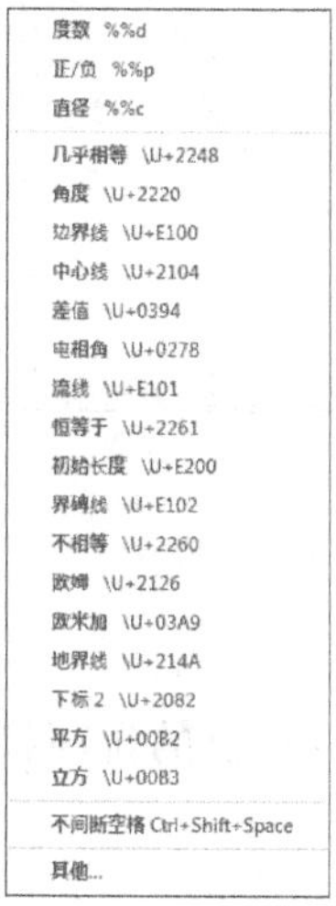

图 8-11　符号子菜单

图 8-12　“字符映射表”对话框

8.3.2　编辑多行文字

编辑多行文字的方法有以下两类：

(1) 通过菜单:修改(M)→对象(O)→文字(T)→编辑(TEXTEDIT),单击要编辑的多行文字,打开“文字编辑器”窗口,然后编辑文字。

(2) 双击多行文字,或在多行文字上右击,从弹出的快捷菜单中选择“重复编辑多行文字”命令或“编辑多行文字”命令,打开“文字编辑器”窗口。

8.3.3 查找与替换

如果当前的文字内容较多,不便于查找和修改,可通过 AutoCAD 的查找与替换功能来完成文字的查找与替换工作。

1. 命令访问

① 功能区:“注释”选项卡→“文字”面板→“查找文字”工具

② 菜单:编辑(E)→查找(F)

③ 工具:“文字”工具栏→

④ 命令:FIND

执行 FIND 命令后,将弹出如图 8-13 所示的“查找和替换”对话框。

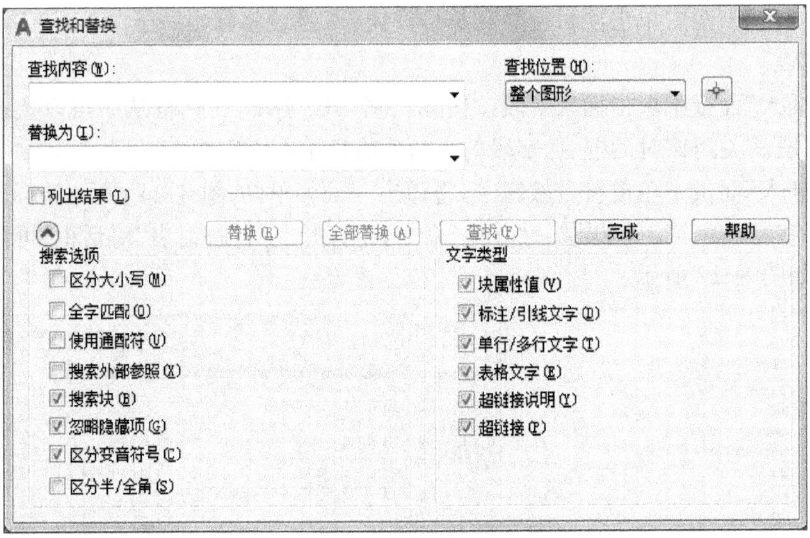

图 8-13 “查找和替换”对话框

8.3.4 拼写检查

在创建文字说明时,输入的文字是否正确可以使用 AutoCAD 提供的拼写检查功能来检查,如错误可接受系统的建议对其进行修改。

1. 命令访问

① 功能区:“注释”选项卡→“文字”面板→“拼写检查”工具

② 菜单:工具(T)→拼写检查(E)

③ 工具:“文字”工具栏→

④ 命令:SPELL

2. 选项说明

SPELL命令可以检查单行文字、多行文字以及属性文字的拼写。发出SPELL命令后，AutoCAD将打开“拼写检查”对话框，如图8-14所示，通过该对话框可对错误的文字进行更改，该对话框中各选项的含义如下：

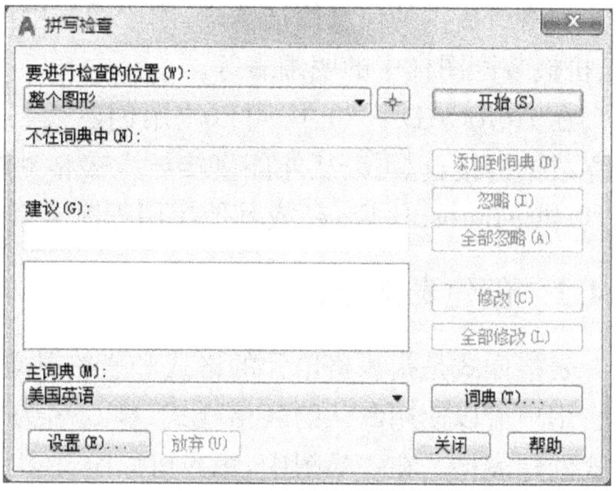

图8-14 “拼写检查”对话框

- “要进行检查的位置”下拉列表框：设置检查的范围，有整个图形、当前空间/布局和选定的对象。
- 开始(S) 按钮：单击该按钮，AutoCAD将对设置的范围进行拼写检查。
- “不在词典中”文本显示框：此框中将显示出拼写有误的单词。
- “建议”文本框：显示当前词典中建议的替换词列表，用户可以从中选择一个替换词或输入一个替换词。
- 添加到词典(D) 按钮：单击该按钮，将当前词语添加到自定义词典中。
- 忽略(I) 按钮：单击该按钮，将不更改当前查找到的词语。
- 全部忽略(A) 按钮：单击该按钮，将跳过所有与“当前词语”相同的词语。
- 修改(C) 按钮：单击该按钮，将以“建议”文本框中的词语替换拼写有错误。
- 全部修改(L) 按钮：单击该按钮，将以“建议”文本框中的词语替换所有与“当前词语”相同的词语。
- 词典(T)... 按钮：单击该按钮，将打开如图8-15所示“词典”对话框，用户可以从该对话框选择拼写检查依据的词典。

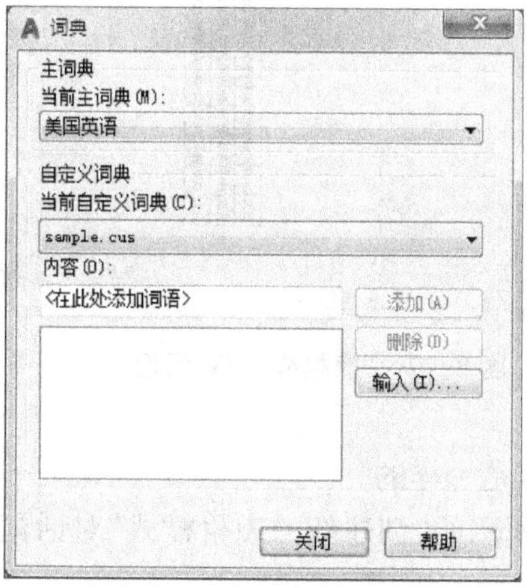

图8-15 “词典”对话框

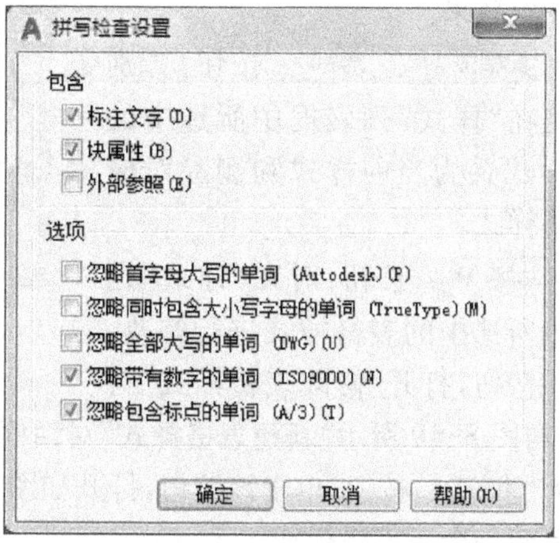

图8-16 “拼写检查设置”对话框

- 设置(E)... 按钮：单击该按钮，将打开如图8-16所示“拼写检查设置”对话框，设置拼写检查。

8.4 插入与编辑表格

表格所提供的信息简洁清晰，用于图样中所需要的各种表格的场合，如建筑图中的门窗表、机械装配图样中的明细表等。

在 AutoCAD 2020 中，可以使用创建表格的命令创建表格，还可以与 Microsoft Excel 建立数据链接，也可以从外部直接导入表格对象。另一方面，AutoCAD 可以输出其表格数据，以供 Microsoft Excel 或其他应用程序共享。

8.4.1 创建表格样式

表格样式是指表格单元的格式和表格外观，每一个表格都建立在一个表格样式基础之上。用户可以使用默认的表格样式（样式名为 Standard）创建表格，也可以用自定义的表格样式创建表格。在一幅图中，用户可以定义多种表格样式，以满足不同场合的需求。

1. 命令访问

① 功能区：“默认”选项卡→“注释”面板→“表格样式”工具

② 菜单：格式(O)→表格样式(B)

③ 工具：“样式”工具栏→

④ 命令：TABLESTYLE

执行 TABLESTYLE 命令后，AutoCAD 将打开如图 8-17 所示的“表格样式”对话框。

2. 选项说明

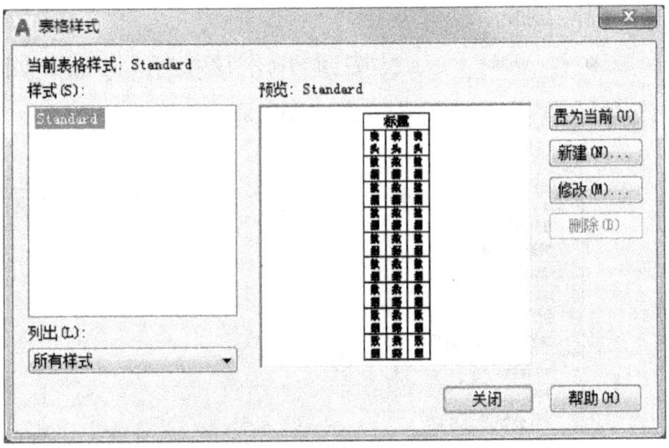

图 8-17 “表格样式”对话框

● “样式”列表框：列出了当前图形中的表格样式名称。

● “预览”图片框：显示出所选样式的预览效果。

● 置为当前(U)、删除(D)按钮：分别用于将在“样式”列表框中所选中的表格样式置为当前样式和删除对应的表格样式。

● 修改(M)...按钮：对在“样式”列表框中所选中的表格样式进行修改，单击该按钮，打开“修改表格样式”对话框，与图 8-19 所示“新建表格样式”对话框的内容是一样的。

● 新建(N)...按钮：单击该按钮，打开如图 8-18 所示的“创建新的表格样式”对话框，从此开始创建一个新表格样式。

在“创建新的表格样式”对话框的“新样式名”文本框中输入新的样式名称，在“基础样式”下拉列表框中选择某一样式，新样式将在该样式的基础上进行修改。然后单击 继续 按钮，打开“新建表格样式”对话框，通过它可以对新建表格样式进行设置，如表格的行格式、表格方向、边框特性和文本样式等内容，如图 8-19 所示。

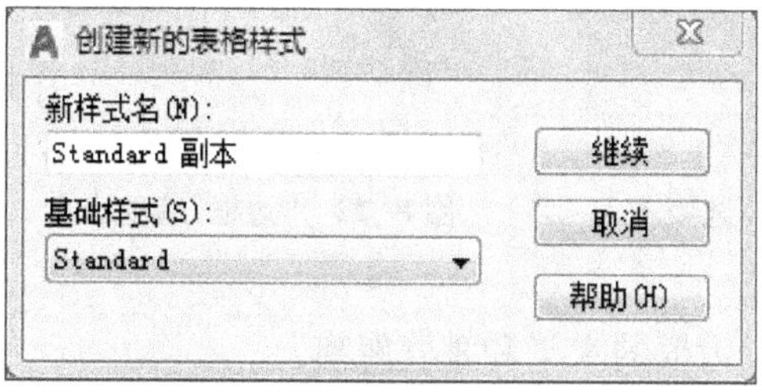

图 8-18 “创建新的表格样式”对话框

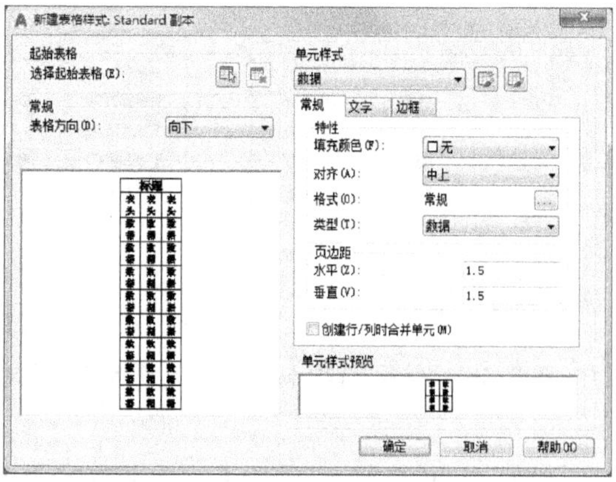

图 8-19 “新建表格样式”对话框

3. 技能与提升

(1) 表格的单元分三类，即标题行(表头)、列标题和数据。标题行和列标题构成表格的名称和表头。标题行位于表格的第一整行，列标题位于表格的第二行与列对应。

(2) 并非所有表格都有标题行或列标题，用户可以指定表格单元的类型。

8.4.2 设置表格样式

参见“新建表格样式”对话框中，如图 8-19 所示，各区的含义如下：

1. 起始表格区

● 按钮：在图形中选择一个表格用作新表格样式的格式。选择表格后，可以指定要从该表格复制到新表格样式的结构和内容。

● 按钮：删除起始表格样式。

2. 常规区

该区功能是定义表格方向。

● 向下：将创建由上而下读取的表格，标题行和列标题位于表格的顶部。

● 向上：将创建由下而上读取的表格，标题行和列标题位于表格的底部。

3. 单元样式区

定义新的单元样式或修改现有单元样式。可以创建任意数量的单元样式。

● “单元样式”菜单及按钮：显示和管理表格中的单元样式。

● “单元样式”选项区：设置数据单元、单元文字和单元边框的外观。

选择“常规”选项卡，如图 8-20 所示，设置表格基本特性、页边距等。

➢ “填充颜色”下拉列表框：设置表的背景填充颜色。

➢ “对齐”下拉列表框：设置表单元中的文字相对于单元格四周边框的对齐方式。

➢ 格式：为表格中的“数据”“列标题”或“标题”行设置数据类型和格式。单击 ... 按钮将显示“表格单元格式”对话框，从中可以进一步定义格式选项。

➢ “类型”下拉列表框：将单元样式指定为标签或数据。标签单元文字在插入新表格时，这些文字将保留在起始表格的表头或标题行中。数据单元文字保留新插入表格中的起始表格数据行中的文字。

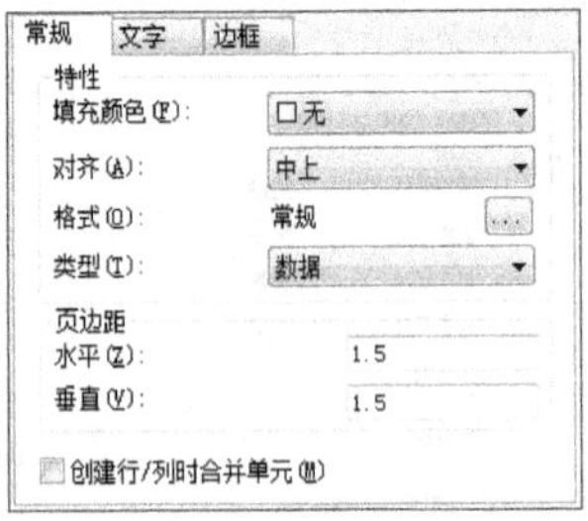

图 8-20 “常规”选项卡

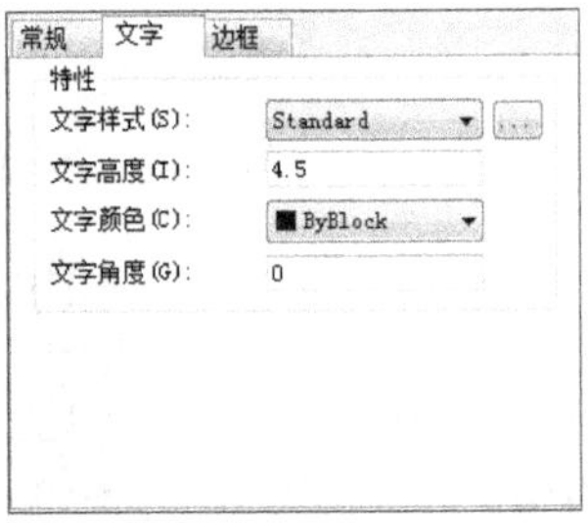

图 8-21 “文字”选项卡

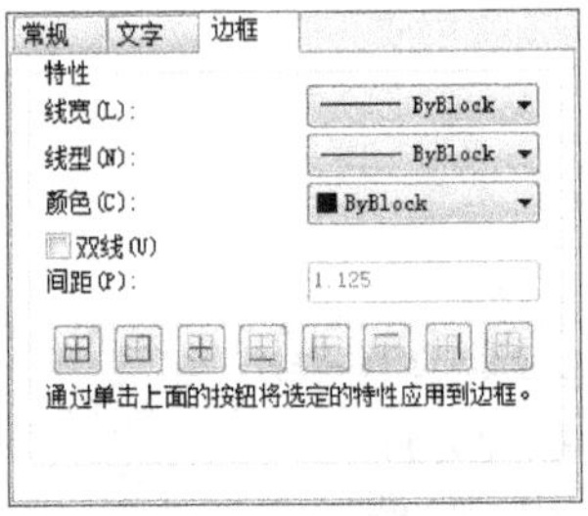

图 8-22 “边框”选项卡

➢ “页边距”选项区:设置表格单元内容距单元边框的水平和垂直距离。

➢ 创建行/列时合并单元:将使用当前单元样式创建的所有新行或新列合并为一个单元。可以使用此选项在表格的顶部创建标题行。

选择“文字”选项卡,如图 8-21 所示,设置文字样式、高度、颜色等特性。

➢ “文字样式”下拉列表框:指定或修改文字样式。

➢ “文字高度”文本框:设置表单元中的文字高度。默认时,数据和列标题的文字高度为 4.5,标题文字的高度为 6。

➢ “文字颜色”下拉列表框:设置文字的颜色。

➢ “文字角度”文本框:设置表单元中的文字任意倾斜角度。

选择“边框”选项卡,如图 8-22 所示。在其中通过 8 个边框设置按钮,设置表是否有边框;若有边框,可在“线宽”下拉列表框中进一步选择表格边框的线宽,在“线型”下拉列表框中进一步选择表格边框的线型,在“颜色”下拉列表框中进一步选择表格边框的颜色,在其后的“间距”文本框中可以设置双线之间的距离。

8.4.3 插入表格 TABLE

设置好基本满足要求的表格样式后,即可根据该表格样式创建表格。

1. 命令访问

① 功能区:“默认”选项卡→“注释”面板→“表格”工具

② 菜单:绘图(D)→表格…

③ 工具:“绘图”工具栏→

④ 命令:TABLE

执行 TABLE 命令,AutoCAD 将打开如图 8-23 所示的“插入表格”对话框。

2. 选项说明

● “表格样式”选项:选择所使用的表格样式。用户可以从“表格样式”下拉列表框中选择表格样式,或单击其后的按钮,打开“表格样式”对话框,以重新创建新的表格样式。

● “插入选项”选项区:确定表格数据的生成方式。选择“从空表格开始”单选按钮,可以插入一个空表格;选择“自数据链接”单选按钮,可以从外部导入数据来创建表格;选择“自图

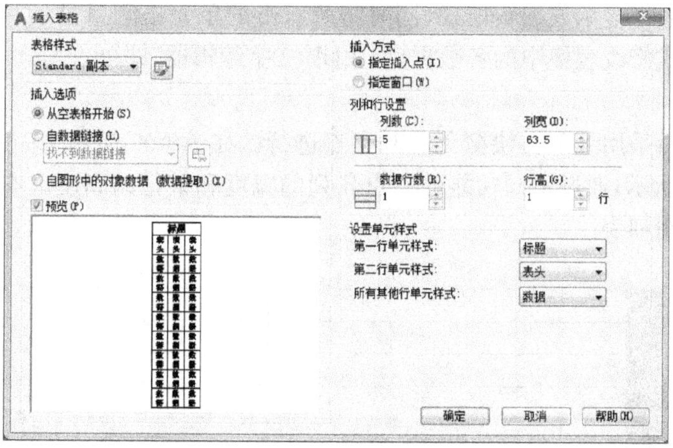

图 8-23 “插入表格”对话框

形中的对象数据(数据提取)”单选按钮,可以从可输入到表格或外部文件的图形中提取数据来创建表格。

- “插入方式”选项区:确定将表格插入到图形时的插入方式。其中,“指定插入点”单选按钮表示将通过在绘图窗口中指定一点作为表格的一角点位置的方式插入固定大小的表格;“指定窗口”单选按钮表示将通过指定一个窗口来确定表格的大小和位置。
- “列和行设置”选项区:设置表格中的行数、列数以及行高和列宽。
- “设置单元样式”选项区:设置表格的第一行、第二行以及其他行的单元样式。对于那些不包含标题或表头的表格,需指定新表格中行的单元格式。表格中所有其他行的单元样式,默认情况下,使用数据单元样式。

通过“插入表格”对话框确定表格数据,单击[确定]按钮后,而后根据提示确定表格的位置,即可将表格插入到图形中,且插入后 AutoCAD 自动弹出“文字格式”工具栏,并将表格的第一个单元格醒目显示,此时就可以向表格输入文字,如图 8-24 所示。

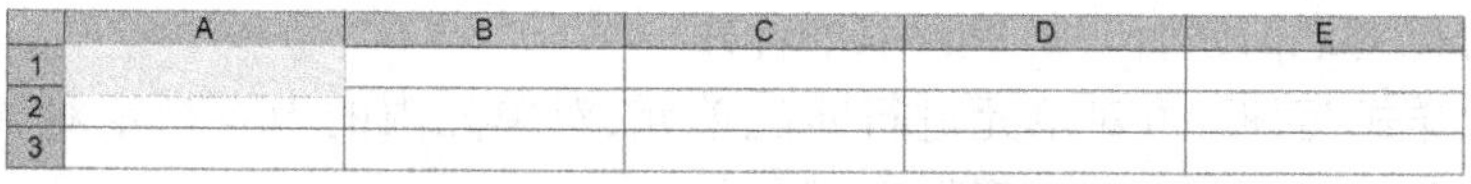

图 8-24 在表格中输入文字

输入文字时,可以利用【Tab】键和箭头键在各单元格之间切换,以便在各单元格中输入文字。单击“文字格式”工具栏中的“确定”按钮,或在绘图屏幕上任意一点单击,则会关闭“文字格式”工具栏。

8.4.4 编辑表格

执行 TABLE 命令直接创建的表格一般都不能满足绘图要求,需进一步编辑,才能使其符合绘图要求。对表格的使用技术,不在于表格的样式设置和插入,而关键在于对表格的编辑。

1. 编辑表格数据

编辑表格数据的方法很简单,双击表格的某一单元格,AutoCAD 即会弹出“文字编辑器”选项卡，并将表格显示成编辑模式，同时将所双击的单元格醒目显示，其效果与图 8-24 类似。在编辑模式修改表格中的各数据后，关闭“文字编辑器”即可。

2. 编辑表格

对表格的编辑采用上下文快捷菜单和夹点进行。在 AutoCAD 2020 中，单击表格对象边框，如图 8-25 所示，通过不同功能的夹点各列的宽度和某行的高度。本图中将表头设在如下装配图中的明细表。

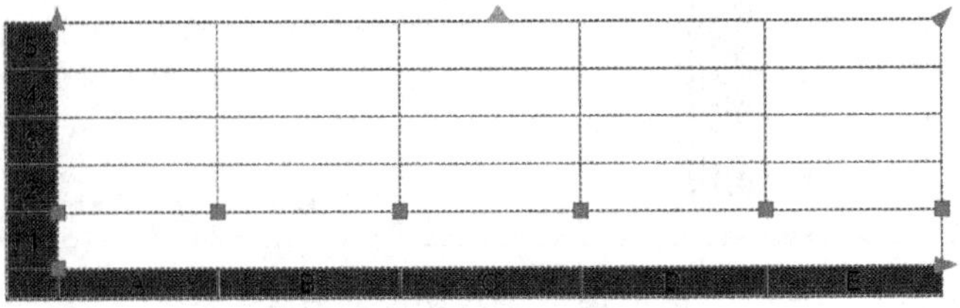

图 8-25　所示表格夹点编辑

单击任一表格对象单元，系统会自动弹出编辑用的“表格单元”选项卡，如图 8-26 所示。如果在功能区处于活动状态时选择表格单元，将显示“表格”功能区上下文选项卡。

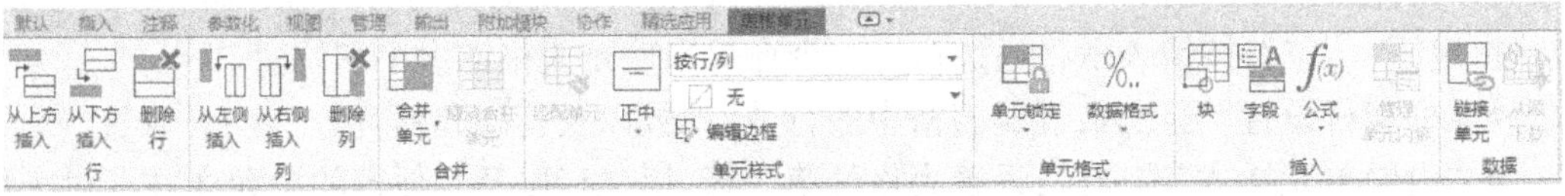

图 8-26　表格上下文编辑工具

对表格的编辑与 Word 中对表格的同名操作相似，对表格的主要编辑任务有：

（1）“行”面板：上、下插入行和删除当前选定行。

（2）“列”面板：左、右插入列和删除当前选定列。

（3）“合并”面板：将选定单元合并到一个大单元中，可以 “合并全部”“按行合并”或“按列合并”。也可以对之前已合并的单元取消合并。

（4）“单元样式”面板：可对单元进行匹配单元、对单元内的内容指定对齐、填充背景颜色、单元的边界特性、锁定单元或解锁等控制。

8.4.5　插入 EXCEL 表格

在利用 AutoCAD 绘图时，往往需要插入材料明细表等各种表格，有些表格甚至很复杂，如果在 AutoCAD 里编辑，会感觉很麻烦，效率很低。如果这些表格在 EXCEL 中编辑好，然后插入到 AutoCAD 中，这样会极大地提高工作效率。

1. 编辑 EXCEL 表格数据

在 EXCEL 表格中，编辑如图 8-27

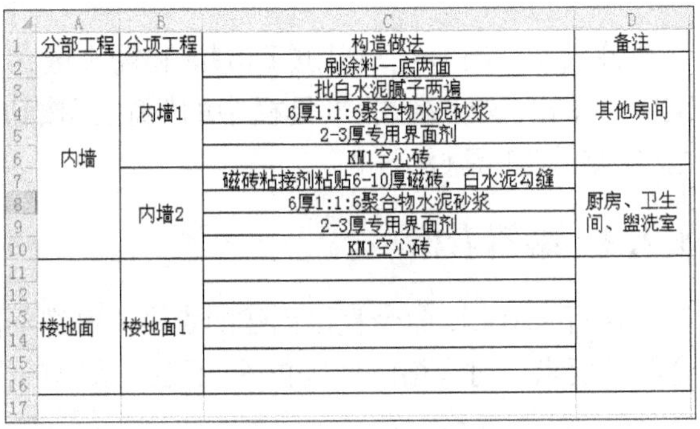

	A	B	C	D
1	分部工程	分项工程	构造做法	备注
2			刷涂料一底两面	
3			批白水泥腻子两遍	
4		内墙1	6厚1:1:6聚合物水泥砂浆	其他房间
5			2-3厚专用界面剂	
6	内墙		KM1空心砖	
7			磁砖粘接剂粘贴6-10厚磁砖，白水泥勾缝	
8			6厚1:1:6聚合物水泥砂浆	厨房、卫生间、盥洗室
9		内墙2	2-3厚专用界面剂	
10			KM1空心砖	
11				
12				
13	楼地面	楼地面1		
14				
15				
16				
17				

图 8-27　EXCEL 表格内容

所示的内容。

2. 插入 EXCEL 表格数据

(1) 单击“注释”选项卡→“表格”→“链接数据”→“选择数据链接”对话框，单击“创建新的 EXCEL 数据链接”，如图 8-28 所示。

(3) 在“输入数据链接名称”中输入链接名称，如“工程做法表”，如图 8-29 所示，单击“确定”按钮。

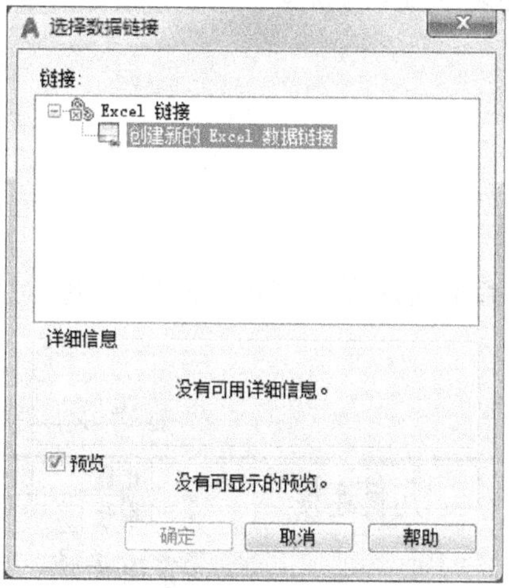

图 8-28　选择数据链接

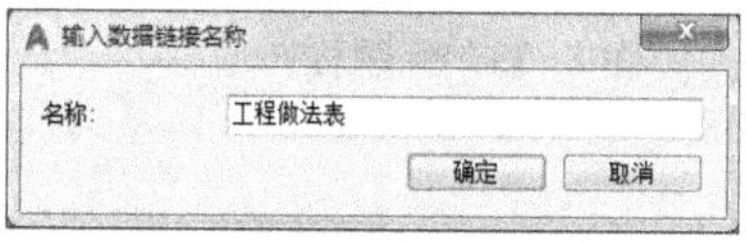

图 8-29　输入数据链接名称

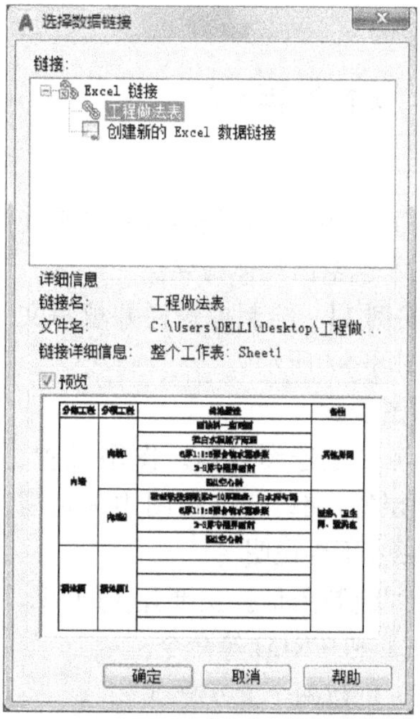

图 8-30　选择 EXCEL 链接

(4) 在“新建 EXCEL 数据链接:工程做法表”对话框中，单击 ... 按钮，选择需插入的 EXCEL 表格所在路径。单击 确定 按钮。

(5) 在“选择数据链接”对话框中，选择新建的“工程做法表”链接，如图 8-30 所示，单击 确定 按钮。

(6) 在“插入表格”对话框中，单击 确定 按钮，指定表格插入点，EXCEL 表格插入成功。

3. 更新 EXCEL 表格数据

当对 EXCEL 表格的内容进行修改更新时，AutoCAD 中的表格内容也会随之修改更新。

(1) 修改更新 EXCEL 表格，如图 8-31 所示。

(2) 单击“使用数据链接更新表格:工程做法表”，如图 8-32 所示，AutoCAD 中的

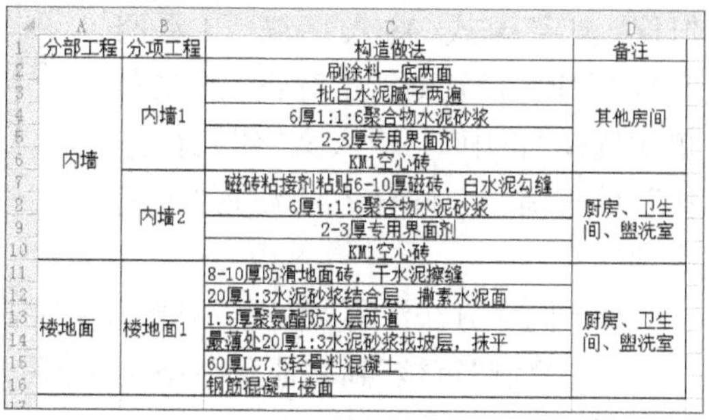

分部工程	分项工程	构造做法	备注
内墙	内墙1	刷涂料一底两面	其他房间
		批白水泥腻子两遍	
		6厚1:1:6聚合物水泥砂浆	
		2-3厚专用界面剂	
		KM1空心砖	
	内墙2	磁砖粘接剂粘贴6-10厚磁砖，白水泥勾缝	厨房、卫生间、盥洗室
		6厚1:1:6聚合物水泥砂浆	
		2-3厚专用界面剂	
		KM1空心砖	
楼地面	楼地面1	8-10厚防滑地面砖，干水泥擦缝	厨房、卫生间、盥洗室
		20厚1:3水泥砂浆结合层，撒素水泥面	
		1.5厚聚氨酯防水层两道	
		最薄处20厚1:3水泥砂浆找坡层，抹平	
		60厚LC7.5轻骨料混凝土	
		钢筋混凝土楼面	

图 8-31　修改更新 EXCEL

链接的 EXCEL 表格会自动更新。

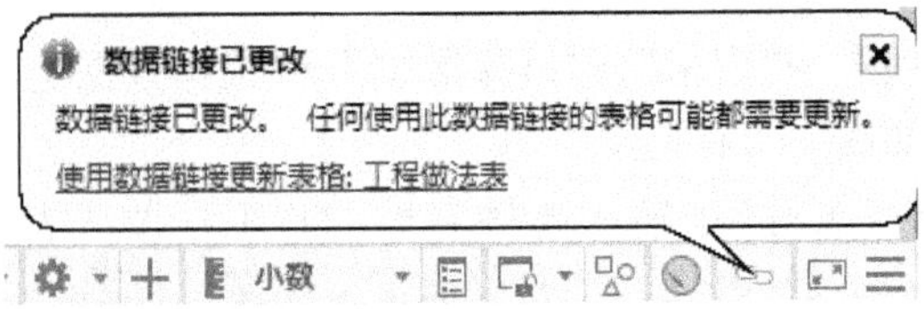

图 8-32 使用数据链接更新表格:工程做法表

8.5 综合举例

以下一些实例希望给读者带来能满足国家技术制图标准对字体要求的样例,对表格的使用技术也给出具体指导。

【实例 1】 绘制标题栏并填写文字,如图 8-33 所示。

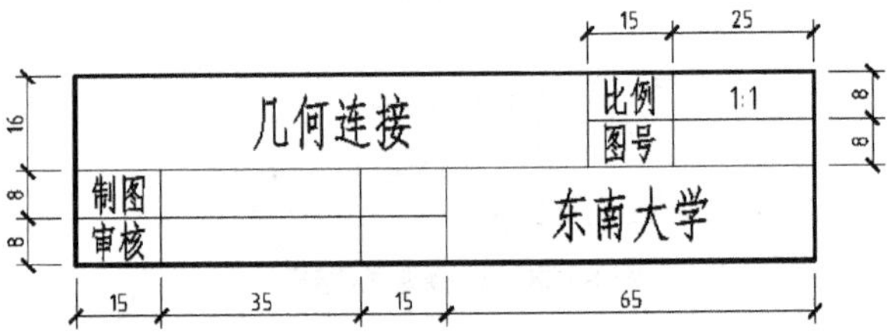

图 8-33 标题栏

作图步骤

(1) 设置绘图环境。图限设置、开设图层等,在以后的绘图中都是需要用到的,不再说明。

(2) 绘制图形。主要用 PLINE、OFFSET 和 TRIM 等命令。

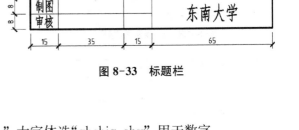

(3) 创建两个文字样式。

① 样式名“SZ”:字体选“gbenor. shx”、大字体选“gbcbig. shx”,用于数字。

② 样式名“HZ”:字体选“仿宋”,宽度因子是 0.7,用于普通文字(如汉字)。

(4) 多行文字注写文字。

过程中参见图 8-34,在提示“指定第一角点:”,捕捉 A 点;命令提示“指定对角点”,捕捉 B 点。

(5) 在弹出的“文字编辑器”上下文选项卡中,在“样式”面板中选择“HZ”文字样式,输入字高 7(要回车),在“段落”面板中“对正”下拉菜单中选择“正中”。输入文字“几何连接”,单击确定。同样方法注写“东南大学”。

图 8-34 文字位置确定

(6) 同样方法注写“审核”,只要改变字高为 5 即可。

(7) 复制“审核”到其他汉字格内,然后双击便可重新注写成所需文字。这样做的原因是文字的格距相同。

(8) 选择“SZ”文字样式,同样方法注写“1 ∶ 1”,注意此时的输入方式为英文。

【实例 2】 绘制机械装配图中的明细表，如图 8-35 所示。该表是自下而上的顺序，文字均居中；第一行字高为 7，其余行字高为 5。

4
WL50-03
皮带轮
1
HT200
3
WL50-02
端盖
2
HT200
2
GB/T70
螺钉
20
Q235
GB/T70
1
WL50-01
轴
1
45
序号
代号
名称
数量
材料
备注
38
7
10
14
40
40
14
40
32

图 8-35　明细表

绘表步骤

(1) 初步设置表格样式。执行 TABLESTYLE 命令，打开“表格样式”对话框，单击 新建(N)... 按钮，打开“创建新的表格样式”对话框，并在“新样式名”文本框中输入表格样式名“明细表”。

(2) 单击 继续 按钮，打开“新建表格样式”对话框，在表格方向区选择“向上”。接下来对单元样式进行设置，此处设置比较复杂。分别对“单元样式”区中“标题、表头和数据”这三项各自的三张选项卡“常规、文字和边框”进行设置，其中“常规和文字”选项卡的设置相同。

① 现以“标题”选项为例进行设置，如图 8-36 所示。

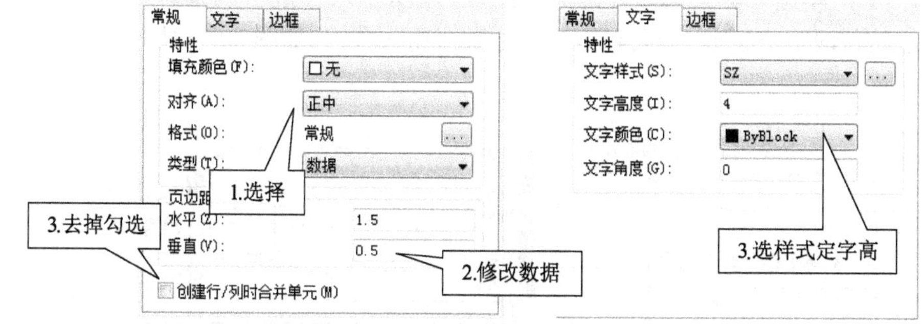

图 8-36　设置“常规和文字”

将文字高度和将垂直页边距改小是为了以后方便调整单元格的高度，若这两个数据大了，将无法调小单元格高度。

② “标题”选项的“边框”选项卡的设置，如图 8-37 所示。

③ “表头”和“数据”选项的“边框”选项卡的设置相同，如图 8-38 所示。

④ 单击确定，返回到“表格样式”对话框，点击设置为当前按钮后，关闭对话框。

(3) 插入表格。执行 TABLE 命令，打开“插

图 8-37　设置“数据边框”

入表格”对话框，设置 6 列、列宽 30，数据行数为 3，其他不变。确定后，在适当位置拾取一点，进入填写表格单元状态。在表格外单击，退出表格填写，可以看到“明细表”表格已被插入到当前图中，如图 8-39 所示。此时的表格尺寸和外边框还不能满足要求，需要编辑，待编辑完成后再填写表格。

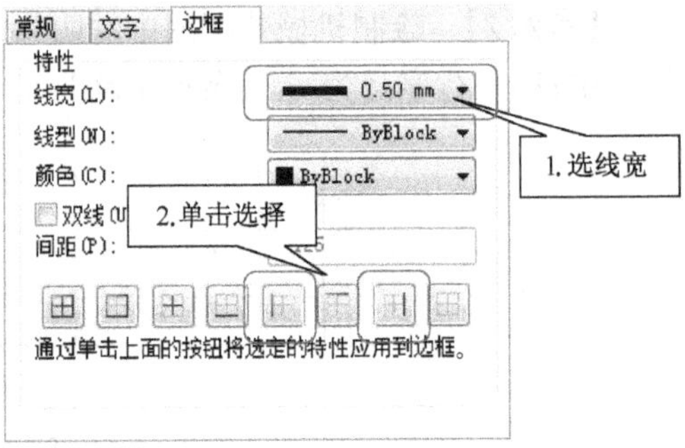

图 8-38　设置“表头边框”

(4) 编辑表格单元尺寸。

① 修改表格高度：任意处单击表格边框，右击后，从表格的“快捷特性”选项卡中将表格高度数值改为 35，见图8-40。

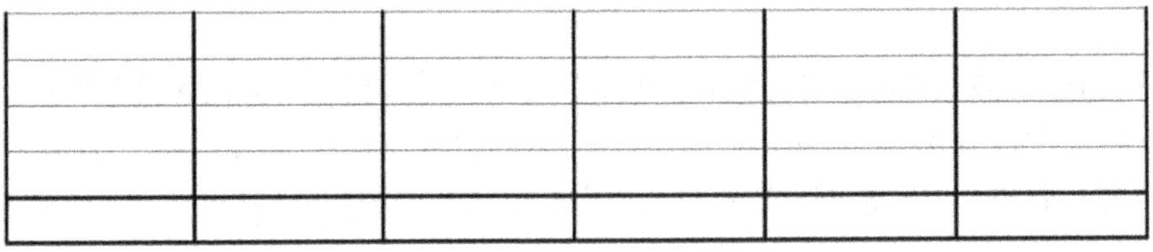

图 8-39　插入初始表格

② 编辑各列宽：单击列宽夹点对各列宽按图 8-35 所示尺寸进行调整。可以先画出列宽定位线，夹点定位时会方便些，否则要记住尺寸数值输入数据，如图 8-40 所示。

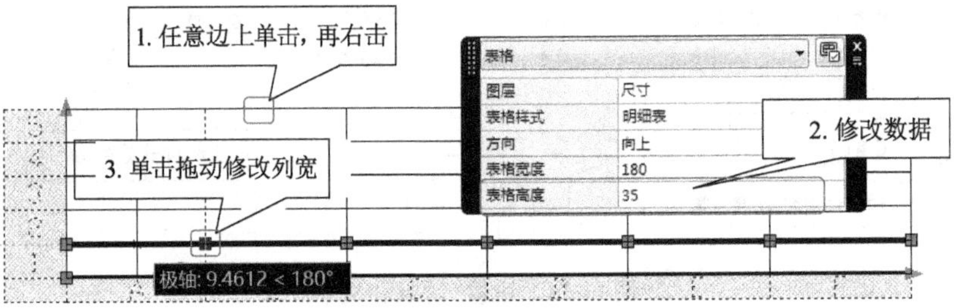

图 8-40　修改表格高度和各列宽

③ 编辑第一行高度。现在各行高均为 7，需将第一行高度编辑成 10。在第一行的任一单元格内点击，系统进入表格单元编辑状态。点击表格单元的下夹点，向下移动 3，如图 8-41 所示。

(5) 填写单元文字。双击单元格，用“实例 1”的“SZ”文字样式填写，切换单元填写时用箭头键，见图 8-42。

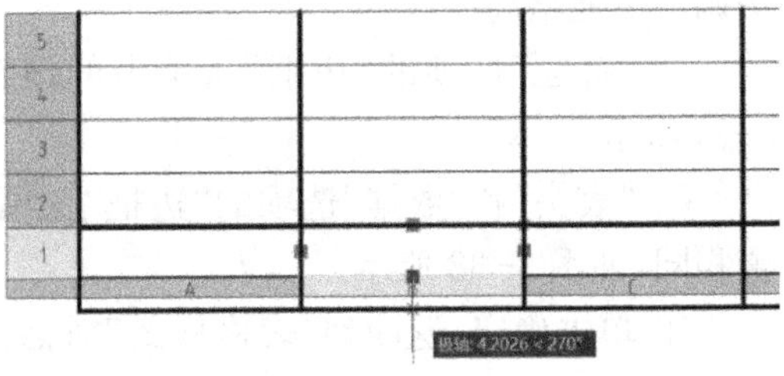

图 8-41　编辑第一行高度

	A	B	C	D	E	F
5	4	WL50-03	皮带轮	1	HT200	
4	3	WL50-02	端盖	2	HT200	
3	2	GB/T70	螺钉	20	Q235	GB/T70
2	1	WL50-01	轴	1	45	
1	序号	代号	名称	数量	材料	备注

图 8-42　填写单元文字

8.6　思考与实践

思考题

1. 如何创建新的文字样式，并为其设置相应的字体、高度及颠倒效果？
2. 如何设置符合我国国标要求的文字字体？
3. 如何指定当前文字样式？
4. 什么是单行文字？什么是多行文字？如何执行单行文字和多行文字命令？
5. 如何编辑文字内容？
6. 说明创建表格样式的基本操作步骤。

实践题

1. 创建一个名为“技术要求”的文字样式，字体为宋体，宽度比例为 0.7，并用该样式和 MTEXT 命令标注，文字及其效果如图 8-43、图 8-44 所示。“技术要求”四字的字高为 7、其余字高为 5。

技术要求

1. 未注圆角R3。
2. 铸件不得有缩孔、裂纹等缺陷。
3. 铸件经人工时效处理，消除内应力。

图 8-43　标注的文字与效果

门窗表

类别	编号	洞口尺寸(mm)		樘数	备注
		宽	高		
门	M1	1050	2400	4	木门
	M2	1200	2400	10	木门
窗	C1	850	1000	27	铝合金
	C2	1200	2100	10	铝合金

行高：8　8　8　8　8　8
列宽：15　20　22　22　14　27

图 8-44　创建“门窗表”

2. 请用表格方法绘制下表所示的门窗表，表格样式名为“MC”，严格按要求绘制该表格，包括单元字体与对正方式，单元格尺寸、粗细线条等。标题自高为 5，其余均为 3.5。

	A	B	C	D	E
1	图纸目录				
2	序号	图纸名称	图号	图幅	
3	1	总平面图	建施-01	A2	
4	2	设计说明1	建施-02	A2	
5	3	设计说明2	建施-03	A2	
6	4	一层平面图	建施-04	A2	
7	5	二层平面图	建施-05	A2	
8	6	三层平面图	建施-06	A2	
9					

图 8-45　创建“图纸目录”

3. 用 Excel 创建“图纸目录”表格，如图 8-45 所示，在 AutoCAD 中插入该表格后，在 Excel 表格图纸名称中增加“南立面图”，图号为“建施-07”，同时更新 AutoCAD 中表格。

4. 绘制如图 8-46 所示的檐口详图，并注释文字。

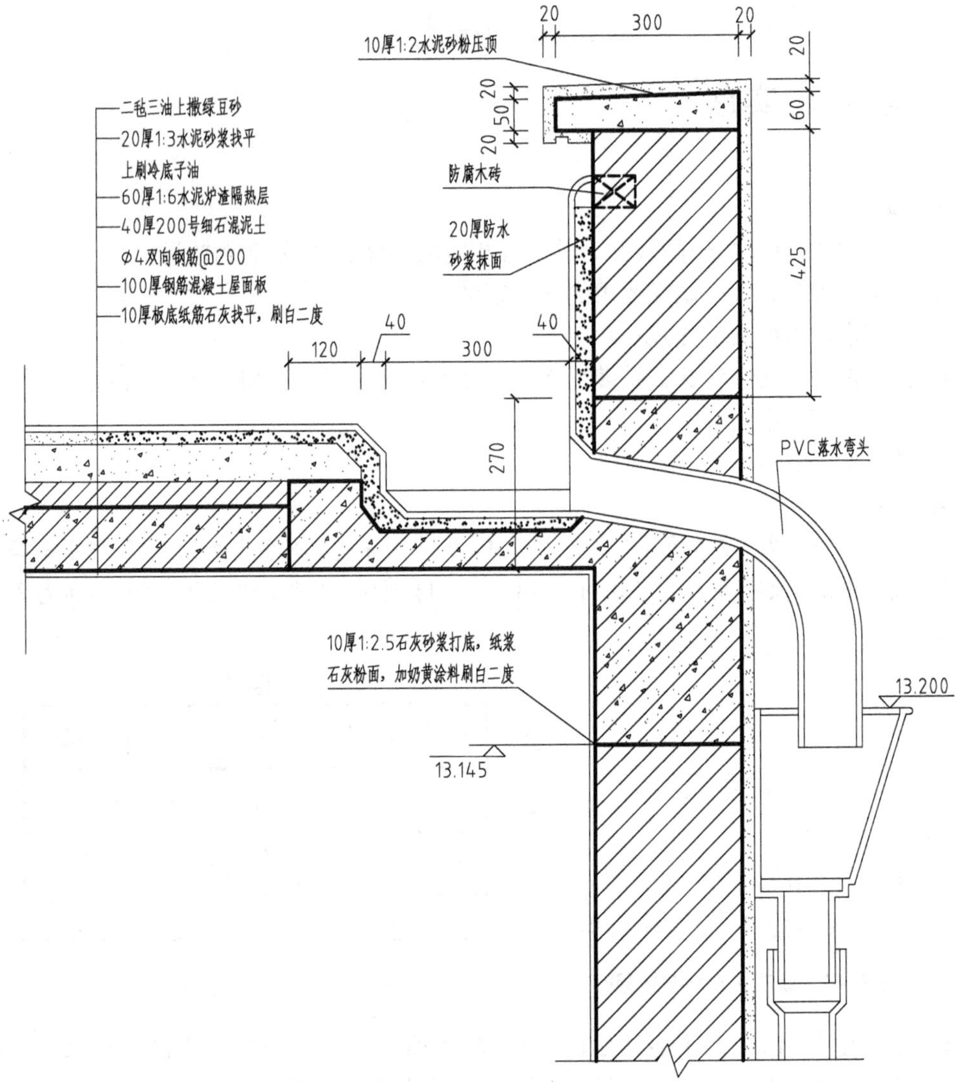

图 8-46 檐口详图

第 9 章

尺 寸 标 注

在工程图中，各种视图用来表达对象的形状，因其大小用尺寸也仅能用尺寸来反映，故尺寸是零件加工或施工的重要依据。

9.1 尺寸组成与尺寸标注规则

要了解尺寸的标注方法，首先应知道尺寸的组成要素及其要求，尤其在设置尺寸样式时，必须了解尺寸的各部分定义。

9.1.1 尺寸组成

一个完整的尺寸，一般应由尺寸界线、尺寸线、尺寸线终端（箭头或斜线）和尺寸数字（包括符号）等组成，见图 9-1。

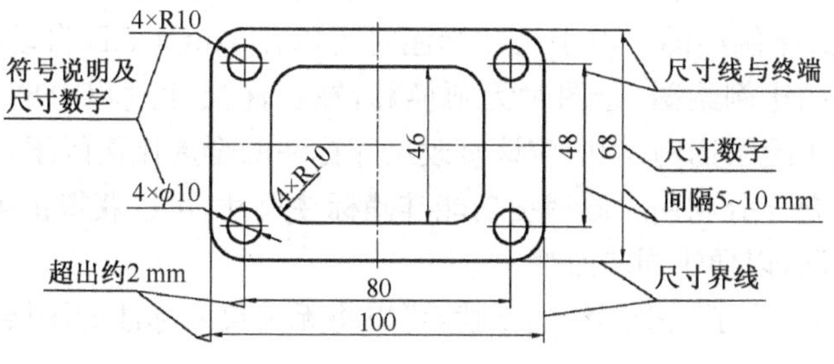

图 9-1　尺寸组成

● 尺寸界线：从标注起点引出的标明标注范围的直线，用细实线绘制。尺寸界线一般从图形的轮廓线、轴线或对称中心线处引出，也可利用轮廓线、轴线或对称中心线作为尺寸界线。尺寸界线一般应与尺寸线垂直，并超出尺寸线终端 2～5 mm。

● 尺寸线：表明标注的范围，也用细实线绘制，必须绘出。尺寸线不能与其他图线重合或在其延长线上，也不能用其他图线代替。

● 尺寸线终端：尺寸线终端常用箭头和斜线两种形式，箭头尺寸线终端适合于各种类型的图样。斜线尺寸线终端只用在尺寸线与尺寸界线垂直的场合，在建筑图中最为常见。AutoCAD 默认使用闭合的填充箭头，但是 AutoCAD 提供了很多种尺寸终端形式，以满足不同行业需求。

● 标注文本或尺寸数字：线性尺寸的数字一般注在尺寸线的上方，也允许注写在尺寸线的中断处，字号一致；尺寸数字不得被任何图线通过，如无法避免时，须将图线断开。在进行尺寸标注时，AutoCAD 会自动生成所标注对象的尺寸数值和半径符号 R 及直径符号 Φ，用户也可以对标注符号或尺寸数字进行修改、添加等操作。

9.1.2 尺寸标注规则

尺寸标注必须满足相应的技术标准。

1. 尺寸标注的基本规则

● 图形对象的真实大小应以图样上所注尺寸为准，与图形的大小及绘图的准确度无关。

● 图样中的尺寸通常以毫米为单位，无须说明。若采用其他单位，则必须注明单位的代号或名称。

● 图样中所标注的尺寸为该对象（如机械零件）的最后完工尺寸，否则应另加说明。

● 每一尺寸，在图样中一般只标注一次，建筑图样可以标注多次。

2. AutoCAD 中尺寸标注的其他规则

一般情况下，为了便于尺寸标注的统一和绘图的方便，在 AutoCAD 中标注尺寸时应遵守以下的规则：

● 为尺寸标注建立专用图层。利用该专用图层，可以控制尺寸的显示和隐藏，与其他图线分开，以便于修改、浏览。

● 为尺寸创建专门的文字样式。对照国家技术制图标准，应设定好文字的字体、大小等参数。

● 设置好尺寸样式。依据国家技术制图标准，创建一些尺寸标注样式。

● 采用 1∶1 的比例绘图。由于尺寸标注时可以让 AutoCAD 自动测量对象的尺寸大小，所以采用 1∶1 的比例绘图，绘图时无须换算，在标注尺寸过程中也无须再键入尺寸数值。如果统一修改了绘图比例，相应应该修改尺寸标注的全局比例因子。

● 标注尺寸时要充分利用对象捕捉功能准确标注尺寸，可以获得正确的尺寸数值，同时将尺寸标注设成关联，以便于同步改变。

● 在标注尺寸时，为了减少图线的干扰，可以将无关尺寸标注的图层关闭。

9.1.3 尺寸标注的类型

在 AutoCAD 2020 中尺寸标注在“注释”选项卡中的“标注”面板如图 9-2 所示。尺寸主要分三类，即线性尺寸、角度尺寸和径向尺寸。

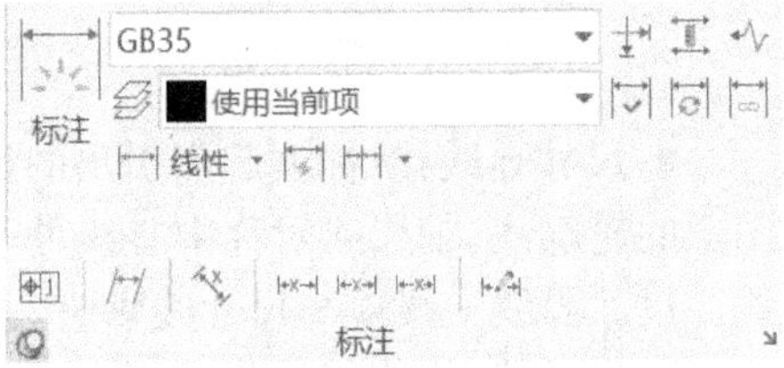

图 9-2 “标注”面板各种尺寸标注

9.1.4 尺寸标注的流程

一般情况下，标注尺寸的步骤为：

(1) 开设尺寸标注图层；

(2) 创建用于尺寸标注的文字样式；

(3) 创建与设置尺寸标注样式；

(4) 标注尺寸；

(5) 设置尺寸公差样式；

(6) 标注带公差尺寸；

(7) 设置形位公差样式；

(8) 标注形位公差；

(9) 修改调整尺寸标注。

9.2 创建与设置尺寸样式

尺寸样式用来控制尺寸标注的外观，使得图样中标注的尺寸样式、风格保持一致。

9.2.1 标注样式管理器 DIMSTYLE

在 AutoCAD 2020 中，尺寸样式的创建与修改都是在“标注样式管理器”对话框中进行的。用户可以通过设置对话框中的不同选项来创建不同的尺寸样式。设置尺寸样式主要控制尺寸四个组成元素(即尺寸界线、尺寸线、尺寸线终端和尺寸数字)。

1. 命令访问

① 功能区：“默认”选项卡→“注释”面板→“标注样式”工具

② 菜单：标注(N)→标注样式(S)…

③ 工具：“标注”工具栏→

④ 命令：DIMSTYLE 执行该命令后，系统将打开“标注样式管理器”对话框，如图 9-3 所示。

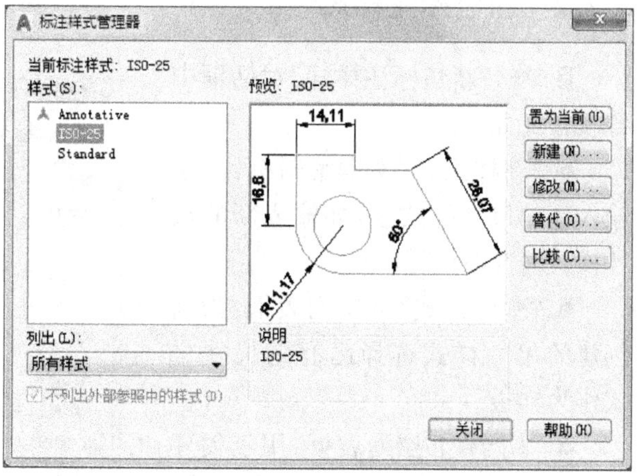

图 9-3 标注样式管理器

2. 选项说明

● “当前标注样式”标签：显示当前标注样式的名称。

● “样式”列表框：列出已有标注样式的名称。用户可以按照尺寸标注要求设置几种不同的尺寸样式。右击尺寸样式名，从弹出的快捷菜单中可以将所选尺寸样式置为当前、进行更名和删除等操作。

● “列出”下拉列表框：控制在“样式”列表框列出那些尺寸样式名称。

● “预览”显示框：预览在“样式”列表框中所选中的尺寸样式的标注效果。

● “说明”标签框：显示在“样式”列表框中所选定尺寸样式的说明。

● 置为当前(U) 按钮：单击该按钮将会把设置好的尺寸标注样式置为当前样式使用。

● 新建(N)... 按钮：单击该按钮，AutoCAD 打开如图 9-4 所示的“创建新标注样式”对话框。从此可以新建标注样式，见下节介绍。

● 修改(M)... 按钮：单击该按钮将显示“修改标注样式”对话框，用于编辑和修改在“样式”列表框中所选择的尺寸样式。有关“修改标注样式”对话框的说明在后面介绍。

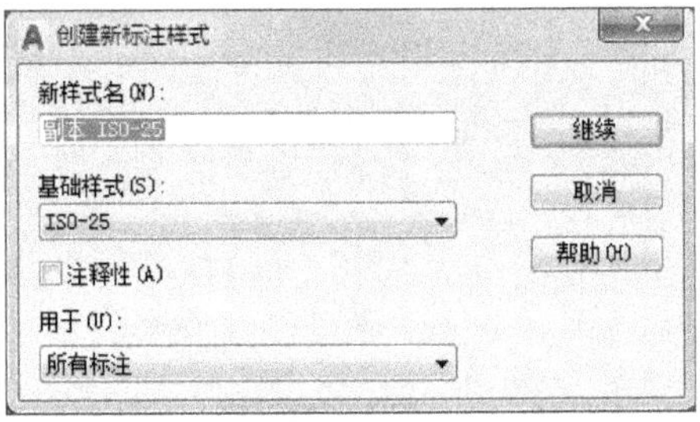

图 9-4 “创建新标注样式”对话框

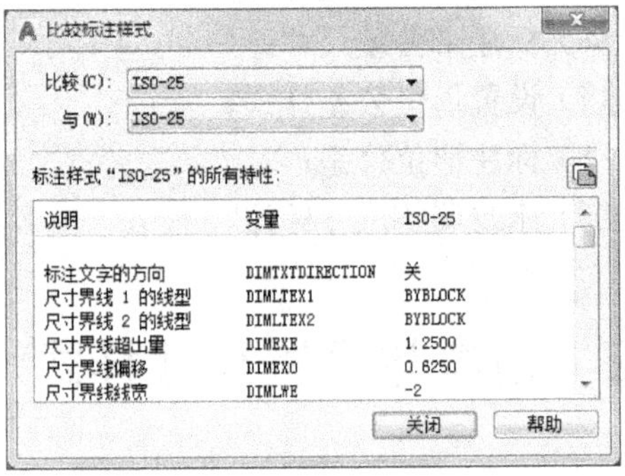

图 9-5 “比较标注样式”对话框

● 替代(O)... 按钮：单击该按钮将显示“替代当前样式”对话框，用于设置临时尺寸样式，代替当前尺寸样式的相应设置，但并不改变当前尺寸样式的设置。有关“替代当前样式”对话框的说明在后面介绍。

● 比较(C)... 按钮：单击该按钮将显示如图9-5所示的“比较标注样式”对话框，用于比较两种尺寸样式的特性，或查看所选尺寸样式中相应的设置。

9.2.2 新建标注样式

图 9-4“新建标注样式”对话框中各项含义如下：

● “新样式名”文本编辑框：用于输入新的尺寸样式名，如输入新的尺寸样式名“GB35”。

● “基础样式”下拉列表框：为新创建的尺寸样式选择已有的尺寸样式作为样板。

● “用于”下拉列表框：用于创建尺寸样式簇中的子样式，用户可以为某一类型的尺寸创建专用的子样式。

● 继续 按钮：单击该按钮，AutoCAD 将打开如图 9-6 所示的“新建标注样式”对话框。在此可以

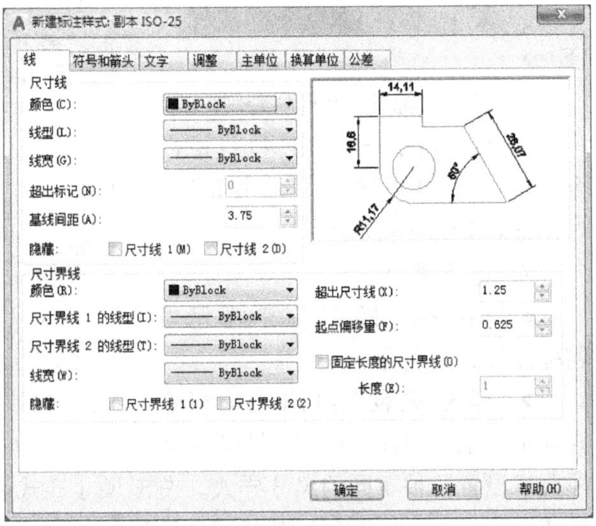

图 9-6 “新建标注样式”对话框

对新建标注样式进行具体的选项设置。“新建标注样式”对话框中有七个选项卡，用于控制尺寸的标注效果，可以看出尺寸设置的选项是很多的。

关于父尺寸样式和子尺寸样式说明：

一般来说，父尺寸样式用于多种尺寸标注类型，子尺寸样式用于某种尺寸标注类型。子尺寸样式中设置的尺寸样式参数优先于父尺寸样式设置的参数。父尺寸样式及其子尺寸样式共用同一尺寸样式名，在“样式”列表框中父尺寸样式和子尺寸样式以树状形式排列，如图 9-7 所示。

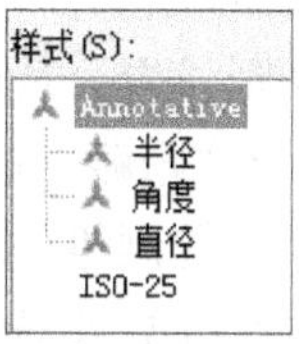

图 9-7　父子样式树状排列

9.2.3　设置线

在“新建标注样式”对话框中，通过“线”选项卡设置尺寸标注中的尺寸线和尺寸界线的格式与属性，图 9-6 所示为与“线”选项卡对应的对话框。

1. 尺寸线

“尺寸线”选项区：用于设置尺寸线几何特征量，包括以下内容：

- “颜色”下拉列表框：用于设置尺寸线的颜色，可以进一步选择颜色，一般选择 ByBlock。
- “线型”下拉列表框：用于设置尺寸界线的线型，一般选择 ByBlock。
- “线宽”下拉列表框：用于设置尺寸线的宽度，一般选择 ByBlock。
- “超出标记”文本框：当尺寸线终端采用箭头、建筑标记、小点、积分符或无标记等样式时，使用该文本框可以设置尺寸线超出尺寸界线的长度。
- “基线间距”文本框：设置当采用基线标注方式标注尺寸时（基线标注的含义见下节），各尺寸线之间的距离。
- “隐藏”选项：相应的“尺寸线 1”或“尺寸线 2”复选框分别用于控制第一段尺寸线、第二段尺寸线以及对应箭头的可见性。尺寸线被尺寸文本分成两部分，靠近尺寸第一定义点的部分被称为“尺寸线 1”；另一部分被称为“尺寸线 2”。即使尺寸文本未被放置在尺寸线内，选中此复选框，则尺寸线相应部分也为不可见，其标注效果如图 9-8 所示。

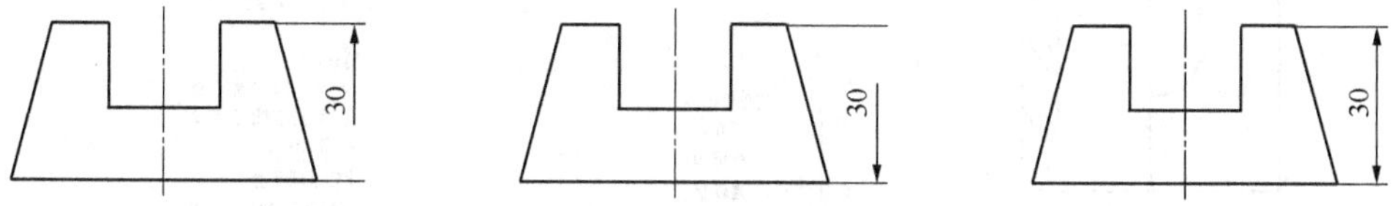

(a) 隐藏第一条尺寸线　(b) 隐藏第二条尺寸线　(c) 不隐藏两条尺寸线

图 9-8　控制尺寸线的可见性

2. 尺寸界线

“尺寸界线”选项区用于设置尺寸界线几何特征量，包括以下内容：

- “颜色”下拉列表框：用于设置尺寸界线的颜色。
- “尺寸界线 1 的线型”和“尺寸界线 2 的线型”下拉列表框：用于设置尺寸界线的线型。
- “线宽”下拉列表框：用于设置尺寸界线的宽度。
- “超出尺寸线”文本框：用于设置尺寸界线超出尺寸线的长度。在工程制图中，一般要求为(2～5)mm,见图 9-1 说明。

● “起点偏移量”文本框:设置尺寸界线到尺寸定义点的偏移距离,如图 9-9 所示。在机械制图中一般为 0,建筑制图中根据具体图形设置合适的偏移距离,通常为 2 mm。

● “隐藏”选项:相应的“尺寸界线 1”或“尺寸界线 2”复选框分别用于控制第一和第二尺寸界线的可见性。靠近尺寸的第一定义点的尺寸界线被称为“尺寸界线 1”,另一尺寸界线被称为“尺寸界线 2”。当选中此复选框时,相应的尺寸界线为不可见,如图 9-10 所示。

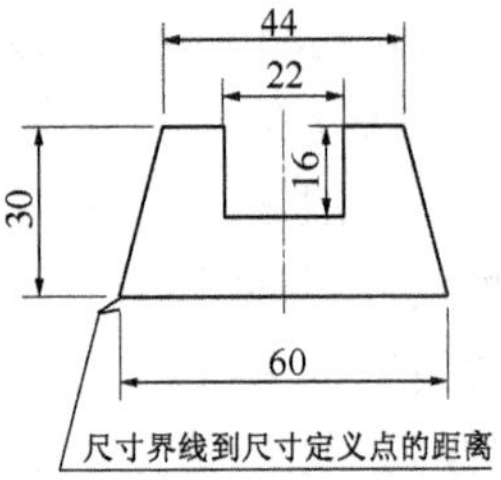

图 9-9　尺寸界线到尺寸定义点的距离

“尺寸线”选项区的“隐藏”“尺寸线 1”和“尺寸线 2”复选框配合“尺寸界线”选项区的“隐藏”“尺寸界线 1”和“尺寸界线 2”复选框控制某一尺寸线和尺寸界线的可见性。主要用于半剖视图和装配图中内形尺寸,如图 9-11 所示。

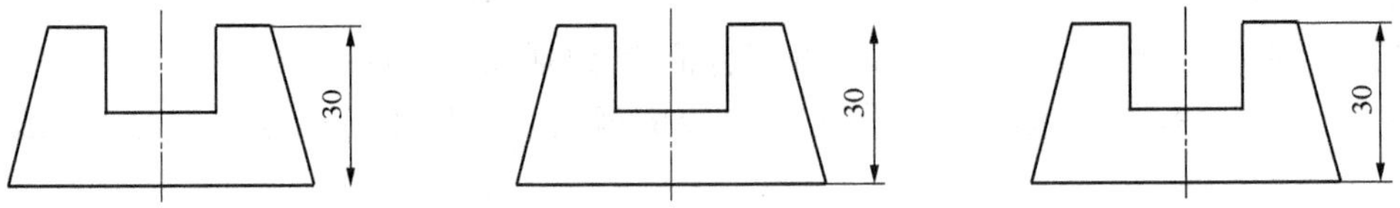

(a) 隐藏第一条尺寸界线　(b) 隐藏第二条尺寸界线　(c) 不隐藏两条尺寸界线

图 9-10　控制尺寸界线可见性

● “固定长度的尺寸界限”复选框:选中该复选框,可以使用具有特定长度的尺寸界线标注尺寸,其中在“长度”文本框中输入尺寸界线的数据在建筑图中用得较多。

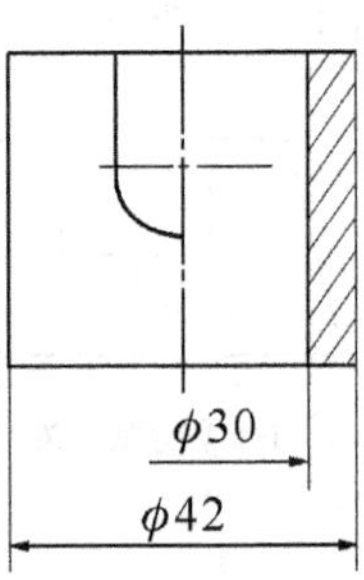

图 9-11　半剖内形尺寸

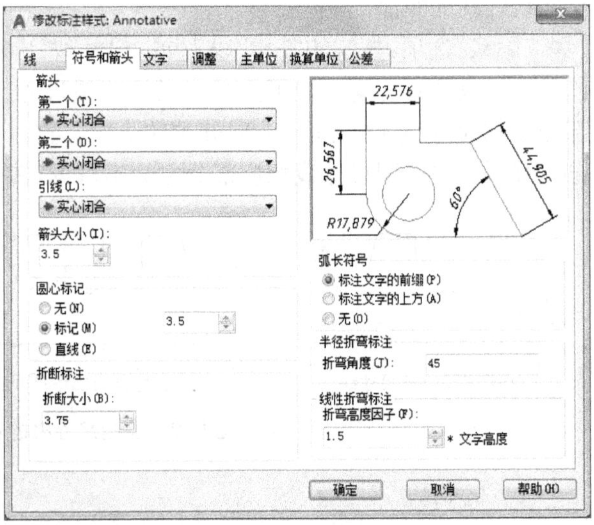

图 9-12　“符号和箭头”选项卡

9.2.4　设置符号和箭头

“符号和箭头”选项卡,如图 9-12 所示,用于设置尺寸箭头、圆心标记、弧长符号以及半径标注折弯方面的格式。

1. 箭头

在“箭头”选项区，可以设置尺寸线终端的形式及大小。

- “第一个”和“第二个”下拉列表框：设置第一、第二段尺寸线终端形式。AutoCAD 提供了 20 多种尺寸线终端形式，以便于不同工程领域选用。
- “引线”下拉列表框：设置指引线终端形式。设置方法同上一项。
- “箭头大小”文本框：设置尺寸线终端的大小。工程图样中箭头大小为粗实线线型宽度的 4 倍，约 2～3 mm。

2. 圆心标记

“圆心标记”选项区，可以设置圆和圆弧的中心标记类型和大小，用于控制当标注圆或圆弧的直径或半径时，是否绘制中心标记以及它们的形式和大小等。

- “无”单选项：没有任何标记。
- “标记”单选项：对圆或圆弧绘制圆心标记。
- “直线”单选项：对圆或圆弧绘制中心线。
- “大小”文本框：当选择“标记”或“直线”单选按钮时，该文本框用于确定圆心标记的大小。需说明的是，在文本框中输入的值是圆心标记十字线长度的一半。

“圆心标记”的三种效果见图 9-13。

3. 弧长符号

“弧长符号”选项区，可以设置圆弧符号的显示。

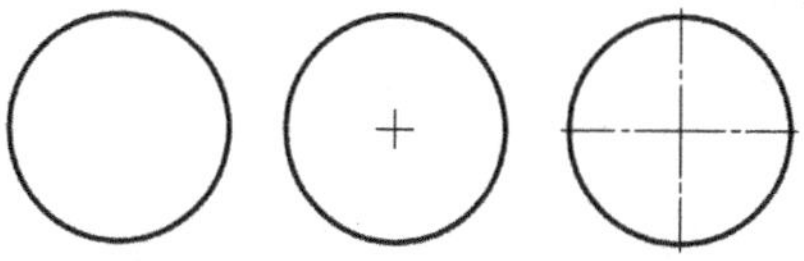

(a)无标记　(b)标记　(c)直线标记

图 9-13 “圆心标记”的三种效果

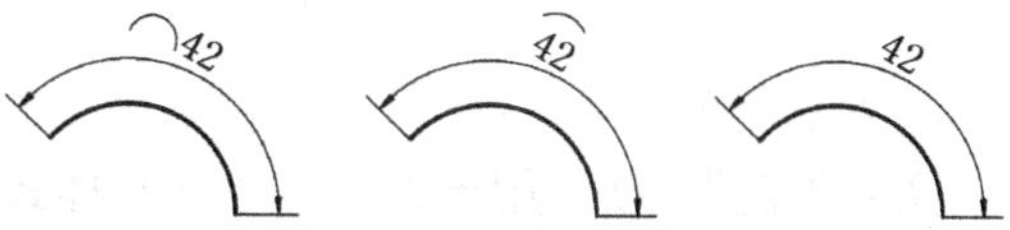

(a)前缀法标注　(b)上方式标注　(c)无符号标注

图 9-14 “弧长符号”标注的三种效果

- “标注文字的前缀”单选项：表示要将弧长符号放在标注文字的前面。
- “标注文字的上方”单选项：表示要将弧长符号放在标注文字的上方。
- “无”单选项：表示不显示弧长符号。机械图样中，绘制圆时应先画圆的中心线后再画圆，所以一般选择该项。

“弧长符号”的三种效果见图 9-14。

4. 半径折弯标注

折弯半径标注通常用在较大圆弧（圆心位于较远）的尺寸标注。“折弯角度”文本框确定连接半径标注的尺寸界线与尺寸线之间的横向直线的角度，如图 9-15 所示。

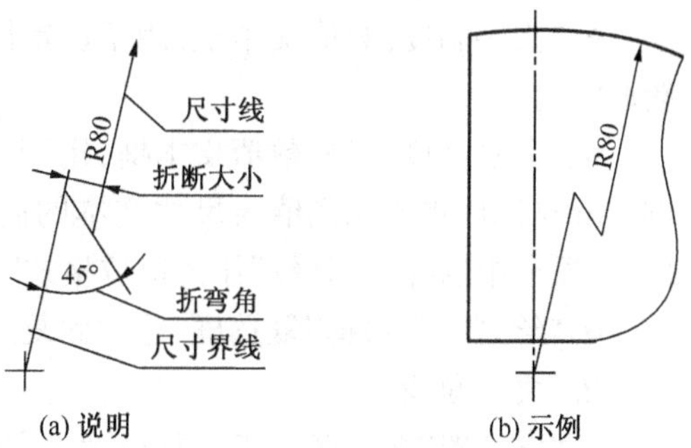

(a) 说明　(b) 示例

图 9-15 折弯半径标注应用示例

5. 折断标注

设置标注折断时标注线的长度的长短，于“折断大小”文本框输入数据即可。

6. 线性折断标注

设置折弯标注打断时的折弯线高度大小。

9.2.5 设置文字

“文字”选项卡，如图 9-16 所示，用于设置尺寸文本的样式、位置和对齐方式等特性。

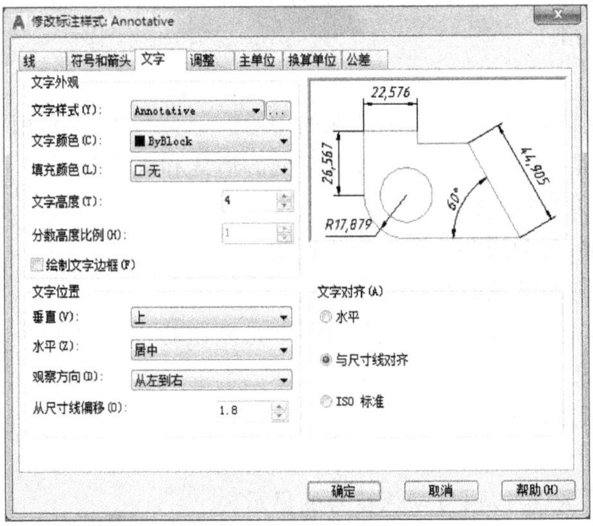

图 9-16 “文字”选项卡

1. 文字外观

“文字外观”选项区用于设置尺寸文本样式和大小。

● “文字样式”下拉列表框：用于设置和显示尺寸文本的样式。用户从下拉列表框中选择已经定义的尺寸文本样式名。

● “文字样式”后的...按钮：用于设置新的尺寸文本样式。单击此按钮将弹出“文字样式”对话框。有关“文字样式”对话框的内容在文本标注章节已经详细介绍，在此仅介绍与尺寸有关的文本样式设置。

● “文字颜色”“填充颜色”下拉列表框：用于设置尺寸文本颜色和背景颜色。

● “文字高度”数值文本框：用于设置尺寸文本高度，机械图样一般取“3.5”，建筑图样一般取“3”。

● “分数高度比例”数值文本框：用于设置文本中的分数相对于其他尺寸文本的缩放比例，AutoCAD 将该比例值与尺寸文本的高度的乘积作为所标记分数的高度（只有在“主单位”选项卡中选择了“分数”作为单位格式时，此选项才有效）。

● “绘制文字边框”复选框：选中此复选框可以在尺寸文本的周边画一个黑框。

2. 文字位置

“文字位置”选项区用于控制尺寸文本位置的放置形式。

● “垂直”下拉列表框：设置尺寸文本相对于尺寸线沿垂直方向的位置。

➢ “居中”选项：将尺寸文本放在尺寸线中间，并将尺寸线分成两段。

➢ “上方”选项：将尺寸文本放置在尺寸线上方。在工程制图中，选择“上方”方式，使得尺寸文本位置符合国家标准《技术制图》中的有关规定。

➢“外部”选项：将尺寸文本放置在尺寸线之外。

➢“JIS”选项：尺寸文本的放置符合日本工业标准。

尺寸文本的各种位置效果如图 9-17 所示。

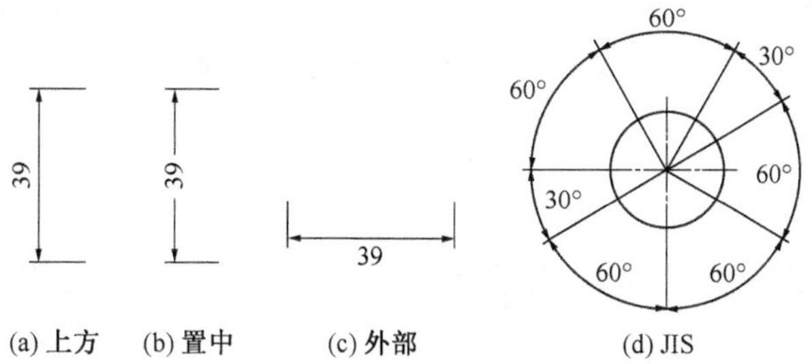

图 9-17 “垂直”设置效果

● “水平”下拉列表框：设置尺寸文本相对于尺寸线和尺寸界线沿水平方向的位置。

➢“居中”选项：将尺寸文本沿尺寸线居中放置。

➢“第一条尺寸界线”选项：沿尺寸线和第一尺寸界线左对齐尺寸文本。

➢“第二条尺寸界线”选项：沿尺寸线和第二尺寸界线右对齐尺寸文本。

➢“第一条尺寸界线上方”选项：将尺寸文本放在第一条尺寸界线上或沿第一条尺寸界线放置。

➢“第二条尺寸界线上方”选项：将尺寸文本放在第二条尺寸界线上或沿第二条尺寸界线放置。

图 9-18 显示了“水平”下拉列表框对尺寸文本五种放置位置形式的标注效果。

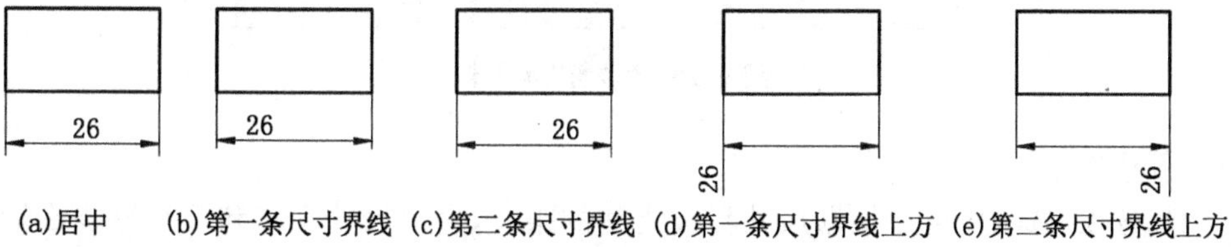

图 9-18 “水平”设置效果

● “从尺寸线偏移”文本框：设置尺寸文本底部与尺寸线之间的距离间隙，在文本框中输入具体数值即可。

3. 文字对齐

“文字对齐”选项区用于控制尺寸文本沿水平或垂直方向的方位。

● “水平”单选项：尺寸文本沿 WCS 或 UCS 坐标系的“X”轴方向放置。

● “与尺寸线对齐”单选项：尺寸文本沿尺寸线方向放置。

● “ISO 标准”单选项：当尺寸文本在两尺寸界线之间时，尺寸文本沿尺寸线方向放置；当尺寸文本在两尺寸界线之外时，尺寸文本沿水平方向放置。

图 9-19 显示了“文字对齐”的三种文字对齐方式的标注效果。

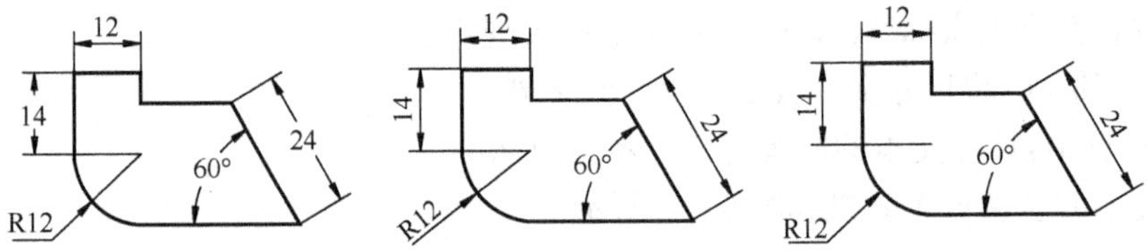

(a) 水平居中　(b) 与尺寸线对齐　(c) ISO标准

图 9-19　“文字对齐”设置效果

9.2.6　设置调整

“调整”选项卡，如图 9-20 所示，用以控制尺寸文本、尺寸线、尺寸界线终端和指引线的放置。

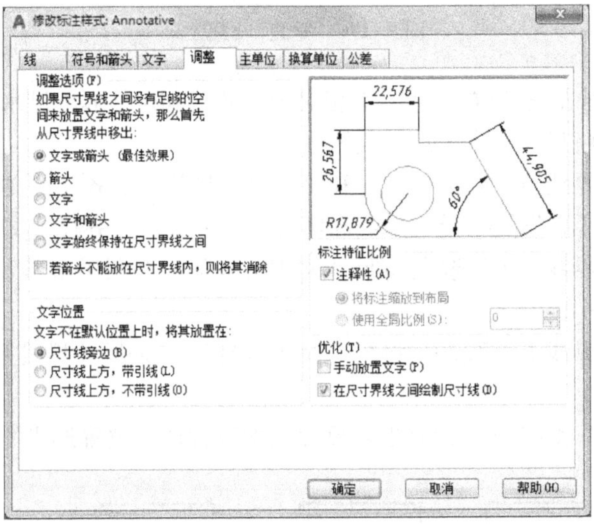

图 9-20　“调整”选项卡

1. 调整选项

“调整选项”选项区可以根据尺寸界线之间的距离，确定尺寸文本和尺寸界线终端放在尺寸界线之间还是放在尺寸界线之外。

如果尺寸界线之间空间足够，则尺寸文本和箭头均放在尺寸界线之间，否则尺寸文本和箭头按照“调整选项”区设置情况放置。

● “文字或箭头(最佳效果)”单选项：该单选按钮按照以下方式放置尺寸文本和箭头。

➢ 如果空间足够，则将尺寸文本和箭头均放置在尺寸线之间。AutoCAD 根据尺寸界线距离自动选择尺寸文本和箭头最佳位置。

➢ 如果空间只允许放置尺寸文本，AutoCAD 只将尺寸文本放在尺寸界线之间，而将箭头放在尺寸界线之外。

➢ 如果空间只允许放置箭头，AutoCAD 只将箭头放在尺寸界线之间，而将尺寸文本放在尺寸界线之外。

➢ 如果空间既不能放置尺寸文本也不能放置箭头，则 AutoCAD 将尺寸文本和箭头均放在尺寸界线之外。

● “箭头”单选项：按照以下方式放置尺寸文本和箭头：

➢ 如果空间足够，则将尺寸文本和箭头均放置在尺寸线之间。

➢ 如果空间只允许放置箭头，AutoCAD 只将箭头放在尺寸界线之间，而将尺寸文本放在尺寸界线之外。

➢ 如果空间不够放置箭头，则将尺寸文本和箭头均放在尺寸界线之外。

● “文字”单选项：按照以下方式放置尺寸文本和箭头：

➢ 如果空间足够，则将尺寸文本和箭头均放置在尺寸线之间。

➢ 如果空间只允许放置尺寸文本，AutoCAD 只将尺寸文本放在尺寸界线之间，而将箭头放在尺寸界线之外。

➢ 如果空间不够放置尺寸文本，则将尺寸文本和箭头均放在尺寸界线之外。

● “文字和箭头”单选项：如果空间不够同时放置尺寸文本和箭头，则将尺寸文本和箭头均放在尺寸界线之外。

● “文字始终保持在尺寸界线之间”单选项：无论空间情况如何，始终将尺寸文本放置在尺寸界线之间。

● “若不能放在尺寸界线之内，则将其取消”复选框：如果空间不够用，则抑制箭头的显示。

2. 文字位置

“文字位置”选项区：用来设置尺寸文本从默认位置移动后的位置。

● “尺寸线旁边”单选项：如果尺寸文本离开尺寸线，将尺寸文本放置在尺寸线旁边。

● “尺寸线上方，带引线”单选项：如果尺寸文本离开尺寸线，则创建一个引线将尺寸文本和尺寸线连接。如果尺寸线和尺寸文本距离太近，则省略引线。

● “尺寸线上方，不带引线”单选项：如果尺寸文本离开尺寸线，不用引线将尺寸文本和尺寸线连接。

“文字位置”区对尺寸文本不在默认位置的设置效果如图 9-21 所示。

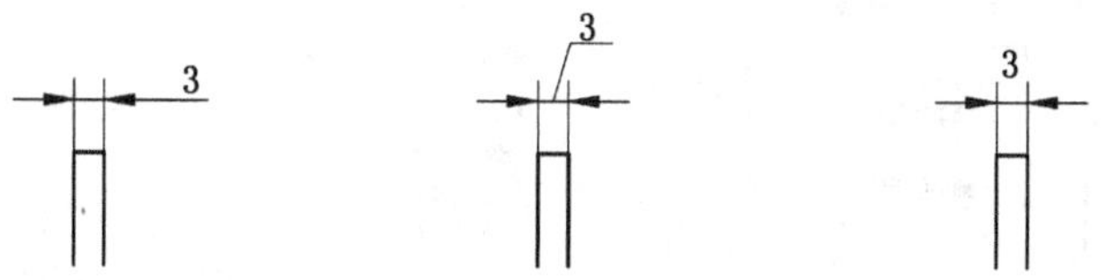

(a)标注在外侧　(b)通过指引线标注　(c)标注在上侧

图 9-21 “文字位置”设置效果

3. 标注特征比例

“标注特征比例”选项区用来设置尺寸样式中尺寸组成元素的缩放比例值。

● “使用全局比例”单选项：设置所有尺寸元素的全局比例因子。选中该单选项，则可在其旁边数值文本框内输入比例值。“全局比例因子”影响到尺寸组成元素的大小，并不影响图形实体的大小，不改变尺寸的测量值。

● “将标注缩放到全局” 单选项：设置图纸空间尺寸组成元素的比例因子。选中该单选项，AutoCAD 将按照当前模型空间视口与相应图纸空间之间的比例值来确定图纸空间尺寸元素的比例值。

4. 优化

“优化”选项区用来细微调整尺寸文本位置和尺寸线位置。

● “手动放置文字”复选框：由用户指定尺寸文本位置。在尺寸标注过程中指定尺寸线位置的点被作为尺寸文本的位置。

● “在尺寸界线之间绘制尺寸线”复选框：强制在尺寸界线之间绘制尺寸线。选中该复选框，即使尺寸文本和箭头位于尺寸界线之外，AutoCAD 都将强迫在尺寸界线之间绘制尺寸线，如图 9-22 所示。

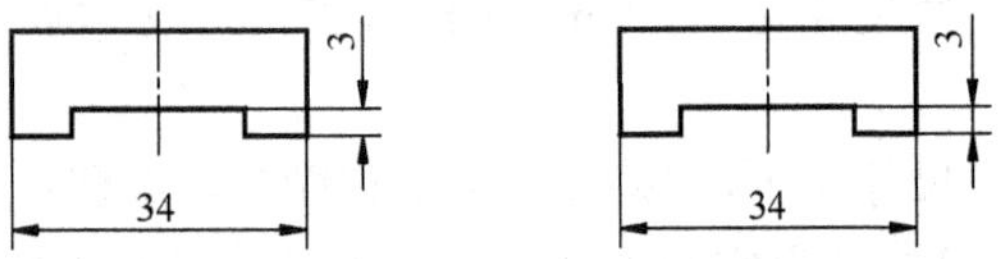

(a) 不强制绘制尺寸线　　(b) 强制绘制尺寸线

图 9-22 “在尺寸界线之间绘制尺寸线”复选框影响尺寸线

9.1.7 设置单位

“主单位”选项卡，如图 9-23 所示，用于设置主单位的样式和精度，同时还能设置尺寸文本的前缀和后缀。

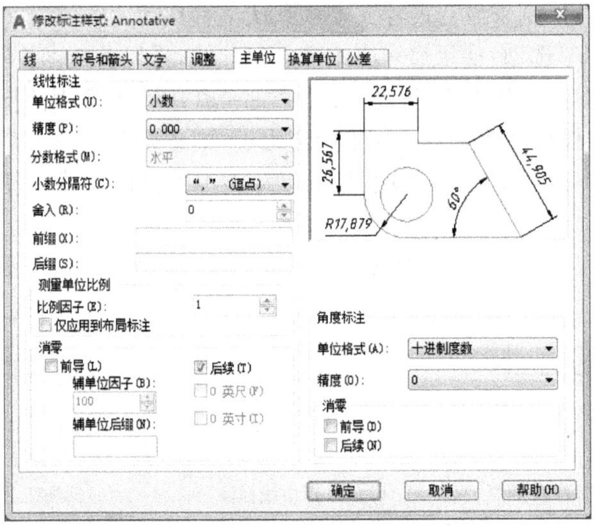

图 9-23 “主单位”选项卡

1. 线性标注

“线性标注”选项区用于设置线性尺寸标注的单位和精度。

● “单位格式”下拉列表框：设置除角度标注以外的其他各标注类型的尺寸数值单位，用户可通过下拉列表在“科学”“小数”“工程”“建筑”和“分数”之间选择。

● “精度”下拉列表框：设置除角度尺寸外其他各尺寸数值精度，通过下拉列表选择。“0”表示用 AutoCAD 测量值标注尺寸时不保留小数位，“0.0”表示保留一位小数位，依此类推。

● “分数格式”下拉列表框：当单位格式为分数时（如英寸单位标注），设置其分数的形式，有“水平”“对角”和“非堆叠”三种形式。

● “小数分割符”下拉列表框：设置十进制小数点符号的形式，包括“逗点”“句点”和“空格”三种形式，工程图中选择“句点”。

● “舍入”文本框：设置用 AutoCAD 测量值标注尺寸时圆整和进位规则。

● “前缀”文本框：对尺寸文本加一个前缀，一般使用控制符号表示特殊符号，如用“%%c”表示直径符号“φ”。

● “后缀”文本框：对尺寸文本加一个后缀。

● “测量单位比例”选项：确定测量时的单位比例值。

➢ “比例因子”文本框：测量尺寸的比例值。AutoCAD 的实际标注值是测量值与该比例值的积。

➢ “仅应用到布局标注”复选框：设置的比例关系仅适用于布局。

● “消零”选项：设置是否显示尺寸数值前导“0”和尾数“0”。

➢ “前导”复选框：选择该复选框将忽略尺寸数值的前导“0”。如测量值为“0.765”则标注为“.765”。

➢ “后续”复选框：选择该复选框将忽略尺寸数值的尾数“0”。如测量值为“12.7600"则标注为“12.76”。

2. 角度标注

“角度标注”选项区用来设置角度型尺寸标注的角度单位和精度。

● “单位格式”下拉列表框：设置角度型尺寸标注中尺寸数值的单位，包括“十进制度数”“度/分/秒”“百分度”和“弧度”。工程制图中常选择“十进制度数”和“度/分/秒”。

● “精度”下拉列表框：设置角度型尺寸数值精度。“0”表示用 AutoCAD 测量值标注尺寸时不保留小数位，“0.0”表示保留一位小数位，依此类推。

● “消零”选项：设置是否显示角度型尺寸数值前导“0”和尾数“0”。

9.2.8 设置换算单位

“换算单位”选项卡，如图 9-24 所示，用来设置换算单位的单位类型和精度。

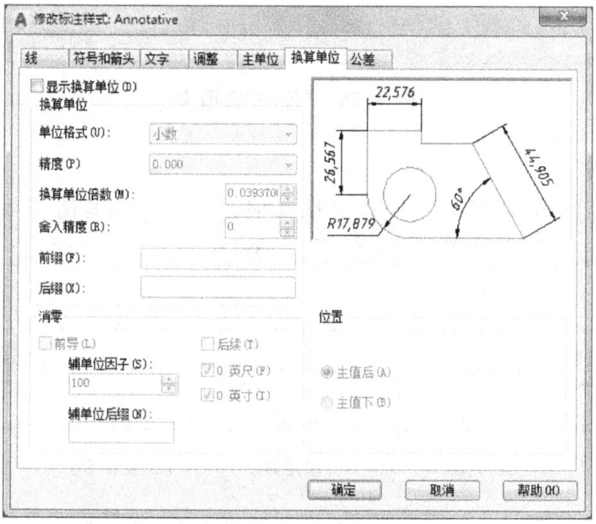

图 9-24 “换算单位”选项卡

“换算单位”选项卡部分选项与“主单位”选项卡相应内容相同，现仅介绍“换算单位”选项卡特有的选项。

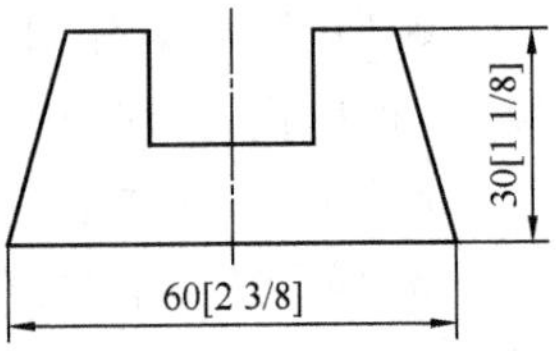

图 9-25　显示换算单位

1. 显示换算单位

“显示换算单位”复选框：设置在尺寸标注时是否同时标注按换算单位测量的尺寸数值。如选中该复选框，则主单位和换算单位同时标注，换算单位的尺寸数值加方括号以示区别，如图 9-25 所示。

2. 位置

“位置”选项区：用来控制换算单位的尺寸数值的放置位置。

- “主值后”单选项：将换算单位的尺寸数值放在主单位的尺寸数值之后。
- “主值下”单选项：将换算单位的尺寸数值放在主单位的尺寸数值之下。

9.2.9 设置公差

“公差”选项卡，如图 9-26 所示，用于设置尺寸公差的样式和尺寸偏差值。

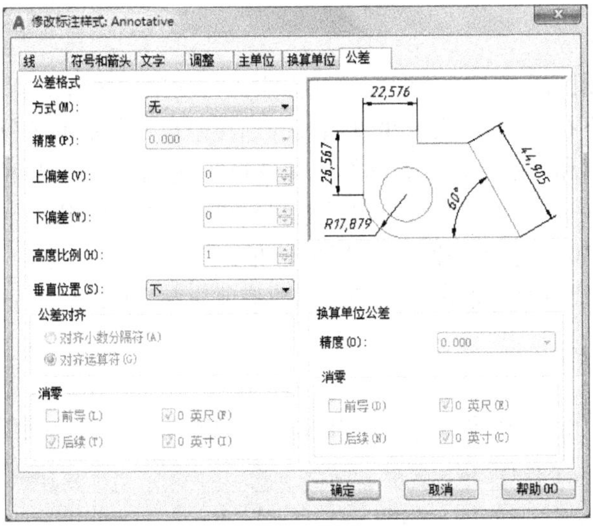

图 9-26　“公差”选项卡

1. 公差格式

“公差格式”选项区：用来设置尺寸公差标注形式和尺寸偏差值。

- “方式”下拉列表框：设置尺寸公差标注的效果，如图 9-27 所示。

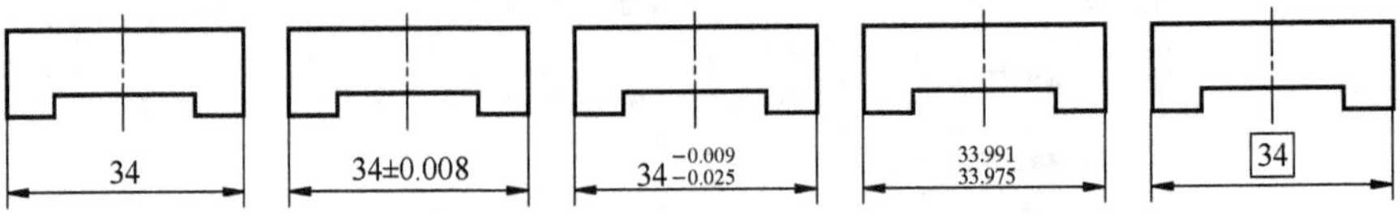

(a) 无　(b) 对称　(c) 极限偏差　(d) 极限尺寸　(e) 基本尺寸

图 9-27　“方式”下拉列表框公差标注效果

➢ “无”选项：尺寸标注时无尺寸公差。

➢ “对称”选项：尺寸标注时尺寸公差以绝对值相等的上下偏差形式给出。

➢ “极限偏差”选项：尺寸标注时尺寸公差以上下偏差形式给出。

➢ “极限尺寸”选项：尺寸标注时尺寸公差以两个极限尺寸的形式给出。

➢ “基本尺寸”选项：只标注尺寸公差的基本尺寸，并在基本尺寸四周画一个方框。

● “精度”下拉列表框：设置尺寸偏差值的小数位数，机械图样选择 0.000。

● “上偏差”文本框：设置尺寸公差的上偏差值。若在“上偏差”文本框内输入无正负号的数值，则上偏差值默认为带有“+”号的数值；若在“上偏差”文本框内输入带有“—”号的数值，则上偏差值为带有“—”号的数值，如图 9-28 所示。

● “下偏差”文本框：设置尺寸公差的下偏差值。若在“下偏差”文本框内输入无正负号的数值，则下偏差值默认为带有“—”号的数值；若在“下偏差”文本框内输入带有“+”号的数值，则下偏差值为带有“+”号的数值。如图 9-28 所示。

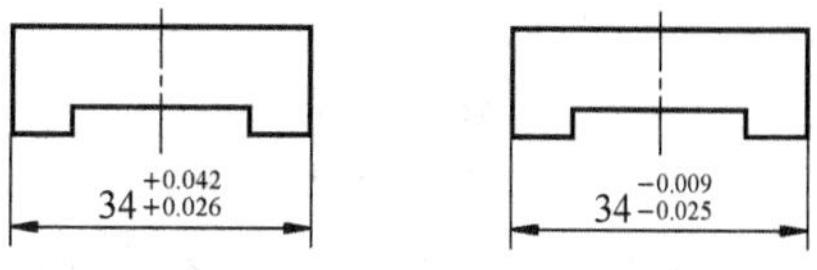

(a) 下偏差为正值　(b) 上偏差为负值

图 9-28　偏差正负号

● “高度比例”文本框：设置尺寸偏差文本的高度比例因子，偏差文本的高度为该比例因子与尺寸文本高度的乘积。在机械图样中，偏差文本的字号比尺寸文本的字号小一号，因此在“高度比例”文本框输入 0.71($1/\sqrt{2}$)。

● “垂直位置”下拉列表框：设置尺寸偏差文本相对于基本尺寸文本的位置，有“上”“中”“下”三种形式，如图 9-29 所示。

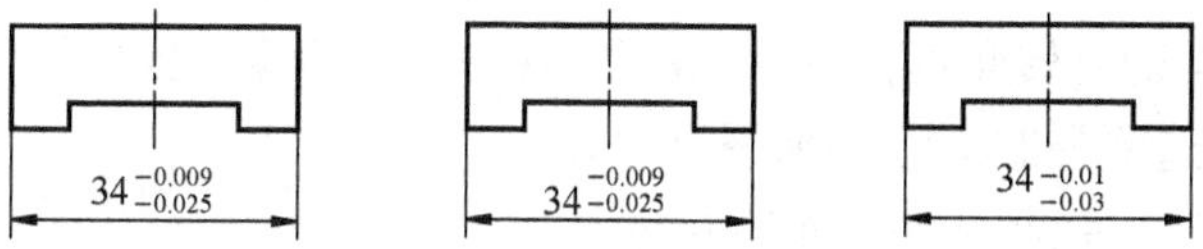

(a) 中　(b) 下　(c) 上

图 9-29　“垂直位置”的三种形式

● “消零”选项：设置是否显示尺寸公差中尺寸偏差的前导“0”和尾数“0”。

2. 换算单位公差

“换算单位公差”选项区：用来设置换算单位的尺寸公差，其各项含义及设置方法请参见“换算单位”选项卡相应选项。

9.3　标注尺寸方法

AutoCAD 2020 提供了多种标注尺寸的方式，包括线性标注、对齐标注、半径标注、直径标注、弧长标注、角度标注、引线标注、折弯标注、基线标注、连续标注等。本节将介绍如何利用 AutoCAD 2020 标注各种尺寸。

9.3.1 线性标注

线性标注指两点间的水平或垂直距离尺寸，或者是旋转指定角度的直线尺寸。用此可以创建水平、垂直或旋转线性尺寸标注。

1. 命令访问

① 功能区："默认"选项卡→"注释"面板→"线性"工具

② 菜单：标注(N)→线性(L)

③ 工具："标注"工具栏→

④ 命令：DIMLINEAR

2. 命令提示

☼ 命令：**DIMLINEAR**↵

指定第一条尺寸界线原点或〈选择对象〉：

指定尺寸线位置或[多行文字(M)/文字(T)/角度(A)/水平(H)/垂直(V)/旋转(R)]：

3. 选项说明

● 多行文字(M)：将打开"文字编辑器"上下文选项卡，按多行文字的方式输入尺寸文本。其中，文本输入窗口中出现的蓝底数字为 AutoCAD 测量值。

● 文字(T)：按单行文本的方式输入尺寸文本。执行该选项，AutoCAD 重新提示：

输入标注文字〈测量值〉：**输入新文本即可替换 AutoCAD 测量值尺寸文本。**

● 角度(A)：确定尺寸文本的旋转角度。执行该选项，AutoCAD 重新提示：

指定标注文字的角度：

● 输入尺寸文本的旋转角度值，所标注的尺寸文本会旋转此角度。

● 水平(H)：该选项强制标注一水平尺寸。

● 垂直(V)：该选项强制标注一垂直尺寸。

● 旋转(R)：该选项按指定的角度旋转尺寸。

4. 操作说明

● 选择起点

标注尺寸时，AutoCAD 要求指定两条尺寸界线的起点。一般来讲，在图限范围内任意指定两点，AutoCAD 根据后续操作和这两点的几何参数计算尺寸数值的默认值，进行尺寸标注。为了准确地标注尺寸，选择尺寸界线时应采用目标捕捉方式拾取图形对象。AutoCAD 将自动标注其测量值，如图 9-30 所示。图中 2、3 两点为两条尺寸界线的起点，C 点为尺寸线经过点，为任意拾取点；数值 34 是自动测量值。

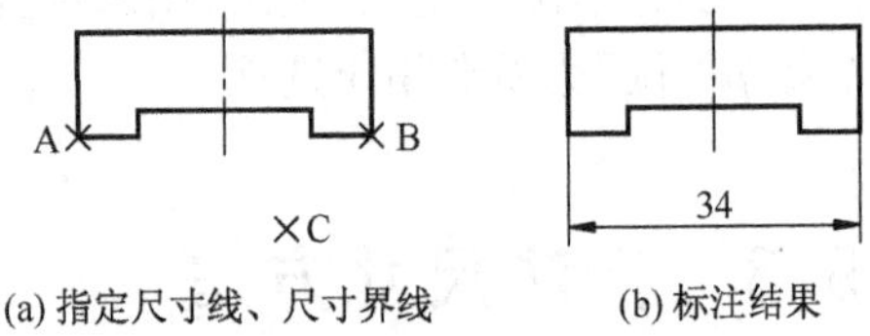

(a) 指定尺寸线、尺寸界线　　(b) 标注结果

图 9-30　线性尺寸标注

● 选择对象

若在要求选择第一条尺寸界线时按"↵"键，则 AutoCAD 采用选择对象来指定尺寸界线的方式。如果所选择的对象是直线，AutoCAD 自动地用该直线的两个端点作为计算几何信息的两个点，然后 AutoCAD 再提示选择尺寸线

的位置或选项提示。选择直线对象标注尺寸,如图 9-31 所示。

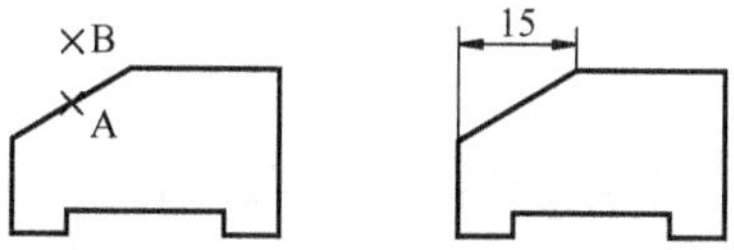

(a) 拾取对象点A 指定尺寸线点B　　(b) 标注结果

图 9-31　选择直线对象定尺寸界线

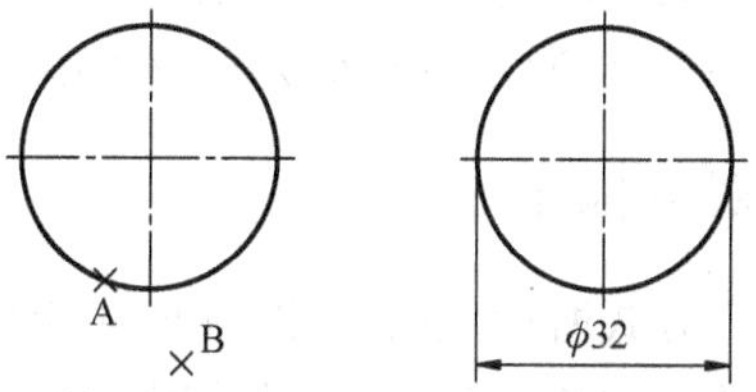

(a) 拾取对象点A 指定尺寸线点B　　(b) 标注结果

图 9-32　选择圆对象来指定尺寸界线

如果选择的图形对象是圆,则 AutoCAD 自动测量该圆的直径,把该圆的两个象限点作为标注尺寸的两个定义点。如果选择的图形对象是圆弧,则 AutoCAD 自动测量该圆弧的两个端点作为尺寸标注的两个点,然后 AutoCAD 将会再提示选择尺寸线的位置或选项提示。选择圆对象标注尺寸的方法,如图 9-32 所示。

5. 标注尺寸公差与配合

在机械图样中,零件图和装配图需要标注尺寸公差与配合,用来确定零件的精度,保证零件具有互换性,便于装配和维修,有利于组织生产协作,提高生产率。在装配图中需要标注相关零件的配合代号,在零件图中需要标注尺寸公差。标注尺寸公差的形式有几种,可以标注成尺寸偏差的形式或尺寸公差带代号的形式,也可标注成尺寸公差带代号与尺寸偏差的组合形式。常用的标注形式如图 9-33 所示。

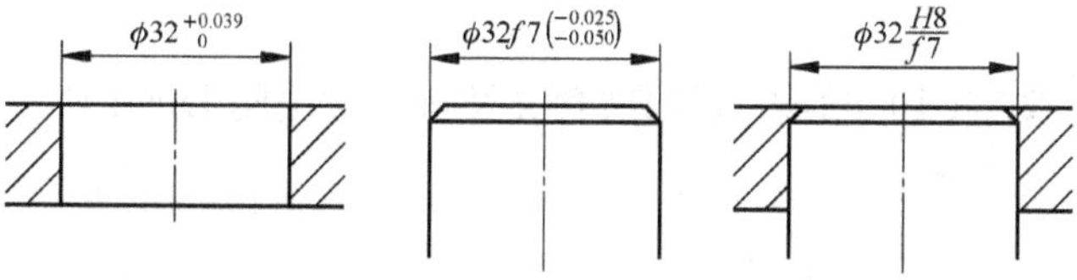

(a) 标注尺寸偏差　　(b) 标注尺寸公差和偏差　　(c) 标注尺寸配合

图 9-33　公差与配合的标注形式

使用 AutoCAD 标注尺寸公差与配合的方法有两种,一种方法是通过 DIMSTYLE 命令,另一种方法是通过尺寸标注命令的 MTEXT 选项实施。

● 使用 DIMSTYLE 命令

使用 DIMSTYLE 命令可以设置和编辑尺寸样式。在“新建标注样式”对话框“公差”选项卡中设置尺寸偏差的样式和偏差值,设置完成后使用各种尺寸标注命令标注尺寸。标注尺寸时,AutoCAD 自动将设置好的尺寸偏差值写入尺寸数值中。需要注意的是,这种标注方法尺寸数值只能是 AutoCAD 的自动测量值,如果在尺寸标注操作过程中选择“文字(T)”或“多行文字(M)”修改尺寸数值,则所标注的尺寸无尺寸偏差值。此外,如果标注新的尺寸公差值,则需要重新设置尺寸样式,综上所述该法是不适用的。

● 使用尺寸标注命令

通过 DIMSTYLE 命令设置尺寸公差的样式和尺寸偏差值,只能用于标注零件图中尺寸偏差值,如果标注其他形式的尺寸公差和配合,则需要使用尺寸标注命令中“多行文字

(M)”选项。AutoCAD 提供了多个尺寸标注命令,在标注尺寸过程中选择“多行文字(M)”选项,打开“文字编辑器”上下文选项卡,即可进行有关操作。

使用字符堆叠控制码能够满足标注尺寸公差和配合的要求,见第 8 章输入多行文字。

9.3.2 对齐标注

用对齐方式所标注的尺寸,其尺寸线将与两条尺寸界线起始点的连线平行。由此可见,在对倾斜的直线段进行标注尺寸时,可以通过对齐尺寸标注以自动获取其大小进行平行标注。

1. 命令访问

① 功能区:“默认”选项卡→“注释”面板→“对齐”工具

② 菜单:标注(N)→线性(L)

③ 工具:“标注”工具栏→

④ 命令:DIMALIGNED

2. 命令提示

☼ 命令:**DIMALIGNED**↵
指定第一条尺寸界线原点或〈选择对象〉:
指定第二条尺寸界线原点:
指定尺寸线位置或
[多行文字(M)/文字(T)/角度(A)]:

3. 选项说明

多行文字(M)、文字(T)、角度(A)选项含义及操作方法同 DIMLINEAR 命令。

4. 操作说明

● 选择起点

执行 DIMALIGNED 命令,AutoCAD 要求指定两条尺寸界线的起点,AutoCAD 计算两个尺寸界线起点的距离,并自动标注其测量值。尺寸线与两个尺寸界线的起点构成的直线平行。为了准确地标注尺寸,选择尺寸界线时应采用目标捕捉方式拾取图形对象。

● 选择对象

若在要求选择第一条尺寸界线时按“↵”键,然后在要求选择图形对象时选择一线段,则 AutoCAD 将自动标注与该线段平行的尺寸。

9.3.3 弧长标注

弧长标注可以用来标注圆弧线段或多段线圆弧段部分的弧长。

1. 命令访问

① 功能区:“默认”选项卡→“注释”面板→“弧长”工具

② 菜单:标注(N)→弧长(H)

③ 工具:“标注”工具栏→

④ 命令:DIMARC

2. 命令提示

> ☼ 命令：**DIMARC**↵
> 选择弧线段或多段线弧线段：
> 指定弧长标注位置或[多行文字(M)/文字(T)/角度(A)/部分(P)/]：

3. 选项说明

● 多行文字(M)、文字(T)、角度(A)：同 DIMLINEAR 命令。

● 部分(P)：标注选定圆弧某一部分的弧长，AutoCAD 继续提示：

> 指定圆弧长度标注的第一个点：**捕捉点 A(见图 9-34)**
> 指定圆弧长度标注的第二个点：**捕捉点 B**

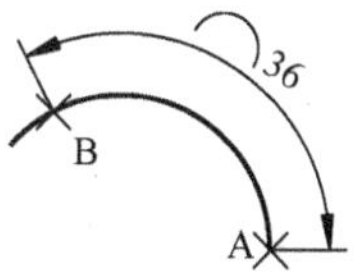

图 9-34　部分弧长标注

4. 操作说明

执行该命令，AutoCAD 要求选择圆弧线段或多段线弧线段，即可对所选择的圆弧线标注弧长。

9.3.4　基线标注

基线尺寸是指把一个尺寸的第一个尺寸界线的起点作为基线标注几个尺寸，每个尺寸的第一个尺寸界线的起点与前一个尺寸的第一个尺寸界线的起点重合。

1. 命令访问

① 功能区："注释"选项卡→"标注"面板→"基线"工具

② 菜单：标注(N)→基线(B)

③ 工具："标注"工具栏→

④ 命令：DIMBASELINE

2. 命令提示

> ☼ 命令：**DIMBASELINE**↵
> 指定第二条尺寸界线原点或[放弃(U)/选择(S)]〈选择〉：

3. 选项说明

● 指定第二条尺寸界线原点：确定所标注尺寸的第二条尺寸界线的起始点。指定目标点后，AutoCAD 会自动地将前一次标注的尺寸界线作为新标注尺寸的第一条尺寸界线(即基线)。

● 放弃(U)：放弃前一次对齐标注。

● 选择(S)：用以重新确定基线标注时作为基线标注基准的尺寸界线。选择该选项，AutoCAD 继续提示：选择基准标注：选择一尺寸并以该尺寸开始标注基线尺寸，如图 9-35 所示。

相应命令流程如下：

> ☼ 命令：**DIMBASELINE**↵
> 指定第二条尺寸界线原点或[放弃(U)/选择(S)]〈选择〉：↵
> 选择基准标注：**依次捕捉点 A、点 B、点 C↵(结束指定尺寸界线)**
> 选择基准标注：**↵(结束 DIMBASELINE 命令，返回命令提示符)**

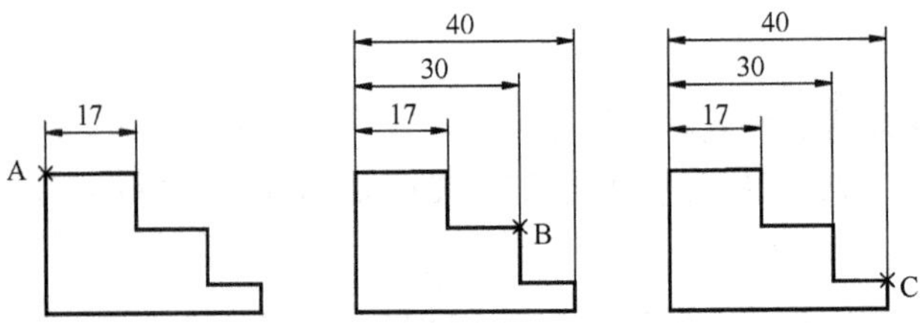

(a) 预先选择一尺寸　(b) 标注一尺寸　(c) 标注结果

图 9-35　基线标注方式标注尺寸

4. 操作说明

在进行基线标注之前，必须先标注出至少一个线性尺寸，用以确定基线标注时的所需基准。另外，可以通过图 9-6"新建标注样式"对话框或通过"修改标注样式"对话框中的"基线间距"文本框设置各尺寸线之间的距离。同时 DIMBASELINE 命令标注尺寸，其尺寸数值只能为 AutoCAD 的测量值。

9.3.5　连续标注

连续尺寸是指每个尺寸的第一条尺寸界线的起点与前一个尺寸的第二条尺寸界线的起点相重合，各个尺寸的尺寸线平齐，此方法的尺寸标注在建筑图中最为常见。

1. 命令访问

① 功能区："注释"选项卡→"标注"面板→"连续"工具

② 菜单：标注(N)→连续(C)

③ 工具："标注"工具栏→

④ 命令：DIMCONTINUE

2. 命令提示

☼ 命令：**DIMCONTINUE**↵
指定第二条尺寸界线原点或[放弃(U)/选择(S)]〈选择〉：

3. 选项说明

● 指定第二条尺寸界线原点：确定所标注尺寸的第二条尺寸界线的起始点。指定目标点后，AutoCAD 会自动地把上一个尺寸的第二条尺寸界线作为新标注尺寸的第一条尺寸界线标注出尺寸。

● 放弃(U)：放弃前一次连续标注。

● 选择(S)：重新选择一个尺寸的尺寸界线，以确定连续标注时共用的尺寸界线。选择该选项，AutoCAD 继续提示：选择基准标注：选择一个尺寸的尺寸界线，并以该尺寸界线开始连续标注尺寸，如图 9-36 所示。

4. 操作说明

在进行连续标注之前，必须先标注出至少一个线性尺寸，以便在连续标注时有共用的尺寸界线。同时 DIMCONTINUE 命令标注尺寸时其尺寸数值只能为 AutoCAD 的测量值。小尺寸的尺寸数值的位置、箭头等有时会出现问题，可以使用夹点编辑模式或有关尺寸标注的编辑命令修改尺寸文本、尺寸界线终端等尺寸元素。

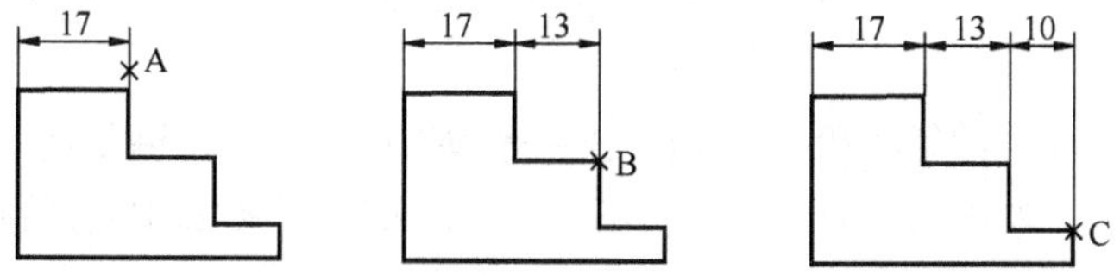

(a) 预先选择一尺寸　(b) 标注一连续尺寸　(c) 标注结果

图 9-36　连续标注方式标注尺寸

9.3.6　直径标注

标注圆或圆弧的直径。

1. 命令访问

① 功能区:"默认"选项卡→"注释"面板→"直径"工具

② 菜单:标注(N)→连续(D)

③ 工具:"标注"工具栏→

④ 命令:DIMDIAMETER

2. 命令提示

☼ 命令:**DIMDIAMETER**↵
选择圆弧或圆:
标注文字=**(测量值)**
指定尺寸线位置或[多行文字(M)/文字(T)/角度(A)]:

3. 选项说明

- 选择圆弧或圆:选择标注直径的对象。
- 多行文字(M)/文字(T)/角度(A):与 DIMLINEAR 命令相应选项相同,需要注意的是在修改尺寸数值的默认值时应该添加直径符号"ϕ"。

DIMDIAMETER 命令只能标注圆形图形的直径。在工程图样中,一般要求在圆柱体的非圆视图中标注圆的直径,可以使用 DIMLINEAR 命令标注圆柱体的直径,如图 9-37 所示。

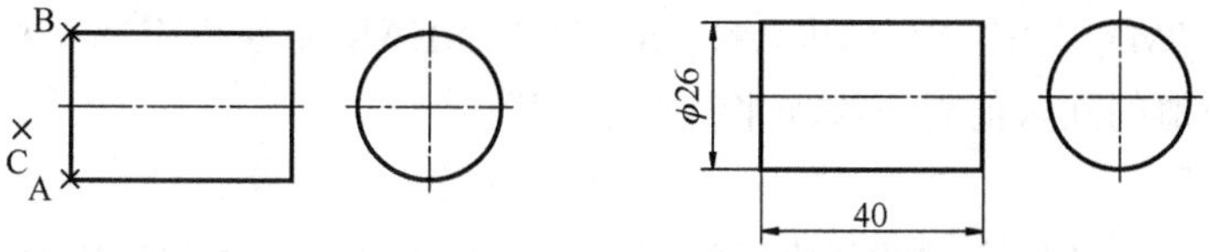

(a) 指定尺寸线、尺寸界线位置　(b) 标注结果

图 9-37　标注圆柱体的直径

相应的命令流程如下:

☼ 命令:**DIM LINEAR**↵
指定第一条尺寸界线原点或〈选择对象〉:**捕捉点 A、捕捉点 B**

[多行文字(M)/文字(T)/角度(A)/水平(H)/垂直(V)/旋转(R)]:**T(重新输入尺寸符号与数字)**
输入标注文字〈26〉:**%%C〈〉↵(添加直径符号"φ",〈 〉为采用测量值)**
[多行文字(M)/文字(T)/角度(A)/水平(H)/垂直(V)/旋转(R)]:**拾取点 C(指定尺寸线位置)**
标注文字=26**(测量值)**

4. 操作说明

命令执行过程中选择圆或圆弧为标注对象,AutoCAD 会自动测量出该圆或圆弧的直径值为尺寸标注的默认值,注写圆或圆弧的直径值时会自动为默认值加上前缀"φ"或"R",同时 AutoCAD 自动地把圆或圆弧的轮廓线作为尺寸界线,而尺寸线则为指定尺寸线位置定义点上的径向线。

9.3.7 半径标注

标注圆弧的半径。

1. 命令访问

① 功能区:"默认"选项卡→"注释"面板→"半径"工具

② 菜单:标注(N)→半径(R)

③ 工具:"标注"工具栏→

④ 命令:DIMRADIUS

2. 命令提示

☼ 命令:**DIMRADIUS**↵
选择圆弧或圆:
标注文字=**(测量值)**
指定尺寸线位置或[多行文字(M)/文字(T)/角度(A)]:

3. 选项说明

- 选择圆弧或圆:选择标注半径的对象。
- 多行文字(M)/文字(T)/角度(A):与 DIMLINEAR 命令相应选项相同,需要注意的是在修改尺寸数值的默认值时应添加半径符号"R"。

4. 操作说明

命令执行过程中选择圆或圆弧为标注对象,AutoCAD 会自动测量出该圆或圆弧的半径值为尺寸标注的默认值,注写圆或圆弧的半径值时会自动为默认值加上前缀"R"。同时,AutoCAD 自动地把圆或圆弧的轮廓线作为尺寸界线,而尺寸线则为指定尺寸线位置定义点上的径向线。

9.3.8 折弯半径标注

标注大圆弧的半径。

1. 命令访问

① 功能区:“默认”选项卡→“注释”面板→“折弯”工具

② 菜单:标注(N)→折弯(J)

③ 工具:“标注”工具栏→

④ 命令:DIMJOGGED

2. 命令提示

> ☼ 命令:**DIMJOGGED**↵
> 选择圆弧或圆:
> 标注文字=**(测量值)**
> 指定尺寸线位置或[多行文字(M)/文字(T)/角度(A)]:
> 指定折弯位置:

3. 选项说明

- 选择圆弧或圆:选择折弯半径标注的图元对象。
- 指定图示中心位置:确定折弯尺寸线的起点。
- 指定尺寸线位置:确定折弯尺寸线的位置。
- 多行文字(M)/文字(T)/角度(A):与DIMLINEAR命令相应选项相同。
- 指定折弯位置:确定折弯位置。

如图9-38所示的某一零件的外轮廓,对其大圆弧应采用折弯半径标注。

相应的命令流程如下:

> ☼ 命令:**DIMJOGGED**↵
> 选择圆弧或圆:**选择大圆弧**
> 指定图示中心位置:**捕捉交点A**
> 标注文字=80**(测量数值)**
> 指定尺寸线位置或[多行文字(M)/文字(T)/角度(A)]:**捕捉点B、捕捉点C**

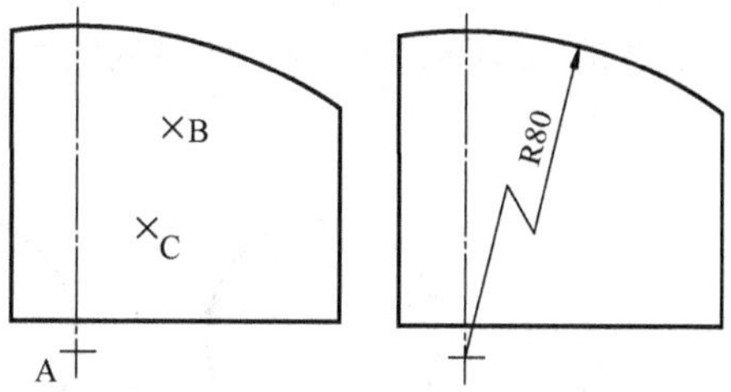

(a) 待标大圆 (b) 标注结果

图9-38 折弯半径标注

4. 操作说明

折弯半径标注与半径标注方法基本相同,但需要指定一个位置代替圆弧的圆心。通常用在较大圆弧,并需指明一个圆心坐标的场合。

9.3.9 角度标注

标注角度尺寸。AutoCAD可以标注两直线夹角、圆弧的圆心角、圆周上某段圆弧的圆心角和根据给定的三点标注角度。国家技术制图标准要求,角度的尺寸数字必须水平书写。

1. 命令访问

① 功能区:“默认”选项卡→“注释”面板→“角度”工具

② 菜单:标注(N)→角度(A)

③ 工具:“标注”工具栏→

④ 命令:DIMANGULAR

2. 命令提示

☼ 命令:**DIMANGULAR** ↵

选择圆弧、圆、直线或〈指定顶点〉:

指定标注弧线位置或[多行文字(M)/文字(T)/角度(A)/象限点(Q)]:

标注文字=**(测量值)**

3. 选项说明

- 选择圆弧、圆、直线:选择角度标注对象。
- 指定顶点:指定角度的顶点和两个端点来确定角度。
- 指定标注弧线位置:确定圆弧尺寸线的位置。
- 多行文字(M)/文字(T)/角度(A):与DIMLINEAR命令相应选项相同。
- 象限点(Q):将标注出被指定的象限区域的角度。

如图 9-39 所示为圆弧的圆心角标注过程及其结果。

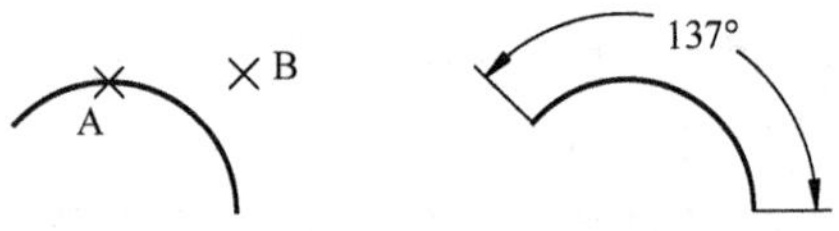

(a) 选择弧A　　(b) 标注结果

图 9-39　标注圆弧的圆心角

如图 9-40 所示为圆的圆弧段的圆心角标注过程及其结果。

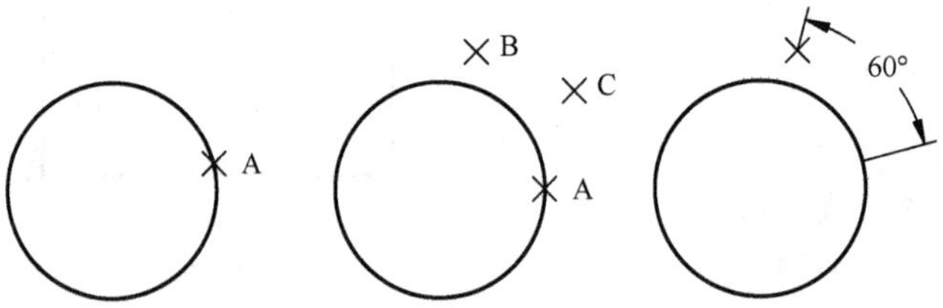

(a) 选择弧*A*　　(b) 拾取点*B*、点*C*　　(c) 标注结果

图 9-40　标注圆弧段的圆心角

如图 9-41 所示为任意 3 点间角度标注过程及其结果。

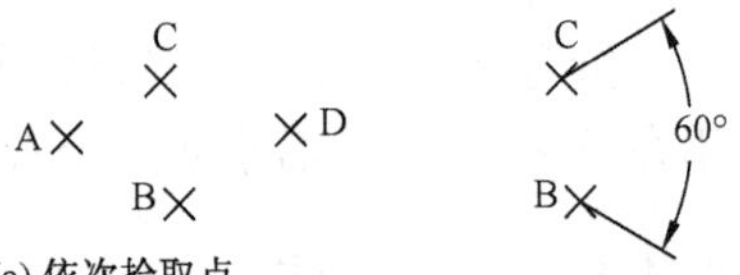

(a) 依次拾取点 A、B、C、D　　(b) 标注结果

图 9-41　象限区域的角度标注

4. 操作说明

在选择圆弧作为标注对象时,AutoCAD 以圆弧的圆心为角度中心、圆弧的两个端点为起止点计算标注圆弧包心角,注写角度尺寸数值时会自动为默认值加上后缀度“°”。

在选择圆作为标注对象时,AutoCAD 以圆的圆心为角度中心,以拾取图形对象时的选择点为第一端点,并提示选择第二端点,AutoCAD 根据它们计算和标注圆上圆弧段的包心角。提示输入的第二端点并不要求在圆上,AutoCAD 根据第一端点、圆心和第二端点按逆时针方向计算出圆弧段的包心角。

当通过“多行文字(M)”或“文字(T)”选项重新确定尺寸文字时,需在新输入的尺寸文字加上后缀“%%D”,以标出角度单位度符号“°”。

我国国家标准要求标注角度尺寸时,其尺寸数字应字头向上水平书写,因此需要通过“标注样式管理器”设置角度标注的子样式。

9.3.10 坐标标注

标注目标点相对于用户坐标系原点的坐标。坐标标注不带尺寸线,但有一条尺寸界线和文字引线。这种标注保持特征点与基准点的精确偏移量,从而避免增大误差。

1. 命令访问

① 功能区:“默认”选项卡→“注释”面板→“坐标”工具

② 菜单:标注(N)→坐标(O)

③ 工具:“标注”工具栏→

④ 命令:DIMORDINATE

2. 命令提示

☼ 命令:**DIMORDINATE**↵
指定点坐标:
指定引线端点或[X基准(X)/Y基准(Y)/多行文字(M)/文字(T)/角度(A)]:
标注文字=**(测量值)**

3. 选项说明

- 指定点坐标:指定目标点。
- 指定引线端点:采用目标点和引线端点的坐标差来决定是X坐标标注还是Y坐标标注。如果Y坐标的坐标差较大,标注的是X坐标,否则是Y坐标。
- X基准(X):强制标注X坐标。
- Y基准(Y):强制标注Y坐标。
- 多行文字(M)/文字(T)/角度(A):与DIMLINEAR命令相应选项相同。

如图9-42所示为圆孔位置的坐标标注过程及其结果。

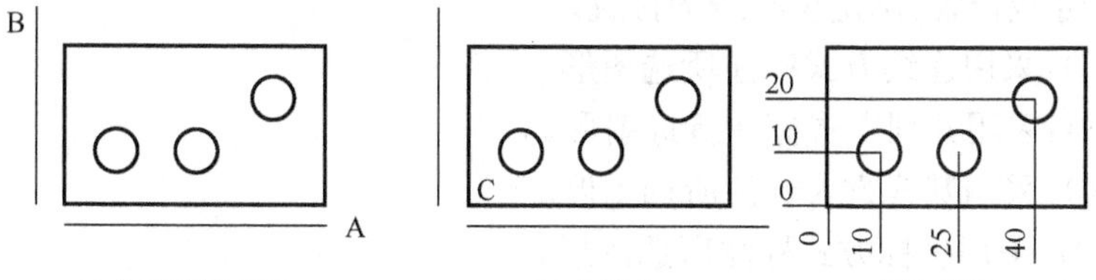

(a) 作辅助线*A*和*B*　(b) 定原点　(c) 标注结果

图9-42 坐标标注

4. 操作说明

(1) 在创建坐标标注之前,通常要设置UCS原点以与基准点相符。

(2) 指定目标点后,AutoCAD将提示用户指定引线端点。默认情况下,指定的引线端点将自动确定是创建X基准坐标标注还是Y基准坐标标注,取决于光标的位置。

(3) 为了使最终的坐标对齐在一条直线上，作两条对齐坐标用的辅助直线 A 和 B。

(4) 坐标应相对于图形本身的某基点测量值而言，使用 UCS 工具栏(命令)中的原点按钮，将坐标系原点设于左下角点 C。

(5) 标注坐标时，为了快速捕捉到目标点和辅助线上的垂足，启用对象捕捉工具，并将之设定端点、垂足捕捉方式。

(6) 用于坐标标注形式。

(7) 最后删除两辅助线。

9.3.11 快速标注

使用快速标注功能，可以在一个命令下对多个同样的尺寸(如直径、半径、基线、连续、坐标等)进行标注，而且像坐标标注那样自动对齐坐标位置。

1. 命令访问

① 功能区："注释"选项卡→"标注"面板→"快速"工具

② 菜单：标注(N)→快速标注(Q)

③ 工具："标注"工具栏→

④ 命令：QDIM

2. 命令提示

☼ 命令：**QDIM**↵
关联标注优先级＝端点
选择要标注的几何图形：指定尺寸线位置或[连续(C)/并列(S)/基线(B)/坐标(O)/半径(R)/直径(D)/基准点(P)/编辑(E)/设置(T)]〈连续〉：

3. 选项说明

● 关联标注优先级＝端点：提示当前优先标注的几何特征点。

● 选择要标注的几何图形：选择对象用于快速标注尺寸。如果选择的对象不单一，在标注某种尺寸时，将忽略不可标注的对象。例如同时选择了直线和圆，标注直径时，将忽略直线对象。

● 指定尺寸线位置：确定尺寸线的位置。

● 连续(C)：采用连续方式标注所选图形。

● 并列(S)：采用并列方式标注所选图形。

● 基线(B)：采用基线方式标注所选图形。

● 坐标(O)：采用坐标方式标注所选图形。

● 半径(R)：采用半径方式标注所选图形。

● 直径(D)：采用直径方式标注所选图形。

● 基准点(P)：设定坐标标注或基线标注的基准点。

● 编辑(E)：对标注点进行编辑，AutoCAD 进一步提示如下：

指定要删除的标注点或[添加(A)/退出(X)]〈退出〉：

➢ 指定要删除的标注点：删除标注点，否则由 AutoCAD 自动设定标注点。

➢ 添加(A)：添加标注点，否则由 AutoCAD 自动设定标注点。

➢ 退出(X):退出编辑提示,返回上一级提示。

● 设置(T):为尺寸界线起点设置默认对象捕捉的优先级标注点。

如图 9-43 所示的三个圆的直径采用了快速标注方法同时注出。

相应的命令流程如下:

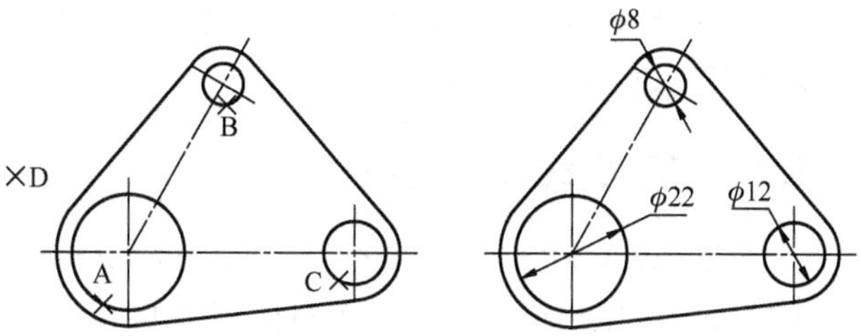

图 9-43　快速标注

☼ 命令:**QDIM**↵

选择要标注的几何图形:**选择圆 A、圆 B、圆 C**↵

指定尺寸线位置或[连续(C)/并列(S)/基线(B)/坐标(O)/半径(R)/直径(D)/基准点(P)/编辑(E)/设置(T)]〈连续〉:**D**↵

指定尺寸线位置或[连续(C)/并列(S)/基线(B)/坐标(O)/半径(R)/直径(D)/基准点(P)/编辑(E)/设置(T)]〈直径〉:**拾取点 D**

4. 操作说明

在选择图形后,根据需要选择某选项,即可进行快速标注与编辑标注点。

9.4　多重引线标注

在工程图中,如建筑图上的装饰注释,尤其是机械零件图的形位公差、零件倒角和装配图的序号等都需要使用指引线将注释文字和符号与图形对象连接在一起。AutoCAD 2020 提供的"多重引线标注"工具,方便地实现这样的要求。在"注释"面板中的"多重引线"工具如图 9-44 所示。

图 9-44　"多重引线"工具

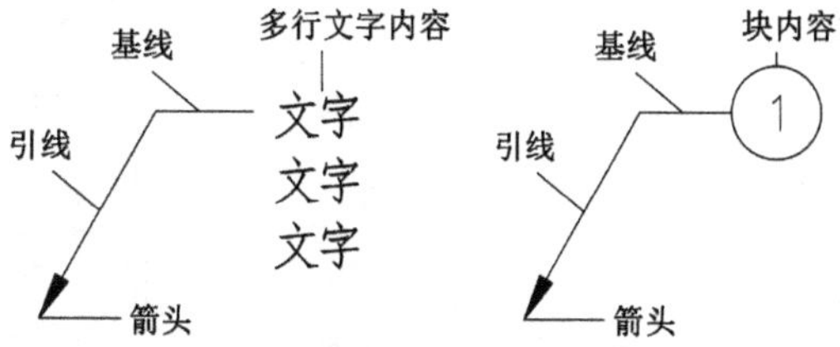

图 9-45　多重引线组成

图 9-45 所示多重引线标注的组成,一般包括引出端、引线、基线和多行文字或块。

引线是一条直线或样条曲线,其一端带有箭头(或其他形式),另一端带有多行文字对象或块。在某些情况下,有一条短水平线(又称为基线)将文字或块和特征控制框连接到引线上。

基线和引线与多行文字对象或块关联,因此当重定位基线时,内容和引线将随其移动。

多重引线标注与一般的尺寸一样，需要建立在一定的样式基础上，同时多重引线标注有很多种形式，功能也是较强的。

9.4.1 多重引线样式管理器

在 AutoCAD 2020 中，多重引线样式的创建与设置都是在“多重引线样式管理器”对话框中进行的。用户可以通过设置对话框中的不同选项来创建不同的多重引线样式。设置多重引线样式主要控制引线的外观，指定基线、引线、箭头和内容的格式。

命令访问

① 功能区：“默认”选项卡→“注释”面板→“多重引线样式”工具

② 菜单：格式(O)→多重引线样式(I)

③ 工具：“多重引线”工具栏→

④ 命令：MLEADERSTYLE

执行该命令后，系统将打开“多重引线样式管理器”对话框，如图 9-46 所示。

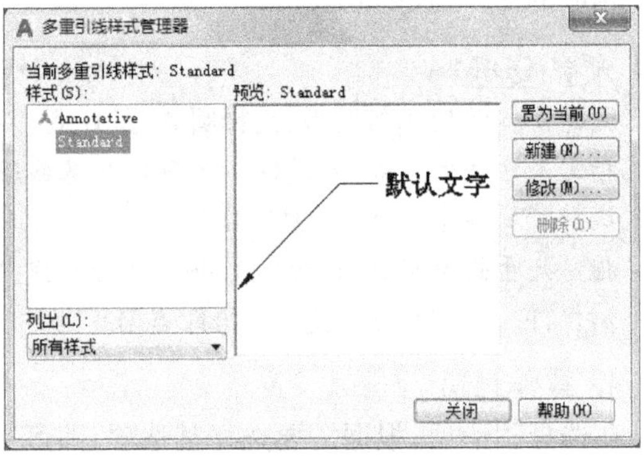

图 9-46 “多重引线样式管理器”对话框

“多重引线样式管理器”对话框与“标注样式管理器”对话框功能类似，通过该对话框，用户可以设置当前多重引线样式，以及创建、修改和删除多重引线样式。

9.4.2 新建多重引线样式

在“多重引线样式管理器”对话框中单击 新建(N)... 按钮，AutoCAD 打开如图 9-47 所示的“创建新多重引线样式”对话框。

在“新样式名”文本编辑框中输入新的多重引线样式名；在“基础样式”下拉列表框中选择已有的多重引线样式作为样板，然后单击 继续(O) 按钮，将打开“修改多重引线样式”对话框，如图 9-48 所示。在“修改多重引线样式”对话框中可以设置新的多重引线样式。

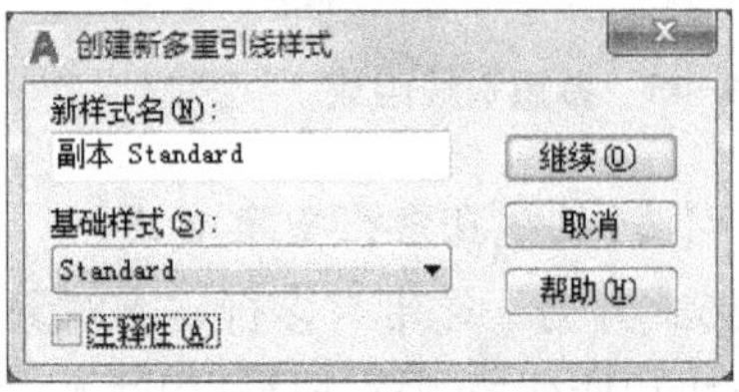

图 9-47 “创建新多重引线样式”对话框

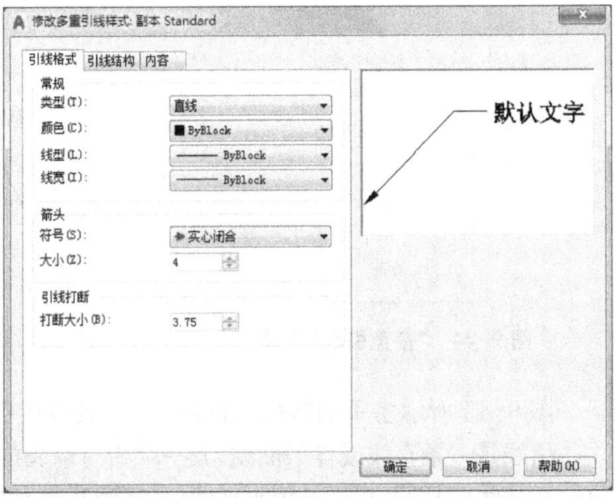

图 9-48 “修改多重引线样式”对话框

在“修改多重引线样式”对话框中有“引线格式”“引线结构”和“内容”三个选项卡，分别控制多重引线的各个部分。

1. 引线格式选项卡

“引线格式”选项卡用于设置引线的格式与属性。图 9-48 为与“引线格式”选项卡对应的对话框。

(1) “常规”选项区

用于设置多重引线的基本外观，包括以下内容：

- “类型”下拉列表框：用于设置引线类型，可以选择直线引线、样条曲线引线或无引线。图 9-49 所示为采用样条曲线作为引线。
- “颜色”“线型”“线宽”下拉列表框：用于设置引线的颜色、线型和线宽。

图 9-49　样条曲线引线

(2) “箭头”选项区

用于设置多重引线箭头的外观，包括以下内容：

- “符号”下拉列表框：用于设置多重引线的引出端符号形式。
- “大小”文本框：用于显示和设置引出端符号的大小。

(3) “引线打断”选项区

用于控制将折断标注添加到多重引线时使用的设置。

- “打断大小”文本框：用于显示和设置选择多重引线后用于 DIMBREAK 命令的折断大小。

2. 引线结构选项卡

“引线结构”选项卡用于设置引线和基线的形式与属性，如图 9-50 所示。

(1) “约束”选项区

用于设置多重引线的约束，包括以下内容：

- “最大引线点数”文本框：用于设置引线经过点的次数，默认为两点。
- “第一段角度”：指定引线中的第一个点的角度。
- “第二段角度”：指定多重引线基线中的第二个点的角度。

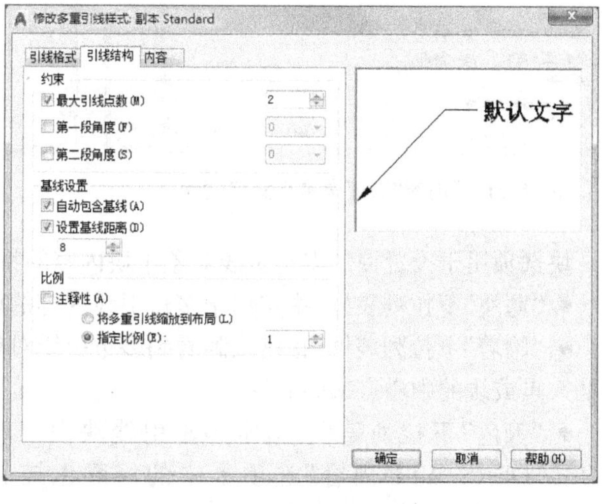

图 9-50　“引线格式”选项卡

(2) “基线设置”选项区

用于设置控制多重引线的基线设置，包括以下内容：

- “自动包含基线”文本框：用于设置将水平基线附着到多重引线内容。
- “设置基线距离”：为多重引线基线确定固定距离。

(3) “基线设置”选项区

控制多重引线的缩放

- “注释性”复选框：指定多重引线为注释性。如果多重引线非注释性，则以下选项可用。
- “将多重引线缩放到布局”单选框：根据模型空间视口和图纸空间视口中的缩放比例确定多重引线的比例因子。
- “指定缩放比例”单选框：指定多重引线的缩放比例。

3. 内容选项卡

“内容”选项卡用于设置多重引线类型，为多重引线指定文字或块，如图 9-51 所示。

(1) “文字选项”选项区

用于设置确定控制多重引线文字的外观，有关设置参见“文字标注”章节。

(2) “引线连接”选项区

用于设置控制多重引线的引线连接设置。包括以下内容：

如果多重引线包含块，则下列选项可用，如图 9-52 所示。

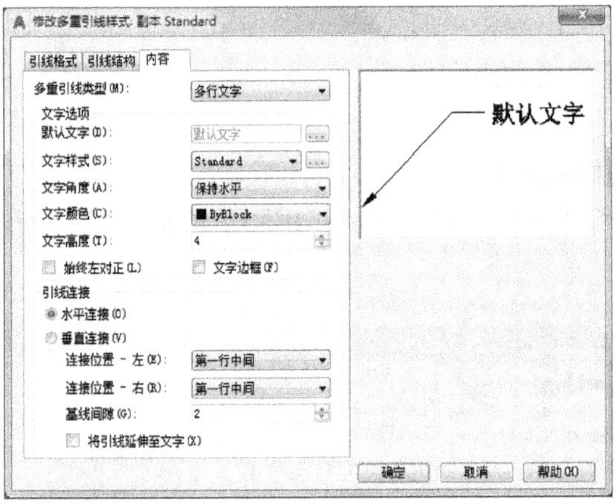

图 9-51 “内容”选项卡多行文字类型

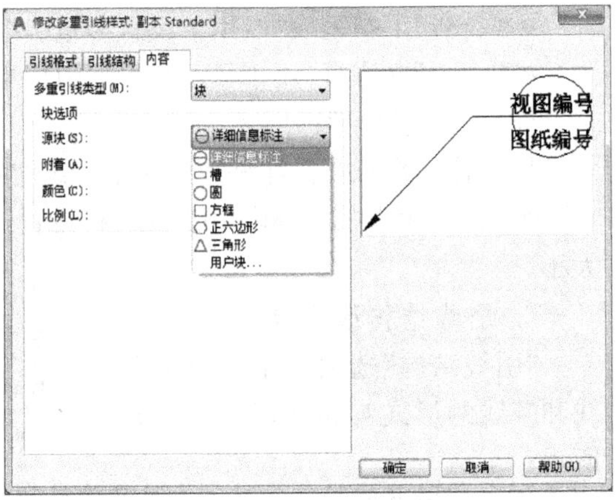

图 9-52 “内容”选项卡包含块类型

块选项用于设置控制多重引线对象中块内容的特性。

- “源块”下拉列表框：指定用于多重引线内容的块。
- “附着”下拉列表框：指定块附着到多重引线对象的方式。可以通过指定块的范围、块的插入点或块的中心点来附着块。
- “颜色”下拉列表框：指定多重引线块内容的颜色。默认情况下，选择 ByBlock。“MLEADERSTYLE 内容”选项卡中的块颜色控制仅当块中包含的对象颜色设置为“ByBlock”时才有效。

9.4.3 多重引线标注

创建连接注释与几何特征的引线。如果已使用多重引线样式，则可以从该指定样式创建多重引线。

1. 命令访问

① 功能区：“默认”选项卡→“注释”面板→“多重引线样式”工具

② 菜单:标注(N)→多重引线(E)

③ 面板:工具选项板→各种引线

④ 命令:MLEADER

2. 命令提示

☼ 命令:**MLEADER**↵

指定引线箭头的位置或[引线基线优先(L)/内容优先(C)/选项(O)]〈选项〉

3. 选项说明

● 指定引线箭头的位置:确定引线起点的位置。

● 引线基线优先(L):指定多重引线对象的基线的位置。如果先前绘制的多重引线对象是基线优先,则后续的多重引线也将先创建基线(除非另外指定)。

● 内容优先(C):指定与多重引线对象相关联的文字或块的位置。如果先前绘制的多重引线对象是内容优先,则后续的多重引线对象也将先创建内容(除非另外指定)。

● 选项(O):指定用于放置多重引线对象的选项。AutoCAD 进一步提示:

输入选项[引线类型(L)/引线基线(A)/内容类型(C)/最大节点数(M)/第一个角度(F)/第二个角度(S)/退出选项(X)]〈退出选项〉:

➢ 引线类型(L):设置引线类型,如直线、样条曲线或无引线。

➢ 引线基线(A):设置是否使用基线,如有基线还可设置基线的长度。

➢ 内容类型(C):设置是否指定图形中的块,与新的多重引线相关联。

➢ 最大节点数(M):设置引线所通过的最多点数。

➢ 第一个角度(F):约束第一段引线的引出角度。

➢ 第二个角度(S):约束第二段引线的引出角度。

➢ 退出选项(X):返回到 MLEADER 命令的前级提示。

4. 操作说明

在图形中拾取引线起点的位置,然后在打开的在位文字编辑器中输入注释内容即可。

9.4.4 整理多重引线标注

在工程绘图中,有时将一个注释引到多个对象上,有时要将引线合并(如装配图中一组标准件往往采用一根引线,多个编号),还要将注释排列整齐等等要求,AutoCAD 2020 都能方便地实现这些需求。

1. 增、删加引线 MLEADEREDIT

多重引线对象可包含多条引线,因此一个注解可以指向图形中的多个对象。使用 MLEADEREDIT 命令,可以向已建立的多重引线对象添加引线,或从已建立的多重引线对象中删除引线。

(1) 命令访问

① 功能区:“默认”选项卡→“注释”面板→“添加引线”工具或“删除引线”工具

② 菜单:修改(M)→对象(O)→多重引线(U)→添加引线(A)或删除引线(L)

③ 工具:“多重引线”工具栏→(添加引线)或(删除引线)

④ 命令:MLEADEREDIT

(2) 命令提示

☼ 命令:**MLEADEREDIT**↵

选择多重引线:

选择选项[添加引线(A)/删除引线(R)]〈添加引线〉:

指定引线箭头的位置:

(3) 选项说明

- 添加引线:可以连续添加多条引线。
- 删除引线:可以连续删除多条引线。

2. 排列引线 MLEADERALIGN

排列多重引线,使引线在指定的方向上排列整齐。

(1) 命令访问

① 功能区:“默认”选项卡→“注释”面板→“对齐”工具

② 菜单:修改(M)→对象(O)→多重引线(U)→对齐(L)

③ 工具:“多重引线”工具栏→

④ 命令:MLEADER

(2) 命令提示

☼ 命令:**MLEADERALIGN**↵

选择要对齐到的多重引线或[选项(O)]:**O**↵

输入选项[分布(D)/使引线线段平行(P)/指定间距(S)/使用当前间距(U)]〈使用当前间距〉:

指定方向:

(3) 选项说明

- 分布:等距离隔开两个选定点之间的内容。
- 使引线线段平行:放置内容,从而使选定多重引线中的每条最后的引线线段均平行。
- 指定间距:指定选定的多重引线内容范围之间的间距。
- 使用当前:使用多重引线内容之间的当前间距。

【例 1】 图 9-53 所示为螺栓联接两零件的装配图,图中零件的引出序号排列不整齐,违背了国标要求,因此需将引出序号排列整齐,如图 9-54 所示。

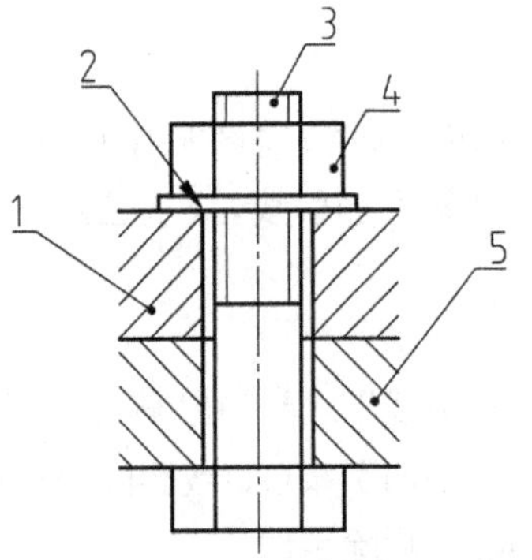

图 9-53　对齐引线凌乱的序号

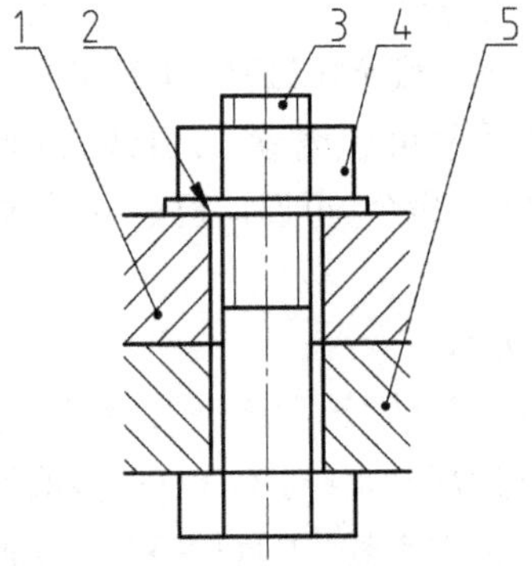

图 9-54　排列整齐的序号

命令流程如下：

☼ 命令：**MLEADERALIGN**↵
选择多重引线：**选择5个引线标注**↵
选择要对齐到的多重引线或[选项(O)]：**选择引线标注3**
指定方向：**在引线标注3的水平方向上任意拾取处拾取一点(命令执行结果如图9-54所示)**

3. 合并多重引线 MLEADERCOLLECT

可以收集内容为块的多重引线对象并将其附着到一个基线。使用该命令，可以根据图形需要按水平、垂直方向或在指定区域内收集多重引线。

(1) 命令访问

① 功能区："默认"选项卡→"注释"面板→"合并"工具

② 菜单：修改(M)→对象(O)→多重引线(U)→合并(C)

③ 工具："多重引线"工具栏→

④ 命令：MLEADERCOLLECT

(2) 命令提示

☼ 命令：**MLEADERCOLLECT**↵
选择多重引线：↵
指定收集的多重引线位置或[垂直(V)/水平(H)/缠绕(W)]〈水平〉：

【例2】 现对如图9-56所示的螺栓联接组的多重引线标注进行合并。

因只能合并为块的多重引线对象，因此首先设置多重引线的样式，使多重引线的内容为块，参见图9-55所示，过程如下：

(1) 执行 MLEADERSTYLE 命令，打开"多重引线样式管理器"对话框，单击 新建(N)... 按钮，在打开的"创建新多重引线样式"对话框的"新样式名"文本框输入样式名"COLC"。

(2) 单击 继续(O) 按钮，在打开"修改多重引线样式"对话框，选择"内容"选项卡，在"多重引线内容"下拉列表框中选择"块"；在"块源"下拉列表框中选择"圆"。

(3) 单击 确定 按钮，返回"多重引线样式管理器"对话框，单击 关闭 按钮。

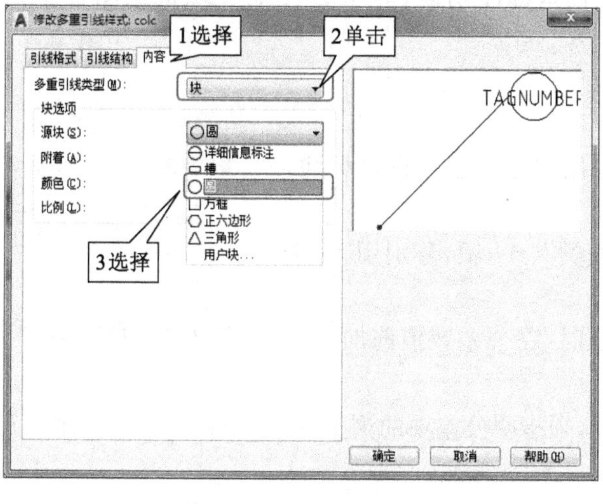

图9-55 设置多重引线

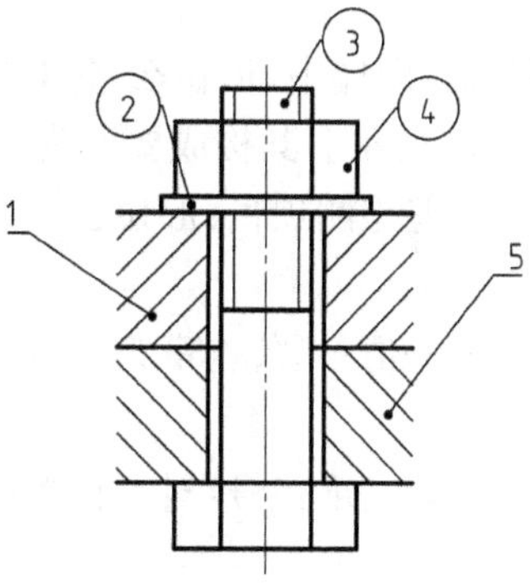

图9-56 "块内容"多重引线

(4) 删除螺栓组件的原多重引线，采用新样式"COLC"对螺栓组件重新标注多重引线，如图 9-56 所示。

(5) 执行 MLEADERCOLLECT 命令，将引线合并。

命令流程如下：

☼ 命令：**MLEADERCOLLECT** ↵
选择多重引线：**选择②③④三个引线标注**↵
指定收集的多重引线位置或[垂直(V)/水平(H)/缠绕(W)]〈水平〉：**在适当位置拾取处拾取一点**

命令执行结果如图 9-57 所示。

4. 使用夹点

可以使用夹点修改多重引线的外观。使用夹点，可以拉长或缩短基线、引线或移动整个引线对象，如图 9-58 所示。

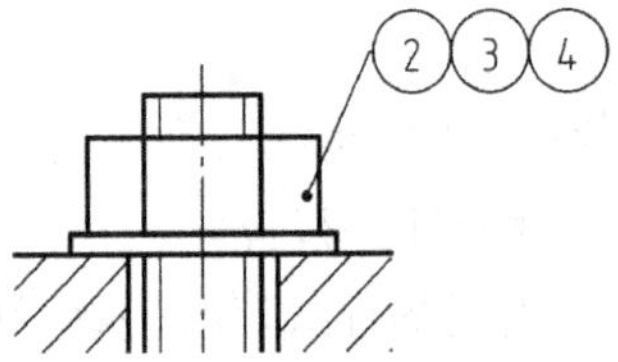

图 9-57 引线合并

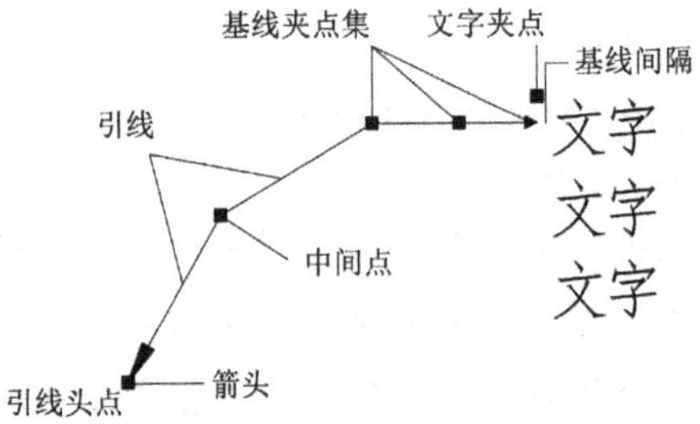

图 9-58 夹点修改多重引线

9.5 形位公差标注

形位公差包括形状公差和位置公差，是机械零件几何要素的实际形状和实际位置对理想形状和理想位置的允许变动量。在机械图样中，零件的形位公差标注是必不可少的。AutoCAD 2020 提供的形位公差标注功能，非常方便地实现机械图样中的形位公差标注。

9.5.1 形位公差代号

在机械图样中，形位公差通常采用代号与公差框格标注，如图 9-59 所示。其构成要素为：

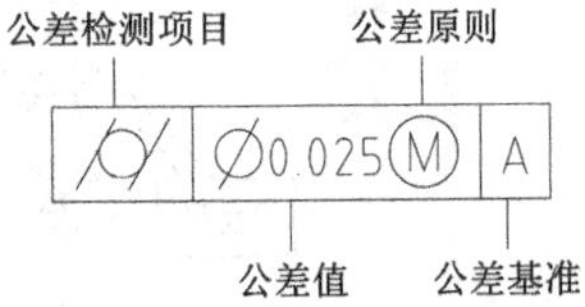

图 9-59 形位公差代号

1. 公差检测项目：形位公差分两类共 14 项，分别用 14 个符号来表示。

2. 公差值：当公差带为圆或圆柱时，在公差数值前加直径符号"Φ"。

3. 公差基准代号：对于位置公差，须指明公差项的测量基准，测量基准通常用大写字母表示。

4. 公差原则：给出公差带与测量基准应遵循的公差原则。

9.5.2 形位公差标注

1. 命令访问

① 功能区："注释"选项卡→"标注"面板→"公差"工具

② 菜单：标注(N)→公差(T)

③ 工具："标注"工具栏→

④ 命令：TOLERANCE

执行该命令后，AutoCAD 打开"形位公差"对话框，如图 9-60 所示。

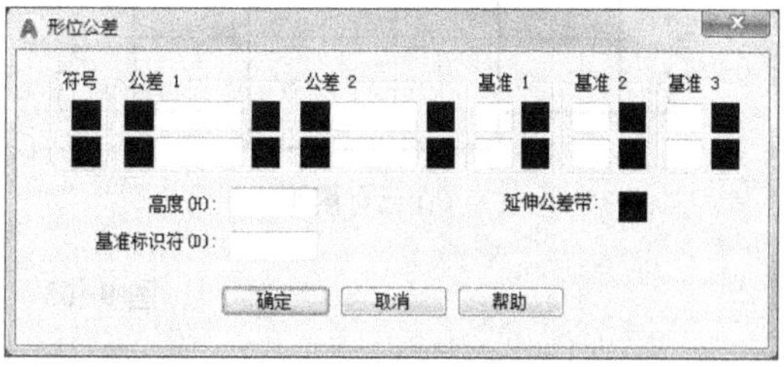

图 9-60 "形位公差"对话框

2. 选项说明

● "符号"选项区

设置形位公差项目类型。单击该列的小黑框■，AutoCAD 打开"特征符号"对话框，如图 9-61 所示。从中选取一个形位公差符号后，AutoCAD 返回到"形位公差"对话框，同时选中的形位公差符号在"符号"区小黑框内显示出来。

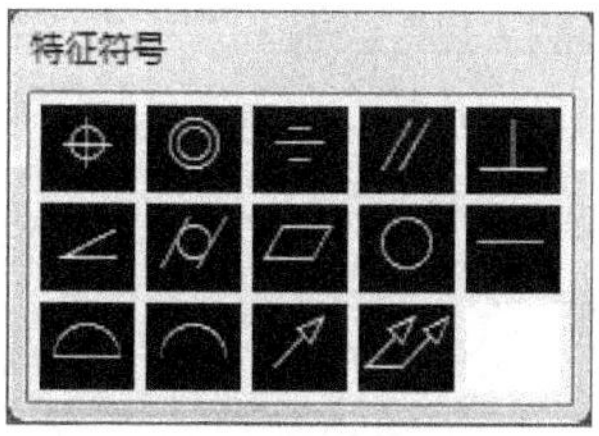

图 9-61 "特征符号"对话框

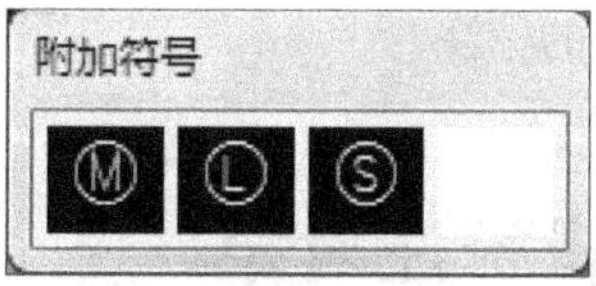

图 9-62 "附加符号"对话框

● "公差 1""公差 2"选项区

设置公差值。该列左侧小黑框■是"ϕ"的开关键，用来设置公差值的类型；在文本编辑区可以输入公差值；单击右侧小黑框■，AutoCAD 打开"附加符号"对话框，可以为形位公差选择公差原则符号，如图 9-62 所示。

公差原则符号有Ⓜ、Ⓛ、Ⓢ和空白等几个条件，其意义如下：

Ⓜ表示最大实体包容条件，几何特征包含规定极限尺寸内的最大包容量，孔应具有最小直径，而轴应具有最大直径。

Ⓛ表示最小实体包容条件，几何特征包含规定极限尺寸内的最小包容量，孔应具有最大直径，而轴应具有最小直径。

Ⓢ表示不考虑特征尺寸，这时几何特征可以是规定极限尺寸内的任意大小。

● "基准 1""基准 2""基准 3"选项区

设置基准符号和对应的公差原则符号。

3. 应用示例

【例 3】 设有如图 9-63(a)所示的图形，为其标注形位公差，标注结果如图 9-63(b)所示。

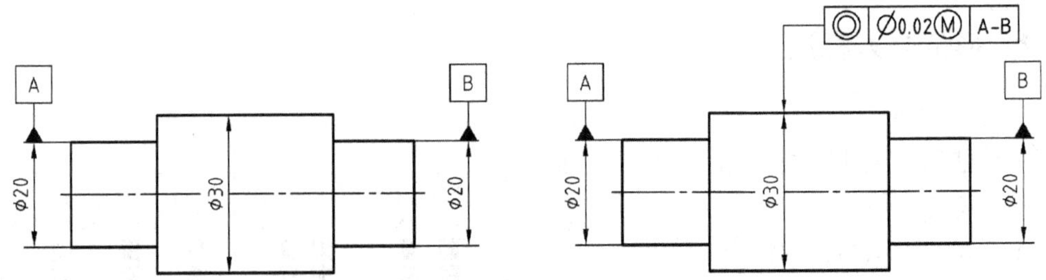

(a) 已有图形　　　　(b) 标注结果

图 9-63　标注形位公差

操作步骤

（1）标注指引线。

（2）执行 TOLERANCE 命令，AutoCAD 打开"形位公差"对话框。

（3）对"形位公差"对话框进行对应的设置，如图 9-64 所示。

（4）单击 确定 按钮，AutoCAD 转换到绘图视口，拾取引线尾部端点，完成了形位公差的标注。

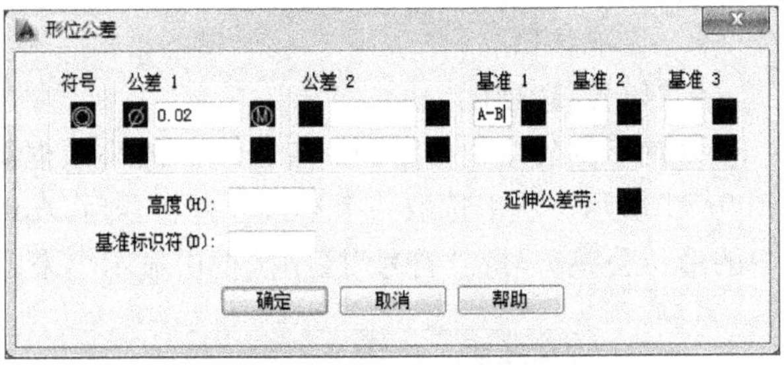

图 9-64　设置形位公差

9.6　编辑标注对象

AutoCAD 2020 提供了多种编辑尺寸的方法。使用 DIMSTYLE 命令能够编辑和修改某一类型的尺寸样式；使用特性管理器（PROPERTIES 命令）能够方便地管理和编辑尺寸样式中的一些参数；使用 TEXTEDIT 命令能够修改尺寸注释的内容等等。此外，AutoCAD 还提供了。DIMEDIT、DIMTEDIT 等命令专门用于编辑和修改尺寸对象。

9.6.1　修改尺寸、公差及形位公差标注内容 TEXTEDIT 命令

1. 命令访问

① 菜单：修改(M)→对象(O)→文字(T)→编辑(E)

② 工具："文字工具栏"→

③ 命令：TEXTEDIT

2. 命令提示

☼ 命令：**TEXTEDIT**↵

选择注释对象或[放弃(U)/模式(M)]：

3. 选项说明

● 选择注释对象：选择欲修改的标注内容。

- 放弃(U):放弃修改。
- 模式(M):控制是否自动重复命令。选择“单个”表示修改选定的文字对象一次后结束命令;选择“多个”表示可在命令持续时间内编辑多个文字对象。

4. 操作说明

选择尺寸和公差对象后,AutoCAD 打开在位文字编辑器,对注释内容修改即可。选择形位公差对象后,AutoCAD 打开“形位公差”对话框,重新进行对应的设置即可。

9.6.2 修改尺寸线、尺寸文本的位置 TEXTEDIT 命令

尺寸文本位置有时会根据图形的具体情况不同而适当调整。如出现覆盖了图线或尺寸文本相互重叠等问题时。

对尺寸文本位置的修改,不仅可以通过夹点直观修改,还可以使用 DIMTEDIT 命令进行精确修改。

1. 命令访问

① 工具:“标注”工具栏→

② 命令:DIMTEDIT

2. 命令提示

☼ 命令:**DIMTEDIT** ↵
选择标注:
为标注文字指定新位置或[左对齐(L)/右对齐(R)/居中(C)/默认(H)/角度(A)]:

3. 选项说明

- 选择标注:选择欲修改的尺寸。
- 为标注文字指定新位置:用鼠标拖动确定尺寸线及尺寸文本的新位置。
- 左对齐(L):更改尺寸文本沿尺寸线左对齐,此选项只适应于线性和径向尺寸标注。
- 右对齐(R):更改尺寸文本沿尺寸线右对齐,此选项只适应于线性和径向尺寸标注。
- 居中(C):将尺寸文本置于尺寸线的中间。
- 默认(H):将尺寸文本按当前 DIMSTYLE 命令所定义的位置、方向重新放置。
- 角度(A):旋转所选择的尺寸文本,需输入旋转角。

DIMTEDIT 命令各选项对尺寸的影响如图 9-65 所示。

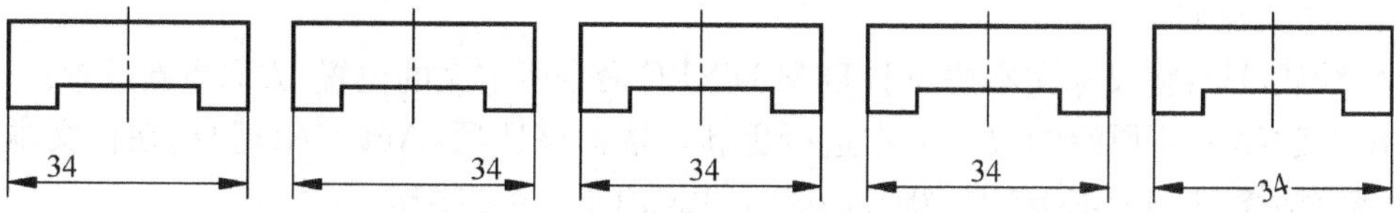

(a) 左　(b) 右　(c) 中心　(d) 默认　(e) 角度

图 9-65　DIMTEDIT 命令各选项对尺寸的影响

4. 操作说明

发出 DIMTEDIT 命令后,AutoCAD 提示选择某一尺寸,可有多种方法确定尺寸线及尺寸文本的新位置。

9.6.3 尺寸变量替代 DIMOVERRIDE 命令

1. 命令访问

① 功能区:“注释”选项卡→“标注”面板→“代替”工具

② 菜单:标注(M)→替代(V)

③ 命令:DIMOVERRIDE

命令提示

☼ 命令:**DIMOVERRIDE**↵
输入要替代的标注变量名或[清除替代(C)]:**输入标注变量名**↵
输入标注变量的新值〈XX1〉:**XX2**↵
输入要替代的标注变量名:
选择对象:

2. 选项说明

- 输入要替代的标注变量名:输入欲替代的尺寸变量名。
- 清除替代(C):清除替代,恢复原来的变量值。
- 选择对象:选择修改的尺寸对象。

3. 操作说明

替代是临时修改与尺寸标注相关的系统变量值,并按该值修改尺寸。此操作只对指定的尺寸对象进行修改,不影响原系统变量的设置。要正确使用该命令,应知道欲修改的尺寸变量名。

9.6.4 编辑尺寸文本和尺寸界线 DIMEDIT 命令

1. 命令访问

① 工具:“标注”工具栏→

② 命令:DIMEDIT

2. 命令提示

☼ 命令:**DIMEDIT**↵
输入标注编辑类型[默认(H)/新建(N)/旋转(R)/倾斜(O)]〈默认〉:
选择对象:

3. 选项说明

- 默认(H):将尺寸文本按当前 DIMSTYLE 命令所定义的位置、方向重新放置。
- 新建(N):将原始的尺寸文本进行更新。选择该选项,AutoCAD 弹出在位文本编辑器,在该对话框中进行必要的更新后仍返回 DIMEDIT 命令操作。
- 旋转(R):对尺寸文本进行旋转,需要输入旋转角。
- 倾斜(O):对尺寸界线进行旋转,需要输入旋转角。

4. 操作说明

使用 DIMEDIT 命令可以移动、旋转和替换现有尺寸文本,调整尺寸界线与尺寸线的夹角。

【例 4】 修改尺寸界线如图 9-66 所示。

操作流程如下:

☼ 命令:DIMEDIT

输入标注编辑类型[默认(H)/新建(N)/旋转(R)/倾斜(O)]〈默认〉:O↵

选择对象:拾取尺寸对象30

选择对象:↵(结束选择尺寸对象)

输入倾斜角度(按ENTER表示无):60↵(输入尺寸界线与X轴的夹角值)

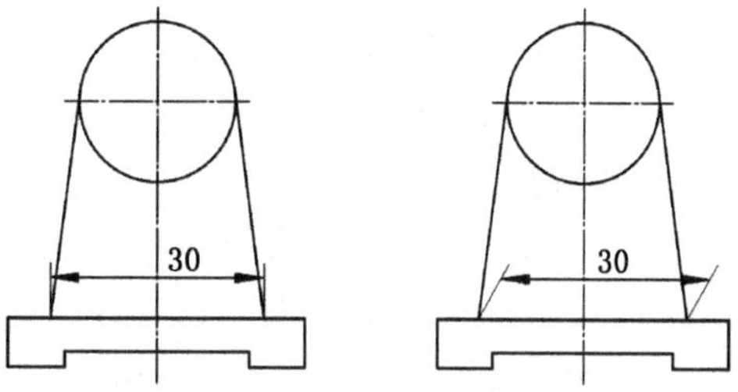

(a)原始尺寸界线　　(b)倾斜尺寸界线

图9-66　DIMEDIT命令倾斜尺寸

9.6.5　标注更新-DIMSTYLE命令

AutoCAD 2020允许用一种尺寸样式来更新另一种尺寸样式。

1. 命令访问

① 功能区:"注释"选项卡→"标注"面板→"更新"工具

② 菜单:标注(N)→更新(U)

③ 工具:"标注"工具栏→

④ 命令:DIMSTYLE

2. 命令提示

☼ 命令:DIMSTYLE↵

当前标注样式:dimy1 注释性:否

输入标注样式选项

[注释性(AN)/保存(S)/恢复(R)/状态(ST)/变量(V)/应用(A)/?]〈恢复〉:

3. 选项说明

- 保存(S):将当前尺寸系统变量的设置作为一种尺寸标注样式来命名保存。
- 恢复(R):将用户保存的某一尺寸样式设为当前样式。
- 状态(ST):查看当前各尺寸系统变量的状态。
- 变量(V):列出指定标注样式或指定对象的全部或部分尺寸系统变量及其设置。
- 应用(A):根据当前尺寸系统变量的设置更新指定的尺寸对象。
- ?:列出当前图形中命令的尺寸标注样式。

4. 操作说明

如果通过菜单和按钮的方式执行标注更新命令,AutoCAD会直接提示:"选择对象:",即可将被选对象改为当前尺寸样式标注。

9.7　思考与实践

思考题

1. 一个完整的尺寸标注由哪些元素组成?
2. 在AutoCAD 2020中,尺寸标注类型有哪些,各有什么特点?

3. 在 AutoCAD 2020 中,如何创建多重引线标注?

4. 如何创建新的尺寸标注样式? 如何删除尺寸标注样式?

5. 修改尺寸标注样式与替代尺寸标注样式有何区别?

实践题

1. 定义一个尺寸样式,具体要求是:样式名为“GB”,文字高度为 3.5,尺寸文字从尺寸线偏移为 1,箭头大小为 2.2,尺寸界线超出尺寸线的距离为 2,基线标注时基线之间的距离为 8,其余采用默认数据。在此基础上再设置“半径”“直径”和“角度”的三个子样式。

2. 绘制如图 9-67 和图 9-68 所示的图形并标注尺寸。

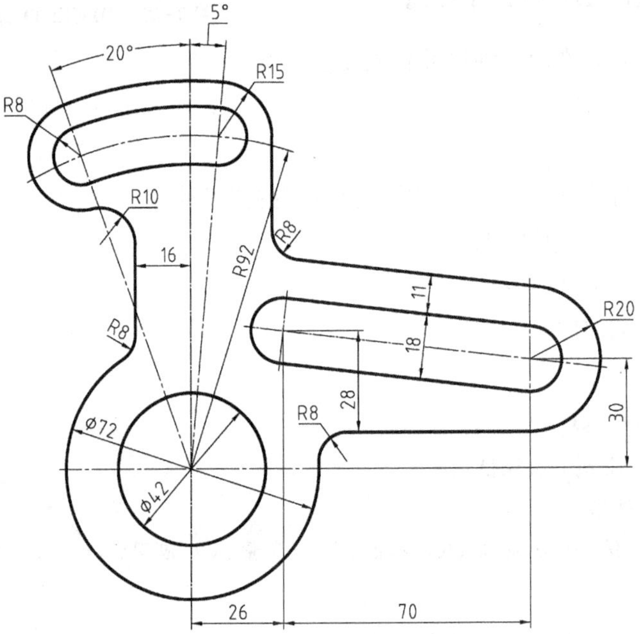

图 9-67 绘图标注图形

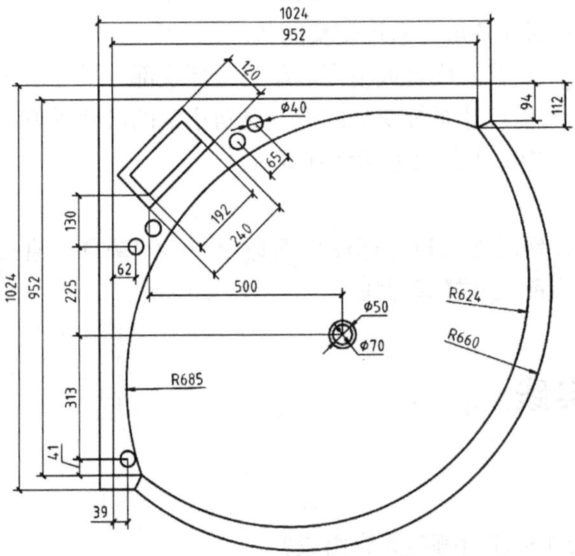

图 9-68 台盆

3. 绘制如图 9-69 所示的一层建筑平面图，包括 A3 图框及标题栏（定义为属性块，参见第 10 章），并标注尺寸。

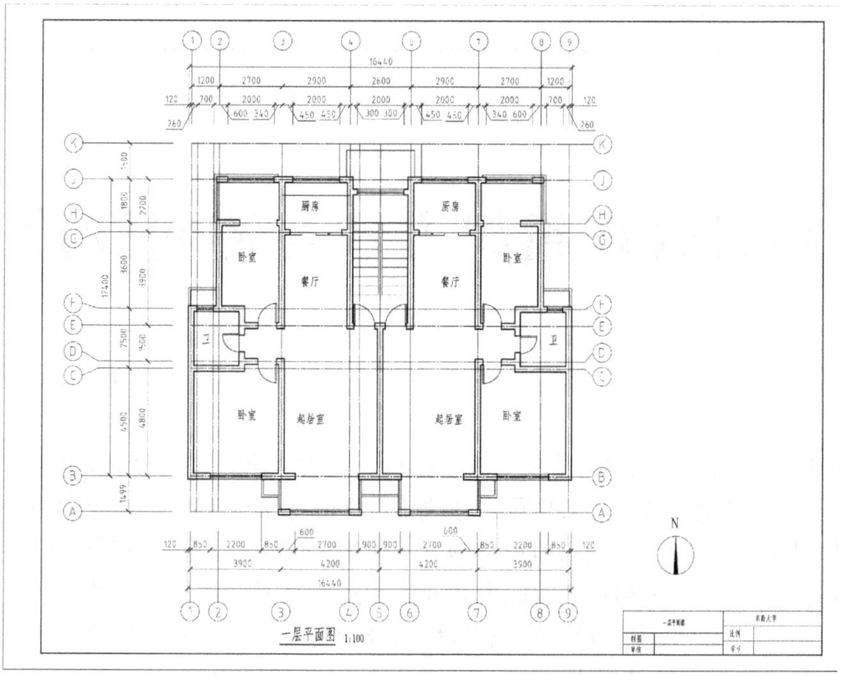

图 9-69 绘图建筑平面图

4. 绘制如图 9-70 所示输出轴的视图，标注尺寸、公差、形位公差等图中全部内容。

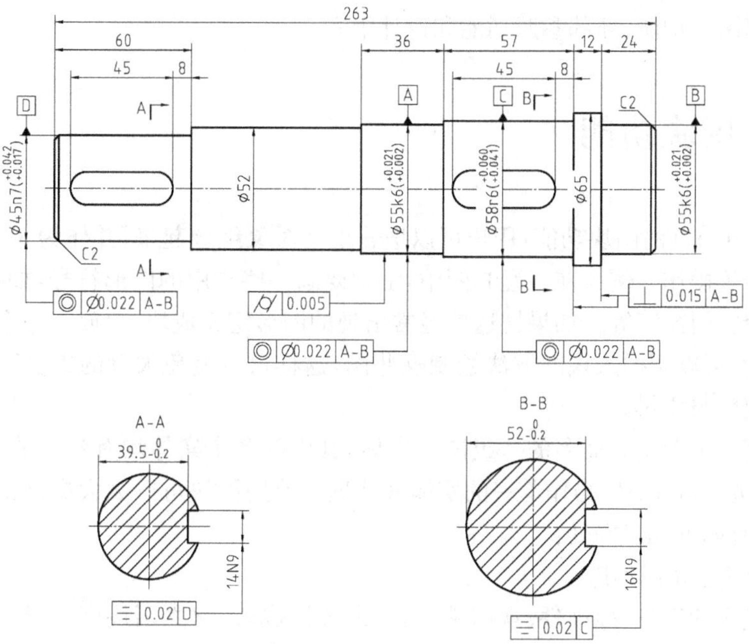

图 9-70 输出轴

第 10 章

项目管理组织方法与协同设计

实际上所进行的工程项目可能是非常复杂的。比如一台汽车的设计，包含了许多系统设计，涉及不同的专业技术人员来共同参与，他们之间的设计成果需要相互参考、相互借鉴，因此图形的组织和管理是十分重要的。事实上，不管图形多么复杂，它都是由一些简单的对象所构成，对图形进行组织和管理的能力就成为创造大型复杂设计项目的关键。如果多个工程师利用 AutoCAD 共同进行一个项目，那么至少要有一个人对项目组织和管理这方面的内容十分熟悉，才能担当此重任。

另外，在项目很复杂的情况下，系统的运行速度也成为一个十分重要的问题。提高系统的硬件速度固然重要，然而更重要的是要充分利用 AutoCAD 提供的许多高级功能，对图形进行仔细的组织和管理。

本章介绍图块功能、外部参照功能和设计中心。

10.1 使用块功能

利用 AutoCAD 的图块功能，用户可以把若干个对象组合起来，并作为一个整体进行插入、缩放、旋转等操作。例如在工程制图中，常常要画一些常用的图形符号，如螺栓、螺母、表面粗糙度、标高、门窗等等。如果把这些经常出现的图形定义成块，存放在一个图形库中，在绘制图形时，就可以用插入块的方法绘制这些图，这样可以避免大量的重复工作，而且还提高了绘图的速度与质量。

图块是用一个图块名命名的一组图形实体，其中的各个实体均有各自的图层、线型、颜色等特征，块被 AutoCAD 当作单一的实体来处理。使用图块可以大大提高工作效率，具体来说，使用块有如下几点好处：

(1) 便于建立块图形库

将经常使用的符号、标准件、常用件、门和窗等做成块，建立图块库。当需要时，将其插入到图形中，把复杂图形的绘制变成拼图和绘图的结合，避免了大量的重复工作，大大提高了绘图效率和质量。

（2）节省磁盘空间

AutoCAD 要保存图形中每一个对象的相关特征参数，如图层、位置坐标、线型、颜色等等，因此在图中绘制的每一个对象都会增加存储空间。如果把经常使用的图形定义成图块，在需要时以块的形式插入，因为块的定义只需要一次，而在插入时，块作为一个整体，AutoCAD 只需保存该图块的特征参数（如块名、插入点坐标、比例因子、旋转角度等），而不需要保存该图块具体的每一个对象的特征参数，从而大大节省了存储空间。

（3）便于修改图形

如果在图形中修改或更新了一个块的定义，AutoCAD 将自动地更新用该块名插入的所有块。

（4）便于携带属性信息

AutoCAD 允许为块建立属性，使之成为从属于块的文本信息。在每次插入块时，提示用户为其输入相关的属性值。还可以对属性信息进行提取，传送给外部数据库进行管理。

10.1.1 建立图块 BLOCK

要使用图块，必须首先定义图块。

1. 命令访问

① 功能区：“默认”选项卡→“块”面板→“创建块”

“插入”选项卡→“块定义”面板→“创建块”；

② 菜单：绘图(D)→块(K)→创建(M)；

③ 工具：“绘图”工具栏→；

④ 命令：BLOCK。

执行该命令后，AutoCAD 将打开“块定义”对话框，如图 10-1 所示。

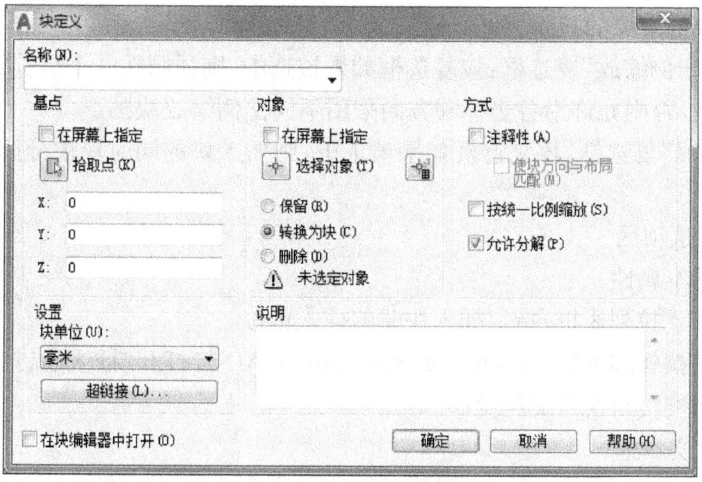

图 10-1 “块定义”对话框

2. 操作说明

该对话框中包含块名称、基点区、对象区、方式区、设置区、说明等。

3. 选项说明

(1) "名称"下拉列表框

输入将要定义的块的名称,或从当前图形中所有的块名列表中选择一个。块名可长达255个字符,名称中可包含有字母、数字、空格和"$""—""-"等在 Windows 和 AutoCAD 中无其他用途的特殊字符。

(2) "基点"选项区

在该区中指定块插入时的基点。用户可以直接在 X、Y 和 Z 文本框中输入插入基点的坐标值,也可以单击"拾取点"按钮,切换到绘图窗口,在"指定插入基点:"的提示下指定一点作为块插入的基点后,AutoCAD 便又返回到"块定义"对话框。

块插入的基点既是块插入时的基准点,也是块插入时旋转或缩放的中心点。为了作图上的方便,基点一般选在块的中心、左下角或其他特征点。

(3) "对象"选项区

指定组成块的对象及其处理方式。

- "选择对象"按钮:单击此按钮,AutoCAD 临时切换到绘图窗口,用户可用各种对象选择方法选择要定义成块的对象。选择结束后,按【↵】键或空格键返回到"块定义"对话框中。
- "快速选择"按钮:单击此按钮,AutoCAD 将弹出"快速选择"对话框,并通过它来构造一个选择集。
- "保留"单选按钮:选择此按钮,AutoCAD 将在图形中保留已组成块的原始对象。
- "转换为块"单选按钮:选择此按钮,AutoCAD 将已组成块的原始对象转换为图形中的一个块。
- "删除"单选按钮:选择此按钮,AutoCAD 将在图形中删除已组成块的原始对象。

(4) "方式"选项区

指定组成块的对象的显示方式。

- "按统一比例缩放"复选框:该复选框如果被选中,则强制在3个坐标方向采用相同的比例因子插入块,否则允许沿各坐标轴方向采用不同比例缩放块图形。
- "允许分解"复选框:该复选框如果被选中,则插入块的同时块被分解,即分解成组成块的各基本对象。

(5) "设置"选项区

设置块的基本属性。

- "块单位"下拉列表框:指定插入块时的插入单位。
- "超链接"按钮 超链接(L)... :单击此按钮,AutoCAD 将打开"插入超链接"对话框,通过它来建立一个超链接与块定义相关联。

(6) "说明"文本框

用户可以在此编辑区中,输入一些与块定义相关的描述信息,供显示和查找使用。

4. 应用示例

【例 1】 在 AutoCAD 中,没有直接标注表面粗糙度的功能,现创建表面粗糙度符号块。

操作步骤:

(1) 绘制表面粗糙度符号按表面粗糙度符号与字高的比例关系(h 为字高,设 $h=3.5$),

绘制表面粗糙度符号，如图 10-2 所示。

(2) 创建表面粗糙度符号块

执行 BLOCK 命令，AutoCAD 打开“块定义”对话框。

(3) “块定义”对话框的设置如图 10-3 所示。

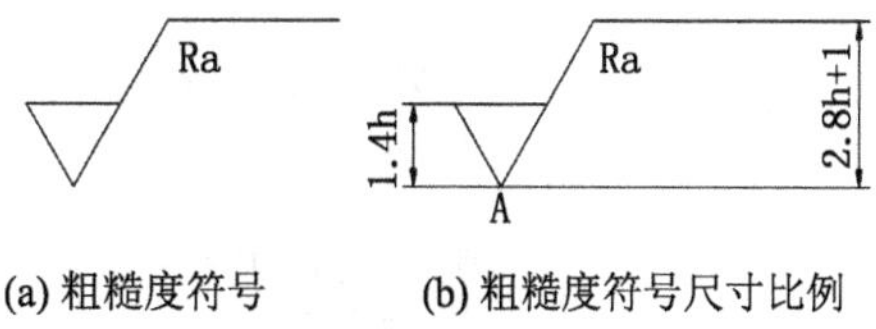

图 10-2 表面粗糙度与尺寸比例

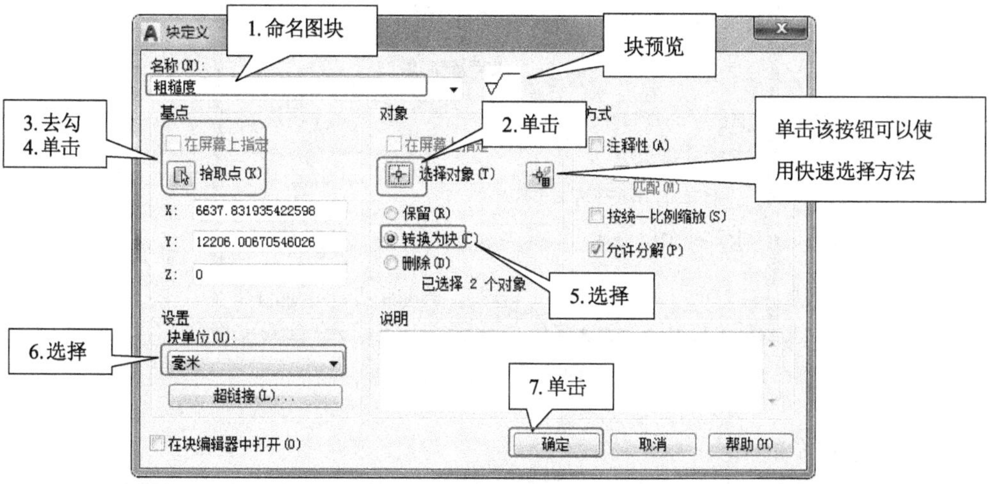

图 10-3 “块定义”对话框设置

① 在“名称”下拉列表框输入块名“粗糙度”。

② 在“对象”选项区中选择“转换为块”单选按钮，再单击“选择对象”按钮，选择粗糙度符号图形，按【↵】键返回到“块定义”对话框。

③ 在“基点”选项区单击“拾取点”按钮，然后拾取点 A，确定了基点的位置。

④ 在“块单位”下拉列表框中选择“毫米”选项，将单位设置为毫米。

⑤ 设置完毕，单击 确定 按钮，完成块定义。

10.1.2 存储块 WBLOCK

用 BLOCK 命令定义的块，只能插入到块建立的图形中，而不能被其他图形文件调用。为了使块能被其他图形文件调用，可使用 WBLOCK 命令将块单独保存为文件。用 WBLOCK 命令保存的文件是扩展名为“.dwg”的图形文件。

1. 命令访问

命令：WBLOCK

2. 操作说明

AutoCAD 将根据发出命令时的三种不同情况弹出显示不同默认设置的“写块” 对话框，如图 10-4 所示。

(1) 无任何选择

如果在发出 WBLOCK 命令时没有进行任何选择，则对话框的“源”区域中“对象”单选按钮是默认选择。

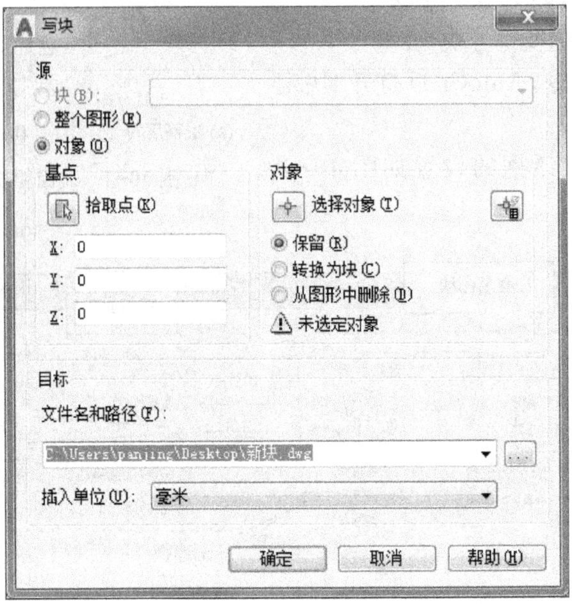

图 10-4 “写块”对话框

(2) 选择了单个的图块

如果在发出 WBLOCK 命令时选择了单个的图块，则对话框中“源”区的“块”单选按钮是默认设置，所选图块的名称出现在“源”区的“名称”下拉列表框中，所选图块的名称出现在“目标”区的“文件名和路径”文本框中。

(3) 选择了图形对象

如果在发出 WBLOCK 命令时，选择了图形中的对象，则对话框中“源”区的“对象”单选按钮是默认设置，“目标”区的“文件名和路径”文本框中的名称为“新块”。

3. 选项说明

(1) “源”选项区

在该选项区中，用户可以指定要输出的图形对象或图块。

- “块”单选按钮：将图形中的图块保存为文件。此时可在其后的下拉列表框中选择一个要写入磁盘文件的图块名称。
- “整个图形”单选按钮：将当前整个图形保存为文件。
- “对象”单选按钮：将从当前图形中选择的图形对象保存为文件。

(2) “基点”和“对象”选项区

与“块定义”对话框相同，此处不再说明。

(3) “目标”选项区

- “文件名和路径”文本框：指定要输出的文件名称和存储位置。
- 浏览按钮[...]：单击此按钮，使用打开的“浏览文件夹”对话框设置文件的保存位置。
- “插入”下拉列表框：指定建立的文件作为块插入时的单位。

4. 技能与提升

(1) 块的名称：将指定名称的块写入磁盘文件。

（2）＝：将与指定的文件名同名的块写入磁盘。

（3）＊：将整个图形文件写入磁盘。与 SAVE 命令相类似，只是未被使用过的图层、线型以及块的定义不写入文件。

（4）【↵】键：与 BLOCK 命令相类似，AutoCAD 要求指定插入基点和选择对象，被选中的对象被写入磁盘文件，并从当前图形中消失。可用 OOPS 命令恢复。

5. 应用示例

【例 2】 利用 WBLOCK 命令创建五角星块。

操作步骤：

（1）新建一个文件，按图 10-5 所注尺寸绘制五角星。

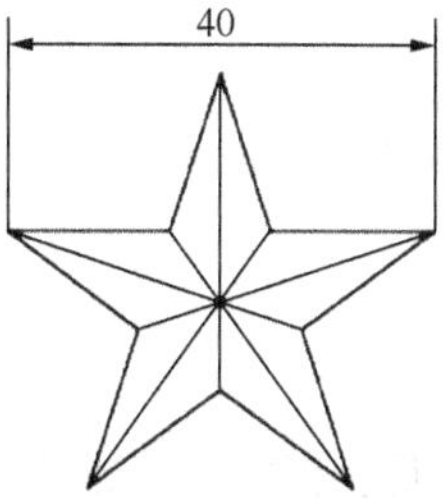

图 10-5　绘制五角星

图 10-6　填充五角星

（2）利用图案填充命令将填充上颜色（黄色），如图 10-6 所示。

（3）执行 WBLOCK 命令，AutoCAD 打开“写块”对话框。

（4）对“写块”对话框进行对应的设置，如图 10-7 所示。

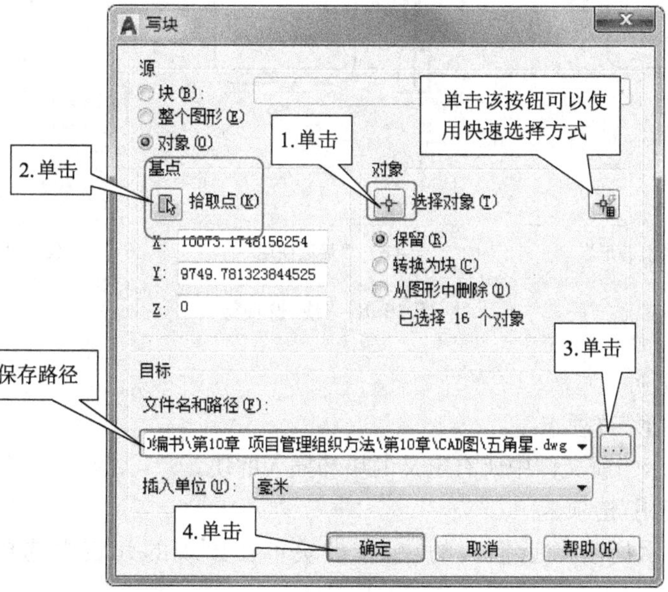

图 10-7　“写块”对话框的设置

① 在“对象”选项区中单击“选择对象”按钮，选择五角星，按【↵】键返回到“写块”对话框。

② 单击拾取点按钮，选择五角星的中心作为插入基点。AutoCAD 自动返回到“写块”对话框。

③ 在“目标”选项区的“文件名和路径”下拉列表框后，单击按钮…，确定文件保存的路径及输入文件名“五角星”，并保存文件。

④ 设置完毕，单击确定按钮，完成五角星块的创建。

10.1.3 插入块 INSERT

插入块是指将块或已有的图形插入到当前图形文件中，在插入的同时还可以改变插入图形的比例因子、旋转角度和重复放置，甚至分解。

1. 命令访问

① 功能区：“插入”选项卡→“块”面板→“插入”工具

② 菜单：插入(I)→块选项板(B)

③ 工具：“绘图”工具栏→

④ 命令：INSERT

执行命令后，AutoCAD 将打开“块”选项板，选项板上有“当前图形”“最近使用”“其他图形”三个访问选项，如图 10-8 所示。

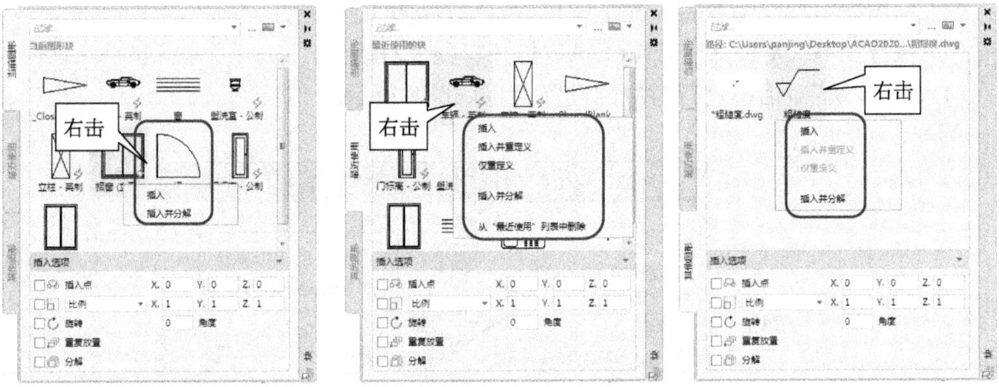

(a) “当前图形”　(b) “最近使用”　(c) “其他图形”

图 10-8 “块”选项板

2. 选项卡说明

(1) “当前图形”选项卡

该选项卡显示当前文件中所有定义的块和插入的块。

(2) “最近使用”选项卡

该选项卡显示所有最近插入的块，右击块可在出现的列表中选择“删除”块(如图 10-8(b))。

(3) “其他图形”选项卡

该选项卡可以使用“浏览”按钮 … 访问其他图形文件中的块。

(4) “插入选项”区

勾选"插入点"可以在屏幕上指定块的插入点。不勾选可在X、Y和Z编辑框中直接输入点的坐标。

勾选"比例"可在屏幕上选定合适的比例。不勾选可在X、Y和Z编辑框中直接输入比值,另外,还可以指定负的比例因子,以便块插入时作镜像变换。如图10-9所示,图中A为基点。

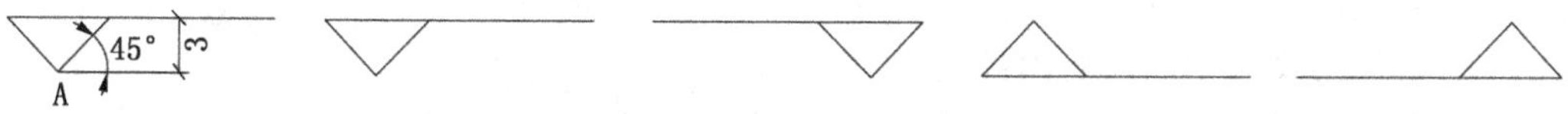

(a)原始图块 (b)x=1 y=1 (c)x=-1 y=1 (d)x=1 y=-1 (e)x=-1 y=-1

图 10-9 比例因子的影响

勾选"旋转"可在屏幕上旋转合适的角度。不勾选可在角度前文本框内输入旋转角度。

勾选"重复放置"可以反复插入块,直至按【esc】键结束插入。

勾选"分解",则插入块的同时块被分解。此外,插入块后,也可以用EXPLODE命令将其分解。

3. "插入"图块的步骤

(1) 执行INSERT命令,打开如图10-8所示的"块"选项板。

(2) 浏览找到并选择要插入的内部图块或外部图块。

(3) 设定"比例"和"旋转"角度。

(4) 右击图块选择插入,在绘图区域合适位置放置图块。也可通过拖放、单击或者双击的方式放置。

4. 技能与提升

图形文件可以作为块插入。

10.1.4 块与图层的关系

块可以由绘制在若干层上的对象组成,AutoCAD将图层的信息保留在块中。当插入这样的块时,AutoCAD有如下约定:

(1) 块中原来位于0层上的对象被绘制在当前层上,并使用当前层的颜色与线型绘出。

(2) 对于块中其他层上的对象,若有与当前图形中同名的图层,则块中该层上的对象绘制在图中同名的图层上,并使用图中该层的颜色与线型绘制。

(3) 若块中没有与当前图形中同名的图层,则该层上的对象仍在它原来的层上绘出,并为当前图形增加相应的层。

(4) 如果插入的图块由多个位于不同图层上的对象组成,则冻结图层上的对象不生成。

10.1.5 重命名图块RENAME

创建图块后,可以根据需要对其进行重命名。重命名方法有多种,如果是外部块文件,可以直接在保存目录中对该图块文件进行重命名;若是内部块,则可使用重命名命令来更改图块的名称。

1. 命令访问

① 菜单:格式(O)→重命名(R)

② 命令:RENAME

执行该命令后,AutoCAD 将打开"重命名"对话框,如图 10-10 所示。

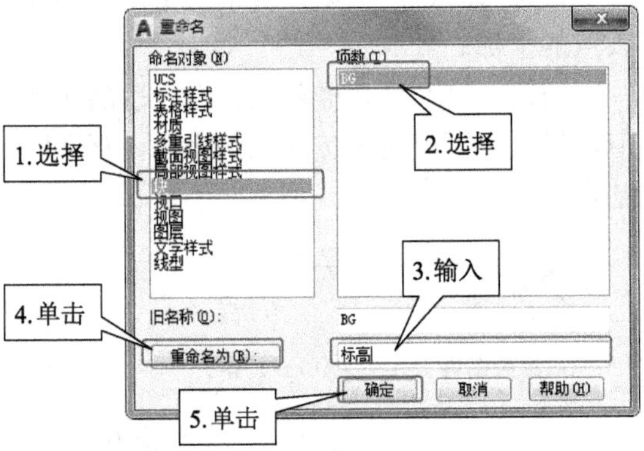

图 10-10 "重命名"对话框

2. 操作步骤

(1) 在左侧的"命名对象"列表框中选择"块"选项,在右侧的"项数"列表框中将显示出当前图形文件中的所有内部块。

(2) 在"项数"列表框中选中欲重命名的图块,然后在文本框中输入新的名称。

(3) 单击 重命名为(R): 按钮即可更改选中图块的名称,更改完毕,单击 确定 按钮,关闭"重命名"对话框。

3. 附注说明

从"命名对象"列表框中可以知道:在"重命名"对话框中还可以对坐标系、标注样式、表格样式、文字样式、图层、视图、视口、线型等对象进行重命名。

10.1.6 编辑块定义 BEDIT

可以在 AutoCAD 提供的块编辑器中打开块定义,对块进行修改。

1. 命令访问

① 功能区:"插入"面板→"块定义"选项卡→"块编辑器"

② 菜单:工具(I)→块编辑器(B)

③ 命令:BEDIT

执行该命令后,AutoCAD 将打开"编辑块定义"对话框,如图 10-11 所示。

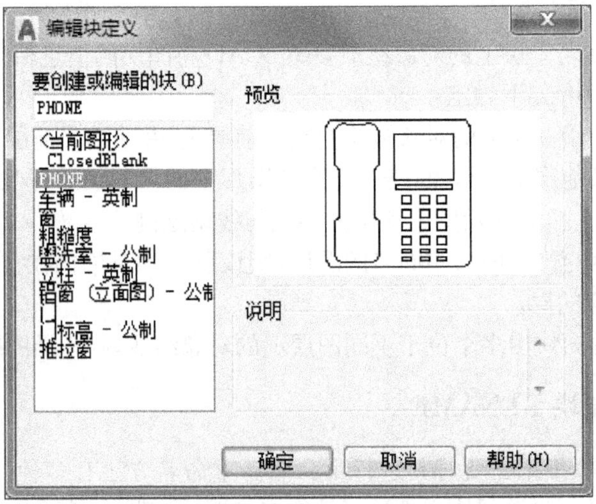

图 10-11 "编辑块定义"对话框

2. 操作说明

从对话框左侧的大列表框中选择要编辑的块(如选择"PHONE"块,选择后就会在预览框中显示出块的图形)，单击 确定 按钮，AutoCAD 打开“块编辑器”，进入块编辑模式，如图 10-12 所示。

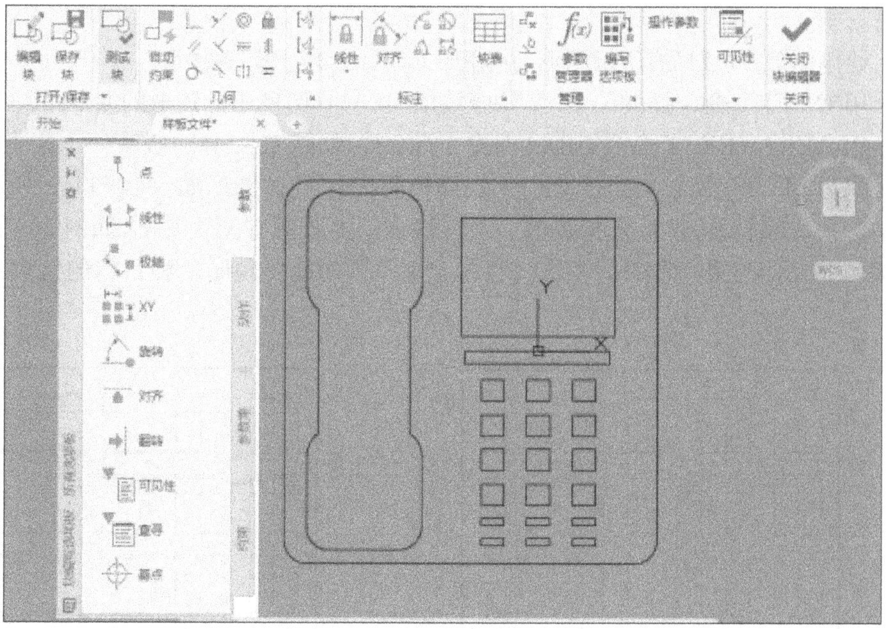

图 10-12 编辑块

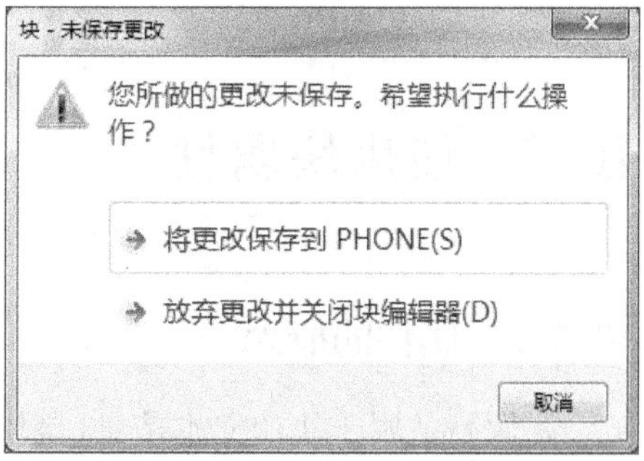

图 10-13 提示信息

块编辑器状态的背景色为灰色，在其中显示出要编辑的块，用户可以直接对其进行编辑，编辑后单击编辑器面板最右侧的 关闭块编辑器 按钮，将打开如图 10-13 所示的询问提示对话框，让用户做出选择。如果选择了更改，则插入到图中的所有块实例都得到修改。

3. 技能与提升

(1) 用 BLOCK 命令定义的块为内部块，使用块编辑器编辑修改内部块是最方便的。

(2) 修改内部块的另一种方法是，以同样的图块名再重新定义一次。

(3) 对用 WBLOCK 命令定义的外部块的修改方法是，打开该图块的源文件，修改后以同名保存，然后再执行一次“插入”命令。

(4) 要对插入的个别图块实例进行修改，只能将这个别图块分解后编辑。

10.1.7 分解图块

在对图块的实际应用中，插入的图块有时并不是当前图形恰好需要的图形，需要对其进行一定的编辑。由于插入的图块是一个整体，因此必须将其分解后才能使用各种编辑命令对其进行编辑。

10.1.8 综合举例

【例 3】 以图 10-14 为例，说明内部块的更改。

操作步骤：

(1) 绘制图如 10-14(a)所示图形，并用 BLOCK 命令创建图块“窗”。

(2) 用 INSERT 命令插入一个“窗”块到如图 10-14(b)所示外矩形的左下角。

(3) 用 ARRAYRECT 命令矩形阵列成 3 行 5 列，如图 10-14(b)所示。

(4) 执行 BEDIT 命令，系统自动进入块编辑器状态，更改图形如图 10-14(c)所示。

(5) 关闭块编辑器，然后选择更改。系统将自动更改所有图块实例，如图 10-14(d)所示。读者可将此例与第 5 章的例 16 比较，体会用不同功能实现同一种目标的特点，区分所用场合。

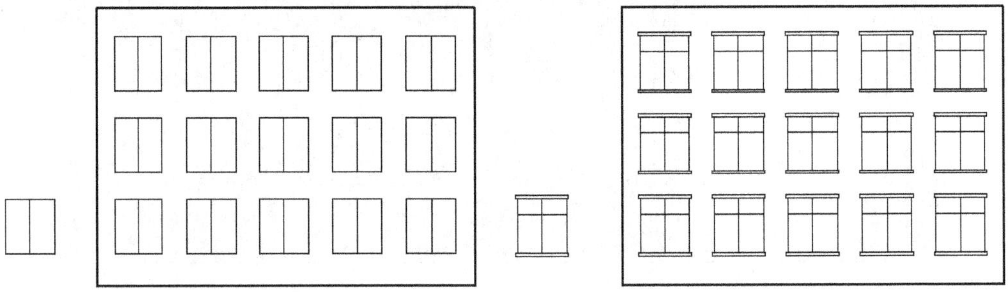

(a) 原图块　(b) 插入原图块　(c) 更改图块　(d) 插入更改图块

图 10-14 图块的更改

10.2 使用块属性

10.2.1 属性的概念

属性是从属于块的文本信息，是块的组成部分，即块＝若干实体＋属性。

通常，我们用图块来构造刚性图库和图中的符号库。属性是在块中附带的非图形信息，属性记录的信息可以在图上显示出来或隐含在图中。属性值可以是固定值，也可以在每次插入时加以改变。可以将属性值从图形数据库中提取出来，输出成表格或数据库格式的文件，进而做成零件表、材料库和门窗表等。图块和属性是 AutoCAD 的高级应用技巧，可以被巧妙地运用到设计、制造和管理中。

因属性从属于块，它与块组成了一个整体。当用 ERASE 命令删除块时，包括在块中的属性也被删除。当用图形编辑命令改变块的位置与转角时，它的属性也随之移动和转动。

但属性不同于块中的一般文本实体，它有如下特点：

(1) 一个属性包括属性标记和属性值两方面的内容。属性标记是属性提取时用的标识，属性值是具体内容。例如，可以把“姓名”定义为属性标记，而具体的姓名“赵五讲”“钱四美”就是属性值，即属性。

(2) 在定义块前，每个属性要用 ATTDEF 命令进行定义，由它规定属性标记、属性提示、属性缺省值、属性的显示方式(可见或不可见)、属性在图中的位置等等。属性定义后，该属性以其标记(一个字符串)在图中显示出来，并把有关的信息保留在图形文件中。

(3) 在定义块前，对属性定义可以用 DDEDIT 命令修改，用户不仅可以修改属性标记，还可以修改属性提示和属性缺省值。

(4) 在插入块时，AutoCAD 通过属性提示要求用户输入属性值(也可以用缺省值)。插入块后，属性用属性值表示。因此，同一个块定义，在不同点插入时，可以有不同的属性值。如果属性值在属性定义时规定为常量，AutoCAD 则不询问属性值。

(5) 在块插入后，可以用 ATTDISP(属性显示)命令改变属性的可见性；可以用 ATTEDIT 等命令对属性作修改；可以用 ATTEXT(属性提取)命令把属性单独提取出来写入文件，以供统计、制表使用；也可以与其他高级语言(如 BASIC、FORTRAN、C 等)或数据库(如 dBASE、FoxBASE 等)进行数据通信。

下面举例说明属性的使用。

某一公司办公室的平面图布置如图 10-15 所示，要为每位职员配一部形状相同的电话置于办公桌上，每部电话对应有机主、职务、电话号码。

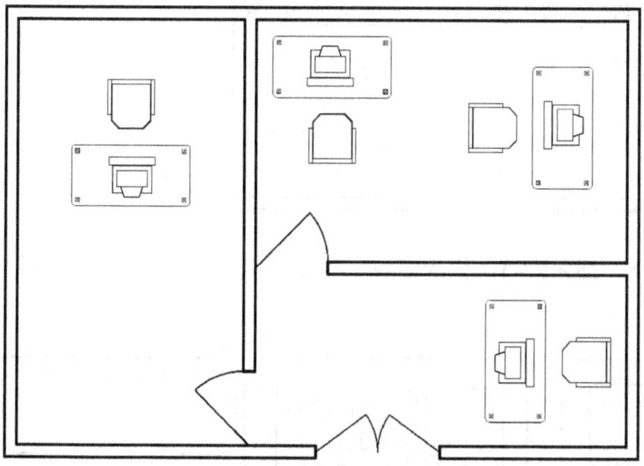

图 10-15　办公室平面图

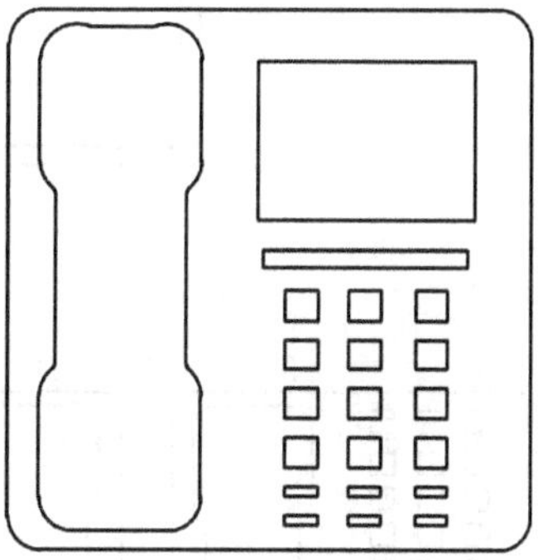

图 10-16　电话机的平面图

此时，可以先绘制一部电话机的平面图，如图 10-16 所示，然后用属性定义命令(ATTDEF)分别定义机主、职务和电话号码这三个属性，即分别规定其属性标记、属性提示、属性缺省值和属性的可见性等，如表 10-1 所示。

表 10-1　电话机的属性

属性标记	属性提示	属性缺省值	显示可见性
机主	输入姓名：	赵五讲	可见
职务	输入机主职务：	总经理	可见
电话号码	输入电话号码	4432	可见

定义完属性后，在电话机的平面图中会显示出属性标记：机主、职务和电话号码，如图 10-17 所示。

图 10-17　带有属性定义的块

属性定义完成后，用 BLOCK 命令把电话机和属性定义成一个块，块名为“电话机”。

绘制如图 10-15 所示的办公室平面图后(办公桌、椅子和计算机均可用块的方法绘制)，用 INSERT 命令，在指定的位置插入“电话机”块，插入时还应根据提示输入每个属性值，结果如图 10-18 所示。绘好的图可以存盘，以备以后再用。为看清，仅将“电话机”单独移出放在一起，如图 10-19所示。

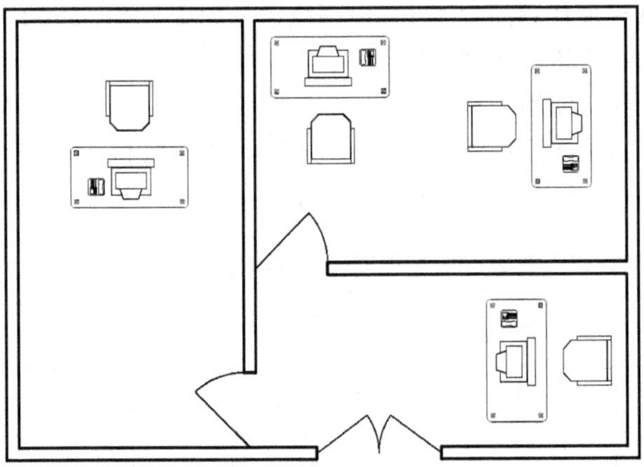

图 10-18　插入带有属性的图块

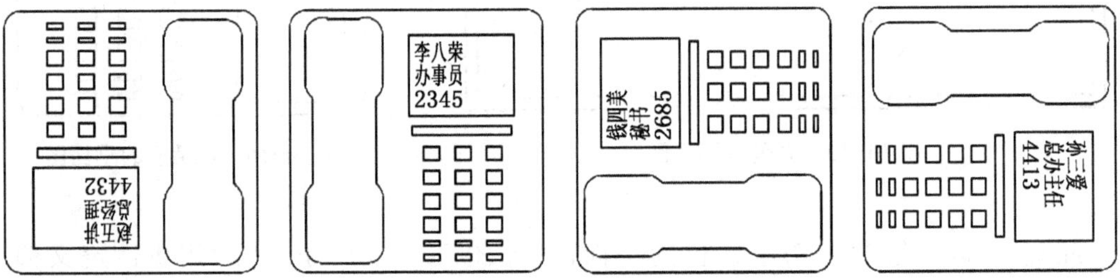

图 10-19　插入“电话机”块效果

10.2.2　定义属性 ATTDEF 命令

1. 命令访问

① 功能区：“插入”选项卡→“块定义”面板→“定义属性”

② 菜单：绘图(D)→块(B)→定义属性(D)

③ 命令：ATTDEF

执行该命令后，AutoCAD 将打开“属性定义”对话框，如图 10-20 所示。

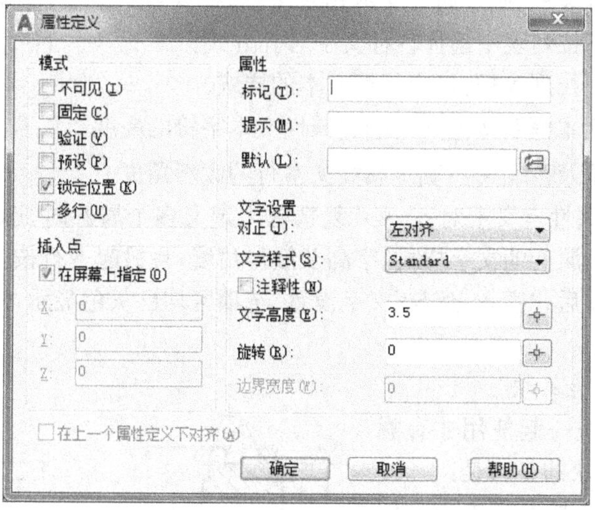

图 10-20 “属性定义”对话框

2. 选项说明

(1)“模式”选项区。设置属性的模式。

- “不可见”复选框:该选项设置属性为不可见方式,即块插入后,属性值在图中不显示出来。
- “固定”复选框:该选项设置属性为恒值方式,即属性值在属性定义时给定,并且不能被修改。
- “验证”复选框:该选项设置为验证方式,即块插入时输入属性值后,AutoCAD 会要求用户再确认一次所输入的值的正确性,重要的属性值须设成“验证”的。
- “预置”复选框:该选项设置属性值为预置方式,当插入块时,不请求输入属性值,而是自动填写其缺省值。与“固定”选项类似,不同之处在于用户可以修改属性值。
- “锁定位置”复选框:该选项设置块的定位方式,即固定插入块的坐标位置。
- “多行”复选框:该选项设置属性为多段文字方式,即用多段文字来标注块的属性值。

(2)“属性”选项区。确定属性的标记、提示以及缺省值。

- “标记”文本框:输入属性标记。“标记”就是属性提取时用的标识,类似于数据库系统中的字段名,如房号、粗糙度、图名等。
- “提示”文本框:输入属性提示,在插入块时,AutoCAD 提示用户输入属性值的提示信息。
- “默认”文本框:设置默认的属性值。可以把多次使用的属性值作为默认值,也可不设默认值。

(3)“插入点”选项区。

确定属性值的插入点,即属性文字排列的参考点。指定插入点后,AutoCAD 以该点为参考点,按照在“文字设置”选项区中“对正”下拉列表框确定的文字对齐方式放置属性值。用户可以直接在“X”“Y”“Z”文本框中输入参考点的坐标值,也可以选中“在屏幕上指定”复选框,以便通过图形显示窗口指定参考点。

(4)“文字设置”选项区。

● “对正”下拉列表框：确定属性文本相对于在“插入点”选项区中确定的参考点的排列形式。用户可通过下拉列表中选择各种文字对齐方式。

● “文字样式”下拉列表框：确定属性文本的样式。

● “文字高度”文本框及按钮：确定属性文本字符的高度。

● “旋转”文本框及按钮：确定属性文本行的倾斜角度。

(5) “在上一个属性定义下对齐(A)”复选框当定义多个属性时，选中该复选框，表示当前属性将采用上一个属性的文字样式、字高及倾斜角度，且另起一行按上一个属性对正方式排列。选中该复选框后，“插入点”与“文字设置”选项区均已灰色显示，即不能再通过它们进行设置了。

3. 使用带有属性的块

属性只有和图块一起使用才有意义，使用带有属性的块的步骤是：

(1) 绘制出构成图块的各个实体图形。

(2) 定义属性。

(3) 用 BLOCK 命令将图形和属性一起定义为块。

定义了带有属性的块之后，在以后插入块的操作中用户就可以为其输入一个属性值。下面举例说明具体的操作步骤。

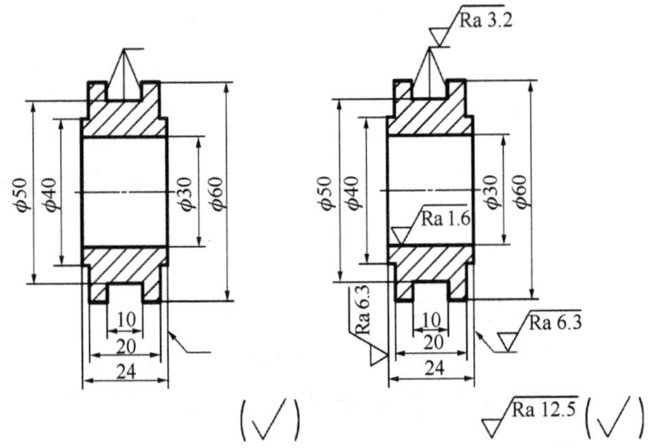

(a) 导轮　　(b) 标注结果

图 10-21　表面粗糙度块标注

4. 应用示例

【例 4】 为如图 10-21(a)所示的导轮标注表面粗糙度，标注结果如图 10-21(b)所示。

操作步骤：

(1) 按与字高的比例要求绘制粗糙度基本符号，如图 10-2 所示。

(2) 定义属性，执行 ATTDEF 命令，打开“属性定义”对话框进行属性设置，如图 10-22 所示。

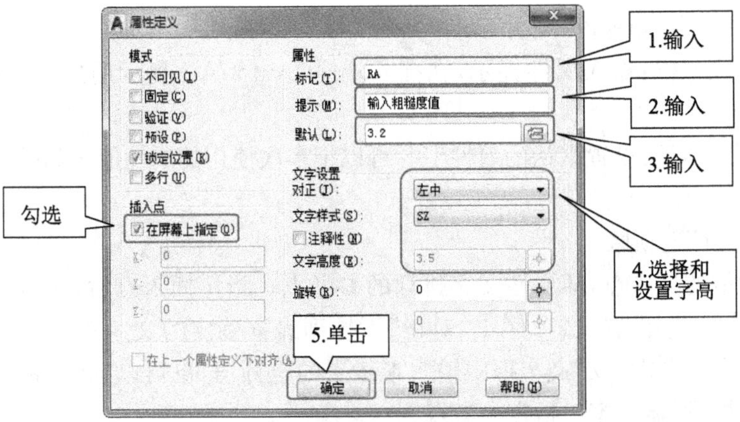

图 10-22　属性设置

① 在标记文本框中输入“RA”。(小写 ra 也可以,默认转为大写。)

② 在提示文本框中输入“输入粗糙度值”。

③ 在默认文本框中输入“3.2”。

④ 在对正下拉列表框选择“左中”。

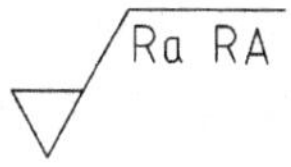

图 10-23　定义属性

⑤ 单击对话框中的“确定”按钮,在“指定起点:”提示下确定属性在块图形中的插入点位置,即可完成标记为“Ra”的属性定义,且 AutoCAD 将该标记按指定的文字样式和对齐方式显示在指定位置,如图 10-23 所示。

(3) 定义块属性块,执行 BLOCK 命令后,打开“块定义”对话框,如图 10-3 所示。

① 在名称文本框中输入块名“粗糙度”。

② 单击“基点”区的“拾取点”按钮,暂时退出对话框,返回到图形编辑状态,捕捉如图 10-23 所示图形的下尖点作为图块“粗糙度”的插入基点。

③ 单击“对象”区的“选择对象”按钮,返回图形编辑状态,选择图 10-23 中的全部对象,包括属性定义“RA”。

④ 单击对话框中的“确定”按钮,AutoCAD 打开“编辑属性”对话框,如图 10-24 所示。

⑤ 单击对话框中的“确定”按钮,完成块定义,并显示一个对应的块,如图 10-25 所示。

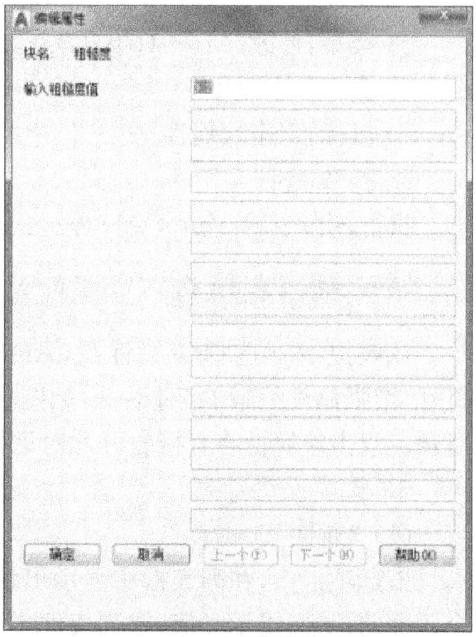

图 10-24　“编辑属性”对话框

(4) 插入块,执行 INSERT 命令,打开“块”选项板。

① 在“最近使用”选项页中找到“粗糙度”块。

② 在插入选项中,勾选插入点复选框;设置“比例”,选择“统一比例”,X 方向比例因子为 1;“旋转”角度文本框中输入 0。

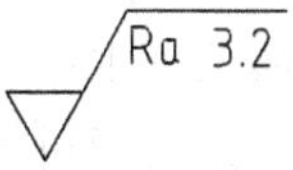

图 10-25　“粗糙度”块

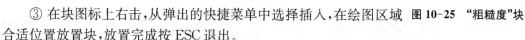

③ 在块图标上右击,从弹出的快捷菜单中选择插入,在绘图区域合适位置放置块,放置完成按 ESC 退出。

④ AutoCAD 弹出“编辑属性”对话框,提示“输入粗糙度值”:

输入粗糙度值〈3.2〉:↵ **(在属性提示下输入该块的属性值)**
(标注了槽口的表面粗糙度值 3.2)

⑤ 同样方法,标注其他表面粗糙度。

- 孔 1.6:继续在块“粗糙度”上右击,选择插入,但输入属性值 1.6。
- 左侧的 6.3:在“旋转”文本框中输入 90,继续在块“粗糙度”上右击,选择插入,输入属性值 6.3,此时块呈现旋转 90 度。为方便插入点的定位,可将对象捕捉的“最近点”设为捕捉状态。

【例 5】 将如图 10-17 所示的图形和属性定义为属性为块,图中有“机主、职务和电话号码”三个属性。

其命令执行过程与例 4 类似,不再重复。但有一点需要引起注意:与创建块不同的是,选择属性的顺序是很重要的。如果用户希望在插入块时，属性以特定的顺序提示，那么当用户创建包含这些属性的块时，必须按照同样的顺序选择属性。这里需要注意对象选择的方法。插入块时，创建块过程中第一个被选择的属性将作为第一个提示输入的属性，最后一个被选择的属性就作为最后一个提示输入的属性。

10.2.3　修改属性定义 DDEDIT

1. 命令访问

① 功能区："插入"选项卡→"块"面板→编辑属性

② 菜单：修改(M)→对象(O)→文字(T)→编辑(E)

③ 命令：DDEDIT

④ 鼠标：双击块属性

2. 操作说明

执行该命令后，AutoCAD 提示：

选择注释对象或[放弃(U)模式(M)]:

在该提示下选择块属性后，AutoCAD 打开"增强属性编辑器"对话框，如图 10-26 所示。双击块属性将直接打开此对话框。

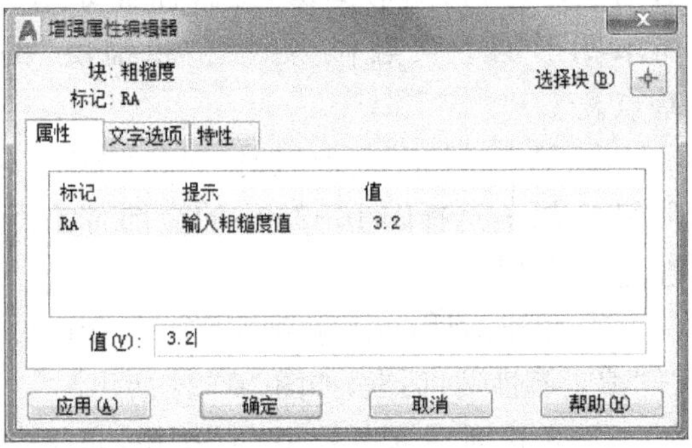

图 10-26　"增强属性编辑器"对话框

3. 选项说明

(1) "属性"选项卡

该选项卡中，在列表框中显示出块中每个属性的标记、提示和值，在列表框中选择某一属性，会在"值"文本框中显示出对应的属性值，并允许用户通过该文本框修改属性值。

(2) "文字选项"选项卡

该选项卡用于修改属性文字的格式，相应的对话框如图 10-27 所示。

用户可通过该对话框修改文字的样式、对正方式、字高、文字行的旋转角度等。

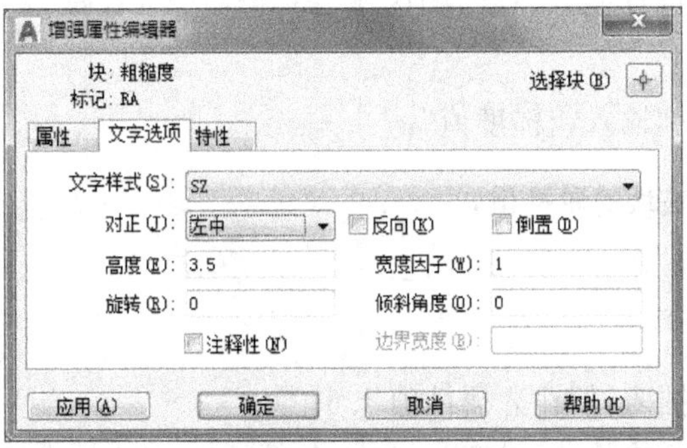

图 10-27　"文字选项"选项卡

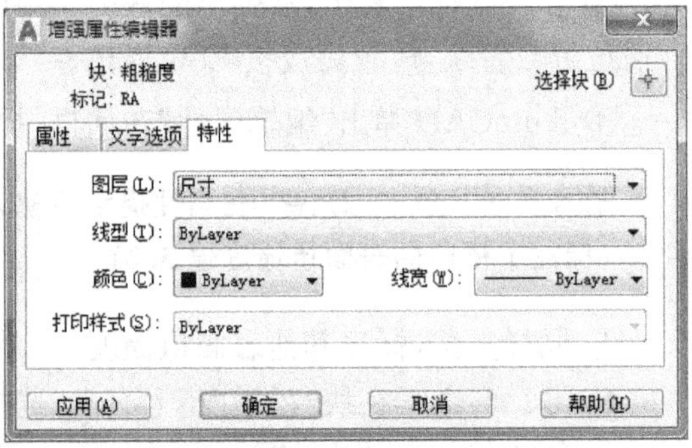

图 10-28　"特性"选项卡

(3) "特性"选项卡

该选项卡用于修改属性文字的图层、线型、颜色等，相应的对话框如图 10-28 所示。

在"增强属性编辑器"对话框，除上述三个选项卡外，还有"选择块"按钮和"应用"按钮等。

“选择块”按钮：用于重新选择欲编辑的块对象。

“应用”按钮 应用(A) ：用于确认已做出的修改。

10.2.4 编辑块属性 EATTEDIT

1. 命令调用

① 功能区：“插入”选项卡→“块”面板→编辑属性

② 菜单：修改(M)→对象(O)→属性(A)→单个(S)

③ 工具：“修改Ⅱ”工具栏→

④ 命令：EATTEDIT

2. 操作说明

执行该命令后，在“选择块：”的提示下选择块属性后，AutoCAD 也打开“增强属性编辑器”对话框，见上述说明。

10.2.5 块属性管理器 BATTMAN

1. 命令调用

① 功能区：“插入”选项卡→“块定义”面板→管理属性

② 菜单：修改(M)→对象(O)→属性(A)→块属性管理器(B)

③ 工具：“修改Ⅱ”工具栏→

④ 命令：BATTMAN

执行该命令后，AutoCAD 打开“块属性管理器”对话框，如图 10-29 所示。

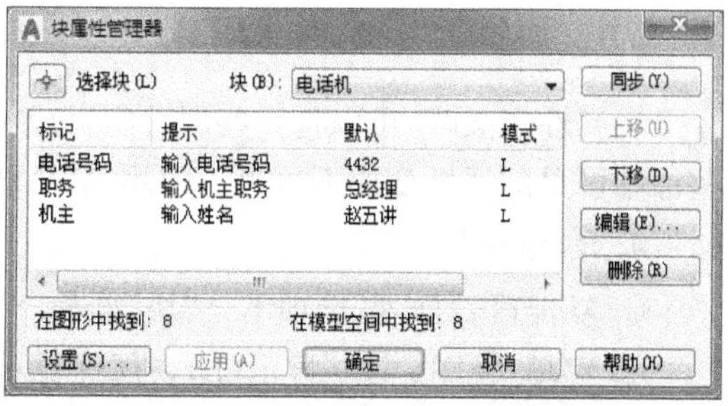

图 10-29 “块属性管理器”对话框

2. 选项说明

- “选择块”按钮：单击该按钮，系统切换到图形显示窗口，以选择需要操作的块。
- “块”下拉列表框：列出了当前图形中含有属性的所有块的名称，也可通过下拉列表框确定要操作的块。
- 属性列表框：显示了当前所选择块的所有属性。包括属性的标记、提示、默认值和模式等。
- “同步”按钮 同步(Y) ：单击该按钮，可以更新已修改的属性特性实例。
- “上移”按钮 上移(U) ：单击该按钮，可以在属性列表框中将选中的属性行向上移动一行，但对属性值为固定值的行不起作用。
- “下移”按钮 下移(D) ：单击该按钮，可以在属性列表框中将选中的属性行向下移动一行。
- “编辑”按钮 编辑(E)... ：单击该按钮，AutoCAD 打开“编辑属性”对话框，如图 10-30 所示。在该对话框中可以重新设置属性定义的构成、文字特性和图形特性等。
- “删除”按钮 删除(R) ：单击该按钮可以从块定义中删除在属性列表框选中的属性定义，且块中对应的值也被删除。

● “设置”按钮 设置(S)... ：单击该按钮，AutoCAD 打开“块属性设置”对话框，如图10-31所示。通过该对话框，可以设置在“块属性管理器”对话框中的属性列表框中能够显示的内容。

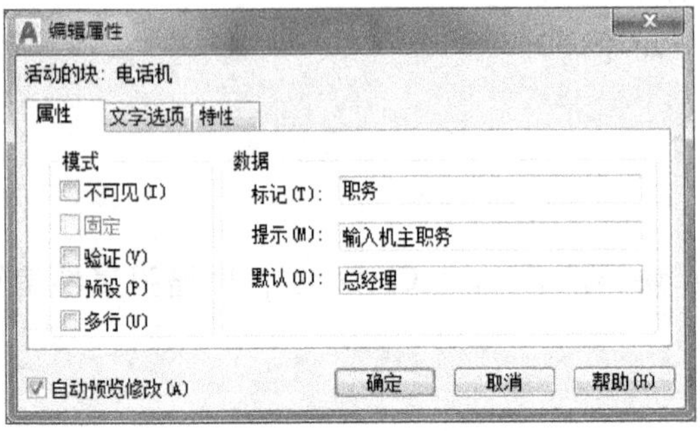

图 10-30 “编辑属性”对话框

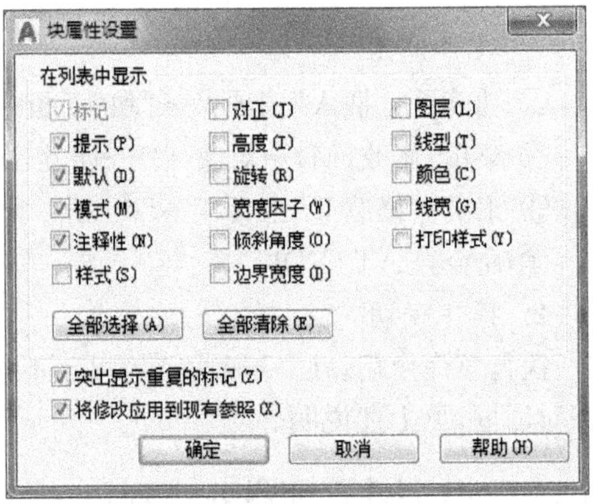

图 10-31 “块属性设置”对话框

10.2.6 属性显示控制 ATTDISP

在属性定义时，可以将一些属性定义成不可见，如价格、设计参数等。而有时，又希望一些原本可见的属性变成不可见。使用 ATTDISP 命令，用户可以控制属性显示的可见性。

1. 命令调用

① 功能区：“插入”选项卡→“块”面板→“保留属性显示”工具

② 菜单：视图(V)→显示(L)→属性显示(A)

③ 命令：ATTDISP

2. 命令提示

☼ 命令：**ATTDISP**↵
输入属性的可见性设置[普通(N)/开(ON)/关(OFF)]〈普通〉：

3. 选项说明

● 普通(N)：根据属性定义时的模式显示或不显示属性。

● 开(ON)：显示所有的属性。

● 关(OFF)：不显示属性。

10.2.7 属性的提取

AutoCAD 的块及其属性中含有大量的数据信息。例如，块的名字、块的插入点坐标、插入比例、各个属性值等。可以根据需要将这些数据提取出来让其他程序来处理，这是 AutoCAD 的非常重要的功能。

提取的过程主要有以下三部分组成：

(1) 图形数据库

在插入图块时，图块所带的属性值建立在图形数据库中。

(2) 样板文件

这里不是指绘图的样板文件，而是进行属性提取时，用来指定提取哪些属性数据及数据的存放格式。样板文件是扩展名为“.txt”的文本文件，可以用除 AutoCAD 以外的任何文本编辑器来编辑，如记事本。

(3) 提取文件

用 ATTEXT 命令从图形数据库中提取的属性，根据样板文件提供的格式显示出属性表列。在该文件中，每一个图块提取出的属性值占一行。

实现属性提取的步骤为：

① 创建和编辑属性定义。

② 插入块时输入属性值。

③ 创建样板文件。

④ 将属性信息提取到文本文件中。

1. 创建样板文件

样板文件是属性提取的最关键的一步，只有在它提供了格式后，AutoCAD 才能决定哪些信息需要从图形中提取。根据需要，用户可以建立很多样板文件。

样板文件的每一行由“字段名”和“字段格式代码”组成。样本文件可规定的各类字段格式如表 10-2 所示。

表 10-2　字段格式表

字段名	字段格式代码	说明
BL:NAME	Cwww000	块名
BL:LEVEL	Nwww000	块的嵌套级数
BL:X	Nwwwddd	块插入点的 X 坐标
BL:Y	Nwwwddd	块插入点的 Y 坐标
BL:Z	Nwwwddd	块插入点的 Z 坐标
BL:NUMBER	Nwww000	块计数器
BL:HANDLE	Cwww000	块的句柄
BL:LAYER	Cwww000	块插入的图层名
BL:ORIENT	Nwwwddd	块的旋转角
BL:XSCALE	Nwwwddd	块在 X 方向的比例因子
BL:YSCALE	Nwwwddd	块在 Y 方向的比例因子
BL:ZSCALE	Nwwwddd	块在 Z 方向的比例因子
BL:XEXTRUDE	Nwwwddd	块在 X 方向的拉伸厚度
BL:YEXTRUDE	Nwwwddd	块在 Y 方向的拉伸厚度
BL:ZEXTRUDE	Nwwwddd	块在 Z 方向的拉伸厚度
(属性标记)	Nwwwddd	提取属性值(数字型)
(属性标记)	Cwww000	提取属性值(字符型)

字段格式表中规定每一字段由字段名开始，字段名可以为任意长度，接着是若干空格；其后是字段格式代码。字段格式代码的第一个字符“C”或“N”，“C”表示该字段是字符型的，

“N”表示该字段是数字型的，紧接 C(或 N)后面的三位数(www)表示字段宽度，后三位数(ddd)表示数字型字段的小数点的位数。

四点说明：

(1) 对数值型数据来说，最大的字段宽度包含小数位和小数点，如 33.33 的最大的字段宽度为 5，小数位为 2。

(2) 样本文件每一行(包括最后一行)的最后要有回车。

(3) 每个属性提取样板文件必须包含至少一个属性标记字段，但是相同字段在同一文件中只能出现一次。

(4) 属性标记、字符或数字数据之间必须留有空格。请使用空格键(而不要使用 TAB 键)输入空格。

【例 6】 欲从图 10-18 中提取属性，请用记事本建立一个名为 phone.txt 的样本文件。

BL:NAME C010000(块名字段，字符型，字段宽 10 位)

BL:ORIENT N007002(块的旋转角块，数字型，字段宽 7 位，小数点后 2 位)

BL:X N007002(块插入点 X 坐标，数字型，字段宽 7 位，小数点后 2 位)

BL:Y N007002(块插入点 Y 坐标，数字型，字段宽 7 位，小数点后 2 位)

机主 C008000 (属性名字段，字符型，字段宽 8 位)

职务 C008000 (属性名字段，字符型，字段宽 8 位)

电话号码 N004000 (属性名字段，数字型，字段宽 4 位，小数点后 0 位)

2. 创建属性提取文件

提取文件有三种类型：

(1) 逗号分隔格式 CDF

CDF(COMMA DELIMITED FORMAT)格式生成的文件是扩展名为“.txt”的文本文件。该文件把每个块参照及其属性以一个记录的形式提取，其中每个记录中的字段用逗号分隔，字符串用单引号括起来。这种格式的文件可以被 BASIC 或数据库管理程序接受。

(2) 空格分隔格式 SDF

SDF(SPACE DELIMITED FORMAT)格式生成的文件也是扩展名为“.txt”的文本文件。该文件把每个块参照及其属性以一个记录的形式提取，其中每个记录中的字段用空格分隔且字段宽度固定(取决于样板文件)。这种格式的文件可以被一些表处理软件或数据库管理程序接受。

(3) 图形交换格式 DXF

DXF(DRAWING INTERCHANGE FORMAT)格式生成的文件是扩展名为“.dxf”的图形交换文件。这种格式的文件用于将 AutoCAD 的信息传送到其他 CAD 系统。

3. 属性提取 ATTEXT

在明确知道了提取文件的格式以及创建好了样板文件后，可以用 ATTEXT 命令来提取属性。

执行 ATTEXT 命令后，AutoCAD 将打开“属性提取”对话框，如图 10-32 所示。

● “文件格式”选项区：确定属性提取的文件格式。可以在 CDF、SDF 和 DXF 三种文件格式中选择一种。

● “选择对象”按钮 选择对象(O)< ：选择属性块对象。单击该按钮，AutoCAD 将切

换到图形显示窗口，用户可选择带有属性的块对象，按“↵”键后返回到“属性提取”对话框，在“已找到的数目”信息处显示出属性的个数。

● “样板文件”按钮 样板文件(T)...：选择预先建立好的样板文件，如果属性提取文件格式采用 DXF，则不需要建立样板文件。用户可以直接在“样板文件”按钮后文本框内输入样板文件的文件名，也可以单击按钮 样板文件(T)...，打开“样板文件”对话框，从中选择所需的样板文件。

● “输出文件”按钮 输出文件(F)...：确定提取文件的文件名，默认与当前的图形文件同名，重新取名时不能与属性样板文件同名。用户可以直接在“输出文件”按钮后文本框内输入文件名，也可以单击按钮 输出文件(F)...，打开“输出文件”对话框，从中指定存放数据文件的位置和文件名。

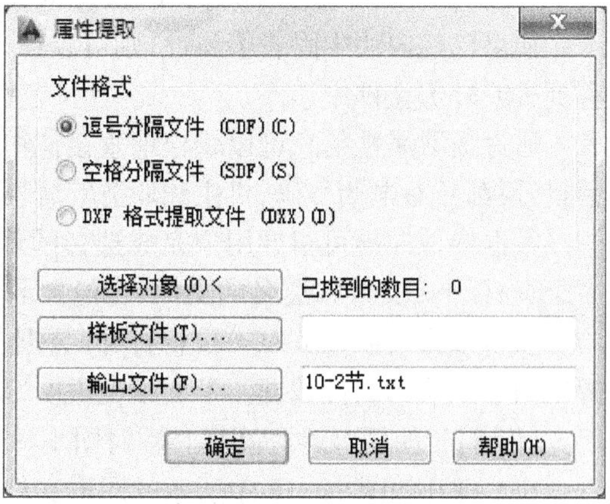

图 10-32 “属性提取”对话框

【例 7】 使用例 6 中所建立的 phone.txt 文件作为样本文件，对如图 10-18 中所示的“电话机”属性块进行提取信息。

CDF 提取文件：对“属性提取”对话框的设置见图 10-33(a)，打开提取出的文件见图 10-33(b)。

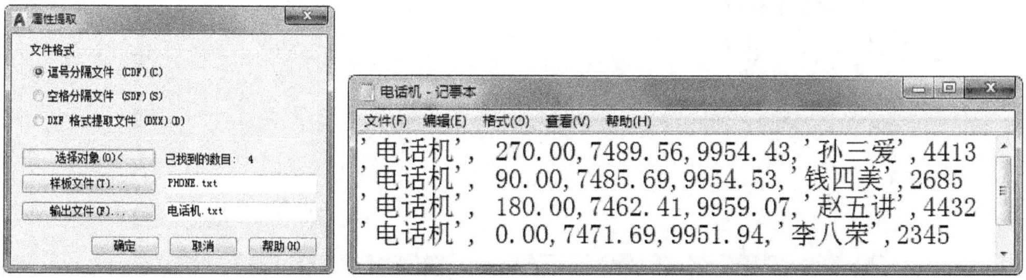

'电话机', 270.00,7489.56,9954.43,'孙三爱',4413
'电话机', 90.00,7485.69,9954.53,'钱四美',2685
'电话机', 180.00,7462.41,9959.07,'赵五讲',4432
'电话机', 0.00,7471.69,9951.94,'李八荣',2345

(a) 设置“属性提取”　　(b) 提取出的文件

图 10-33 CDF 属性提取

SDF 提取文件：打开提取出的文件见图 10-34。

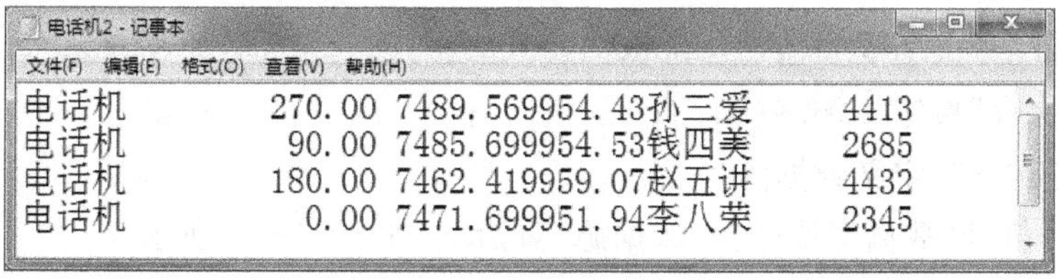


```
电话机      270.00 7489.569954.43孙三爱     4413
电话机       90.00 7485.699954.53钱四美     2685
电话机      180.00 7462.419959.07赵五讲     4432
电话机        0.00 7471.699951.94李八荣     2345
```

图 10-34 SDF 属性提取文件

4. “数据提取向导”DATAEXTRACTION 提取属性

如果已经向块中附着了属性，则可以在一个或多个图形中查询此块属性信息，并将其保存到表或外部文件中。

通过提取属性信息可以轻松地直接使用图形数据来生成清单或明细表。例如，每个“电话机”块都具有电话号码、机主和职务等属性，就可以生成“通讯录”。

数据提取向导可指导用户完成选择图形、块实例和属性的全过程。此向导还可以创建一个具有.dxe文件扩展名的文件，它包含了以后要重复使用的所有设置。

执行该命令后，AutoCAD将打开“数据提取”向导对话框，该对话框将以向导形式帮助提取图形中块的属性数据。下面举例说明“数据提取向导”使用。

【例8】 使用“数据提取向导”对图10-18中所示的“电话机”属性提取信息。

(1) 打开如图10-18中所示的图形文件。

(2) 向导第一步：执行DATAEXTRACTION命令。

命令执行后，AutoCAD打开“数据提取向导”中的“数据提取-开始”对话框，如图10-35所示。

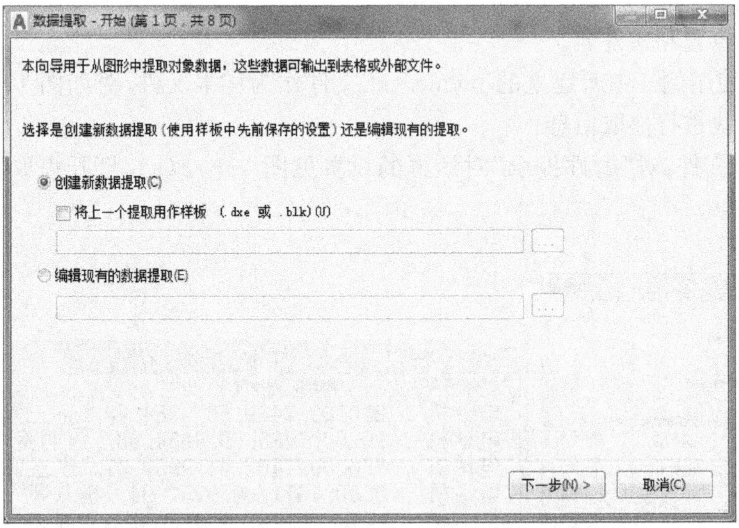

图10-35 “数据提取-开始”对话框

① 单击“创建新数据提取”单选按钮，新建一个提取作为样板文件。

② 单击“下一步”按钮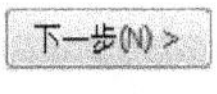

，AutoCAD打开“将数据提取另存为”对话框，如图10-36所示。

③ 在“文件名”文本框中输入“phone”。

④ 单击“保存”按钮

。

(3) 向导第二步：定义数据源

AutoCAD打开“数据提取-定义数据源”对话框，如图10-37所示。

① 单击“在当前图形中选择对象”单选按钮。

② 单击其后的按钮，在图形中选择四个“电话机”块，结束选择，AutoCAD返回到该

图 10-36 “将数据提取另存为”对话框

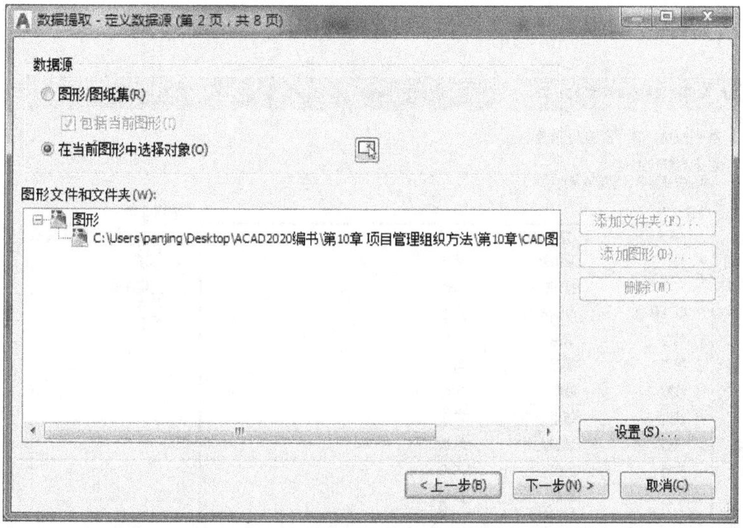

图 10-37 “数据提取-定义数据源”对话框

对话框。

③ 单击“下一步”按钮 下一步(N) > 。

(4) 向导第三步:选择对象

AutoCAD 打开“数据提取-选择对象”对话框,如图 10-38 所示。

① 在“对象”列表框中勾选对象,这里勾选“电话机”,此时于对话框的右侧出现该对象的预览。

② 单击“下一步”按钮 下一步(N) > 。

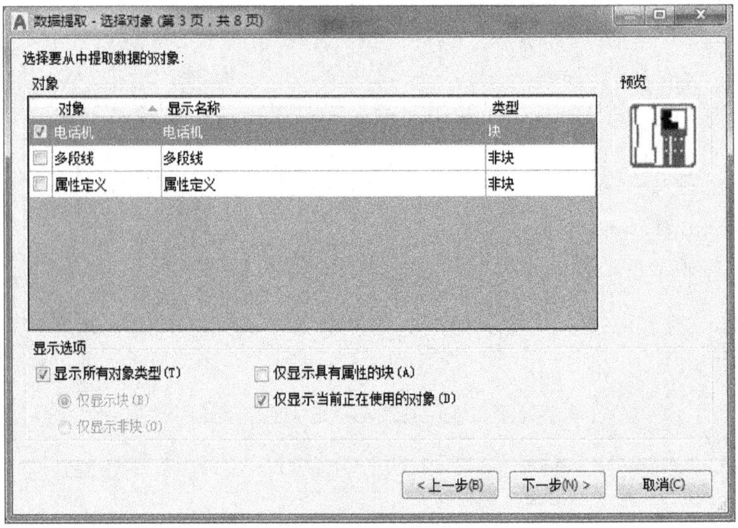

图 10-38　“数据提取-选择对象”对话框

(5) 向导第四步:选择特性

AutoCAD 打开“数据提取-选择特性”对话框,如图 10-39 所示。

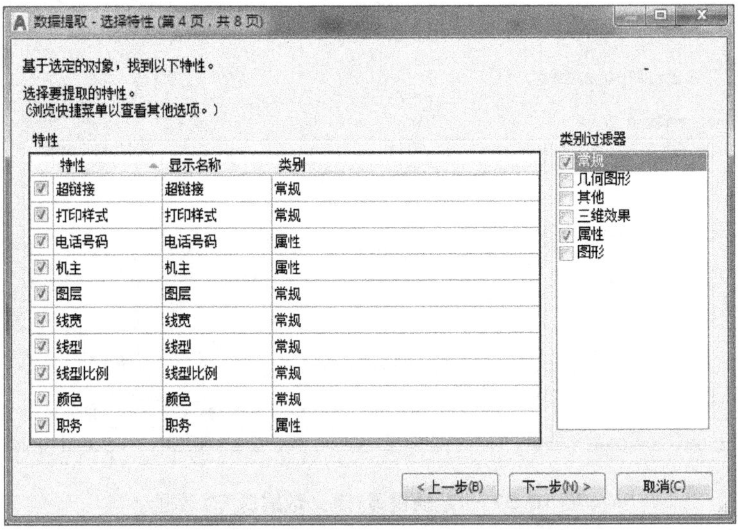

图 10-39　“数据提取-选择特性”对话框

① 在“类别过滤器”列表框中勾选对象的特性,这里勾选“常规”和“属性”。

② 单击“下一步”按钮 下一步(N) > 。

(6) 向导第五步:优化数据

AutoCAD 打开“数据提取-优化数据”对话框,如图 10-40 所示。

① 重新设置数据的排列顺序,这里保持默认。

② 单击“下一步”按钮 下一步(N) > 。

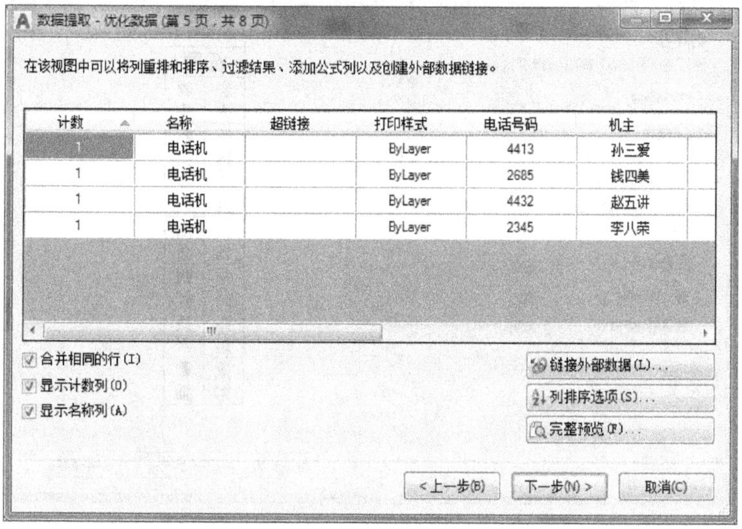

图 10-40 “数据提取-优化数据”对话框

(7) 向导第六步:选择输出

AutoCAD 打开“数据提取-选择输出”对话框,如图 10-41 所示。

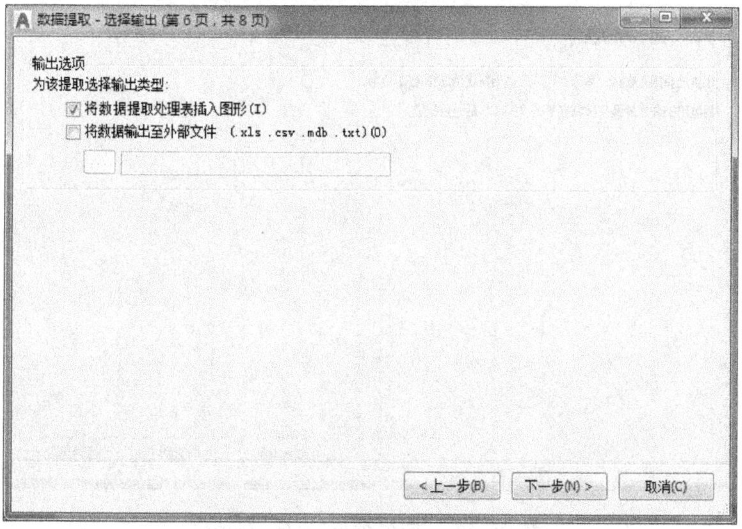

图 10-41 “数据提取-选择输出”对话框

① 选中“将数据提取处理表插入图形”复选框。

② 单击“下一步”按钮 下一步(N) > 。

(8) 向导第七步:表格样式

AutoCAD 打开“数据提取-表格样式”对话框,如图 10-42 所示。

① 单击表格样式按钮,修改表格样式。

② 单击“下一步”按钮 下一步(N) > 。

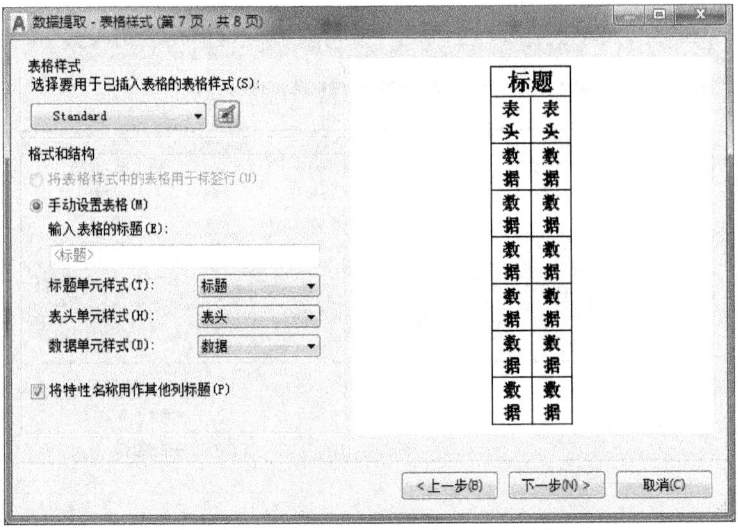

图 10-42 “数据提取-表格样式”对话框

(9) 向导第八步:完成

AutoCAD 打开“数据提取-完成”对话框，如图 10-43 所示。

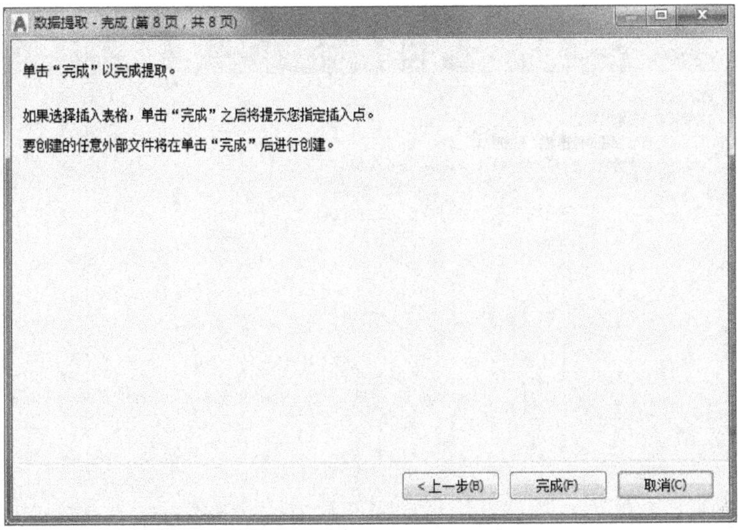

图 10-43 “数据提取-完成”对话框

① 单击“完成”按钮 

。

② 在“指定插入点:”提示下，于图形显示窗口拾取适当的点即可。提取的属性数据在图形中结果如图 10-44 所示。

计数	名称	超链接	打印样式	电话号码	机主	图层	线宽	线型	线型比例	颜色	职务
1	电话机		ByLayer	4432	赵五讲	尺寸	ByLayer	ByLayer	1.0000	ByLayer	总经理
1	电话机		ByLayer	2345	李八荣	尺寸	ByLayer	ByLayer	1.0000	ByLayer	办事员
1	电话机		ByLayer	4413	孙三爱	尺寸	ByLayer	ByLayer	1.0000	ByLayer	总办主任
1	电话机		ByLayer	2685	钱四美	尺寸	ByLayer	ByLayer	1.0000	ByLayer	秘书

图 10-44 提取的属性数据

10.3 使用动态块

从 AutoCAD 2006 版开始增加了动态块功能，使用动态块可以方便地对图块进行编辑和修改。

10.3.1 动态块的特点

动态块有很多特点，比较显著的特点是灵活性和智能性。表现在：可以轻松地更改图形中的动态块参照；可以通过自定义夹点或自定义特性来操作动态块参照中的几何图形；可以根据需要在位调整块，而不用搜索另一个块以插入或重定义现有的块。

实际上，动态块就是定义了参数和与参数相关联的编辑动作。例如在如图 10-45 所示的块图“螺钉”中，首先在“块编辑器”中为该块定义一个标有“距离”的“线性参数”，然后定义一个与该参数相关联的“拉伸动作”，如图 10-45(a)所示。

退出“块编辑器”后，单击该块，将在块中显示拉伸夹点“▶”符号，如图 10-45(b)所示。单击拉伸夹点▶并左右拖动即可拉伸图形，如图 10-45(c)所示。

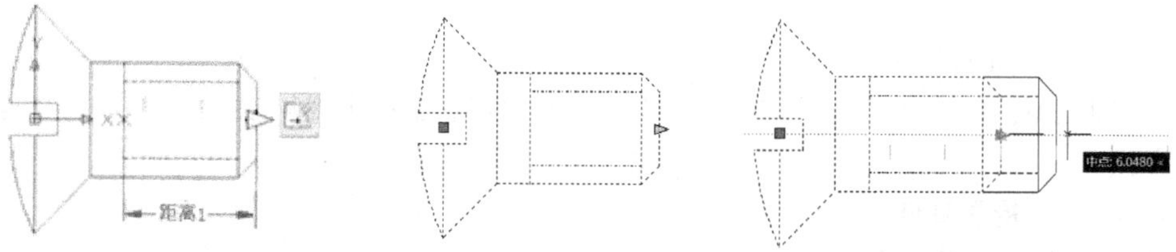

(a) 动态块　　(b) 拉伸动作　　(c) 更改图形

图 10-45　动态块的操作特点

10.3.2 创建动态块

要使图块成为动态的，必须至少添加一个参数，然后添加一个动作与参数相关联。添加到块定义中的参数和动作类型定义了块参照在图形中的作用方式。

使用块编辑器就可以创建动态块。块编辑器是一个专门的编写区域，用于添加能够使块成为动态块的元素。下面以创建“机箱”动态块为例介绍动态块的创建步骤和动态修改特点。在动态修改中，为块定义一个线性参数和与之相关联的拉伸动作，要求修改机箱的长度，右角和右下圆跟随一起改变，而上圆位置不变。

(1) 绘制并创建“机箱”块图形，如图 10-46 所示，基点在大框的左下角。

(2) 打开“块编辑器”对话框。

打开“块编辑器”对话框的途径见 10.1.7 节。在“块编辑定义”对话框中选中“机箱”块，确定后，系统进入创建动态块状态，参见图 10-12。动态块编辑器界面上面有一条工具栏，左侧将自动弹出“块编写选项板”。“块编写选项板”中有“参数”“动作”“参数集”和“约束”四张选项卡，利用它们可以为动态块创建各种参数及其与参数相关联的动作。

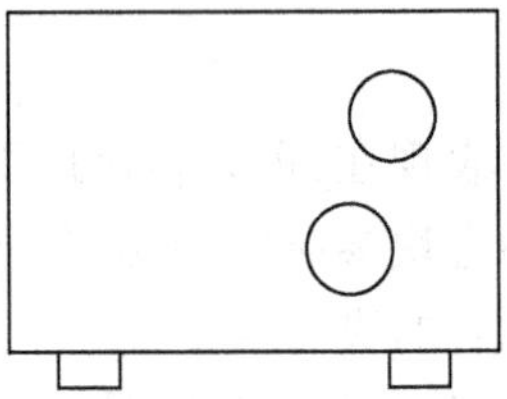

图 10-46　创建“机箱”块图形

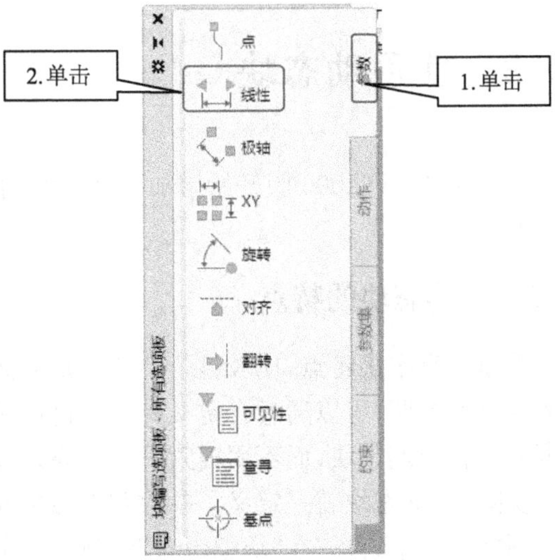

图 10-47　“参数”面板

(3) 选择“参数”选项卡，切换到“参数”面板中，如图 10-47 所示。

(4) 单击“线性参数”按钮，参见图 10-48，操作流程如下：

> ☼ 命令：_BParameter 线性
> 指定起点或[名称(N)/标签(L)/链(C)/说明(D)/基点(B)/选项板(P)/值集(V)]：**拾取 A 点**
> 指定端点：**拾取 B 点**
> 指定标签位置：**拾取 C 点**

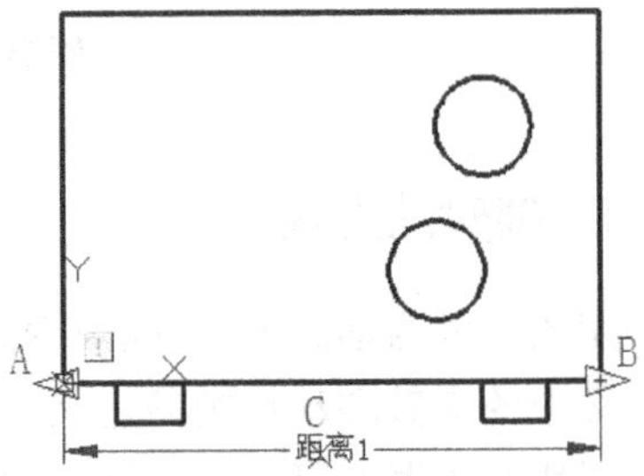

图 10-48　设置“线性参数”

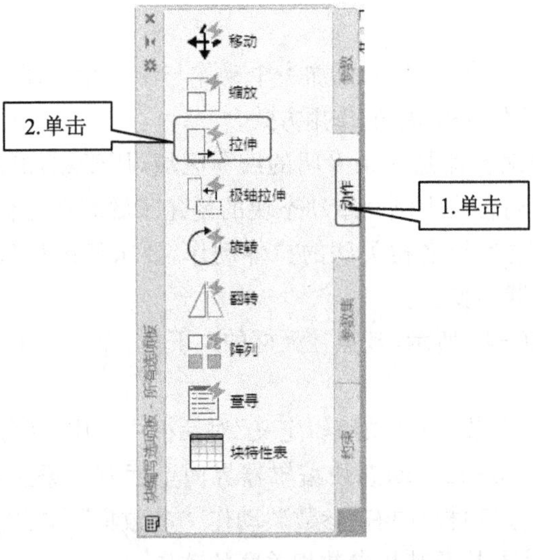

图 10-49　“动作”面板

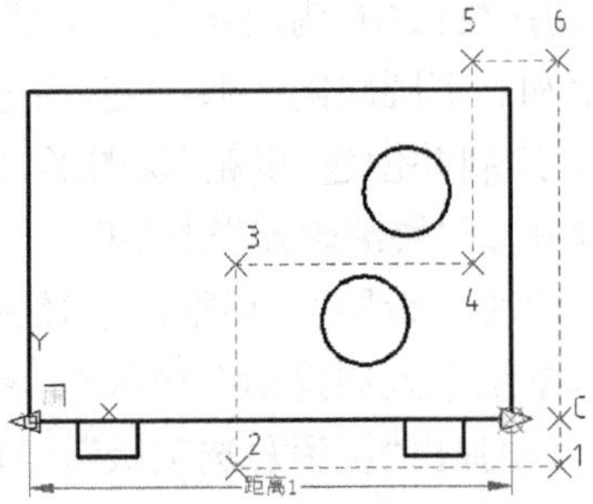

图 10-50　圈交框

(5) 选择“动作”选项卡，切换到“动作”面板中，如图 10-49 所示。

(6) 单击“拉伸动作”按钮，参见图 10-50 到图 10-52，操作流程如下：

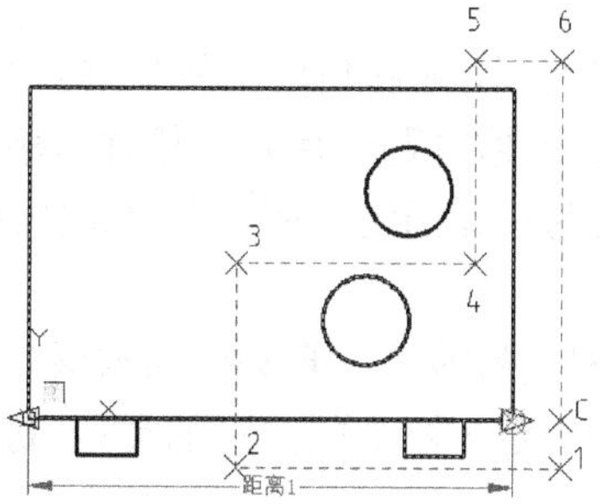

图 10-51　选择三个修改对象

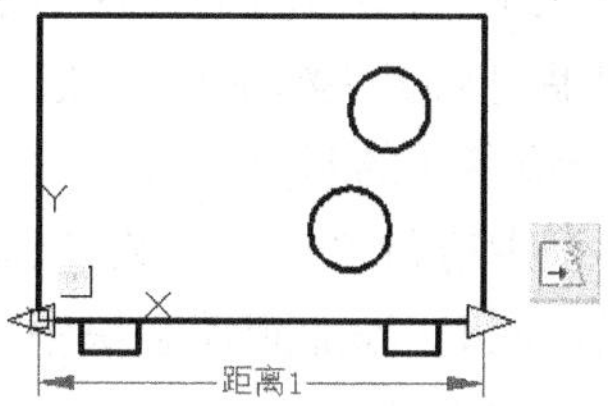

图 10-52　创建了拉伸动作

☼ 命令：_BActiontool
选择参数：**选择线性参数“距离 1”**
指定要与动作关联的参数点或输入[起点(T)/第二点(S)]〈第二点〉：**在 C 点附近拾取一点↵**
指定拉伸框架的第一个角点或[圈交(CP)]：**CP↵**
指定直线的端点或[放弃(U)]：**依次拾取 1、2、3、4、5、6 点(如图 10-50 所示)**
选择对象：**选择右腿、右下圆、外廓(如图 10-51 所示)↵(此时出现拉伸标记图标)**
指定动作位置或[乘数(M)/偏移(O)]：**在适当位置拾取一点放置拉伸标记(结果如图 10-52 所示)**

(7) 单击“块编辑器”工具栏中的“保存块定义”工具按钮，保存块定义，然后单击关闭块编辑器(C)工具，退出动态块编辑状态。

(8) 单击动态块，此时将显示动态标记，如图 10-53(a)所示，单击拉伸夹点标记“▶”，然后拖动拉伸标记，所定义的三个对象随之改变，但上面的圆不动，如图 10-53(b)所示。

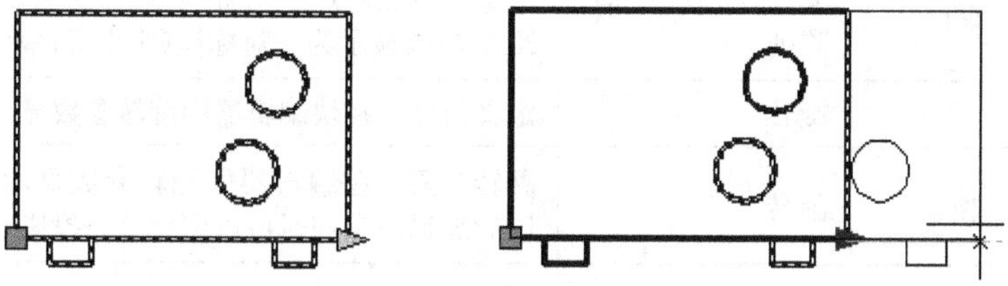

(a) 显示动态标记　　(b) 拉伸3个对象

图 10-53　显示动态标记并拉伸块中对象

10.3.3　创建动态块要点

通过上面的例子可知，创建动态块的大体步骤如下：

(1) 创建块。

(2) 打开块编辑器。

（3）设置动态参数，然后利用属性面板设置预改参数的相关属性。

（4）设置预改参数和选定图形元素关联的动作。

（5）保存块定义，并退出块编辑器。

在动态块中，参数用于为块中几何图形指定位置、距离和角度。例如，向动态块中添加了距离参数后，该距离参数将为该块参照定义距离特性。因此，用户希望在编辑时能够拉伸(压缩)块。如果向动态块添加点参数，该点参数将为块参照定义两个自定义特性：位置 X 和位置 Y(相对于块参照的基点)。

动态块中至少应包含一个参数，向动态块中添加参数后，将自动添加与该参数的关键点相关联的夹点。同时，添加到动态块中的参数类型决定了添加的夹点的类型，每种参数类型仅支持特定类型的动作。

在图形中操作参照块时，通过拖动夹点或修改“特性”面板中自定义特性的值，可以修改用于块定义中该自定义特性的参数值。如果修改参数值，将影响与该参数相关联的动作，从而修改动态块参照的几何图形或特性。

添加到动态块中的参数类型决定了添加的夹点类型(用不同形状表示)支持的特定类型动作。表 10-3 列出了参数、夹点和动作之间的关系。

表 10-3　参数、夹点和动作之间的关系

参数类型	夹点形状	可与参数关联的动作	说明
点	 ■	移动、拉伸	定义一个 X 和 Y 的位置。在编辑器中，点参数的外观类似于坐标标注
线性	 ▶	移动、缩放、拉伸、阵列	定义两个固定点之间的距离和角度。编辑块参照时，限制夹点沿预置的角度矢线上移动。在编辑器中，线性参数的外观类似于对齐标注
极轴	 ■	移动、缩放、拉伸、极轴拉伸、阵列	定义两个固定点之间的距离和角度。可以使用夹点和“特性”面板来共同更改距离值和角度值。在块编辑器中，极轴参数的外观类似于对齐标注
XY	 ■	移动、缩放、拉伸、阵列	定义距参数基点的 X 距离和 Y 距离。在块编辑器中，X、Y 参数显示为一对标注(水平标注和垂直标注)
旋转	 ●	旋转	定义角度。在块编辑器中旋转参数显示为一个圆
翻转	 ➡	翻转	翻转对象。在编辑器中翻转参数显示为一条投影线，以后编辑块参照时可以围绕这条投影线翻转对象
对齐	 ▶	无(此动作隐含在参数中)	定义 X、Y 位置和一个角度。对齐参数总是应用于整个块，并且无需与任何动作关联。对齐参数允许块参照自定围绕一个点旋转，以便与图形中的另一对象对齐。对齐参数会影响块参照的旋转特性，在块编辑器中，对齐参数的外观类似于对齐线
可见性	 ▼	无(此动作是隐含的，并且受可见性状态的控制)	控制块中对象的可见性。可见性参数总是应用于整个块，并且无须与任何动作关联。在图形中单击夹点可以显示块参照中所有可见性状态列表。可见性参数显示为带有关联夹点的文字

（续表）

参数类型	夹点形状	可与参数关联的动作	说明
查寻		查寻	与查寻动作相关联，定义一个查询特性列表。在块编辑器中，查寻参数显示为带有关联夹点的文字。编辑块参照时，单击该夹点将显示一个可用值列表
基点		无	在动态块参照中相对于该块中的几何图形定义一个点。该参数不与任何动作关联，但可以归属于某个动作的选择集。在块编辑器中，基点参数显示为带有十字光标的圆

动态块中的动作类型有：

(1) 阵列：阵列动作可以与线性、极轴或 X、Y 参数相关联。

(2) 查寻：查寻动作仅可以与查寻参数相关联。当向块定义中添加查寻动作时，将显示“特性查寻表”对话框。

(3) 翻转：翻转动作仅可以与翻转参数相关联。指定在动态块参照中触发翻转动作时，对象选择集将翻转。

(4) 移动：移动动作可以与点参数、线性参数、极轴参数或 XY 参数相关联。指定在动态块参照中触发移动动作时，对象选择集将移动。

(5) 旋转：旋转动作仅可以与旋转参数相关联。指定在动态块参照中触发旋转动作时，对象选择集将旋转。

(6) 缩放：缩放动作仅可以与线性、极轴或 XY 参数相关联。指定在动态块参照中触发缩放动作时，对象选择集将进行缩放。

(7) 拉伸：拉伸动作可以与点参数、线性参数、极轴参数或 XY 参数相关联。指定在动态块参照中触发极轴拉伸动作时，对象选择集将拉伸或移动。

(8) 极轴拉伸：极轴拉伸动作仅可以与极轴参数相关联。指定在动态块参照中触发极轴拉伸动作时，对象选择集将拉伸或移动。

编辑动态块参照时，可通过观察块参照中显示的夹点来获取对该动态块可以执行的动作。表 10-4 列出了包含在动态块中的不同类型的自定义夹点。

表 10-4　动态块中的自定义夹点

夹点类型	夹点形状	夹点在图形中的操作方式
标准		平面内的任意方向
线性		按规定方向或沿某根轴往返移动
旋转		围绕某根轴
翻转		单击以翻转动态块参照
对齐		平面内的任意方向，如果在某个对象上移动，则使块参照与该对象对齐
查寻		单击以显示项目列表

10.3.4 应用示例

【例 9】 创建单开门动态块,要求①实现五种开启状态,即闭合、打开 30°、打开 45°、打开 60°、打开 90°;②具有六种门宽规格,即 600、700、750、800、900、1000,如图 10-54 所示。

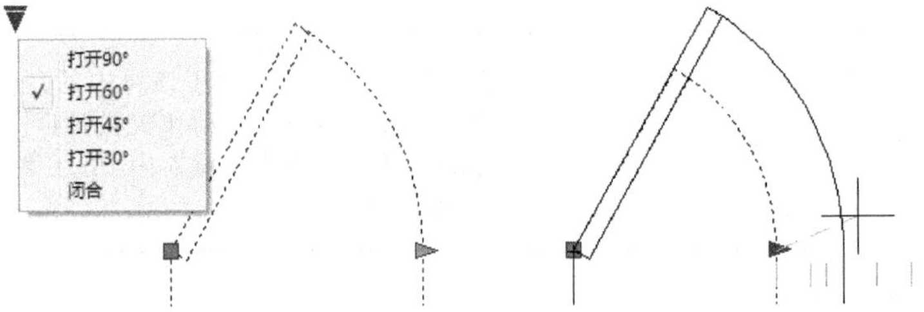

图 10-54 单开门动态块

(1) 用矩形命令和圆弧命令绘制任一规格,如 750 门的五种开启状态,如图 10-55 所示,后四种状态不画两竖直线。

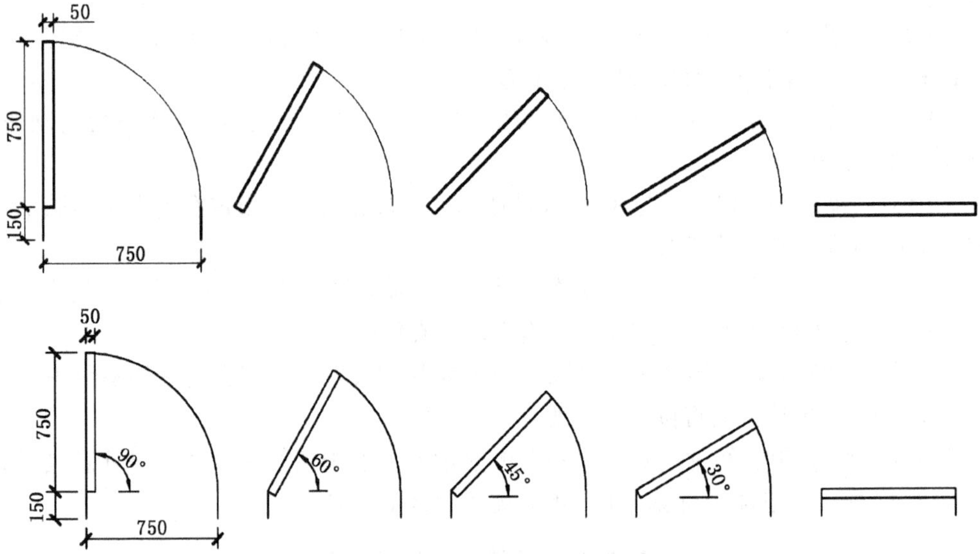

图 10-55 门的五种开启状态

(2) 合并后四种状态到第一种状态,即将后四种图形平移,如图 10-56 所示。

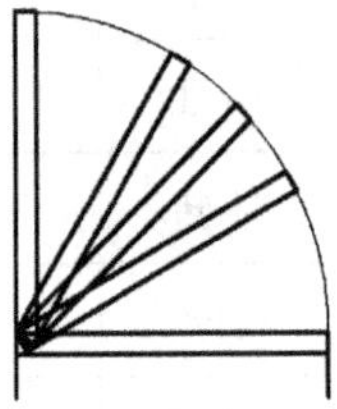

图 10-56 合并图形

(3) 将合并后的图形定义为块,块名"门",基点在门的铰链点。

(4) 创建动态块。

① 执行 BEDIT 命令,打开"编辑块定义"对话框,从列表中选择"门"图块,单击"确定"按钮。CAD 进入"块编辑器"功能区,如图 10-57 所示。

“块编写选项板”中有“参数”“动作”“参数集”和“约束”四张选项卡，利用它们可以为动态块创建各种参数及其与参数相关联的动作。

② 在“参数”卡中单击选择参数“线性”，然后在图中拾取门的左、右两点，如图 10-57 所示。

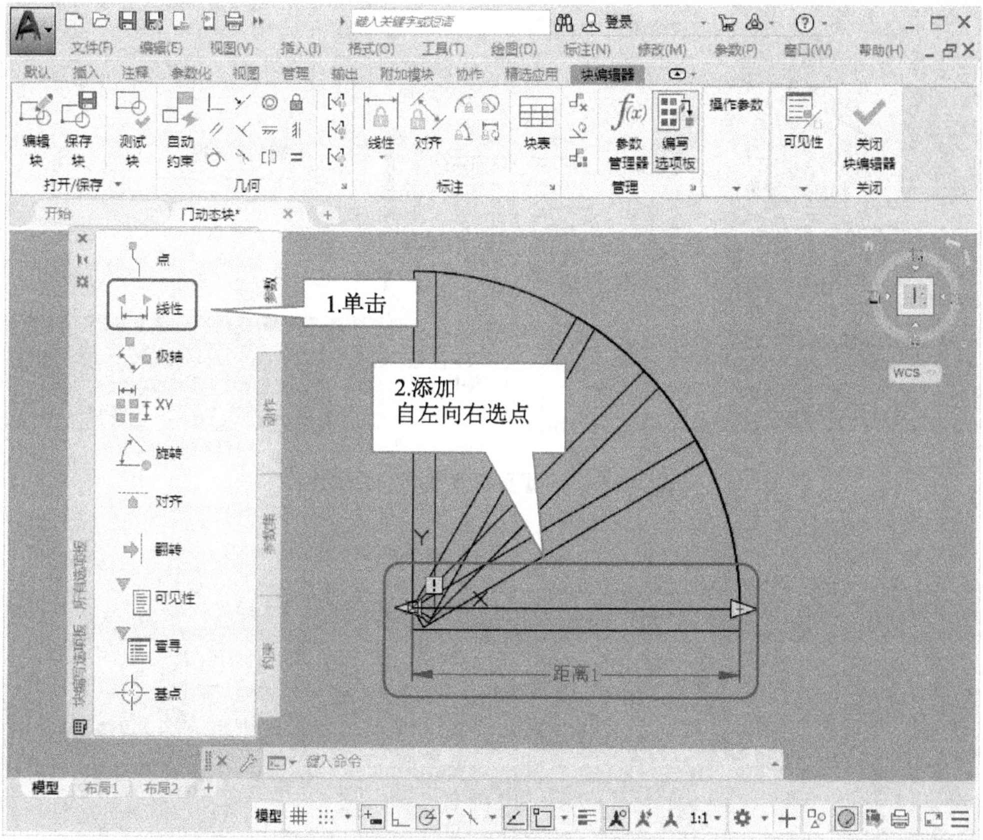

图 10-57 “块编辑器”界面与添加“线性”参数

由图 10-57 可见，添加的“线性”参数名为“距离 1”，左右各有一个夹点；黄色的感叹号表示该参数未加动作。

③ CTRL+1 快捷键打开“特性”面板，在“特性”面板中对线性参数“距离 1”进行更名、变为单夹点和添加六种尺寸规格。

单击线性参数“距离 1”，此时“特性”面板中将显示与该线性参数对象相关属性，在“特性”面板中可以对有些属性进行修改，如图 10-58 所示。

④ 在“参数”卡中选择参数“可见性”，然后在图左侧适当位置拾取一点，将缺省参数名“可见性 1”更名为“打开角度”，如图 10-59 所示。

执行 BVSTATE 命令(或单击“可见性”面板→“可见性状态”
、或双击参数标记名称

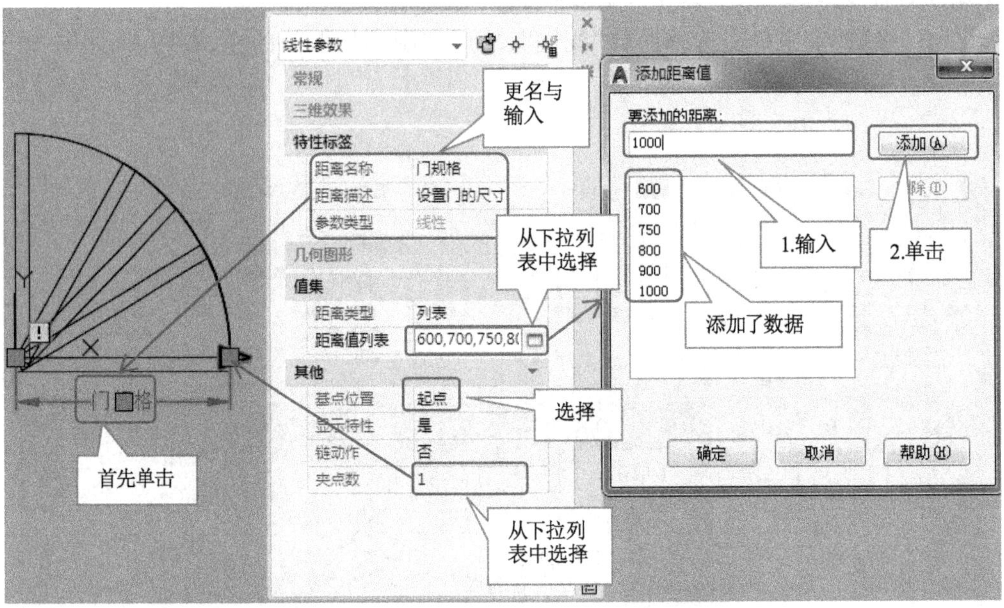

图 10-58　设置更改线性参数的属性

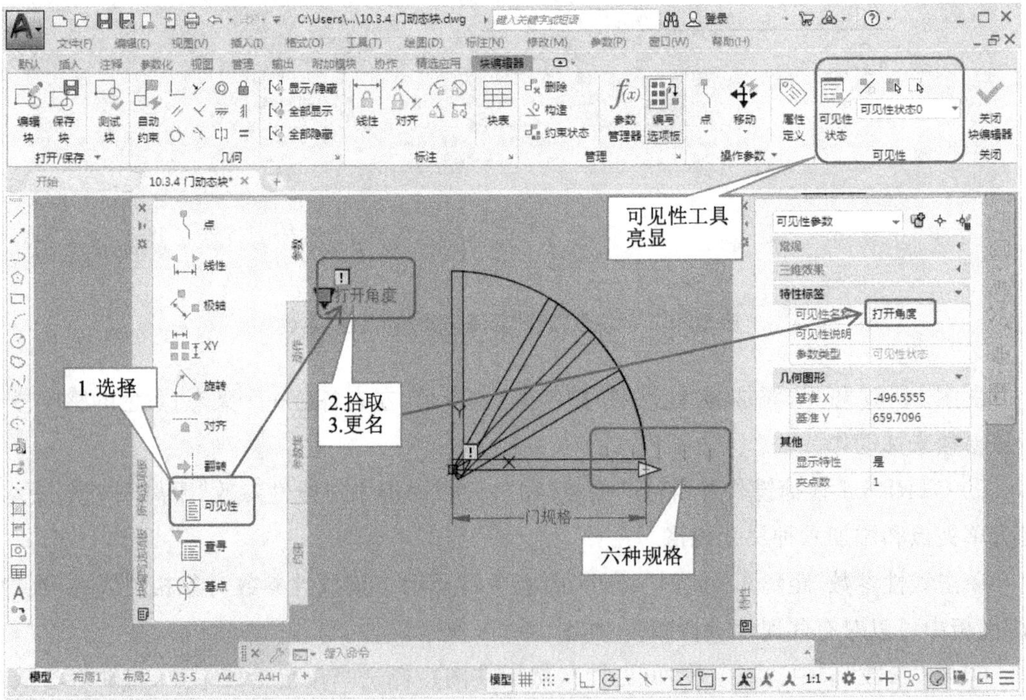

图 10-59　添加可见性参数

“打开角度”)，弹出“可见性状态”对话框，将“可见性状态 0”更名为“打开 90°”，如图 10-60 所示。

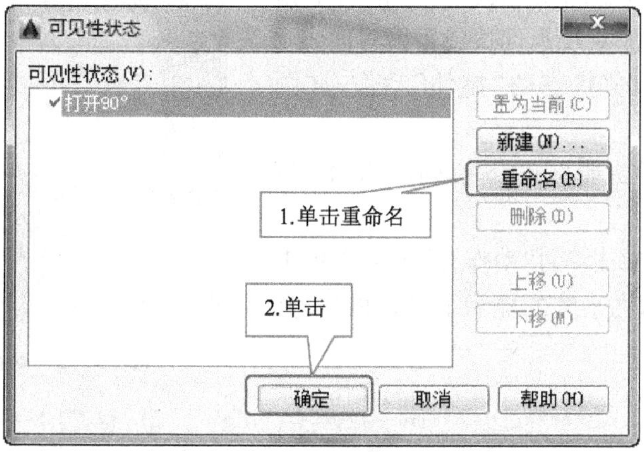

图 10-60 “可见性状态”对话框操作

⑤ 执行 BVHIDE 命令(或单击“可见性”功能区面板中的“使不可见”按钮)，在选择对象的提示下，选择除 90°状态以外的所有状态图形，结果在“块编辑器”中只显示“打开 90°”状态的图形。

⑥ 再次执行 BVSTATE 命令，利用“可见性状态”对话框(见图 10-60)，单击按钮 新建(N)... ，打开“新建可见性状态”对话框，在该对话框中输入状态名“打开 60°”，并勾选“在新建状态中显示所有现有对象”单选按钮，如图 10-61 所示。单击 确定 按钮后，系统返回“可见性状态”对话框，确认“打开 60°”状态为当前后，单击 确定 按钮，结果在“块编辑器”中显示所有状态的图形。

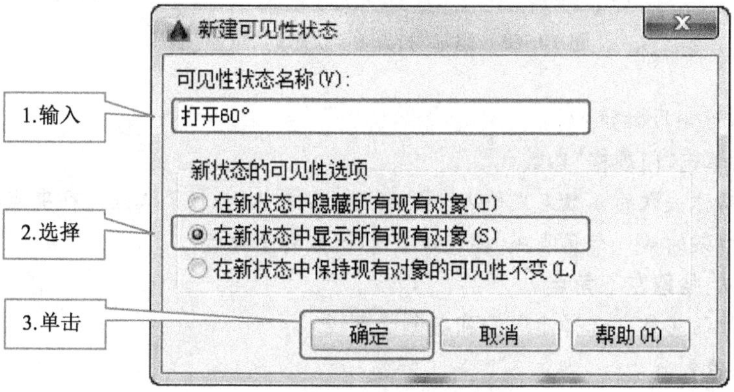

图 10-61 “新建可见性状态”对话框操作

⑦ 再次执行 BVHIDE 命令参照步骤(5)，使在“块编辑器”中只显示“打开 60°”状态的图形。

⑧ 重复步骤(6)、(7)，设置其余三种状态：“打开 45°”“打开 30°”“打开 0°”。

⑨ 测试动态块。单击“测试块”按钮，系统进入测试块界面；单击图形后，将显示出

“可见性”夹点；单击“可见性”夹点后，即可从列表中选择某一状态，如图 10-62 所示。

对每一可见性状态测试无误后，单击右上角的“关闭测试块”按钮，系统返回块编辑器界面。

⑩ 添加“打开 0°”状态的“拉伸”动作，如图 10-63所示。

● 在“可见性”功能区的下拉列表选择“打开 0°”。

● 在“块编写选项板”的“动作”选项卡中单击“拉伸”动作按钮，在系统的提示下进行操作，具体流程如下：

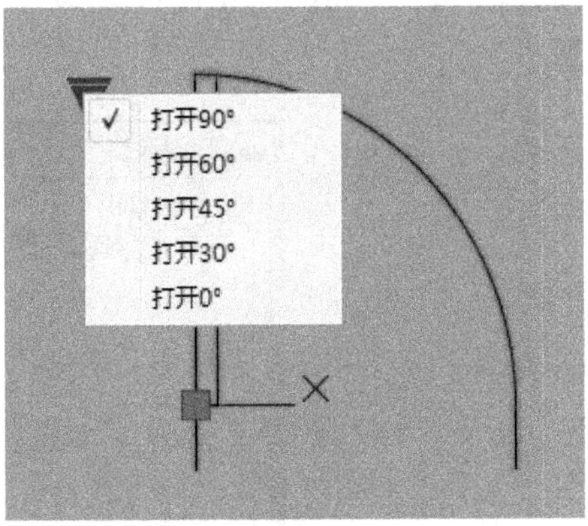

图 10-62　对块进行测试

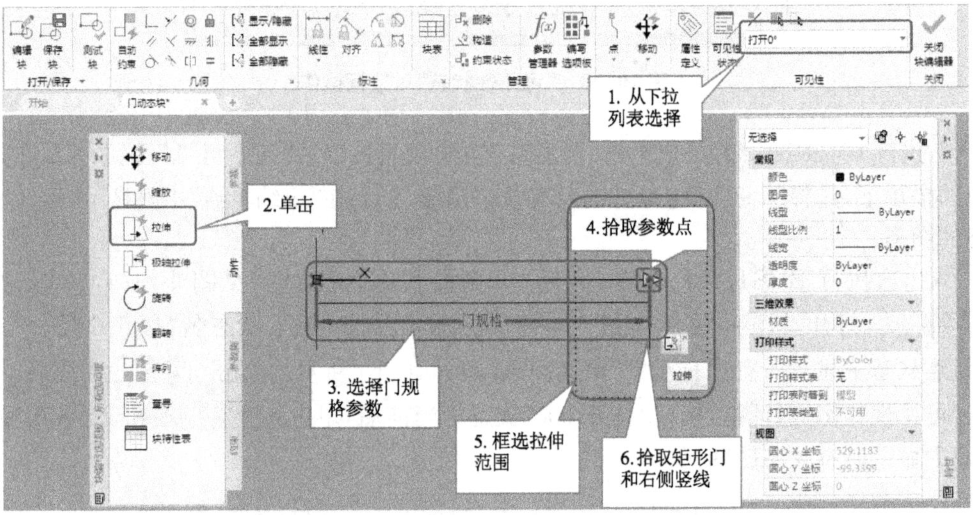

图 10-63　添加“打开 0°”状态的“拉伸”动作

☼ 命令：_BActionTool 拉伸
选择参数：**单击“门规格”参数**
指定要与动作关联的参数点或输入[起点(T)/第二点(S)]〈第二点〉：**在夹点处拾取一点**
指定拉伸框架的第一个角点或[圈交(CP)]：**拾取右上角点**
指定对角点：**拾取左下角点**
指定要拉伸的对象　**选择矩形门和右侧竖直线**
选择对象：找到 2 个
选择对象：**↵(结束命令)**

● 将“拉伸”更名为“打开 0°”。

⑪ 添加“打开 30°”状态的“缩放”动作，如图 10-64 所示。

● 在“可见性”功能区的下拉列表选择“打开 30°”。

● 在“块编写选项板”的“动作”选项卡中单击“缩放”动作按钮，将“缩放”更名为“打开 30°”，在系统的提示下进行操作，具体流程如下：

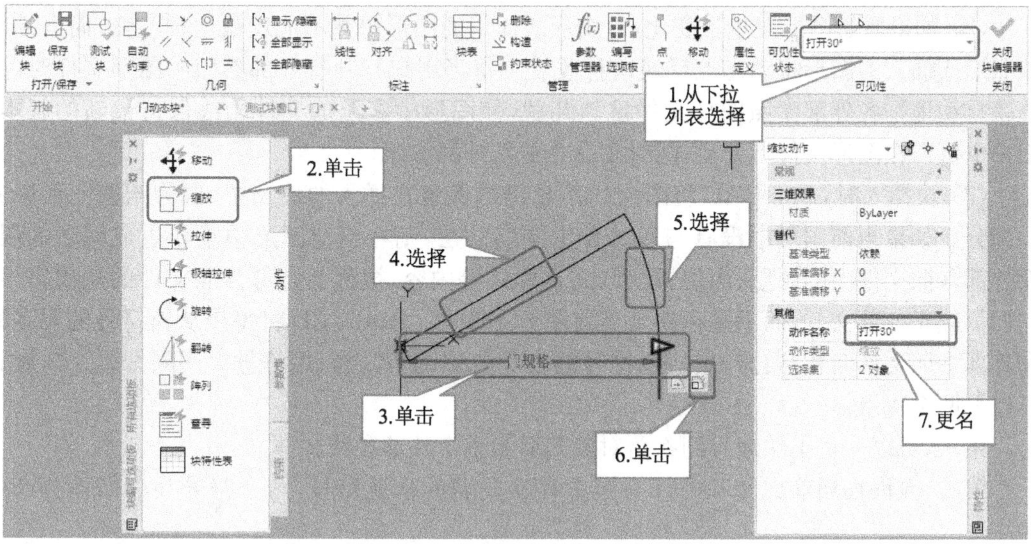

图 10-64　添加“打开 30°”状态的“拉伸”动作

☼ 命令：_BActionTool 缩放
选择参数：**单击“门规格”参数**
指定动作的选择集　**选择矩形门和右侧弧线↵　(结束命令)**

⑫ 与上步同样方法，添加其余三个状态的“缩放”动作。

⑬ 单击面板上的保存块→弹出“块-是否保存参数更改”对话框，从中选择“保存更改”→关闭“块编辑器”。

(6) 插入测试

插入“门”后，单击它，然后单击“可见性”状态夹点，在状态列表中选择某个状态，如“打开 60°”；继续单击“拉伸”动作夹点，将在六种规格实现拉伸，如图 10-54 所示。

10.4　使用外部参照

将图形进行组合是提高绘图设计效率的好方法。图块是组合图形的好方法之一，它是将图形嵌入到当前图形中，而外部参照则是将图形链接到当前图中，所以外部参照和图块适用的场合不同，外部参照更适用于正在进行中的分工协作项目。在进行大型工程项目或复杂产品设计时，往往需要很多不同专业的设计人员共同参与、分工协作，他们的设计既相对独立，更相互依存。因此，设计人员之间就需要彼此了解和引用设计成果，外部参照是个很好的技术支撑平台。如机械设备总体设计的装配图、建筑设计中各专业图等相互间的参考。

外部参照和图块的主要区别是：

(1) 一旦插入了某个块，此块就永久地插入到当前图形中，成为当前图形的一部分。而以外部参照的方式插入某一图形文件后，被插入图形文件的信息并不直接加入到当前的图形文件中,而只是记录的一种链接关系,即外部参照文件的名称和路径。

(2) 如果原始图形发生了变化,以块形式插入的图形中并不能反映这种改变,而以外部参照形式插入的图形将动态地反映这种改变。每当用户打开有外部参照的图形文件时,系统就自动地把各外部参照图形文件重新装载,使图形中参照的文件始终保持最新的版本。用户也可以在图形文件打开后,随时用命令更新外部参照。

(3) 块插入时,AutoCAD 将图层的信息仍然保留在插入的块当中,成为当前图形中的一部分。如果当前图形中没有与块文件中同名的层,则在当前图形中重新生成同名的层。而外部参照文件中的图层、图块、线型、文本样式等内容,被称为外部参照文件的从属符号,它们依赖于外部文件,而不是存在于当前图形文件中。AutoCAD 将每个从属符号的原名称和外部参照文件名相结合产生从属符号的临时名称,两者之间用符号“|”隔开。这样做具有以下两个优点:

第一,可以一目了然地看到参照对象归属于哪个外部参照文件。

第二,允许在当前文件和外部参照中存在同名的从属符号,两个符号共存而不会产生冲突。

AutoCAD 用于操作命名对象的命令和对话框不能进行从属符号的选择,通常在置灰的文本框中显示这些对象。例如,不能在当前图形文件中插入一个属于外部参照文件的图块,也不能将一个从属图层设为当前层。但是,用户可以控制外部参照图形中图层的可见性,如打开/关闭、冻结/解冻等。根据需要也可以改变这些图层的颜色和线型。当系统变量 VISRETAIN 为 0 时,对外部参照文件图层设置的改变只在当前图形中有效。关闭当前图形之后,这些设置将被放弃。当系统变量 VISERTAIN 为 1 时,则当前图形将保存对从属图层的可见性、颜色和线型的设置,并在外部参照图形重新加载时恢复这些设置。

当使用外部参照命令 XREF 的“绑定”选项将外部参照文件绑附到当前图形中时,其整个图形包括从属符号都将成为当前图形的一部分。根据需要,也可使用 XBIND 命令仅仅将外部参照文件中的从属符号加入到当前图形中。

(4) 在插入块的图形中,可以通过将插入的块分解的方法来编辑组成块的图形对象。但外部参照图形不论多么复杂,AutoCAD 都把它作为一个单独的对象,不能分解,因为外部参照图形并不是当前图形的组成部分,只是相当于一个影像而已。

在 AutoCAD 2020 中,附着、编辑和管理外部参照的工具主要有三个:参照面板,如图 10-65所示;“参照”工具栏、“参照编辑”工具栏,如图 10-66 所示;以及“外部参照”选项板,如图 10-67 所示。

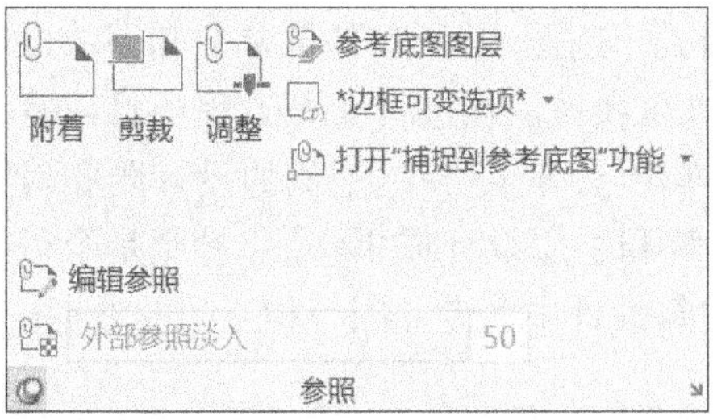

图 10-65 “参照”面板

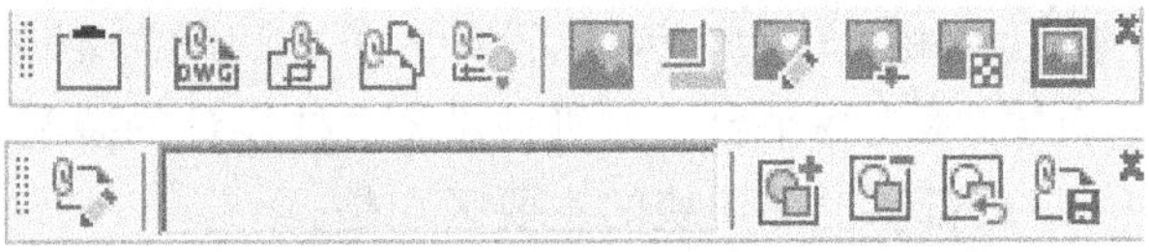

图 10-66 “参照”“参照编辑”工具栏

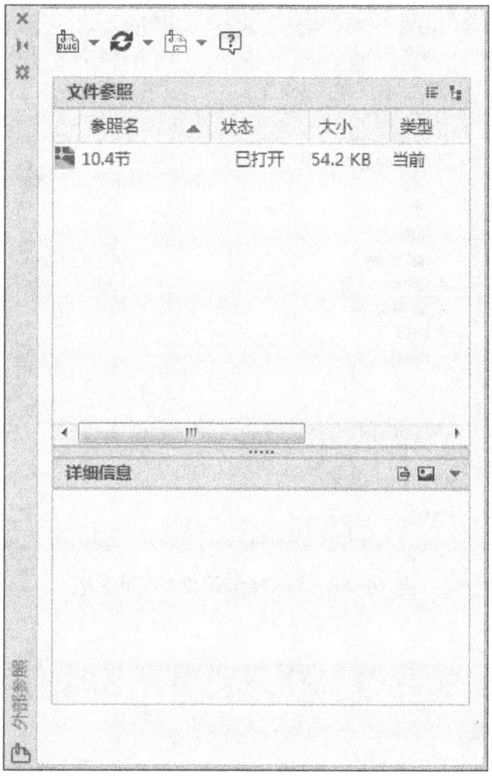

图 10-67 “外部参照”选项板

10.4.1 引用外部参照 XATTACH

在 AutoCAD 中，可以将 DWG 文件、DWF 文件和光栅图像都作为外部参照文件来使用，统一使用“外部参照”选项板进行管理。

1. 命令访问

① 功能区：“插入”选项卡→“参照”面板→“附着”

② 菜单：插入(I)→DWG 参照(R)

③ 工具：“参照”工具栏→

④ 命令：XATTACH(ATTACH)

执行该命令后，AutoCAD 将打开“选择参照文件”对话框，如图 10-68 所示。利用该对话框，用户可以用各种浏览方法，选择一个需要的文件作为外部参照。

选中一文件后，单击对话框中的“打开”按钮，AutoCAD 将打开“外部参照”对话框，如图 10-69 所示。

2. 操作说明

从图 10-69 可以看出，在图形中插入外部参照的方法与插入块的方法基本相同，只是在“外部参照”对话框中多了几个特殊选项。

3. 选项说明

(1) “参照类型”选项区

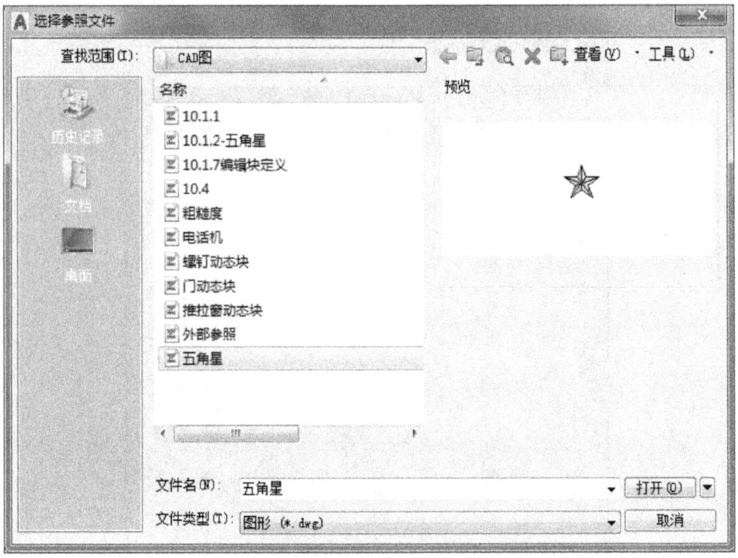

图 10-68 “选择参照文件”对话框

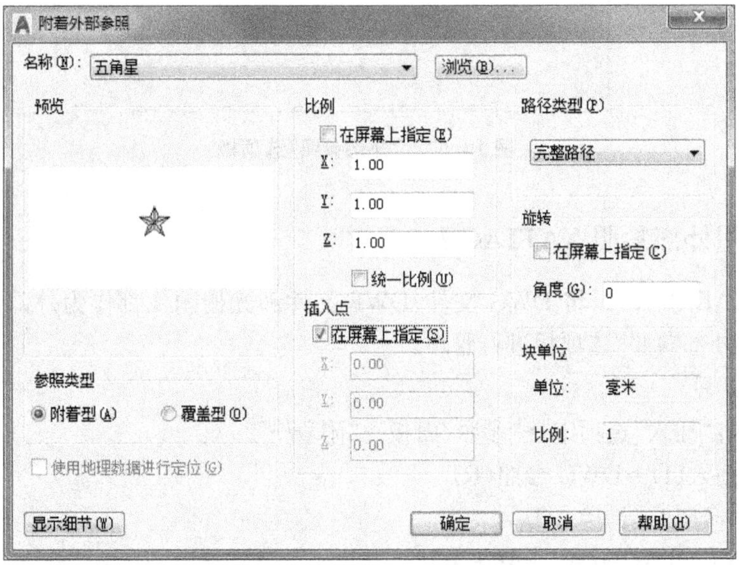

图 10-69 “外部参照”对话框

- “附着型”单选按钮:外部参照可以嵌套。
- “覆盖型”单选按钮:外部参照不可以嵌套。

这两种引用形式的区别是:当外部参照图形里又包含别的引用参照时,用“附着型”引用方式将在当前图形里显示所有级别的引用图形,而“覆盖型”选项只显示一级引用图形。

当多个工程师通过网络共同进行一个项目设计,每个工程师对不希望出现在别人图形里的引用可以采用“覆盖型”方式。当只需两两间需要引用图形时,必须采用“覆盖型”方式,否则将使引用无限循环下去。

图 10-70 反映了图形之间的引用关系及显示结果，通过这两幅图可以看出“附着型”引用方式和“覆盖型”引用方式的区别。

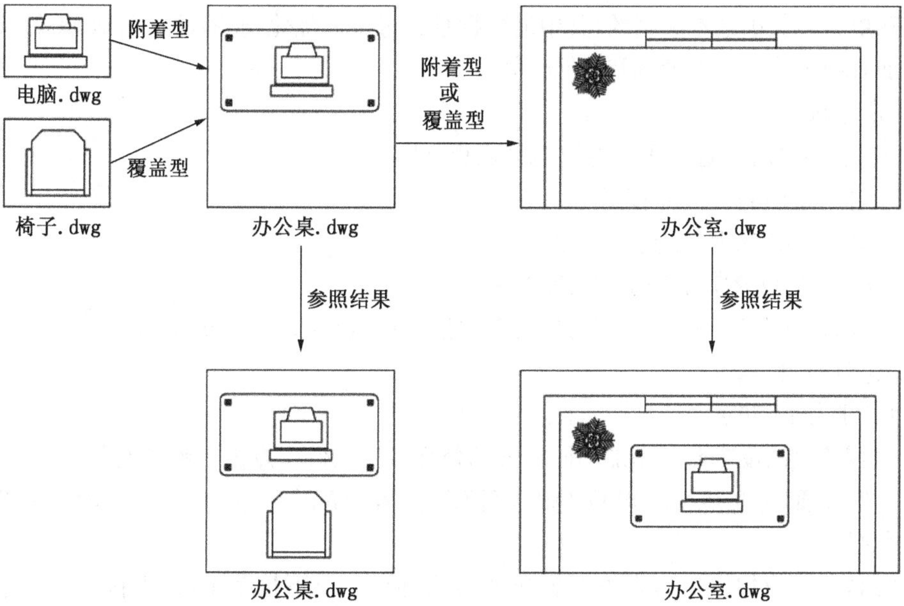

图 10-70　图形文件的引用关系及参照结果

(2)“路径类型”下拉列表框

● “完整路径”选项：当使用完整路径引用外部参照时，外部参照的位置将保存到主图形中。此选项记录的是绝对位置，定位精度高，但灵活性最小。如果移动了工程文件夹、更换设备或是改变文件夹名字，AutoCAD 将无法融入任何使用完整路径附着的外部参照。

● “相对路径”选项：使用相对路径选项引用外部参照时，将保存外部参照相对于主图形的位置。此项选择的灵活性最大。如果移动了工程文件夹、更换设备或是改变文件夹名字，AutoCAD 仍可以融入使用相对路径附着的外部参照，只要此外部参照相对主图形的位置未发生变化。在 AutoCAD 2020 中，“相对路径”已经是插入外部参照时的默认选项，即使主文件没有保存也是这样。只有当主文件与外部参照在不同盘符的时候，才会被自动改为“完整路径”。

● “无路径”选项：在不使用路径附着外部参照时，AutoCAD 首先在主图形的文件夹中查找外部参照。当外部参照文件与主图形文件位于同一个文件夹时，此选项是非常有用的。

10.4.2　管理外部参照

在 AutoCAD 中提供了插入 DWG 参照、DWF 参考底图、PDF 参考底图、DGN 参考底图和光栅图像参照的功能，统一使用“外部参照”选项板进行管理。

DWF 格式的文件是一种从 DWG 文件创建的高度压缩的文件格式，DWF 文件易于在

Web 上发布和查看。DWF 文件是基于矢量的格式创建的压缩文件。用户打开和传输压缩的 DWF 文件的速度要比 AutoCAD 的 DWG 格式图形快。此外，DWF 文件支持实时平移和缩放以及对图层显示和命名视图显示的控制。

DGN 格式的文件是 MicroStation 绘图软件生成的文件，DGN 文件格式对精度、层数以及文件和单元的大小是不限制的，其中的数据是经过快速优化、校验并压缩到 DGN 文件中，这样更加有利于节省网络带宽和存储空间。

1. 命令访问

① 功能区："视图"选项卡→"选项板"面板→

② 菜单：插入(I)→外部参照(N)

③ 工具："外部参照"工具栏→

④ 命令：EXTERNALREFERENCES

执行该命令后，AutoCAD 将打开"外部参照"选项板，如图 10-67 所示。

2. 选项调用

(1) 上排按钮功能

● "附着"下拉按钮：添加不同格式的外部参照文件。点击右侧符号会弹出一个下拉文件类型选项，包含"附着 DWG""附着图像""附着 DWF"和"附着 DGN""附着 PDF"等七个文件类型。

● "刷新"下拉按钮：点击右侧符号会弹出一个下拉菜单，该下拉菜单中包含"刷新"和"重载所有参照"两个菜单项。用于在不退出当前图形的情况下，更新外部参照文件，反映外部参照文件的最新变化

● "更改路径"按钮：点击右侧符号会弹出一个下拉菜单，该下拉菜单中包含"设为绝对""设为相对""删除路径""选择新路径""查找与替换"五个菜单项。可以将路径设置为绝对或相对。如果参照文件与当前图形存储在相同位置，也可删除路径。还可使用"选择新路径"选项为缺少的参照选择新路径。"查找和替换"选项支持从选定的所有参照中找出使用指定路径的所有参照，并将此路径的所有匹配项替换为指定的新路径。

(2) "文件参照"列表框

显示当前图形中各个外部参照的文件名。

● "列表图"按钮或"树状图"按钮：设置"文件参照"列表框中文件的显示形式。列表显示为平行结构显示外部参照，在树状显示结构中，以层次结构显示外部参照图形的嵌套关系的各层结构。

● 参照文件的快捷菜单：在列表框中已加载的文件上右击将弹出一个快捷菜单，如图 10-71 所示。

➢ "打开"命令：单击该菜单将打开选定的外部参照文件，并可进行编辑。

➢ "附着"命令：单击该菜单，AutoCAD 打开"选择参照文件"对话框，如图 10-68 所示。用户可以通过此对话框选择要再一次附着的参照文件。

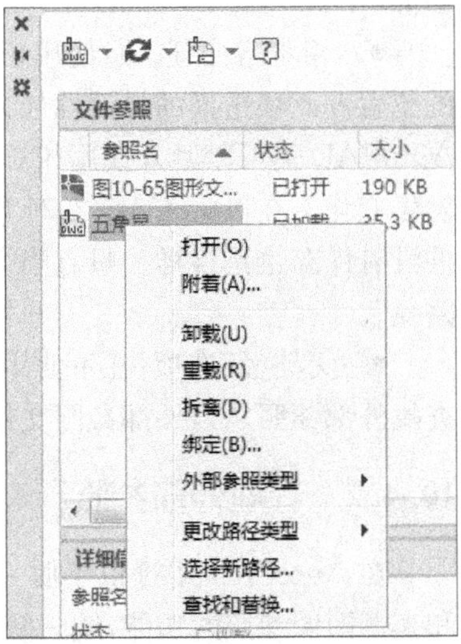

图 10-71　参照文件的快捷菜单

➢ “卸载”命令:用于从当前图形中移去一个或多个外部参照文件。卸载只是隐藏外部参照定义,并不是永久性的删除,仍保留该参照文件的路径,当希望再次参照该图形时,执行“重载”命令即可将已卸载的外部参照文件很方便地重新显示出来。

➢ “重载”命令:用于在不退出当前图形的情况下,更新外部参照文件,反映外部参照文件的最新变化。

➢ “拆离”命令:用于从当前图形文件中删除一个或多个外部参照文件。

➢ “绑定”命令:单击该菜单,AutoCAD 打开“绑定外部参照”对话框,如图 10-72 所示。

图 10-72　“绑定外部参照”对话框

“绑定”单选按钮:将图形文件永久性地“绑定”到当前图形中,同时还将外部参照的从属符号(如图层、颜色、线型等)永久地转换成当前图形的符号。

“插入”单选按钮:将图形文件简单地插入到当前图形中,类似于使用 INSERT 命令插入的块。

(3) “详细信息”列表框:上排按钮功能

对应于在选择的参照文件,在该区中将详细该外部参照的名称、加载状态、文件大小、参照类型、参照日期及参照文件的存储路径等信息。

10.4.3　参照管理器

AutoCAD 图形可以参照多种外部文件,包括图形、文字字体、光栅图像和打印配置。这些参照文件的路径保存在每个 AutoCAD 图形中。有时可能需要将图形文件或它们参照的文件移动到其他文件夹或其他磁盘中,这时就需要更新保存的参照路径。

Autodesk 参照管理器提供了多种工具,列出了选定图形中的参照文件,可以修改保存的参照路径而不必打开 AutoCAD 中的图形文件。

启动参照管理器(针对 win10 系统):“开始”菜单→单击“所有应用程序”→“Autodesk”→“AutoCAD 2020”→“参照管理器”,如图 10-73 所示。

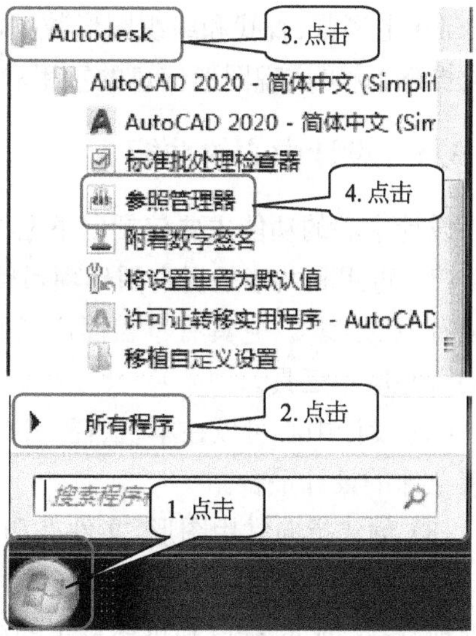

图 10-73　菜单栏示意图

系统启动参照管理器,用户可以利用它对参照文件进行处理,也可以设置参照管理器的显示形式,如图 10-74 所示。

通过参照管理器,可以:①一次检查多个图形以确认是否缺少参照文件;②创建有关指定图形文件中所有参照文件的报告;③编辑选定参照文件的路径;④查找并替换许多参照文件中使用的路径。

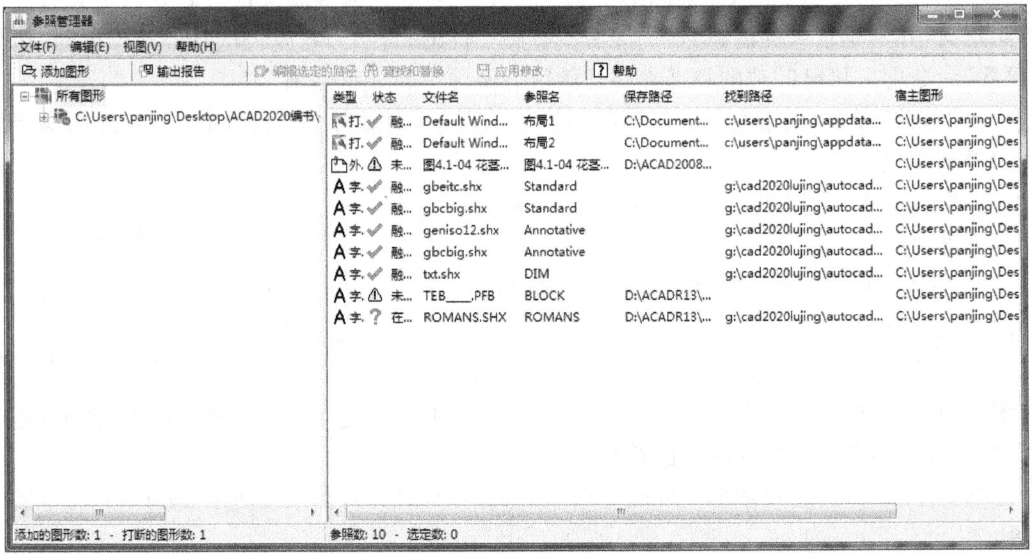

图 10-74 “参照管理器”窗口

10.5 使用设计中心

AutoCAD 设计中心类似于 Windows 的资源管理器，具有很强的图形信息管理功能。使用设计中心可以很方便地共享 AutoCAD 图形中的设计资源，可以在本机、局域网络或 Internet 上浏览、查找和组织图形数据，并将它们统一控制在当前的交互环境中，通过简单的拖放操作，就可实现图形信息的重用和共享。

10.5.1 设计中心的功能

设计中心的功能主要包括以下七个方面：

(1) 重用和共享是提高图形项目管理效率的基本方法。设计中心为观察和重用内容提供强有力的工具。它具有覆盖面广、管理层次深、使用方便等特点，是进行协同设计、系列设计的得心应手工具。

(2) 设计中心可以在本机、任一网络驱动器以及 Internet 网上浏览，使 AutoCAD 成为连接全球的设计平台。

(3) 创建指向常用图形、文件夹和 Internet 网址的快捷方式。

(4) 设计中心可以深入到图形文件内部，对内容进行操作，无须打开图形文件，就可以快速地查找、浏览、提取和重用特定的组件(如图块、外部引用、光栅图像、图层、线型、标注样式等)。

(5) 向图形中添加内容(例如外部参照、块和填充)。

(6) 在新窗口中打开图形文件。

(7) 将图形、块和填充拖到工具选项板上以便于访问。

10.5.2 启动设计中心

进入设计中心有以下四种途径：

① 功能区："视图"选项卡→"选项板"面板→

② 菜单：工具(T)→选项板→设计中心(D)

③ 工具："标准"工具栏→

④ 命令：ADCENTER

⑤ 组合键：【Ctrl】+【2】

执行该命令后，AutoCAD 将弹出"设计中心"选项板，如图 10-75 所示，用户可以利用该选项板进行各种操作。

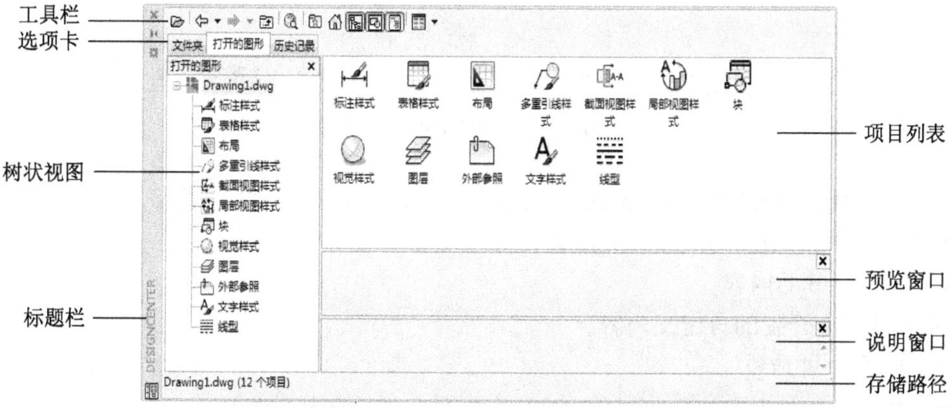

图 10-75 "设计中心"选项板

10.5.3 观察内容

AutoCAD 设计中心选项板包含一组工具按钮和选项卡，使用它们可以方便地浏览各类资源中的项目。

1. 使用树状视图

选择树状视图中的项目就可以在项目列表区域中显示其内容。

- "文件夹"选项卡：显示本地或网络驱动器列表、所选驱动器中的文件夹和文件的层次结构。
- "打开的图形"选项卡：显示当前环境中打开的所有图形，包括最小化的图形。此时单击某个文件图标，就可以看到该图形的有关设置，如图层、线型、文字样式、块及尺寸样式等，如图 10-76 所示。
- "历史记录"选项卡：显示最近在设计中心打开的文件列表。

2. 使用项目列表

项目列表中包含了设计中心可以访问的信息网络、计算机、磁盘、文件夹、文件或网址。它的典型显示内容如下：

- 含有图形或其他文件的文件夹。
- 图形。

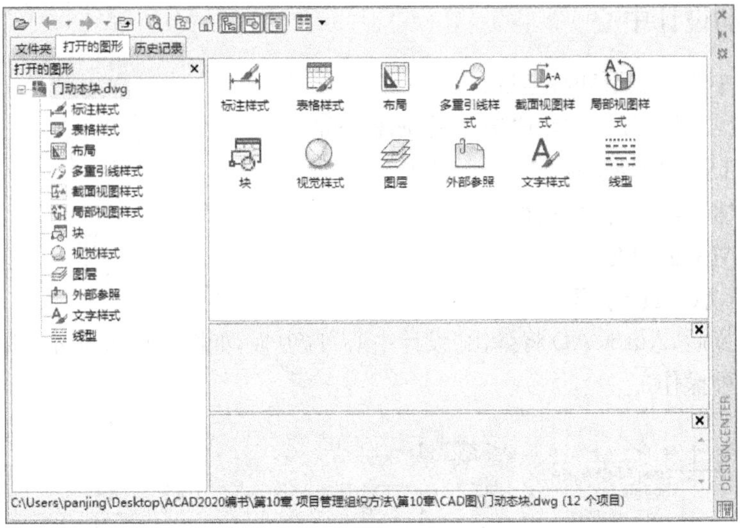

图 10-76 “打开的图形”选项卡

- 图形中包含的命名对象，包括块、外部参照、布局、图层、标注样式和文字样式等。
- 图像与图标表示的块或填充图案。
- 基于 Web 的内容。
- 由第三方开发的自定义内容。

3. 工具按钮功能

- “树状图切换”按钮：单击该按钮，可以显示或隐藏树状视图。
- “收藏夹”按钮：单击该按钮，可以在“文件夹列表”中显示 Favorites/Autodesk 文件夹(在此称为收藏夹)中的内容，同时在树状视图中反向显示该文件夹。用户可以通过收藏夹来标记存放在本地硬盘、网络驱动器或 Internet 网页上常用的文件。
- “预览”按钮：单击该按钮，可以打开或关闭预览窗格，以确定是否显示预览图像。打开预览窗格后，单击控制板中的图形文件，若该图形文件包含预览图像，则在预览窗格中显示该图像。若该图形文件不包含预览图像，则预览窗格为空。
- “说明”按钮：单击该按钮，可以打开或关闭窗格，以确定是否显示说明内容。
- “视图”按钮：用于确定控制板所显示内容的显示格式。单击该按钮，AutoCAD 将弹出一快捷菜单，可以从中选择显示内容的显示格式。
- “搜索”按钮：用于快速查找对象。单击该按钮，AutoCAD 将打开“搜索”对话框，如图 10-77 所示。利用该对话框，用户可以快速查找诸如图形、块、图层及尺寸样式等图形内容或设置。

10.5.4 查找内容

使用设计中心的查找功能，可以通过“搜索”对话框快速查找图形文件以及图形中定义的块、图层、尺寸样式、文本样式等各种内容并进行定位。

“搜索”对话框提供多种条件来缩小搜索范围，包括最后修改的时间、块定义描述和在“图形属性”对话框指定的任一字段。例如，当忘记一个块是保存在一个图形文件中，还是作

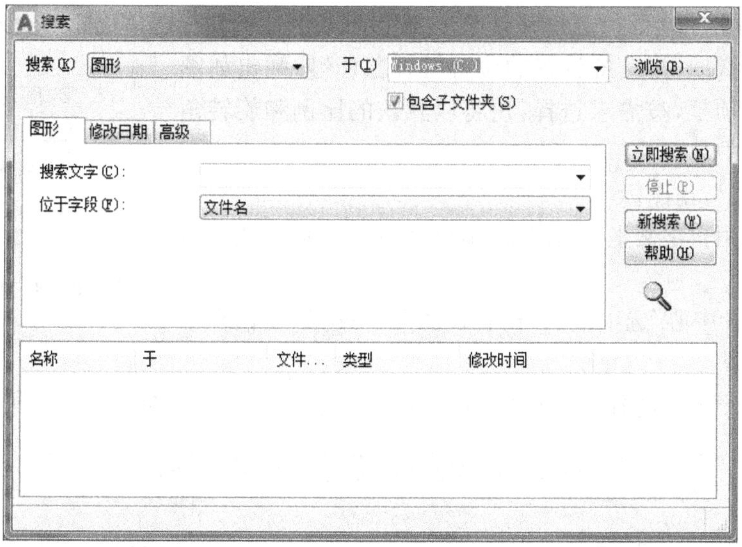

图 10-77 "搜索"对话框

为单独的图形文件保存时,可以选择搜索类型为"图形和块"搜索图形文件和块。

当在"搜索"下拉列表中选择的对象不同时,对话框中显示的选项卡也随之不同。如,当选择了"图形"选项时,"搜索"对话框中出现三个选项卡来定义搜索条件。

- "图形"选项卡:提供了按"文件名""标题""主题""作者"或"关键词"查找图形文件。
- "修改日期"选项卡:提供了按图形文件创建或上一次修改的日期或指定日期范围和不指定日期(默认时)查找图形文件。
- "高级"选项卡:通过该选项卡,用户可以定义更多的搜索条件。

10.5.5 使用设计中心向图形文件添加内容

利用设计中心,既可以将选定的图形文件以块或外部参照的形式插入到当前的图形中,又可以使用选定的图形文件中的图层、块和标注样式。

1. 插入外部文件中的块

当将块插入到图形中时,块定义也被复制到该图形数据库中。此后,在该图中插入该块的任一实例都将引用这个块定义。借助这个特性,可以将与本专业图形相关的图形定义成块,分类建立块图形库文件(包含各种块定义的图形文件)供需要时调用。

在 AutoCAD 设计中心,可通过如下方法插入块:

- 方法一:左键拖动(或右键拖动)

此方法使用自动比例变换,它比较图形和块所使用的单位,然后以两者比率为基础,进行比例变换。用户可以在"选项"对话框"用户系统配置"选项卡的"插入比例"选项区,设置插入图块时源块和目标图形所使用的单位。当以自动比例变换方式从设计中心将块拖放到图形中时,块中标注的尺寸值不反映真实值。其步骤为:

① 从"设计中心"选项板的"树状视图"或"搜索"对话框中找到要插入的块。

② 单击该块并拖入打开的图形中。此时,块被自动变比例显示,并随鼠标指针的移动

而移动。

③ 在准备放置块的位置松开鼠标键，块以默认的比例和旋转角被插入到图形中。

也可右键拖动，在准备放置的位置松开鼠标键，弹出如图 10-78 所示选项框，按需求选择，块将以默认的比例和旋转角被插入到图形中。

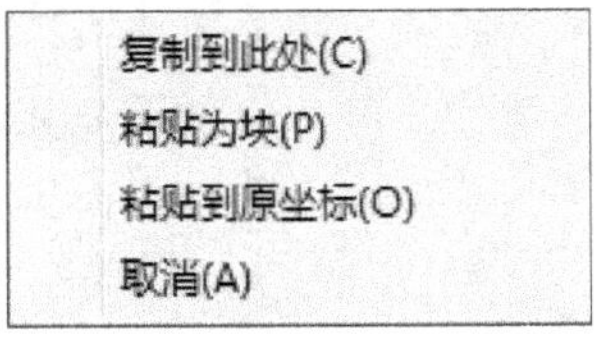

图 10-78　右键拖动的菜单

● 方法二：双击图标

此方法采用自定义坐标、比例和旋转角的方式插入块。其步骤为：

① 从“设计中心”选项板的“树状视图”或“搜索”对话框中找到要插入的块。

② 双击块图标，此刻 AutoCAD 会弹出一个块插入对话框，如图 10-79 所示。

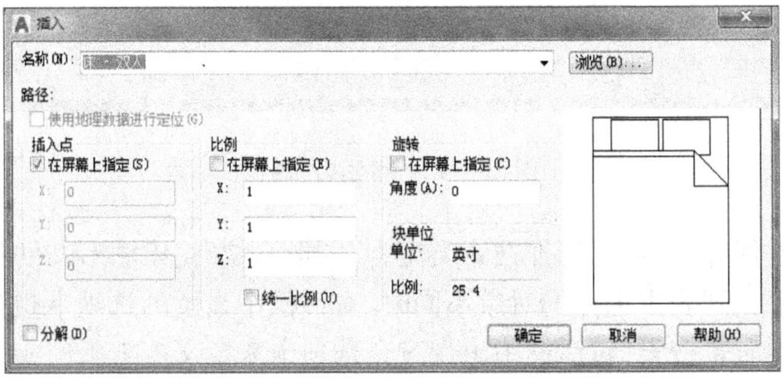

图 10-79　块插入对话框

③ 对“插入”对话框进行各种设置，具体参见“块”的有关内容。

也可以在块图标上右击，在弹出的选项框中选择“插入块”，弹出“插入”对话框，设置参数插入块。

2. 引用外部参照

使用 AutoCAD 设计中心引用外部参照类似于块引用。其步骤为：

① 从“设计中心”选项板的“树状视图”或“搜索”对话框中找到要引用的外部参照图形文件，使之出现在设计中心的“项目列表”中。

② 在“项目列表”中，用鼠标右击图形文件，AutoCAD 会弹出一个菜单，如图 10-80 所示。

③ 从菜单中选择“附着为外部参照”，AutoCAD 将打开“外部参照”对话框。

④ 对“外部参照”对话框进行各种设置，具体参见“外部参照”的有关内容。

此外，从图 10-80 可以看出，图形文件也可以以块的形式插入。

3. 在图形之间复制图形

使用设计中心浏览或定位要复制的块后，右击该块，从弹出的快捷菜单中选择“复制”命令，将块复制到剪贴板，然后通过“粘贴”命令完成从剪贴板到目标图形的图形复制。

4. 复制定制内容

如同块和图形，可以从项目列表中将线型、尺寸样式、文本样式、布局以及其他定制内容拖放到 AutoCAD 图形区，将它们添加到打开的图形中。添加定制内容的具体对话过程取

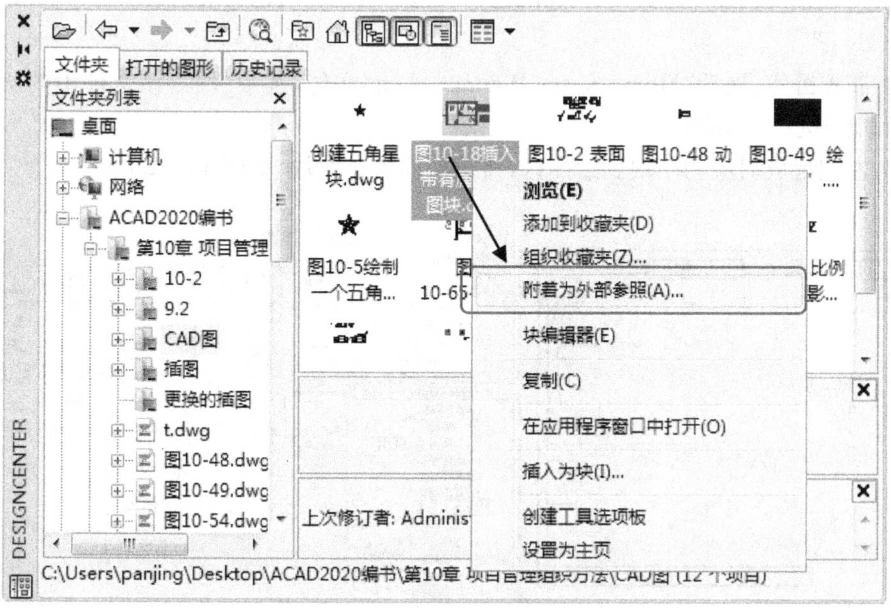

图 10-80 右拖外部参照的菜单

决于产生这个内容的应用。

5. 在图形之间复制图层

使用设计中心可将层定义从任一图形复制到另一图形。复制层可以采用拖放复制和通过剪贴板复制两种方式。利用此特性,可建立包含一个项目所需要的所有标准图层的图形。在建立新图形时,使用设计中心将预定义的层复制到新图形中,它既节省时间又保持图形之间的一致。

● 方法一:拖放复制

通过拖放将图层复制到当前图形的步骤;

① 在“设计中心”的“项目列表”或“搜索”对话框中找到一个或多个准备复制的层。

② 将层拖放到当前图形,并松开鼠标左键。

● 方法二:剪贴板复制

通过剪贴板复制图层的步骤:

① 在“设计中心”的“项目列表”或“搜索”对话框中找到一个或多个准备复制的层。

② 单击鼠标右键,从弹出的快捷菜单中选择“复制”。

③ 在当前图形中右击,通过“剪贴板”中的“粘贴”命令完成从剪贴板到目标图形的层复制。

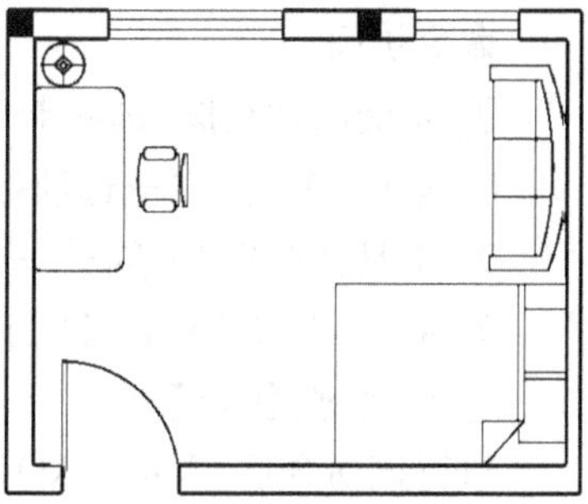

图 10-81 卧室布置图

【例 10】 利用 AutoCAD 2020 自带资源文件,按照图 10-81 的装饰效果布置下图中卧室。

(1) 按组合键【Ctrl】+2→打开设计中心窗口。

(2) 在“设计中心”中搜索“DesignCenter”文件夹。

路径："AutoCAD 2020"→"Sample"→"zh-cn"→"DesignCenter"→"Home-Space Planner. dwg"。

(3) 布置卧室：展开"Home-Space Planner. dwg"文件，选中"块"，该文件中的所有块都显示在设计中心的内容区。

(4) 左键拖放对应的图块到绘图区，将直接插入该图块，如图 10-82 所示。

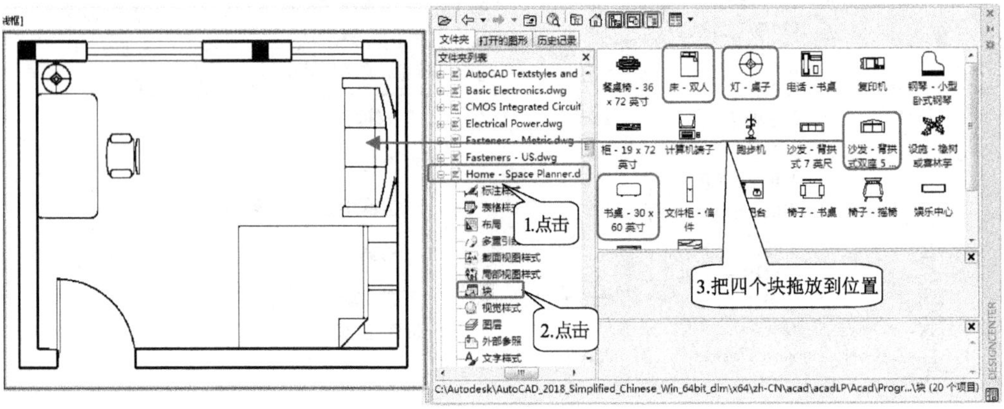

图 10-82　从设计中心插入块

(5) 调整各图块的位置，用命令 SCALE 调整图块大小。

10.6　使用工具选项板

工具选项板提供了组织、共享和放置块及图案填充的有效方法，它由多个常用的图块组成。选项板所包含的图块、填充图案等对象常被称为工具。

10.6.1　工具选项板 TOOLPALETTES

用户可以直接从选项板中将工具拖放到图形中，也可以将新建图块、填充图案等放入工具选项板中。

命令访问

① 功能区："视图"选项卡→"选项板"面板→"工具选项板"

② 菜单：工具(T)→选项板→工具选项板(T)

③ 工具："标准"工具栏→

④ 命令：TOOLPALETTES

⑤ 组合键：【Ctrl】+3

执行该命令后，AutoCAD 将弹出"工具选项板"，缺省情况下，它包括"土木""结构"等选项卡，如图 10-83 所示。

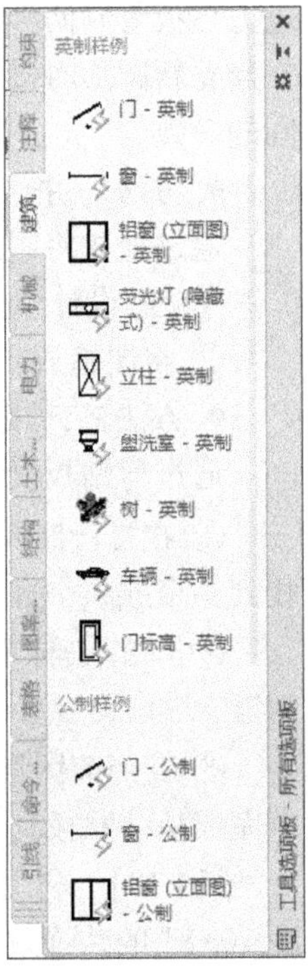

图 10-83　工具选项板

10.6.2 工具选项板的使用

1. 利用“工具选项板”填充图案

有两种方法通过“工具选项板”填充图案：一种方法是单击“工具选项板”上的某一图案图标，在提示信息指导下，回到图形显示视口中，在需要填充图案的区域内任意处拾取一点，即可将所选图案填充进来，双击图案调整比例。

另一种方法是通过拖放的方式填充图案：将“工具选项板”上的某一图案图标直接拖放至图形显示窗口中要填充的区域。

2. 利用“工具选项板”插入块和表格

通过“工具选项板”插入块和表格的方法也有两种：一种方法是单击“工具选项板”上的块图标或表格图标，然后根据提示确定插入点等参数；另一种方法是通过拖放的方式插入块或表格，即将“工具选项板”上的块图标或表格图标直接拖放到图形显示区即可。

3. 利用“工具选项板”执行各种 AutoCAD 命令

通过“工具选项板”执行 AutoCAD 命令与通过工具栏执行命令的方式相同，即单击“工具选项板”上工具按钮即可。

10.7 思考与实践

思考题

1. 在 AutoCAD 中，块具有哪些特点？如何创建？
2. 内部块和外部块有什么区别？
3. 在 AutoCAD 中，块属性具有哪些特点？如何创建带属性的块？
4. 动态块有什么特点？简述创建动态块的基本步骤以及使用动态块的方法。
5. 在 AutoCAD 2020 中，外部参照与块有什么区别？
6. 试创建一个自己的“工具选项板”，并通过“设计中心”将自己定义的图块添加到该工具选项板中。
7. 简述附着外部参照的两种类型特性。“绑定”“重载”的含义是什么？“卸载”和“撤离”有何不同？
8. 简述 AutoCAD 设计中心的功能和使用方法。
9. 在 AutoCAD 中，如何使用设计中心在当前图形中以块方式插入选定图形？
10. 在 AutoCAD 中，如何创建图纸集？试创建一个基于现有图形的图纸集。

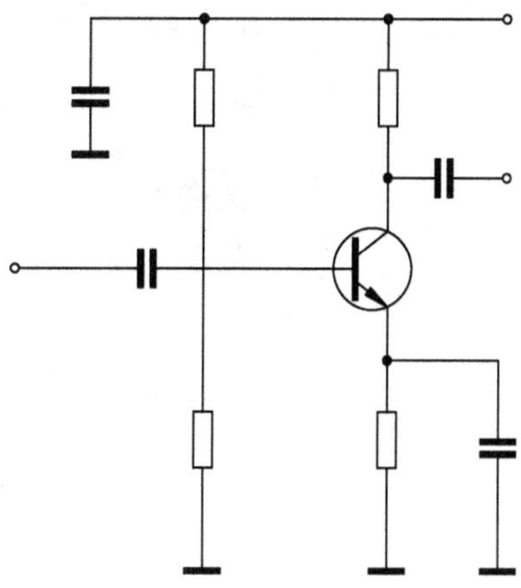

图 10-84 单级放大电路图

实践题

1. 绘制如图 10-84 所示的单级放大电路图，要求将电阻、电容和三极管定义成块来进行绘制，焊点用什么命令绘制？

2. 创建标高符号的属性块，如图 10-85 所示。

3. 创建推拉窗的动态块，设置三种窗宽规格 900、1 200、1 500和三种窗高规格 900、1 200、1 500，如图 10-86 所示。

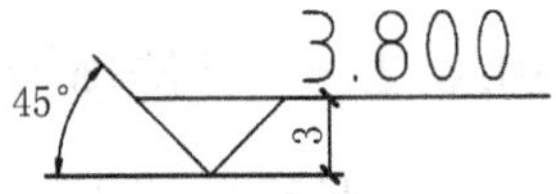

图 10-85 创建标高属性块

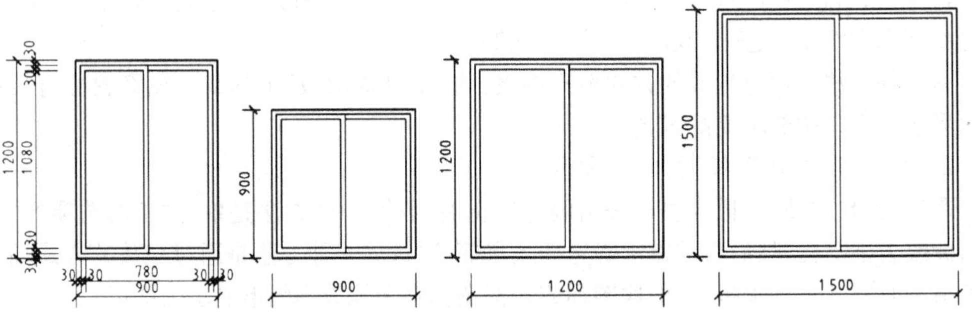

图 10-86 推拉窗动态块示意图

4. 绘制如图 10-87 所示的齿轮轴的零件图，要求将表面粗糙度符号定义为属性块，标注尺寸和形位公差。

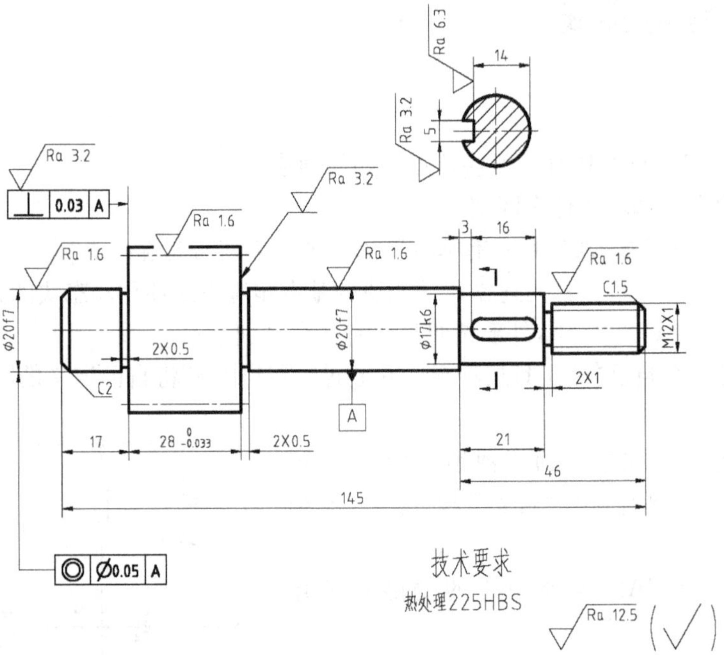

图 10-87 齿轮轴零件图

第 11 章

图形的输出与打印

尽管目前随着 CAD、CAE、CAPP、CAM 一体化技术的发展，在产品的整个设计、制造过程中实现无图纸化已经成为可能，但是在大多数情况下产品的制造过程主要还是以图纸作为指导性技术文件。AutoCAD 仅是一个设计绘图系统，它并不具备 CAE、CAPP、CAM 等功能，用它进行设计最终还需用图纸的形式来表达。

对 AutoCAD 2020 绘制的图形，用户可以打印单一视图或者多个视图，也可根据不同的需要打印一个或多个视口，或通过设置来决定打印的内容和图形在图纸上的布置方式。

用户要将 AutoCAD 图形对象保存供其他软件调用，只需将对象以指定的文件格式输出即可。AutoCAD 2020 绘制的图形可以输出成 DWF 格式文件、PDF 文件、DGN 文件等。

11.1 模型空间、图纸空间和布局概念

图纸的设置和输出离不开 AutoCAD 的模型空间（Model Space）和图纸空间（Paper Space），用户可以用这两种空间的任意一种进行打印输出。

11.1.1 什么是模型空间和图纸空间

模型空间是供用户建立和编辑修改二维、三维模型的工作环境，本书前面各章所介绍的命令、示例都是针对模型空间环境。

图纸空间是二维图形环境，它以布局形式出现，布局完全模拟图纸式样，用户可以在绘图之前或之后安排图形的输出布局。AutoCAD 命令都能用于图纸空间。

图纸空间又可分为图纸模型空间和纯图纸空间。在纯图纸空间绘制的图形，模型空间不能显示，而进入图纸模型空间绘制的图，模型空间可同步显示。

尽管 AutoCAD 模型空间只有一个，但是用户可以为图形创建多个布局图，以适应各种不同的图形输出要求。例如，若图形非常复杂，可以创建多个布局图，以便在不同的图纸中以不同比例分别打印图纸的不同部分。

我们不妨把模型空间看成为一个具体的景物，而把布局视为为该景物拍摄的照片，景物只有一个，而照片可有多张。可认为图纸模型空间是为景物选择取景框，纯图纸空间就是一种定格。照片可以是局部照，可以是全景照；可以放大，也可以缩小。

用户可以很方便地在模型空间和图纸空间之间切换，对应的系统变量是 TILEMODE。当系统变量 TILEMODE 的值为 1 时，用户到模型空间；当系统变量 TILEMODE 的值为 0 时，用户到图纸空间。

从模型空间切换到图纸空间的方法：①选择“布局”选项卡；②单击状态栏中的“模型”按钮 **模型**。

从图纸空间到模型空间的方法：①选择“模型”选项卡；②输入 MODEL 命令。

在图纸空间进行图纸模型空间和纯图纸空间之间的切换方法：①在浮动视口内或浮动视口(参见图 11-1)外双击分别进入图纸模型空间和纯图纸空间；②在布局窗口下，单击状态栏中的“模型” **模型**或“图纸” **图纸**。

11.1.2 图纸空间

在图纸空间，最外侧的矩形轮廓指示当前配置的图纸尺寸，其中的虚线指示了纸张的打印区域。布局图中还包括一个用于显示模型图形的浮动视口，参见图 11-1(a)。在创建布局时，浮动视口是一个非常重要的工具，用于显示模型空间中的图形，浮动视口就是图纸模型空间，通过它调整模型空间的对象在图纸显示的具体位置，大小等，正如前述，浮动视口相当于照相机的镜头。

创建布局时，系统自动创建一个浮动视口。如果在浮动视口内双击，则激活了浮动的图纸模型空间，此时视口的边界以粗线(可认为取景框)显示，同时坐标系也显示在视口中，如图 11-1(b)所示。在浮动的图纸模型空间中，用户可以调整、控制图形。例如缩放和平移、控制显示的图层、对象和视图，与在模型空间中操作基本相同。当把图形调整好后，希望它固定下来，即要回到图纸空间，此时只需在浮动视口外双击即可。

11.1.3 布局的创建与管理

绘图中一个布局往往不能满足绘图的要求，需要创建更多的布局，并且打印时也要根据具体需要对布局进行页面设置，以达到最佳打印效果。

1. *创建布局*

(1) 创建布局的基本方法

① 功能区：“布局”选项卡→“布局”面板→“新建布局”

② 菜单：插入(I)→布局(L)→“新建布局”

③ 工具：“布局”工具栏→

④ 命令：LAYOUT

执行该命令后，AutoCAD 将弹出输入新布局名的提示，输入布局名称，完成一个布局的创建。

(2) 对“布局”上下文选项卡的基本使用

在状态栏上，点击任一“布局”选项卡标签，将打开“布局”上下文选项卡，如图 11-2 所示。

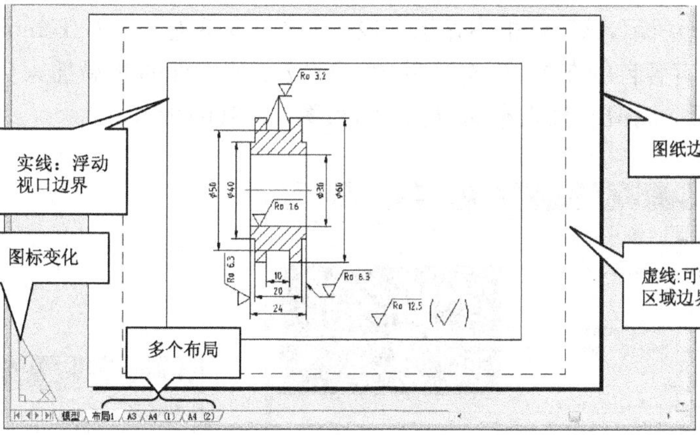

（a）纯图纸空间

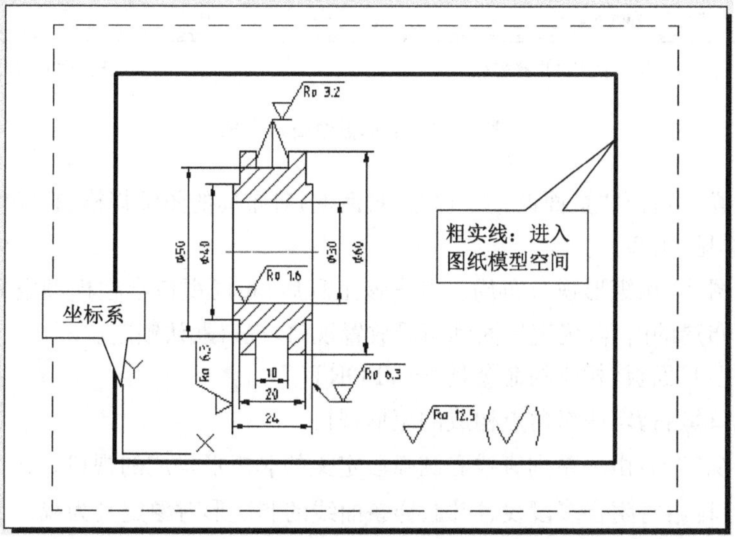

（b）图纸模型空间

图 11-1　图纸空间

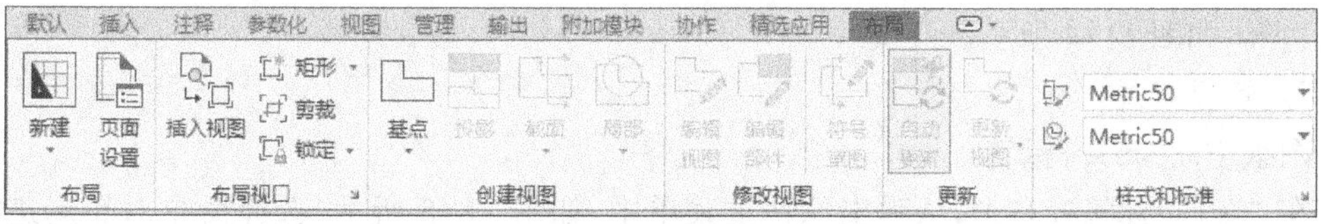

图 11-2　“布局”上下文选项卡

● “布局”面板

➢ 新建：新建一个布局并给出名称。

➢ 从样板：位于“新建”工具下拉选项中。选择该选项，系统弹出“从文件选择样板”对话框，如图 11-3(a)所示，该对话框中显示了该 AutoCAD 系统文件夹 Template 中的全部样板文件，文件中含有各自的布局，可选择其中一种或多种文件的布局插入到当前图形文件中。选择一文件后，将弹出“插入布局”对话框，如图 11-3(b)所示。

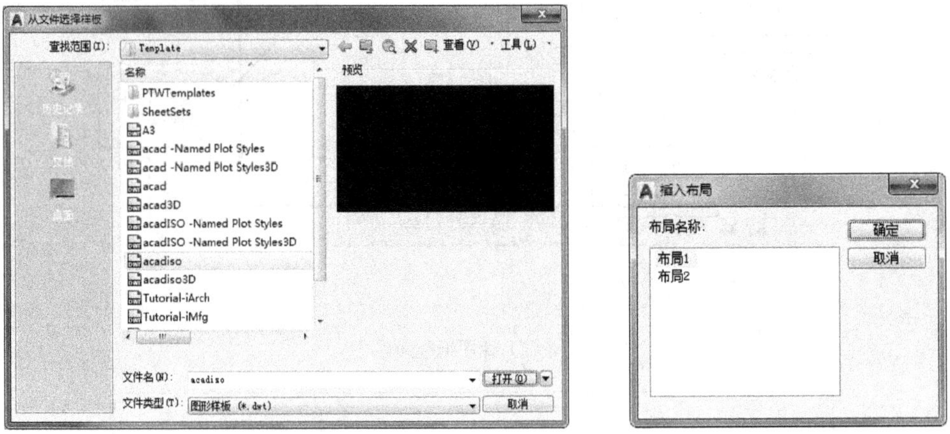

(a) 从文件选择样板　　　　(b) 插入布局

图 11-3　从样板中新建布局

➢ 页面设置：打开“页面设置管理器”对话框，对布局的图纸规格、打印设备、打印样式等进行设置，详见 11.2 节。

➢ 插入视图：用矩形视口布局。点击该工具后，布局视口会在模型空间显示对象，用矩形框选需要布局的内容，确定后回到布局放置视口，视口默认锁定。

● “布局视口”面板(相应的命令是“－VPORTS”)

➢ 矩形视口：指定两对角点构成的矩形视口。

➢ 多边形视口：由一系列直线和圆弧段定义的非矩形构成的视口。

➢ 对象视口：将闭合多段线、椭圆、样条曲线的非矩形对象定义为视口。

➢ 锁定视口：将图形在视口中定格，即在图纸模型空间状态时，将不能改变图形的大小位置，这样防止误操作。

➢ 解锁视口：是“锁定视口”的逆过程。

➢ 裁剪：重定义视口边界，即基于原视口，选择闭合对象或者绘制封闭多边形为新的视口边界，如图 11-4 所示。

2. 管理布局

图纸空间“布局”标签

在“布局”标签处右击，从弹出的快捷菜单中，如图 11-5 所示，选择命令对布局进行编辑操作。

● 来自样板：选择该命令，会弹出“从文件选择样板”对话框，参见 11-3(a)，用户可以从中选择所需要的样板作为新布局的样式。

● 重命名：布局名即为标签名，用该命令可以更名。

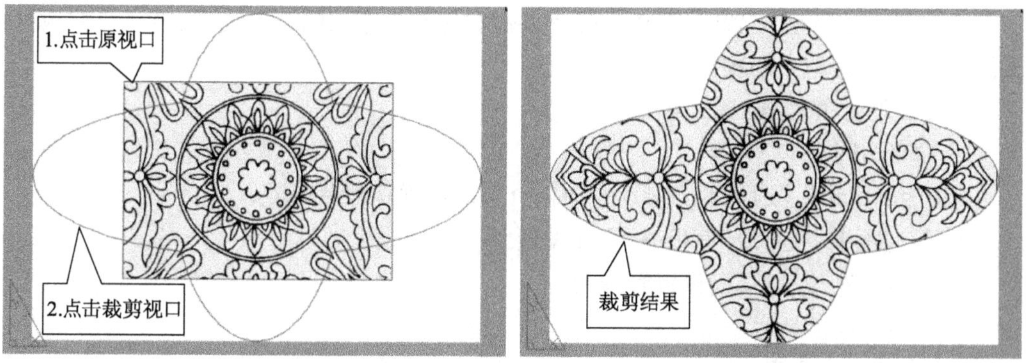

(a) 裁剪之前　　(b) 裁剪结果

图 11-4　裁剪视口

布局名最多可以有 255 个字符，不区分大小写。布局选项卡的标签只显示前面的 32 个字符，布局名需唯一。

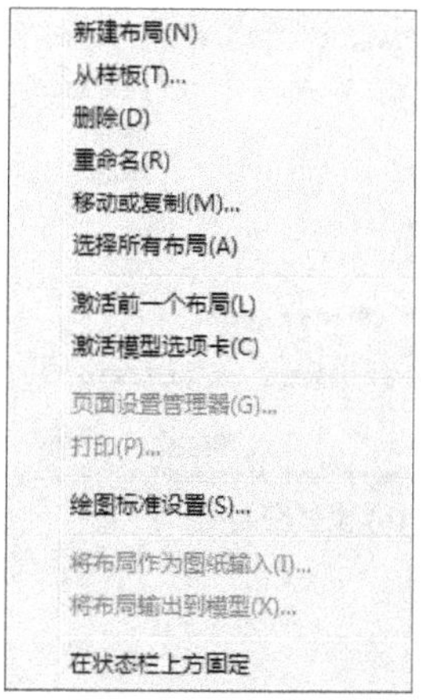

图 11-5　布局的快捷菜单

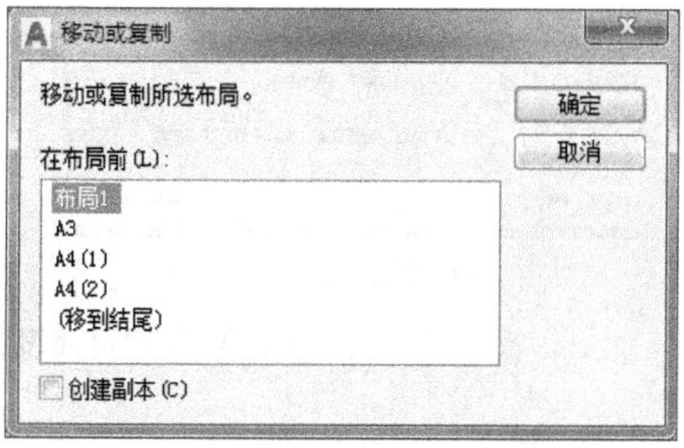

图 11-6　“移动或复制”对话框

- 移动或复制：选择该命令，从弹出的“移动或复制”对话框中选择相应的操作，如图 11-6 所示。
- 选择所有的布局：选择所有布局，可集中进行复制或删除操作等。

其他命令在后面相关章节中介绍。

11.2　图形输出

在输出图形前，通常要进行页面设置和打印设置，这样可以保证图形输出的正确性。

11.2.1　页面设置

页面设置是指设置打印图形时所用的图纸规格、打印设备等，并可以保存。页面设置分别针对模型空间和图纸空间(布局)来进行。

在指定布局的页面设置时,可以先保存并命名好某个布局的页面设置,然后将修改好的页面设置应用到其他布局中。

1. 页面设置管理器

(1) 命令访问

① 功能区:“输出”选项卡→“打印”面板→页面设置管理器

“布局”选项卡→“布局”面板→“页面设置”

② 菜单:文件(F)→页面设置管理器

③ 工具:布局工具栏→

④ 命令:PAGESETUP

⑤ 快捷菜单:右击布局选项卡或模型选项卡→页面设置管理器

执行命令后,将弹出“页面设置管理器”对话框,如图 11-7 所示。

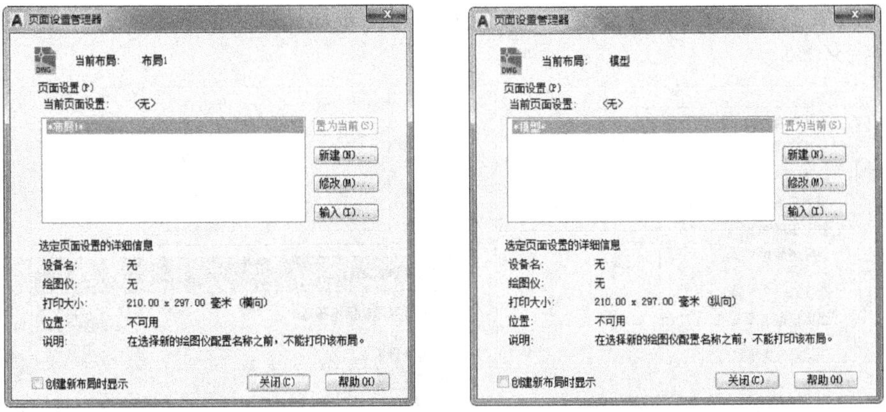

(a) 布局空间　　(b) 模型空间

图 11-7 “页面设置管理器”对话框

(2) 操作说明

通过该对话框,用户可以对页面进行管理和设置。

(3) 选项说明

- “页面设置”列表框:显示出当前图形已有的页面设置。
- “选定页面设置的详细信息”区:显示出所指定页面设置的相关信息。
- 置为当前(S) 按钮:将在列表框中选中的某页面设置设为当前的页面设置
- 新建(N)... 按钮:创建新的页面。单击该按钮,AutoCAD 打开如图 11-8 所示的“新建页面设置”对话框,利用它来新建一个页面设置。
- 修改(M)... 按钮:修改选中的页面设置。

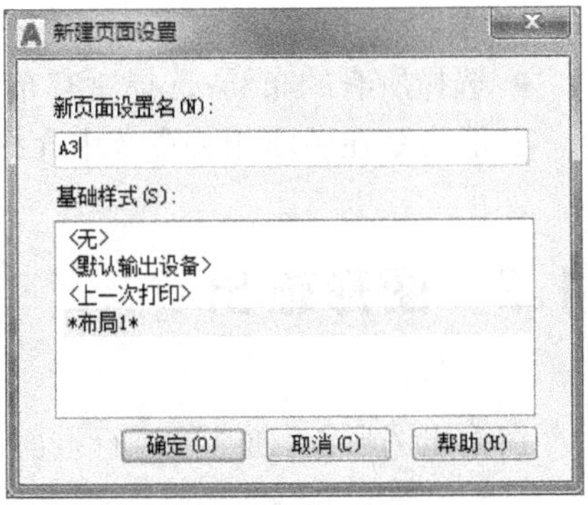

图 11-8 “新建页面设置”对话框

- [输入(I)...]按钮：打开“从文件选择页面设置”对话框，可以选择已有图形中设置好的页面设置。

2. 新建页面设置

页面设置的内容就是设置打印机设备、图纸规格、打印区域、打印比例、打印偏移和图纸方向等参数。

(1) 操作说明

① 执行 PAGESETUP 命令，AutoCAD 将打开“页面设置管理器”对话框。

② 在对话框中单击[新建(N)...]按钮，系统显示“新建页面设置”对话框。

③ 在“页面设置名”文本编辑框中输入页面设置名。

④ 单击[确定(O)]按钮，AutoCAD 打开“页面设置- A3(新建的布局名为“A3”)”对话框，如图 11-9 所示。该界面是 A3 图幅各选项的设置，请读者仔细观察，最好设置一下，体会这些设置对打印带来的效果和好处。该布局页面设置将打印输出成 PDF 文档。

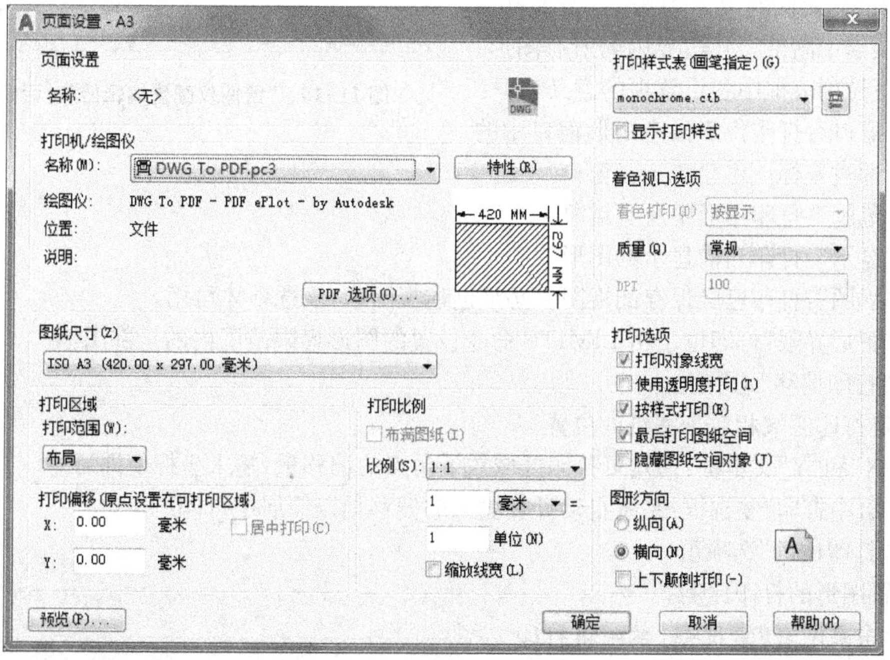

图 11-9 “页面设置- A3”对话框

(2) 选项说明

在“页面设置管理器”对话框中，单击[修改(M)...]按钮，AutoCAD 也打开“页面设置”对话框，它们的选项完全一致。

- “页面设置”框

AutoCAD 在此框中显示出当前所设置的页面设置名称。

- “打印机/绘图仪”选项组

设置打印机或绘图仪，包括以下内容：

➢“名称”下拉列表框：选择当前配置的打印机，如选择“DWG To PDF. pc3”虚拟打印机，将打印输出成PDF文档。

➢ 特性(R) 按钮：查看或修改打印机的配置信息。单击该按钮，AutoCAD打开“绘图仪配置编辑器”对话框，在该对话框中对打印机的配置进行设置，如修改打印区域，如图11-10所示。

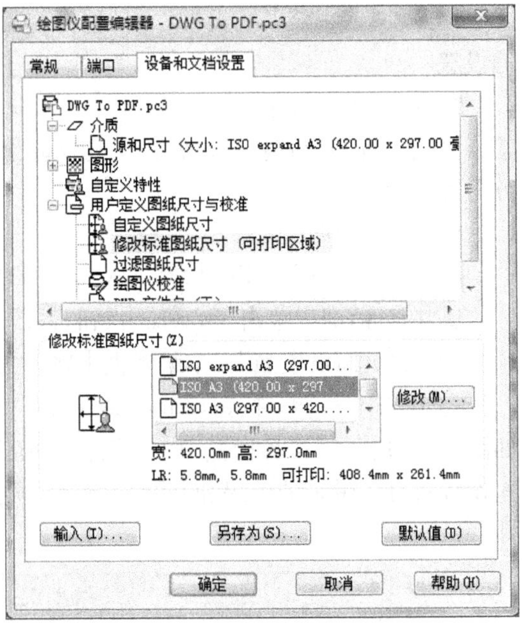

图11-10 “绘图仪配置编辑器”对话框

●“图纸尺寸”选项

指定某一规格的图纸。用户可以通过其后的下拉列表来选择图纸幅面的大小。

●“打印区域”选项

确定图形的打印区域。在对布局的页面设置中，其默认的设置为布局，表示打印布局选项卡中图纸尺寸边界内的所有图形。其后的下拉列表框中各设置项的意义如下：

➢“窗口”：打印位于指定矩形窗口中的图形，可通过鼠标或键盘来定义窗口。

➢“范围”：打印图形中所有对象。

➢“显示”：打印当前显示的图形。

➢“视图”：打印已经保存的视图。必须创建视图后，该选项才可用。

➢“图形界限”打印位于由LIMITS命令设置的图形界限范围内的全部图形。

● “打印偏移”选项组

确定打印区域相对于图纸的位置。

➢“X”和“Y”文本框：指定可打印区域左下角点的偏移量，输入坐标值即可。

➢“居中打印”复选框：系统自动计算输入的偏移量以便居中打印。

● “打印比例”选项组

设置图形的打印比例。

➢“布满图纸”复选框：系统将打印区域布满图纸。

➢“比例”下拉列表框：用户可选择标准比例，或输入自定义比例值。

● “打印样式表(画笔指定)”选项组

选择、新建和修改打印样式表。其后的下拉列表框中选项操作和意义如下：

➢“新建”：AutoCAD将激活“添加颜色相关联的打印样式表”向导来创建新的打印样式表，如图11-11所示。

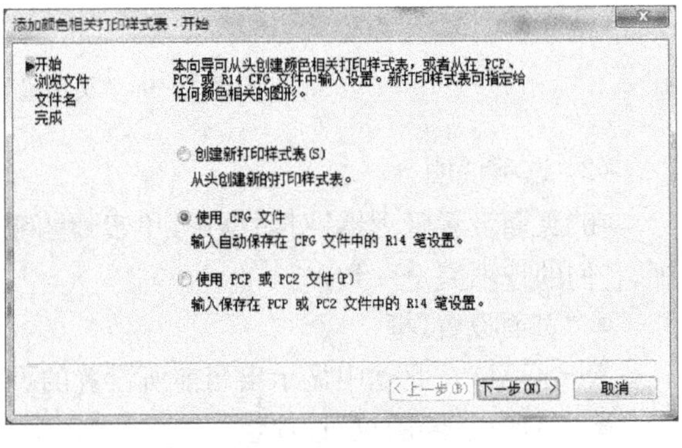

图11-11 “添加颜色相关联的打印样式表”向导

➤ 选择某打印样式：单击其后的按钮，可以使用打开的“打印样式表编辑器”对话框（见图 11-12）查看或修改打印样式。

➤ “显示打印样式”复选框：指定是否在布局中显示打印样式。

● “着色视口选项”选项组

用于指定着色和渲染窗口的打印方式，并确定它们的分辨率级别和每英寸点数（DPI）。

➤ “着色打印”：指定视图的打印方式。要为布局选项卡上的视图指定此设置，请选择该视口，然后在“工具”菜单中选择“特性”命令。当打印模型空间的图形时，可从“着色打印”下拉列表中进行选择，各选项的意义如下：

图 11-12 “打印样式表编辑器”对话框

➤ “按显示”：按对象在屏幕上的显示方式打印。

➤ “传统线框”：在线框中打印对象，不考虑其在屏幕上的显示方式。

➤ “传统隐藏”：打印对象时消除隐藏线，不考虑其在屏幕上的显示方式。

➤ “渲染”：按渲染方式打印对象，不考虑其在屏幕上的显示方式。

➤ “质量”用于指定着色和渲染视口的打印分辨率，其后的下拉列表中各选项的意义如下：

➤ “草稿”：将渲染和着色模型空间视图设置为线框打印。

➤ “预览”：将渲染和着色模型空间视图的打印分辨率设置为当前设备分辨率的 1/4，DPI 的最大值为 150。

➤ “常规”：将渲染和着色模型空间视图的打印分辨率设置为当前设备分辨率的 1/2，DPI 的最大值为 300。

➤ “演示”：将渲染和着色模型空间视图的打印分辨率设置为当前设备分辨率，DPI 的最大值为 600。

➤ “最大”：将渲染和着色模型空间视图的打印分辨率设置为当前设备分辨率，无最大值。

➤ “自定义”：将渲染和着色模型空间视图的打印分辨率设置为“DPI”框中指定的分辨率设置，最大值可为当前设备的分辨率。

➤ “DPI”文本框：指定渲染和着色视图的每英寸点数，最大可为当前设备的分辨率。只有在“质量”下拉列表中选择了“自定义”后，此选项才有用。

● “打印选项”选项组

确定是按图形的线宽打印图形，还是根据打印样式打印图形。有四个选项，其意义如下：

➢“打印对象线宽”复选框：通过选中和取消选中来控制是否按指定给图层或对象的线宽打印图形。

➢“打印样式”复选框：选中该复选框，表示对图层和对象应用指定的打印样式特性。

➢“最后打印图纸空间”复选框：选中该复选框，表示先打印模型空间图形，再打印图纸空间图形。不选此项，表示先打印图纸空间图形，再打印模型空间图形。

➢“隐藏图纸空间对象”复选框：选中该复选框，表示打印将不打印图纸空间对象。

● “图形方向”选项组

确定图形在图纸上的打印方向(图纸本身方向不变)。

➢“纵向”单选框：纵向打印图形。

➢“横向”单选框：横向打印图形。

➢“上下颠倒打印”复选框：选中该复选框，表示将图形旋转 180°打印。

11.2.2 打印设置

页面设置完成后，就可以打印了。

1. 打印模型空间图形的方法

如果只是希望打印模型空间的图形，也可不创建布局图，用户可以直接从模型空间中打印图形。

(1) 命令访问

① 功能区：“输出”选项卡→“打印”面板→打印

② 菜单：文件(F)→打印(P)

③ 命令：PLOT

执行该命令后，AutoCAD 将打开“打印-模型”对话框，如图 11-13 所示。

(2) 操作说明

通过页面“设置”选项组中的“名称”下拉列表框指定页面设置后，对话框中显示出与其对应的打印设置。用户也可以通过对话框中的各项单独进行设置。如果单击位于左下角的按钮，可展开“打印-模型”对话框，进一步查看打印样式和图纸方向。

对话框中的按钮 预览(P)... 用于预览打印效果。如果通过预览满足打印要求，按【Esc】键退出预览状态，单击按钮 确定 ，即可将对应的图形通过打印机或绘图仪输出到图纸。

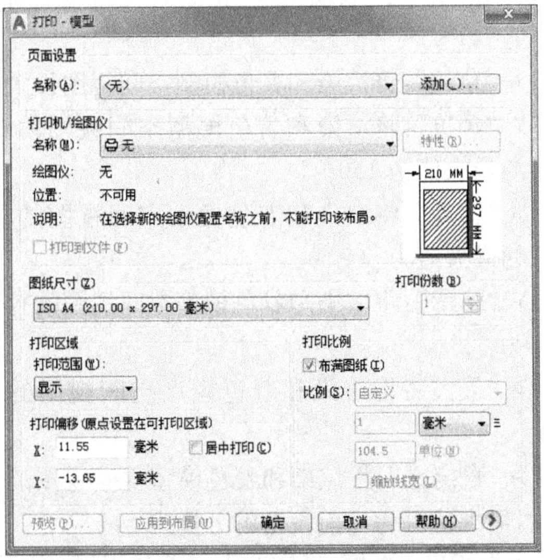

图 11-13 “打印-模型”对话框

2. 打印布局图的方法

布局图的打印方法与在模型空间中打印图形的命令调用和设置方法相同，执行打印命令后，在打开的“打印-布局”对话框中设置相关的打印参数。

11.3 定制布局样板

利用已有的布局中的信息创建新的布局是个非常有效的方法，也是项目组织的需要，AutoCAD 提供了这一功能。

用户在新建布局时，可以利用已有布局作为样板，创建与所用样板具有相同的页面设置新布局。默认的布局样板文件的扩展名为. dwt，同时. dwg 图形文件中的布局也可以作为样板，被导入到当前图形。图纸空间所有的符号表和块定义信息都被导入到新布局。因此，利用布局样板可以极其方便地创建符合标准的布局。

AutoCAD 本身自带了一些布局样板，供用户选用。用户也可以建立符合本单位或某项目需要的样板文件。通常情况下，布局样板提供了不同国家、行业的标准图纸格式。它们的共同点是，在使用布局样板创建标准布局图后，只需简单地修改标题块的属性，即可输入相关信息，如图名、比例值、设计者等。

11.3.1 布局样板的意义

任何图形都可以保存为样板文件，用户完全可以根据项目的需要创建布局样板图形，并将其作为布局样板保存。布局中所有被引用的块定义、符号表、几何实体和设置参数都被存入成. dwt 文件。未被引用的块定义和符号表，不存入. dwt 文件。样板文件存入位置为“选项”对话框定义的文件夹中，默认文件夹为 AutoCAD 2020\Template。

为了在其他图形中引用当前的布局设置，节省时间、提高效率、保持一致性，用户可以将当前图形中的布局作为布局样板保存。

11.3.2 创建布局样板举例

【例 1】 建立 GB - A3 的图纸布局样板。在 AutoCAD 2020 的图形样板文件库中，没有我国的图纸样板文件，创建 GB 图纸布局样板文件是很有意义的。

建立 GB-A3 的图纸布局样板的步骤如下：

(1) 创建名为 GB-A3 的新文件

运行 AutoCAD 2020，在“开始”界面上的“快速入门”样板下拉选项中点击“标准国际（公制）图形样板” acadiso.dwt，如图 11-14 所示。

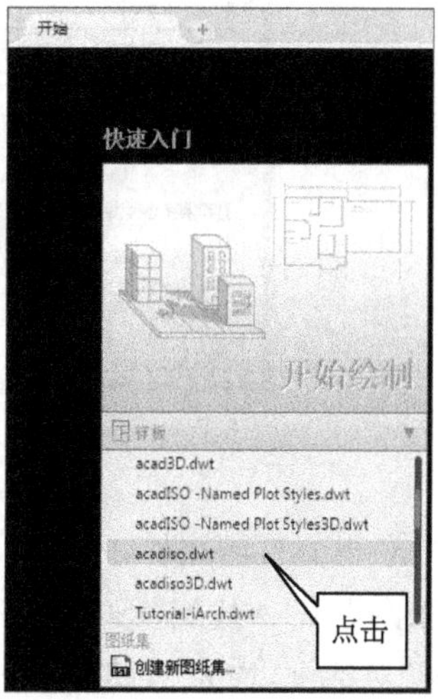

图 11-14 无样板公制新建文件

(2) 新建布局“A3”

① 点击“布局 1”→点上下文“布局”选项卡→布局面板上点“新建布局”按钮→在命令提示区输入新布局名称“A3”→创建 A3 布局，如图 11-15 所示；

② 进入 A3 布局，用 ERASE 命令删除原有视口。

(3) 页面设置

① 右击 “布局”选项卡→“布局”面板→点击“页面设

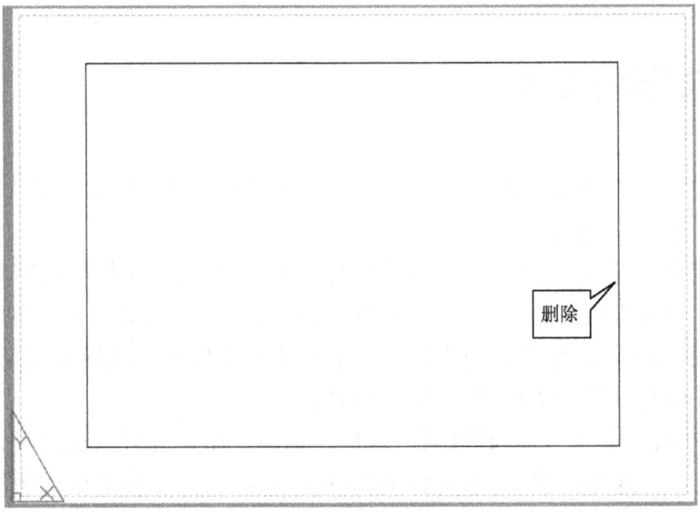

图 11-15　新建布局 A3

置”→打开“页面设置管理器”对话框→选择 * A3 * 布局，单击“修改”按钮→打开“页面设置-A3”对话框。

② “打印机/绘图仪”区选择“DWG To PDF. pc3”（打印输出成 PDF 文档）；“打印样式表”区选择“monochrome. ctb”（黑白打印）；“图纸尺寸”区选择“ISO A3”，如图 11-16 所示。

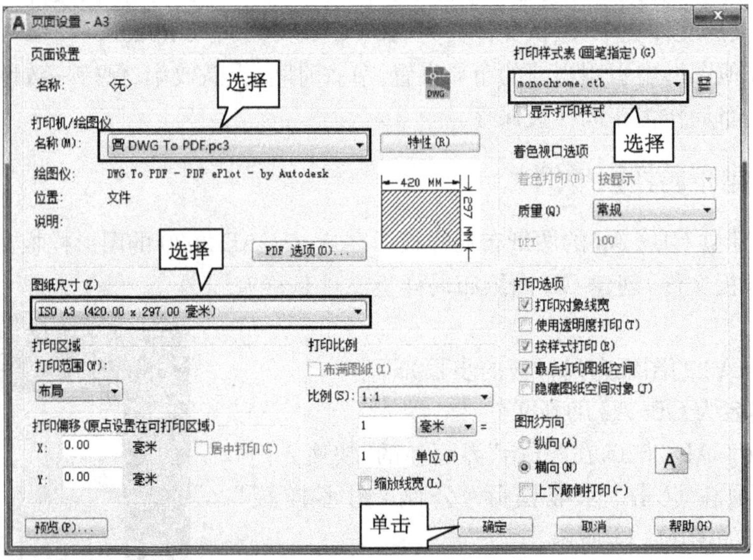

图 11-16　页面设置

③ 设置打印边界。单击“特性(R)”按钮→“绘图仪配置编辑器”对话框→选择“修改标准图纸尺寸”→找到“ISO A3(420×297)”→单击“修改(M)...”按钮→“自定义图纸尺寸-可打印区域”对话框，均为 0，如图 11-17 所示。然后按提示完成，返回“绘图仪配置编辑器”对话框，一路“确定”后，直到关闭“页面设置管理器”，可以看到“A3”布局的打印区域（虚线位置）发生了变化。

说明，打印区域的左下角是该布局的坐标原点。

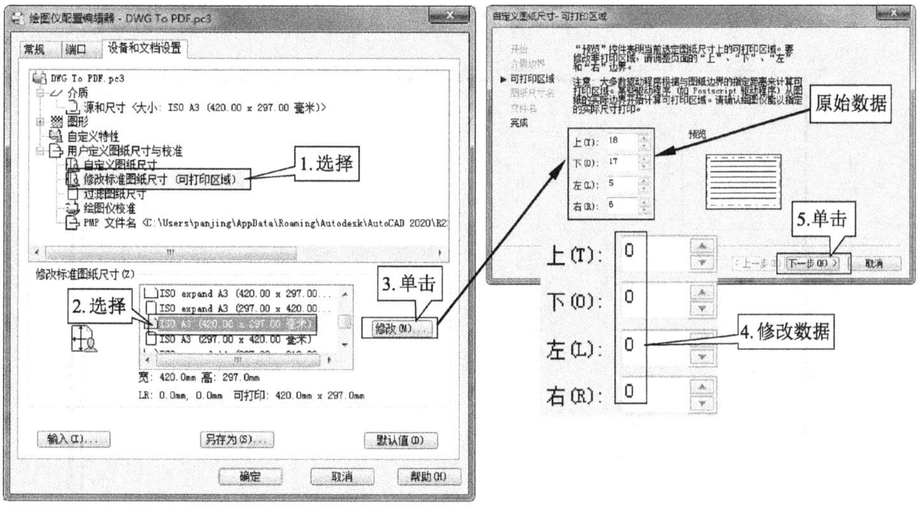

图 11-17 设置打印边界

(4) 在“A3”布局空间绘制 GB-A3 图纸样式和图纸边界线

关于图纸格式请查阅标准 GB/T 14689—2008，在绝大多数《制图》教材中可以查到该标准。

① 开设图层、设置文字样式等，读者按需自行确定。

② 按图纸格式绘制图框线和标题栏。

③ 定义属性。属性有：材料标记、单位名称、图样名称、图样代号、重量、比例、供几张和第几张等，其他为普通文字。

④ 将所有绘制的图线、填写的文字和所有的属性定义成图块，块名为 GB-A3，基点为图框线的左下角。结果如图 11-18 所示。

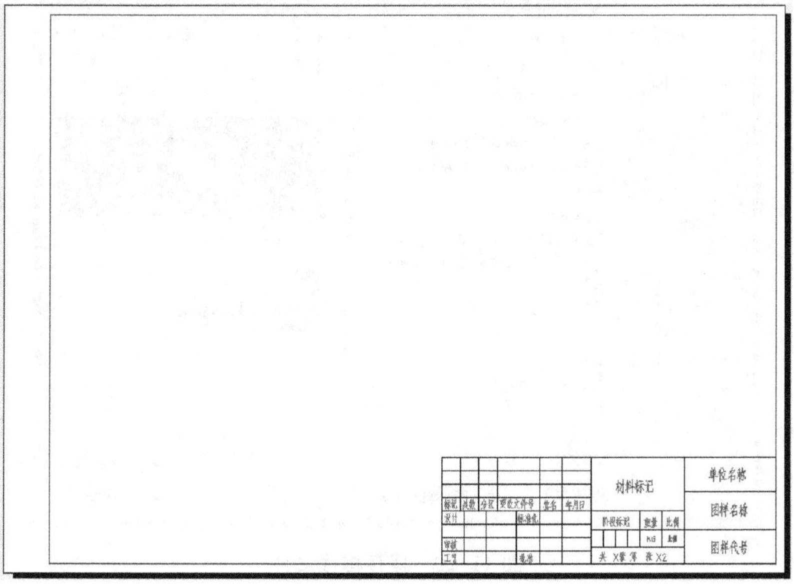

图 11-18 “A3”布局图纸

(5) 创建视口

单击“布局”选项卡→“布局视口”面板→“矩形”视口，矩形布满图框，如图 11-19 所示

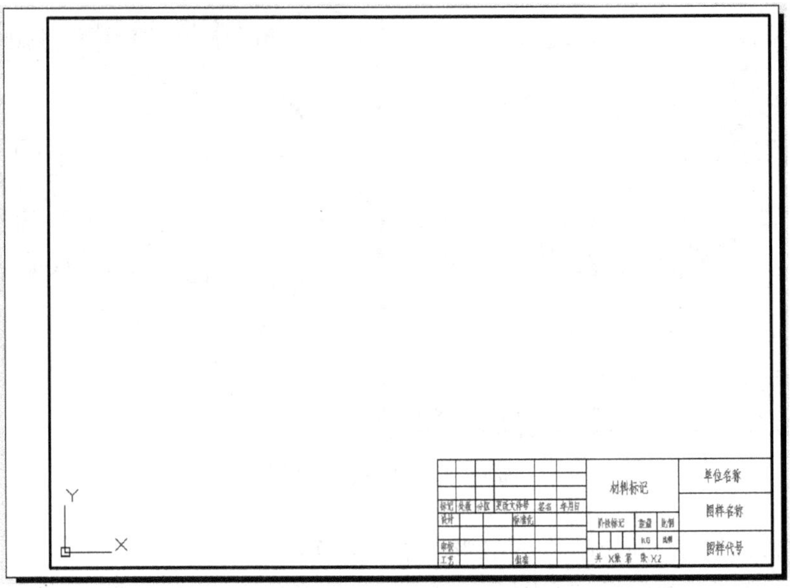

图 11-19 创建一个视口

(6) 保存为样板文件

单击“文件”→“另存为”→“另存为”菜单项，AutoCAD 打开“图形另存为”对话框，在“文件类型”下拉列表中选择“AutoCAD 图形样板(*.dwt)”，AutoCAD 自动保存“Template”目录中，如图 11-20 所示。单击按钮 保存(S) 后，在出现的“样板选项”对话框中输入说明文字：GB-A3 图纸。

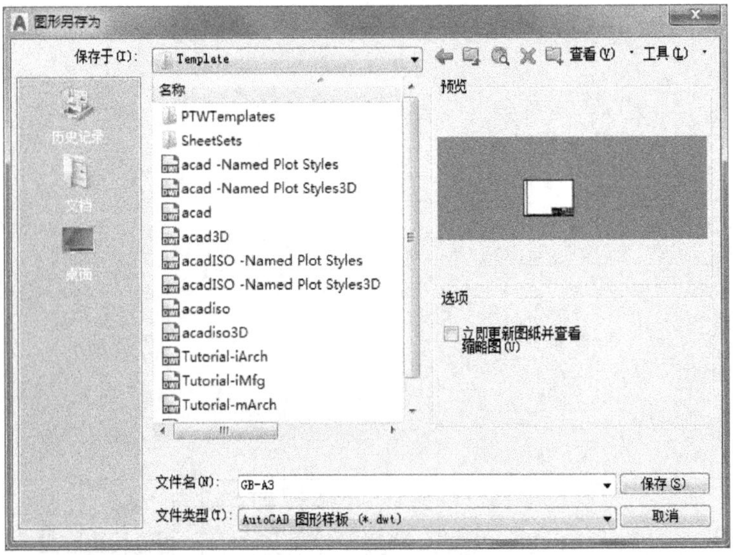

图 11-20 保存样板文件

按照上述方法设置完成后，再一次从来自样板创建布局时，在打开的“从文件选择样板”对话框中会出现设置好的样板文件“GB-A3”。新建文件时，用户可以直接调用。由于设置了属性，用户只需双击属性即可修改为自己所需要的内容，一次设置带来永远的方便，真是一劳永逸。

11.4 创建和管理图纸集

图纸集是由多个图形文件中图纸的有序集合，图纸是从图形文件中选定的布局。图纸集的打开、组织、管理和归档等可以使用“图纸集管理器”来完成，如图 11-21 所示。

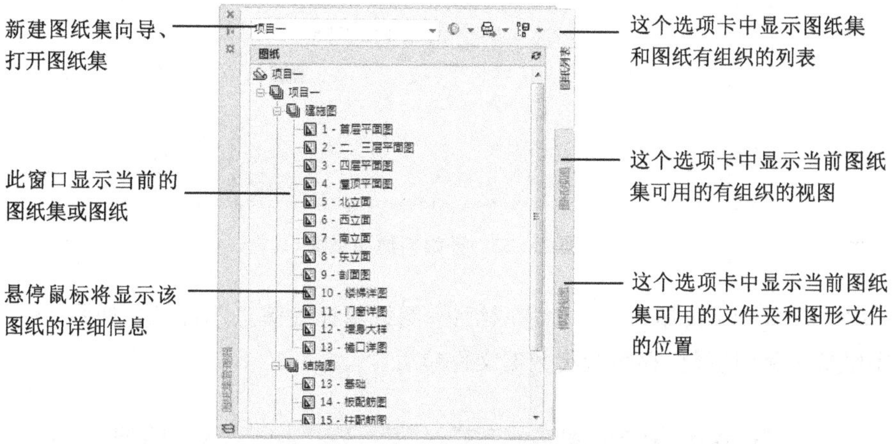

图 11-21 图纸集管理器

打开“图纸集管理器”的途径有五种：

① 功能区：“视图”选项卡→“选项板”面板→图纸集管理器

② 菜单：文件(F)→打开图纸集

③ 工具：“标准注释”工具栏→

④ 命令：SHEETSET

⑤ 快捷键：CTRL+4

使用“图纸集管理器”可以将图纸和视图组织在一个树形视图中，并由此管理大量的图纸集。其中在“图纸列表”选项卡中可以将图纸层次分明地组织在“组”和“子集”集合中。在“视图列表”选项卡中可以将视图组织在“类别”集合中。

11.4.1 创建图纸集

在 AutoCAD 2020 中，使用“创建图纸集”向导可以创建自己的图纸集，管理自己所有的各类图纸。在创建图纸集的过程中，既可以在现有图形的基础上创建图纸集，也可以使用现有图纸集作为样板进行创建。无论基于哪种基础，都会将一些图形文件中的布局输入到图纸集中。用于定义图纸集的关联和信息存储在图纸集数据(DST)文件中。

现以创建某“项目一”的图纸集为例，介绍创建的具体操作步骤：

(1) 在“图纸集管理器”上部的下拉列表框中点击“新建图纸集”，打开“创建图纸集”向导对话框。

(2) 选择创建图纸集的方式。这里选择“现有图形”单选按钮，指定一个或多个包含图形文件的文件夹，如图 11-22 所示。

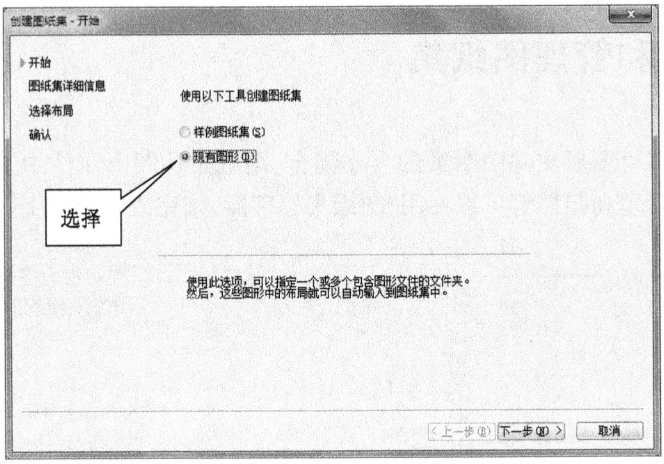

图 11-22　开始创建图纸集

(3) 单击下一步(N) >按钮，打开“创建图纸集-图纸集详细信息”对话框，如图 11-23 所示。定义新图纸集名称，选择保存图纸集数据文件位置。

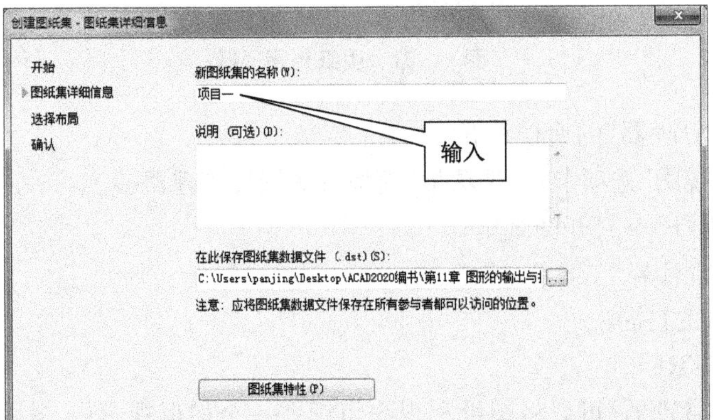

图 11-23　创建图纸集-图纸集详细信息

(4) 单击下一步(N) >按钮，将打开“创建图纸集-选择布局”对话框，，点击浏览(W)...按钮，选择自己电脑中要组织图纸集的文件夹，如“项目一”图形文件夹，点击确定按钮后生成图纸集的文件，如图 11-24 所示。

(5) 单击下一步(N) >按钮，如图 11-25 所示，点击完成按钮，成功创建“项目一”新图纸集。

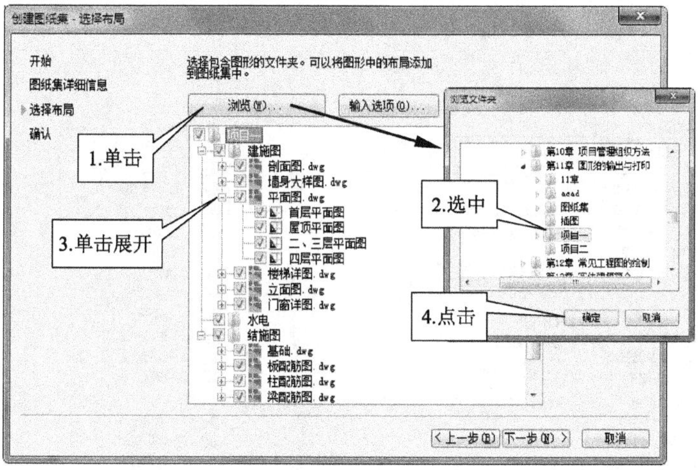

图 11-24　图纸集图纸目录

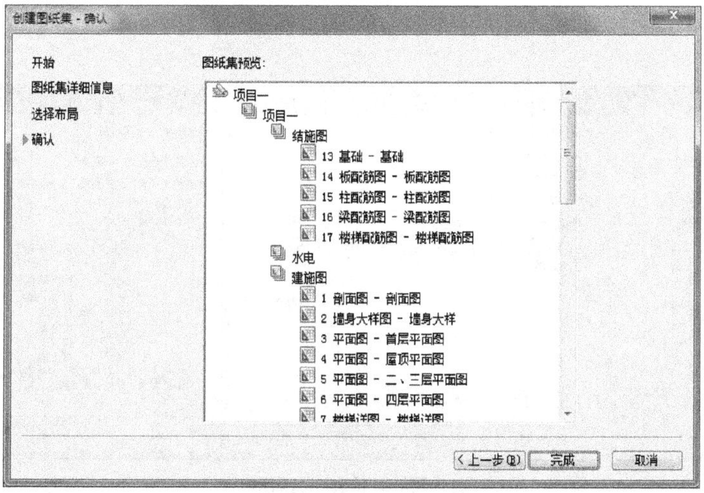

图 11-25　完成新图纸集的创建

11.4.2　管理图纸集

1. 打开图纸

在“图纸集管理器”上部的下拉列表框中打开“项目一”，如图 11-26(a)所示。双击该图纸集中需要的图纸文件，或在图纸文件上右击，从弹出的快捷菜单中选择“打开”命令即可打开图纸文件。已经被打开的图纸会在图纸集目录中显示锁定图标，其他人无法同时打开此文件，如图 11-26(b)所示。

2. 添加图纸目录

在图纸集管理器中可快速生成图纸目录，且方便查看和修改。在图纸“组”名上右击→选择“插入图纸一览表”→打开“图纸一览表”对话框，如图 11-27(a)所示。设置表格样式，选择需要生成目录的图纸，点击 确定 按钮后生成图纸一览表插入布局，如图 11-27(b)所示，可以按要求编辑表格，详见第 8 章。

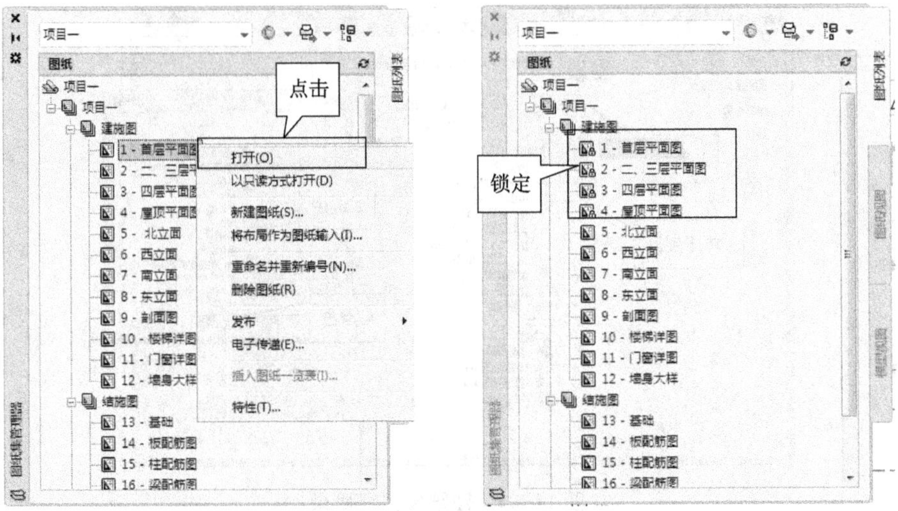

（a）打开图纸　　（b）打开图纸被锁定

图 11-26　打开图纸

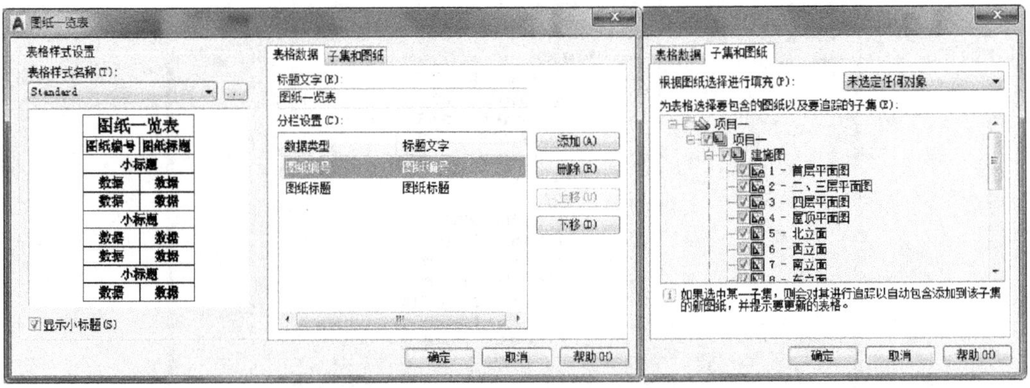

（a）“图纸一览表”对话框

图纸一览表	
图纸编号	图纸标题
建施图	
1	首层平面图
2	二、三层平面图
3	四层平面图
4	屋顶平面图
5	北立面
6	西立面
7	南立面
8	东立面
9	剖面图
10	楼梯详图
11	门窗详图
12	墙身大样
结施图	
13	基础
14	板配筋图
15	柱配筋图
16	梁配筋图
17	楼梯配筋图

（b）“项目一”图纸目录

图 11-27　添加图纸目录

3. 修改图纸特性

在布局名称上右击→选择“特性”→打开“图纸特性”对话框，如图 11-28 所示。在“图纸特性”对话框中可以修改“图纸标题”“图纸编号”“修订日期”等信息，修改的信息会同步更新到图纸目录。

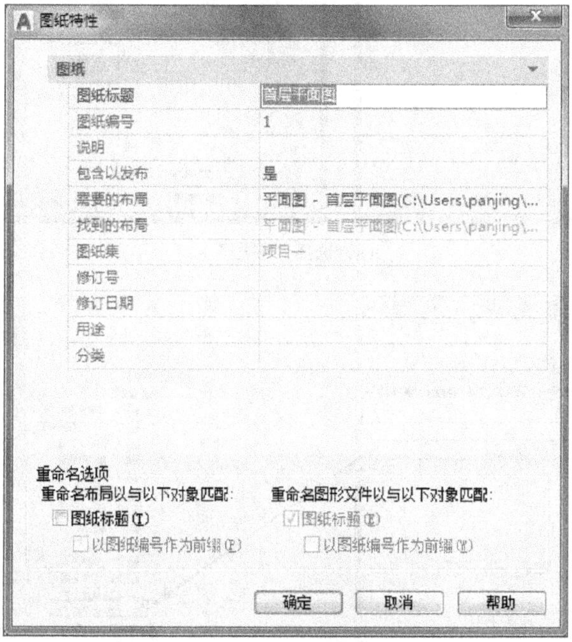

图 11-28 “图纸特性”对话框

4. 插入图纸

在图纸集中可以输入外来图纸。在设计过程中，设计者可以运用这个功能将不同图形文件中的布局组成当前的一套图纸，以达到资源共享的设计效果。例如，“项目一”中的“檐口详图”与“项目二”中的相同，那么可以直接在“项目一”的图纸集中引入“项目二”的“檐口详图”与当前图纸组合，步骤如下：

(1) 右击图纸“组”名→选择“将布局作为图纸输入”→打开“按图纸输入布局”对话框，参见图 11-26(a)。

(2) 从打开的“按图纸输入布局”对话框中，点击“浏览图形”按钮，找到需要的图纸插入，如图 11-29(a)所示。

(3) 输入“图形”，图纸集目录更新，如图 11-29(b)所示。

5. 发布 PDF

通过图纸集管理器可以将项目中的图纸选择性的批量发布生成 PDF。点击图纸集管理器右上角“发布”→点击“发布对话框”→打开“发布”对话框，如图 11-30 所示。选择需要发布的图纸，指定保存文件的位置，即可实现批量生成 PDF。其中，在“PDF 发布选项”对话框中有个“多页文件”选项框，若勾选则表示生成一个所有文件合并的 PDF，若去勾则表示生成多个 PDF，一张布局一个 PDF 文件。

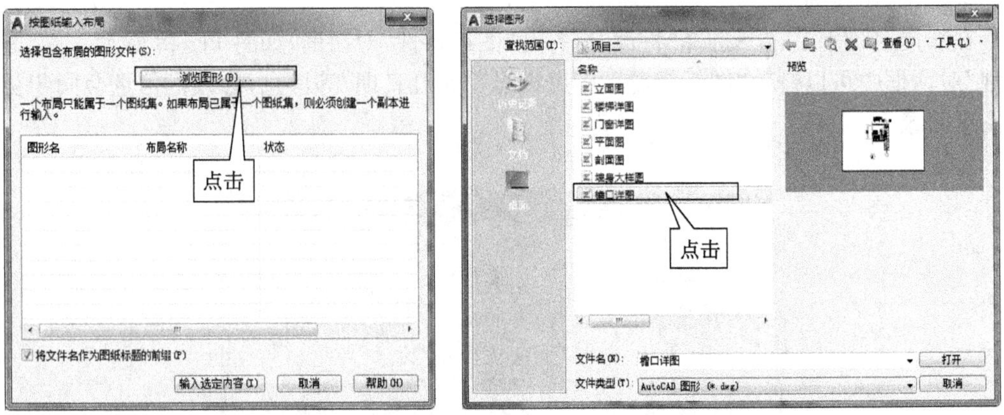

（a）选择“图形”

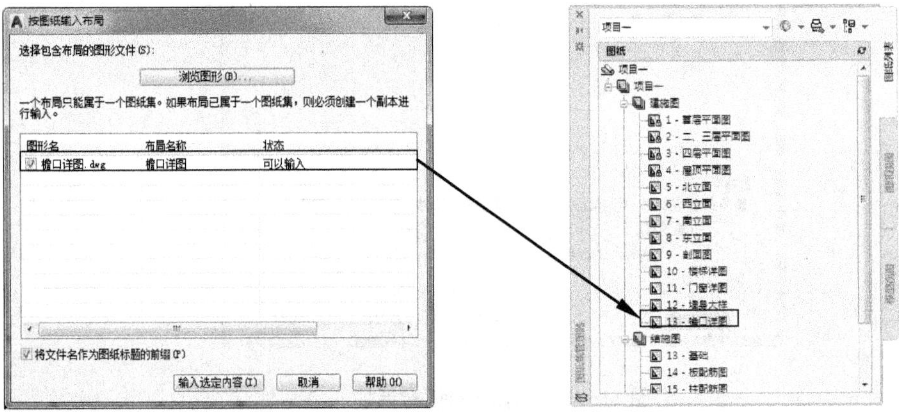

（b）输入“图形”

图 11-29　插入图纸

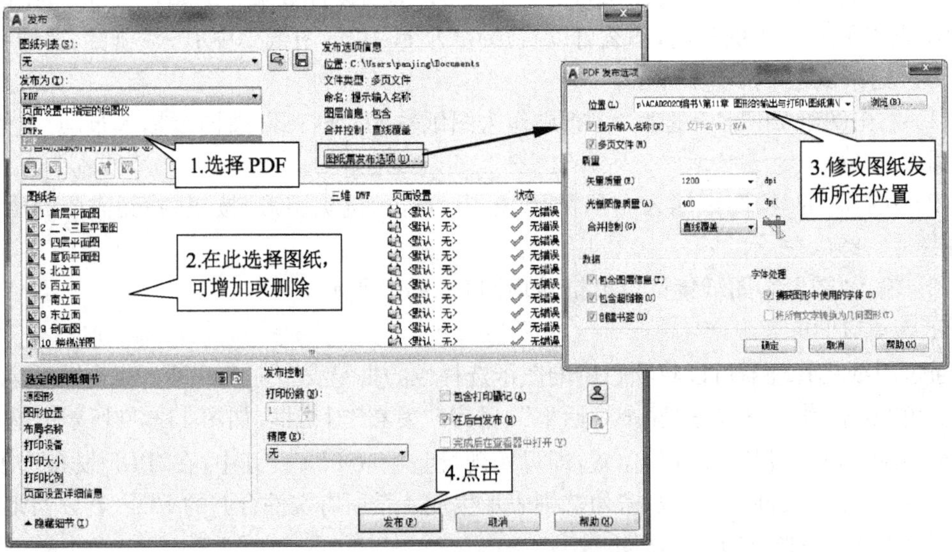

图 11-30　图纸集发布对话框

11.5 思考与实践

思考题

1. 在 AutoCAD 2020 中,如何使用"页面设置"对话框设置打印环境?
2. 在 AutoCAD 2020 中,如何使用布局向导创建布局?
3. 如何在模型空间与图纸空间切换,布局的意义是什么?
4. 在 AutoCAD 2020 中,如何在布局框中调整图形的显示?
5. 设置打印区域时有哪几种确定打印区域的方式?各表示什么意义?
6. 如何设置图形的打印方向?
7. 简述创建和使用图形样板文件的方法。
8. 如果打印图形时不显示线宽怎么办?

实践题

1. 试创建国标图纸 A4 的样板文件。
2. 将前面各章中较为复杂的作图题按图幅 A4、A3 或 A2 打印成 PDF 文档。
3. 将上一题中画好的文件做成图纸集,用图纸集的发布功能实现文档的批量打印。

第 12 章

常见工程图的绘制

根据相关理论、标准和规定，准确地表达出工程对象的形状、大小和必要的技术要求的图就是工程图样，它是制造或建造、装配或组装、检验或验收的依据，是进行技术交流的载体。

国家标准对图样规定了其要求和规范，工程设计人员必须严格准照执行，绘制出的图样必须符合国标。

通常，图样都是用图形表示对象的形状，用尺寸表示对象的大小，用符号（和少量文字）表示技术要求。

12.1 三视图

三视图是所有工程图样的基础。

12.1.1 三视图

三视图就是用三个正投影视图（主视图、俯视图和左视图）表示物体形状，是绘制工程图样的基础。三个视图之间必须满足投影关系，即主视图和俯视图长对正；主视图和左视图高平齐；俯视图和左视图宽相等。

三视图中所使用的线型有粗实线、细实线、点画线、虚线；所使用的文字为标注尺寸文字。另外为了保证投影关系（针对俯视图和左视图宽相等），用 AutoCAD 绘制三视图时需要作图辅助线（仪器绘图用分规）。

用 AutoCAD 绘制三视图的一般理念是：

（1）设置绘图环境或从样板文件新建文件

任何图形文件都需要开设图层、设置文字样式、设置标注样式、创建布局和打印输出等共性要求，若将这些绘图环境做成一个样板文件将给绘制新图省去很多时间。若没有这样的样板文件，绘图者还需要从头开始设置。AutoCAD 模型空间绘图都采用实际大小尺寸绘图，正确的图形输出应在布局空间中进行。通过布局空间的视口设置，能有效地组织图纸并打印输出。

（2）明确基准

基准是对象设计、加工建造、测量验收的尺寸起点，对没有工程经验的人员来说，不妨从物体的几何特点上确定其基准。常用的基准几何要素是：对称面、轴线、底面、背面和较大的平面。这些几何要素往往和设计基准、工艺基准一致。

（3）定位布置视图

确定三个视图的位置线，这些线就是基准在三个视图中的投影。

（4）形体分析，并按形体分解过程绘制三视图

任何复杂的物体都可以认为是由简单几何体通过叠加和挖切而成，形体分析就是明确该形体的组合过程，然后按形体的组合过程逐个形体地绘制其三个视图，并处理好形体间的交线投影。绘图时应遵循先主要形体后次要形体，先宏观后局部，先叠加后挖切的理念进行。

（5）标注尺寸

在清楚基准的基础之上，才能合理地标注尺寸。因此，标注尺寸时，首先要明白定形尺寸和定位尺寸；其次应按形体的组合方式和过程标注它们的定形尺寸和定位尺寸；第三要做到清晰、完整；最后尺寸标注必须符合国家标准。

（6）布局图纸

在样板文件中布局，根据对象形状结构复杂程度和尺度大小，选择图纸幅面，确定图纸绘图比例，填写标题栏。若无样板文件需自己设置布局。

12.1.2 绘制三视图

下面通过实例说明三视图的画法。

【例1】 现绘制如图12-1所示物体的三视图。

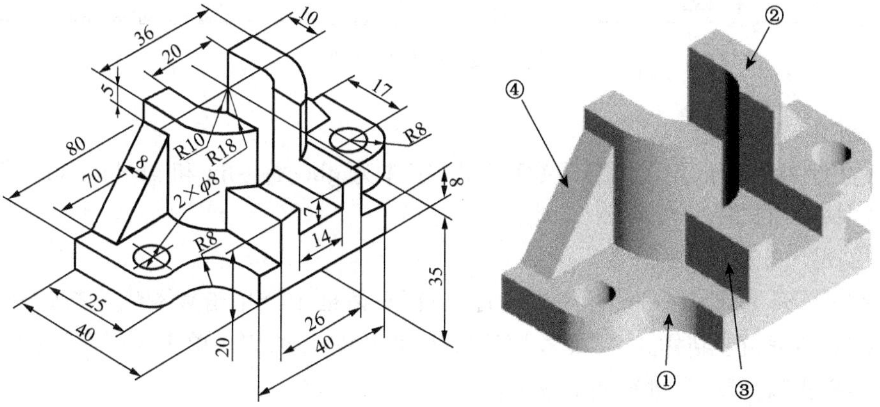

图12-1 待画三视图的立体

1. 规划与分析

● 图幅大小

根据图示尺寸，该物体总长80 mm，总宽40 mm。考虑到三视图的布局及标注尺寸所占面积，采用A3图幅。

● 基准确定

该物体左右对称，有底面和背面，故选择这些平面分别作为长、高、宽三个方向的基准。

● 形体分析：

该物体是叠加后进行挖切，可以认为有四个简单形体（见图 12-1 右侧立体图）叠加后，再挖切两个简单体以及打两个孔而成。叠加过程是首先有个底板①，在其上对称放置半圆头的主体②，与前方对称放置一个长方体③，最后在两侧对称增加两个加强板（肋）④。

2. 基本设置

（1）设置绘图环境。

新建文件从第 11-3 节创建的样板文件“GB-A3”开始，用“LIMITS”命令设置 A3 图幅的图形界限。

开设图层，图层参数如图 12-2 所示。其中线型“CENTER”和“HIDDEN”，需按 GB 要求从线库文件中定义、加载。

绘图中根据需要，设置绘图辅助功能“极轴”“对象捕捉”“对象追踪”，通常情况下这三个功能都处于启用状态。

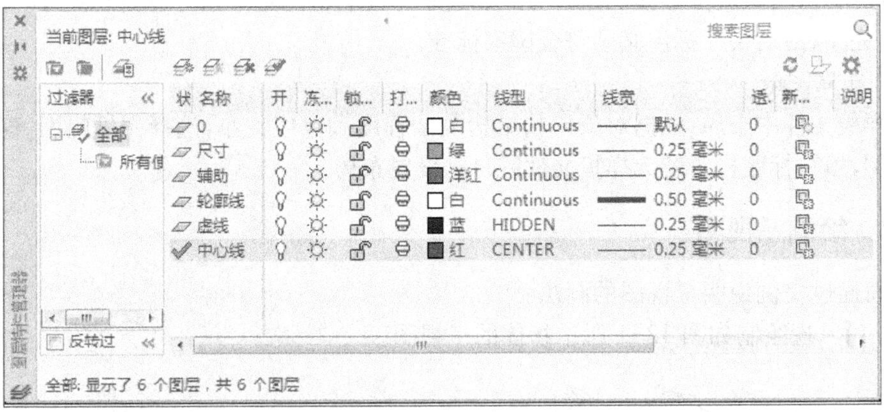

图 12-2 设置“图层”

（2）创建文字样式

样板文件中已设置了“工程字”文字样式，字体为 gbenor. shx 和 gbcbig. shx，其余选项保持默认，将该样式置为当前。

（3）创建尺寸标注样式

执行 DIMSTYLE 命令→“标注样式管理器”对话框中→单击 新建(N)... 按钮→“创建新标注样式”对话框，在“新样式名”文本框里输入样式名“GB35”→单击 继续 按钮→打开“新建标注样式”对话框。进行如下设置：

“线”选项卡的设置如图 12-3 所示。

“文字”选项卡的设置如图 12-4 所示。

其他各选项卡采用默认设置。确定后返回“标注样式管理器”对话框，在该对话框的“样式列表”中多了一个刚创建的标注样式名“GB35”。

创建“半径标注”子样式。

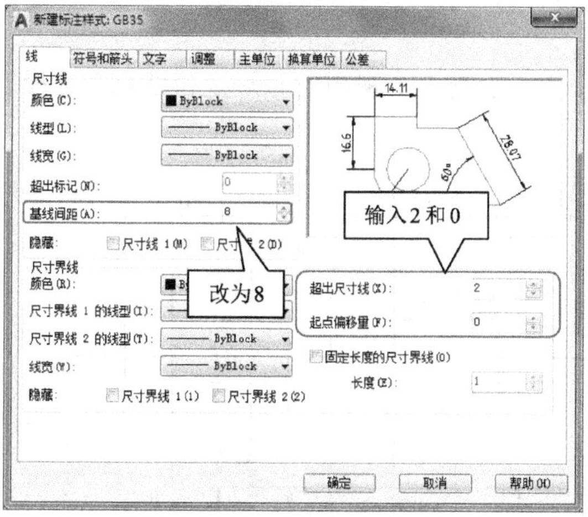

图 12-3　设置“线”

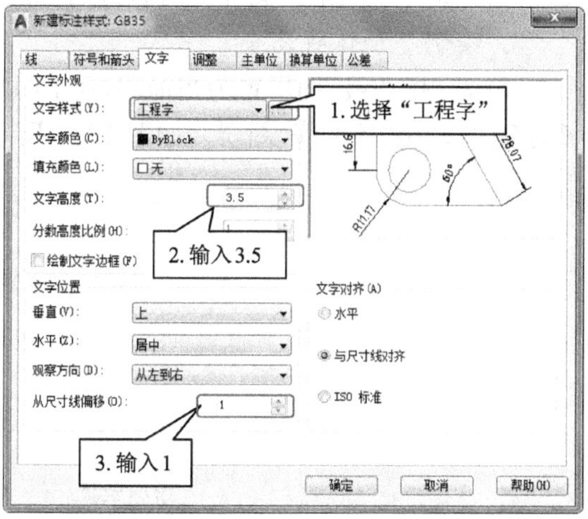

图 12-4　设置“文字”

继续单击“标注样式管理器”对话框中的 新建(N)... 按钮→打开“创建新标注样式”对话框，在“用于”的下拉列表框中，选择“半径标注”，如图 12-5 所示。然后单击 继续 按钮→再次打开“新建标注样式”对话框。

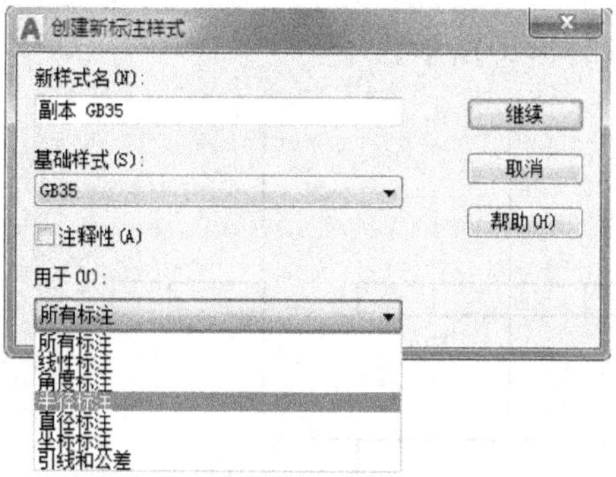

图 12-5　选择“半径标注”子样式

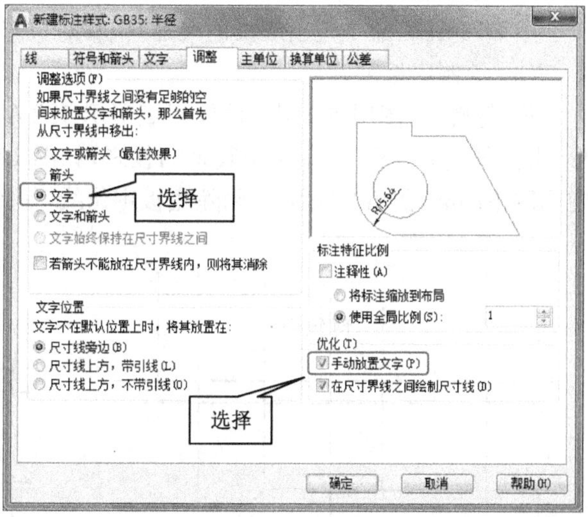

图 12-6　“半径标注”子样式“调整”设置

在“文字”选项卡的“文字对齐”区，选择 ISO 标准 单选按钮；对“调整”选项卡的设置如图 12-6 所示。

创建“直径标注”子样式。与“半径标注”子样式各项参数的设置相同。

返回到“标注样式管理器”对话框后，可以看到，在该对话框的“样式列表”中，样式名“GB35”下多了“半径”和“直径”两个子样式。单击 关闭 按钮，完成尺寸样式的创建。

通常情况下，在绘图之前要进行如上的设置，每次绘图进行重复的设置会浪费很多时间。事实上，将某项目所需的各种设置(包括布局设置)完成后，可以将该图形文件存为样板文件,当开始一个新的绘图任务时,可以打开此样板文件,免去了再次重复设置。

3. 绘制叠加体视图

(1) 将“中心线”图层置为当前层,用 PLINE 命令绘制三个视图的布局定位线,45°的投影关系线(转至“辅助线”图层),如图 12-7 所示。

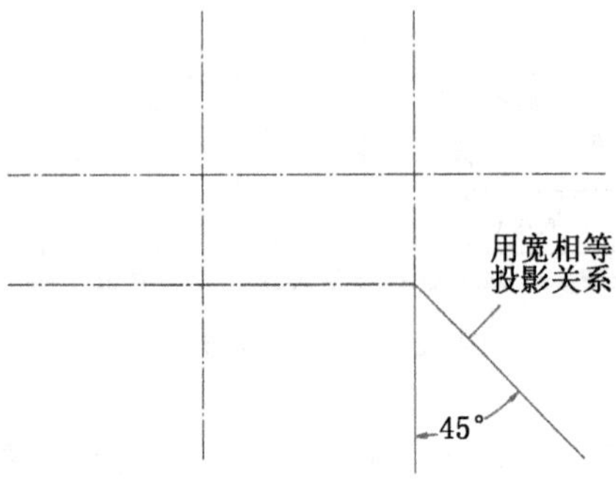

图 12-7 布局定位线

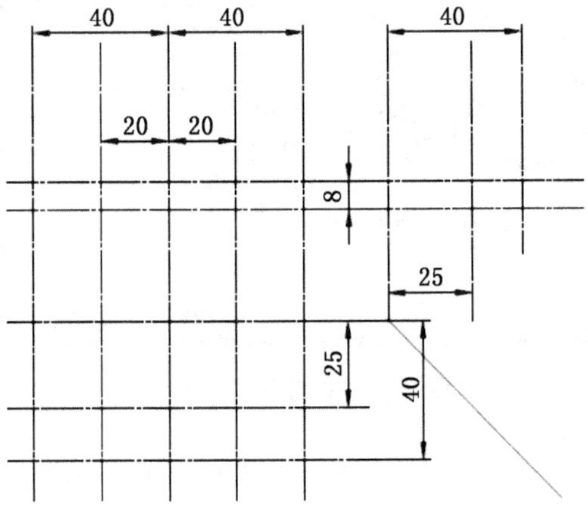

图 12-8 定底板尺寸

(2) 定出底板尺寸

用 OFFSET 命令定出底板的尺寸,偏移对象基线,如图 12-8 所示。

(3) 绘制底板①

将“轮廓线”图层置为当前层,用矩形 RECTANG 命令绘制主视图和左视图的两个矩形;用多段线 PLINE 命令绘制其余的投影,如图 12-9(a)所示;用倒圆角 FILLET 命令,将中间四角倒圆,倒角半径为 8,删除底板定位线,如图 12-9(b)所示。

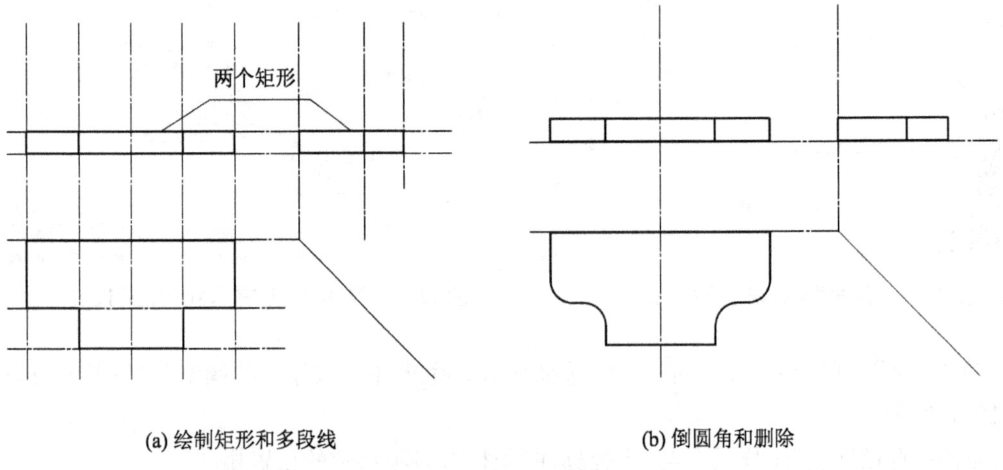

(a) 绘制矩形和多段线　　(b) 倒圆角和删除

图 12-9 底板的三视图

(4) 绘制主体②

量取尺寸用 OFFSET 命令,投影用 PLINE 命令绘制,如图 12-10(a)所示,修剪距离为 10 的两根点画线,删除其余两根点画线,如图 12-10(b)所示

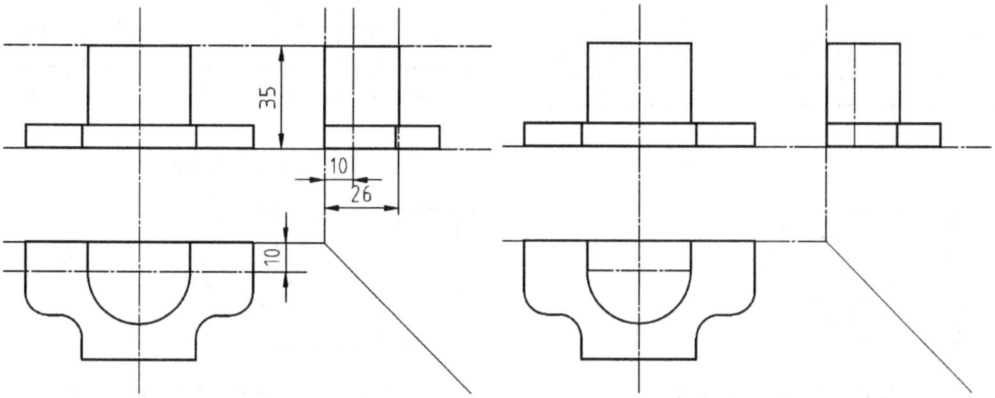

(a) 量尺寸和多段线绘制　　(b) 修剪和删除

图 12-10　绘制主体投影

(5) 绘制长方体③

绘制思路同前，但是长方体③与主体②产生交线，为保证投影关系，需从俯视图作一条水平辅助线，与 45°投影线相交，过此交点向上作垂直线，如图 12-11(a)所示；绘制长方体的三视图，然后用修剪 TRIM 命令修剪左视图中主体②多余的投影，如图 12-11(b)所示。

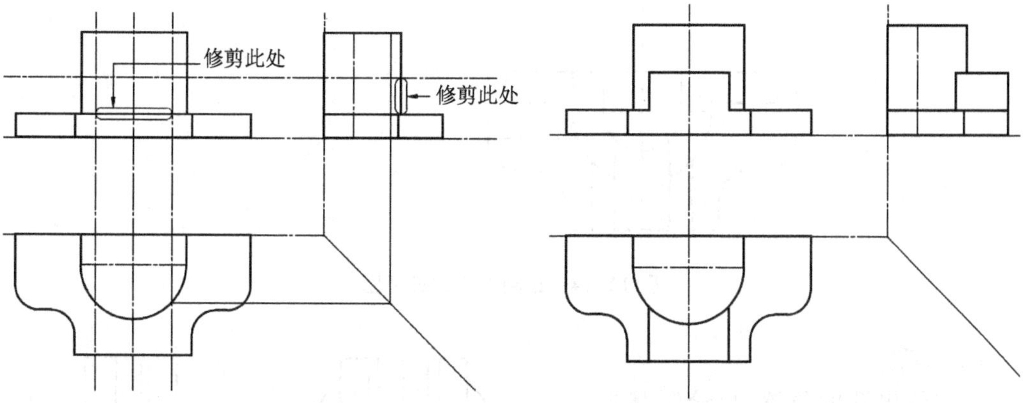

(a) 作辅助线　　(b) 绘制修剪投影

图 12-11　绘制长方体

(6) 加强板④

绘制思路与方法同前，其中主、俯视图可以先画出左边的投影，再镜像复制成右侧，结果如图 12-12 所示。

4. 绘制挖切体视图

(1) 挖切半圆通槽

用 OFFSET 命令向内偏移俯视图中主体投影，并修剪。利用 45°线绘制左视图，并将不可见的投影转移至“虚线”图层，结果如图 12-13 所示。

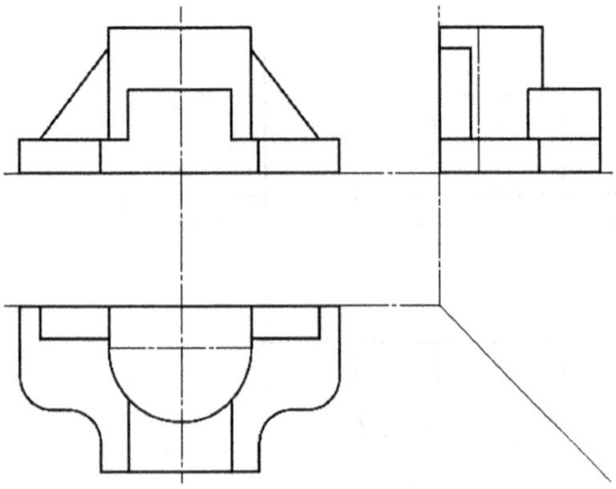

图 12-12 绘制加强板

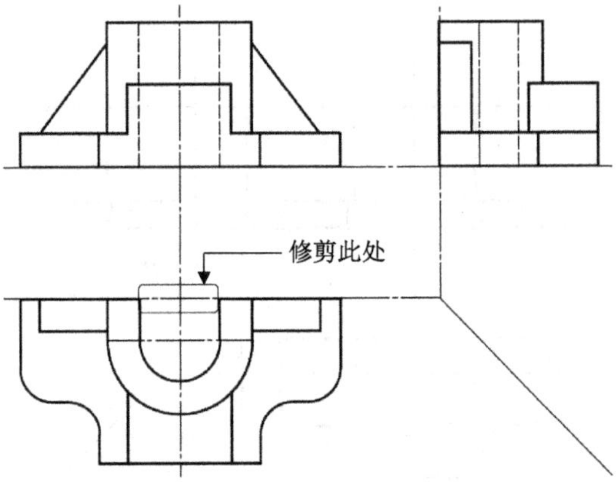

图 12-13 绘制半圆通槽的三视图

(2) 挖切前后方形通槽

注意与圆柱面的交线的投影，投影线与绘图结果如图 12-14 所示。

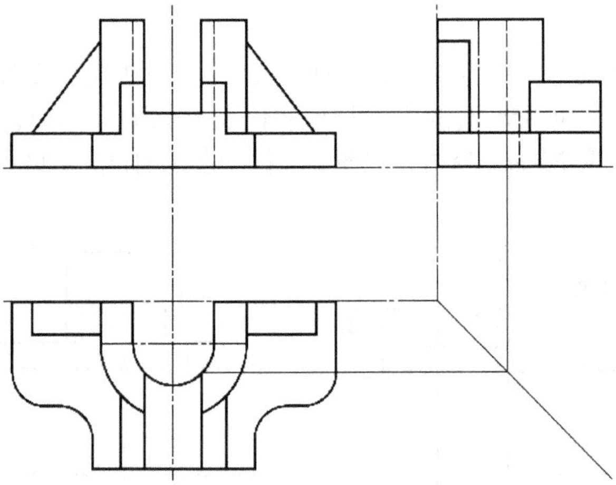

图 12-14 绘制方槽的三视图

(3) 打孔

先定位出孔的位置，再绘制其视图，然后整理点画线，绘制结果如图 12-15 所示。

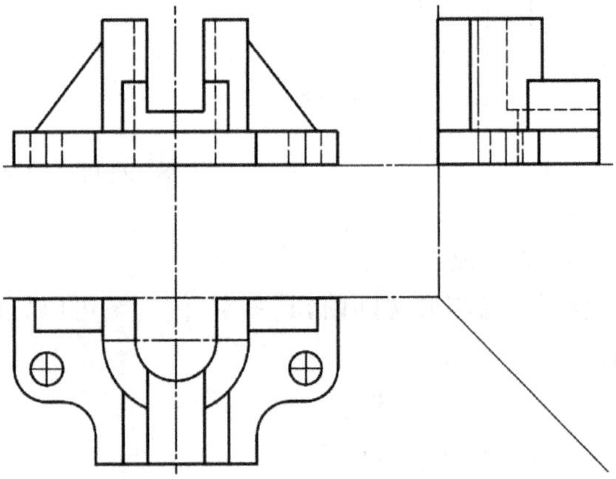

图 12-15 绘制孔的三视图

5. 规整图形

国标要求点画线超出图形 (2～5)mm，拉长命令 LENGTHEN 在此处是最佳的应用。首先以图形为边界，修剪各点画线，如果点画线长度不够，请用延伸命令 EXTENDS，然后使用拉长命令 LENGTHEN 的“增量”选项，本图设为 2 mm，可以连续拉长各点画线。最终的三视图如图 12-16 所示。

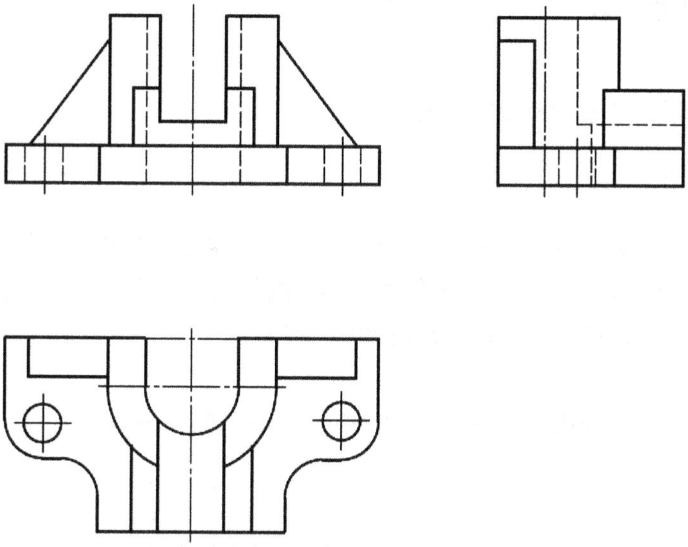

图 12-16 绘制好的三视图

6. 标注尺寸

将“尺寸”图层置为当前层，用创建的标注样式“GB35”对视图进行标注，标注结果如图 12-17 所示。

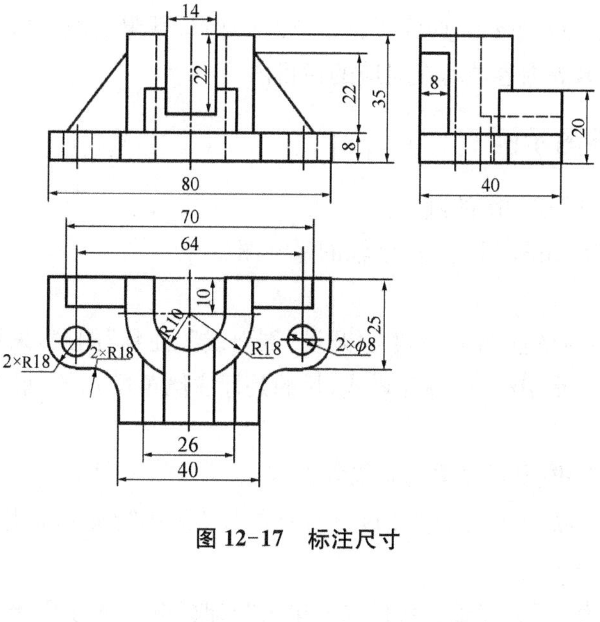

图 12-17 标注尺寸

7. 布局打印

进入“A3”布局空间，在视口内双击，于浮动视口内调整视图显示，在状态栏中将视口比例调整为 2∶1，然后锁定视口。右击“A3”布局选项卡，从弹出的快捷菜单中选择“打印”命令，即可打印成 PDF 文档，参见第 11 章。

12.2 机械图样

机械图样主要包括零件图和装配图。

12.1.3 零件图

零件是机器设备或部件中不可再分割的基本单元，也是制造单元。用来表示零件形状和结构、大小及技术要求的图样称为零件图。零件图是生产部门的重要技术文件，是指导零件制造和检验的依据。因此，零件图应包括以下内容：

(1) 一组视图

用视图、剖视图、断面图、规定画法和简化画法来正确、完整和清晰表达出零件的内、外结构形状。

(2) 尺寸

在零件图上应正确、齐全、清晰和合理地标注出制造和检验零件所需的全部尺寸。

(3) 技术要求

用一些规定的代号和符号、数字、字母和文字注释说明零件制造和检验时在技术指标上应达到的要求。如表面粗糙度、尺寸公差、形状和位置公差，材料及其热处理、检验方法以及其他特殊要求。技术要求的文字一般注写在标题栏上方图纸空白处。

(4) 标题栏

标题栏位于图纸的右下角。应将零件的名称、材料、数量、比例、零件代号、单位以及设计、审核批准者的姓名等内容填写在对应的栏目内。

12.2.2 绘制零件图示例

下面通过实例说明零件图的画法。

【例 2】 现绘制出如图 12-18 所示轴的零件图。

1. 通用设置

同绘制三视图设置的前四步，本例再开设“剖面线”“注释”图层，采用 A4 图纸打印。本图中还需设置三个“多重引线”的标注样式，目的是标注倒角尺寸、绘制基准符号和标注形位公差。

(1) 标注倒角“多重引线”的具体设置是：

① 点击“注释”选项卡→“引线”面板→面板右下角的小箭头↘，打开“多重引线样式管理器”。

② 新建样式名为“C”的多重引线样式→单击“修改”按钮→打开“修改多重引线样式”对话框。

③ “修改多重引线样式”对话框的三张选项卡设置。

“引线格式”选项卡，在“箭头”区的“符号”下拉列表框中选择“无”；

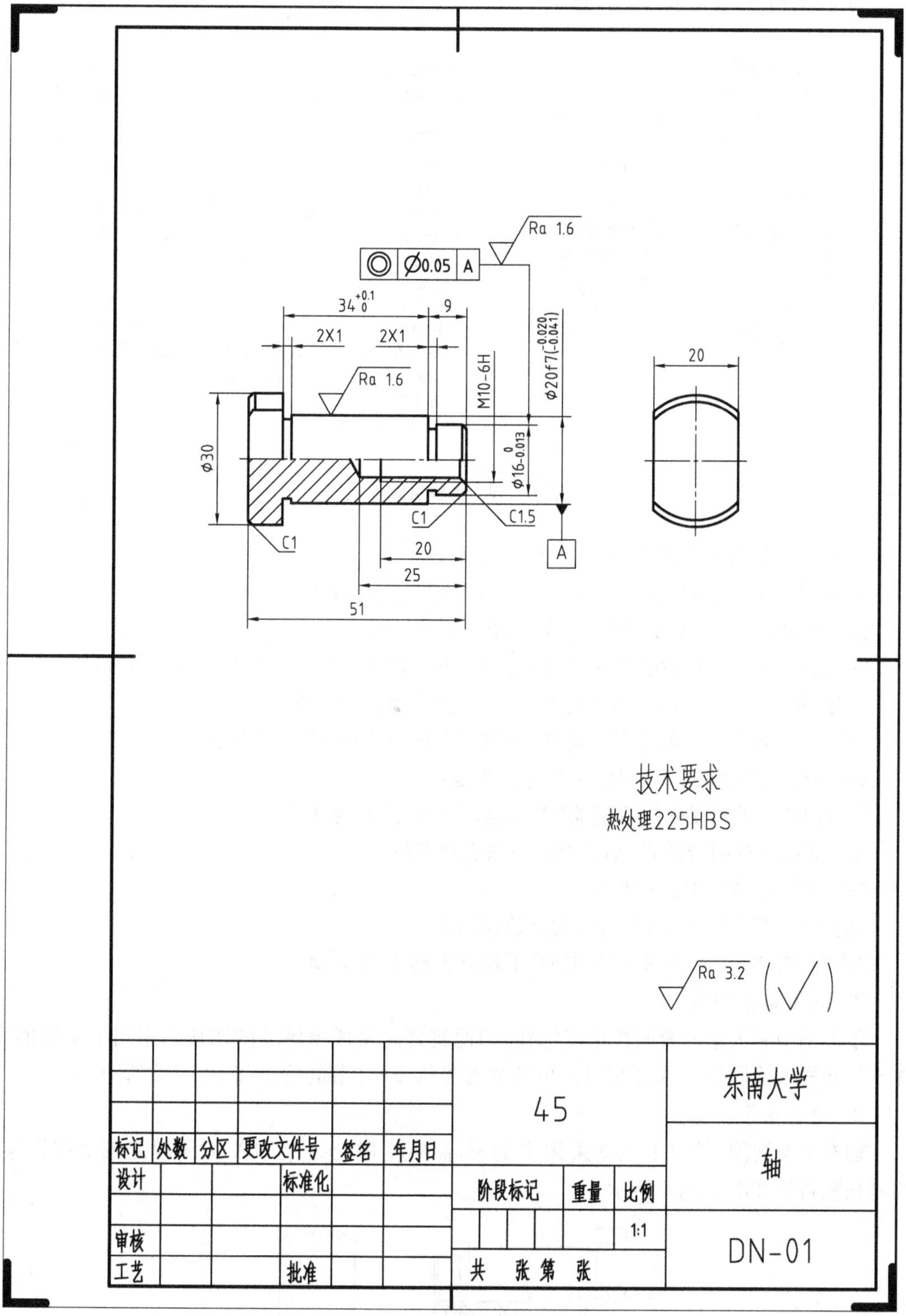
Ra 1.6
0.05 A
34 +0.1 0
9
2X1
2X1
Ra 1.6
M10-6H
φ20f7(-0.020 -0.041)
φ30
φ16-0.013 0
C1
C1
C1.5
A
20
25
51
20
技术要求
热处理225HBS
Ra 3.2
45
东南大学
轴
DN-01
标记
处数
分区
更改文件号
签名
年月日
设计
标准化
审核
工艺
批准
阶段标记
重量
比例
1:1
共 张 第 张

图 12-18 轴的零件图

“引线结构”选项卡和“内容”选项卡的设置见图 12-19。

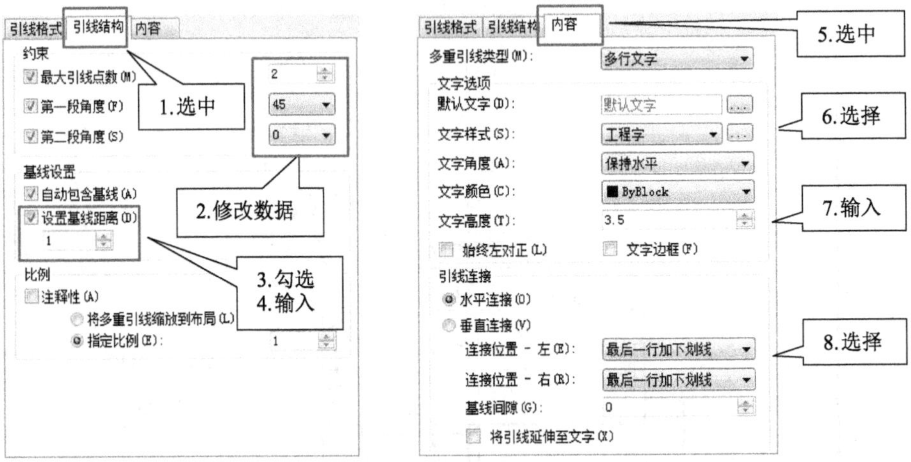

图 12-19 多重引线设置

(2) 基准符号的“多重引线”的具体设置是：

① 打开“多重引线样式管理器”对话框，新建样式名为“B”。

② “修改多重引线样式”对话框的三张选项卡设置：

“引线格式”选项卡，在“箭头”区的“符号”下拉列表框中选择“实心基准三角形”。

“引线结构”选项卡，在“基线设置”区，不选“自动包含基线”。

“内容”选项卡，在“多重引线类型”下拉列表框中选择“块”和“方框”。

(3) 形位公差的“多重引线”的具体设置是：

① 打开“多重引线样式管理器”对话框，新建样式名为“GT”。

② “修改多重引线样式”对话框的三张选项卡设置：

“引线格式”选项卡保持默认。

“引线结构”选项卡，约束的最大点数设为 3。

“内容”选项卡，在“多重引线类型”下拉列表框中选择“无”。

2. 创建属性图块

零件图中有大量的表面粗糙度标注，因此将之定义成带属性的图块。本图中采用的字体与尺寸样式均同例 1，关于属性块的定义参见第 10-1 节的例 1 和 10-2 节的例 4。

3. 绘制图形

轴有两个视图，其中主视图采用半剖视，需要用填充命令 HATCH 填充剖面线图案。绘制视图目标如图 12-20 所示。

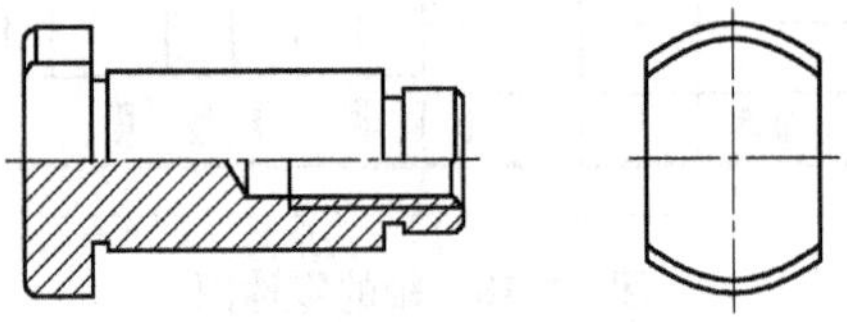

图 12-20 轴的视图

4. 标注尺寸及公差

对没有公差的尺寸标注很简单。对尺寸公差标注来说，有两种方法：一种方法是在“修改标注样式”对话框或“新建标注样式”对话框中对“公差”选项卡进行设置，然后用此样式标注的所有尺寸将都会带有公差，若要修改公差，需要在“特性”面板中进行，所以较麻烦，并且不能标注复杂的文本，优点是能与图形的大小相关联；另一种方法是，在标注尺寸过程中，通过采用多行文字的方法更改文本内容，可以标注出各种文本，较方便。本例均采用第二种方法实现公差标注。现以标注 $\phi20f7(^{-0.020}_{-0.041})$ 尺寸和公差为例说明其过程：

(1) 执行线性标注命令

☼ 命令：**DIMLINEAR**↵**依次拾取直径为 20 轴段的右下端点和右上端点**
指定尺寸线位置或[多行文字(M)/文字(T)/角度(A)/水平(H)/垂直(V)/旋转(R)]：**M**↵

(2) AutoCAD 进入自动弹出“文字编辑器”上下文面板。在文本编辑框中输入“%%C〈20〉f7(−0.020^ −0.041)”，并反过来选中“−0.020^ −0.041”，单击“文字格式”面板“堆叠”按钮，此时数字“−0.020”和“−0.041”已变为上、下偏差形式，如图 12-21 所示。〈20〉表示跳过测量值 20。

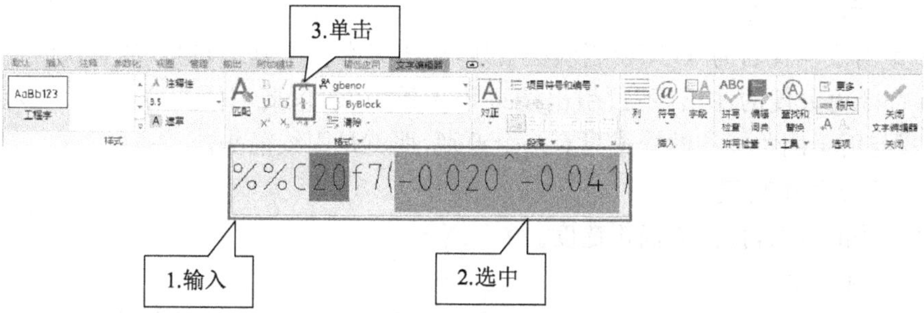

图 12-21 多行文字标注公差

(3) 单击“文字格式”工具栏按钮 确定 ，返回绘图界面，并提示：

指定尺寸线位置或[多行文字(M)/文字(T)/角度(A)/水平(H)/垂直(V)/旋转(R)]：**在适当位置拾取一点(完成该尺寸及其公差的标注)**

对尺寸“M10-6H”，由于主视图采用了半剖视，故在外形图该尺寸的尺寸界线及其相应的箭头都不能标出。要完成此标注形式，方法有三种：

方法一：利用“尺寸特性面板”，在“特性”面板中将“尺寸线 2”和“尺寸界线 2”置为“关”(先拾取起点为“尺寸线 1”和“尺寸界线 1”)；如图 12-22 所示。用该方法还可以更改公差及尺寸的其他特性。

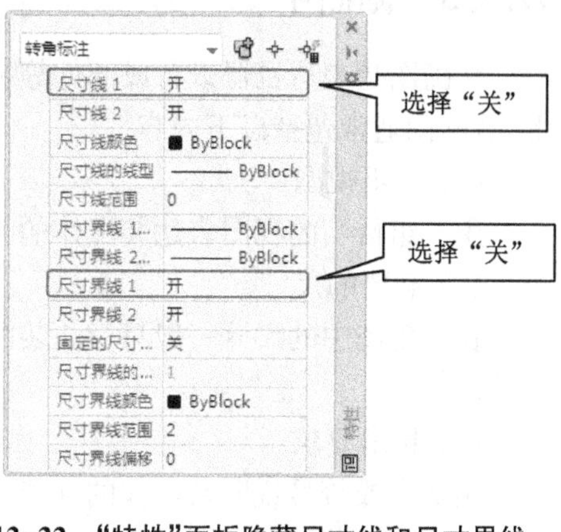

图 12-22 “特性”面板隐藏尺寸线和尺寸界线

方法二：是为该尺寸重新创建一个父尺寸样式，在“新建标注样式”的“线”选项卡中，勾选两个“隐藏”区的“尺寸线 2”和“尺寸界线 2”复选项，然后用该样式标注此尺寸。

方法三：用分解命令 EXPLODE 将此尺寸分解，分解后尺寸已不是一个对象了，箭头、尺寸线、尺寸界线、尺寸文本都会变成各自独立的对象，删除不要的上尺寸界线和箭头即可。然而通过分解后的尺寸不便于以后的进一步编辑，有时显得极其麻烦而将其删除，再行标注，因此在此建议并要求，尽一切可能不要轻易将尺寸分解，初学者往往采用分解来编辑图形，这是不对的。推荐采用方法一。

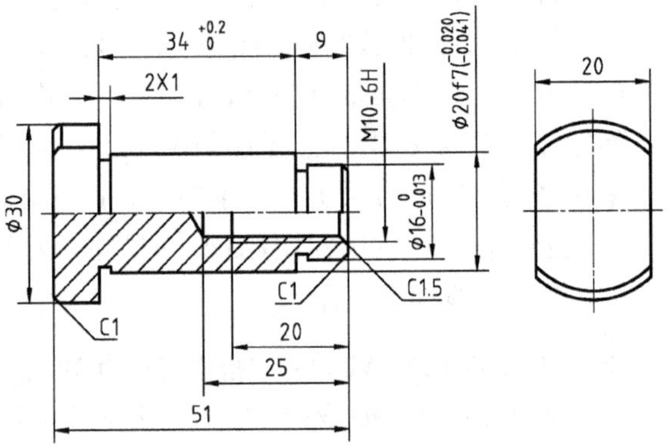

图 12-23　标注尺寸与公差

尺寸与公差的标注结果如图 2-23 所示。

5. 基准符号

用多重引线绘制，样式名为“B”。

6. 标注形位公差

先多重引线样式名为“GT”绘制箭头引线，由于只有一个基准符号，故直接绘制，用标注形位公差命令可方便的注出，不过引出线采用多重引线，但此时需再创建一个多重引线样式，该样式与用于倒角标注的样式只有一个差别，那就是引线箭头。

7. 标注表面粗糙度

用插入块的方法，标注表面粗糙度。

8. 写技术要求

进入图纸空间，创建“A4”图纸布局，开设一个布满视口，设视口比例为 1∶1，锁定视口。

用多行文字命令 MTEXT 注写技术要求。

在标题栏的右上方，插入其余表面的粗糙度。

9. 填写标题栏

双击更改标题栏中属性。到此完成了“轴”的零件图图样，可以打印输出。

12.2.3　装配图

装配图是表达机器设备或部件等装配体各组成部分的工作原理和装配关系的图样。因此，装配图通常包括以下内容：

（1）一组视图

用一组恰当的视图表达装配体的工作原理、各零件间的装配、连接关系。

（2）必要的尺寸

在装配图中的尺寸一般只标注装配体的规格性能尺寸、总体外形尺寸、装配尺寸和安装尺寸。

（3）技术要求

用文字或符号说明装配体的性能、装配、检验、调整、验收和使用方法等方面的要求。

（4）标题栏

标题栏的作用和内容同零件图。

(5) 序号

为便于读图和生产管理,需对每种零件进行编号。

(6) 明细表

用于说明装配图中与零件编号对应的零件的代号、名称及规格、材料、数量等内容。

在产品设计中,往往是根据实际功能和结构要求,先绘制出装配图,然后以装配图和有关参考资料为主要依据,设计零件的具体结构,绘制出零件图。

设计绘图时一般先用 1∶1 的比例绘制装配体的图形。待图形设计完成后,再选取适当的比例作为图形输出比例。“标注尺寸”及“注写文字”之前应对尺寸标注的有关参数、文字的字高、图幅的插入比例等进行调整,其值为 1∶1 输出时的各参数值与现图形输出比例倒数之积。

12.2.4 绘制装配图示例

【例 3】 现以液压缸的部件设计(设计要求:油缸的活塞直径为 50 mm,行程为 35 mm)为例,说明装配图的绘制方法和主要步骤。

根据液压缸的结构特点,采用主视图和左视图两个视图,其中主视图采用全剖视处理,可表达各零件的相对位置、装配关系及工作原理;左视图可表达缸体的形状和安装孔的位置。限于图幅,为使图形表达清楚,以主视图为分析主体,其装配图的具体绘制步骤如下:

1. 通用设置

同零件图的绘制。

2. 绘制主要基准

液压油缸是以“活塞”为中心的装配体,所以用“活塞”的右端面、轴线、对称中心线作为长、宽、高的设计基准线,如图 12-24 所示。

3. 绘制关键零件的主体结构

液压油缸的关键零件是“活塞”,液压推力的大小与活塞的端面面积成正比,活塞的长度又与行程有关。根据设计要求,主体结构按如图 12-24 所示的尺寸控制。

4. 绘制与关键零件紧密联系的主要零件的主要结构

液压油缸中与关键零件紧密联系的主要零件有:缸体和缸盖。其主要结构按如图12-25 所示的尺寸绘出。

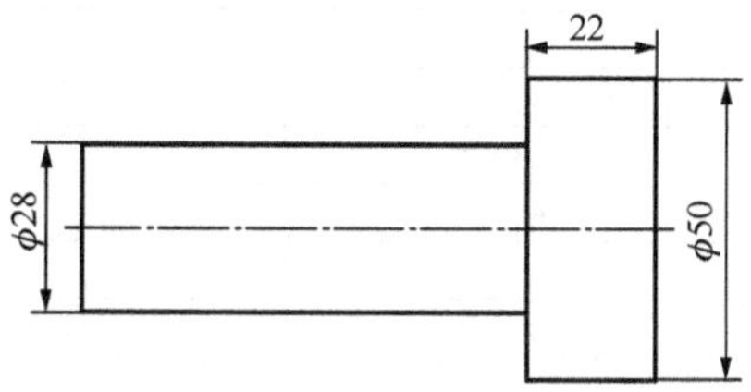

图 12-24　主体结构

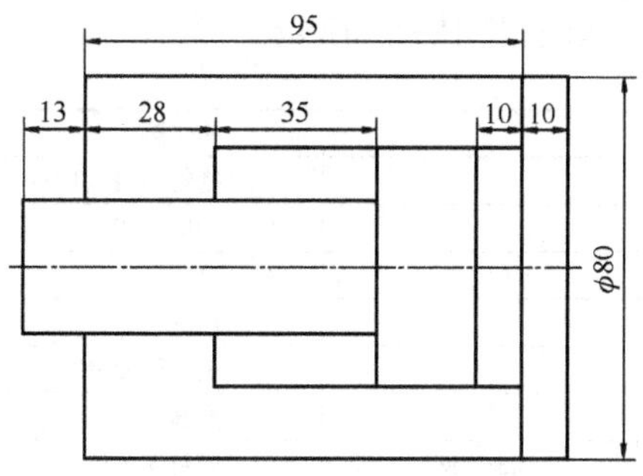

图 12-25　绘制主要零件的主要结构

5. 绘制各零件的基本结构和相对位置

根据结构、工艺、有关设计资料，绘出所有零件的相对位置和基本结构，如图 12-26 所示。

6. 绘制左视图

绘制左视图，以表达缸体的形状和安装尺寸，如图 12-27 所示。

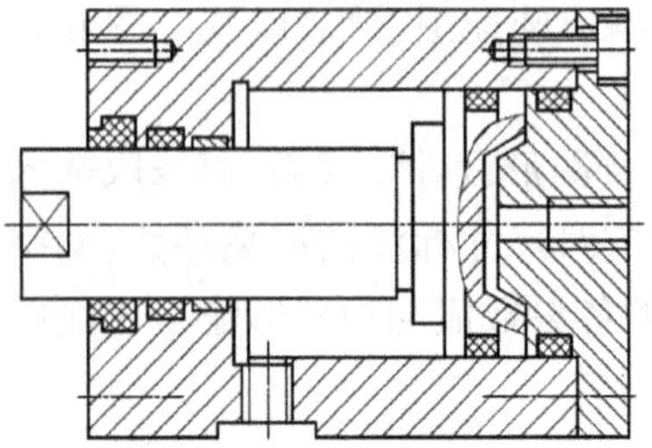

图 12-26 绘出各零件

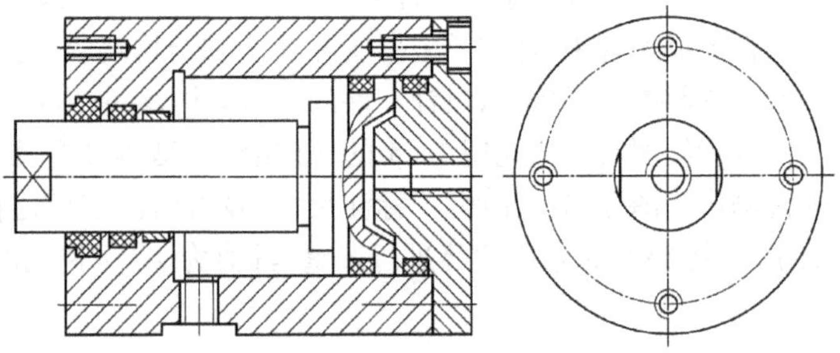

图 12-27 绘制左视图

7. 标注尺寸和引出序号

采用多重引线引出零件序号，标注必要的尺寸，如图 12-28 所示。

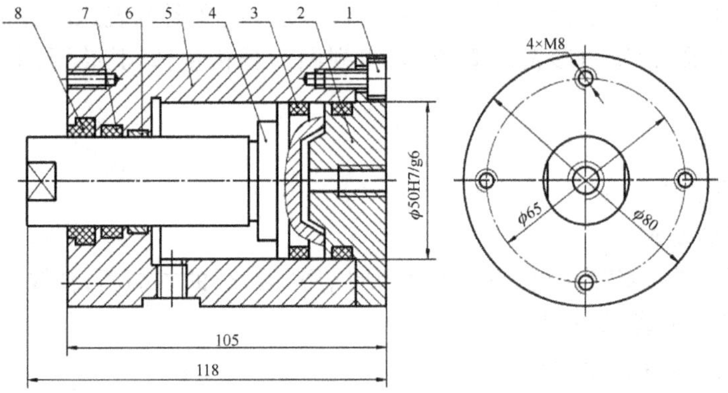

图 12-28 尺寸和序号

8. 绘制明细表并填写

用第 8 章创建和插入表格的方法，并参考例题的具体表格样式、栏目和表格尺寸等要求，在布局空间中，采用插入明细表。在填写明细表时，应按零件的引出序号自下而上依次填写，结果如图 12-29 所示。

8		防尘圈	1		
7		密封圈34×3.5	1		
6		导向环d28	1		
5		缸体	1	45	
4		活塞	1	45	
3		密封圈50×3.5	2		
2		泵盖	1	45	
1	GB67-85	螺钉M6×12	6		
序号	代　号	名　称	数量	材　料	备　注

图 12-29 绘制填写明细表

设计绘制液压缸装配图的最终结果如图 12-30 所示。

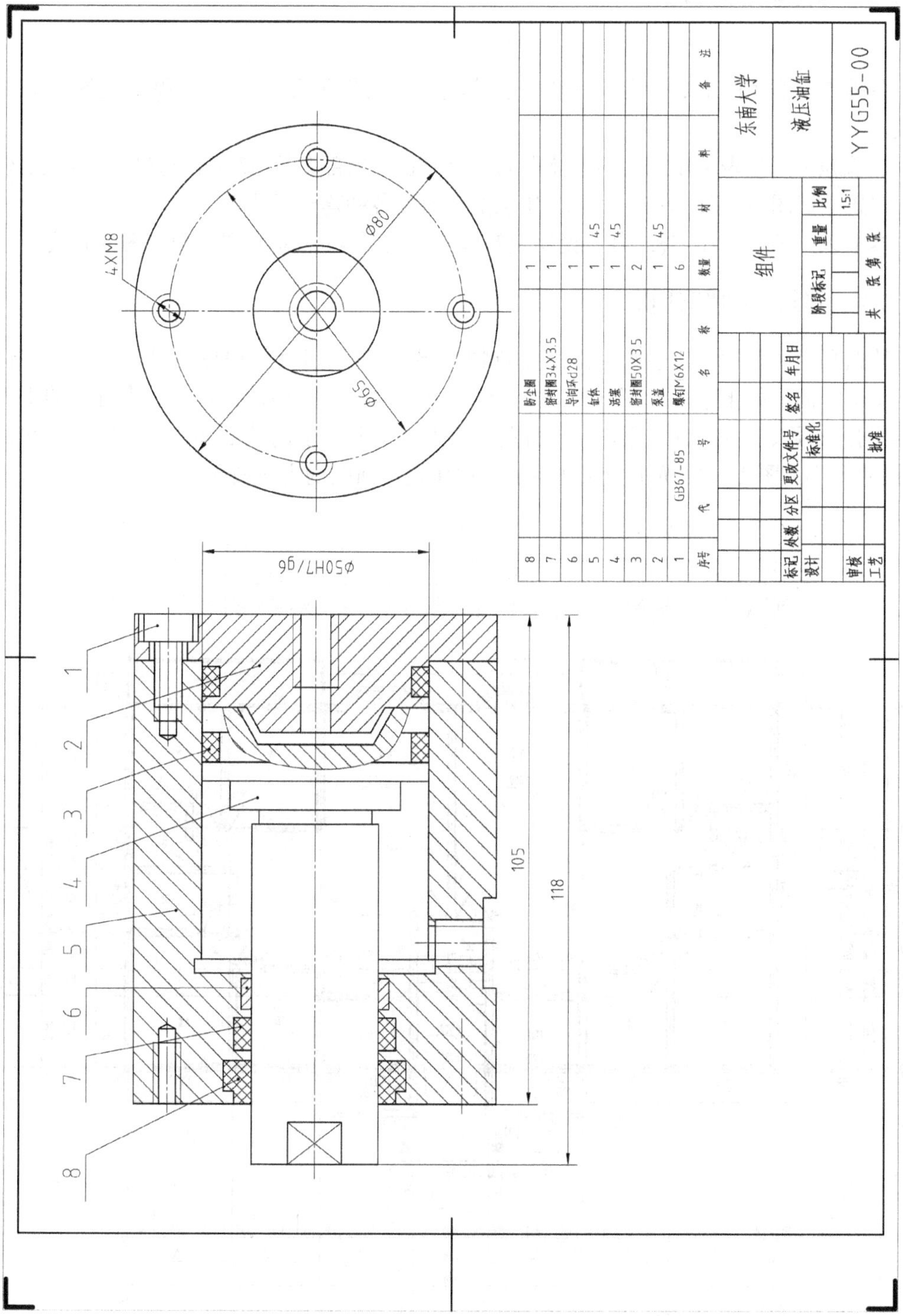

图 12-30　液压缸装配图

12.3 建筑施工图

各种类型房屋的组成相似，一般由基础、墙和柱、楼地面、楼梯、屋顶和门窗六大部分组成。

建筑施工图是表示建筑物的总体布局、外部造型、内部布置、细部构造做法等，主要包括各层建筑平面图、各朝向建筑立面图、建筑剖面图及各种建筑详图。

本节以一幢多层住宅楼为例，说明建筑施工图的平面图、立面图和剖面图的画法。

12.3.1 建筑平面图分析

建筑平面图是用一假想水平面沿建筑物各层门、窗洞口处将房屋切开，移去上半部分，将下半部分向下朝水平面投影所形成的全剖面图。建筑平面图用于表达建筑物的平面形状，房间的布局、形状、大小、用途，墙、柱的位置及墙厚和柱子的截面和位置，楼梯、门窗的位置，尺寸大小。图 12-31 所示为该住宅的底层建筑平面图的完成效果。

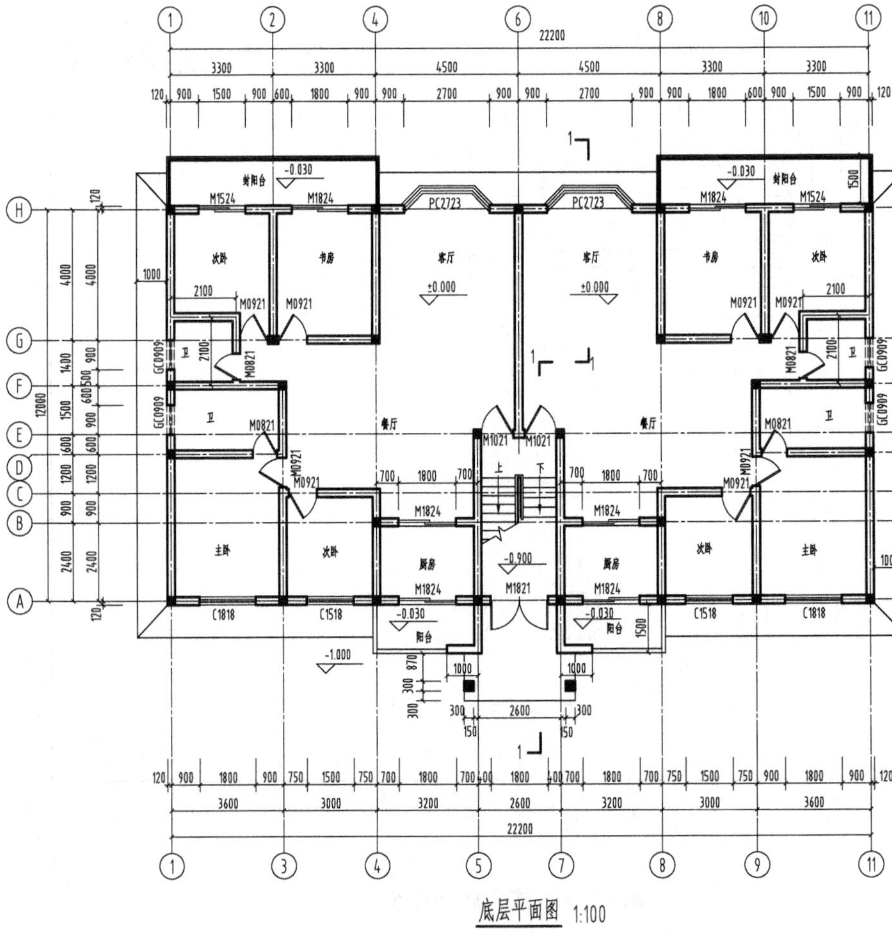

图 12-31 底层建筑平面图的完成效果

1. 建筑平面图的内容

在一般情况下，建筑平面图包括不同楼层的建筑平面图。

(1) 底层平面图

底层平面图主要表示底层的平面布置情况，即各房间的分隔和组合、房间名称、出入口、门厅、楼梯等的布置和相互关系，各种门窗的位置及室外的台阶、花台、明沟、散水、雨水管的布置等。

(2) 标准层平面图

标准层平面图主要表示中间各层的平面布置情况。在底层平面图中已经表明的花台、散水、明沟、台阶等不再重复画出。建筑物出入口处的雨篷等要在二层平面图上表示，二层以上的平面图中不再表示。

(3) 顶层平面图

顶层平面图主要表示房屋顶层的平面布置情况。如果顶层的平面布置与标准层的平面布置相同，可以只画出局部的顶层楼梯间平面图。

(4) 屋顶平面图

屋顶平面图主要表示屋顶的形状，屋面排水方向及坡度、天沟或檐沟的位置，还有女儿墙、屋脊线、雨水管、水箱、上人孔、避雷针的位置等。

(5) 局部平面图

当某些楼层的平面布置基本相同，仅有局部不同时，则这些不同部分就可以用局部平面图来表示。当某些局部布置由于比例较小、而固定设备较多，或者内部的组合比较复杂时，也可以另画较大比例的局部平面图。

此外，有的建筑还有地下层平面图与夹层平面图。

2. 建筑平面图的有关规定和要求

绘制平面图时应注意以下三方面原则性内容。

① 图示方法正确。

② 线型使用正确。

③ 尺寸齐全、清晰。

具体要求如下：

(1) 图名及比例

每个图下方都要写图名，图名下画一条短粗实线，右侧写上比例，比例的字号比图名的字号小一至两号。平面图的常用比例为 1∶50、1∶100、1∶200，必要时也可用 1∶150、1∶300。

(2) 图线

建筑平面图中线宽有粗线、中粗线、中线和细线四种，它们的宽度之比为 1∶0.7∶0.5∶0.25。参见表 2-2 或参考《建筑制图标准》(GB/T 50104—2010)或者《房屋建筑制图统一标准》(GB/T 50001—2017)。

- 粗实线：被剖到的墙、柱的断面轮廓线，剖切符号，图名底线。
- 中粗实线：未剖切到的可见轮廓线，如窗台、台阶、明沟、花台、梯段等。
- 中粗虚线：在剖切位置以上不可见的构件。
- 中实线：尺寸线、尺寸界线、索引符号、标高符号、轴线圆圈、粉刷线等。

● 细实线:图例线、家具线等

注意,在比例大于 1∶50 的平面图,应画出抹灰层、保温隔热层等与楼地面、屋面的面层线,并宜画出材料图例。

(3) 轴网

定位轴线是施工定位放线的重要依据。凡是承重墙、柱子、梁或屋架等主要承重构件均应画上轴线以确定其位置,轴线要编号。

(4) 尺寸和标高等

● 外部尺寸:在底层平面图中,要标注三道尺寸,最里一道是细部尺寸,标注外墙皮到轴线、轴线到门窗洞、门窗洞口尺寸;中间一道是轴线之间的尺寸,标注房间的开间与进深尺寸;最外道尺寸是总体尺寸,标注建筑物总长和总宽。

● 内部尺寸:内部尺寸房间内墙门窗洞、墙厚、柱子截面、门垛等尺寸,房间长、宽的净尺寸。在底层平面图中还需标注室外散水、台阶的尺寸。

● 标高:用于在平面图上标注各楼层地面、门窗洞底、楼梯休息平台面、台阶顶面、阳台顶面和室外地坪的相对标高,以表示各部位对于标高的相对高度。

● 指北针:底层平面图上应有反映房屋朝向的指北针,还应有反映剖面图剖切位置的剖切符号。

● 中间层和其他层,除了没有指北针和剖切符号外,其余绘制的内容与底层平面图类似。中间层平面图和其他层平面图中只标注两道尺寸,总体尺寸和轴间距尺寸、与底层平面图相同的细部尺寸可以不标注。

(5) 屋顶平面图反映屋顶组织排水状况,对于一些简单的屋顶可以不画。

(6) 在同一张图纸上绘制多于一层的平面图时,各层平面图宜按层数由底向高的顺序从左至右或从下至上布置。

(7) 除顶棚平面图外,各种平面图应按正投影法绘制。顶棚平面图宜用镜像投影法绘制。

(8) 建筑物平面图应注写房间的名称或编号。编号注写在直径为 6 mm 细实线绘制的圆圈内,并在同张图纸上列出房间的名称表。

(9) 对于平面较大的建筑物,可分区绘制平面图,但在每张平面图均应绘制组合示意图。各区应分别用大写拉丁字母编号。在组合示意图中要提示的分区,应采用阴影线或填充的方式表示。

(10) 为表示室内立面在平面图上的位置,应在平面图上用内视符号注明视点位置、方向及立面编号。

12.3.2 平面图绘制流程

用 AutoCAD 绘制建筑平面图的一般流程是:

(1) 基本设置

● 设置绘图环境。包括修改系统配置,设置图限、单位、辅助工具等。

● 开设图层。

● 创建文字样式。

● 创建标注样式。

所有工程图绘制都需要经过上述四个过程，还包括图纸空间的图框以及标题栏等，不同行业可以将这些过程制作一个样板文件，绘制新图时就可以从该样板文件开始，这样不仅节省了时间，而且不同绘图者间能做到统一标准。在前面的章节中对这些知识进行了详细的说明，因此本例不再详细说明。

（2）绘制建筑图样

- 绘制轴网。
- 绘制墙体。
- 绘制门窗。
- 绘制柱网、台阶、散水。
- 绘制楼梯。
- 其他细部构件。
- 注写文字、标高、剖切符号。

（3）标注尺寸

（4）布局与打印

12.3.3 平面图绘制过程

【例4】 现绘制如图12-31所示的底层建筑平面图。（注：在模型空间采用实际大小尺寸绘图，单位为mm。）

1. 基本设置

（1）开设以下图层，见表12-1的图层参数。

表12-1 图层参数

图层名	颜色	线型	线宽	层上主要内容
0	白	CONTINUOUS	Default	图框等
轴线	红	CENTER	0.18	点画线
墙体	黄	CONTINUOUS	0.70	粗线
柱网	洋红	CONTINUOUS	0.70	粗线
楼梯	蓝	CONTINUOUS	0.35	中线
阳台	蓝	CONTINUOUS	0.35	中线
散水	洋红	CONTINUOUS	0.35	中线
门窗	蓝	CONTINUOUS	0.18	细线
填充	绿	CONTINUOUS	0.18	细线
尺寸	白	CONTINUOUS	0.18	细线
文字	白	CONTINUOUS	0.18	注写文字、轴圈号
细线	白	CONTINUOUS	0.18	细线
中线	白	CONTINUOUS	0.35	中线

（2）设置多线样式新建样式名为“QT”多线样式，其参数为：两个“偏移”是0.5和−0.5，“起点”和“端点”都是“直线封口”。

（3）其他设置

请参见前面的有关章节，对文字样式、标注样式、图限等进行设置，也对绘图辅助工具进行设置。

2. 绘制图形

(1) 绘制轴线

在“轴线”图层中，用 PLINE 命令绘制水平长 31 000 和竖直长 25 000 的两条基准线，然后用 OFFSET 和 TRIM 命令修整轴线，如图 12-32 所示。

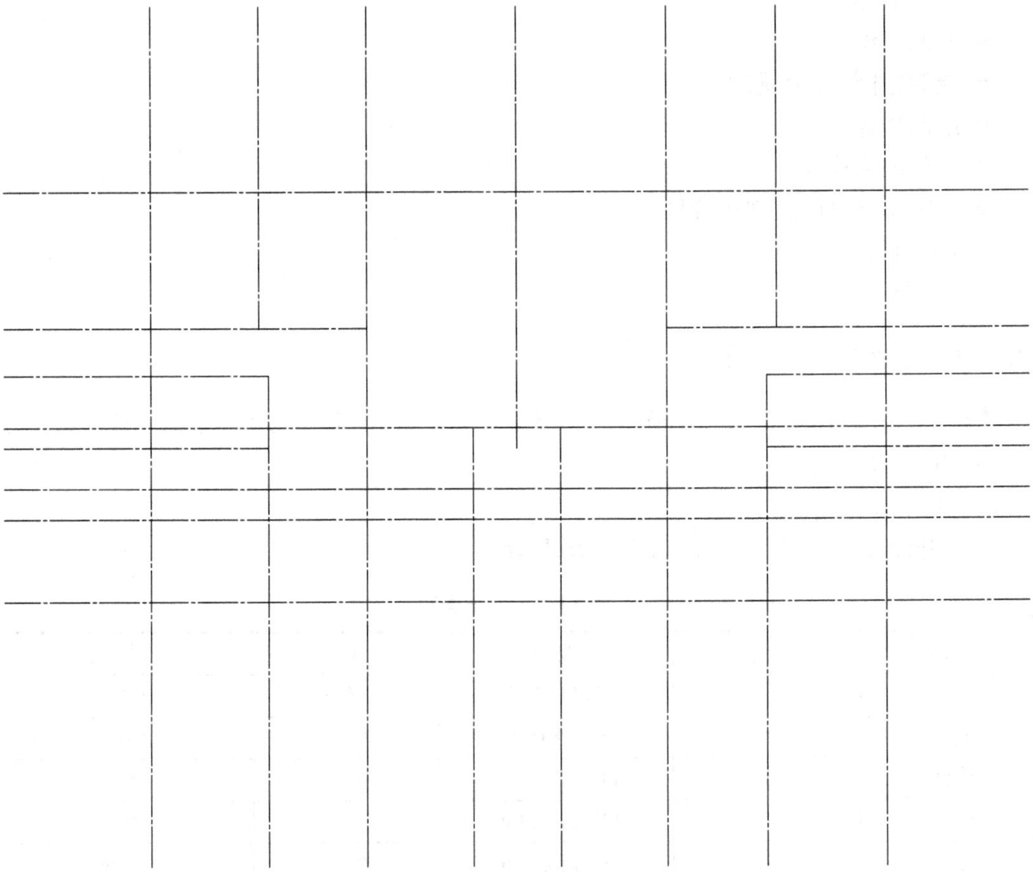

图 12-32　绘制轴线

(2) 绘制轴号

① 在“轴号”图层中，用 CIRCLE 命令绘制一个直径为 800 的圆。

② 在圆心位置定义一个属性值，然后调用创建块“BLOCK”命令，指定圆心为基点，块名为“轴号”。

③ 插入块，改需要的属性值，完成了轴网绘制，如图 12-33 所示。轴网是由水平和垂直方向的轴线、轴号组成。

(3) 绘制墙体

① 置“墙体”图层为当前层。

② 执行 MLINE 命令，多线样式为“QT”，对正方式“无”，比例“240”，第一组多线尽可能多绘制，如图 12-34 所示。

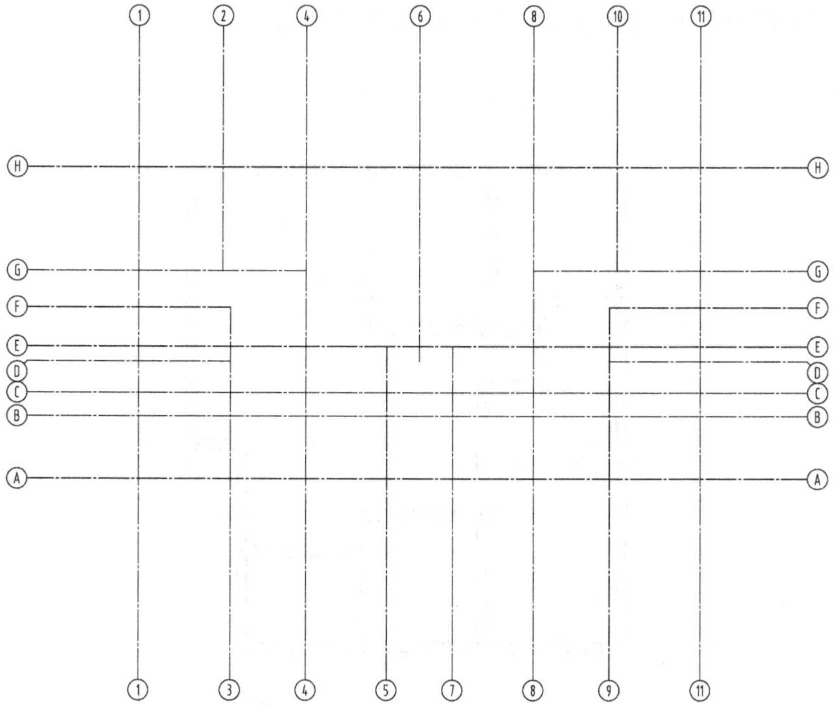

图 12-33　完成轴网

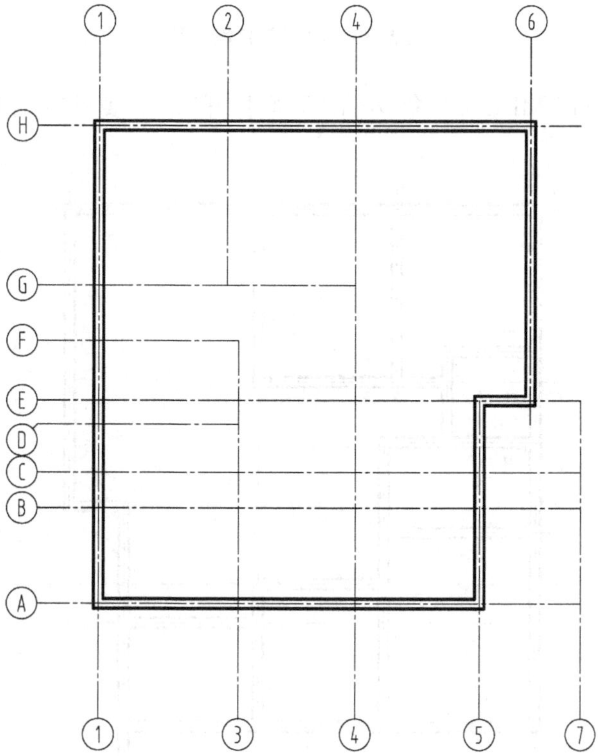

图 12-34　绘制第一组多线

③ 继续多线命令，绘制其余墙体线，如图 12-35 所示。

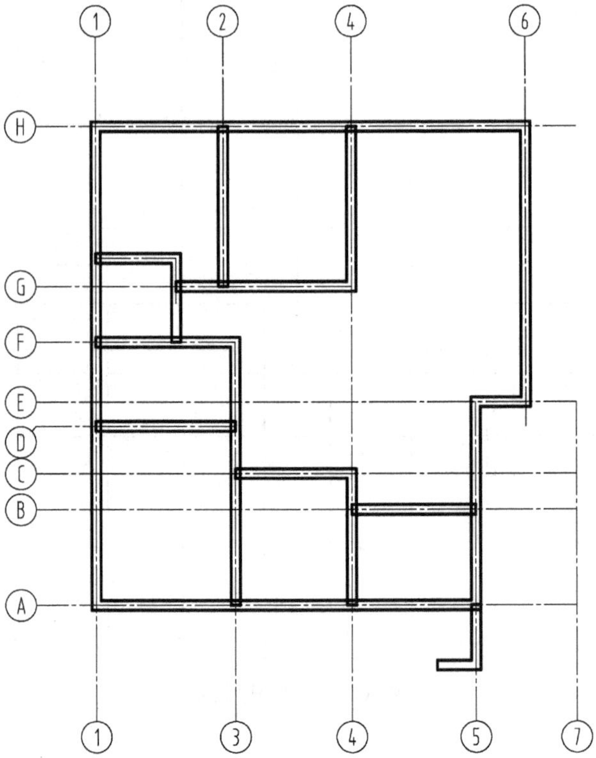

图 12-35　绘制其余墙体线

④ 编辑多线。执行 MLEDIT 命令，用“T 形打开”对多线进行编辑，结果如图 12-36 所示。

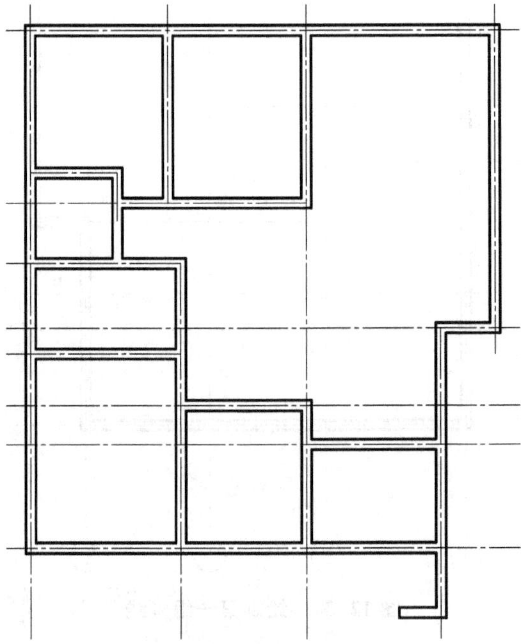

图 12-36　编辑多线墙体

(4) 修剪门洞和窗洞

先根据尺寸绘制修剪位置直线,然后修剪,结果如图 12-37 所示。

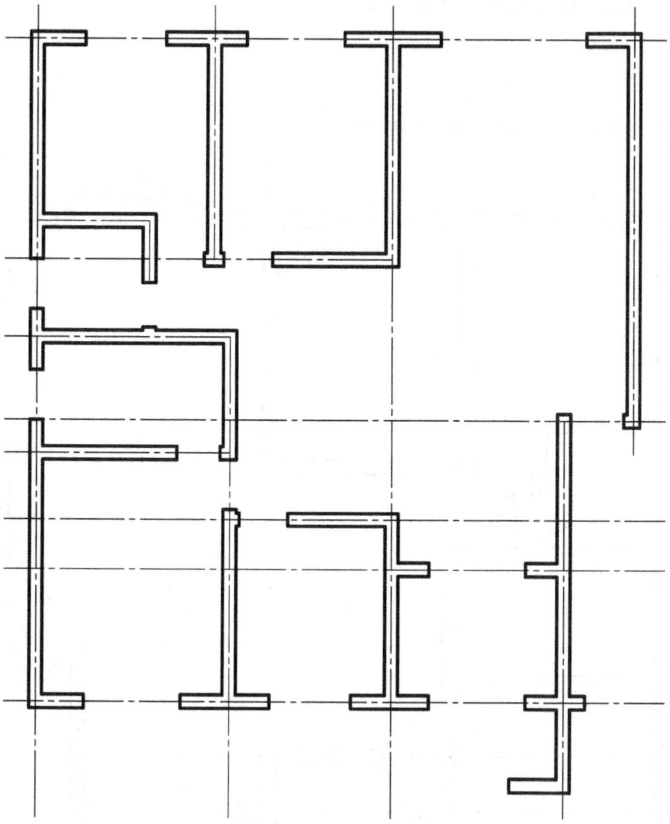

图 12-37　门洞和窗洞

(5) 绘制窗户

本例中窗户有四种规格,其中,GC0909 为高窗,如图 12-38 所示。

图 12-38　窗户属性块

① 在“门窗”图层,按尺寸绘制窗户线条,定义成属性块,也可将其定义为动态块。

② 将窗块插入到相应位置,参见图 12-40。

(6) 绘制门和阳台

本例中使用的门有五种尺寸及其形式,如图 12-39 所示。

图 12-39　五种门

① 用矩形命令绘制推拉门 M1524、M1824。

② 用动态块绘制 M0821、M0921、M1821。

③ 将门块插入到相应位置,绘制效果如图 12-40 所示。

④ 绘制阳台后,效果如图 12-40 所示。

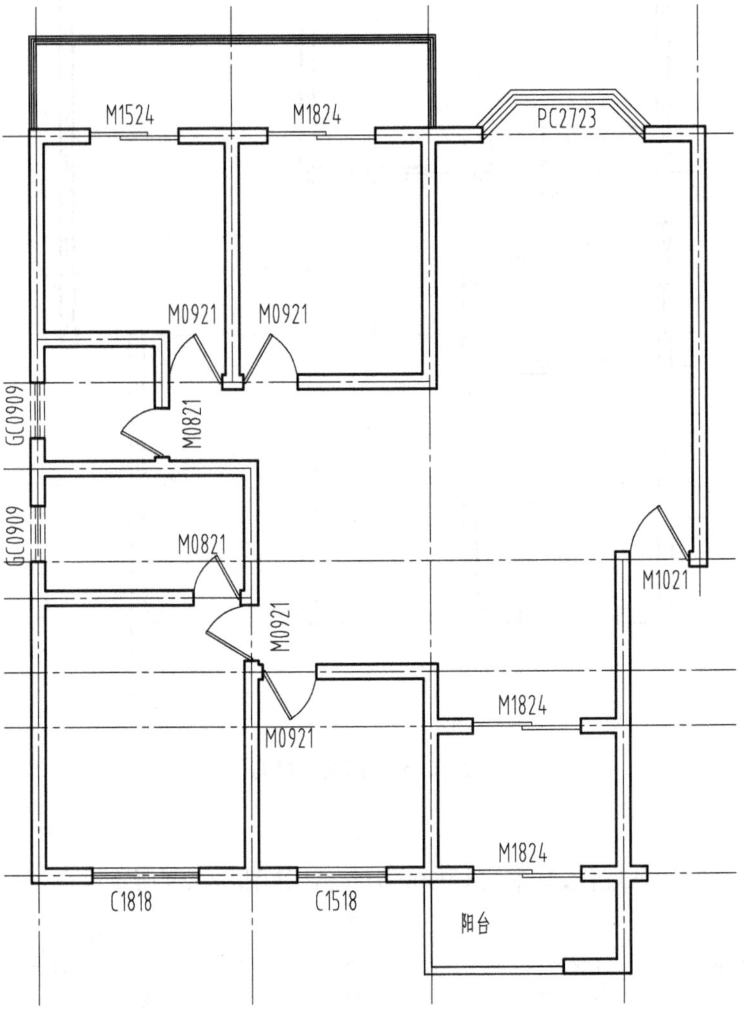

图 12-40 完成门、窗、阳台绘制

(7) 绘制柱网、台阶、散水

柱网是建筑物的主要承重物件,在"柱网"图层中,用 POLYGON 命令绘制一个边长为 240 的正方形,然后在"填充"图层中用"SOLID"图案填充,作为柱子的横截面,定义为块,基点是中心,在相应的位置插入。在"散水"图层中绘制宽度为 1 000 的散水。

(8) 镜像操作

将所有对象以 6 号轴线为镜像轴进行镜像操作,如图 12-41 所示。

(9) 绘制楼梯

楼梯的尺寸如图 12-42 所示,绘制底层楼梯。

(10) 文字注释、标高和剖切符号

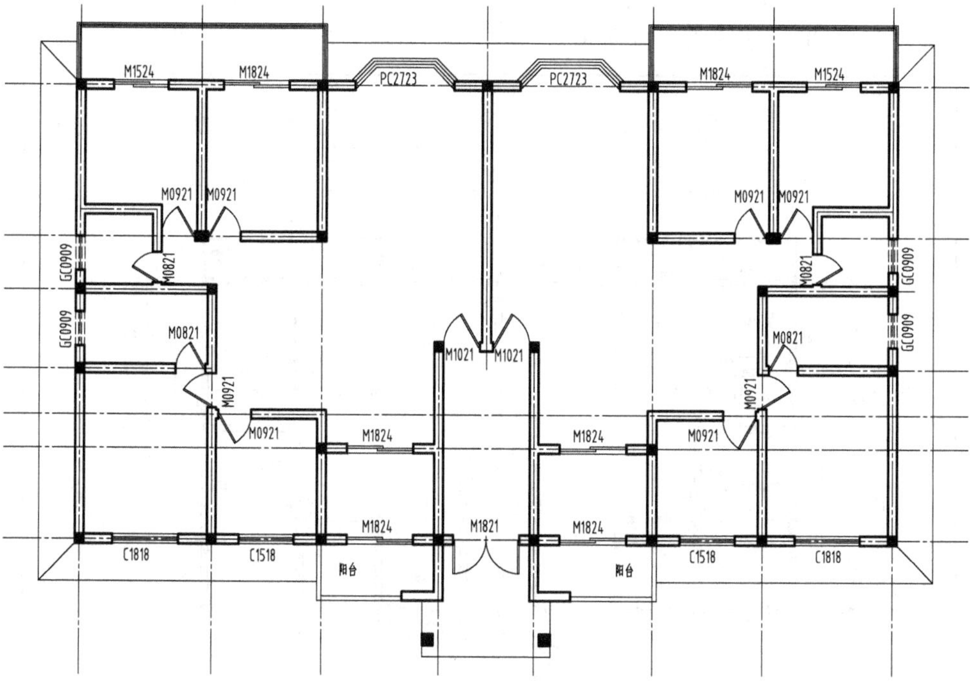

图 12-41 镜像操作

① 注释各房间的名称。

② 将标高定义为属性块，并插入。

③ 剖切符号。剖切位置的线长为 6～10 mm，投射方向线应垂直于剖切位置线，为 4～6 mm。本例取 10 mm 和 6 mm，用 PLINE 命令绘制成 1 000 和 600，且为粗实线。

3. 标注尺寸

(1) 设置好尺寸样式，文字位置设为“尺寸线上方，带引线”。

(2) 将散水以外的轴线剪除，先画一个矩形，以此为修剪边界，剪除轴线后，将其删除。

(3) 用“线性标注”和“连续标注”由里向外标注三道尺寸。

到此，绘图完成。

4. 布局与打印

(1) 新建布局，更名“建施-01”。

(2) 页面设置，A3 图幅，并进行打印设置。

(3) 绘制图框及标题栏，定义属性和块。

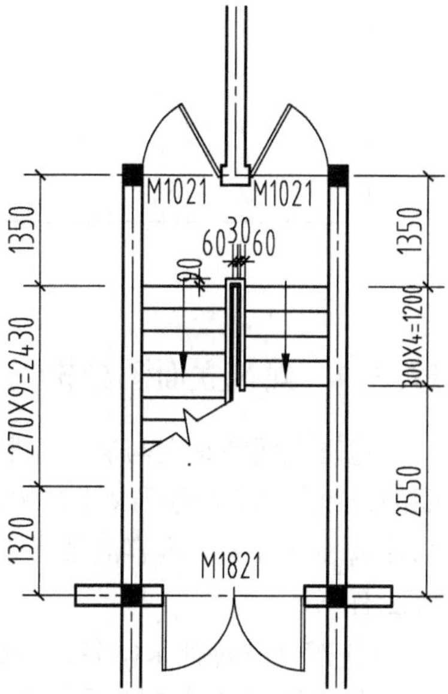

图 12-42 绘制楼梯

(4) 开一个视口，并调整比例为 1 ∶ 100。

(5) 绘制指北针，注写图名与比例。

(6) 打印成 PDF，如图 12-43 所示。

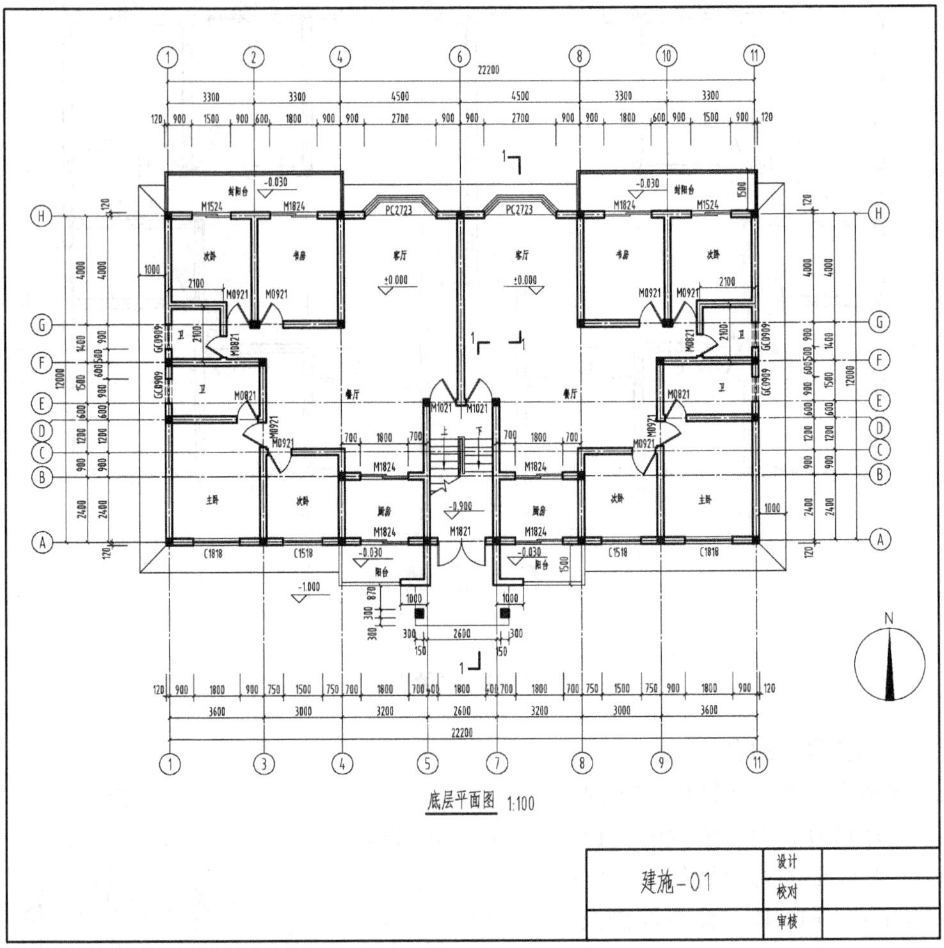

图 12-43 布局与打印

12.3.4 建筑立面图分析

建筑立面图是在与房屋立面平行的投影面上的正投影图，或平行于建筑物各方向外墙面的正投影图，主要反映建筑物的外形、外貌和外墙面装饰材料，是建筑施工图中控制高度和外墙装饰效果等内容的技术依据。建筑物的每个立面都要画出它的立面图，它们的命名方法有三种：

① 按外貌特征来命名：反映房屋主要出入口的立面，称为正立面图，其背后的立面图称为背立面图，自左向右观看得到的立面图称为左侧立面图，自右向左观看得到的立面图称为右侧立面图；

② 按房屋朝向来命名：如南立面图、北立面图、东立面图和西立面图；

③ 按立面图两端的定位轴线来命名：如①～⑩立面图、⑩～①立面图、Ⓐ～Ⓗ立面图、

Ⓗ～Ⓐ立面图。

本节结合图 12-44 某多层住宅楼的南立面图，介绍立面图的绘制方法和过程。

南立面图 1:100

图 12-44　正立面图的完成效果

建筑立面图的主要内容和要求如下：

(1) 绘制的内容包括建筑物的外形以及门、窗、台阶、雨水管的位置。用标高来标识建筑物的总高、各层的高度、室外地坪的高度。

(2) 标明建筑物外墙所用的材料及装饰面的风格。

(3) 用图名说明建筑物的朝向。

(4) 立面图的常用比例为 1∶50、1∶100、1∶200。

(5) 为了使建筑物轮廓突出、层次分明，常采用不同的线宽来绘制不同的投影。屋脊和外墙的最外轮廓用粗实线(b)绘制；所有凹凸部分，如门窗洞、台阶、阳台等，用中粗实线(0.7b)绘制；门窗扇及其分格线、花饰、雨水管、墙面分格线等，用中实线(0.5b)绘制；图例等用细实线(0.25b)绘制。

(6) 立面图高度方向的尺寸主要通过标高的形式表示，但还需在竖直方向上标出三道尺寸：最外侧是建筑物的总高尺寸，中间一道标注层高尺寸，里面一道标注室内外高差、门窗高度、窗的下墙、檐口高度等尺寸。

12.3.5　立面图绘制流程

用 AutoCAD 绘制建筑立面图的一般流程是：

(1) 确定水平和垂直定位线、地坪线和外墙轮廓线。

(2) 绘制屋顶。

(3) 绘制门窗。

(4) 绘制阳台。

(5) 绘制装饰线条、墙面分割线。

(6) 尺寸标注与标高、文字说明等。

(7) 布局打印。

12.3.6 立面图绘制过程

【例 5】 现绘制如图 12-44 所示的正立面图。

在平面图的基础上，考虑到立面图的内容和要求，建筑立面图的绘制步骤如下：

(1) 根据需要新增图层：轮廓、窗洞栏杆、建筑线条等，如表 12-2 所示。

表 12-2 新增图层参数

图层名	颜色	线型	线宽	层上主要内容
地坪线	白	CONTINUOUS	0.5	粗线
外轮廓	白	CONTINUOUS	0.5	粗线
栏杆	洋红	CONTINUOUS	0.13	细线
建筑线条	白	CONTINUOUS	0.25	中粗线

(2) 以平面图为基准，绘制地坪线、标高线、外墙轮廓线、屋顶线、屋檐线和凸出线，细部尺寸和结果如图 12-45 所示，其中门厅详图见图 12-46。

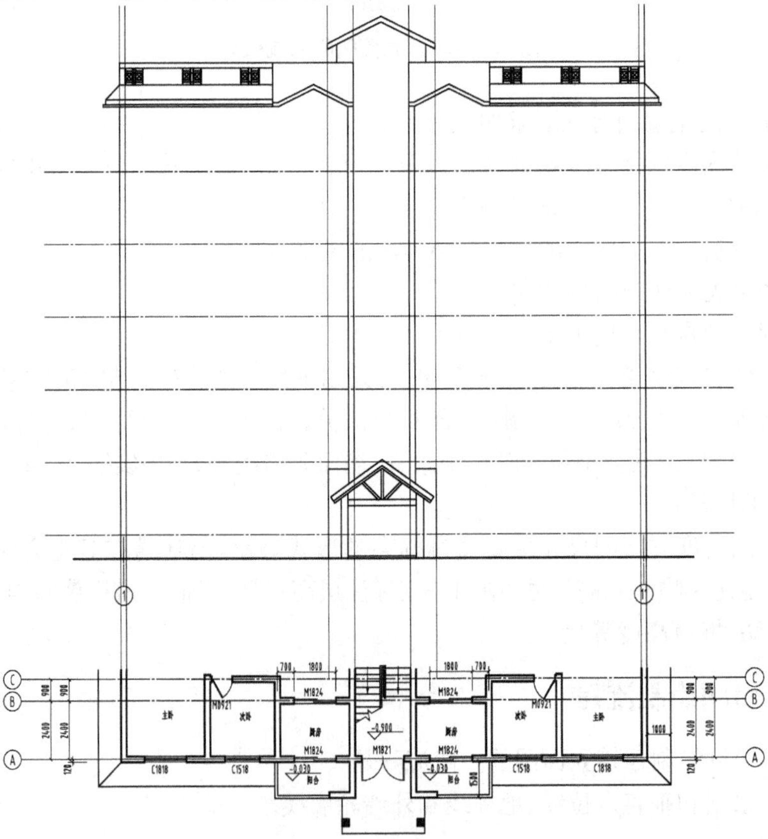

图 12-45 房屋外廓线

(3) 绘制所有门窗和阳台，细部尺寸如图 12-46 所示，效果如图 12-47 所示。

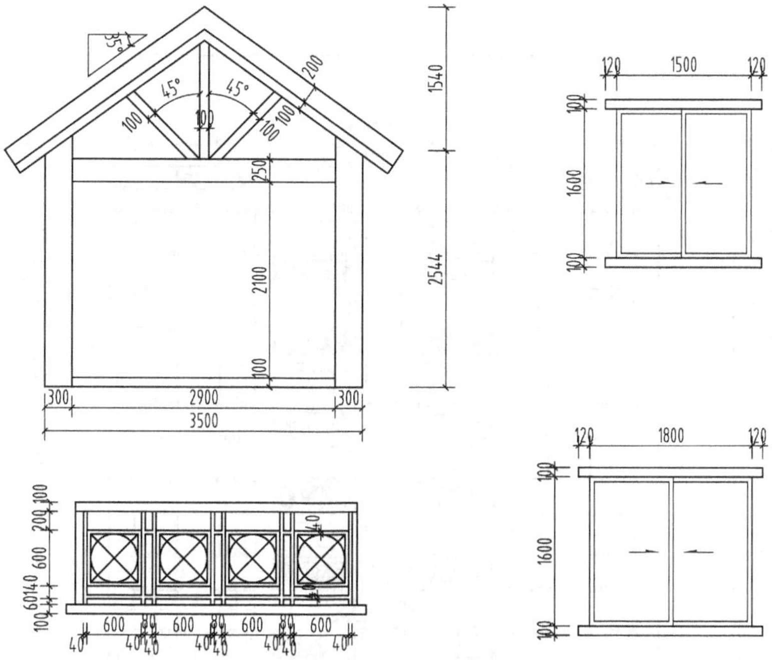

图 12-46 窗、门和阳台细部尺寸

图 12-47 绘制门窗和阳台

(4) 绘制屋顶等细节部分，注释装饰做法，标注尺寸与标高，布局出图，结果如图 12-48 所示。

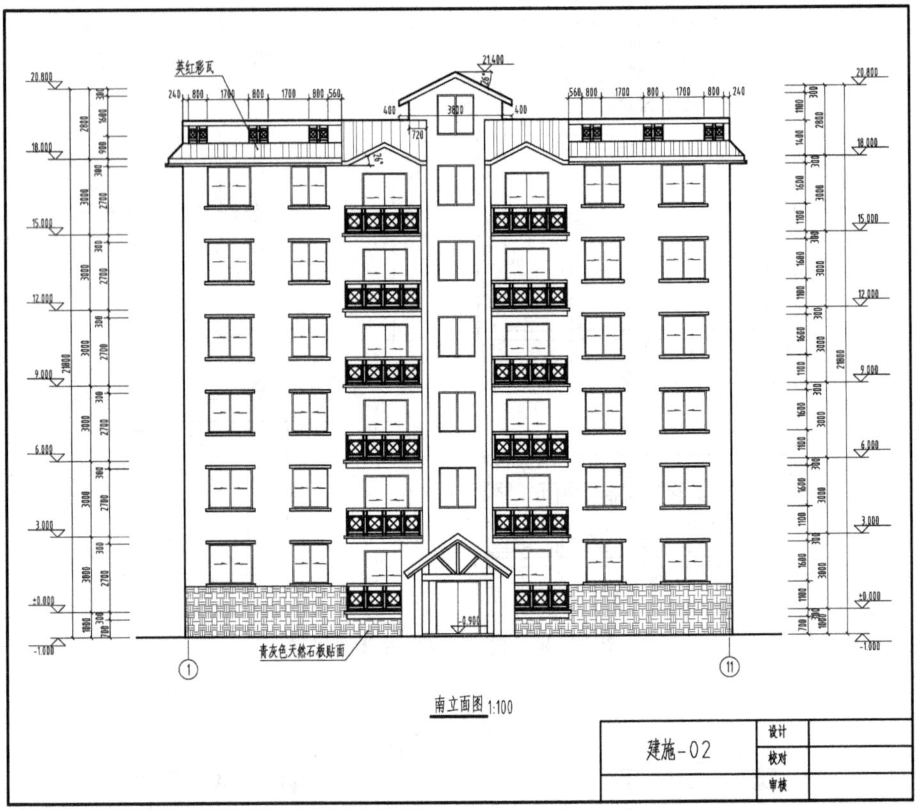

图 12-48 布局与打印

12.3.7 建筑剖面图分析

建筑剖面图是假想用一个铅垂剖切平面剖开房屋，将观察者与剖切平面之间的部分房屋移开，把留下的部分对与剖切平面平行的投影面的正投影图。建筑剖面图表示建筑物内部垂直方向的高度、楼层分层、垂直空间的利用以及简要的结构形式和构造方式等情况的图样。例如屋顶形式、屋顶坡度、檐口形式、楼板搁置方式、楼梯的形式及其简要的结构、构造等等，是与平、立面图相互配合的不可缺少的重要图样之一。

为了清楚反映建筑物的内部结构，剖切路径通常通过门窗洞、主要出入口、楼梯间、主要结构等位置。

本节结合图 12-49 某多层住宅楼的剖面图，介绍剖面图的绘制方法和过程。

建筑剖面图的主要内容和要求如下：

(1) 外墙(或柱)的定位轴线及其间距尺寸。

(2) 剖切到的室内外地面(包括台阶、明沟及散水等)、楼面层(包括吊天棚)、屋顶层(包括隔热通风防水层及吊天棚)、剖切到的内外墙及其门、窗(包括过梁、圈梁、防潮层、女儿墙及压顶)、剖切到的各种承重梁和连系梁、楼梯梯段及楼梯平台、雨篷、阳台以及剖切到的孔道、水箱等等的位置、形状及其图例。

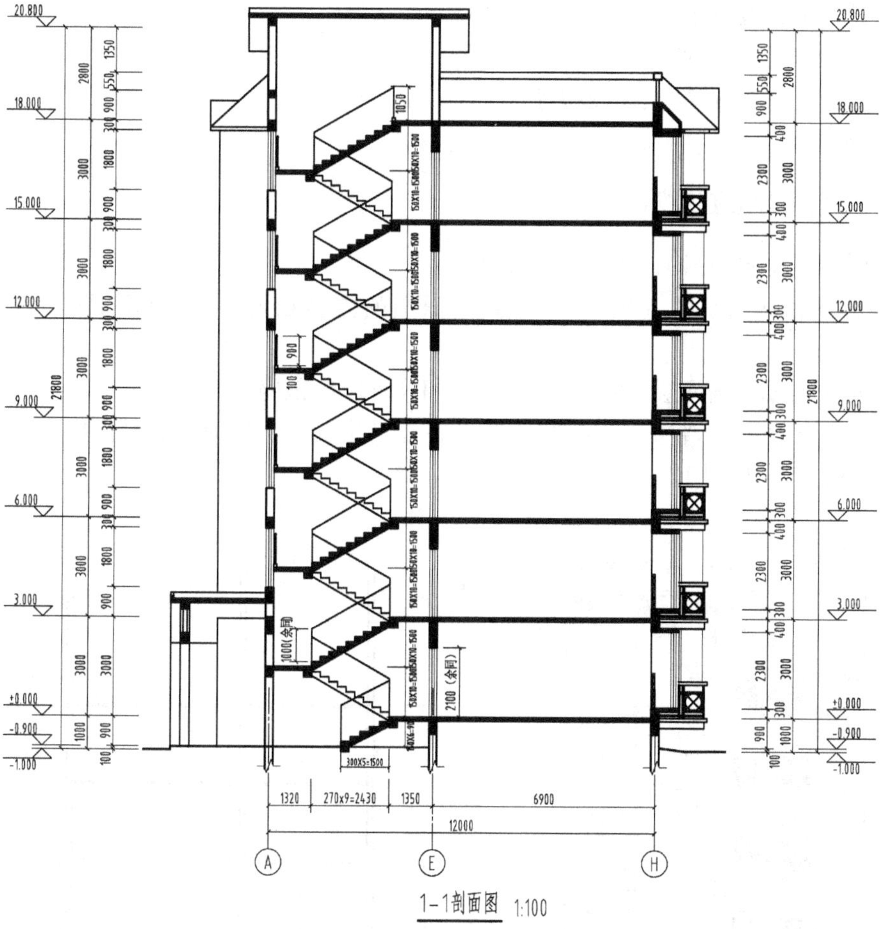

图 12-49　剖面图的完成效果

(3) 未剖切到的可见部分，如看到的墙面及其凹凸轮廓、梁、柱、阳台、雨篷、门、窗、踢脚、勒脚、台阶(包括平台踏步)、水斗和雨水管，以及看到的楼梯段(包括栏杆扶手)和各种装饰等的位置和形状。

(4) 竖直方向的尺寸和标高。

(5) 详图索引符号。

(6) 某些用料注释。

12.3.8　剖面图绘制流程

用 AutoCAD 绘制建筑剖面图的一般流程是：

(1) 将平面图和立面图作为绘制剖面图的辅助图形。通常用立面图保证高平齐，将平面图旋转 90°或−90°，并布置在适当位置，保证宽相等的投影关系，以此实现对剖面图的主要特征形状的定位。

(2) 从平面图和立面图出发绘制建筑物轮廓的投影线，形成剖面图的主要布局定位线。

(3) 利用投影线绘制门窗高度线、墙体厚度线和楼板厚度线。

(4) 绘制楼梯及其细节。

(5) 绘制屋顶及其细节。

(6) 绘制未剖到的细节,如阳台、窗台等。

(7) 尺寸标注与标高、文字说明等。

(8) 布局打印。

12.3.9 剖面图绘制过程

【例 6】 现绘制如图 12-49 所示的剖面图。

在平面图和立面图的基础上,考虑到剖面图的内容和要求,建筑剖面图的绘制步骤如下:

(1) 根据需要新增图层:楼面,线型 CONTINUOUS,线宽为粗实线 b。

(2) 复制平面图后,将其旋转−90°,布置在适当位置。从立面图和平面图引投影线,得到墙体、楼板,结果如图 12-50 所示。

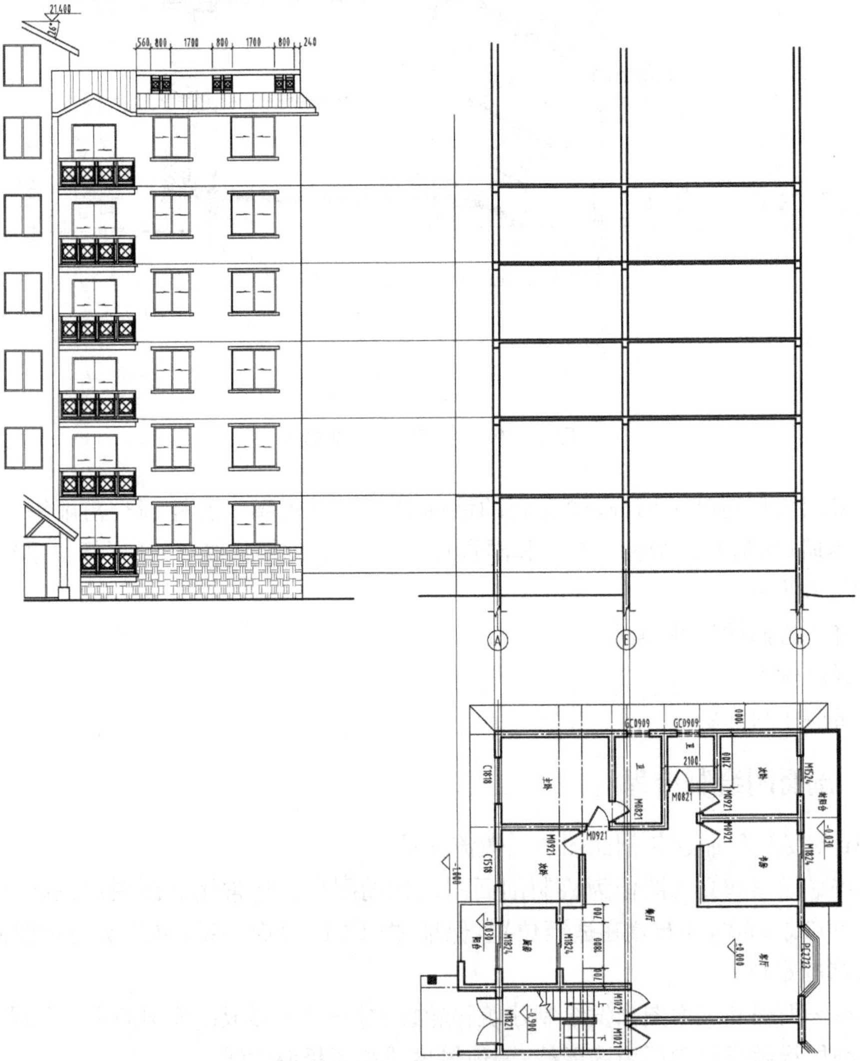

图 12-50 投影线与墙体绘制

(3) 绘制门窗洞、门厅、屋顶与檐口，如图 12-51 所示。

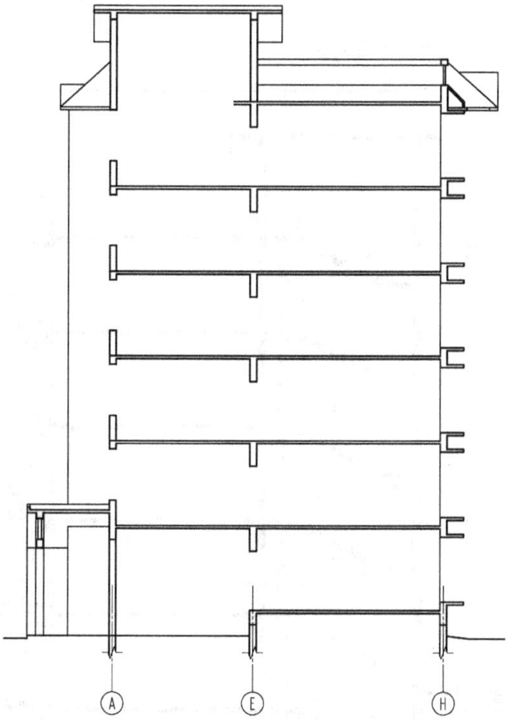

图 12-51　绘制楼板、窗洞、屋顶等

(4) 绘制楼梯、门、窗等，结果如图 12-52 所示。

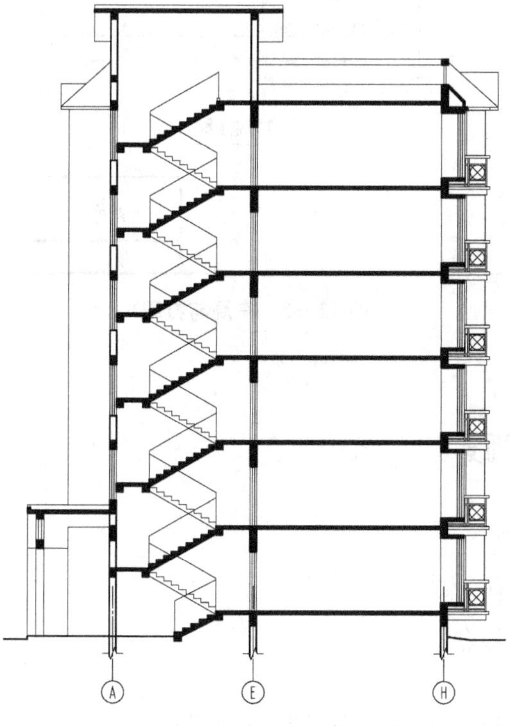

图 12-52　绘制楼梯、门、窗等

(5) 标注尺寸与标高。

(6) 装饰注释。

(7) 布局出图,结果如图 12-53 所示。

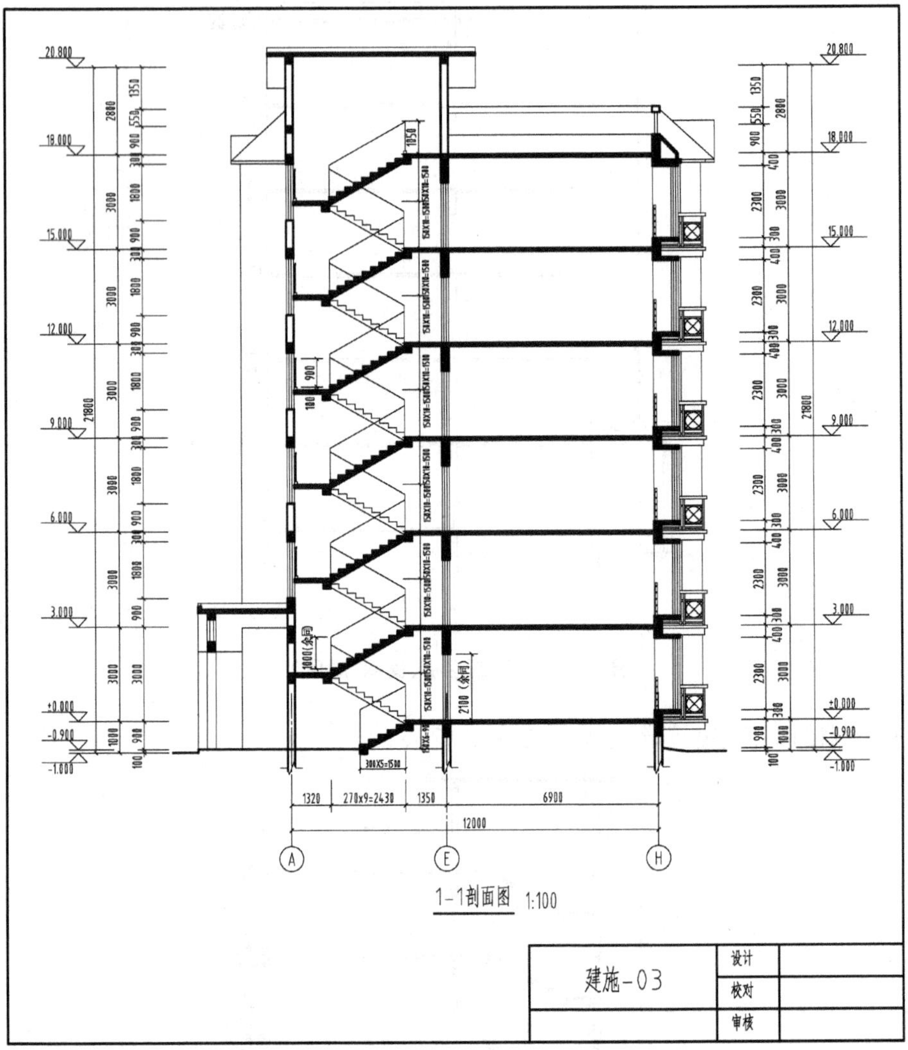

图 12-53　布局与打印

12.4　思考与实践

思考题

1. 机械图样有哪些特点?

2. 建筑图样有哪些特点?

实践题

1. 绘制如图 12-54 所示立体的三视图。

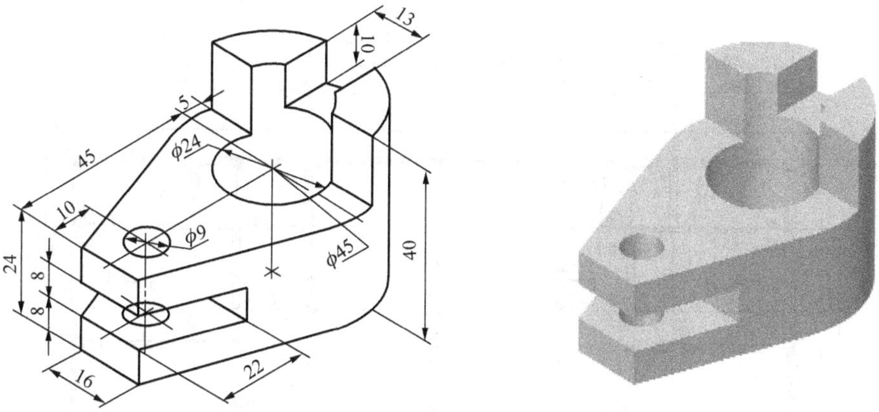

图 12-54　绘制立体的三视图

2. 绘制如图 12-55 所示的套筒的零件图，要求将表面粗糙度符号定义为属性块，标注尺寸和形位公差，标注文字，调用 A3 布局并填写标题栏。

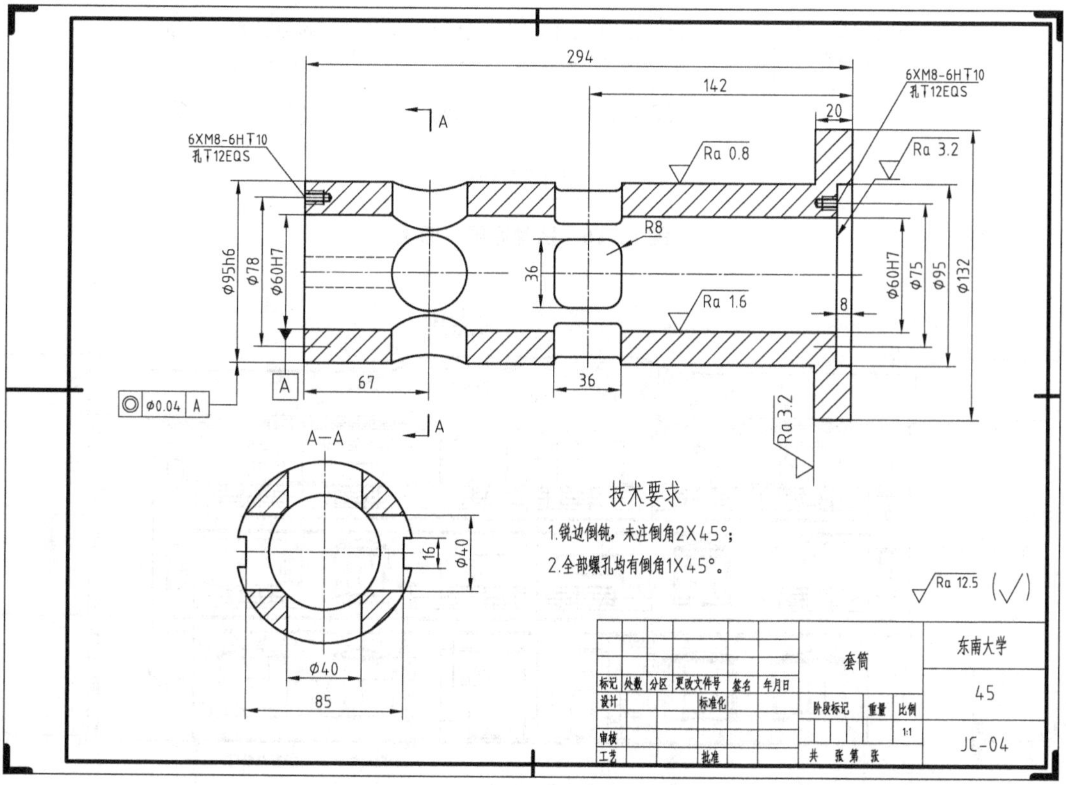

图 12-55　绘制套筒的零件图

3. 绘制图 12-56～图 12-58 所示的某别墅建筑施工图，并在 A3 图幅上打印成 PDF 文档。

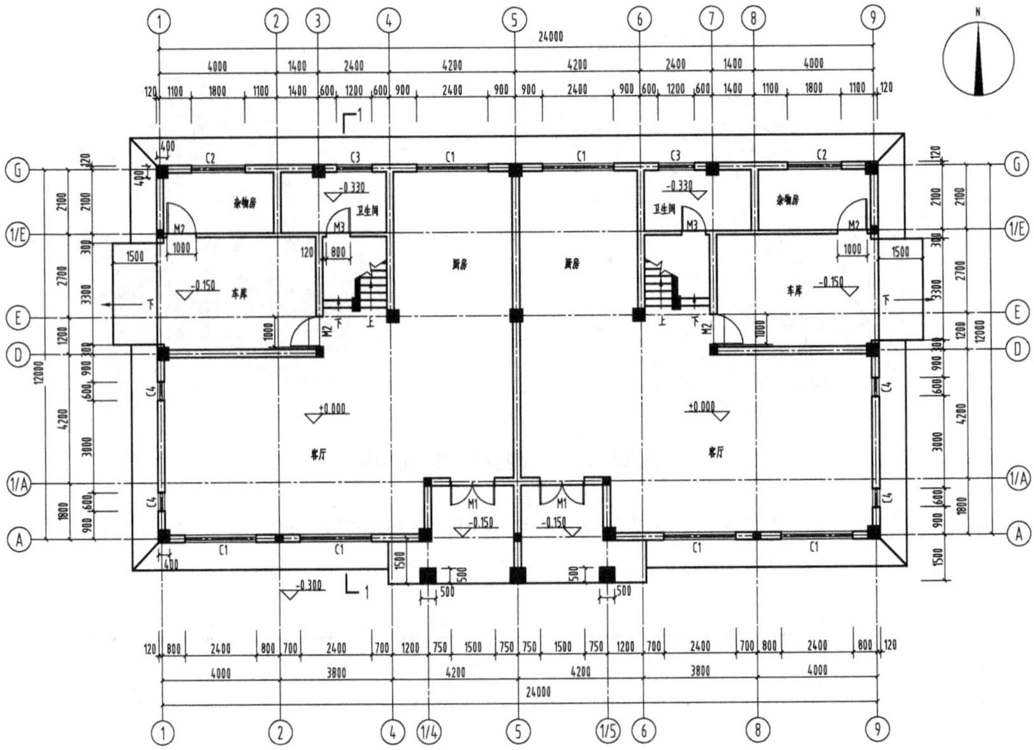

底层平面图 1:100

图 12-56 别墅底层平面图

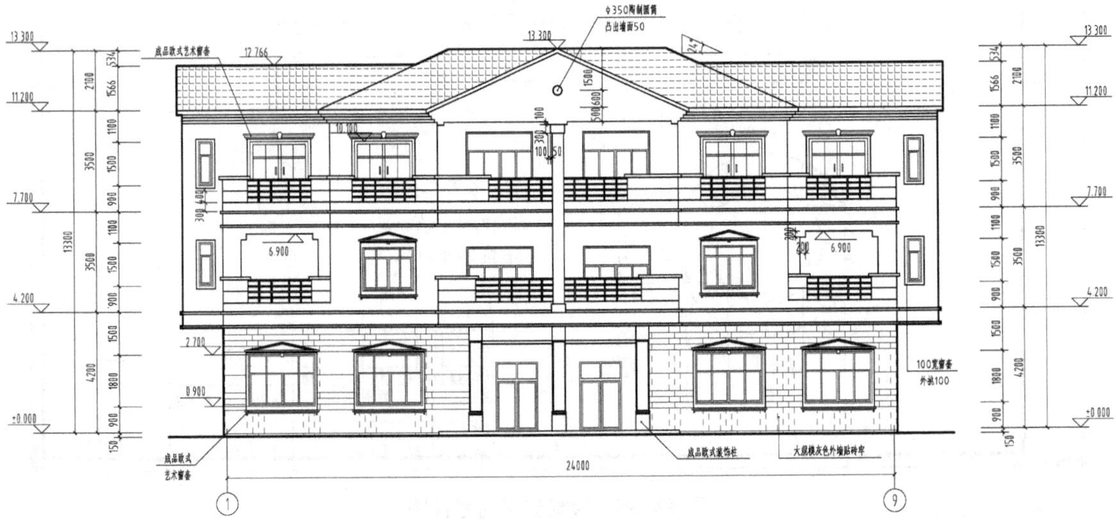

南立面图 1:100

图 12-57 别墅南立面图

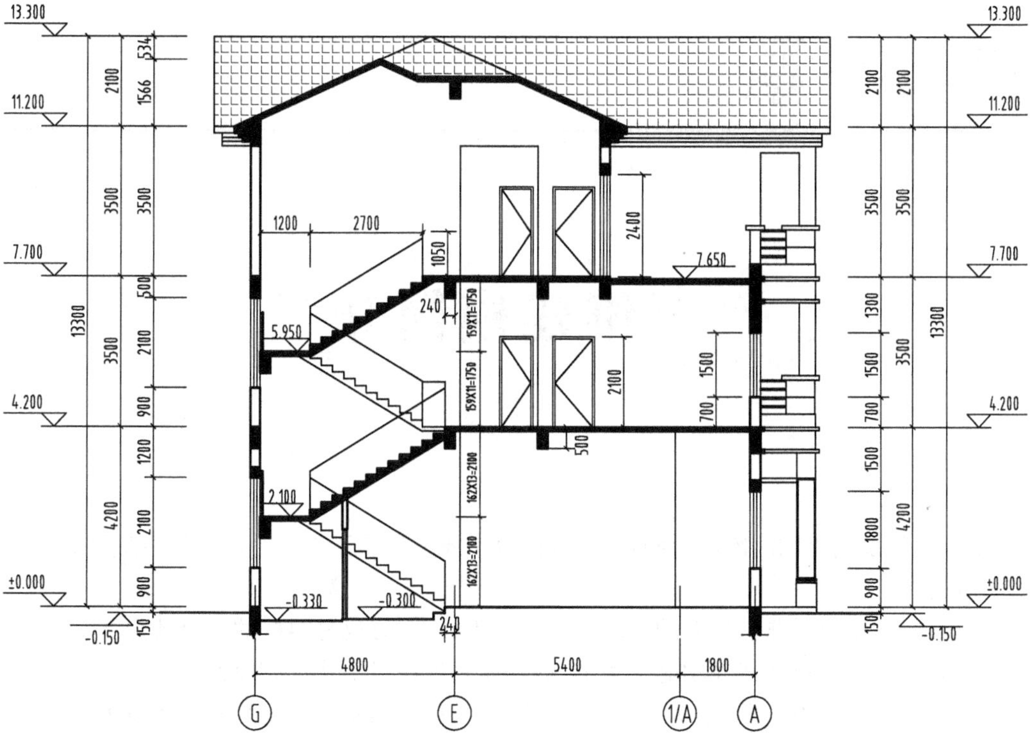

1-1剖面图 1:100

图 12-58 别墅剖面图

第 13 章

三维建模简介

本章首先说明等轴测图的绘制，该部分内容本质上仍属于二维范畴，然后结合实例介绍三维建模。

AutoCAD 不仅是非常优秀的二维设计绘图工具，同时也是很好的三维建模工具。发展到 2020 版，AutoCAD 的建模功能大大增强，具体表现在以下几个方面：

第一，在三维建模方面：它为用户提供了线框模型、表面模型、实体模型等多种建模方法。线框模型是利用基本线素来定义模型的棱线形成立体框架图。表面模型是通过对模型各个表面进行描述，拼接组合构成模型的一种方法。实体模型是以实体描述对象。在实体建模中，可以对实体模型进行切割、生成剖面、生成轮廓；通过对实体进行布尔运算，可以用简单的基本形体组合得到复杂的实体。这些建模功能能够满足大多数建筑、机械等领域的建模需求。

第二，在灯光、渲染方面：AutoCAD 可以对渲染环境进行灯光、背景、插入配景和雾化效果等设置，可以对实体进行赋材质。利用这些功能，能够使得三维实体具有真实感。

第三，在动画方面：利用漫游和飞行功能，可以实现平面行走或飞跃视图的观察效果。相机是 AutoCAD 提供的另一种动态观察功能。

本书对三维建模只作简单的介绍，并通过实例说明有关三维建模的理念、建模思想、命令要点。

13.1　正等轴测图

轴测图是单面平行投影图，富有立体感，是个二维图形，有关理论参考制图理论。正等轴测图是物体置于投影面的特定角度的正投影图，AutoCAD 提供了绘制正等测图的功能。

绘制正等轴测投影图采用的是二维绘图技术，与前面章节的知识略有不同的是，需要在 AutoCAD 的等轴测投影模式下绘制。

1. 启动等轴测投影模式

在绘制等轴测投影图之前，首先要在 AutoCAD 中打开并设置等轴测投影模式（以下简称“等轴测模式”）。启动等轴测模式的方法如下：

首先打开“草图设置”对话框，然后在“捕捉和栅格”选项卡的“捕捉类型”选项组中，选中“等轴测捕捉”单选按钮，最后确定，如图 13-1 所示。

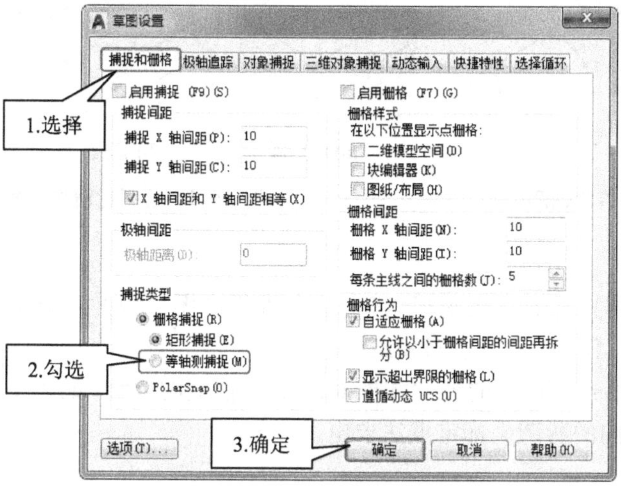

图 13-1　启动等轴测投影模式

2. 切换轴测平面

此时十字光标显示为轴测光标，在等轴测模式下共有三个等轴测面。如果用一个长方体来表示三维坐标系，那么在等轴测图中，这个长方体只有三个面可见，这三个面就是等轴测面，三个面的两两交线就是轴测轴 X、Y 和 Z，对应物体的长、宽和高。等轴测面各轴测轴的角度关系如图 13-2 所示。

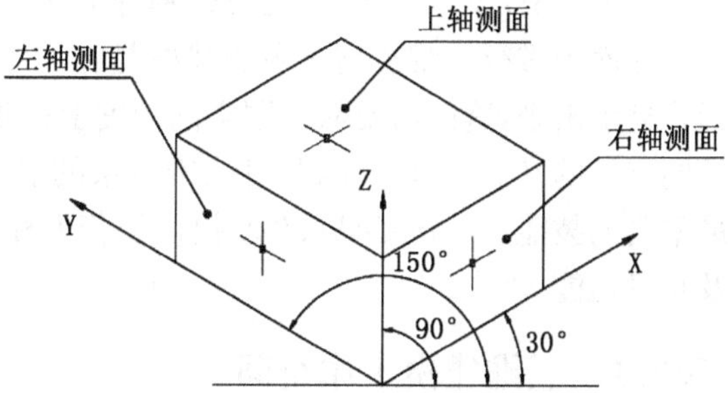

图 13-2　轴测面、轴测轴和光标

按【F5】键可在三个轴测面内连续切换，此时注意观察光标的形状。

3. 绘制圆的轴测投影

圆的投影为椭圆，不同轴测面上的椭圆的长、短轴方向不同。在 AutoCAD 中可使用 ELLIPSE 椭圆命令的“等轴测圆”选项进行绘制，该选项只有在轴测模式下才被激活。

使用“等轴测圆”选项绘制椭圆时，AutoCAD 提示：

☼ 命令：**ELLIPSE**↵

指定椭圆轴的端点或[圆弧(A)/中心点(C)/等轴测圆(I)]：**I**↵

指定等轴测圆的圆心：**指定圆心**

指定等轴测圆的半径或[直径(D)]：**输入圆的半径或直径**

绘制圆的轴测投影时，首先要利用【F5】键切换到正确的轴测面，图 13-3 显示了三种轴线方向的圆柱体的轴测图。若要绘制过渡圆角，则要先绘制完整的椭圆，然后用 TRIM 命令修剪，如图 13-4 所示。

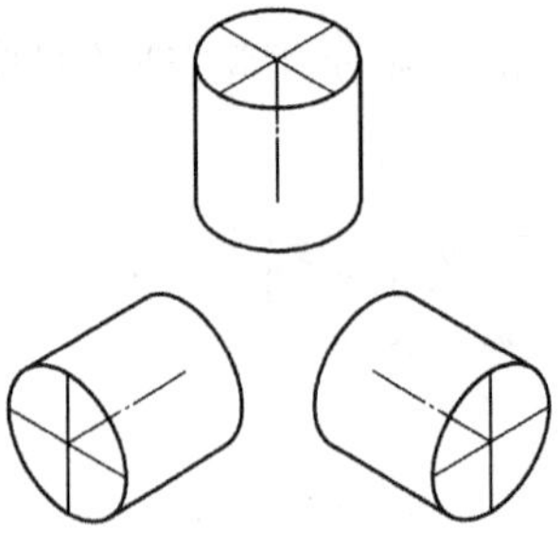

图 13-3 绘制轴测圆

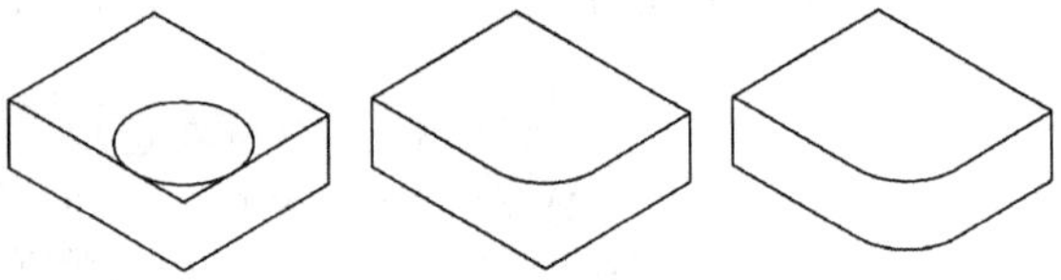

(a) 绘椭圆 (b) 修剪 (c) 复制修剪

图 13-4 绘制过渡椭圆角

4. 技能与提升

(1) 尽管轴测图形看似三维图形，其实是二维投影图。因此不能对其提取三维距离和面积信息，也不能从不同视点显示对象或自动消隐。

(2) 只有物体的长、宽、高的尺寸才能对应轴测轴上的度量，如遇复杂的立体表面交线只能采用轴测轴方向的所谓坐标定点法求出。

13.2 建模空间与模型显示

AutoCAD 2020 专门为三维建模建立了三维的工作空间，用户可以很方便地在此三维建模界面中进行三维造型。由于建模是在三维空间中进行，而三维图形总是以屏幕"二维"形式显示出来，这就需要从不同空间角度上来观察和显示对象。另一方面，建模中也需要从不同方位的平面上进行，因此对三维对象的显示控制能力成为一个三维建模的最基本也是最重要的技能。AutoCAD 2020 提供了若干种观察对象的方法，有动态观察、漫游和飞行以及相机功能。

13.2.1 三维建模工作空间

AutoCAD 2020 提供了"三维基础"和"三维建模"工作空间。这里进入"三维建模"工作空间，其界面如图 13-5 所示。

界面风格与"草图与注释"空间界面一致，只不过"三维建模"空间提供的功能选项卡有所不同。对三维对象的操作主要用到"常用""实体""曲面""网格"和"可视化"五个功能选项。

13.2.2 视角方向

二维绘图是在平面中进行的，在 AutoCAD 中，图形绘制在 XOY 坐标面上(或与其平行的平面上)，AutoCAD 默认将 XOY 坐标面与屏幕平行显示。若将 AutoCAD 的三维空间坐标面视为现实空间，那么 XOY 坐标面就是地面，因此用户所看到的二维图形实际上是俯视看到的结果。然而要观看三维对象，就必须从不同的视角方向上就是"视点"来察看。AutoCAD 特别提供了"ViewCube""可视化"和"视图"选项卡、"三维导航"功能面板进行多功能的观察三维对象。

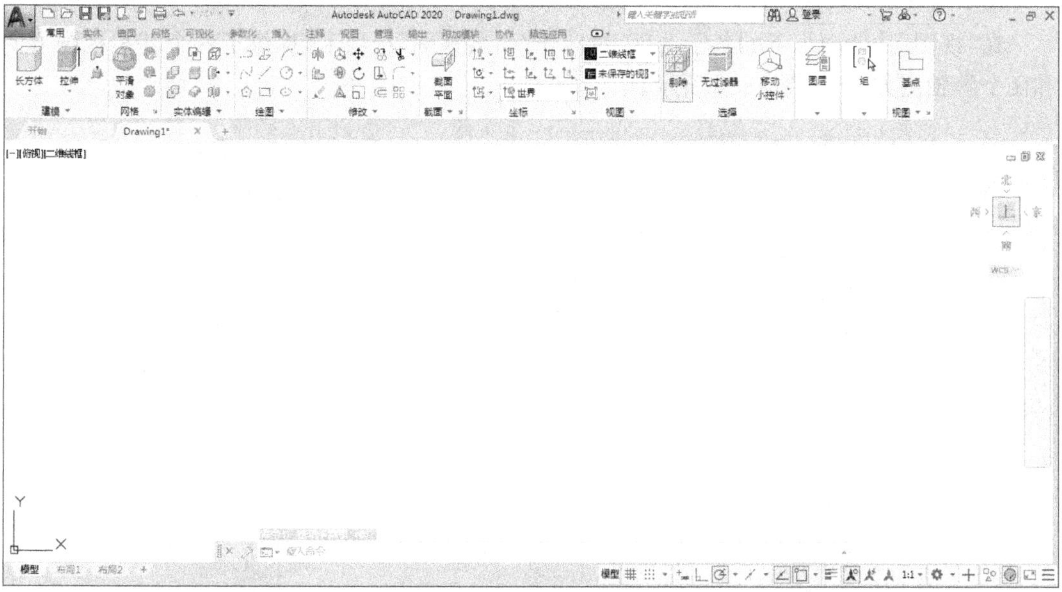

图 13-5 “三维建模”工作空间

1. 视图立方 ViewCube

ViewCube 工具如图 13-6 所示，默认时显示在绘图区域的右上角，且处于非活动状态，当视图方向更改时，它能及时直观反映观察模型的当前视点。当光标放置在 ViewCube 工具上时，它将变为活动状态，用户可以拖动或单击 ViewCube 面或角点实现切换视图或者转动当前视图的功能。

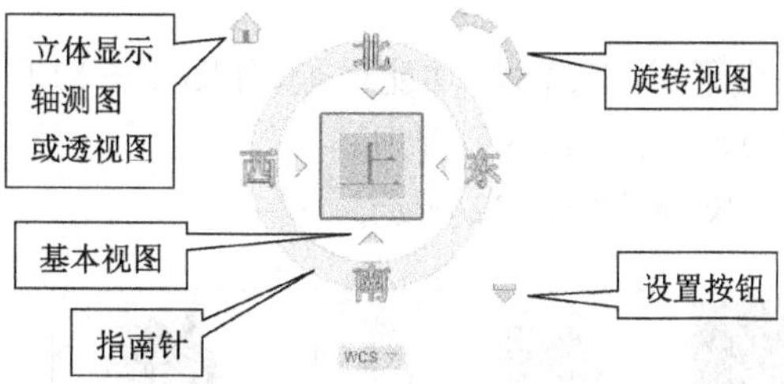

图 13-6 ViewCube 工具

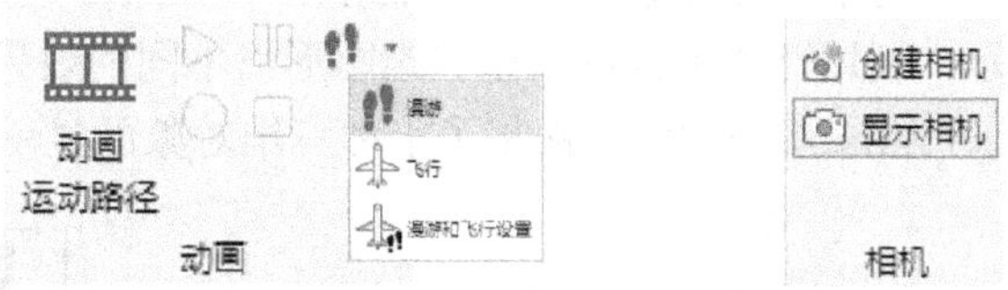

（a）“动画”面板　　（b）“相机”面板

图 13-7 “动画”面板和“相机”面板

2.“可视化”功能区

在“可视化”选项卡下有“动画”面板和“相机”面板，如图 13-7 所示。

通过“动画”面板，用户可以模拟在三维图形中漫游和飞行。穿越漫游模型时，将沿 XY 平面行进。飞越模型时，将不受 XY 平面的约束，所以看起来像“飞”过模型中的区域。

3. 通过“相机”面板，可以在图形中打开或关闭相机并使用夹点来编辑相机的位置、目标或焦距。可以通过位置 XYZ 坐标、目标 XYZ 坐标和视野/焦距(用于确定倍率或缩放比例)定义相机。还可以定义剪裁平面，以建立关联视图的前后边界。原理如同我们拿着相机在物体的不同角度拍照，“相机预览”里看到的结果就如同我们拍得的照片。

4. “视图”功能区

在“视图”功能面板下的各子选项，对应于“命名视图”选项卡，提供了六个基本视图方向和四个等轴测方向，如图 13-8 所示。

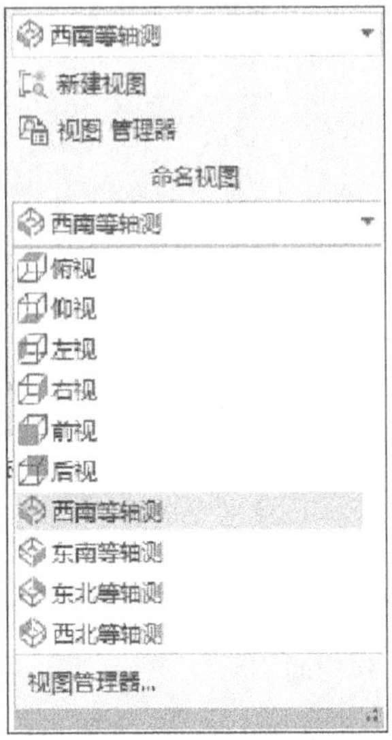

图 13-8 “视图”工具栏和“视图”功能面板

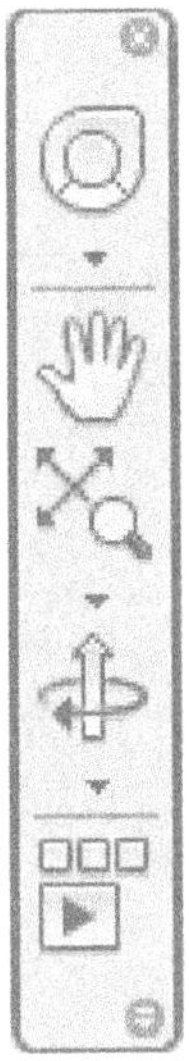

图 13-9 “三维导航”工具

5. “导航”功能面板

“导航”功能面板，如图 13-9 所示，主要有“SteeringWheels”工具、“平移”工具、“缩放”工具、“动态观察”工具以及“ShowMotion”工具。

13.2.3 显示方式

为了更加形象地显示三维对象，AutoCAD 提供了“视觉样式”功能面板，如图 13-10 所示。利用这些工具可以让三维图形以不同的效果显示，并对其进行管理。

AutoCAD 2020 预制了十种三维对象的显示效果，如图 13-11 所示。

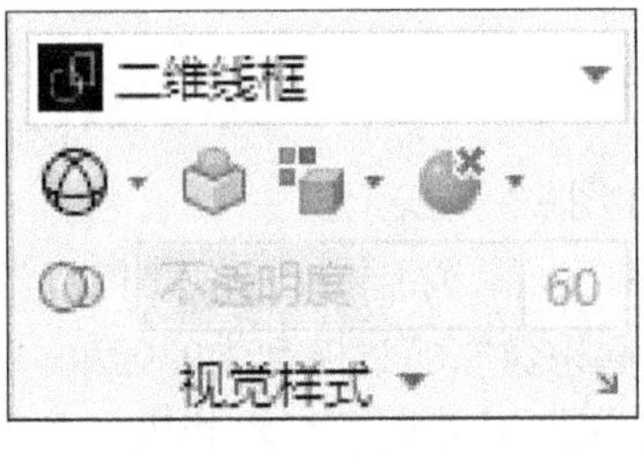

图 13-10 “视觉样式”功能面板

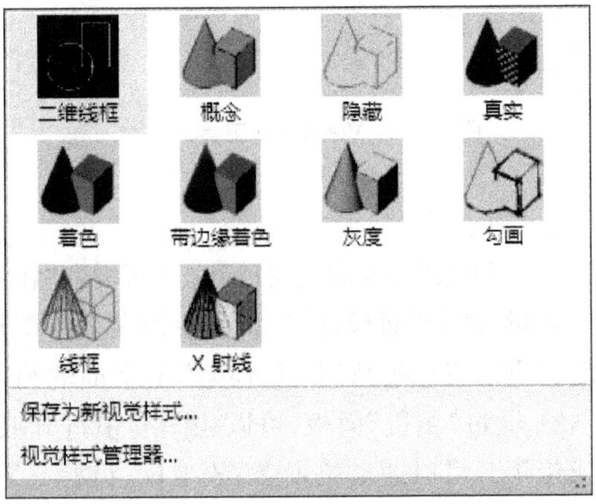

图 13-11 十种显示效果

13.3 曲面造型

表面模型用物体的表面来表示三维物体，在该模型中不仅包含线的信息，而且包含面的信息，因此，能够对此模型进行消隐、渲染等操作。

AutoCAD 2020 提供了“网格”造型、“曲面”造型功能，可以创建多种形式的表面造型。在 AutoCAD 中的曲面模型是由多边形网格平面来定义镶嵌面的，由于网格面是平面，因此网格只能逼近曲面。

13.3.1 绘制三维网格

在 AutoCAD 中，不仅可以绘制基本三维网格，还可以绘制旋转网格、平移网格、直纹网格和边界网格。使用“网格”功能选项卡中的命令进行网格造型，如图 13-12 所示。

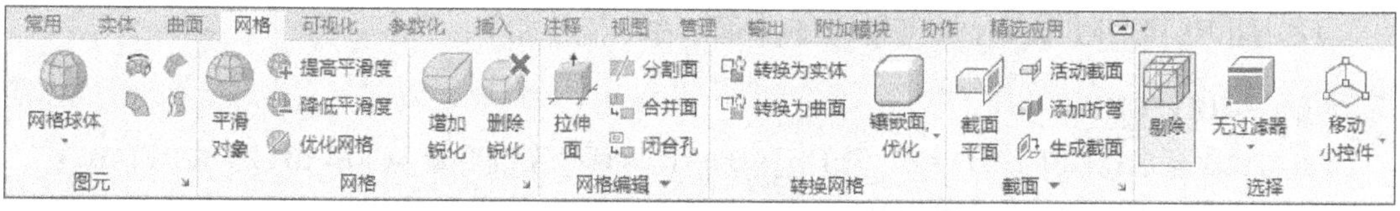

图 13-12 “网格”面板

现举例说明旋转网格、平移网格、直纹网格和边界网格的应用与操作。

【例 1】 用“旋转网格”命令 REVSURF 绘制撑开的伞面。

建模步骤

(1) 开设“伞面”图层，设置红色，并置为当前层。

(2) 单击“ViewCube”立体显示工具，图形成“西南等轴测”显示，坐标系成三维显示，如图 13-13 所示。坐标系的方向就表示了空间三维对象显示方位，就是人从该方位上观察物体所得到的图形效果。“西南等轴测”表示，在人面对屏幕位置状态下，从操作者的左、上、后的方位来观察对象。

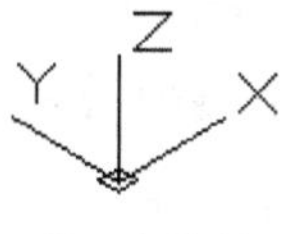

图 13-13 “西南等轴测”坐标系

图 13-14 绕 X 轴转过 90°的坐标系

(3) 单击“可视化”功能卡→坐标→“绕 X 轴旋用户坐标系”工具（其实执行了“UCS”中“X”选项），系统提示：

指定绕 X 轴的旋转角度〈90〉：↵(右手法则)

(4) 结果 Y 和 Z 轴的方向都绕 X 轴转过 90°，XY 坐标面由水平面转成了铅垂面，坐标系的方向如图 13-14 所示。注意，此时的坐标原点的形式不同了，意思为用户坐标系，而先前的坐标系为唯一的世界坐标系。

(5) 用 LINE 命令画一根铅垂线。起点 A 在当前坐标系的原点(0,0,0)，方向朝上，其长为 100，得终点 B，点 B 在当前坐标系的坐标是(0，100，0)，适当放大图形的显示，如图 13-15 所示。

(6) 用 ARC 命令“圆心、端点、角度”的方式画伞面轮廓(以圆弧近似)。命令流程如下：

☼ 命令：**ARC**↵
指定圆弧的起点或[圆心(C)]：**C**↵
指定圆弧的圆心：〈对象捕捉开〉 **捕捉直线的下端点 A**
指定圆弧的起点：**捕捉直线的上端点 B**
指定圆弧的端点或[角度(A)/弦长(L)]：**A**↵
指定包含角：**60**↵

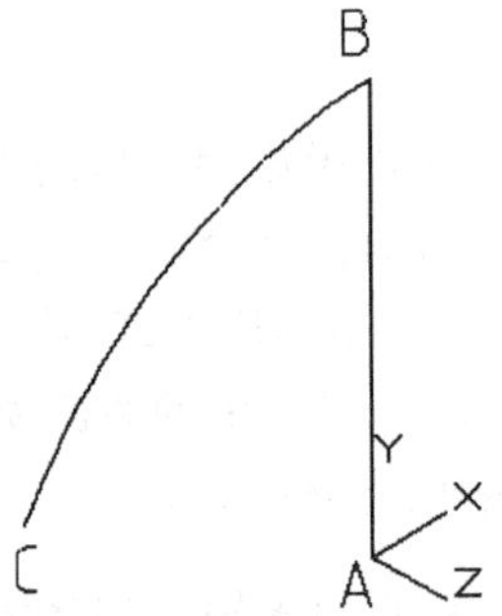

图 13-15 轴线和伞面弧线

绘图结果如图 13-15 所示。

(7) 设置系统变量 SURFTAB1。在命令行输入该系统变量名，然后输入数值“8”。

(8) 用 REVSURF 命令，工具，生成伞面。命令流程如下：

☼ 命令：**REVSURF**↵
当前线框密度：SURFTAB1=8 SURFTAB2=6 **(两个系统变量 SURFTAB1 和 SURFTAB2)**
选择要旋转的对象：**选择圆弧 BC**
选择定义旋转轴的对象：**选择直线 AB**
指定起点角度〈0〉：↵
指定包含角(+=逆时针，-=顺时针)〈360〉：↵

绘图结果如图 13-16(a)所示，“真实”效果显示如图 13-16(b)所示。

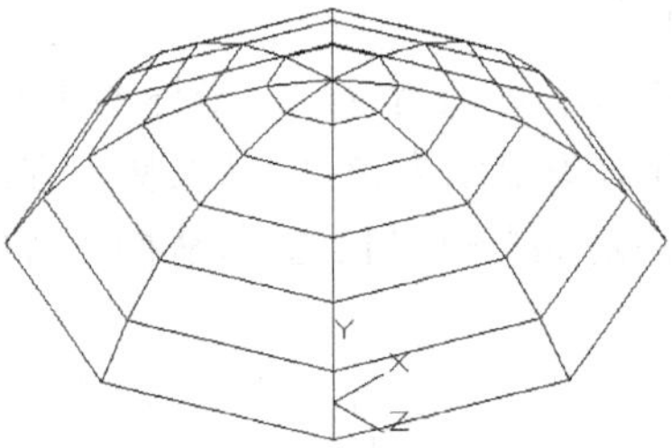

(a) “二维线框”显示

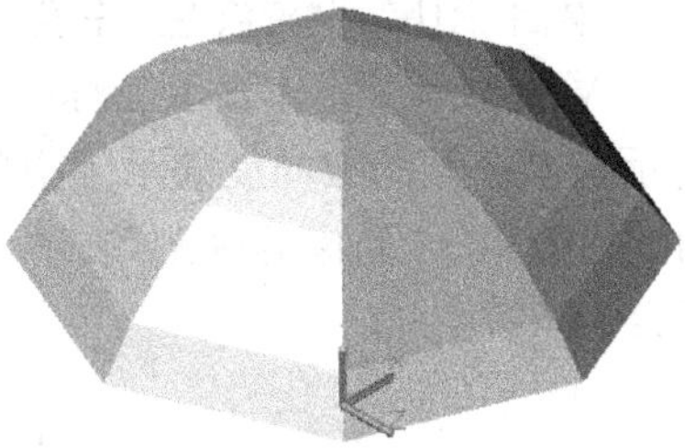
(b) “着色”显示

图 13-16 完成伞面制作

系统变量

三维网格所绘制的曲面都是用两个方向上一定数量的内部网格线来显示曲面的，网格线越密集，曲面越光滑。然而这些两个方向上的网格线的数量是分别受两个系统变量 SURFTAB1 和 SURFTAB2 控制的，系统变量 SURFTAB1 控制的是经线数，SURFTAB2 控制的是纬线数。由此可见，一旦要进行网格建模，就应随即想到这两个控制线框密度的系统变量，并按需进行设置。

几何要求

REVSURF 命令要有两个几何要素，一是旋转母线，可以为任意曲线；另一是轴线，必须是直线。母线可以与轴线相交或交叉。

建模理念

大部分三维对象往往是通过二维绘图而得到,二维绘图平面就显得极其重要。在 AutoCAD 中,绘图平面与坐标系密切相关,只要不设置绘图高度,二维图形总是绘制在 XOY 坐标面内。因此对二维图形的绘制,首先应明确要绘制的图形的空间位置,然后利用 UCS 工具,设法将 XOY 坐标面调整至所需空间位置状态,最后才能绘制图形。

【例 2】 用"平移网格"命令 TABSURF 绘制阶梯。

建模步骤

(1) 新建一个文件,"西南等轴测"显示;绕 X 轴旋转坐标系 90°,使 XOY 坐标面竖直,目的是为了阶梯水平放置。

(2) 用 PLINE 命令绘制阶梯截面线:从原点 A 绘制到终点 B,共 4 阶,每阶高 25、宽 40,最上一阶宽 120,如图 13-17 所示。

(3) 单击"坐标"功能卡中"世界"工具,回到世界坐标系。

(4) 用 PLINE 命令绘制长为 450 的水平直线 AC,如图 13-17 所示。

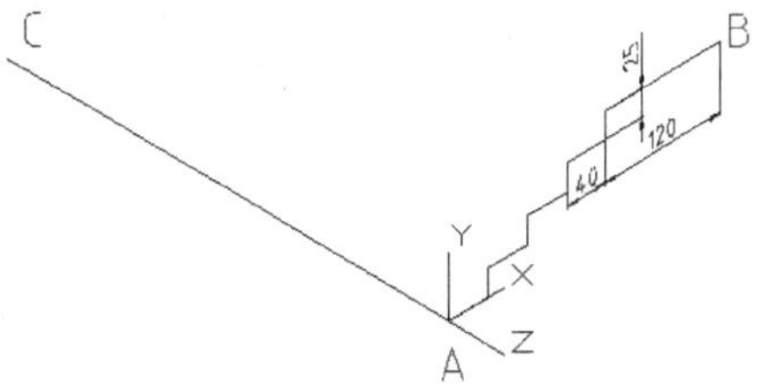

图 13-17　阶梯截面线

(5) 执行 TABSURF 命令,命令流程如下:

> ☼ 命令:**TABSURF** ↵
> 当前线框密度:SURFTAB1=6
> 选择用作轮廓曲线的对象:**选择阶梯截面线 AB**
> 选择用作方向矢量的对象:**选择直线 AC**

绘图结果如图 13-18(a)所示,"X 射线"效果显示如图 13-18(b)所示。

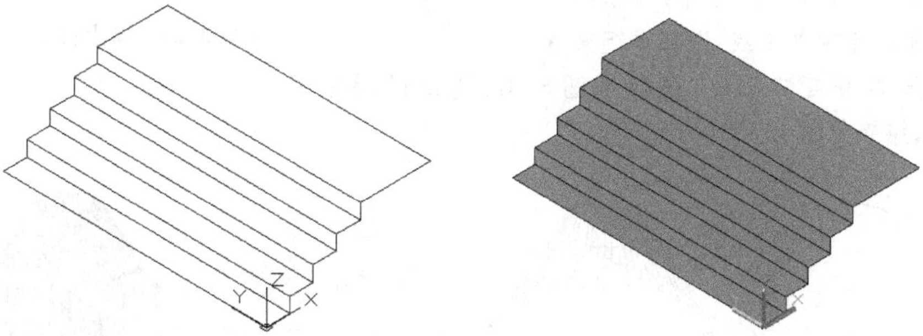

(a) "二维线框"显示　　(b) "X射线"显示

图 13-18　完成阶梯制作

几何要求

TABSURF 命令要有两个几何要素:一是平移的轮廓线,可以为任意曲线;另一是移动方向矢线,必须是直线。两者之间没有几何要求。

建模理念

每次绘制二维图形前,都需先调整好坐标系,以得到一个正确位置的绘图平面。调整坐标系是正确绘图的前提，XOY 坐标面是构建三维对象平台，是绘图位置所在。

【例 3】 用“直纹网格”命令 RULESURF 绘制方圆接头（也可以用“曲面→放样”来实现）。

建模步骤

(1) 在世界坐标系中，用矩形命令 RECTANG、圆命令 CIRCLE 和直线命令 LINE，按如图 13-19 所示尺寸绘制一个矩形、一个圆和一根对角线，矩形和圆中心重合。

(2) 用修剪命令 TRIM，将矩形和圆剪去一半；再用镜像命令 MIRROR 镜像另一半，如图 13-20 所示。

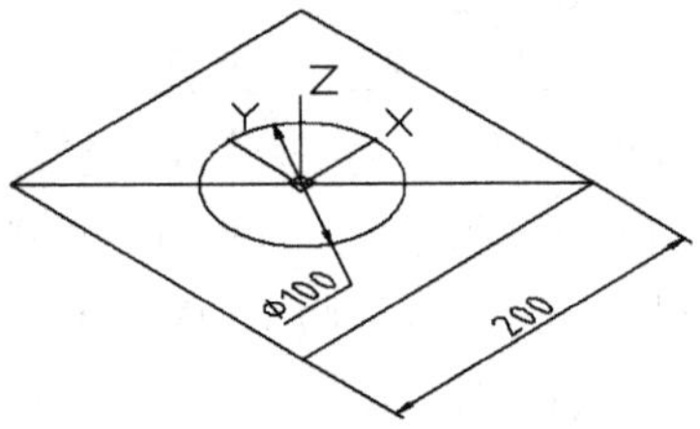

图 13-19 绘制矩形和圆

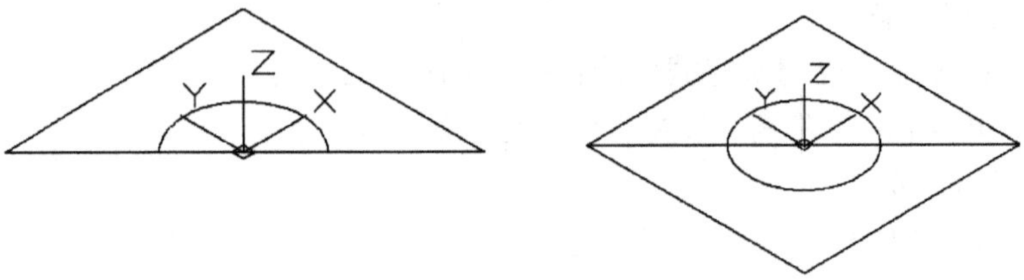

图 13-20 先修剪再镜像

(3) 删除对角线。

(4) 将坐标系绕 X 轴旋转 90°，使 XOY 坐标面竖直。

(5) 用 MOVE 命令，将两个半圆向上移动 150，如图 13-21 所示。

(6) 设置系统变量 SURFTAB1 的值为 30。

(7) 执行 RULESURF 命令，命令流程如下：

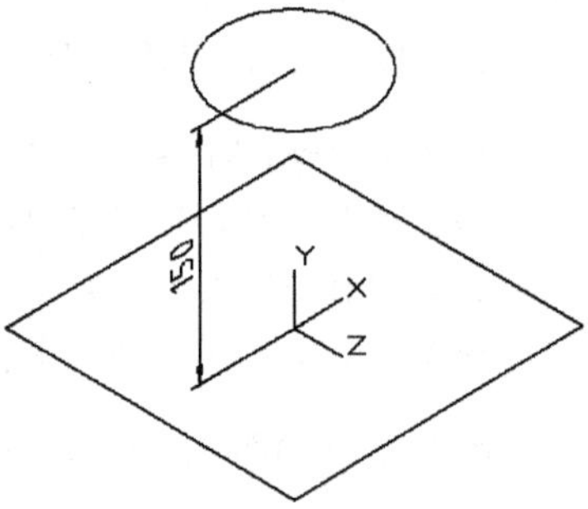

图 13-21 向上移动两个半圆

☼ 命令：**RULE SURF**↵
当前线框密度：SURFTAB1=30
选择第一条定义曲线：**选择半矩形 A**
选择第二条定义曲线：**选择半圆形 B（选择过程见图 13-22(a)，结果见图 13-22(b)）**

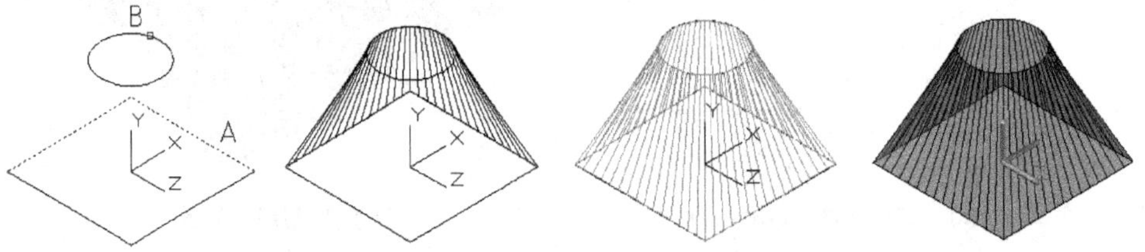

(a) 选择导曲线 (b) 生成一半曲面 (c) 生成另一半曲面 (d) “X射线”显示

图 13-22 完成方圆接头制作

☼ 命令：↵
选择第一条定义曲线：**选择另一半矩形**
选择第二条定义曲线：**选择另一半圆形**

绘图结果如图 13-22(c)所示，"X 射线"效果显示如图 13-22(d)所示。

几何要求

"直纹网格"面，就是几何中的直纹面。直纹面的形成需要有三个几何线段，其中的两根为导曲线，另一根为动直线。直线的两个端点分别落在两根导曲线上，并沿着这两根导曲线均匀滑移后所走过的空间轨迹，就形成了此曲面。两根导曲线可以是空间任意位置关系的空间曲线，动直线运动的起点靠近光标选择导曲线处的端点，所以在选择定义曲线时需注意拾取的位置。在 AutoCAD 中，只要给出两根导曲线，动直线会自动产生。

【例 4】 用"边界网格"命令 EDGESURF 绘制一个花饰曲面。

建模步骤

(1) 新建一个文件，用"视图"工具栏使图形"西南等轴测"显示；绕 X 轴旋转坐标系 90°，使 XOY 坐标面竖直。

(2) 作一圆弧："绘图"→"圆弧"→"起点、端点、方向"命令，具体参数为：起点坐标(0，0)、端点坐标(28，0)、起点切向是 60，见图 13-23(a)所示。

(3) 用 LINE 命令连续绘制两段直线：三个端点的坐标依次为(0，0)、(14，5，－30)、(28，0)，如图 13-23(b)所示。

(4) 继续用 LINE 命令画线：启用"对象捕捉"中的"最近点" ☒ ☑最近点(R)、在响应 LINE 命令指定点时，分别捕捉靠近直线末端的两点，见图 13-23(c)所示。

(5) 用修剪命令 TRIM 剪去先画的两直线的端部，见图 13-23(d)所示。

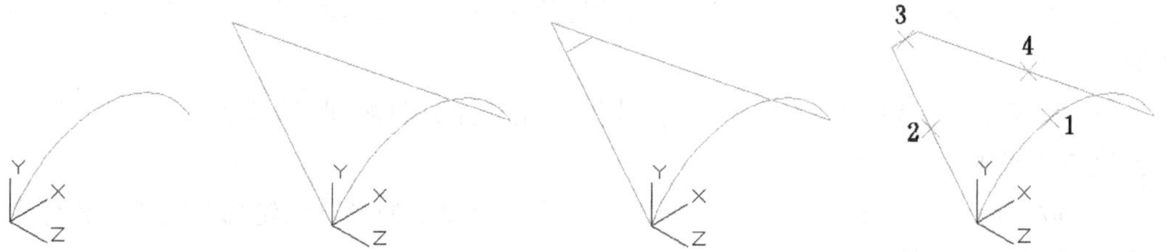

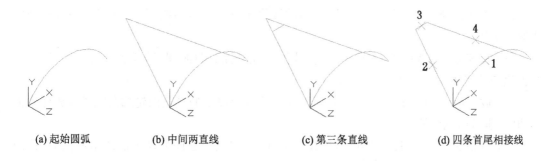

(a) 起始圆弧　(b) 中间两直线　(c) 第三条直线　(d) 四条首尾相接线

图 13-23 绘制四条首尾相接的空间位置边界线

(6) 设置系统变量 SURFTAB1、SURFTAB2 的值均为 16。

(7) 执行 EDGESURF 命令，命令流程如下：

☼ 命令：**EDGE SURF**↵
当前线框密度：SURFTAB1＝16　SURFTAB2＝16
选择用作曲面边界的对象 1：**选择圆弧 1、直线 2、直线 3、直线 4**

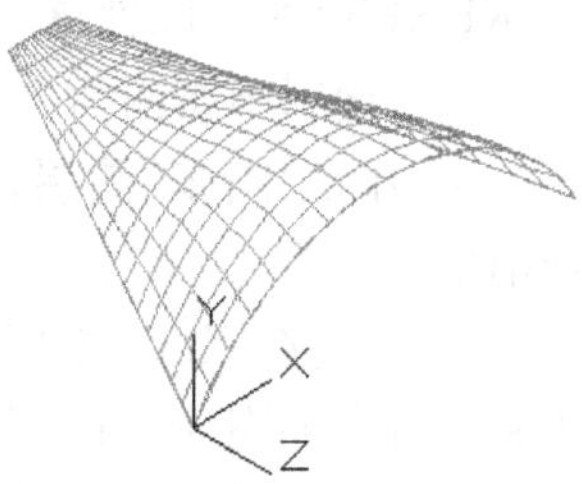

图 13-24 一个花瓣

绘图结果如图 13-24 所示。

(8) 回到世界坐标系。

(9) 用环形阵列命令：阵列中心坐标(14，30，5)、阵列项目数为 7，结果如图 13-25 所示。

几何要求

“边界网格”面的边界用四条，也必须是四条首尾相接的空间曲线组成，四条曲线之间不能彼此相交，也不能交叉，只能是相接。执行“边界网格”时，需要指定四条首尾相接的曲线，AutoCAD 将自动以它们为边界建立一张曲面。

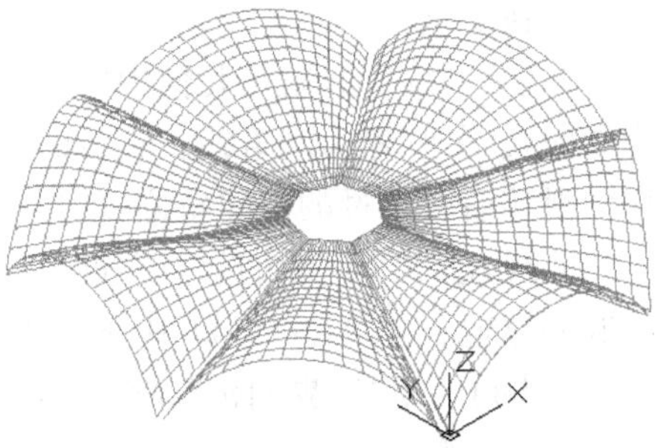

图 13-25 完成花饰曲面

13.3.2 绘制三维曲面

在 AutoCAD 2020 中，使用“曲面”功能选项卡中的命令可以进行曲面造型，如图 13-26 所示。

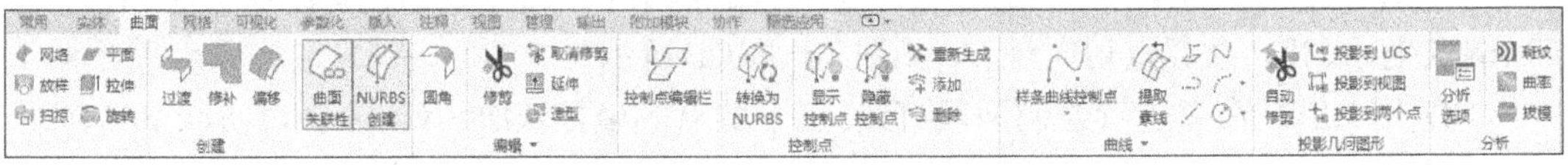

图 13-26 “曲面”功能选项卡

点击“创建”面板上的工具可创建各种曲面，也可以创建成实体(取决于“模式”的设置和对象的几何要求)，主要方式有：

(1) 拉伸命令 EXTRUDE，工具：将曲线拉伸成曲面，但闭合曲线拉伸成实体。

(2) 旋转命令 REVOLVE，工具：将曲线绕定轴产生迴转曲面，也可将一些对象创建成迴转实体。

(3) 扫掠命令 SWEEP，工具：将曲线沿路径扫掠成曲面，路径开放或闭合均可，也可以创建扫掠实体。

(4) 放样命令 LOFT，工具：通过将两个或两个以上的横截面轮廓曲线进行放样来创建曲面，也可以创建放样实体。

(5) 网格曲面命令 SURFNETWORK，工具：将两个方向的若干曲线生成曲面，这两个方向称为 U 方向和 V 方向，就是指两组曲线的走向。

【例 5】 本案例基于某校的升旗台为背景，重点突出旗面的造型。中华人民共和国国旗是五星红旗，旗面为红色，长宽比例为 3∶2。左上角的四分区域内缀黄色五角星五颗，四颗小星环拱在一颗大星的右面，并各有一个角尖正对大星的中心点。用“网格曲面”命令 SURFNETWORK 创建一面迎风飘扬的五星红旗。

(1) 绘制国旗曲面

① 开设“国旗”图层，设置红色，并置为当前层。

② 首先在 XOY 坐标面上，按国旗几何关系绘制旗面矩形和五颗星，然后用 JOIN 命令分别将五个五角星各自合并成一个对象，如图 13-27 所示。

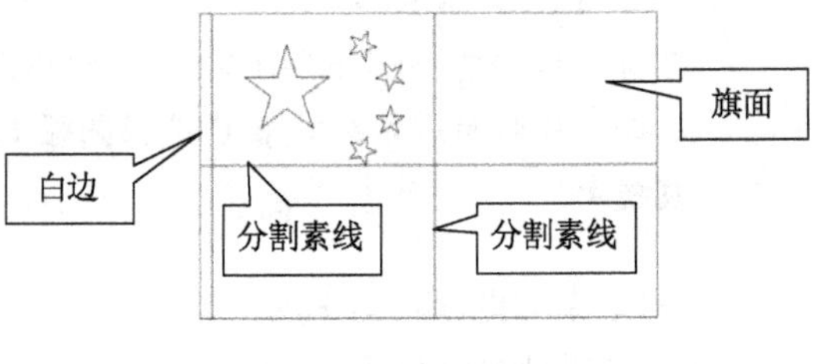

图 13-27 五星红旗轮廓

③ 切换成“西南等轴测”视图，调整坐

标系如图 13-28 所示，用 SPLINE 命令绘制一根样条曲线（即创建曲面 U 方向上的一根网格线），曲率适当，达到迎风飘扬的效果，如图 13-29 所示。

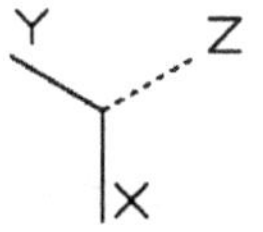

图 13-28　调整坐标系

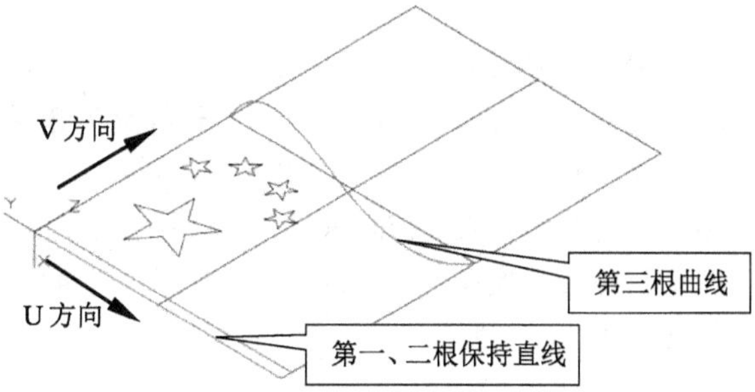

图 13-29　绘制第一根样条网格曲线

④ 同样，继续绘制曲线（中间位置可根据效果增加若干根曲线），如图 13-30 所示。

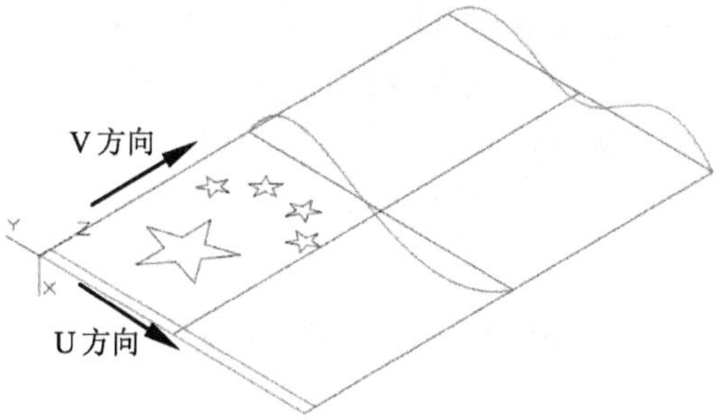

图 13-30　绘制 U 方向样条网格曲线

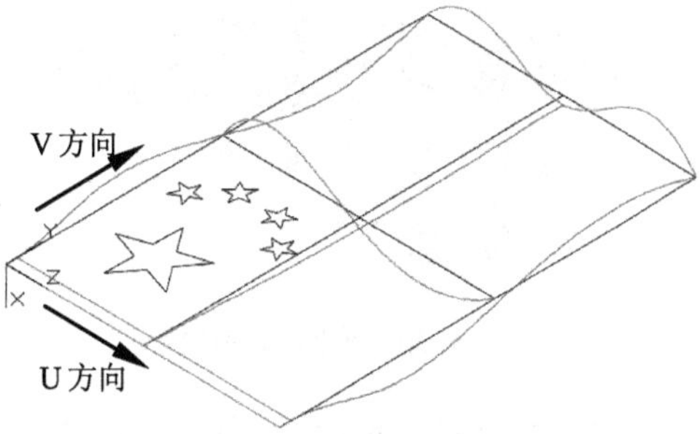

图 13-31　绘制 V 方向样条网格曲线

⑤ 将坐标系绕 X 轴旋转 90°，绘制三根样条曲线（即 V 方向的网格线），注意必须与前三根曲线相交，如图 13-31 所示。

⑥ 执行 SURFNETWORK 命令，命令流程如下：

命令：**SURFNETWORK**↵
沿第一个方向（U 方向）选择曲线或曲面边：**选择 U 方向 4 条曲线，见图 13-31**↵
沿第二个方向（V 方向）选择曲线或曲面边：**选择 V 方向 3 条曲线，见图 13-31**↵

绘图结果如图 13-32(a)所示，“X 射线”效果显示如图 13-32(b)所示。

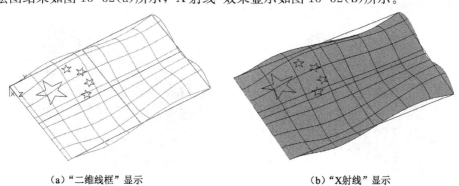

(a)“二维线框”显示

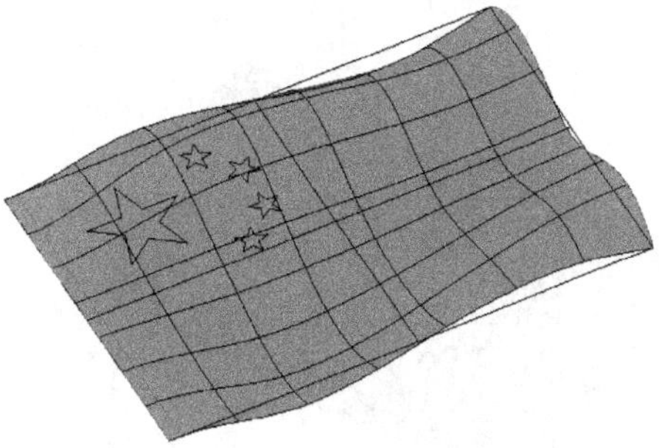

(b)“X射线”显示

图 13-32　国旗曲面

(2) 绘制国旗曲面上的五角星

方法一

① 用拉伸命令 EXTRUDE,工具,创建国旗曲面上的大五角星。

☼ 命令:**EXTRUDE**↵
选择要拉伸的对象或[模式(MO)]:**选择大五角星的轮廓**↵
选择要拉伸的对象或[模式(MO)]:**MO**↵
闭合轮廓创建模式[实体(SO)/曲面(SU)]〈实体〉:**SU**↵
指定拉伸的高度或[方向(D)/路径(P)/倾斜角(T)/表达式(E)]:↵**(拉伸高度适当,贯穿红旗面即可)**

五角星会被拉伸成 10 个曲面,用 UNION 命令将 10 个面合并成整体。如图 13-33 所示。

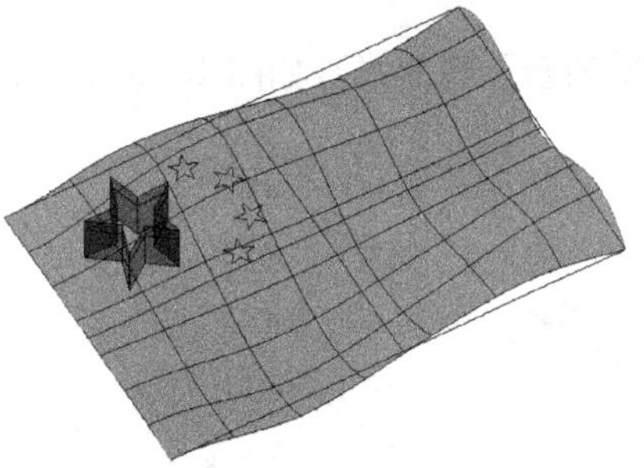

图 13-33　拉伸"五角星"

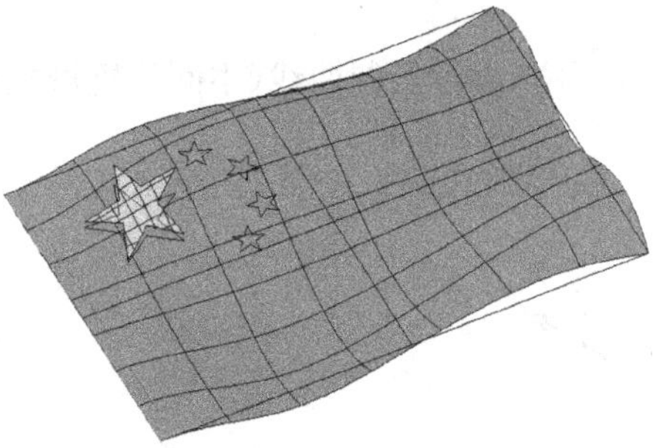

图 13-34　大五角星曲面

② 用 SLICE 命令剪出五角星,步骤如下:

☼ 命令:**SLICE**↵
选择要剖切的对象:**选择红旗曲面**↵
指定切面的起点或[平面对象(O)/曲面(S)/z 轴(Z)/视图(V)/xy(XY)/yz(YZ)/zx(ZX)/三点(3)]〈三点〉:**S**↵
选择曲面:**选择拉伸的五角星曲面**↵
选择要保留的剖切对象或[保留两个侧面(B)]:**B**↵**(保留两个侧面)**

删除拉伸的五角星曲面,红旗曲面上已被剪出一个五角星,将五角星设置成黄色如图13-34所示。

③ 按上面操作步骤剪出其余四个小五角星,如图 13-35 所示。

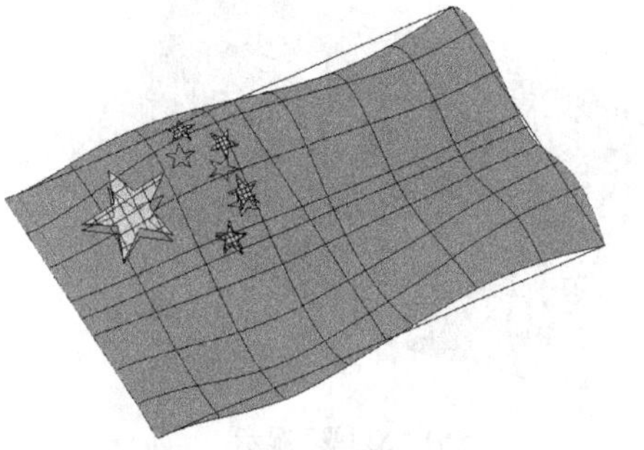

图 13-35　五个五角星曲面

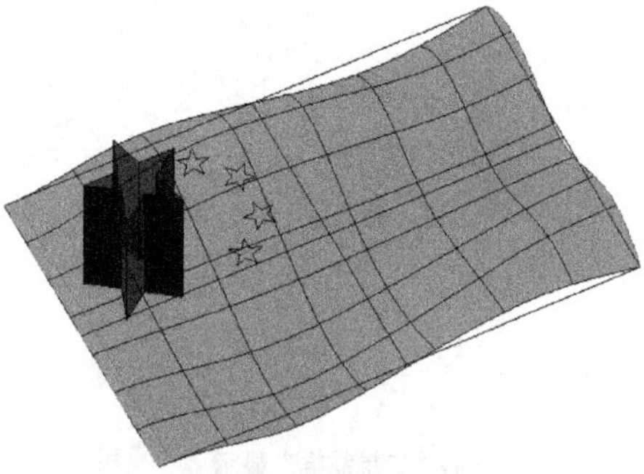

图 13-36　拉伸大五角星实体

方法二

① 用拉伸命令 EXTRUDE，工具，将大五角星拉伸为实体，如图 13-36 所示。

② 用压印命令 IMPRINT，工具，创建国旗曲面上的大五角星，如图 13-37 所示。

☼ 命令：**IMPRINT**↵

选择三维实体或曲面：**选择红旗曲面**↵

选择要压印的对象：**选择五角星实体**↵

是否删除源对象［是(Y)/否(N)］〈N〉：**Y**↵

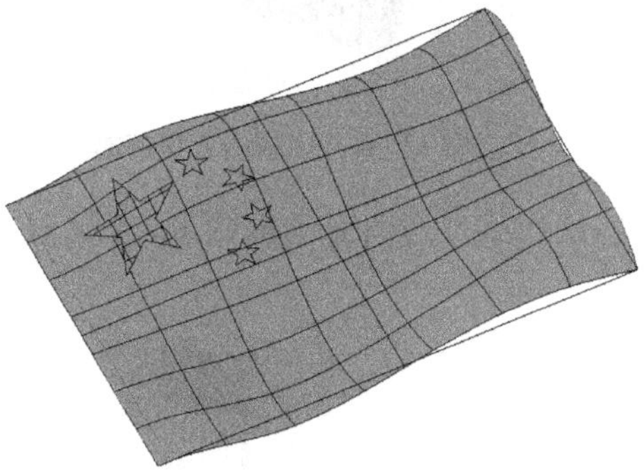

图 13-37　压印五角星曲面

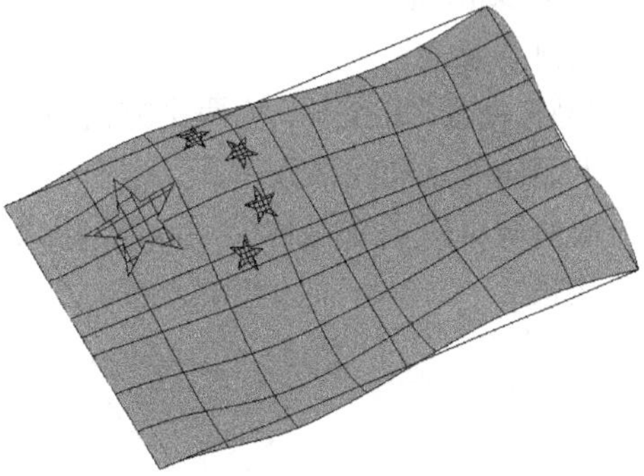

图 13-38　压印四个小五角星

③ 按上面操作步骤压印其余四个小五角星，如图 13-38 所示。

④ 用 EXPLODE 命令分解国旗曲面释放五角星，将五角星设置成黄色，如图 13-39 所示。

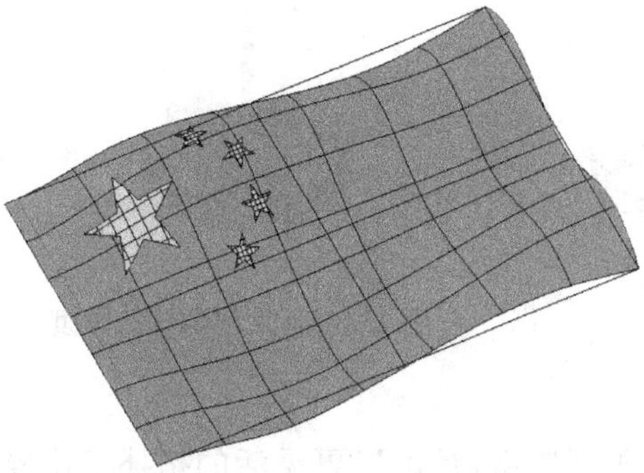

图 13-39　着色五角星

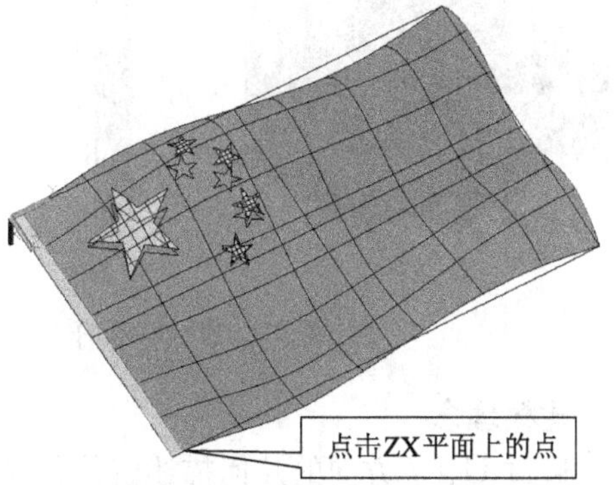

图 13-40　国旗曲面的白边

(3) 绘制国旗左侧的白边。

用 SLICE 命令切出国旗的白边，将白边设置成灰色，如图 13-40 所示。

☼ 命令：**SLICE**↵

选择要剖切的对象：**选择红旗曲面**↵

指定切面的起点或［平面对象(O)/曲面(S)/z 轴(Z)/视图(V)/xy(XY)/yz(YZ)/zx(ZX)/三点(3)］〈三点〉：**ZX**↵

指定 ZX 平面上的点〈0,0,0〉：**点击 ZX 平面上的点(如图 13-36 所示)**

选择要保留的剖切对象或[保留两个侧面(B)]〈保留两个侧面〉:B↵(保留两个侧面)

(4) 完成国旗绘制。

删除不需要的线条,打开"着色"模式,迎风飘扬的五星红旗就绘制好了,如图 13-41 所示。

(5) 升国旗!

① 按合适的比例绘制旗台和旗杆,如图 12-42 所示,实体绘制的方法见 13.4 节。

② 组装国旗

几何要求

"网格曲面"需在 U、V 两个方向分别选择两根及以上的曲线。曲线根数越多,生成的曲面越复杂。两方向曲线可以是空间曲线,可以不相交,但为保证设计或拟合曲面的精确度,建议 U、V 向曲线相交。

图 13-41 飘扬的五星红旗

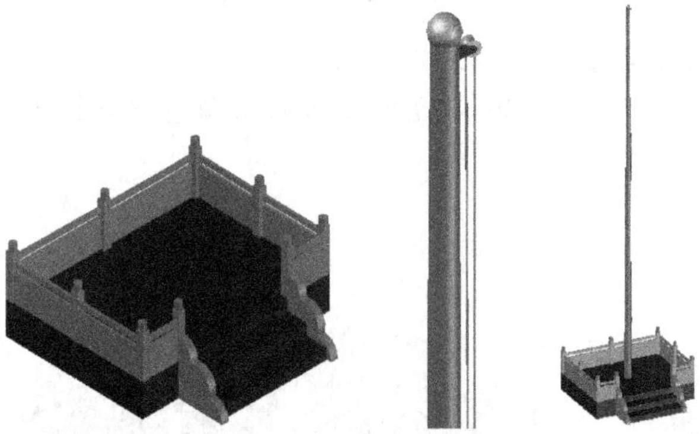

(a) 旗台 (b) 旗杆 (c) 组合

图 13-42 旗台和旗杆

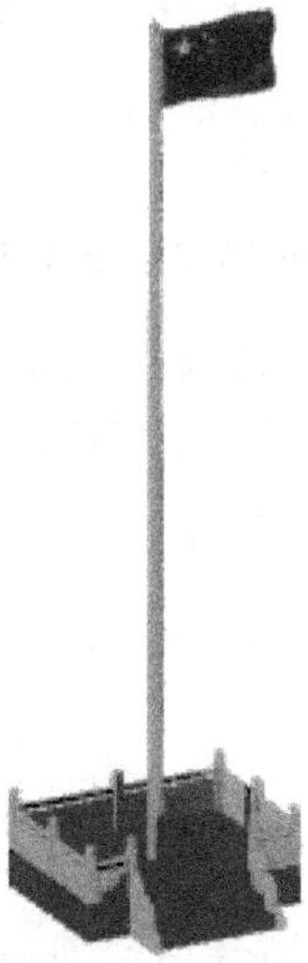

图 13-43 迎风飘扬的国旗

建模理念

通过 U、V 方向的几何描述就能得到复杂的曲面造型,且可以更灵活的拓扑定位异形曲面,实现逆向设计。布尔运算及部分实体编辑工具可在实体和曲面环境中同时使用,大大降低了三维建模的难度。

13.4 实体建模

13.4.1 绘制三维实体

三维实体建模是比三维表面建模更进一步的技术。与线框模型、表面模型相比,实体模型能够更好地表达物体的结构形状。创建三维实体是 AutoCAD 三维建模的重要内容。

AutoCAD 2020 提供了“实体”功能选项卡来创建和编辑三维实体，如图 13-44 所示。

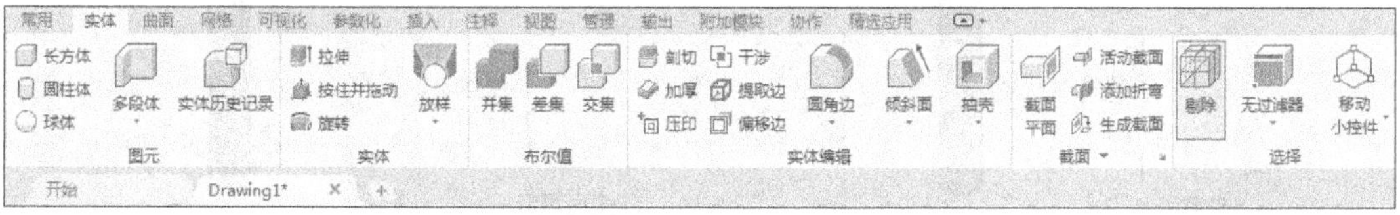

图 13-44 “实体”功能选项卡

1. 基本立体

在“建模”工具栏中单击相应的工具，根据命令行的提示进行操作即可创建出相应的基本立体。各基本立体所对应的工具、命令及大致创建方法如表 13-1 所示。

表 13-1 创建基本立体方法

基本立体	工具	命令	创建方法
多段体		POLYSOLID	绘制多实体与绘制多段线的方法相同
长方体		BOX	以指定角点或指定长、宽、高的方式创建
楔体		WEDGE	以指定角点或指定长、宽、高的方式创建，在长度方向上成楔
圆锥体		CONE	以指定锥底中心点与半径及高度的方式创建
球体		SPHERE	以指定球心和半径的方式创建
圆柱体		CYLINDER	以指定圆柱底面中心点与半径及高度的方式创建
圆环体		TORUS	以指定中心点、圆环半径和圆截面半径的方式创建
棱锥体		PYRAMID	以指定底面中心点、边的中心点和锥顶的方式创建
螺旋		HELIX	按弹簧的参数形式指定螺旋的参数来创建

2. 由二维图形生成三维实体

二维平面图形通过指定的运动所经历的空间就形成了三维实体。主要方式有：

（1）拉伸命令 EXTRUDE，工具是：具备将平面图形拔高的垂直拉伸功能，这是最简单、最基本、最直观、最重要、用得最多的方法。

（2）沿路径拉伸：拉伸命令 EXTRUDE 中的一种功能，平面图形沿着一条指定的路径方向拉伸，图 13-45 表明了平面图形与路径的位置关系和生成实体的结果，（注意是在平面图形的位置生成实体）。

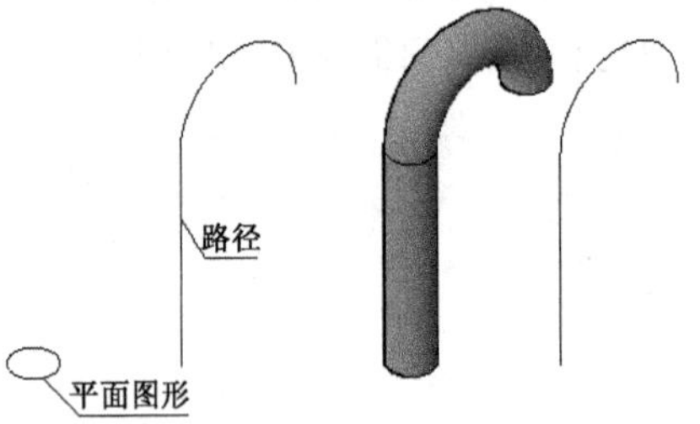

图 13-45　平面图形沿路径拉伸

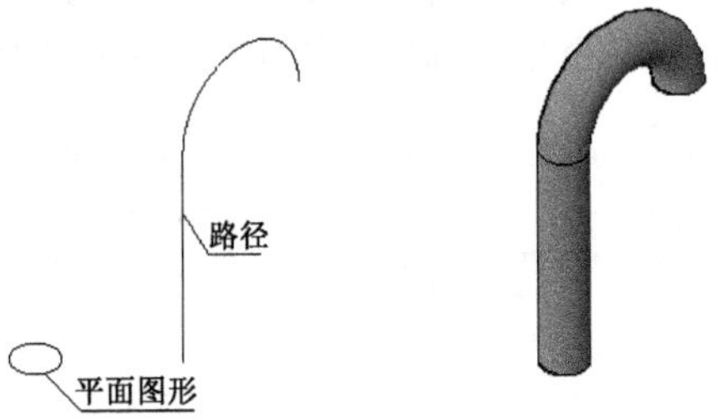

图 13-46　平面图形扫掠生成实体

(3) 旋转命令 REVOLVE，工具：具备将平面图形绕指定轴旋转生成实体的功能。

(4) 扫掠命令 SWEEP，工具：扫掠就是一个平面图形在给定的路径上扫过所得到的空间。图 13-46 表明了同样的平面图形和路径，采用扫掠生成实体。此方法与沿路径拉伸类似，只不过平面图形经扫掠后所得到的实体的位置以路径定位，而沿路径拉伸所得到的实体的位置以图形定位。图 13-46 表明了同样的平面图形和路径，采用扫掠生成实体，请比较与拉伸的差别。

(5) 放样命令 LOFT，工具：放样就是将两个或两个条以上横截面轮廓混合成空间实体(或曲面)，包括平行截面放样和指定导向路径放样；各放样截面间可以是直纹连接，也可以平滑拟合；各放样截面曲线要么全部开放(生成曲面)，要么全部闭合(生成实体)。图 13-47 显了平行截面放样的直纹连接和平滑拟合效果，图 13-48 显示了路径放样的效果。

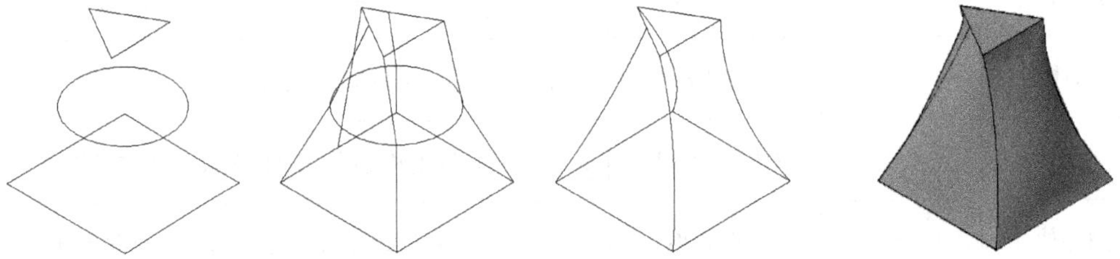

(a) 三个截面　　(b) 直纹连接　　(c) 平滑拟合　　(d) 平滑拟合“概念”显示

图 13-47　平行截面放样

(6) 按住并拖动命令 PRESSPULL，工具：可以拉升两个多段线间的区域，也可以非常方便地修改实体表面的位置。

3. 编辑三维实体

实体编辑主要实现以下功能：

(1) 布尔运算。“实体”选项卡→“布尔值”面板→，并集、差集、交集。运用布尔运算功能，用户可以完成复杂的三维实体创建。

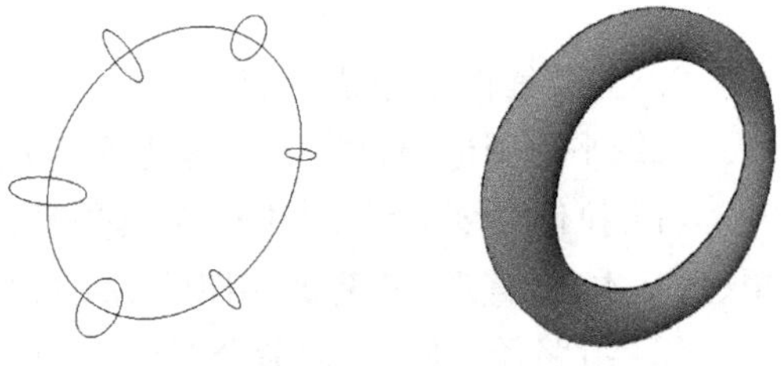

(a) 三个截面和路径　　(b) 放样实体

图 13-48　路径放样

(2) 对实体的编辑,“实体”选项卡→“实体编辑”面板→编辑工具,如图 13-49 所示,其中圆角边下拉工具包括圆角边、直角边,倾斜面下拉工具包括倾斜面、拉伸面、偏移面,抽壳下拉工具包括抽壳、检查、分隔、清除。

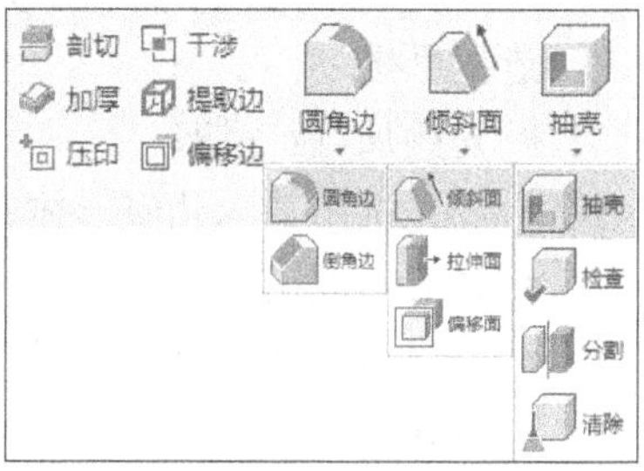

图 13-49　实体编辑工具

①剖切 SLICE,工具：用平面或曲面剖切或分割三维对象。

② 干涉 INTERFERE,工具：检查三维实体或曲面间是否存在冲突,将干涉部分创建成临时的实体或曲面对象,并亮显。

③ 加厚 THICKEN,工具：用设定的厚度把曲面转化为实体。

④ 提取边 XEDGES,工具：从面域、三维实体、曲面和网格对象提取边,创建线框模型。

⑤ 压印 IMPRINT,工具：提取两对象间共有的线(面),并向被压印对象的表面添加由共有的线(面)生成的面,该面与被压印对象上,如同丝网印刷商标一样。

⑥ 偏移边,工具：在三维实体或曲面上选择某平整面,将平整面的轮廓在该面所在的基准面内以指定距离偏移,创建闭合多段线或样条曲线。

⑦ 圆角边 FILLETEDGE,工具：把实体上棱线两侧的平面转为圆弧面。倒角 CHAMFEREDGE,工具：用某个平面切掉实体上两平面构成的角。

⑧ 命令 SOLIDEDIT 包含多种修改三维实体的功能,包括“面”“边”“体”三部分。“面”中包括拉伸面、偏移面、倾斜面等;“边”中包括复制边、着色边;“体”中包括分割实体、抽壳等。

下面通过实例来领略 AutoCAD 2020 建模功能,体会建模理念和思想,熟悉建模工具,学到建模操作技能。

13.4.2　三维实体案例

案例 1　实体模型

现创建第 12 章图 12-1 所示的实体模型。

知识点

- 图形窗口显示的各种控制方法:“ViewCube”工具栏,“动态观察”工具栏、“三维导航”工具栏;
- 拉伸命令 EXTRUDE,工具;
- 圆角边 FILLETEDGE,工具,可以对三维实体进行圆角处理,如铸造圆角;
- 各种基本几何体、、的生成,以及其生成方向与坐标系的关系;
- 长方体命令 BOX,工具,长方体的长、宽、高与光标位置的一致性;
- 布尔运算:并集工具、差集工具;
- “坐标”工具中原点坐标系工具、上一个坐标系工具按钮和世界坐标系工具;
- 三维操作:“常用”选项卡→“修改”面板→“三维镜像”。

建模理念

- 正确的形体组合分析;

- 每步造型，必须得首先考虑并决定坐标系的方位。

造型思想

- 先叠加，后挖切；
- 优先选用基本几何形体；
- 如果不能用基本几何形体生成，那么适当将形体分解，使绘制二维图形简单；
- 先粗略设计，后精细设计。主要是倒角(圆角，如铸造圆角和面倒角)和打孔。

形体分析

实体模型，通常有基本形体通过叠加和挖切而成，建模时应对形体的组合过程和方式进行分析。本实体模型在前实体形成的基础上，再开两槽而成。对底板来说，先忽略圆角，再分成两个长方体 BOX；形体 1、3 用长方体 BOX 创建；形体 2 的截面图形较简单，可用绘制图形再拉伸的方法创建；楔形体 4 用 WEDGE 创建。挖切与形体 2 相似的形体和一长方体 BOX。

创建步骤

(1) 进入“三维建模”工作空间，新建文件，取名“实体模型”；至少开设两个图层。

(2) 底板后部，如图 13-50 所示。

① “西南等轴测”显示；

② 单击 BOX 命令工具，输入角点坐标(−40,0)后，以长度“L”响应，将光标沿 X 轴拉开极轴，然后输入长 80；将光标移向 Y 轴负向后输入宽 25；向上移光标后输入高 8；

③ 利用导航工具，将图形适当放大显示。

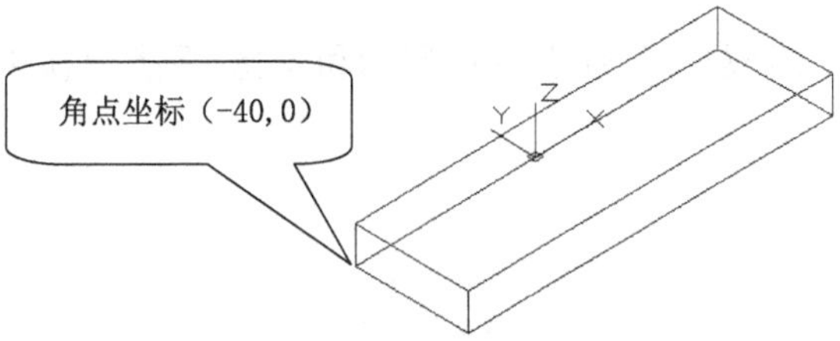

图 13-50　底板后部的长方体

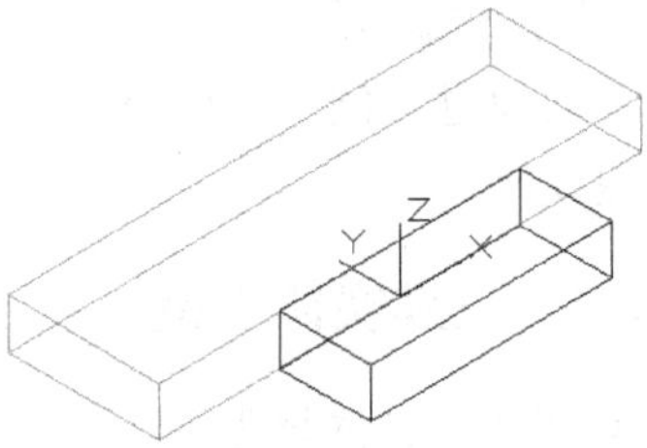

图 13-51　底板前部

(3) 底板前部，如图 13-51 所示。

① 换另一图层至当前层；

② 单击“原点”工具，拾取前中点，为的是方便下步建模；

③ 单击 BOX 命令工具，回答角点坐标(−20,0)后，以长度“L”响应，与鼠标移动相配合，输入长 40、宽 15、高 8。

(4) 形体②准备，如图 13-52 所示。

① 单击“并集”工具，先选择大长方体，再选择小长方体，合并到大长方体所在的图层；

② 单击“上一个 UCS”工具，或“世界”工具；

③ 用 PLINE 命令绘制槽截面图形；

④ 用 OFFSET 命令向内偏置 8，并将其直线段编辑到与后外侧面重合，为挖后槽准备。

注:合并的复合体处于第一个被选对象的图层中。

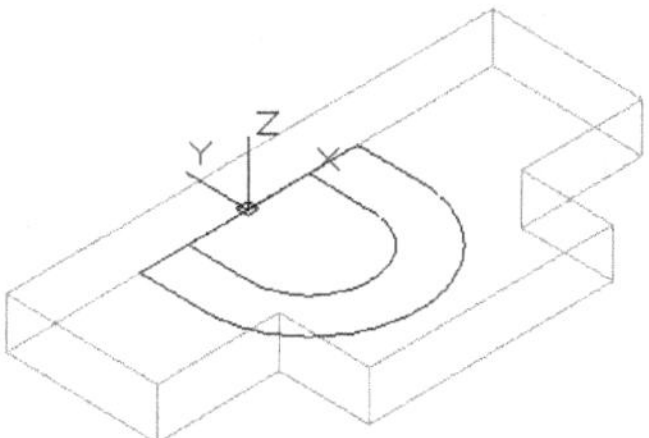

图 13-52　绘制形体 2 截面线

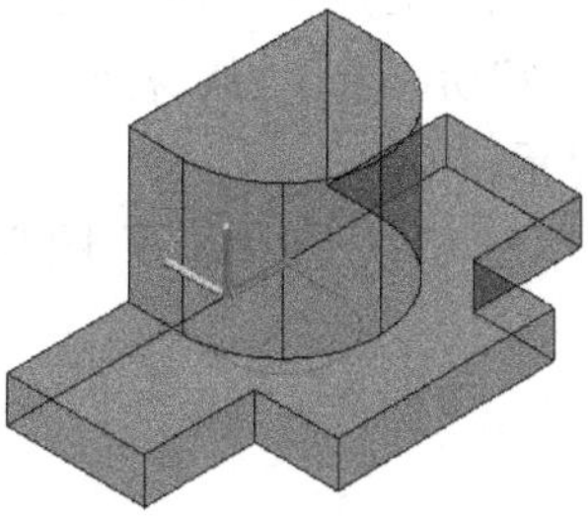

图 13-53　形体 2

(5) 拉伸形成形体②,如图 13-53 所示。

① 单击命令 EXTRUDE 工具,选择外线;

② 单击“并集”工具,与底板合并;

③ 在“视图”功能卡上,从“视觉样式”下拉列表中选择“X 射线”显示。

(6) 前长方体③,如图 13-54 所示。

① 单击工具,将坐标系原点置于底板前下边中点;

② 执行 BOX 命令,输入角点坐标(−13,0),长 26,宽度尺寸应确保与半圆头完全交上,但也确保要不超出总宽,高 20;

③ 单击“并集”工具,与前建模合并;

④ 在“视图”功能卡上,从“视觉样式”下拉列表中选择“真实”显示。

注:将系统变量 FACETRES 的值改为 5,图形的显示会变得光滑。

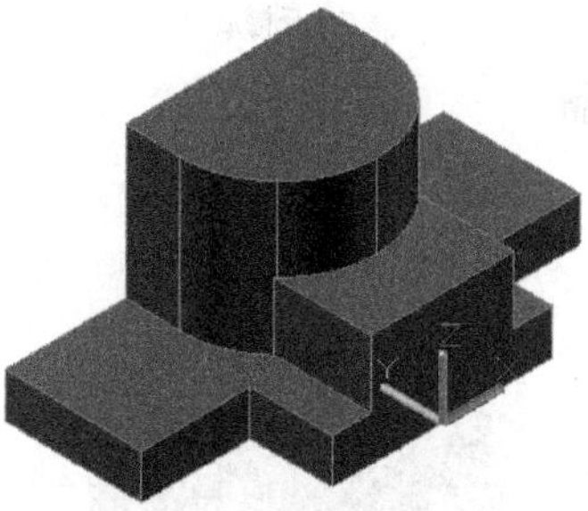

图 13-54　前长方体 3

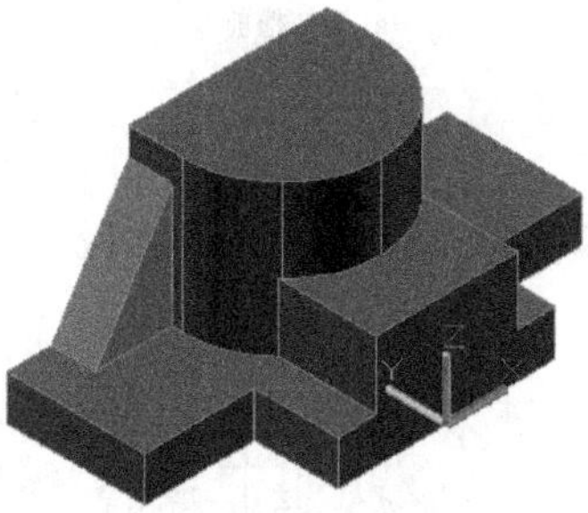

图 13-55　锲形体 4

(7) 锲形体④,如图 13-55 所示。

① 单击锲体命令 WEDGE 工具,拾取角点后,与执行长方体命令一样,输入长−14、宽−8、高 22。

② 单击“常用”选项卡→“修改”面板→“三维镜像”,执行 MIRROR3D 命令,选择锲体后,以 YOZ 坐标面镜像面。

不妨尝试一下用二维镜像命令来制作的方法,实际上只要将 XOY 坐标面调整为基面,正如同人照镜子时的地面,而与之垂直的镜子面,就是镜像对称面,与地面的交线如同用二维镜像方法的对称轴。

(8) 挖后槽,如图 13-56 所示。

① 单击“并集”工具与前建模合并;

② 在“视图”功能卡上,从“视觉样式”下拉列表中选择“三维线框”显示;

③ 拉伸第三步的 OFFSET 图形,移动光标使高度足够;

④ 单击“差集”工具,先选择整个合并体,再选择刚拉伸的形体。

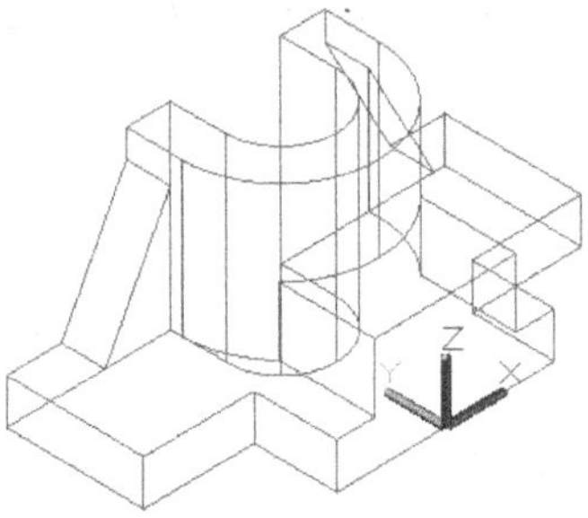

图 13-56 挖后槽

(9) 开前槽,如图 13-57 所示。

① 原点坐标系至前上边中点;

② 执行 BOX 命令,角点坐标(−7, 0, −7),长 14、移动光标使宽和高足够,见图(a);

③ 差集减去之,见图(b)。

注:至此粗略设计已完成。

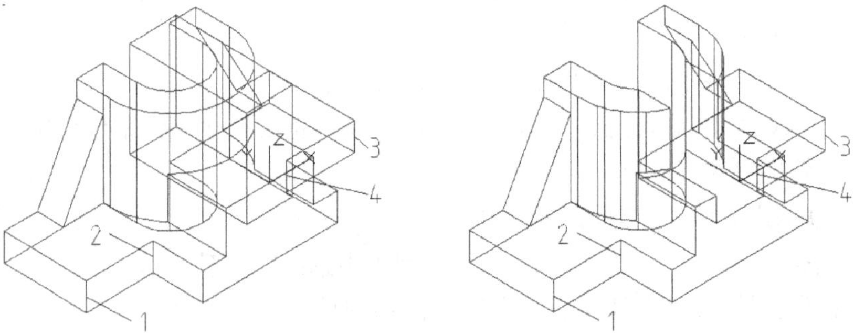

(a) 开前槽前

(b) 开槽后

图 13-57 开前槽

(10) 倒圆角,如图 13-58 所示。

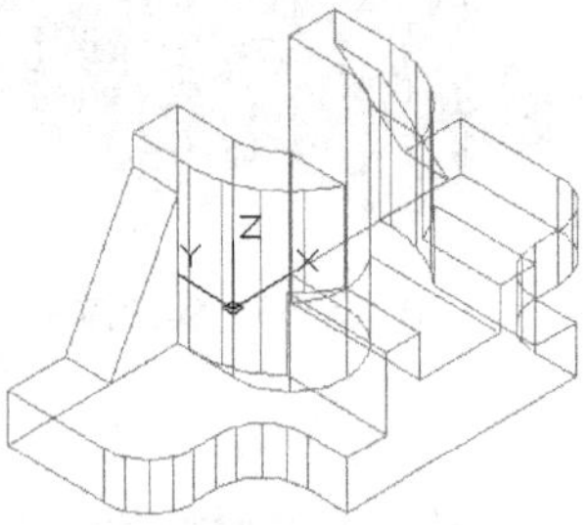

图 13-58 倒圆角

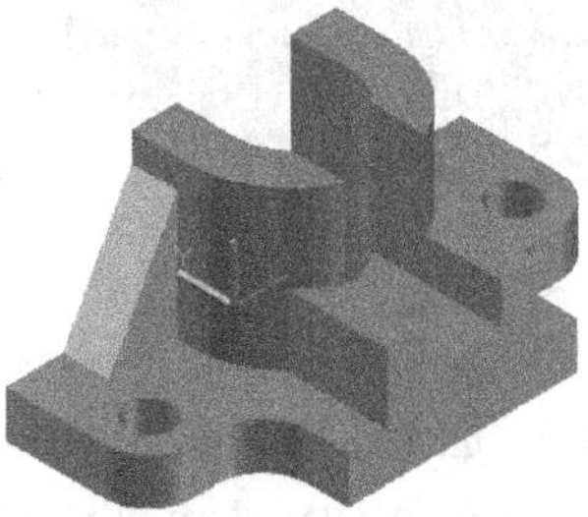

图 13-59 打孔完成

① 回到世界坐标系;

② 单击“实体”选项卡→“实体编辑”面板→“圆角边”,设置半径 R 为 8 后,逐一拾取要倒圆角的四个边。

(11) 打孔完成,如图 13-59 所示。

① 单击“圆柱”CYLINDER 命令工具,定位在前方圆角中心,输入半径 4,移动光标使

高度足够；

② 复制到另一侧；

③ 差集减去之。

注：1. 圆柱体的轴线与Z轴一致；

2. 为方便对象捕捉，只将对象捕捉设置成圆心。

对坐标系的再认识：

坐标系太重要了，每步建模，必先确定坐标系的方位，正如同战场的粮草先行。坐标系是建模的方向，也是建模路上的航标灯，是施工的前沿场所，也是建模顺利进行的重要保证。无论怎么夸奖它，都不过分。因此，必须要能驾驭坐标系。

案例2　六角螺栓

现创建一个M16×55的六角螺栓，该螺栓的视图与尺寸如图13-60所示。

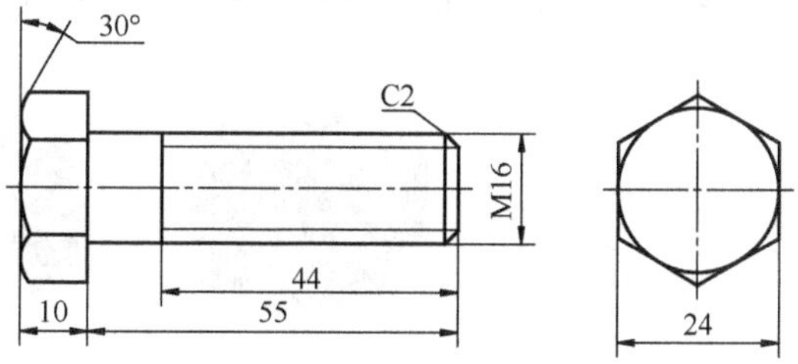

图13-60　螺栓的视图与尺寸

新知识点

- 创建螺旋线："草图与注释"空间→"绘图"功能面板→工具；
- 扫掠生成实体："建模"功能面板→工具；
- 旋转生成实体工具、布尔运算的交集工具；
- 动态观察图形各工具。

形体分析

六角螺栓的形体较简单，有两基本形体圆柱和六棱柱组成。圆柱上需切制三角螺纹，通过先建一根螺旋线，然后用扫掠的方法生成三角形螺旋，再用差集将之减去；六角头上要倒30°的角，这里通过六棱柱和圆锥体的交集实现。

建模理念

不同的建模工具需要不同性质的几何关系图形，因此不同的建模工具就需要有这些几何图形要素以及这些几何要素之间需要几何关系。

对实体建模来说，截面图形必须是由单一对象构成的封闭图形，或者为一个面域。因此将由多个首尾相接的对象围成的图形定义成面域是解决这个问题的好办法。

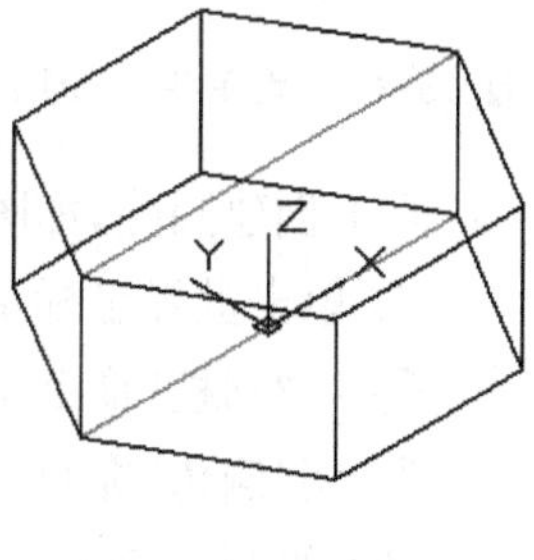

图13-61　六角柱

创建步骤

(1) 新建文件，取名"六角螺栓M16"；至少开设两个图层；"西南轴测"显示。

(2) 创建六角柱，如图13-61所示。

① 用多边形工具绘制对边距离为24，中心在原点的正六

边形；

② 用拉伸 EXTRUDE 工具拉伸高为 10；

③ 用直线工具绘制两条对角线。

(3) 创建圆锥体，如图 13-62 所示。

① 单击“可视化”选项卡→“命名视图”面板→“左视图”。

② 用、工具作 30°的直角三角形 ABC 如图 13-62(a)所示，同时使斜边过六角柱右上边的中点，直角边 AB 与 Y 轴重合，如图 13-62(b)所示。单击“西南视角”工具，成立体显示，可以看到坐标系的方向变了，在此显示状态下，用夹持点编辑方法实现。

③ 用“面域”命令工具，将三角形 ABC 定义为一个面域，“X 射线”视觉显示，如图 13-62 (c)所示。

④ 用旋转实体工具，以 AB 为轴线生成一个圆锥体，如图 13-62(d)所示。

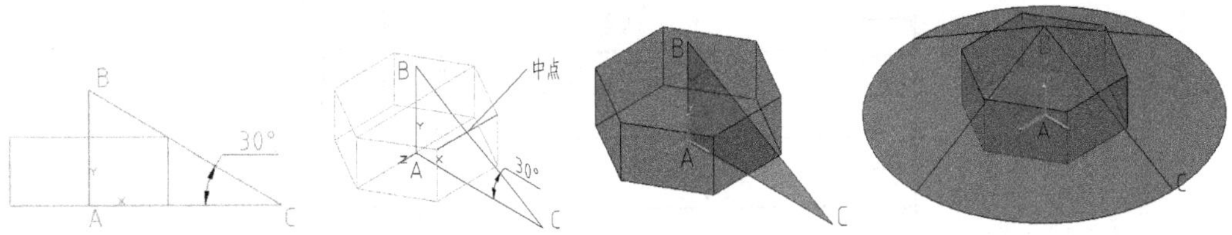

(a) 绘直角三角形　(b) 三角形位置　(c) 定义面域　(d) 生成圆锥体

图 13-62　创建圆锥体

(4) 生成六角头，如图 13-63 所示。

① 用交集工具工具求六角柱和圆锥体的交集；

② 着色显示。

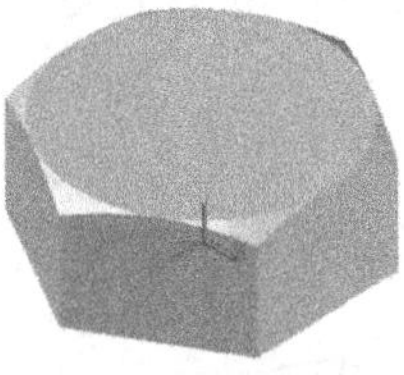

图 13-63　六角头

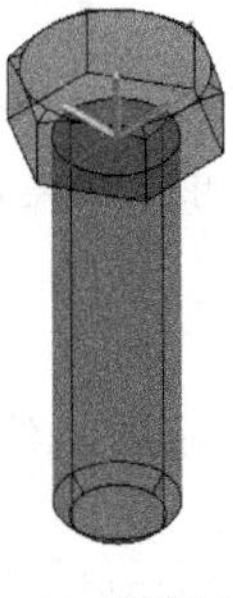

图 13-64　圆柱并倒角

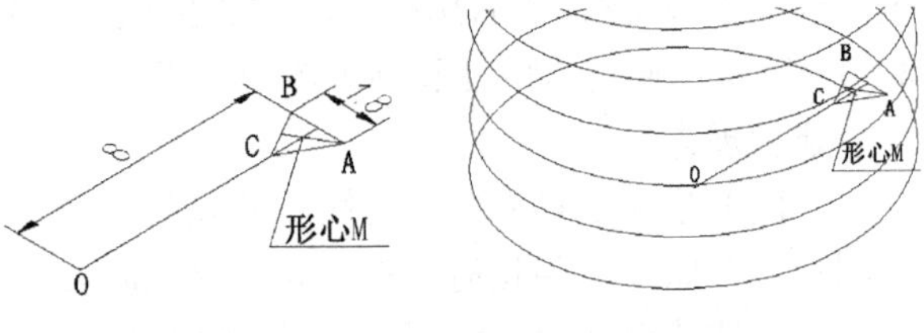

图 13-65　截面和螺旋线

(5) 创建圆柱，如图 13-64 所示。

① 单击世界坐标系工具；

② 用“圆柱”命令工具，定位在原点，半径 8，高－55，建造一个圆柱体；

③ 用“倒角”命令工具，将圆柱下端倒角，倒角大小为 2。

(6) 绘制三角形截面和螺旋线，如图 13-65 所示。

① 用“可视化”选项卡→“坐标”面板→“原点”，将坐标系原点置于圆柱下端中心；

② 在适当位置，用 PLINE 命令按尺寸绘制等边三角形 ABC，并找出形心 M，再作长为

8 的直线；

③ 用螺旋工具绘制螺旋线，其参数为：中心为 O 点、底面半径为线段 OM 的长，顶面半径相同、圈高 $H=2$、螺旋高度 44。

(7) 切制螺纹，如图 13-66 所示。

① 单击扫掠工具按钮，扫掠生成三角形螺旋。在回答"选择要扫掠的对象："时，拾取三角形，然后选择螺旋线为扫掠路径；

② 真实感显示，以观察三角螺旋效果；

③ 二维线框显示；用移动 MOVE，将三角螺旋移至与圆柱轴线、底心重合；

④ 单击差集工具按钮，用圆柱减去三角螺旋；

⑤ 概念显示。

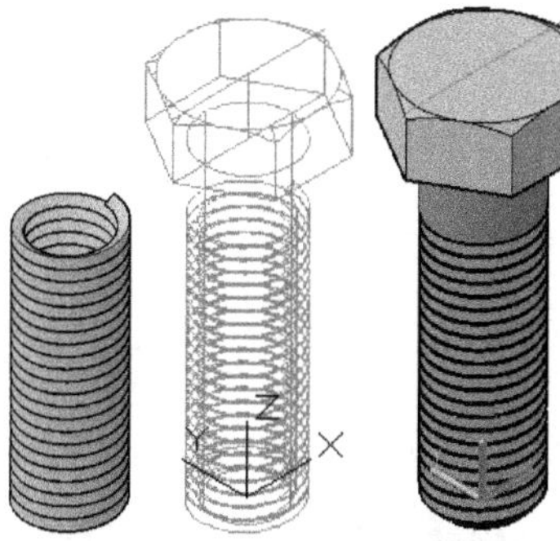

图 13-66　切制螺纹

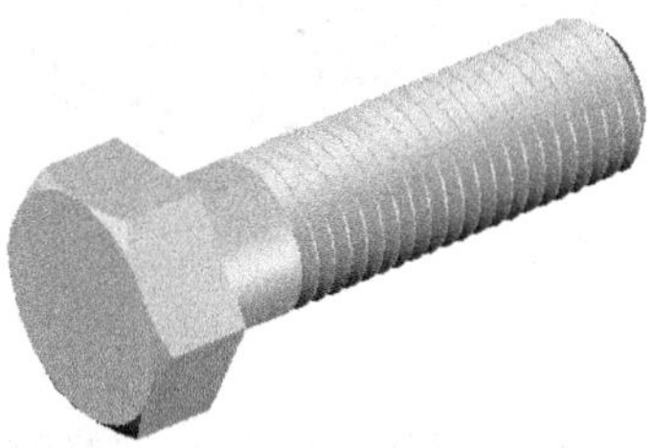

图 13-67　完成螺栓建模

(8) 合并一体，如图 13-67 所示。

① 删除各种绘图辅助线；

② 用并集工具合并到六角头；

③ 点击"视图"选项卡→"视口工具"面板→"UCS 图标"，显示 UCS 图标；

④ 单击"导航栏"面板上的工具，按住鼠标左键并移动，调整显示视角如图。

几何要求

(1) 对实体建模来说，作为截面的平面图形轮廓，必须是由单一对象构成的封闭图形。但是大多数平面图形是由多个对象构成，所以将它们定义为面域，如本例的圆锥体的截面三角形。本例中螺旋截面三角形是用 PLINE 绘制，所以不需要定义成面域。

(2) 对于扫掠，要扫掠的平面图形，其位置绘制方位任意，扫掠时 Auto CAD 自动将平面图形调整到与螺旋线垂直的位置。需要说明的是，平面图形的形心将落在螺旋线上，图形相位为绘制平面图形时的坐标系 X 方向，Z 轴是平面图形的法矢。所以本例中，在确定螺旋线的半径时，先求出了截面三角形的形心。

案例 3　装配体

现创建托架的装配体。托架的各零件尺寸与位置关系，如图 13-68 所示。螺栓用实例 2，其余各个零件由读者完成，完成各零件后将其定义成块。

新知识点

● 使用设计中心："视图"选项卡→"选项"面板→工具；

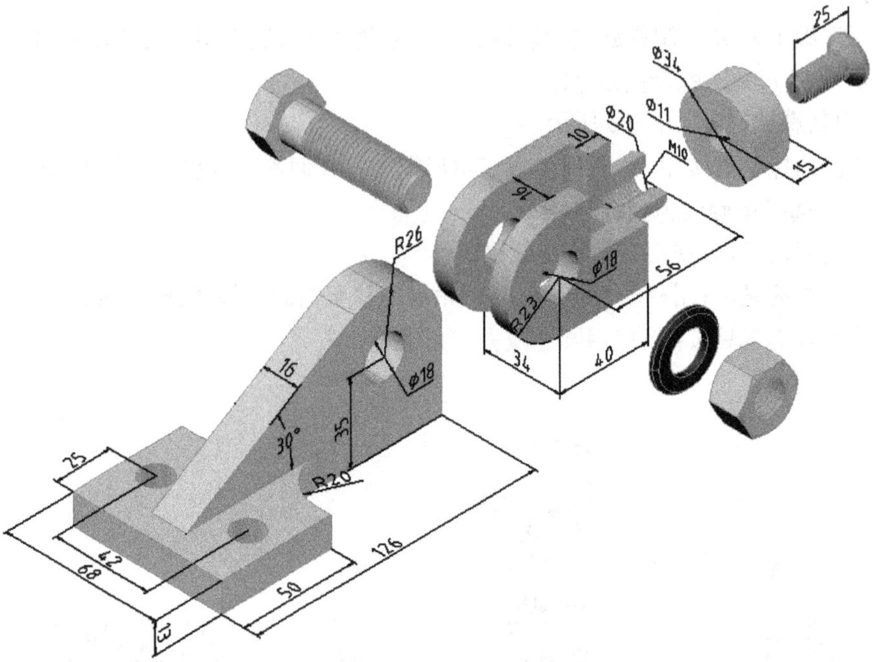

图 13-68 托架的各零件

● 三维操作:“常用”选项卡→“修改”面板→“三维旋转”。

建模理念

对于复杂项目建模,若在一个文件中构建很多对象,对操作很难,有些甚至无法完成的任务,必须用文件之间的引用或参照的方法来组织,这是相互协作、化繁为简的好方法。

创建步骤

(1) 新建文件夹,取名“托架装配”;将所有制作的零件存入此文件夹中;新建一个“无样板公制打开”的文件。

(2) 点击“视图”选项卡→“选项板”面板→“设计中心”按钮,打开“设计中心”对话框,从“文件夹”选项卡的文件夹列表中,找到“托架装配”文件夹,并单击将其展开;然后再单击“托架”文件,也将其展开;再单击“块”。此时在右侧的项目列表显示框中出现“托架”块,如图 13-69 所示。

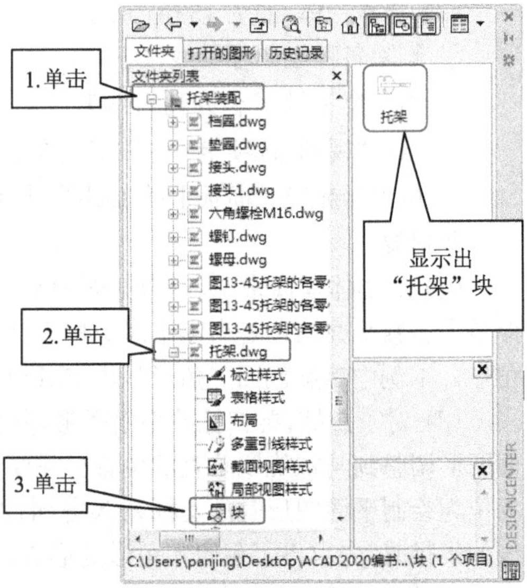

图 13-69 对“设计中心”的操作

(3) 将“设计中心”对话框的块拖放到右侧。从“项目列表显示框”单击“托架”块,拖放到右侧视口,结果零件“托架”块就被引用到当前文件中,如图 13-70 所示。

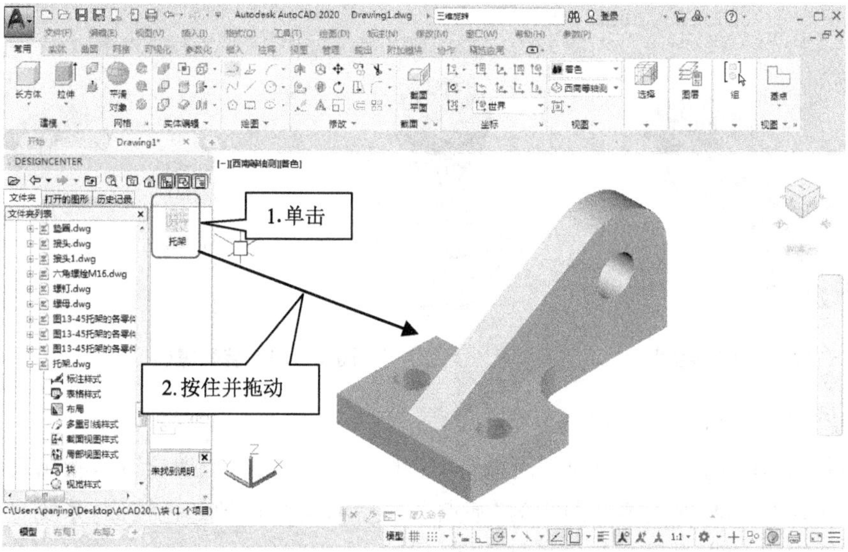

图 13-70　引用块到当前图形

(4) 同样方法将其他零件拖放到当前图形文件中;然后关闭"设计中心",如图 13-71 所示。

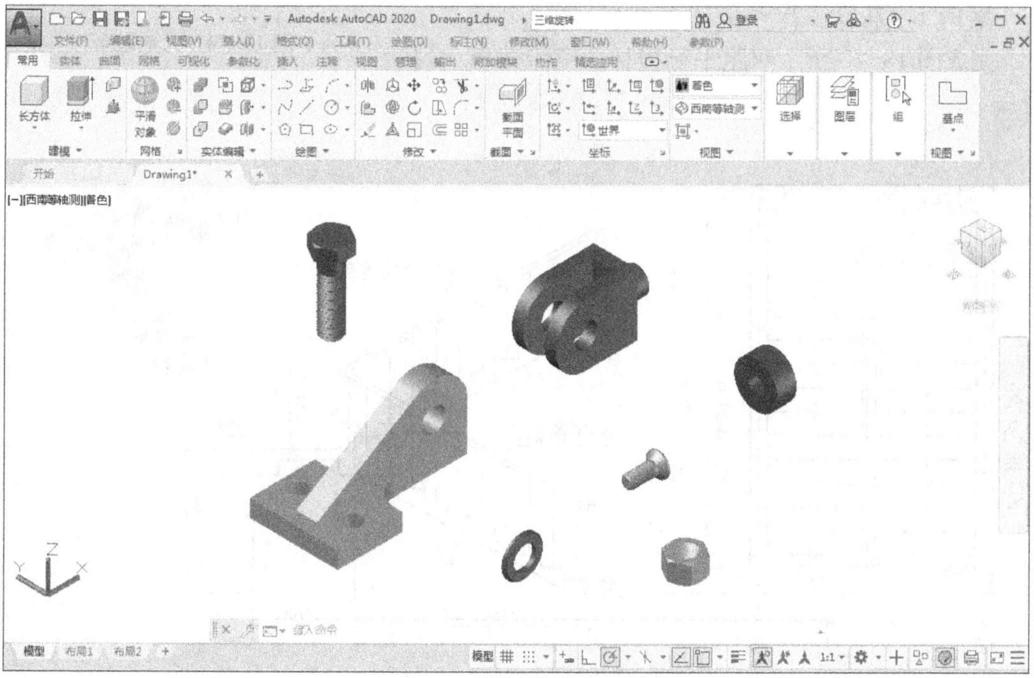

图 13-71　调入全部零件

(5) 将"接头"装配到"托架"上。用 MOVE 命令,捕捉"接头"内测孔的圆心为"基点",捕捉"托架"孔的圆心为"指定第二个点",此时"二维线框"显示时有利于对象捕捉,装配结果如图 13-72 所示。

图 13-72 装配“接头”

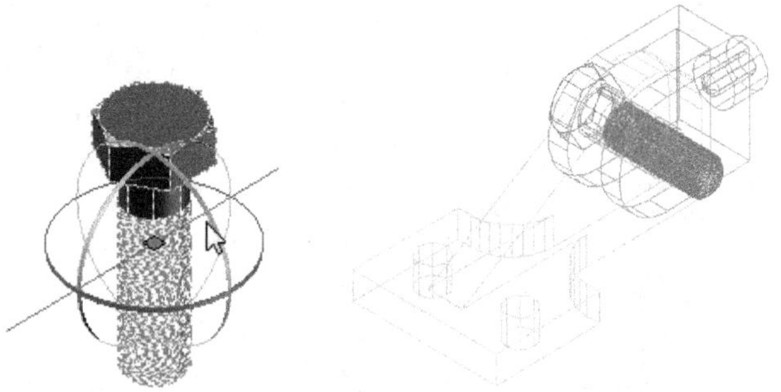

图 13-73 装配螺栓

(6) 装配螺栓，结果如图 13-73 所示。

① 执行“常用”选项卡→“修改”面板→“三维旋转”，选择“螺栓”后，将出现平行于三个坐标面的小圆柱面，捕捉顶部圆心为“基点”，然后移动光标到红色柱面，系统自动出现一个与 X 轴平行的轴线，此时单击红色柱面，最后输入 90°；

② “二维线框”显示；

③ 用 MOVE 命令，移动“螺栓”到位。

(7) 装配其他零件，调整视角，结果如图 13-74 所示，保存文件。

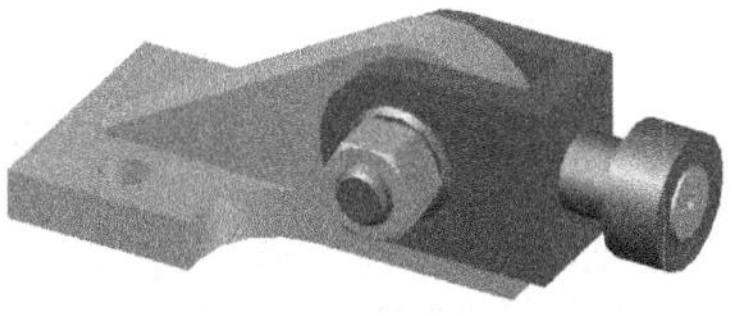

图 13-74 完成装配

案例 4 双跑平行楼梯

完成图 13-75 所示双跑平行楼梯的三维建模(含扶手)。

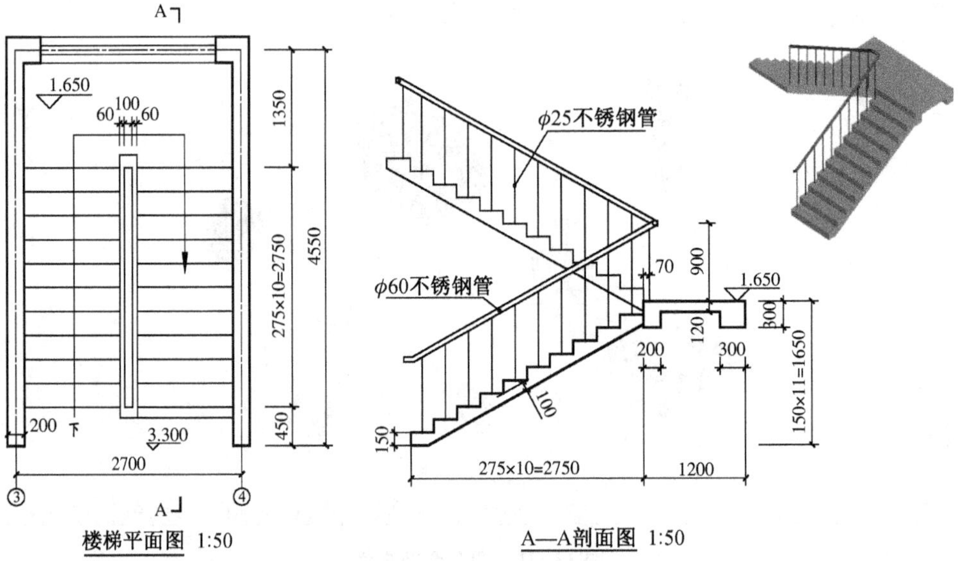

图 13-75 双跑楼梯图样和立体图

新知识点

- 三维装配：对齐命令 ALIGN；

- 剖切：剖切实体命令 SLICE；
- 合并空间曲线命令：JOIN。

建模理念

第一要善于形体分析，将复杂形体分解成简单形体的组合，用已有形体生成新形体，这是个重要理念。第二，模型要具有一定的容错能力和一定的弹性，如本例中在合并梯段时，留下最后一个踏步，就是为了模型出错时修改之用。第三，不相交的实体也可进行合并，这叫“心连心”，不一定偏要“手拉手”。

形体分析

楼梯有“梯段”“休息平台”“栏杆”和“扶手”四个部分。梯段是由若干个长方体踏步和一块梯板叠加而成；休息平台拆解之后是由三个长方体叠加而成；栏杆是一个个长细的圆柱体；扶手是由圆形横截面沿着栏杆走向的空间样条曲线扫掠而成。

创建步骤

(1) 新建文件，取名“楼梯”。开设四个图层“梯段”“休息平台”“栏杆”和“扶手”，设置“梯段”图层为当前。

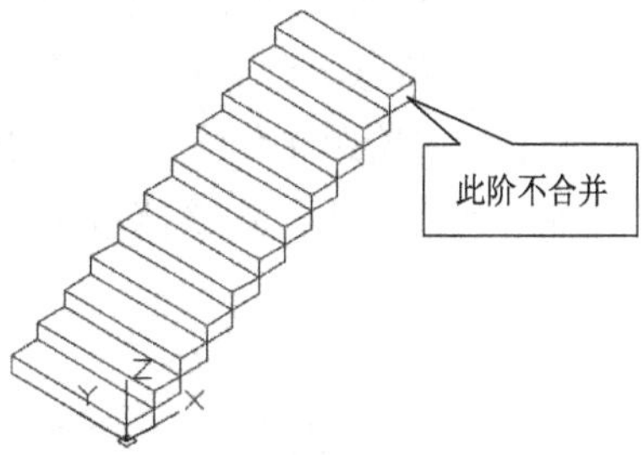

图 13-76　踏步建模(隐藏模式)

(2) 梯段建模

① “西南等轴测”显示；

② 创建楼梯的第一阶踏步。单击 BOX 命令工具，输入角点坐标(0，0)，然后以“L”响应，将光标沿 X 轴拉开极轴，然后输入长 275；将光标移向 Y 轴输入宽 1 200；向上移光标后输入高 150；

③ 按图 13-76 所示复制其余 10 阶踏步，共 11 个踏步，将下面 10 个踏步合并；

④ 切换到“前视”视口工具。用 PLINE 线绘制梯板侧面四边形，如图 13-77(a)所示。用拉伸 EXTRUDE 命令工具，将四边形拉伸−1 200 生成梯板，如图 13-77(b)所示；

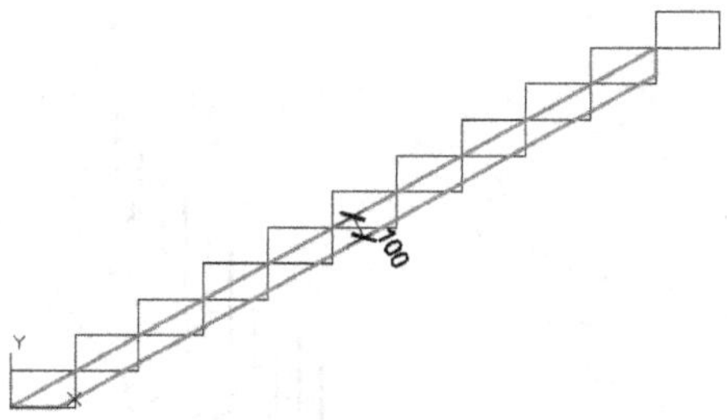

(a) 梯板侧面四边形

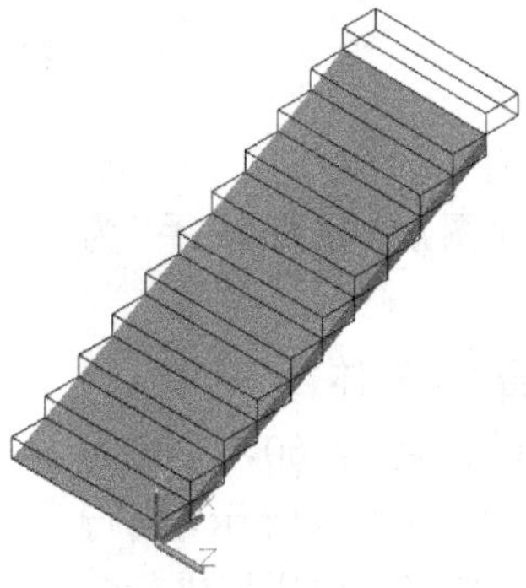

(b) 梯板三维

图 13-77　梯板平面绘制

⑤ 切去多余踏步下角。如图 13-78(a)所示，向下复制已生成的梯板。单击差集命令 SUBTRACT 工具，用合并的梯段减去复制的梯板，如图 13-78(b)所示，合并梯段及梯板，如图 13-78(c)所示，注意最上面一阶踏步不合并。

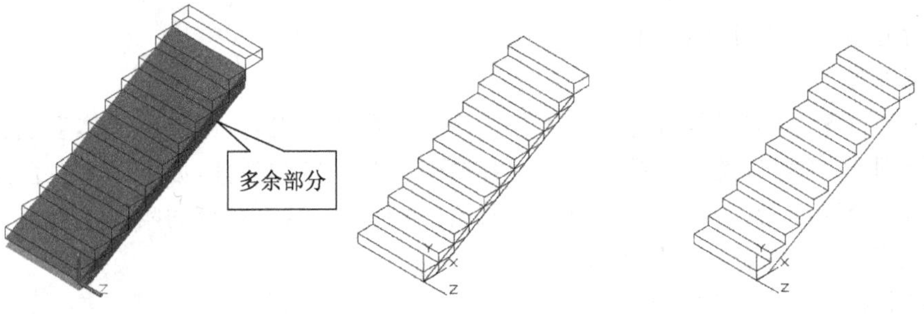

（a）复制梯板　（b）切除多余部分　（c）合并梯段

图 13-78　梯板建模

（3）休息平台建模

① 设置图层“休息平台”为当前，调整到世界坐标系，用工具；

② 将休息平台分解为三个长方体（两根平台梁和一块平台板），如图 13-79(a)所示，利用最上面一阶踏步作定位，连续用三次 BOX 命令工具绘制，接着删除最上面一阶踏步，最后将三个长方体合并，结果如图 13-79(b)所示。

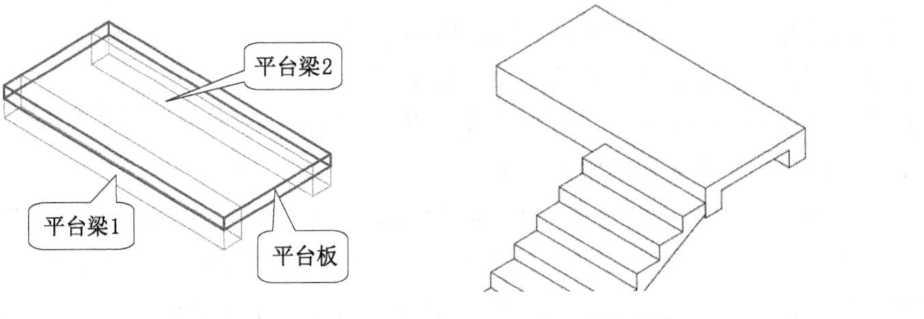

（a）平台分解　（b）平台合并

图 13-79　休息平台建模

（4）栏杆

① 设置图层“栏杆扶手”为当前；

② 单击“圆柱体”工具，圆心距离楼梯边距为 60，高度为 900，如图 13-80(a)所示，执行 COPY 命令，选择竖向栏杆进行多重复制，结果如图 13-80(b)所示。

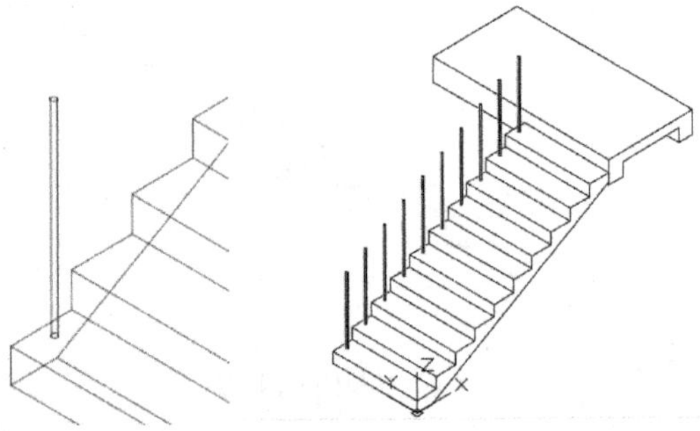

（a）栏杆　（b）复制栏杆

图 13-80　第一梯段栏杆建模

（5）第二梯段建模

① 设置图层“梯段”为当前；

② 复制已有梯段及栏杆，执行 ALIGN 命令，拾取梯段上的 1′、2′和平台上的 1、2 装配，不缩放对象，如图 13-81 所示，然而，对齐结果在上行梯段与平台之间有缝隙；

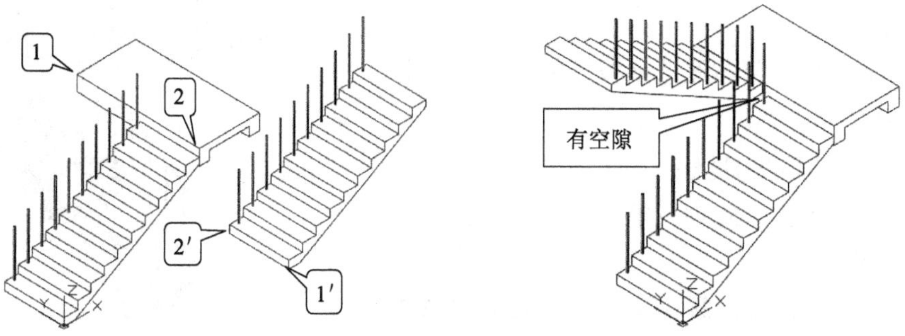

（a）拾取点对应关系　　（b）对齐结果

图13-81　第二梯段建模

③ 消除缝隙：将上部梯段向下复制一阶踏步，合并重叠的两梯段，与平台重叠的部分用SLICE命令切除，结果如图13-82所示。

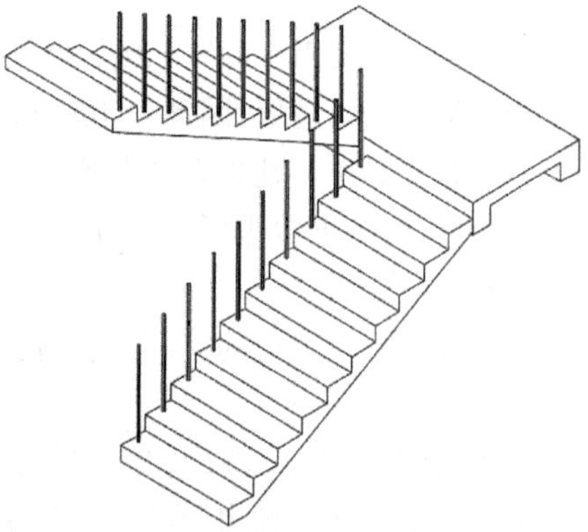

图13-82　第二梯段建模

(6) 扶手建模

① 设置图层“扶手”为当前层；

② 调整到“前视”工具，用命令LINE捕捉栏杆顶端的圆心点，将所有栏杆顶端的圆心点连接起来，并将两斜线延伸“外观相交”，如图13-83(a)所示；

③ 调整到“西南等轴测”视图，用命令LINE补全横线路径，如图13-83(b)所示；

④ 用圆角FILLET命令对直线相交处进行半径为60的圆角操作，然后用合并JOIN命令将所有线合并成一根空间样条曲线，该样条曲线即为扶手的路径，如图13-83(c)所示；

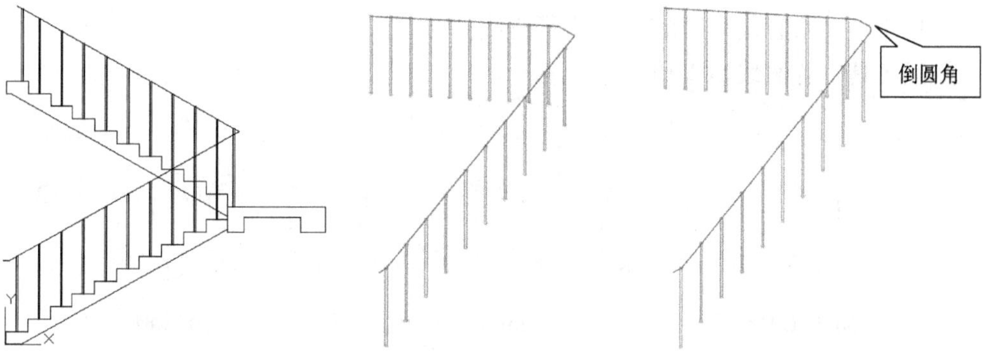

（a）绘制路径　　（b）补齐路径　　（c）圆角路径

图13-83　扶手路径的绘制

⑤ 绘制直径为60的圆截面，用“扫掠”工具，选择圆作为扫掠截面，拾取合并的样条曲线作为扫掠路径，完成扶手建模，如图13-84所示。

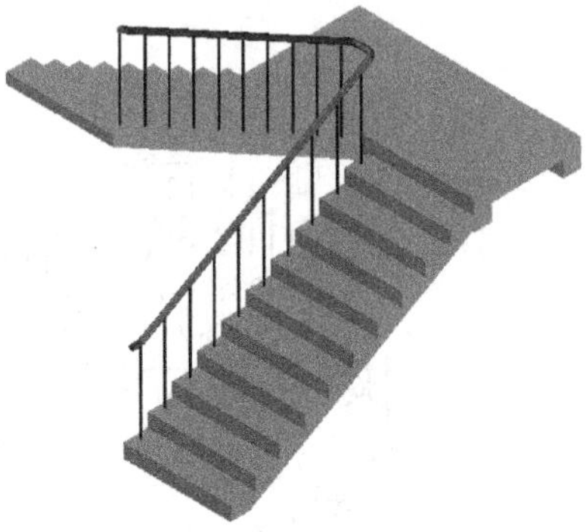

图 13-84　扶手建模

案例 5　足球

新知识点

● 外部参照：外部参照选项板开关按钮、附着外部参照工具；

● 3 点坐标系：工具；

● 阵列：二维命令阵列三维对象工具。

建模理念

建立一个文件，专门解决形体间的几何关系要求，然后以此文件为基础分别创建各个形体。因此基础图形很重要，它是宏观的规划，如在建造楼房时，先作出轴网等平面布置图，如房间分布、楼梯位置等；再作出立面布置框图，如窗户和门的分布。

形体分析：

英式足球表面有 60 个顶点，是由 12 个正五边形和 20 个正六边形组成。正五边形各边相邻的都是正六边形，因此正五边形的边必同时也是正六边形的边。对正六边形来说，相邻边的夹角为 120°。建模时先任意作一个正五边形，然后利用正六边形相邻边夹角为 120°的几何关系，求出正六边形的一条边的空间方位，这样就可以作出正六边形了。

建模思路：

正六边形一条边的空间方位通过两个圆锥体的交集得到。

创建步骤

(1) 新建文件夹，取名“足球”；新建一个“无样板公制打开”的文件，取名“基础”，文件中开设两图层，取名“五边”和“六边”，分别用来绘制“五边形的皮”和“六边形的皮”。

(2) 绘制一个任意大小的正五边形，作两条过角点和对边中点的直线，交点 I 即为形心，要求将形心放在原点，如图 13-85(a)所示。本例中五边形的边长为 45。

(3) 作 120°角的三角形，如图 13-85(b)、(c)所示。

① 用工具作直线 AB；

② 用工具将直线 AB 旋转 120°，得直线 AD；

③ 用工具作直线 AB、BD。

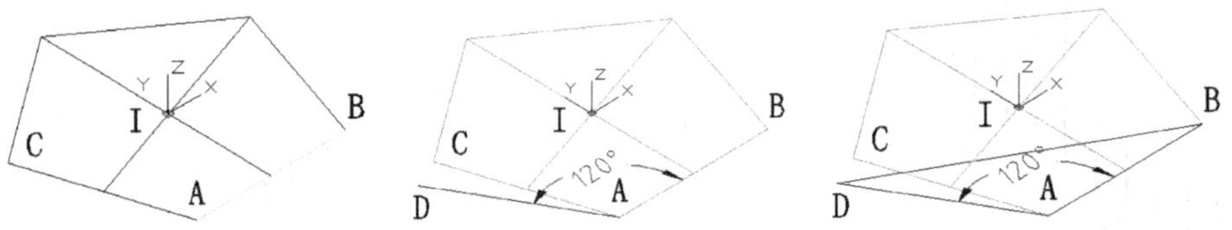

(a) 正五边形　(b) 120°角　(c) 三角形

图 13-85　正五边形和 120°角三角形

(4) 求正六边形一边的空间方位，如图 13-86 所示。

① 用工具定义面域△ABD；

② 用工具，以直线 AB 为轴线，生成圆锥体；

③ 同样，以直线 AC 为轴线，生成另一圆锥体；

④ 用工具 求两圆锥体的交集，得交线 AE、AF；

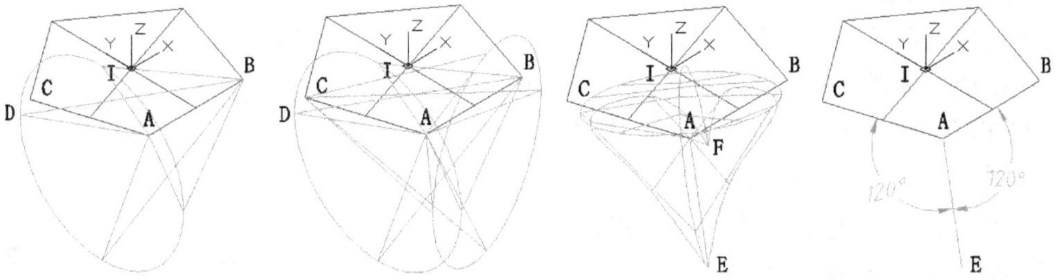

图 13-86　求正六边形的一边

⑤ 用工具，作直线 AE；

⑥ 用工具，删除锥体的交集。

(5) 作正六边形，如图 13-87 所示。

① 用工具设定新坐标系，依次拾取点 A、E、B；

② 用工具，以直线 AE 为边作正六边形；

③ 用工具，作直线 CD、EF 得交点 K 为形心。

注：3 点坐标系，第一点为原点，第二点与第一点的连线为 X 轴，3 点成面为 XOY 坐标面。

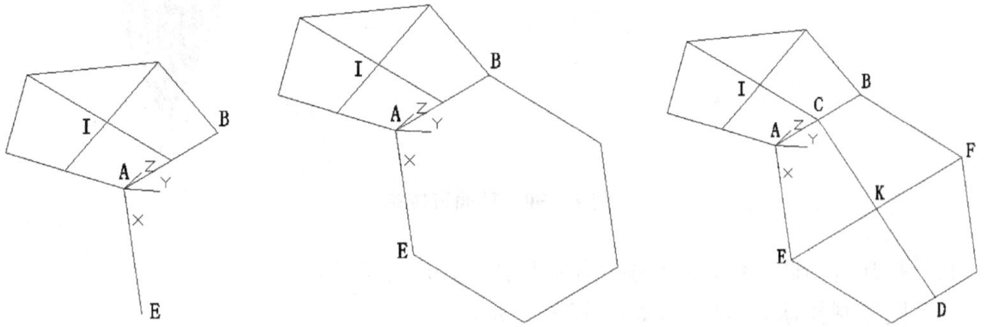

图 13-87　作正六边形

(6) 找球心 O，如图 13-88 所示。

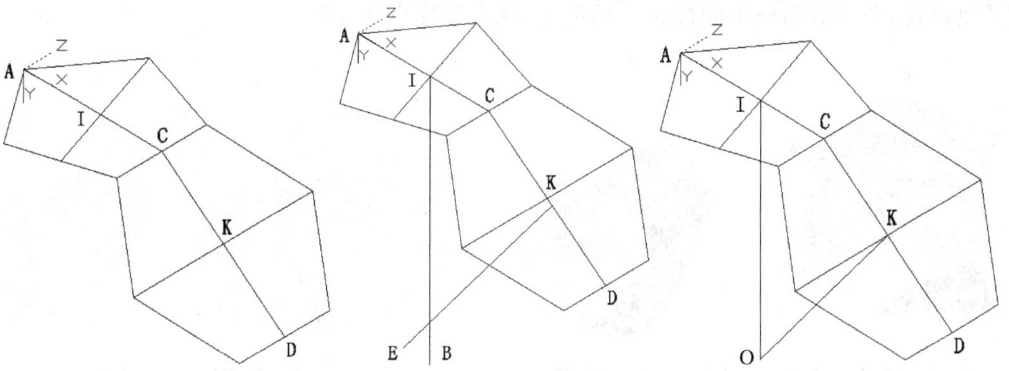

图 13-88　找球心 O

① 用工具设定坐标系，依次拾取点 A、C、D；

② 过交点 I 作直线 IB⊥AC；

③ 过适当点 E 作直线 DC 的垂线；

④ 移动垂线到点 K，并修剪于交点 O，即球心。

(7) 重新定位并存盘，如图 13-89 所示。

① 用工具回到世界坐标系；

② 用工具，将球心 O 移动到原点；

③ 以文件名“基础”存盘；

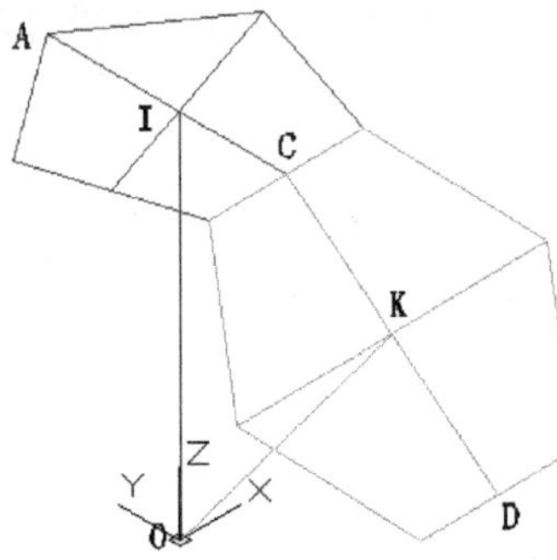

图 13-89　重新定位

(8) 打开“基础”文件，将其另存为文件名“五边”的文件。

(9) 制作球面五棱锥，如图 13-90 所示。

① 删除其他线条，只保留五边形和球心线；

② 用按钮，拾取球心 O，再拾取五边形的任一角点为球半径；

③ 执行 SLICE 命令，以 3 点方式剖切球；

④ 继续执行 SLICE 命令，再将球剖切 4 次；

⑤ “着色”显示图形，并存盘。

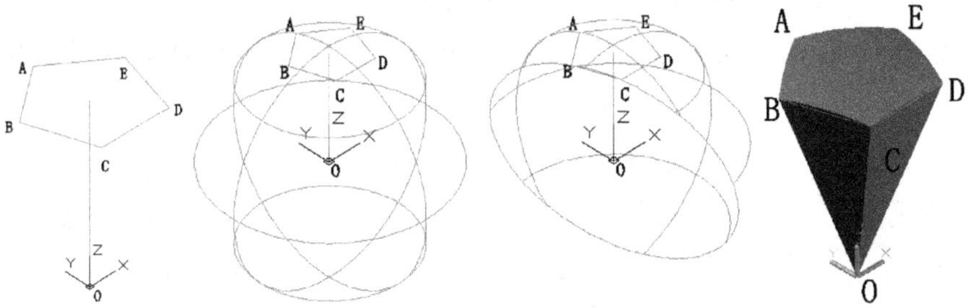

图 13-90　球面五棱锥

(10) 打开“基础”文件，将其另存为文件名“六边”的文件。

(11) 同法制作球面六棱锥，如图 13-91 所示。

(12) 新建文件，取名为“足球参照”，调出“参照”工具栏。

(13) 单击“插入”选项卡→“参照”面板→“附着”，在弹出的“选择参照文件”对话框中，找到“足球”文件夹，并双击文件“五边”，系统将弹出“外部参照”对话框，无须对该对话框作任何设置，单击对话框中的按钮 确定 ，插入到原点(0,0)。

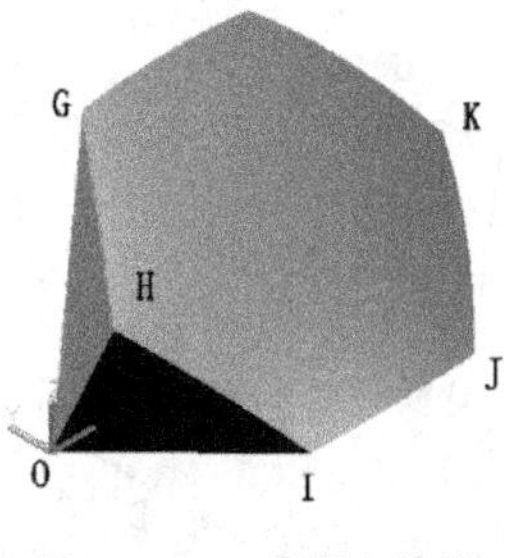

图 13-91　球面六棱锥

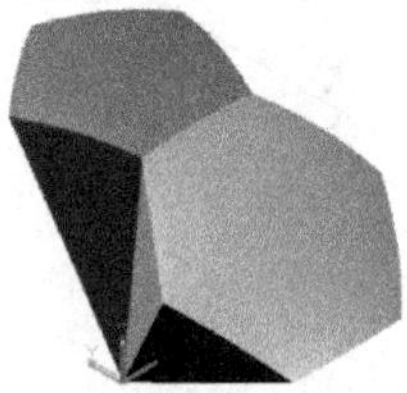

图 13-92　参照两文件

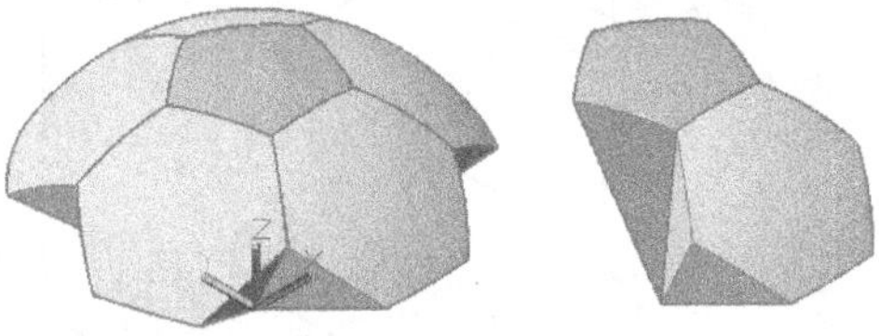

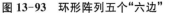

图 13-93　环形阵列五个“六边”

(14) 同法将文件“六边”参照到当前图形，插入点也是原点(0,0)，如图 13-92 所示。

(15) 用工具，将两个参照复制一份到适当位置，以备用。

(16) 用工具，将“六边”环形阵列五个，阵列中心为原点，如图 13-93 所示。

(17) 装配两个备用的参照。执行 ALIGN 命令，如图 13-94 所示。

对 ALIGN 命令的说明：要求拾取三个源点 1′、2′、3′和三个目标点 1、2、3，装配后，1′点和 1 点重合，线 1′2′与线 12 重合，面 1′2′3′与面 123 重合。

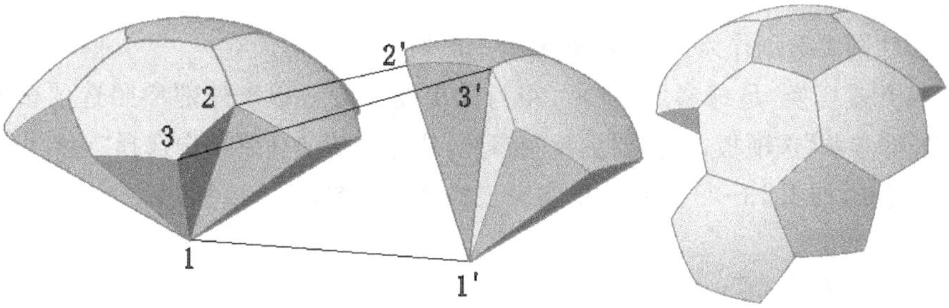

图 13-94 装配两个备用的参照

(18) 再用工具，将刚装配的两个参照环形阵列五个，阵列中心为原点，到此已完成了半个足球，如图 13-95 所示。

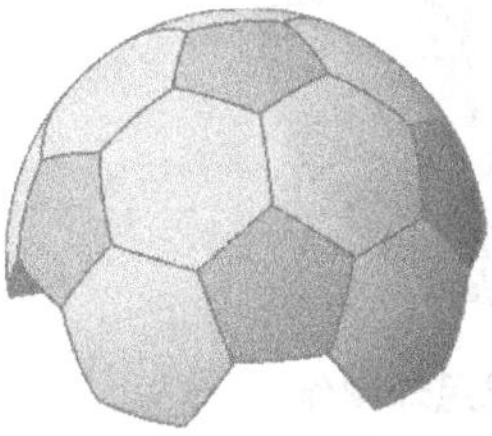

图 13-95 半个足球

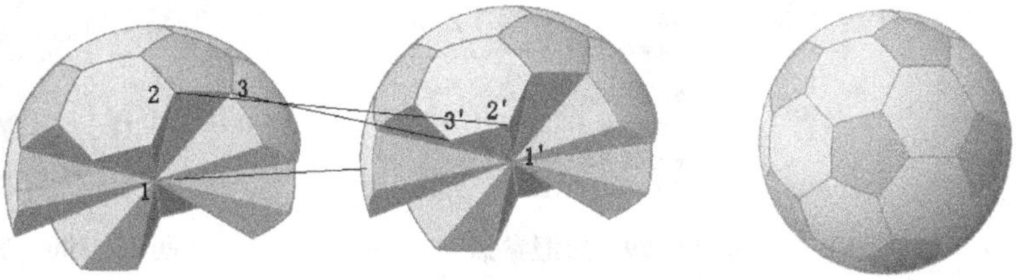

图 13-96 先复制再装配

(19) 将半个足球复制，然后用 ALIGN 命令将它们装配在一起，如图 13-96 所示，即初步完成足球。目前是实心的，还需要切皮和圆角。

复制后，用工具，将图形调整到一个合适的位置，以方便对应点的拾取。

(20) 将球面五棱锥倒圆角和切皮。制作五边的皮，如图 13-97 所示。

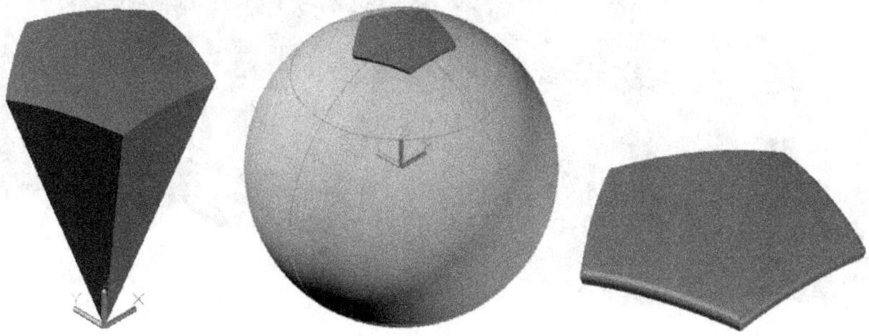

图 13-97 制作五边的皮

① 打开或切换"五边"文件；

② 点击"默认"选项卡→"实用工具"面板→"测量"下拉菜单→"距离"，测量球的半径为 111.51；

③ 用工具，倒半径为 2 的圆角；

④ 用工具，作半径为 107 的球；

⑤ 用工具，将球减掉；

⑥ 存盘。

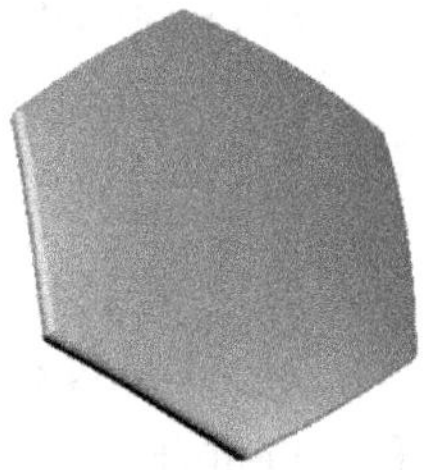

图 13-98 制作六边的皮

(21) 同法同参数制作六边的皮，如图 13-98 所示。

(22) 打开或切换"足球参照"文件，将自动更新。或者单击外部参照选项板开关按钮，打开"外部参照"选项板，右击要更新的参照，从弹出的快捷菜单中选择"重载"命令，参照文件会立即更新，如图 13-99 所示。更新完工的足球如图 13-100 所示。

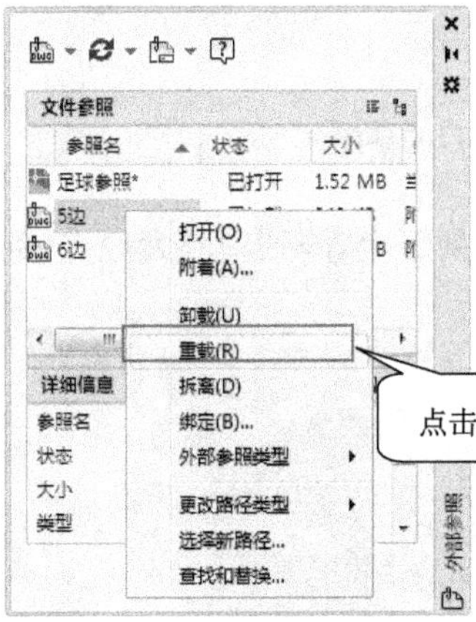

图 13-99 重载参照

图 13-100 完成足球制作

从以上所举五例可以看出，AutoCAD 的建模功能很强大。限于篇幅，本书不能详细介绍 AutoCAD 2020 的建模创作。下面给出一些作品，这是作者长期从事 CAD 研究和 AutoCAD 教学中自己的创作和学生的作品(在此对作者表示谢意)。部分作品，作者潘婧用 Lumion 软件进行了渲染，供读者赏析，也希望通过这些作品激发读者的创作兴趣和激情。

东南大学中山院

楼群

变形金刚

小飞机

江南水乡

领航者人类国际空间站

星球大战战舰

东南大学大礼堂

别墅设计

“南京眼”观光步行桥

13.5 思考与实践

思考题

1. 如何控制图形显示?

2. 在 AutoCAD 2020 中,“网格”“曲面”各有哪几种生成曲面方式? 有何区别?

3. 在 AutoCAD 2020 中,三维建模可以分为几种?

4. 在 AutoCAD 2020 中实体拉伸、扫掠、放样有哪些几何要素及其几何要求?

5. 螺旋线的生成中有哪些参数及其螺旋的几何参数的对应关系?

6. 沿螺旋扫掠,截面图形与螺旋线的关系如何? 试创建一个直径 40,螺距 4 的梯形螺纹。

7. 体会“设计中心”和“外部参照”在复杂建模中的作用。

实践题

1. 绘制如图 13-101 所示立体的轴测图及进行实体建模。

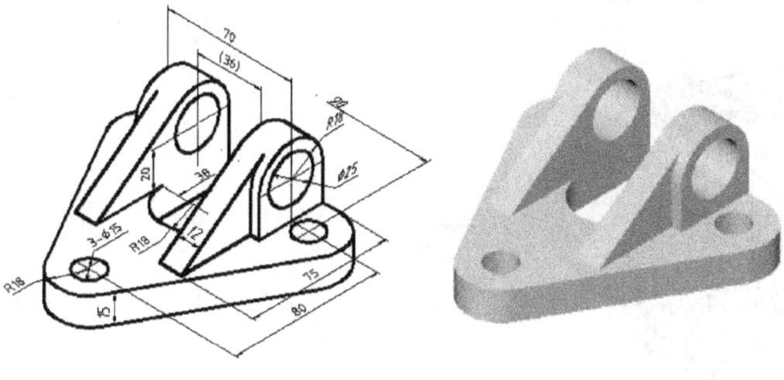

图 13-101　组合体 1

图 13-102　排球

2. 创建一只排球,如图 13-102 所示,可以不渲染。

3. 构建图 13-103 所示斜拉桥的三维模型,尺寸根据图示比例自行决定。

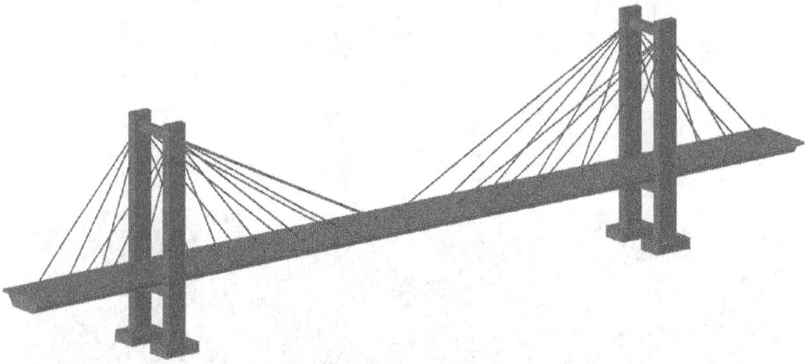

图 13-103　斜拉桥的三维模型

4. 根据如图 13-104 所给双分楼梯的图样，完成该双分楼梯的三维模型。

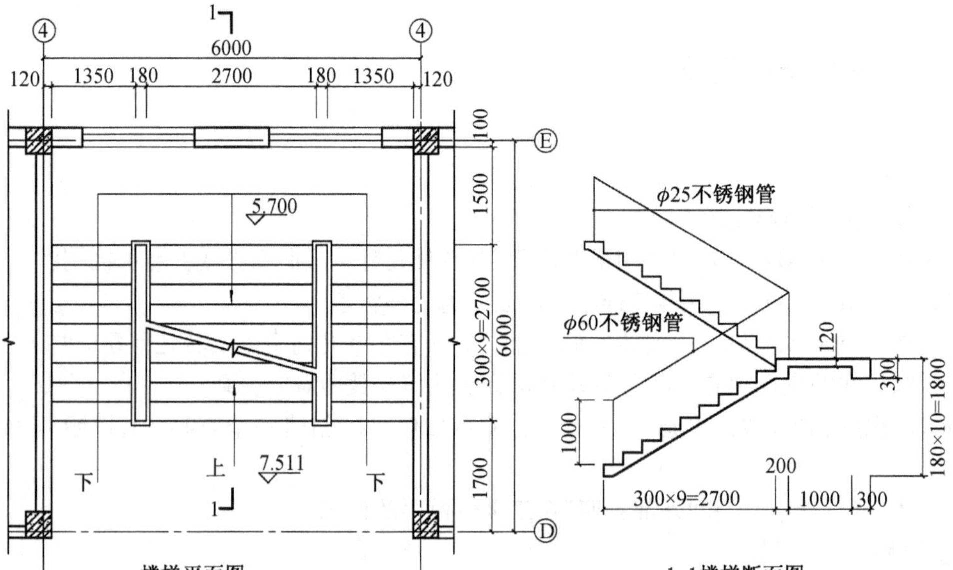

楼梯平面图　　　　1-1楼梯断面图

（a）楼梯图样

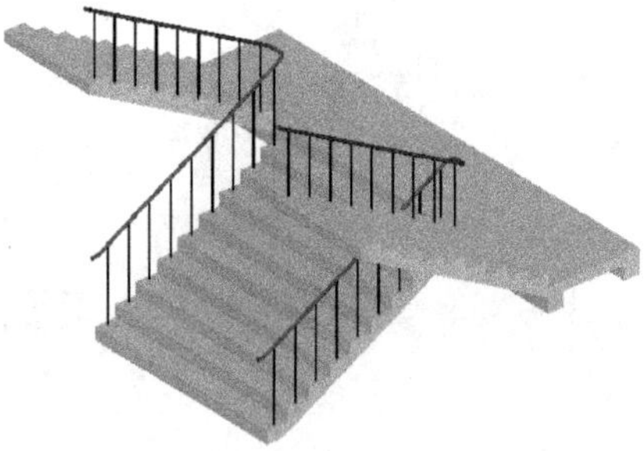

（b）楼梯三维图

图 13-104　双分楼梯的图样和三维图

附录

2020 江苏省职业学校技能大赛中职赛项“零部件测绘与 CAD 成图技术”技能试题

一、任务条件与总体要求

1. 轮椅减速机

现场提供测绘对象——轮椅减速机，如图 1 所示。

该轮椅减速机为引进消化后的、比较成熟的产品，参赛各队选手应拆解了该产品，精确测量了蜗杆蜗轮和一对齿轮的中心距，理解了该轮椅减速机的工作原理、在轮椅上安装方式、应用场合与需求、存在的问题、各零件的连接关系和特性要求等；明确了各结构的作用及装配要求、润滑要求、关键零件的材料与加工工艺（如箱体、花键轴、齿轮、蜗杆蜗轮等）；确定了设计精度；依据实物，通过测量判断了配合性质及其几何精度。

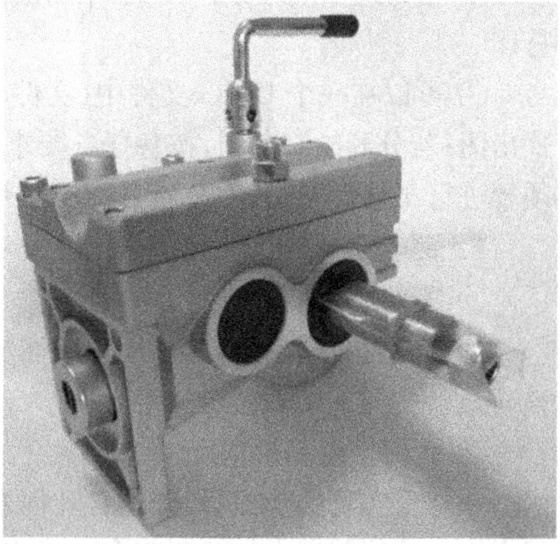

图 1　测绘对象

蜗杆蜗轮为非标准参数（未消化），测绘时须尊重原物，在零件图上需确定蜗杆的类型以及所有的几何参数。

齿轮消化未吸收，须按国标合理确定参数。

2. 设计更改与结构改进

① 在其他条件不变的前提下，更改总传动比为 32∶1，由此计算一对齿轮传动的几何参数，以小齿轮不根切为准，调整设计参数。

② 该减速机是安装在轮椅左侧的，现要求安装在轮椅的右侧位置出图。

③ 设计通大气结构，同时要考虑到防漏油、防尘问题。

④ 该减速机的输出轴是直接与车轮的轮毂联接的，为了便携轮椅，需要经常折叠轮椅，因而需要拆卸车轮，请在不借助于工具的前提下，试设计一个锁紧车轮装置，实现快速拆卸、安装车轮和可靠锁紧的功能，以增加序号、组件形式出图。提示：参考卷末提供的资料，设计锁紧机构。

⑤ 试设计安装到轮椅上的联接结构，也以增加序号、组件形式出图。

3. 拆装要求

① 现场已拆开了载体，按类型包装，摆放在各赛位上。

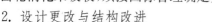

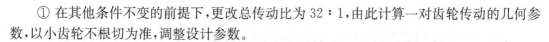

② 考试结束前，需按右侧位置装配载体。无须装上轴承、密封盖、卡圈等过盈配合的那

些零件，但应按装配关系摆放零件。

4. 图样普适要求

① 零件图上公差标注采用综合标注形式，即需要同时标出公差带代号和极限偏差。

② 尊重实物，合理选择各零件的材料及热处理工艺，正确写出技术要求。

③ 尊重实物，合理确定配合公差、几何精度、表面粗糙度等。

5. CAD 尺寸样式与图纸布局出图要求

① 尺寸样式设置主要针对直径标注、半径标注和角度标注，其效果参见图 2。

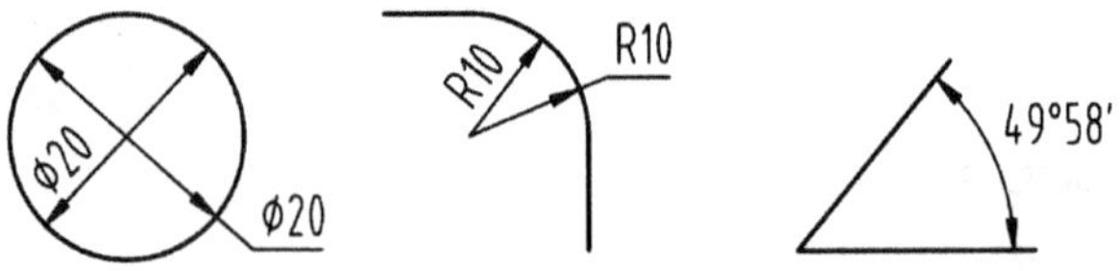

图 2　尺寸样式设置效果

② 在布局空间中绘制图框，书写技术要求等，调整视口比例，锁定视口，打印设置，虚拟打印。

③ 可以在一个 DWG 文件中（文件名为轮椅减速机）绘制装配图及其零件图，以布局方式出图；若分开绘制各图，按各任务要求命名，但必须以布局方式出图。无论哪种形式，都必须要进行布局设置，其中布局名称以图号命名。

6. 测量要求

① 零件形状尺寸的测量精度

加工表面需精确精度，非加工表面的尺寸在形状规整的基础上，按 0.5 mm 精度进行圆整，否则，所测量尺寸判定为不合格。

② 几何精度测量精度

在尊重实物的前提下，依据各几何要素的作用、加工面、非加工面合理确定；表面粗糙度根据表面功能并考虑加工工艺合理确定。

二、具体任务

任务一　草图

草绘“轮椅减速机”原物的装配及其机构运动简图。

1. 参赛选手必须用赛场提供的坐标纸，选择恰当的比例，徒手绘制装配简图及其机构运动简图。

2. 装配简图中主要表达清楚各零件的连接关系，据此用最少的视图，恰当的视图表达，采用机构运动简图符号（GB 4460—1984）画法。

3. 需要有简化的明细表，用以反映零件名称和数量。

4. 无须标注尺寸。

5. 图线清晰、线型分明、图面整洁、字体工整。

6. 草图要有适当的图框（尺寸不作要求）、简易的标题栏。

7. 务必在坐标纸左上角画方框格，写上“机位号”，作为选手成果标识。

8. 比赛结束后，草图由工作人员统一收取。

任务二　检测零件—花键轴

各队队员首先判断花键的定心方式，测量花键轴定心的尺寸，判定是否符合图样尺寸精度要求。测量精度为0.001 mm。

要求在不同位置测量11次，不得伪造数据(否则计零分)，用3σ准则对测量数据进行处理，判定尺寸是否超限。填写检测报告书(见附件1)，在零件检测报告单上记录数据、数据处理、做出判断、简述原因。

任务三　齿轮计算

基于更改传动比后的一对齿轮的齿数，根据测量中心距，计算这对齿轮的参数，填写计算表(见附件2)。

任务四　绘制零件图

参赛选手通过测量该轮椅减速机，结合任务条件和总体要求，用竞赛软件，绘制改进后的所有非标零件的零件图。

1. 基本设置

包括设置图层及其属性、设置文字样式和标注样式，所有设置应尽可能满足机械制图国家标准要求和计算机绘图的绘图环境要求。参见上述“5. CAD尺寸样式与图纸布局出图要求”。

2. 选择合适比例、标准图幅。

3. 表达方案合理，视图绘制正确。

4. 尺寸标注正确、齐全、清晰、合理，与零件加工工艺等相适应。

5. 参照上述“一、任务条件与总体要求”，结合相关设计手册绘制各零件的零件图。

6. 正确填写标题栏。

7. 文件保存为DWG格式，并以合适的“序号＋零件名称”命名文件(与装配图的序号名称一致)，如“3 蜗杆”，保存到子文件夹“图样”内。

8. 所有零件图都需要在图纸空间布局。

任务五　绘制装配图

对照轮椅减速机，结合任务条件和总体要求，绘制改进后的装配图。

1. 基本设置要求同零件图。

2. 各视图应清楚表达轮椅减速机的工作原理、装配关系和联接关系。

3. 装配图的图号为：ZGJS-00。

4. 正确标注主要的四类尺寸。

5. 正确引出零件序号。

6. 绘制并填写明细表，尤其是代号。

7. 关于技术要求

① 针对润滑油写。

② 根据该轮椅减速机的具体情况，添加其他技术要求。

8. 文件保存为DWG格式，并以“轮椅减速机”命名，保存到“图样”文件夹中。

任务六　三维建模及装配

1. 零件三维建模

参赛选手根据已绘制的零件图，利用赛场提供的软件，对轮椅减速机的所有零件进行建模。

① 各零件的建模特征需完整。箱体上的文字改为“Z. G. J. S”，黑体、圆弧排列，也需建出模型。

② 各零件的建模尺寸准确。

③ 对标准件的三维模型，允许调用标准件模型库。

④ 建立多对象文件，零件名称同零件图。

⑤ 文件保存为 Z3 格式文件，并以“模型”命名，保存到“建模”文件夹中。

2. 模型渲染

① 对箱体零件模型进行真实感渲染，包括表面处理和加工状态。

② 文件保存为 JPG 格式文件，并以“渲染”命名，保存到“建模”文件夹中。

3. 零件装配

① 装配关系正确。

② 零件间约束性质正确。

③ 零件极限位置约束准确，不得干涉。

任务七　输出装配图图纸

只需打印装配图：在布局空间中，虚拟打印装配图为 PDF 格式文档。

1. 正确选择虚拟打印机。

2. 按恰当的出图比例并选择合适的图幅。

3. 单色打印。

4. 将打印边界设置为“0”。

5. 以“轮椅减速机”命名 PDF 格式的装配图的文件名，保存到“图样”文件夹中。

附：锁紧机构可参考图 3 所示为偏心锁紧机构设计。

在齿轮 1 的一端装有偏心环 2 和偏心套筒 3。当逆时针转动手柄 4 时，由于方榫的连接，使偏心套筒 3 带动偏心环 2 及齿轮轴 1 一起转动。当钻模板压到工件后，若继续转动手柄 4，则会使偏心套筒 3 锲入夹具体 7 及偏心环 2 之间，将偏心环锁紧。反转手柄时，在销钉 6 和弹簧 5 的作用下松开。

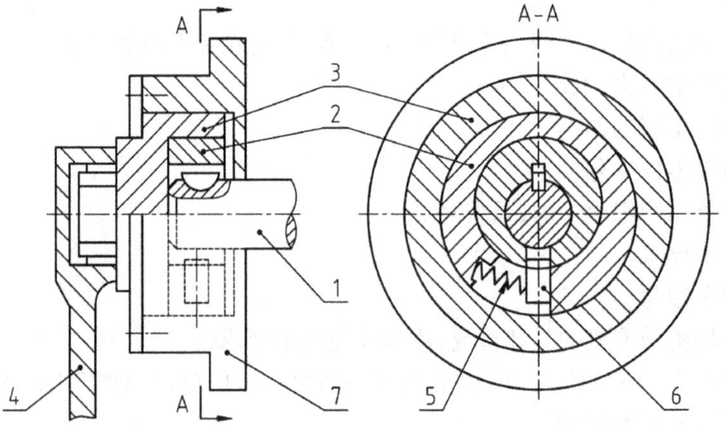

图 3　偏心锁紧机构

1—齿轮轴；2—偏心环；3—偏心套筒；4—手柄；5—弹簧；6—销钉；7—夹具体

附件1

零件检测报告单

定心方式	大经 □	小径 □	键宽 □
测量工具		读数精度	(mm)
测量结果			
测量序号	测得值 x_i (mm)	残差 $\nu_i = x_i - \bar{x}$ (μm)	残差的平方 ν_i^2 (μm^2)
1			
2			
3			
4			
5			
6			
7			
8			
9			
10			
11			
算术平均值 $\bar{x}=$		$\sum_{i=1}^{N} \nu_i =$	$\sum_{i=1}^{N} \nu_i^2 =$
单次测量值的标准偏差		$\sigma=\sqrt{\frac{\sum_{i=1}^{N} \upsilon_i^2}{N-1}}=$	
算术平均值的标准偏差		$\sigma_{\bar{x}} = \frac{\sigma}{\sqrt{N}} =$	
算术平均值的测量极限误差		$\delta_{\lim(\bar{x})} = \pm 3\sigma_{\bar{x}} =$	
测量结果		$d = \bar{x} \pm \delta_{\lim(\bar{x})} =$	
图样设计极限尺寸		$d_{\min}=$ $d_{\max}=$	
判定	满足图样要求 □	不满足图样要求 □	

如果不满足图样要求，请从设计、成本方面分析原因：

附件 2

齿轮副的测量与变位齿轮计算—根据改动后的传动比计算

变动	小齿轮齿数	大齿轮齿数	测量	模数	中心距	压力角
	$Z_1 =$	$Z_2 =$		$m =$	$a' =$	$\alpha = 20°$

	项目	计算公式	计算结果
计算	未变位时的中心距	$a = m(Z_1 + Z_2)/2$	
	中心距变动系数	$y = (a' - a)/m$	
	啮合角	$\alpha' = \cos^{-1}\left(\frac{a}{a'}\cos\alpha\right)$	
	总变位系数 $x_{\sum} = x_1 + x_2$	$x_{\sum} = \frac{Z_1 + Z_2}{2\tan\alpha}(inv\alpha' - inv\alpha)$ $inv\alpha'$ 及 $inv\alpha$ 可根据 a、a' 有表查出	
	变位系数分配	$x_1 =$	$x_2 =$
	齿顶高变动系数	$\nabla y = x_{\sum} - y$	
小齿轮参数计算	已知：$h_a^* = 1$，$c^* = 0.25$		
	分度圆直径	$d_1 = m \times Z_1$	
	基圆直径	$d_{b1} = d_1 \times \cos\alpha$	
	齿顶高	$h_{a1} = (h_a^* + x_1 - \Delta y) \times m$	
	齿顶圆直径		
	齿根高	$h_{f1} = (h_a^* + c^* - x_1) \times m$	
	齿根圆直径		

注：1. 各队队员必须在零件质量检测报告单上面正确填写“机位号”。
2. 各队队员，在方框内打“√”。
3. 字迹清晰，不得涂改，可以用铅笔。

2019 中望杯“机械识图与 CAD 创新设计”竞赛试题高职组和本科组

一、时间

竞赛时间：240 分钟

二、任务

螺旋千斤顶见任务附图，参赛选手需按“三、任务要求”完成如下任务：

1. 完善结构设计，绘制出新的装配图，并虚拟打印为 PDF 格式文档。

2. 拆画此部件中 2 个零件并进行图纸布局：

① 壳体(序号 2)。

② 锥齿轮轴(序号 4)。

3. 零件建模、模型装配、模型分解、零件渲染：

① 对部分零件进行三维建模。赛场已提供标准件和部分零件的模型(有些零件模型特征不全)，在电脑桌面的“模型素材”文件夹中，选手可以调用，并对缺少的零件建模、补全不完整零件的结构。

② 对三维零件进行虚拟装配。

③ 对装配模型生成爆炸图。

④ 对壳体零件模型进行真实感渲染。

附：工况与原理说明

该螺旋千斤顶最大起升 3.2 吨，适用于铁道车辆检修、矿山、建筑工程支撑和一般重物起升下降之用。由于携带轻便，更广泛适用于流动性的起重作业。

起重时，拨正棘爪(序号 16)方向，先手工转动棘轮壳(序号 6)，经过一对圆锥传动，使升降套筒(序号 10)快速上升，直至顶盘(序号 9)与重物接触为止，然后插入加力杆(序号 7)往返扳动即开始起重。欲使重物下降，先拔出加力杆，将棘爪转向下降方向，再插入加力杆往返扳动即可。

三、任务要求

1. 完善设计与规范绘制装配图

① 设计顶盘(件 9)和升降套筒(件 10)的轴向联接结构。

② 确定螺杆(件 11)中螺纹的几何参数。

③ 设计约束升降套筒(件 10)周向旋转结构，补出 C-C 断面图。

④ 对滚动轴承采用规定画法，确定拆卸结构。

⑤ 一对锥齿轮采用等顶隙啮合。

⑥ 确定所有配合尺寸的配合公差代号。

⑦ 补出螺母(件 8)和升降套筒(件 10)的骑缝螺钉。

2. 拆画零件图

① 根据改进后的装配图,对该部件的零件进行尺寸和结构设计,绘制出视图。

② 完成该机械部件指定零件的工程图纸设计。

③ 对于零件上的标准结构要素,应参照相应的标准查出标准值,如螺纹参数、键槽参数、齿轮模数等。

④ 通过分析装配图信息(附图中未给出配合代号),结合功能特点,判断配合性质,确定相应的公差带代号及其极限偏差。

⑤ 结合零件几何要素功能与加工方法,合理确定零件的表面结构(主要指表面粗糙度值)和几何精度(形位公差)。

⑥ 根据装配图给定的零件材料,结合零件功能,确定零件的热处理要求。

⑦ 因制造、装配需要而形成的工艺结构,如铸造圆角、倒角、倒圆、退刀槽、越程槽、凸台、凹坑以及中心孔等,在零件图中都必须表达清楚。

⑧ 需要对所拆分的零件进行工艺分析。同一零件可以有不同的加工方法,这影响到零件结构、基准选择、尺寸标注和技术要求。

3. 图样普适要求和 CAD 设置要求

① 选择合适比例、图幅,在一张图纸上完成装配图绘制。

② 表达方案合理,视图绘制正确。

③ 装配图需标注适当的尺寸,尤其是配合尺寸;零件图尺寸标注需正确、齐全、清晰、合理,与零件加工工艺等相适应。

④ 参照“三、任务要求”,结合相关设计手册规范绘制零件图。

⑤ 正确填写标题栏和明细表。

⑥ 文件基本设置:包括设置图层及其属性、设置文字样式和设置标注样式,所有设置应尽可能满足机械制图国家标准要求和计算机绘图的绘图环境要求。

4. 三维模型

① 零件模型:要求形状、结构、特征、尺寸等齐全正确。

② 装配模型:要求装配关系正确;约束性质正确;零件极限位置约束准确,不得干涉。

③ 模型分解:要求反映零件装配关系清晰。

④ 模型渲染:要求具有真实感。

四、文件格式、命名与保存要求

1. 每位参赛选手的电脑桌面上已经有一个以各自赛位号命名的文件夹,需在此文件夹中建立三个子文件夹,分别命名为“装配图”“零件图”和“三维模型”。

2. 文件格式:二维图样为“dwg”格式的文件,三维模型为“Z3”格式的文件,分解图、渲染文件为“JPG”格式的文件。

3. 二维文件命名:装配图同附图;零件图以附图的明细表中的零件名称命名;图片文件以零件名称命名。

4. 三维文件命名:建立多对象文件,并以“装配”命名,其中各零件名称同明细表中的零件名称。

5. 文件保存：装配图 DWG 文件及其打印 PDF 文件存入“装配图”文件夹内；拆画零件图的 DWG 文件存入“零件图”文件夹内；三维实体模型 Z3 文件、分解图及其图片文件存入“三维模型”文件夹内。选手务必按此要求保存到指定文件夹内。

五、CAD 尺寸样式与图纸布局要求

1. 尺寸样式设置主要针对直径标注、半径标注和角度标注，其效果参见下图。

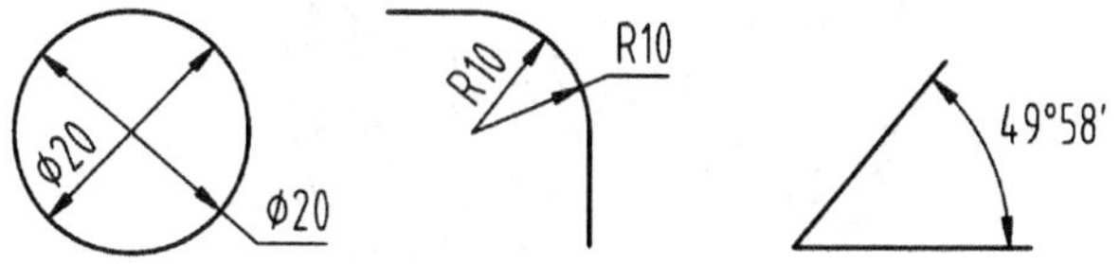

尺寸样式设置效果

2. 须在布局空间中绘制图框，调整比例，书写技术要求等，打印设置，虚拟打印。

六、模型素材明细

序号	代号	名称
5	GB/T 894.1—2017	挡圈 13
6	QJD-05	棘轮壳
12	QJD-11	大锥齿轮
13	GB/T 1096—2003	键 5×16
14	GB/T 301—1995	轴承 51205
15	GB/T 78—2000	螺钉 M8×10
17	GB/T 879.2—2000	弹性销 3×14
18	QJD-13	棘爪
19	QJD-14	弹簧
20	GB/T 818—2016	螺钉 M4×5
22	QJD-16	棘轮罩

注：本赛项所用软件为中望机械版 2D 和 3D。

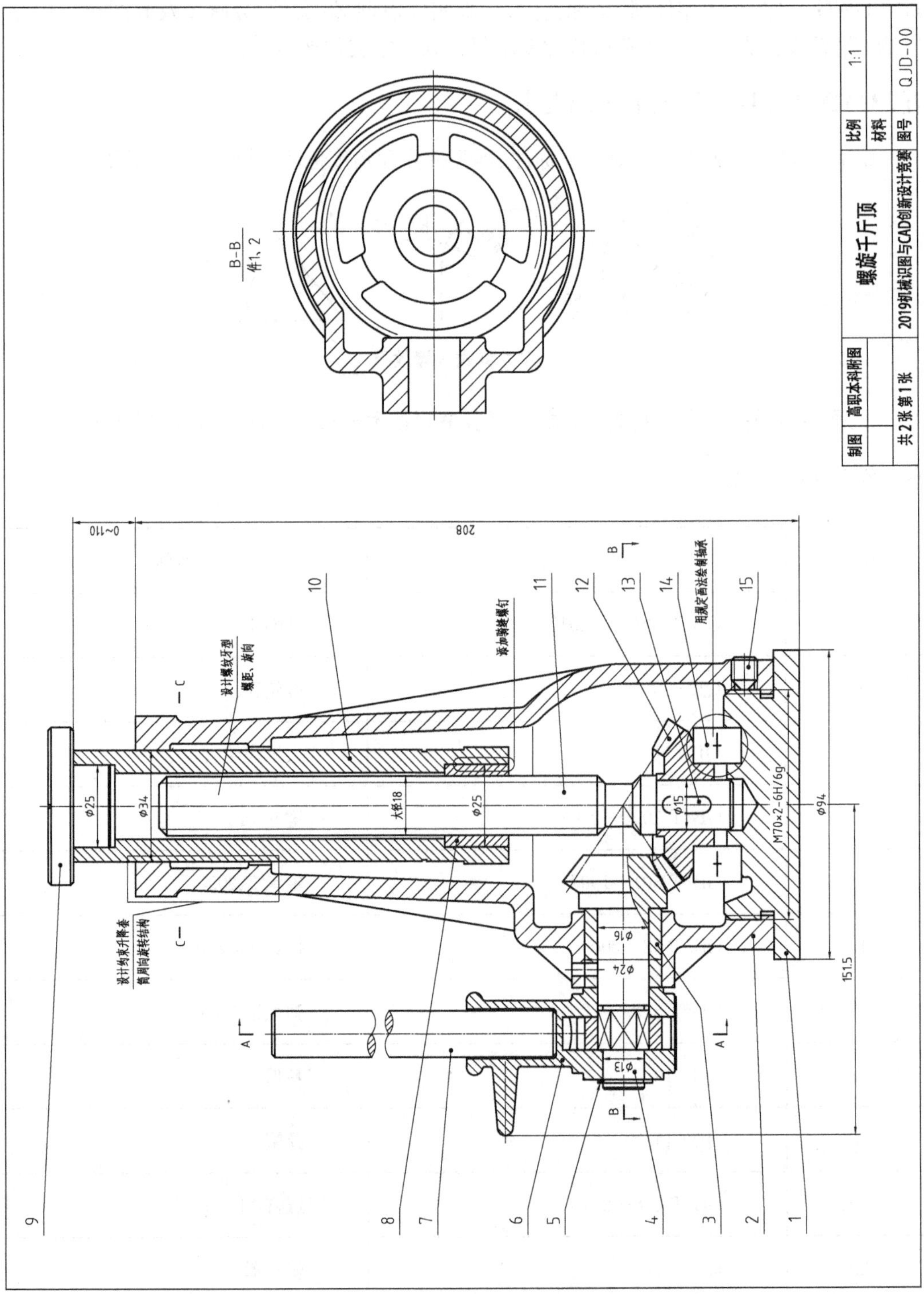
B-B
件1、2
比例 1:1
材料
图号 QJD-00
螺旋千斤顶
制图 高职本科附图
共2张 第1张
2019机械识图与CAD创新设计竞赛
0~110
208
151.5
φ94
M70×2-6H/6g
φ25
φ34
大径18
φ25
φ15
φ16
φ24
φ13
设计螺纹牙型
螺距、旋向
添加防转螺钉
用规定画法绘制轴承
设计约束升降套筒周向旋转结构
C
A
B
1
2
3
4
5
6
7
8
9
10
11
12
13
14
15

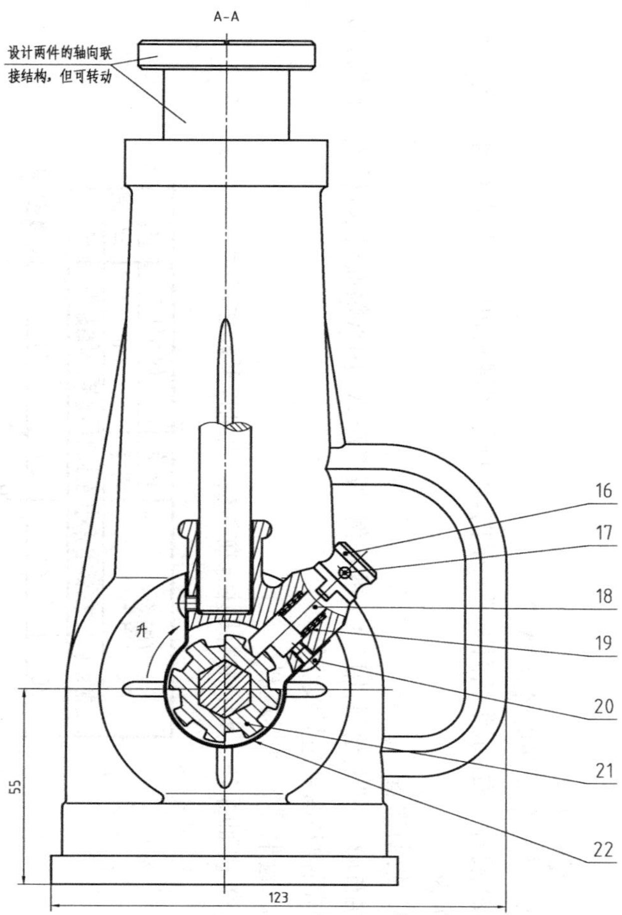

技术要求

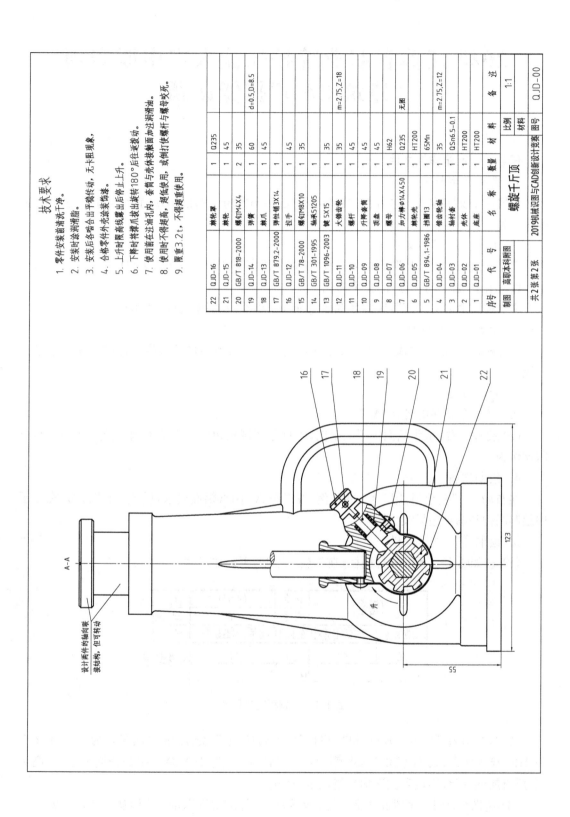

1. 零件安装前清洗干净。
2. 安装时涂润滑脂。
3. 安装后各啮合出平稳传动，无卡阻现象，
4. 合格零件外壳涂装饰漆。
5. 上升时限高线露出后停止上升。
6. 下降时将撑爪拔出旋转180°后往返拨动。
7. 使用前在注油孔内，套筒与壳体接触面加注润滑油。
8. 使用时不得超高，超低使用，或倒打使螺杆与螺母咬死。
9. 限重3.2t，不得超重使用。

序号	代 号	名 称	数量	材 料	备 注
22	QJD-16	棘轮罩	1	Q235	
21	QJD-15	棘轮	1	45	
20	GB/T 818-2000	螺钉M4X4	2	35	
19	QJD-14	弹簧	1	60	d=0.5,D=8.5
18	QJD-13	棘爪	1	45	
17	GB/T 879.2-2000	弹性销3X14	1		
16	QJD-12	拉手	1	45	
15	GB/T 78-2000	螺钉M8X10	1	35	
14	GB/T 301-1995	轴承51205	1		
13	GB/T 1096-2003	键 5X15	1	35	
12	QJD-11	大锥齿轮	1	35	m=2.75,Z=18
11	QJD-10	螺杆	1	45	
10	QJD-09	升降套筒	1	45	
9	QJD-08	顶盘	1	45	
8	QJD-07	螺母	1	H62	
7	QJD-06	加力棒φ14X450	1	Q235	无图
6	QJD-05	棘轮壳	1	HT200	
5	GB/T 894.1-1986	挡圈13	1	65Mn	
4	QJD-04	锥齿轮轴	1	35	m=2.75,Z=12
3	QJD-03	轴衬套	1	QSn6.5-0.1	
2	QJD-02	壳体	1	HT200	
1	QJD-01	底座	1	HT200	

制图	高职本科附图	螺旋千斤顶	比例	1:1
			材料	
共2张 第2张		2019机械识图与CAD创新设计竞赛	图号	QJD-00

2020 江苏省职业院校技能大赛中职赛项“建筑 CAD”技能试题

任务一　创建样板文件

1. 设置文字样式

设置两个文字样式，分别用于“汉字”和“数字与字母”的注释，所有字体均为直体字，宽度因子为 0.7。

(1) 用于“汉字”的文字样式

文字样式命名为“HZ”，字体名选择“仿宋”，语言为“CHINESE_GB2312”。

(2) 用于“数字与字母”的文字样式

文字样式命名为“XT”，字体名选择“gbenor. shx”，大字体选择“gbcbig. shx”。

2. 设置尺寸标注样式

尺寸标注样式名为“BZ”，其中文字样式用“XT”，其他参数请根据国标的相关要求进行设置。

3. 创建布局

(1) 新建布局并更名为“A3”。

(2) 打印设置：纸张幅面为 A3、横向；可打印区域页边距设置为 0，单色打印成 PDF，打印比例为 1∶1。

4. 绘制图框

在布局“A3”上绘制：用 1∶1 的比例，按 GB-A3 图纸幅面要求，横装、留装订边，在 0 层中绘制图框和图纸边界线。

5. 绘制属性块标题栏

(1) 按如图 1-1 所示的标题栏，在 0 层中绘制，不标注尺寸。

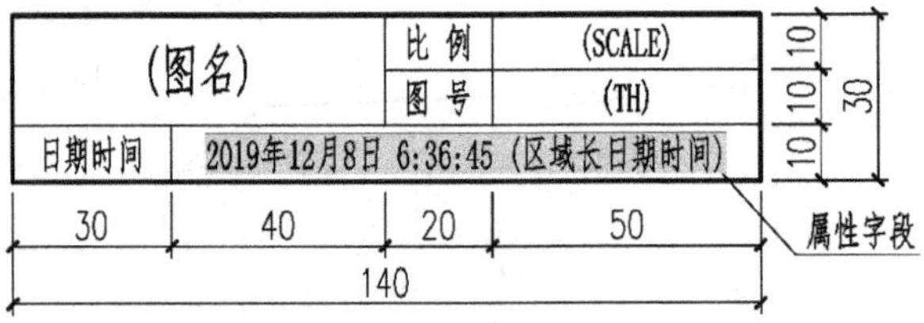

图 1-1　标题栏定义属性

其中，“(图名)”“(SCALE)”和“(TH)”均为属性，字高分别为：“(图名)”为 6，其余 2 个为 4；2019年12月8日 6:36:45 (区域长日期时间) 为属性字段，字高为 4；其余文字是普通文字，字高为 4。所有属性、属性字段和文字均在指定格内居中。

(2) 将图线、属性、字段和文字一起定义为块，块名为“BTL”，基点为标题栏右下角点。

(3) 插入图块“BTL”于图框的右下角，将属性“(图名)”的值改为“基本设置”。

6. 保存样板文件

保存文件名为“TASK01. dwt”的样板文件到指定文件夹中。

任务二　节点构造详图

从任务一的样板文件“TASK01. dwt”开始建立新图形文件，并按需修改，命名为“TASK02. dwg”保存到指定的文件夹中。

1. 任务条件

某住宅楼，为现浇钢筋混凝土上人平屋顶，其平面图参见图 1-2，屋面板结构厚度 $h=120$ mm，正置式隔热隔汽屋面。按建筑结构设计要求，需设置屋面变形缝，缝宽 $w=120$ mm，变形缝两侧均为钢筋混凝土墙，墙厚 200 mm。已知构造用材料是：①挤塑聚苯板保温层；②混凝土盖板；③高聚物改性沥青防水卷材；④LC5. 0 轻集料混凝土 2% 找坡层；⑤聚合物砂浆；⑥120 厚现浇钢筋混凝土屋面结构层；⑦1∶3 水泥砂浆；⑧1∶2 聚氨酯防水涂料；⑨1∶2. 5 水泥砂浆保护层(设表面分隔缝，分割面积 1 m^2)；⑩铺防滑地砖，干水泥擦缝；⑪低强度等级砂浆。

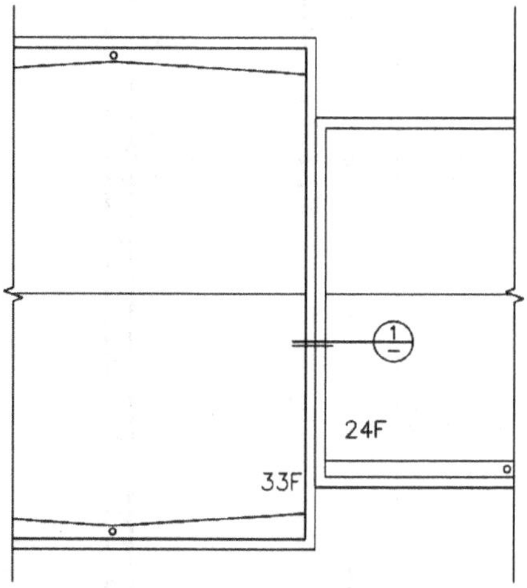

图 1-2　屋顶平面图

2. 绘图要求

(1) 1 号节点构造详图，构造层次正确，出图比例为 1∶5。

(2) 除防水层可采用夸大画法以外，各构造层次应按实际尺寸绘制。

(3) 填充图例应符合现行规范要求。

(4) 构造层次说明中需给出必要厚度尺寸。

3. 虚拟打印

(1) 在布局“A3”上开设视口、设定比例、布置图形、锁定视口。

(2) 修改属性将属性“(图名)”的值改为“节点构造”。

(3) 打印输出，输出文件名为“节点构造. pdf”，保存到指定的文件夹中。

任务三　楼梯设计

本任务可基于任务一的样板文件“TASK01. dwt”开始建立新图形文件，并按需修改，命名为“TASK03. dwg”保存到指定的文件夹中。

1. 设计条件

某三层幼儿园楼，楼梯间的平面如图 1-3、图 1-4 所示。该楼梯采用现浇钢筋混凝土平行双跑楼梯，梯板、平台板和楼板厚度均为 100 mm；框架梁梁高 500 m，梁宽为 300 mm，平台梁梁高 350 mm，梁宽为 200 mm。一层层高为 5. 2 m，二层、三层高为 4. 6m。窗台距楼层

600 mm，窗高 3 000 mm，门高 2 100 mm。屋顶女儿墙墙高 1 100 mm，与墙同厚，压顶厚 80 mm，各边挑出 80 mm。

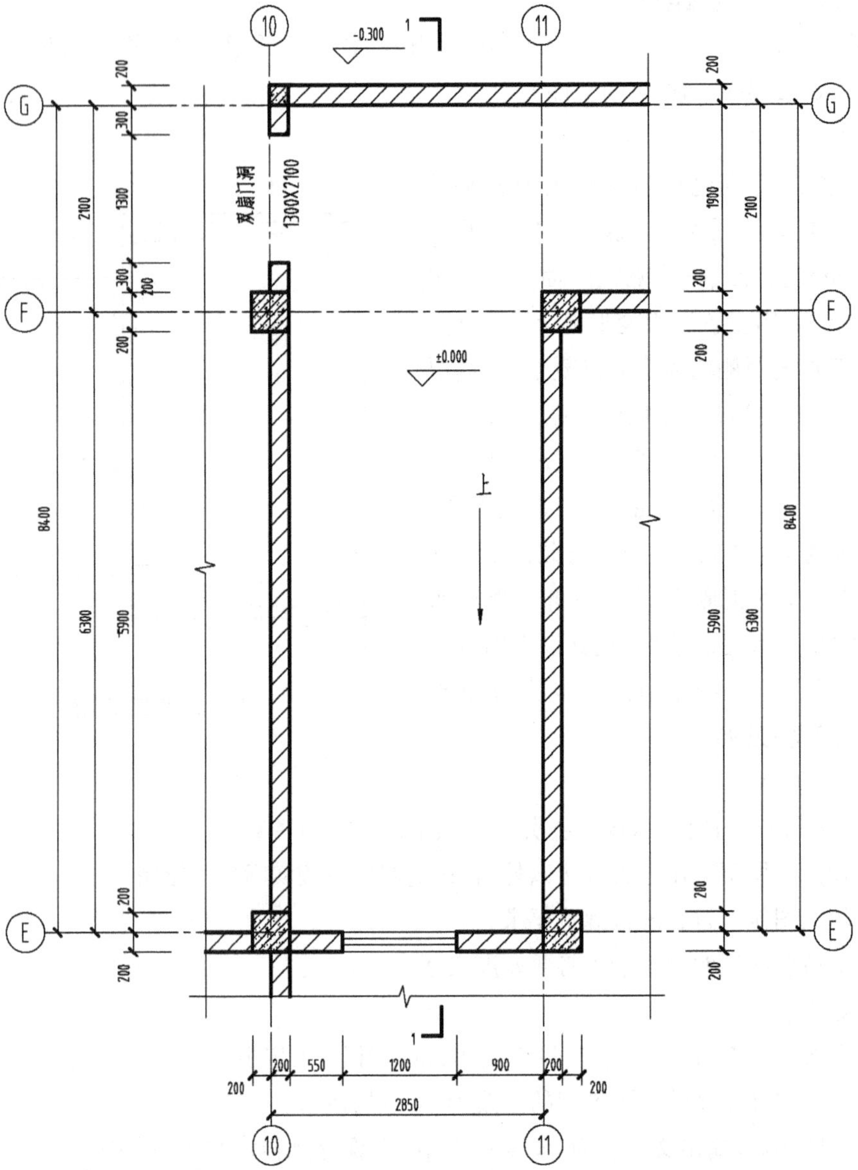

图 1-3　楼梯间一平面图

2. 绘图要求

绘制该楼梯间的大样图：包括必要的平面图和 1-1 剖面图，出图比例为 1∶50（不考虑面层，单线简画栏杆扶手）。

请参照《民用建筑设计统一标准》GB 50352—2019 进行该楼梯的设计。

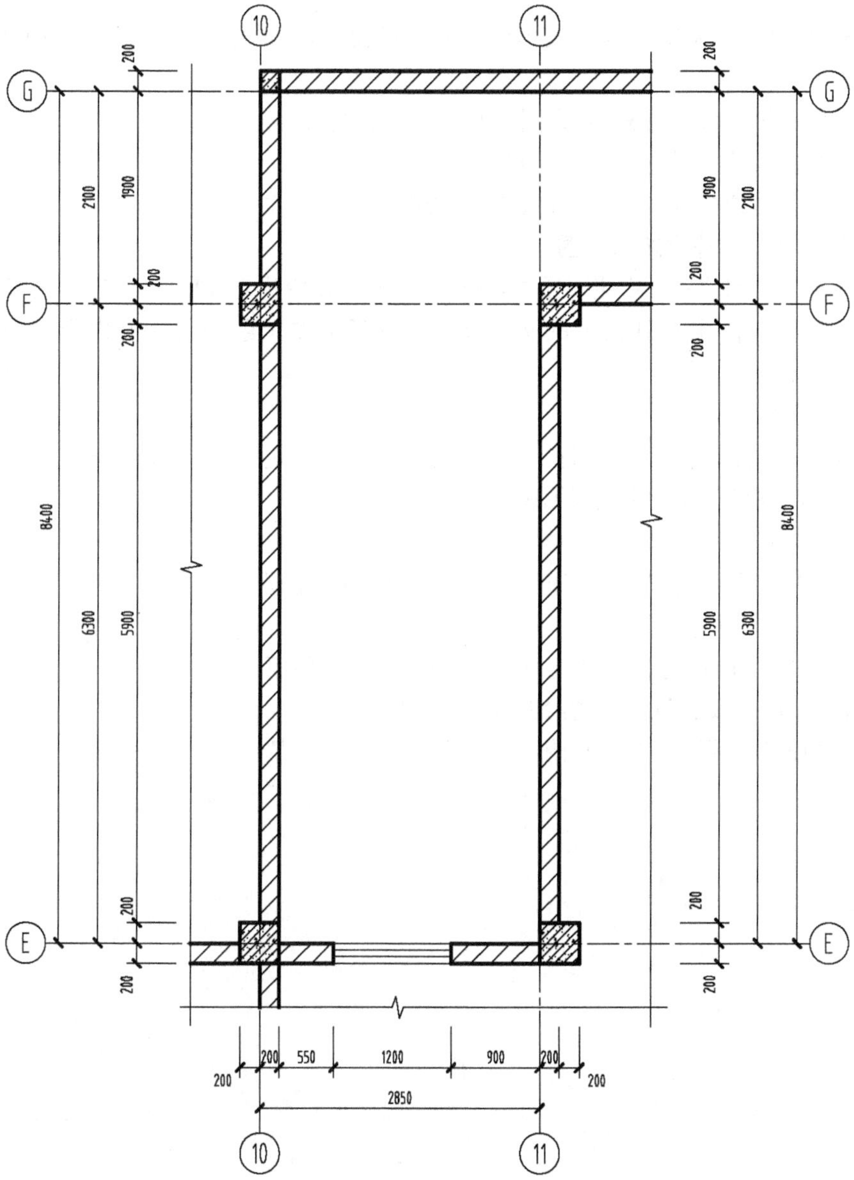

图 1-4　楼梯间二、三层平面图

任务四　房屋建模

1. 建模技术

使用外部参照的方法建模，需注意参照路径。

2. 文件夹与图形文件命名

在指定的文件夹中新建文件夹，命名为“建模”，所有的建模主文件及子文件均存放在此文件夹中。

任意方法新建建模主文件，命名为“TASK04. dwg”，保存在新建的文件夹“建模”中，所有子文件经适当命名后也一同保存到“建模”文件夹中。

3. 建模

(1) 根据“任务四附图”，构建该小楼房的三维模型，即图中已表达的所有构件；无需对门、窗建模。

(2) 在每个子文件中，必须开设图层并适当命名图层。

(3) 应分楼层建模，如一层、二层和屋面。

(4) 应分构建建模，如地坪、墙体、梯段、楼面等。

任务五　抄、改、补建筑施工图

本任务可基于任务一的样板文件“TASK01. dwt”开始建立新图形文件，并按需修改，命名为“TASK05. dwg”保存到指定的文件夹中。本任务要求绘制的所有图形，均绘制在此dwg 文件中。

1. 图层设置

图层至少包括：轴线、墙体、门窗、楼梯踏步、散水坡道、标注、文字、填充等。图层颜色自定，图层线型和线宽应符合建筑制图国家标准要求。

2. 绘图与布局

(1) 抄绘“一层平面图”，不画详图，并改正图纸中的错误。

(2) 补绘“1-1 剖面图”。

(3) 设置 2 个布局，分别布置“一层平面图”和“1-1 剖面图”。

特别注意：图名及比例注写均绘制在布局空间。

各图见“任务五附图”(本书只附了一张图)。

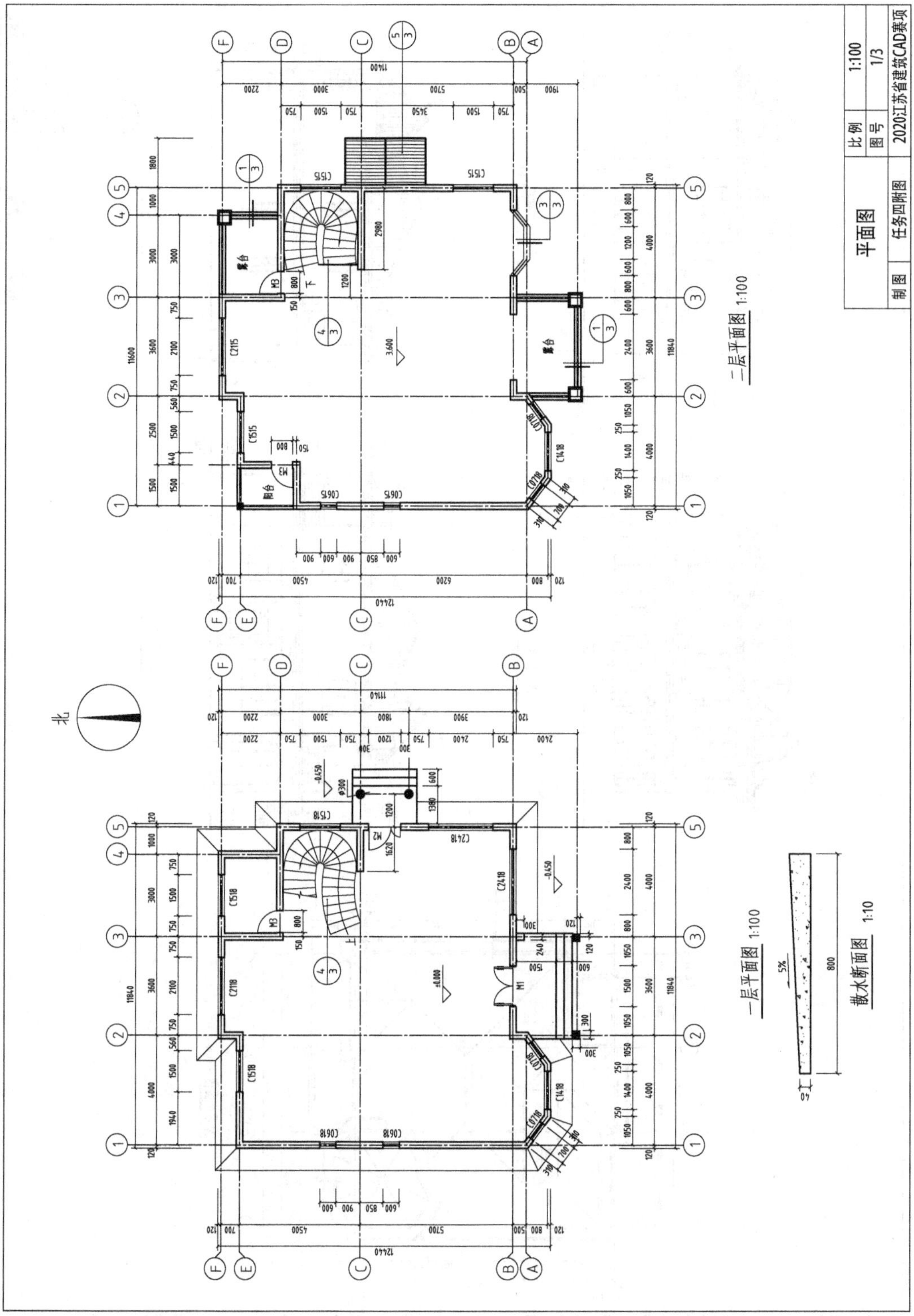
二层平面图 1:100
一层平面图 1:100
散水断面图 1:10
北
平面图
比例 1:100
图号 1/3
制图
任务四附图
2020江苏省建筑CAD赛项

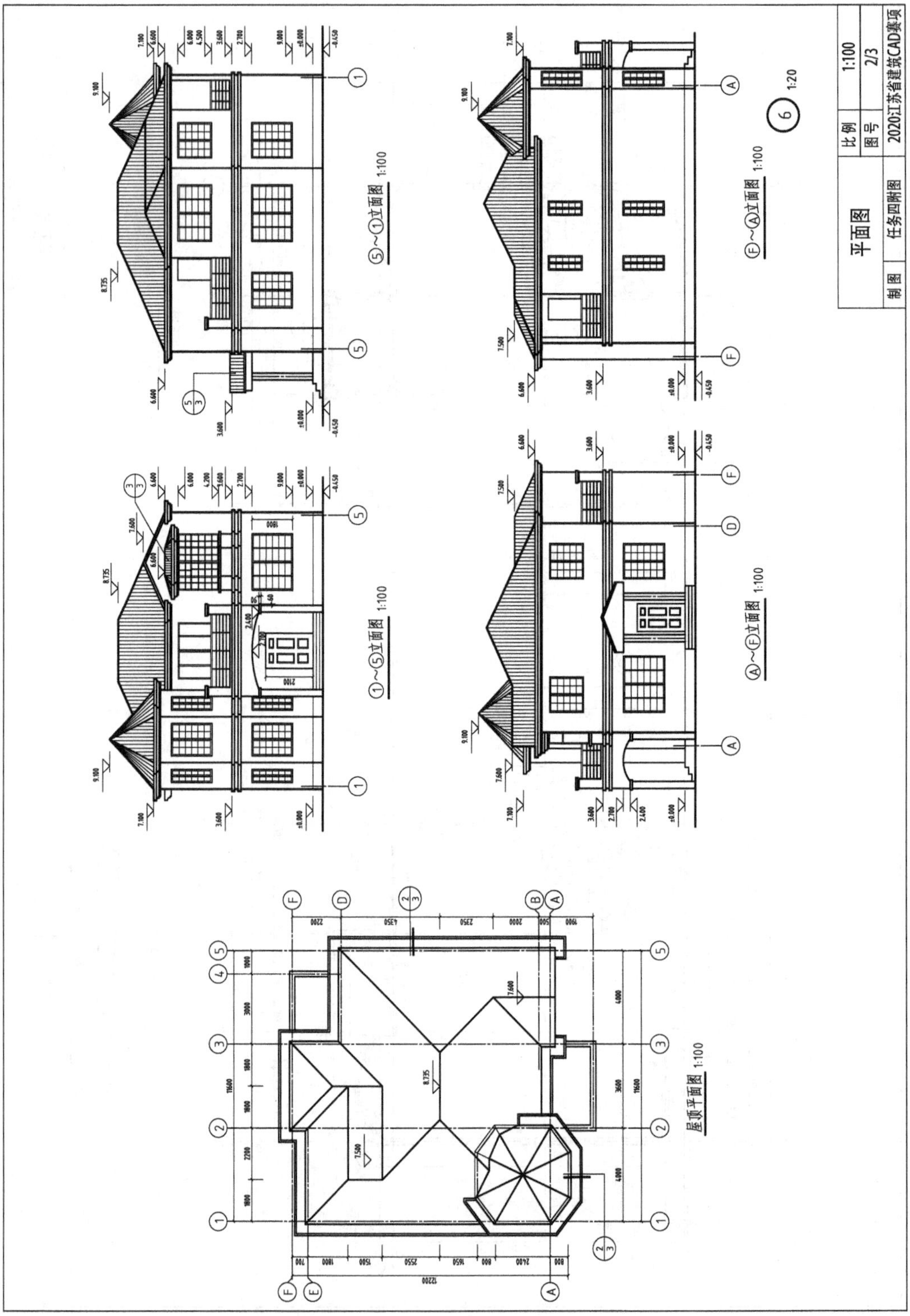

⑤~①立面图 1:100
Ⓕ~Ⓐ立面图 1:100
①~⑤立面图 1:100
Ⓐ~Ⓕ立面图 1:100
屋顶平面图 1:100
平面图
比例
1:100
图号
2/3
制图
任务四附图
2020江苏省建筑CAD赛项

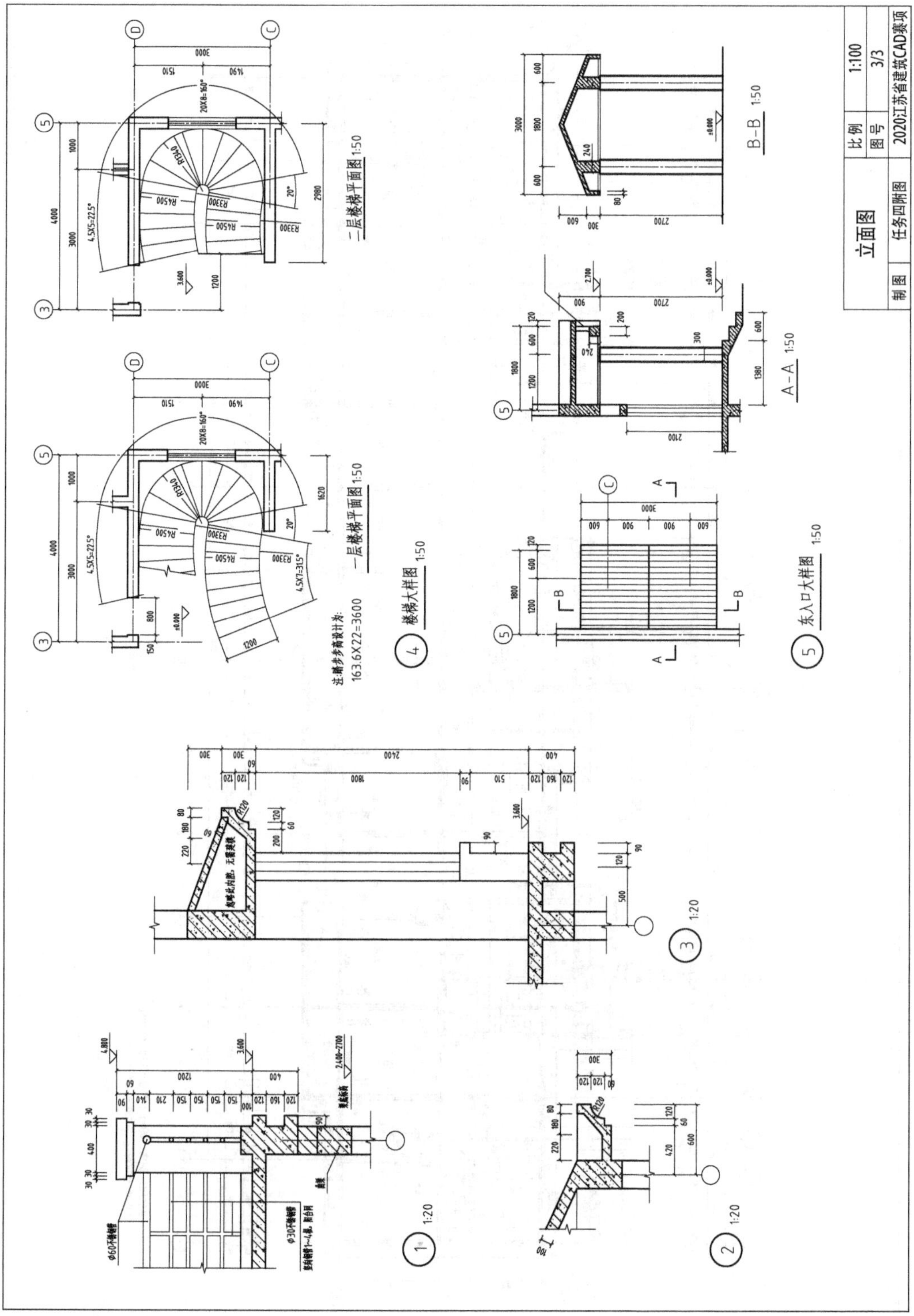
立面图
比例 1:100
图号 3/3
制图
任务四附图
2020江苏省建筑CAD赛项
二层楼梯平面图 1:50
一层楼梯平面图 1:50
楼梯大样图 1:50
注:踏步步高设计为:
163.6X22=3600
东入口大样图 1:50
A-A 1:50
B-B 1:50

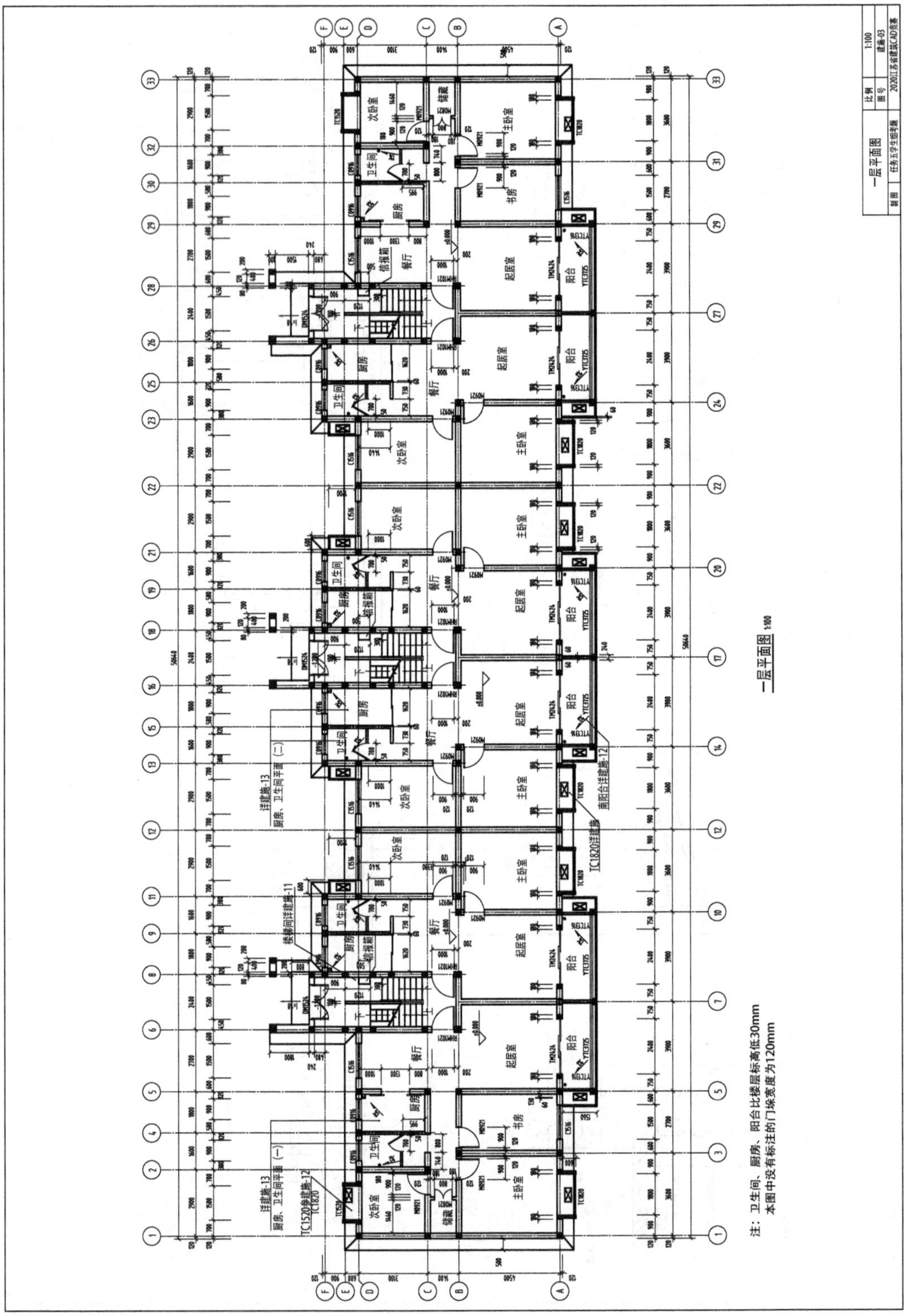
一层平面图 1:100
注：卫生间、厨房、阳台比楼层标高低30mm
本图中没有标注的门垛宽度为120mm
一层平面图
比例 1:100
图号 建施-03

参 考 文 献

[1] 董祥国. AutoCAD 2014 应用教程. 南京：东南大学出版社，2014
[2] 董祥国，等. 工程制图基础. 4 版. 北京：高等教育出版社，2019
[3] 董祥国等. 建筑 CAD 技能实训. 北京：中国建筑工业出版社，2016
[4] 冯仁余，张丽杰. 机械设计典型应用图册. 北京：化学工业出版社，2016
[5] 槐创锋，周生通. AutoCAD 2018 中文版学习宝典. 北京：机械工业出版社，2017
[6] 中华人民共和国国标. 民用建筑设计统一标准. 北京：中国建筑工业出版社，2019
[7] 唐仁卫. 画法几何及土木工程制图. 3 版. 南京：东南大学出版社，2013
[8] 沈莉. 建筑 CAD. 北京：北京理工大学出版社，2016
[9] 天工在线. AutoCAD 2020 从入门到精通实战案例版. 北京：中国水利水电出版社，2019
[10] 陆叔华，杨静霞. 建筑制图与识图. 3 版. 北京：高等教育出版社，2019